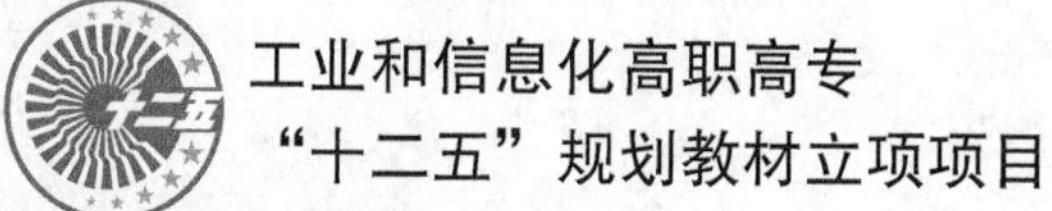

高等职业院校
机电类“十二五”规划教材

机械制图与计算机绘图（第2版）

Mechanical Drawing and CAD (2nd Edition)

◎ 郭建尊 主编
◎ 蒲哲 张峻 副主编
◎ 王金花 主审

人民邮电出版社
北京

图书在版编目（CIP）数据

机械制图与计算机绘图 / 郭建尊主编. -- 2版. --
北京 : 人民邮电出版社, 2012.4(2017.9重印)
高等职业院校机电类"十二五"规划教材
ISBN 978-7-115-27605-6

Ⅰ. ①机… Ⅱ. ①郭… Ⅲ. ①机械制图－高等职业教育－教材②自动绘图－高等职业教育－教材 Ⅳ. ①TH126

中国版本图书馆CIP数据核字(2012)第036900号

内容提要

本书根据高职高专的培养目标和教学特点，为贯彻最新的《机械制图》、《技术制图》国家标准编写而成。主要内容包括制图的基本知识与技能、正投影法与三视图、基本立体的三视图、基本立体的轴测图、组合体、机件的基本表示法、零件图、装配图，计算机绘图等。

本书可作为高职高专、高级技校、技师学院的机械、数控、机电、汽车、设备等专业的教材，也可作为自学用书或工程技术人员的参考书。

工业和信息化高职高专"十二五"规划教材立项项目

◆ 主　　编　郭建尊
　副 主 编　蒲　哲　张　峻
　主　　审　王金花
　责任编辑　潘新文

◆ 人民邮电出版社出版发行　　北京市丰台区成寿寺路 11 号
　邮编　100164　　电子邮件　315@ptpress.com.cn
　网址　http://www.ptpress.com.cn
　固安县铭成印刷有限公司印刷

◆ 开本：787×1092　1/16
　印张：24　　2012 年 4 月第 2 版
　字数：570 千字　　2017 年 9 月河北第 3 次印刷

ISBN 978-7-115-27605-6

定价：44.00 元

读者服务热线：(010) 81055256　印装质量热线：(010) 81055316
反盗版热线：(010) 81055315

前言

本书自2009年出版以来，得到了广大高职高专院校师生的热烈欢迎，深受读者好评。为了更好地服务于读者，作者根据当前高等职业教育改革的趋势，按照技能型人才培养特点的要求，结合当前最新的机械制图国家标准进行了详细的修订。同时，与本书配套使用的《机械制图与计算机绘图习题集》也进行了相应的修订。

在本次修订中，第2版基本保持了第1版的知识体系，对以下部分的内容进行了增减和修改。

1. 本版采用和补充了最新国家标准（GB/T 1800.1—2009产品几何技术规范（GPS）极限与配合；GB/T 1182—2008产品几何技术规范（GPS）几何公差形状、方向、位置和跳动公差标注；GB/T 131—2006产品几何技术规范（GPS）技术产品文件中表面结构的表示法；GB/T 10609.1—2008技术制图标题栏；GB/T 24731—2009机械制图机件上倾斜结构的表示法等）。

2. 根据广大教师提出的建议，删除了“投影变换”部分的内容。使内容更符合高等职业院校学生特点，突出了实用性。

3. 按照易教、易学的原则，对计算机绘图部分内容进行修订。

4. 对书中的文字叙述、图形表达进行了优化。

在本次修订中，采纳了许多教师和读者的宝贵意见和建议。在此，对他们的支持表示感谢。

本版修订对教学资源重新进行了修改和完善补充，有需要的读者可与作者联系。

本书由郭建尊主编，蒲哲、张峻任副主编，李玉赞、侯茜参编，全书由王金花主审。

由于编者水平有限，编写时间仓促，疏漏及错误在所难免，敬请读者批评指正。

编　者

2011 年 12 月

目 录

第1章 | 制图的基本知识与技能 |

本章主要学习应用手工绘图工具和计算机绘图软件绘制平面图形的方法以及国家标准对机械图样的有关规定。目的是掌握国家标准对图样的有关规定，培养制图的基本技能，为学习本课程做好基础准备。

常用手工绘图工具、仪器的使用

正确熟练地使用绘图工具，是工程技术人员必备的技能之一，也是保证绘图质量、提高手工绘图速度的一个重要方面。最常用的绘图工具及其使用方法见表 1-1。

表 1-1　　绘图工具及仪器的使用方法

名称	图　　例	使用方法说明
铅笔	0.6~0.8　6~8　1~1.5　25~30 （a）磨成矩形 6~8　25~30 （b）磨成锥形 转动铅笔　铅笔在砂纸上移动的长度 （c）铅笔的磨法	绘图铅笔的铅芯有软硬之分，用标号“B”、“HB”或“H”表示。HB 表示铅芯中等软硬程度，B 前的数字愈大，表示铅芯愈软，绘出的图线颜色愈深；H 前的数字愈大，表示铅芯愈硬，绘出的图线颜色愈浅。 画粗实线常用 B 或 2B 铅笔；画细线和写字时，常用 H 或 HB 铅笔；画底稿时常用 2H 铅笔。铅笔的削法如左图所示

续表

名称	图　　例	使用方法说明
图板及丁字尺	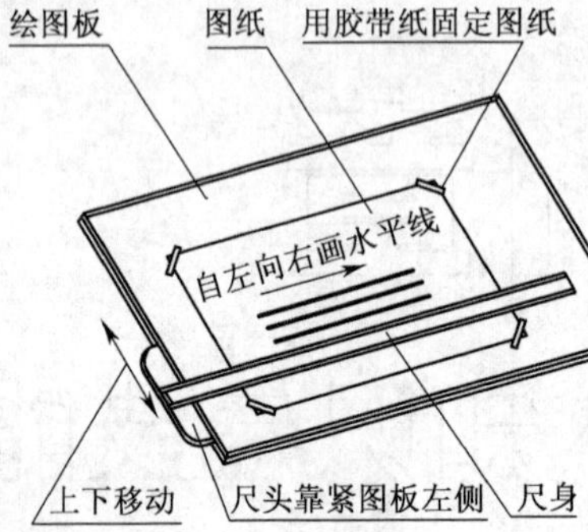 绘图板　图纸　用胶带纸固定图纸　自左向右画水平线　上下移动　尺头靠紧图板左侧　尺身	图板用于铺放图纸，表面平整光洁，左、右侧工作边应平直。 丁字尺由尺头和尺身组成。尺身的工作边一侧有刻度，便于画线时度量。使用时，将尺头内侧贴紧图板的左侧工作边上下移动，沿尺身上边可画出一系列水平线，如左图所示
三角板	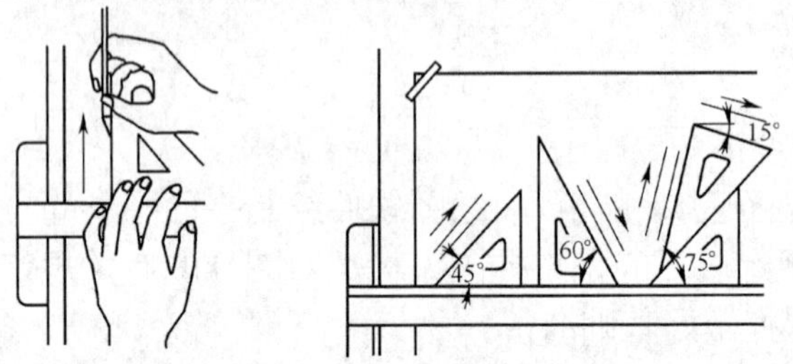 三角板与丁字尺的配合使用 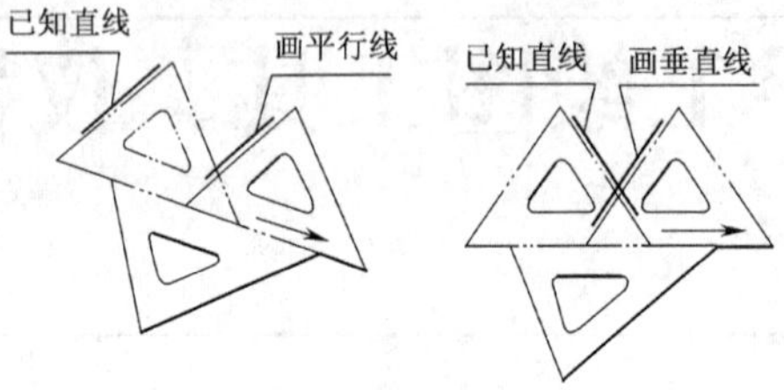两块三角板的配合使用	三角板由 45° 和 30° ～60° 各一块组成一副。三角板与丁字尺配合使用，可画出垂直线（自下而上画出）和与水平方向成 15° 整倍数的斜线。 两块三角板配合使用，可画出已知直线的平行线或垂直线
圆规	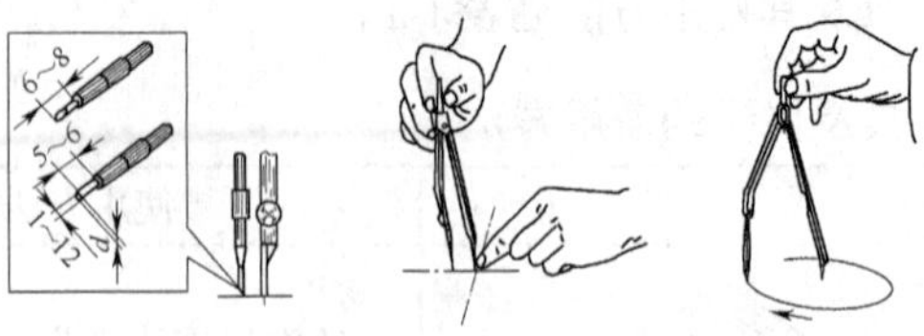 （a）　（b）　（c）	圆规是画圆及圆弧的工具。使用前应先调整好针脚，使针尖（带台阶端）稍长于铅芯，如左图（a）所示。画图时，先将圆规两腿分开至所需的半径尺寸，借左手食指把针尖放在圆心位置，应尽量使针尖和铅芯同时与图面垂直，按顺时针方向均匀用力一次画成，如左图（b）和图（c）所示
分规	 （a）分规　（b）调节分规的手法　（c）用分规等分线段	分规是量取尺寸和等分线段的工具。当分规两腿合拢时针尖应平齐，如左图（a）所示。调节分规的手法及使用方法，如左图（b）和图（c）所示

1.2 认识机械图样

机械图样承载了单个零件和一部机器（部件或组件）在制造、检验、装配、调试、使用等方面的所有信息。机械图样包含了“边框与标题栏、一组图形、必要的尺寸和技术要求”等内容。为了科学地进行生产和管理、满足技术思想交流的要求，必须对图样的内容、画法和格式做出统一的规定。为此，国家质量技术监督局发布实施了《技术制图》和《机械制图》等一系列图家标准。制图国家标准是每位工程技术人员在绘制图样时必须严格遵守和执行的。本节摘要介绍其中的基本内容。

国家标准的注写形式由编号和名称两部分组成，如：

GB/T 14689—2008 技术制图　图纸幅面和格式

GB/T 4457.4—2002 技术制图　图样画法　图线

“GB/T”为推荐性国家标准代号，其中，“GB”是国家标准的简称“国标”二字的汉语拼音字头，“T”为“推”字汉语拼音字头，“14689”、“4457.4”为标准号，“2008”、“2002”为标准颁布的年号。

1.2.1 图纸幅面及格式（GB/T 14689—2008）

1. 图纸幅面尺寸

绘制技术图样时，应根据机件的大小和复杂程度选用合适的图纸幅面，优先采用表 1-2 中规定的 5 种基本幅面。

表 1-2　基本幅面尺寸　(mm)

幅面代号	A0	A1	A2	A3	A4
$B \times L$	841 × 1 189	594 × 841	420 × 594	297 × 420	210 × 297
e	20		10		
c	10			5	
a	25				

2. 图框格式

在图纸上，必须用粗实线（与图样中图形的粗实线宽相等）画出图框，其格式分为不留装订边和留有装订边两种，但同一产品的图样只能采用一种格式。

不留装订边的图纸，其图框格式如图 1-1 所示，尺寸按表 1-2 的规定。留有装订边的图纸，其图框格式如图 1-2 所示，尺寸按表 1-2 的规定。

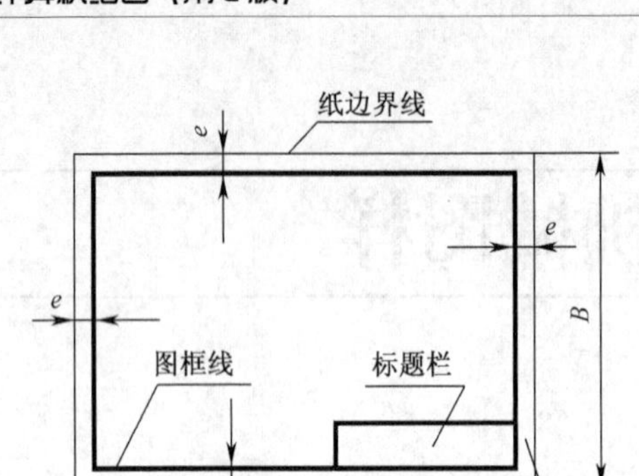

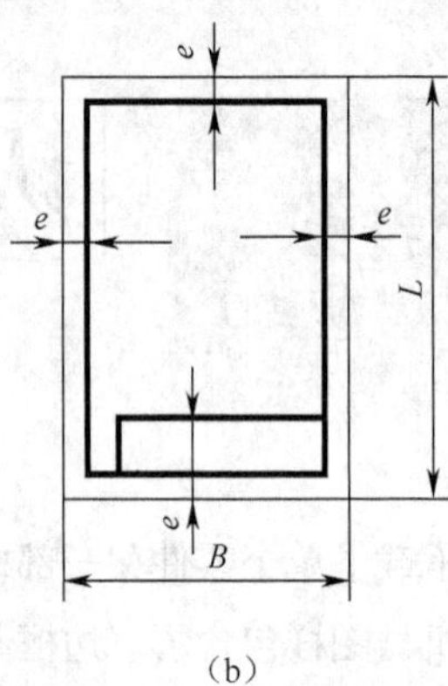

图1-1 不留装订边的图样的图框格式

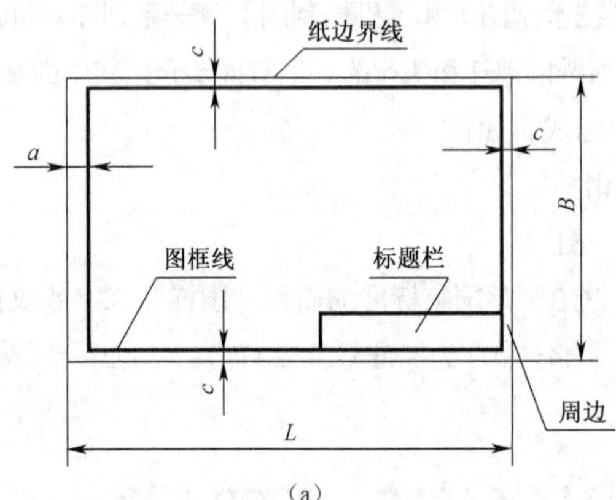

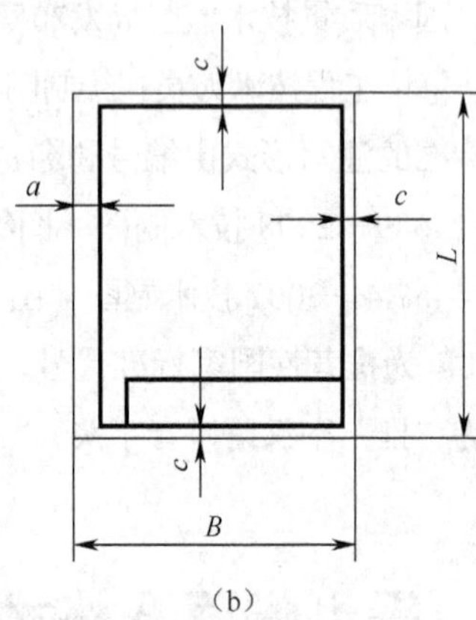

图1-2 留装订边的图样的图框格式

（1）如图 1-3 所示，图中粗实线所示为优先采用的基本幅面，必要时也可采用规定的加长幅面。图中细实线和虚线都为加长幅面，其优先级别顺序为基本幅面、由细实线表示的加长幅面、由虚线表示的加长幅面。

（2）加长幅面的尺寸是由相应基本幅面的短边成整数倍增加得出的。加长幅面的代号为：基本幅面代号×加长幅数。例如：A3 × 3 表示在 A3（420mm × 297mm）幅面的基础上，将其短边增加 3 倍（297 × 3 = 891mm），增加后的幅面尺寸为：420mm × 891mm。

（3）加长幅面的图框尺寸，按所选用的基本幅面大一号的图框尺寸确定。例如 A2 × 3 的图框尺寸，按 A1 的图框尺寸确定，即 *e* 为 20mm（或 *c* 为 10mm），而 A3 × 4 的图框尺寸，按 A2 的图框尺寸确定，即 *e* 为 10mm（或 *c* 为 10mm）。

3. 标题栏（GB/T 10609.1—2008）

为了便于技术图样的识别、保管和交流，每张图样上都必须画出标题栏。标题栏的格式和尺寸按 GB/T 10609.1—2008 中的规定，如图 1-4 所示。

标题栏的位置应位于图纸的右下角，看图的方向与标题栏的文字方向一致，如图 1-2 和图 1-3 所示。

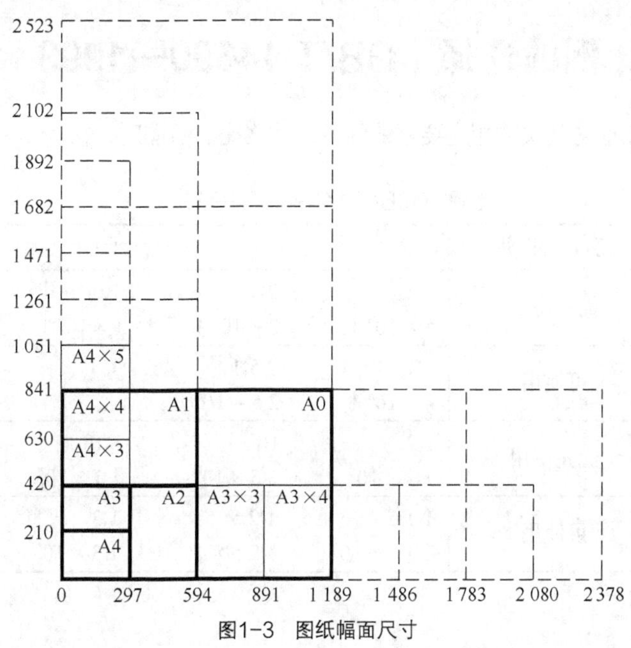

图1-3 图纸幅面尺寸

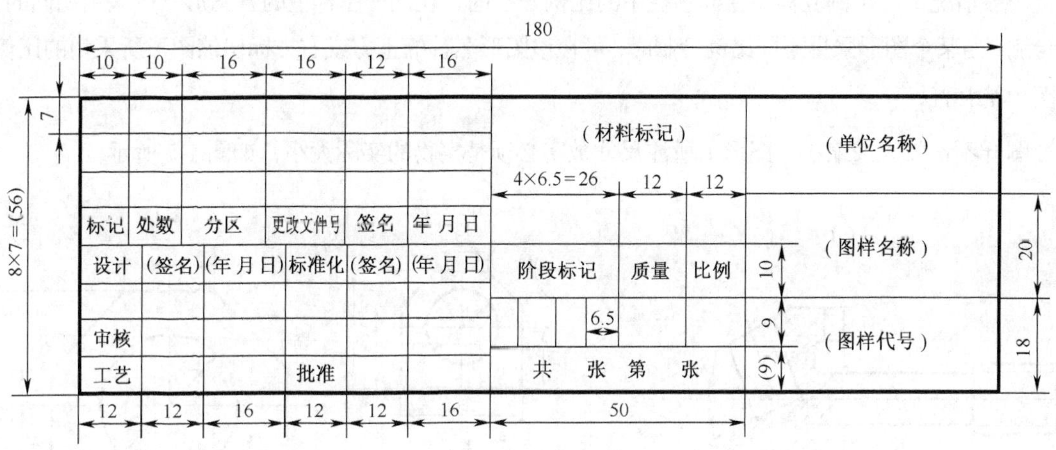

图1-4 国标规定的标题栏

制图作业中建议用简化的标题栏，如图 1-5 所示。

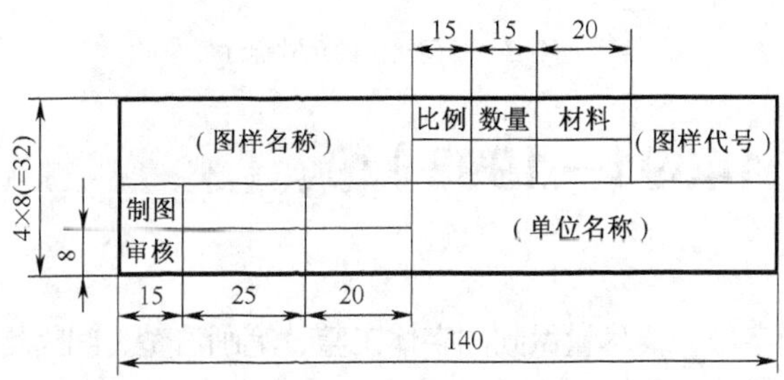

（a）简化的标题栏（零件图用）

（图样名称）			比例	质量	共 张	（图样代号）
					第 张	
制图			（单位名称）			
审核						

（b）简化的标题栏（装配图用）

图1-5 标题栏项目及格式

1.2.2 绘图比例的选择（GB/T 14690—1993）

比例是指图样中图形与其实物相应要素的线性尺寸之比。绘图时，按表1-3中规定的比例选用。

表1-3 比例（GB/T 14690－1993）

原值比例	优先使用	1:1				
放大比例	优先使用	5:1 5×10^n:1	2:1 2×10^n:1	 1×10^n:1		
	可使用	4:1 4×10^n:1	2.5:1 2.5×10^n:1			
缩小比例	优先使用	1:2 1:2×10^n	1:5 1:5×10^n	1:10 1:1×10^n		
	可使用	1:1.5 1:1.5×10^n	1:2.5 1:2.5×10^n	1:3 1:3×10^n	1:4 1:4×10^n	1:6 1:6×10^n

注：n为正整数。

一般情况下，比例应标注在标题栏中的比例一栏内，在同一图样上的各图形一般采用相同的比例绘制；当某个图形采用不同比例绘制时，可在该图形名称的下方或右方标出该图形所采用的比例，如图1-6中的$\frac{A}{2:1}$。

图样不论放大或缩小，图形上所注尺寸数字必须是实物的实际大小，如图1-7所示。

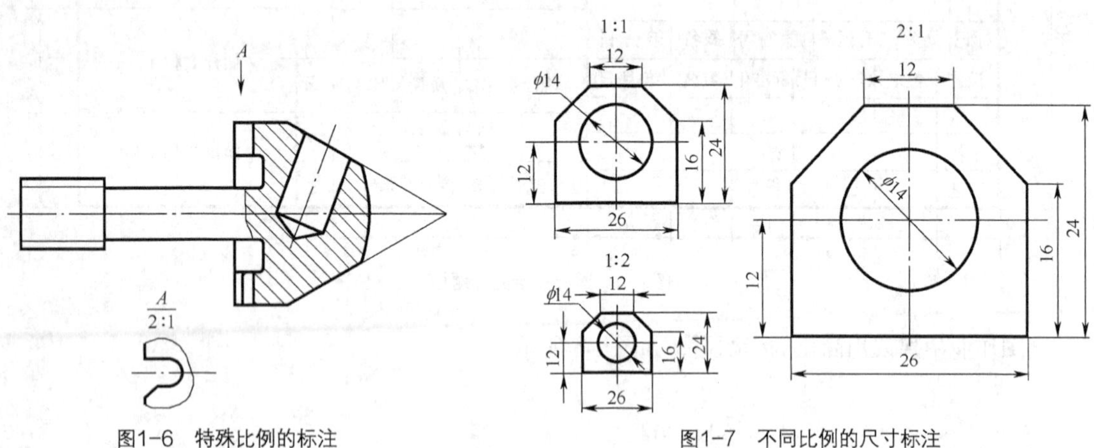

图1-6 特殊比例的标注　　图1-7 不同比例的尺寸标注

1.2.3 图样中的字体（GB/T 14691—1993）

1. 基本要求

在图样上和技术文件中书写的汉字、数字和字母，要尽量做到“字体工整、笔画清楚、间隔均匀、排列整齐”。

字体高度（用h表示）的公称尺寸系列为1.8mm、2.5mm、3.5mm、5mm、7mm、10mm、14mm、

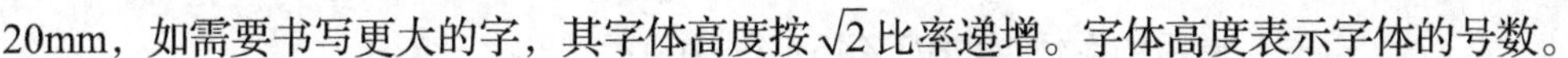

20mm，如需要书写更大的字，其字体高度按 $\sqrt{2}$ 比率递增。字体高度表示字体的号数。

2. 汉字

汉字应写成长仿宋体，并应采用国家正式公布的简化字，汉字的高度 h 不应小于 3.5mm，其字宽一般为 $h/\sqrt{2}$ 。

书写长仿宋体的要领是：横平竖直、注意起落、结构匀称、填满方格。

仿宋体汉字示例如图 1-8 所示。

字体端正　笔画清楚　排列整齐　间隔均匀

装配时作斜度深沉最大小球厚直网纹均布水平镀抛光研

视图向旋转前后表面展开基准高宽两端中心孔锥销键材

图1-8　汉字的书写

3. 字母和数字

字母和数字分 A 型和 B 型两种，A 型字体的笔画宽度为字高的 1/14，B 型字体的笔画宽度为字高的 1/10。

字母和数字可写成斜体或直体，斜体字字头向右倾斜，与水平线成 75°。在同一张图样上，只允许选用一种形式的字体。

用作指数、分数、极限偏差、注脚等的数字及字母，一般应采用小一号的字体书写。字母、数字及其他符号混合书写的应用示例如图 1-9 所示。

ABCDEFGHIJKLMNOPQRSTUVWXYZ

abcdefghijklmnopqrstuvwxyz

12345678910　I　II　III　IV　V　VI　VII　VIII　IX　X

R3　2×45°　M24-6H　ϕ60H7　ϕ30g6

$\phi 20^{+0.021}_{0}$　$\phi 25^{-0.007}_{-0.020}$　Q235　HT200

图1-9　B型斜体字母、数字书写示例

1.2.4　图样中的图线（GB/T 17450—1998、GB/T 4457.4—2002）

1. 图线的线型及应用

图样中用来表达物体结构形状的图形，是由各种不同的图线组成的，每种图线都有其规定的画法和应用范围。国家标准机械制图《图样画法图线》（GB/T　4457.4—2002）规定了在机械图样中常用的 9 种图线，其代码、线型、名称、线宽以及应用示例见表 1-4 和如图 1-10 所示。

表 1-4　　常用的图线（GB/T 4457.4—2002）

代码 NO	线　型	名　称	线　宽	主 要 用 途
01.1		细实线	$d/2$	尺寸线、尺寸界线、指引线、剖面线、重合断面的轮廓线、螺纹牙底线、齿轮的齿根圆线
		波浪线	$d/2$	断裂处边界线、视图与剖视的分界线
	$4d$　$24d$　$6d$　$30°$	双折线	$d/2$	
01.2	d	粗实线	d 一般为 0.5～0.7mm	可见轮廓线
02.1	$12d$　$3d$	细虚线	$d/2$	不可见棱边线、不可见轮廓线
02.2		粗虚线	d	允许表面处理的表示线
04.1	$8d$　$24d$	细点画线	$d/2$	轴线、中心线、对称线、分度圆（线）、孔系分布的中心线、剖切线
04.2		粗点画线	d	限定范围表示线
05.1	$9d$　$24d$	细双点画线	$d/2$	相邻辅助零件的轮廓线、可动零件的极限位置的轮廓线、假想投影的轮廓线

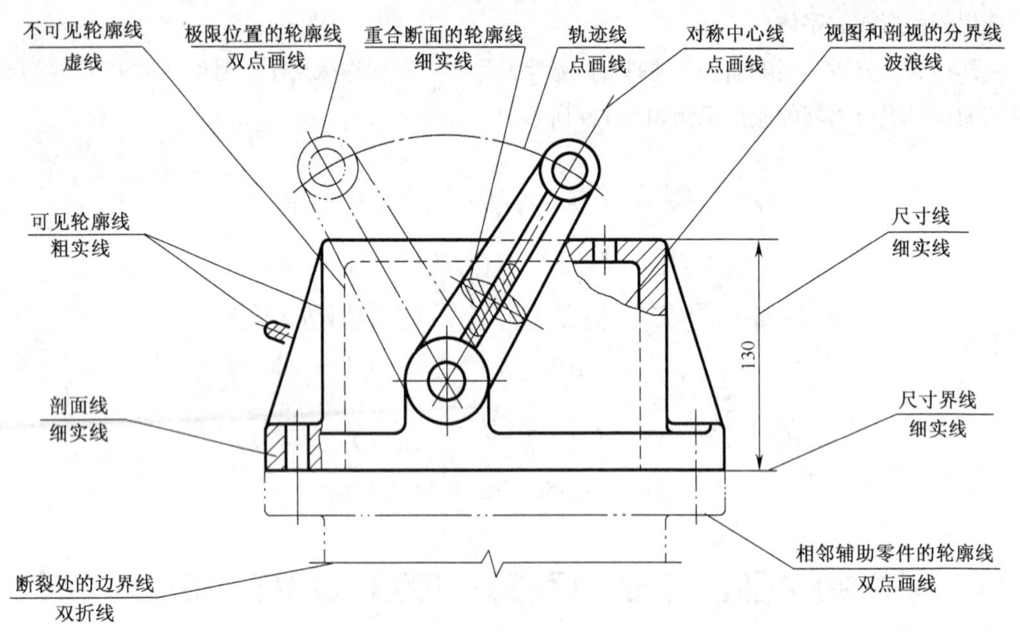

图1-10　各种图线的应用举例

2. 图线的尺寸

在机械图样中，采用粗、细两种线宽，它们之间的比例为 2:1，例如粗线的宽度为 d 时，细线的宽度约为 $d/2$。粗线的宽度应根据图形的大小及复杂程度，在 0.5～2mm 之间选择，优先采用 0.5mm 和

0.7mm 的粗线宽度。

图线宽度的推荐系列为 0.13mm、0.18mm、0.25mm、0.35mm、0.5mm、0.7mm、1mm、1.4mm、2mm。虚线、点画线、双点画线的长度、间隔参见表 1-4。

3. 图线画法注意事项（见图 1-11）

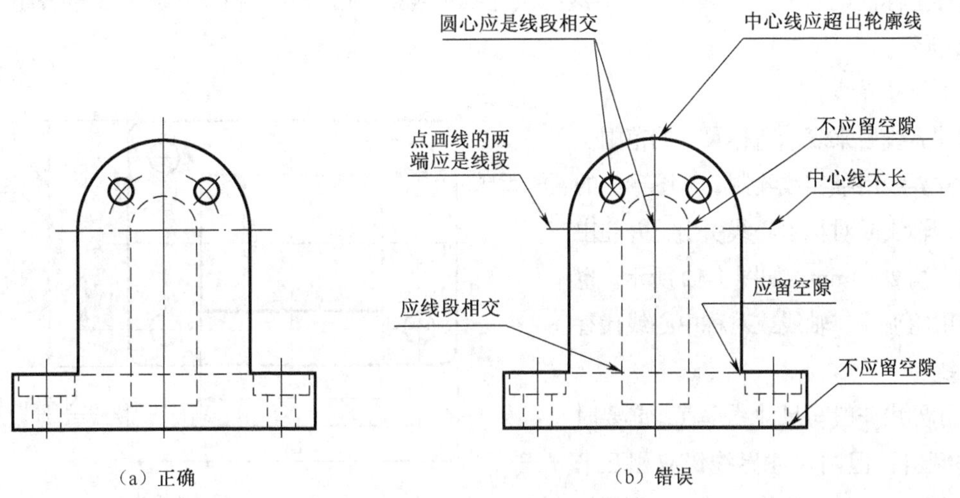

图1-11　绘制图线注意问题

① 同一图样中同类图线的宽度应基本一致。虚线、点画线及双点画线的线段长度和间隔应各自大致相等。

② 两条平行线（包括剖面线）之间的距离应不小于粗实线的两倍宽度，其最小距离不得小于 0.7mm。

③ 点画线和双点画线的首末两端应是线段而不是短画。

④ 点画线应超出相应图形轮廓 2～5mm。

⑤ 绘制圆的对称中心线时，圆心应为线段的交点。在较小的图形上绘制点画线或双点画线有困难时，可以用细实线代替。

⑥ 当虚线与虚线或与其他图线相交时，应以线段相交；当虚线是粗实线的延长线时，实线画到交点，在虚线处留有间隙。

⑦ 线型不同的图线相互重叠时，一般按实线、虚线、点画线的顺序，只画出排序在前的图线。

1.2.5　图样中的尺寸注法规定（GB/T 4458.4—2003）

图形只能表达机件的形状，而机件的大小则由标注的尺寸确定。标注尺寸是一项重要的工作，必须认真细致、一丝不苟。如果尺寸标注有误，就会给生产带来困难和损失。

1. 基本规则

① 图样上标注的尺寸数值就是机件实际大小的数值，它与图形的大小及画图的准确度无关。

② 图样上的尺寸（包括技术要求和其他说明）以 mm（毫米）为计量单位时，不需标注计量单位或名称。若应用其他计量单位时，必须注明相应计量单位的代号或名称，例如，角度为 30 度 10

分5秒，则在图样上应注写成“30° 10′5″”。

③ 图样上标注的尺寸是机件的最后完工尺寸，否则要另加说明。

④ 机件的每个尺寸，一般只在反映该结构最清楚的图形上标注一次。

2. 尺寸的组成

图样上标注的尺寸，一般由尺寸界线、尺寸线（包括终端形式）和尺寸数字3部分组成，如图1-12所示。

（1）尺寸界线

尺寸界线用来表示所标尺寸的范围。

尺寸界线用细实线绘制，从图形中的轮廓线、轴线或对称中心线引出，并超出尺寸线末端2～3mm，如图1-12所示。也可直接用轮廓线、轴线或对称中心线代替尺寸界线。

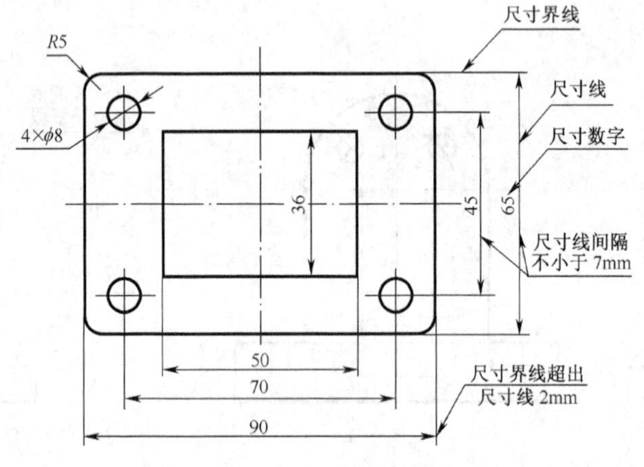

图1-12 尺寸的组成

尺寸界线一般与尺寸线垂直，必要时才允许倾斜，但两尺寸界线仍应相互平行；在光滑过渡处标注尺寸时，必须用细实线将轮廓线延长，从它们的交点处引出尺寸界线，如图1-13所示。

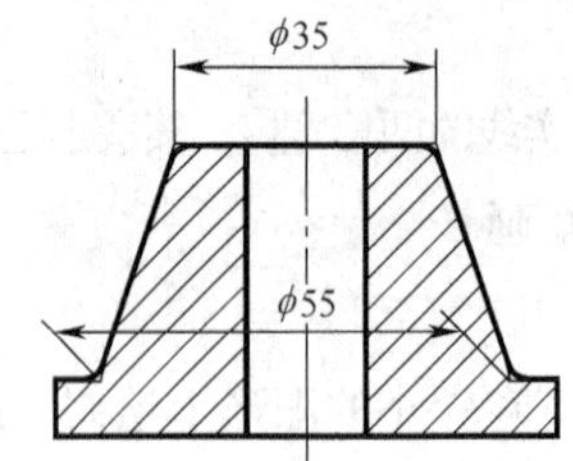

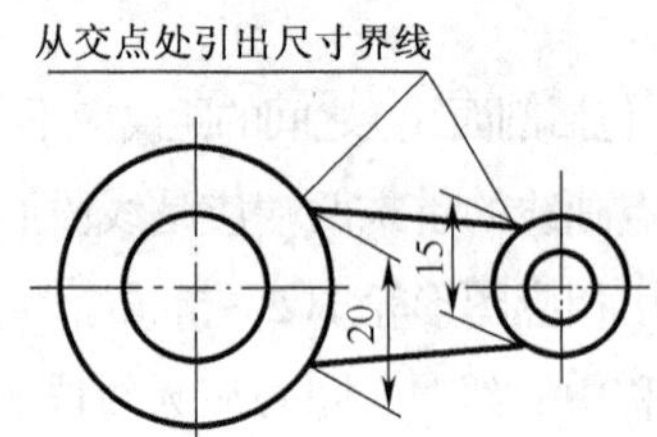

图1-13 倾斜引出的尺寸界线

（2）尺寸线

尺寸线用来表示所标尺寸的方向。

尺寸线用细实线绘制，必须单独画出，不能与其他图线重合或画在其延长线上。标注线性尺寸时，尺寸线必须与所标注的线段平行，当有几条相互平行的尺寸线时，各尺寸线的间距要均匀，间隔为7～10mm，应大尺寸在外，小尺寸在里，尽量避免尺寸线与尺寸界线交叉。在圆或圆弧上标注直径或半径时，尺寸线一般应通过圆心或使延长线通过圆心。

尺寸线的终端可以有箭头或45°细斜线两种形式，如图1-14所示。箭头适应各种类型的图样，同一张图样只能采用一种尺寸线终端形式。一般机械图样的尺寸线终端画箭头，如图1-14（a）所示；建筑图样的尺寸线终端画45°细斜线，如图1-14（b）所示。

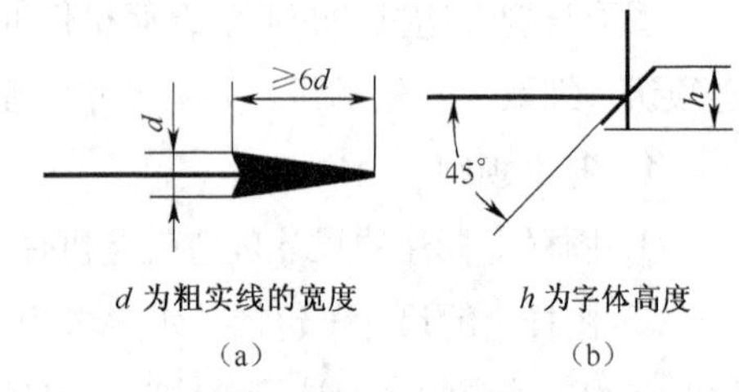

图1-14 尺寸线的终端形式

（3）尺寸数字

尺寸数字用于表示尺寸度量大小。

注写线性尺寸数字时，应注意数字的书写方向，一般按图 1-15（a）所示的方向注写，即水平尺寸字头朝上，数字注写在尺寸线的上方；垂直尺寸字头朝左，数字注写在尺寸线的左方；倾斜尺寸字头保持朝上的趋势，并尽量避免在图示 30° 范围内标注倾斜尺寸，当无法避免时，可按图 1-15（b）所示引出标注。

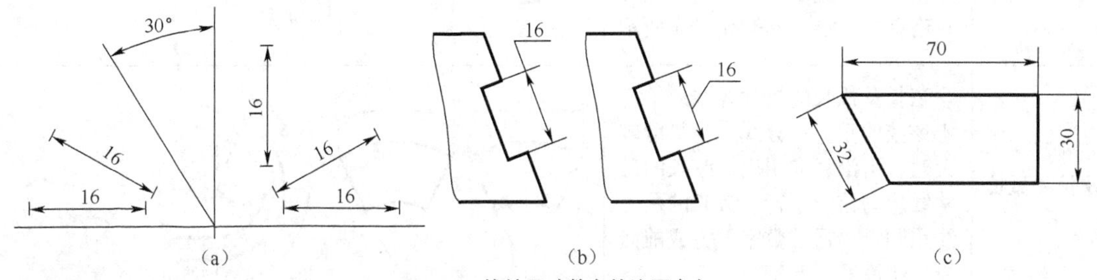

图1-15　线性尺寸数字的注写方向

线性尺寸数字也允许注写在尺寸线的中断处，如图 1-15（c）所示，在同一图样上，数字的注法应一致。

在不致引起误解时，非水平方向的尺寸数字可水平地注写在尺寸线的中断处，如图 1-15（c）中尺寸 32 和 30。

尺寸数字不可被任何图线通过，当无法避免时，必须将图线断开，如图 1-16 所示。

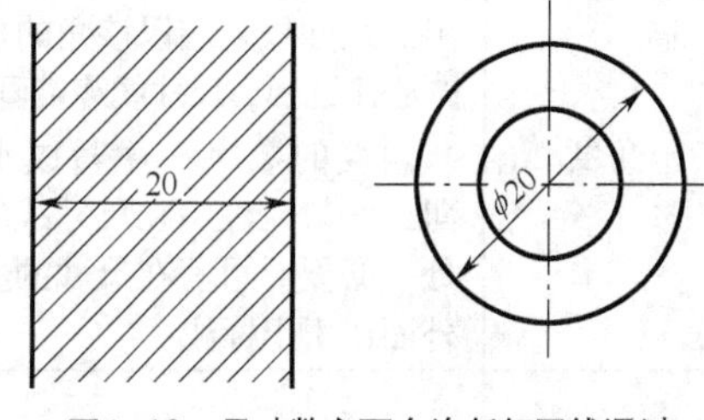

图1-16　尺寸数字不允许任何图线通过

3. 常用尺寸的标注（见表 1-5）

表 1-5　常用尺寸标注举例

项　目	说　明	图　例
圆	圆、大于半圆或跨过中心线两边的同心圆弧的尺寸应注直径。 标注直径时，应在数字前加直径符号“ϕ”，尺寸线应通过圆心，尺寸线终端用箭头；多个相同规格的圆，可用“数量 × 直径”在一个圆上标注，如 4 × ϕ8	ϕ40　ϕ40　ϕ30　ϕ20　ϕ40　4×ϕ8 EQS　ϕ40　ϕ20　ϕ40
圆弧	小于或等于半圆的圆弧尺寸一般标注半径。 标注半径时，应在数字前加半径符号“R”，尺寸线从圆心引出指向圆弧，终端是箭头；当圆弧的半径过大或在图纸范围内无法标注出其圆心位置时，可按右图（b）、（c）标注	R16　10　R100　R65 （a）　（b）　（c）

续表

项　目	说　　明	图　例
球面	标注球直径或半径尺寸时，应在符号“ϕ”或“R”前再加注球面符号“S”，如右图（a）所示。 在不致引起误解时，也可允许省略符号“S”，如右图（b）所示	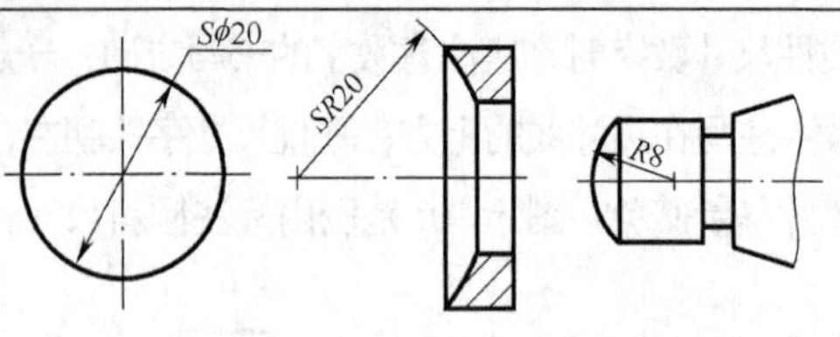
弦长和弧长	弦长及弧长的尺寸界线应平行于该弦的垂直平分线。当弧度较大时，可沿径向引出。弦长的尺寸线应与该弦平行。弧长的尺寸线用圆弧，尺寸数字上方或前面应加注符号“⌒”	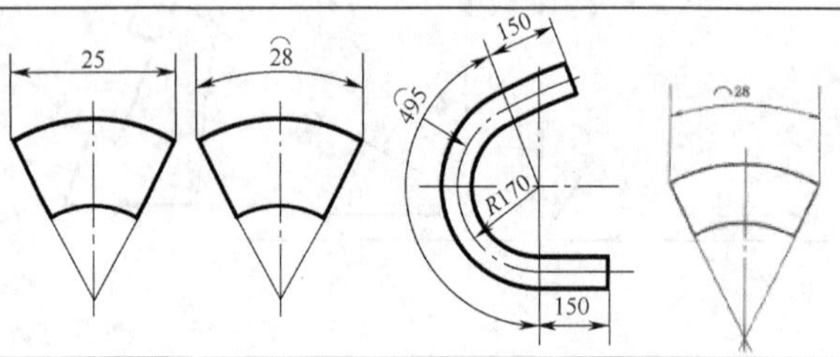
角度	角度的尺寸界线应沿径向引出。尺寸线是应以该角的顶点为圆心画圆弧，尺寸线终端画箭头。 角度的数字一律写成水平方向，一般应注写在尺寸线的中断处，必要时可写在尺寸的上方、外面或引出标注	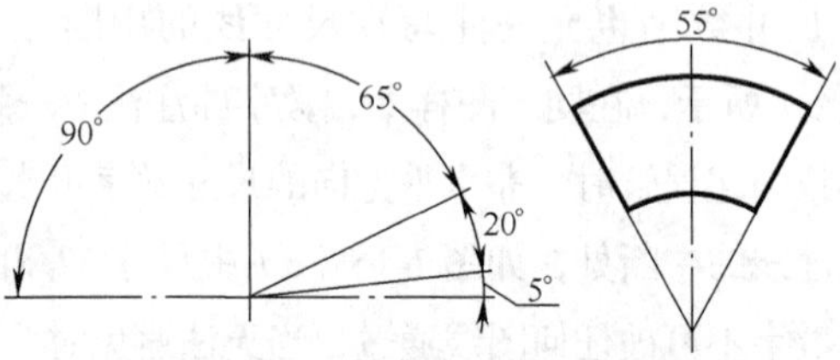
狭小尺寸	在没有足够的位置画箭头或写数字时，可按右图形式标注	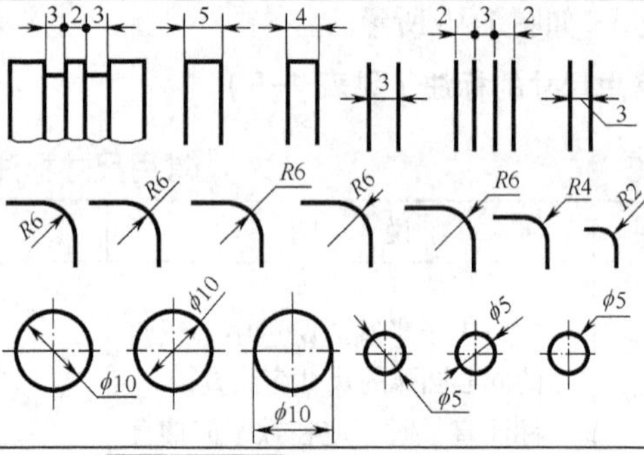
板的厚度	标注薄板零件的厚度尺寸时，可在尺寸数字前加注符号“δ”	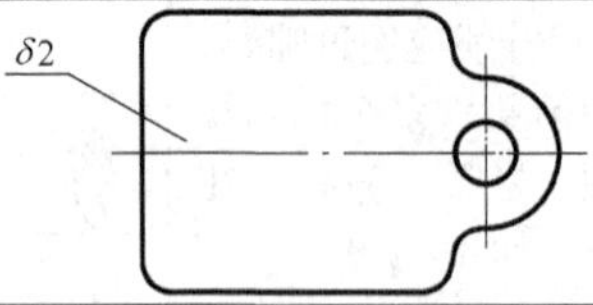
对称图形	当图形具有对称中心线时，分布在对称中心线两边的相同结构，可仅标注其中一边的尺寸，如右图（a）所示。 当对称图形只画出一半或略大于一半时，尺寸线应略超过对称中心线或断裂处的边界线，并且只在有尺寸界线的一端画出箭头，如右图（b）所示	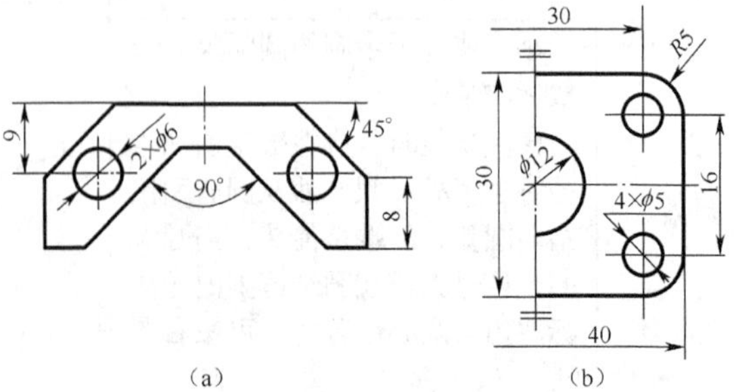

续表

项 目	说 明	图 例
均匀分布孔	均匀分布的相同要素（如孔）的尺寸可按右图标注。当孔的定位和分布情况在图形中已明确时，可省略其定位尺寸和“均布”符号“EQS”	15° 6×ϕ5 EQS　8×ϕ5
正方形结构	标注正方形结构的尺寸时，可在正方形边长尺寸数字前加注符号“□”，或用“$B \times B$”代替（B 为正方形的边长）	□14　14×14

4. 标注尺寸的符号及缩写词

标注尺寸的符号及缩写词见表 1-6，表中符号的线宽为 h/10（h 为字高）。标注尺寸用符号的比例画法如图 1-17 所示。

表 1-6　标注尺寸的符号及缩写词

序 号	含 义	符号或缩写词
1	直径	ϕ
2	半径	R
3	球直径	$S\phi$
4	球半径	SR
5	厚度	t
6	均布	EQS
7	45°倒角	c
8	正方形	□
9	深度	↧
10	沉孔或锪平	⌴
11	埋头孔	⌵
12	弧长	⌒
13	斜度	∠
14	锥度	◁
15	展开长	[展开长符号]
16	型材截面形状	按 GB/T 4656.1—2000

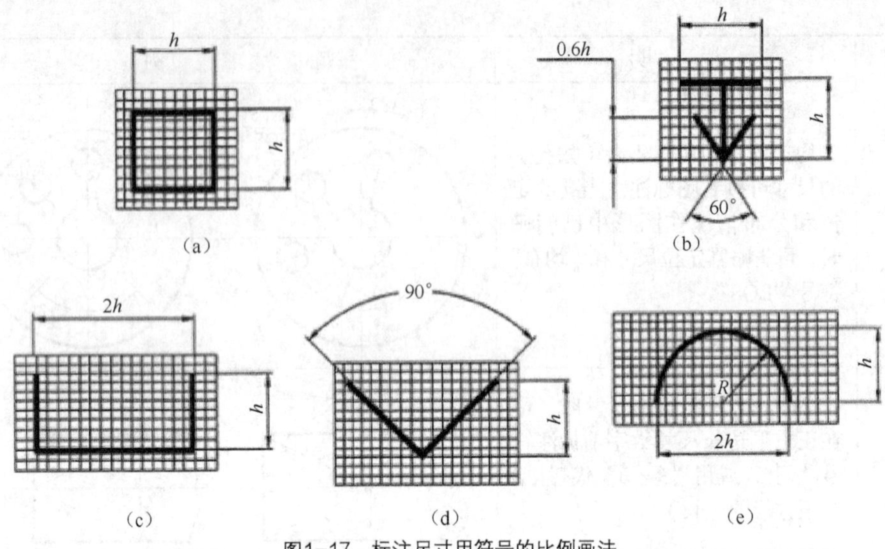

图1-17 标注尺寸用符号的比例画法

常用几何图形的画法

机械零件的轮廓形状虽然各不相同，但分析起来，都是由直线、圆弧和其他一些非圆曲线组成的几何图形。熟练掌握几何图形的画法是绘制图样必备的基本技能之一。

1.3.1 等分线段及正多边形画法

1. 等分线段

用平行线法将已知线段 *AB* 分成五等分的作图方法见表 1-7。

表 1-7 等分线段的作图步骤

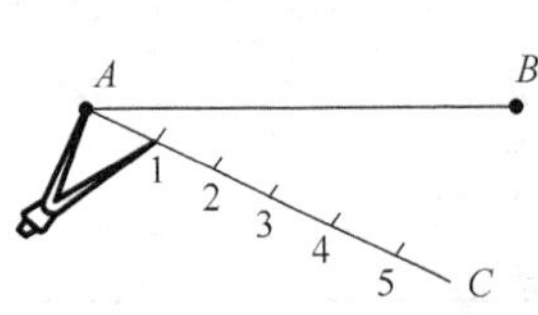	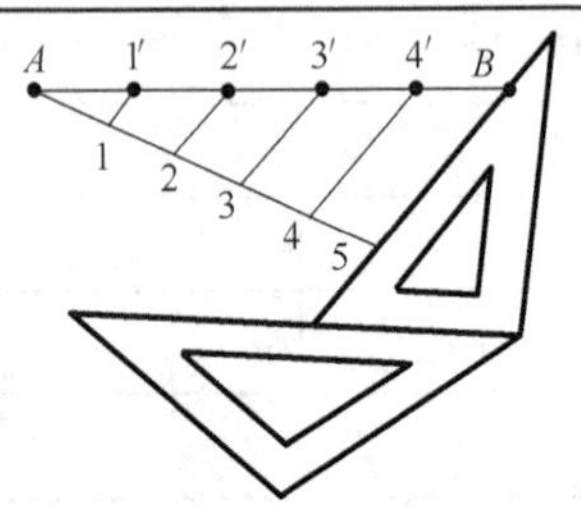
过端点 *A* 任作一射线 *AC*，用分规以任意相等的距离在 *AC* 上量得 1、2、3、4、5 各个等分点	连接 5、*B*，过 1、2、3、4 等分点做 5*B* 的平行线，与 *AB* 相交即得等分点 1′、2′、3′、4′

2. 等分圆周及正多边形的画法（见表 1-8）

表 1-8　　正多边形的画法

<table>
<tr>
<td>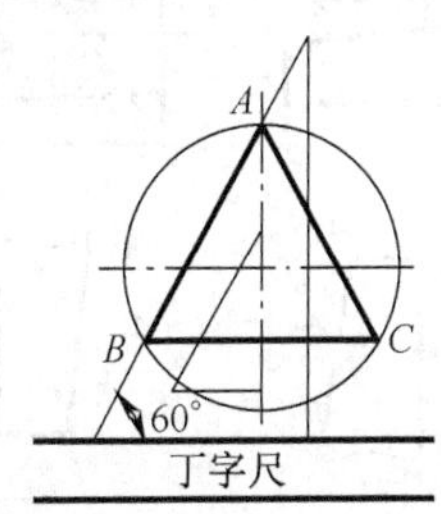</td>
<td>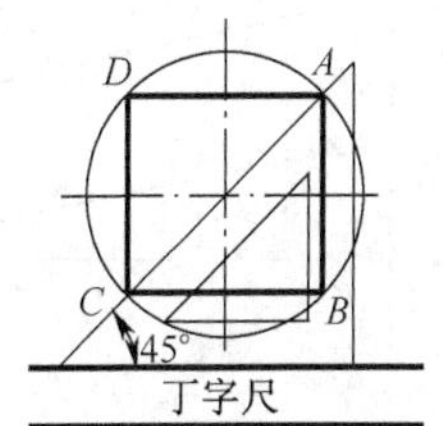</td>
<td>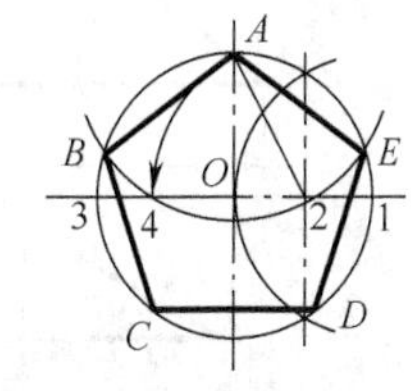</td>
</tr>
<tr>
<td>等边三角形：用 60° 三角板的斜边过顶点 A 画线，与外接圆交于 B，过 B 点画水平线交外接圆于 C，连接三边即成</td>
<td>正方形：用 45° 三角板的斜边过圆心画线，与外接圆交于 A、C 两点，分别过 A、C 作水平线交外接圆于 D、B 两点，连接四边即成</td>
<td>正五边形：找到半径 O1 的中点 2；以 2 为圆心、2A 为半径画弧交 O3 于 4；以 A4 为边长，用它在外接圆上截取得到顶点 B、C、D、E、A，连接完成</td>
</tr>
<tr>
<td>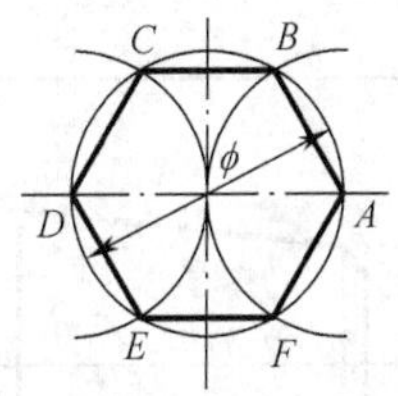</td>
<td colspan="2">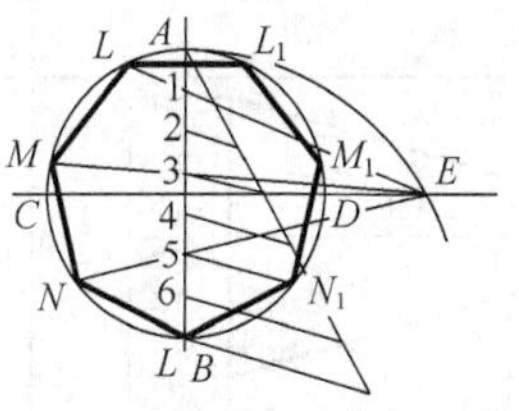</td>
</tr>
<tr>
<td>正六边形：因边长等于外接圆半径，可分别以 A、D 为圆心，以 φ/2 为半径画弧交于 B、C、E、F 四点，与 A、D 共为六顶点，连边完成</td>
<td colspan="2">正七边形（正 n 边形）
1. 分直径 AB 为七等分（n 等分）；
2. 以 B 为圆心、AB 为半径画圆弧，交直径 CD 的延长线于 E 点；
3. 过 E 点分别与直径 AB 上的奇数分点（或偶数分点）相连并延长，与外接圆交于 L、M、N，作出对称点 L_1、M_1、N_1；
4. 依次连接 L、M、N、B、L_1、M_1、N_1，完成正七边形（正 n 边形）</td>
</tr>
</table>

1.3.2　斜度与锥度

1. 斜度

斜度是指一直线（或一平面）对另一直线（或平面）的倾斜程度。斜度大小用该两直线（或两平面）夹角的正切值来度量，并把比值转化成 1:n 的形式。斜度的画法及标注见表 1-8。

2. 锥度

锥度是指正圆锥体的底圆直径与其高度之比。若为圆锥台则为两底圆直径之差的绝对值与锥台高度之比。同样将比值转化成 1:n 的形式，见表 1-9。

表 1-9　　　　斜度与锥度的表示符号、标注及作图

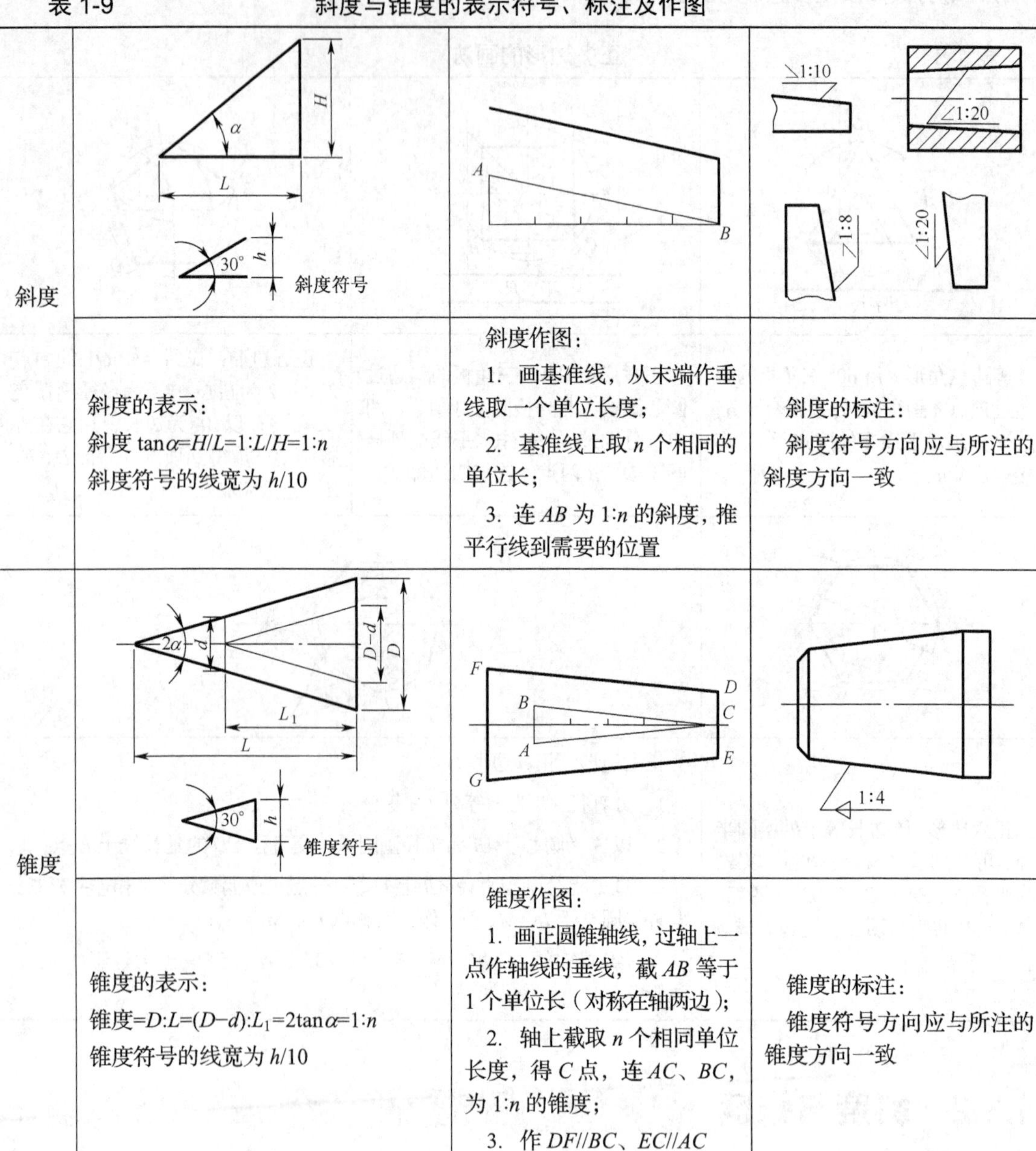

斜度	斜度符号		
	斜度的表示： 斜度 $\tan\alpha=H/L=1:L/H=1:n$ 斜度符号的线宽为 $h/10$	斜度作图： 1. 画基准线，从末端作垂线取一个单位长度； 2. 基准线上取 n 个相同的单位长； 3. 连 AB 为 $1:n$ 的斜度，推平行线到需要的位置	斜度的标注： 斜度符号方向应与所注的斜度方向一致
锥度	锥度符号		
	锥度的表示： 锥度$=D:L=(D-d):L_1=2\tan\alpha=1:n$ 锥度符号的线宽为 $h/10$	锥度作图： 1. 画正圆锥轴线，过轴上一点作轴线的垂线，截 AB 等于 1 个单位长（对称在轴两边）； 2. 轴上截取 n 个相同单位长度，得 C 点，连 AC、BC，为 $1:n$ 的锥度； 3. 作 $DF//BC$、$EC//AC$	锥度的标注： 锥度符号方向应与所注的锥度方向一致

1.3.3　圆弧连接

圆弧连接是指在绘制零件轮廓图形时，用一已知半径的圆弧光滑地连接相邻的两条已知线段（直线或圆弧）的作图过程。圆弧连接的实质是圆弧与直线相切或圆弧与圆弧相切，因此，圆弧连接的关键是准确地求出连接圆弧的圆心和连接圆弧与已知线段的切点。作图时可按照“找圆心”→“找切点”→“连接”的步骤完成绘图。

常见圆弧连接的基本形式有“用圆弧连接两已知直线”、“用圆弧连接两已知圆弧”、“用圆弧连接一已知直线和一已知圆弧”，如图 1-18 所示。

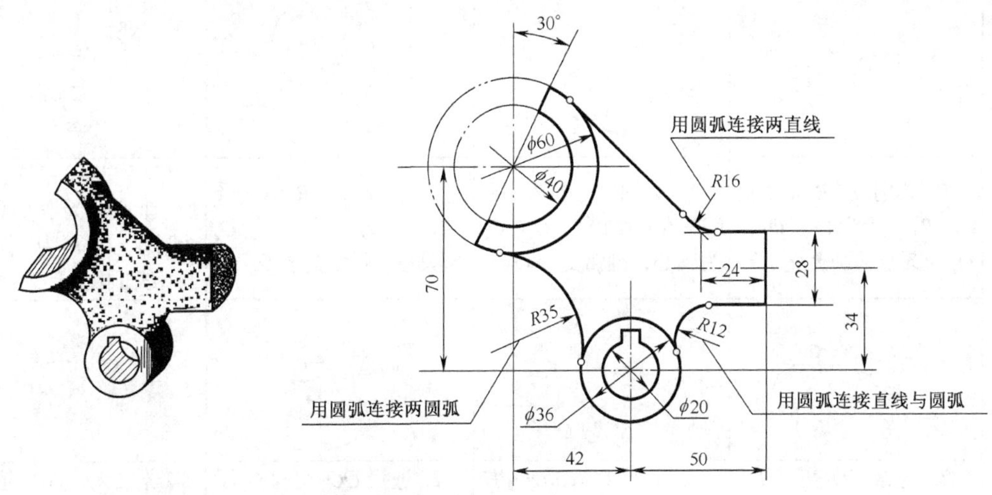

图1-18 圆弧连接的3种情况

圆弧连接的各种作图方法见表 1-10 和表 1-11。

表 1-10 圆弧连接两已知直线

类　别	用圆弧连接钝角或锐角的两边	用圆弧连接直角的两边
图例	R　O　N　M　R	N　R　O　R　R　M
作图步骤	1. 作与已知角两边分别相距为 R 的平行线，交点 O 即为连接弧的圆心； 2. 自 O 点分别向已知角两边作垂线，垂足 M、N 即为切点； 3. 以 O 点为圆心，R 为半径在两切点 M、N 之间画连接圆弧即为所求	1. 以角顶为圆心，R 为半径画弧，交直角边于 M、N； 2. 以 M、N 点为圆心，R 为半径画弧，相交得连接弧圆心 O； 3. 以 O 点为圆心，R 为半径在 M、N 间画连接圆弧即为所求

表 1-11 圆弧连接的画法

名称	外　连　接	内　连　接	混　合　连　接	圆弧连接直线与圆弧
已知条件	R_1　O_1　R　R_2　O_2	R_1　O_1　R_2　O_2　R	R_1　O_1　R_2　O_2　R	I　R　R_1　O_1
	以已知半径 R 的连接弧画弧，与两圆外切	以已知半径 R 的连接弧画弧，与两圆内切	以已知半径 R 的连接弧画弧，与圆 O_1 外切，与圆 O_2 内切	用半径 R 的圆弧与直线 I 和圆 O_1 相外切

续表

名称	外 连 接	内 连 接	混 合 连 接	圆弧连接直线与圆弧
作图步骤	1. 分别以（$R+R_1$）及（$R+R_2$）为半径，O_1、O_2为圆心，画弧交于 O	1. 分别以（$R-R_1$）及（$R-R_2$）为半径，O_1、O_2为圆心，画弧交于 O	1. 分别以（R_1+R）及（R_2-R）为半径，O_1、O_2为圆心，画弧交于 O	1. 作直线Ⅱ平行于直线Ⅰ（其间距离为 R），以 O_1 为圆心，R_1+R 为半径画弧与直线Ⅱ相交于 O
	2. 连接 OO_1 交于 A，交 O_2 圆于 B，A、B 即为切点	2. 连接 OO_1、OO_2 并延长分别交圆 O_1、圆 O_2 于 A、B，A、B 即为切点	2. 连接 OO_1 交圆 O_2 于 A，连接 OO_2 并延长交圆 O_2 于 B，A、B 即为切点	2. 作 OA 垂直于直线Ⅰ，连接 OO_1 交圆 O_2 于 B，A、B 即为切点
作图步骤				
	3. 以 O 为圆心，R 为半径画弧，连接圆 O_1、圆 O_2 于 A、B 即完成作图	3. 以 O 为圆心，R 为半径画弧，连接圆 O_1、圆 O_2 于 A、B 即完成作图	3. 以 O 为圆心，R 为半径画弧，连接圆 O_1、圆 O_2 于 A、B 即完成作图	3. 以 O 为圆心，R 为半径画弧，连接直线Ⅰ和圆弧 O_1 于 A、B 即为所求

1.3.4 椭圆的画法

椭圆的画法有很多种，工程上常用近似法绘制椭圆，这里仅介绍常用的“四心法”。

已知椭圆的长轴和短轴，用“四心法”绘制椭圆的步骤见表 1-12。

表 1-12 “四心法”画椭圆

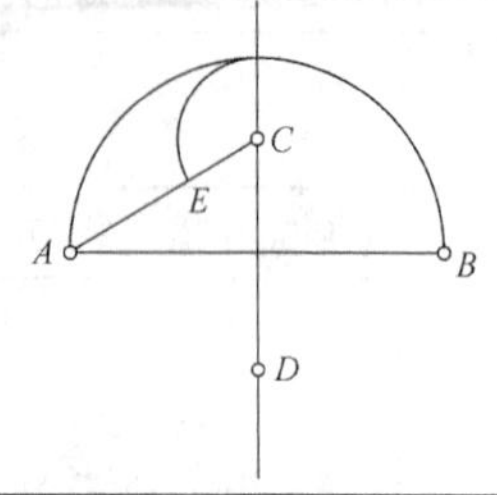	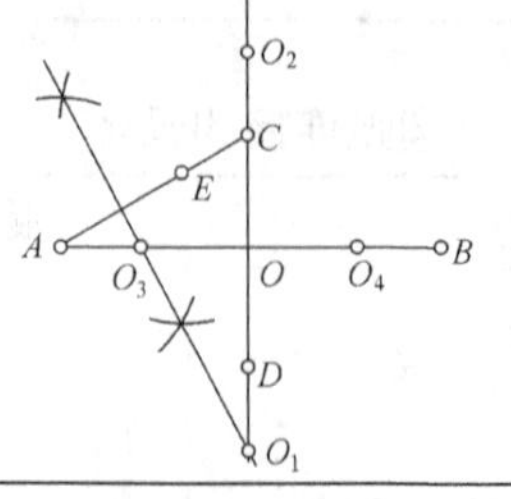	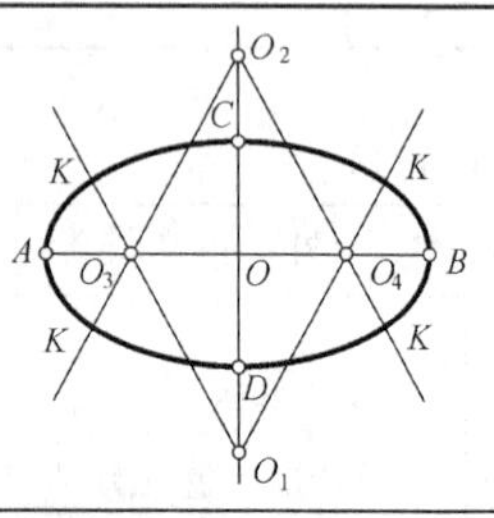
1. 画出长轴 AB、短轴 CD，连长轴与短轴的端点 A、C，以 C 为圆心，长半轴与短半轴之差为半径画弧交 AC 于 E 点	2. 作 AE 的中垂线与长、短轴交于 O_3、O_1 点；并作出其对称点 O_4、O_2	3. 分别以 O_1、O_2 为圆心，O_1C 为半径画大弧，以 O_3、O_4 为圆心，O_4A 为半径画小弧（大小弧的切点 R 在相应的连心线上），即得椭圆

1.4 平面图形的分析及画图步骤

1.4.1 分析平面图形的尺寸与线段

平面图形都是由若干线段（直线或曲线）连接而成的，要正确绘制一个图形，首先必须对平面图形进行尺寸分析和线段分析，弄清哪些线段尺寸齐全，可以直接画出来，哪些线段尺寸不全，通过什么方法才能画出来。下面以图 1-19 为例说明平面图形的分析方法和画图步骤。

1．尺寸分析

在平面图形中，一般包括两类尺寸，即定形尺寸和定位尺寸。在标注尺寸和进行尺寸分析时，首先应确定基准。

（1）尺寸基准

基准是标注尺寸的起点。平面图形由水平和垂直两个方向的坐标系确定，因此，也就有这两个方向的基准。常选择图形的轴线、中心线、对称线或较长的轮廓直线作为尺寸基准。图 1-19 所示手柄的尺寸基准是水平轴线和较长的铅垂轮廓线。

（2）定形尺寸

用以确定图形中各组成部分形状大小的尺寸称为定形尺寸，如线段长度、圆及圆弧的直径或半径、角度的大小等尺寸。图 1-19 中的 15、$\phi20$、$\phi5$、$R15$、$R12$、$R50$、$R10$、$\phi30$ 等均为定形尺寸。

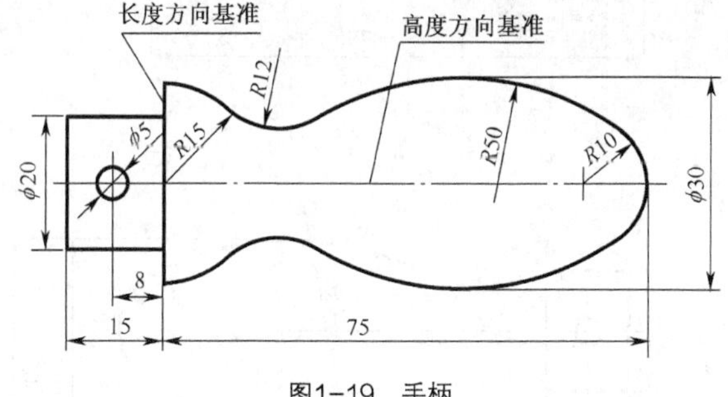

图1-19　手柄

（3）定位尺寸

用以确定图形中各组成部分之间或基准之间相对位置的尺寸称为定位尺寸。图 1-19 中的 8 就是确定 $\phi5$ 小圆位置的定位尺寸。

分析尺寸时常会见到同一尺寸既有定形尺寸的作用，又有定位尺寸的作用，如图 1-19 中，75 既是决定手柄长度的尺寸，又是 $R10$ 圆弧的定位尺寸。

2．线段分析

线段在图形中根据所给定的定形尺寸和定位尺寸是否齐全，可分为以下 3 类。

（1）已知线段

定形尺寸和定位尺寸标注齐全的线段，称为已知线段。作图时根据所给定形和定位尺寸可以直接画出。图 1-19 中的左端由 ϕ20 和 15 组成的矩形框，圆 ϕ5、弧 R15 和弧 R10 都是已知线段。

（2）中间线段

具有定形尺寸和不齐全的定位尺寸的线段，称为中间线段。中间线段不能直接画出，必须借助于其一端与相邻线段相切的关系，通过几何作图方法才能作出，图 1-19 所示手柄中的 R50 弧为中间线段。

（3）连接线段

只有定形尺寸而无定位尺寸的线段，称为连接线段。这类线段需要在其相邻线段作出后，再根据连接关系，通过几何作图的方法画出。图 1-19 手柄中的 R20 为连接线段。

1.4.2 确定作图顺序

通过以上的尺寸分析和线段分析，可归纳出一般平面图形的作图方法与步骤是：尺寸分析→线段分析→画基准线→画已知线段→画中间线段→画连接线段→清理图面完成作图。

图 1-19 所示的图形，在以上分析的基础上，其画图步骤如下。

① 先画基准线，并根据定位尺寸画出定位线，如图 1-20（a）所示。

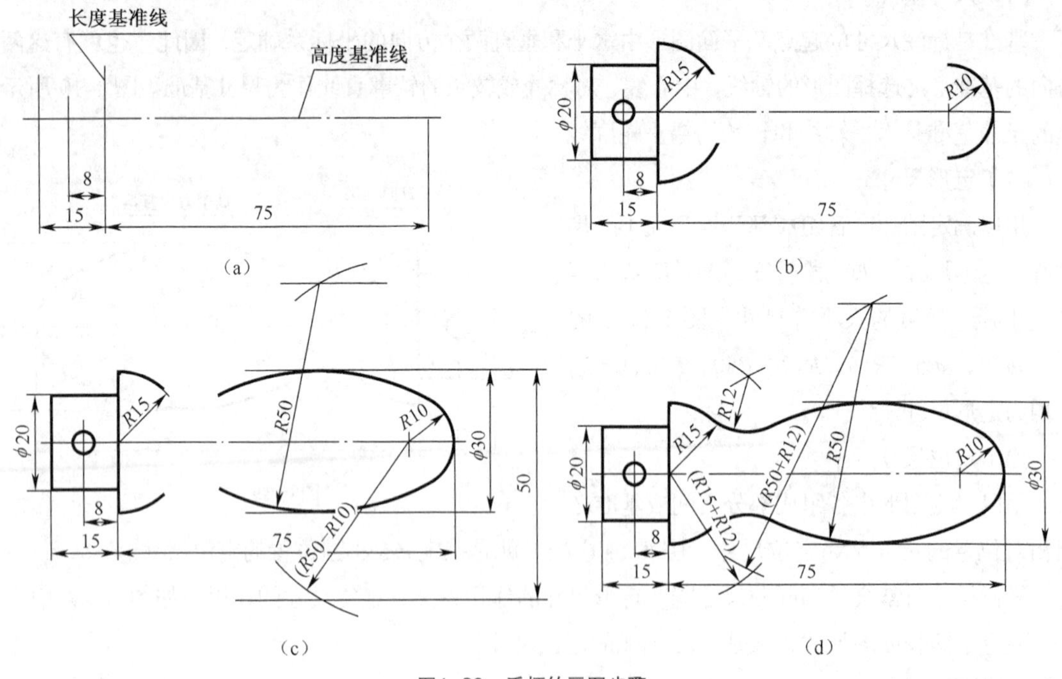

图1-20 手柄的画图步骤

② 画已知线段。在长度基准线左侧画出 ϕ5、ϕ20，在右侧画出 R15 和 R10，如图 1-20（b）所示。

③ 画中间线段 R50。先作一组与 ϕ30 定位线相距为 50 的平行线 L；以 R10 为圆心、（R50−R10）

为半径画弧与 L 线相交，交点即为 $R50$ 的圆心；再继续找到切点并画弧连接，如图 1-20（c）所示。

④ 画连接线段 $R12$。分别以 $R15$ 圆心和 $R50$ 圆心为圆心，以（$R15+R12$）和（$R50+R12$）为半径画弧交于一点，该点即为 $R12$ 的圆心；再继续找切点并画弧连接，如图 1-20（d）所示。

⑤ 擦去不要的线段，按线型要求描深，标注尺寸，完成全图，如图 1-19 所示。

1.4.3　绘图技能

要快速、准确地绘制出美观的图形，除了必须熟悉制图标准，掌握几何作图方法和正确使用绘图工具外，还需要掌握一定的绘图技能，即熟悉尺规绘图（仪器绘图）的一般程序和徒手绘图的方法。

1. 尺规绘图的方法和步骤

（1）做好绘图前的准备工作

① 准备好必需的制图工具和仪器。

② 确定图形采用的比例和图纸幅面的大小。

（2）固定图纸

① 将图纸固定在图板的左下方，并使图纸的底边与图板下边的距离大于丁字尺的宽度。

② 画出图框和标题栏

（3）用细实线画图形底稿

① 确定图形在图纸上的位置，使其位置匀称，且留有标注尺寸的地方。

② 画底稿一般用较硬的铅笔（如 H 或 2H）来画。底稿要轻画，但各种图线要清晰，各定位点要准确。

（4）描深底稿

底稿描深要做到线型正确，粗细分明，连接光滑，图面整洁。

① 粗实线一般用 HB 或 B 铅笔加深。圆规用铅芯要比铅笔软一号。加深粗实线时，按先粗后细、先曲后直、先上后下、先左后右的顺序进行，尽量减少尺子在图纸上的摩擦次数，保证图面整洁。

② 细实线一般用 H 铅笔，按虚线、细点画线、细实线的顺序进行。

（5）画箭头、标尺寸、填写标题栏

（6）校对、清理图面，完成全图

2. 徒手绘图的方法

以目测估计图形与物体的比例，按一定的画法要求徒手绘制的图形称为草图。草图不是潦草之图，草图中的线条也要粗细分明，长短大致符合比例，线型符合国家标准。

在设计、仿制或修理机器时，经常需要绘制草图。草图是工程技术人员交谈、记录、创作、构思的有力工具。徒手绘图是工程技术人员必备的一种基本技能。

（1）直线的画法

画直线时，可先标出直线的两个端点，然后执笔悬空沿直线方向比划一下，掌握好方向后再落笔画线，运笔时目视笔尖和直线终点，匀速运笔。

画水平线时，应自左至右画出；画垂直线时，应自上而下运笔，如图 1-21 所示。为了运笔方便，可将图纸斜放。

图1-21 直线的徒手画法

（2）常用角度画法

画 45°、30°、60° 等角度，可根据两直角边的比例关系，在两直角边上写出两点，然后连接而成，如图 1-22 所示。

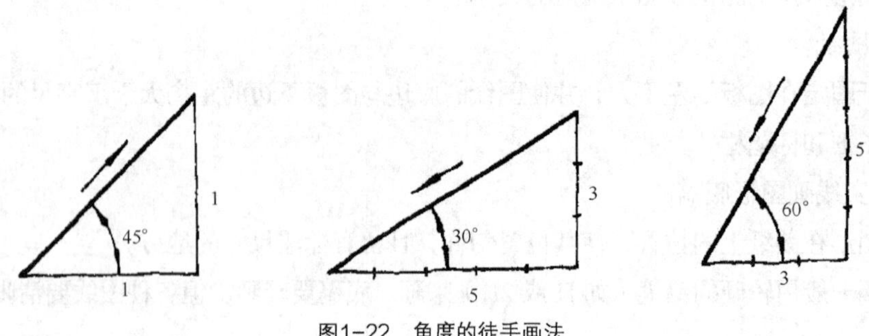

图1-22 角度的徒手画法

（3）圆的画法

画圆时应过圆心先画中心线，再根据半径大小用目测在中心线上定出 4 个点，然后过这 4 个点画圆，如图 1-23（a）所示。对较大的圆，可过圆心加画 45° 斜线，按半径目测定出 8 个点，然后过这 8 个点画圆，如图 1-23（b）所示。

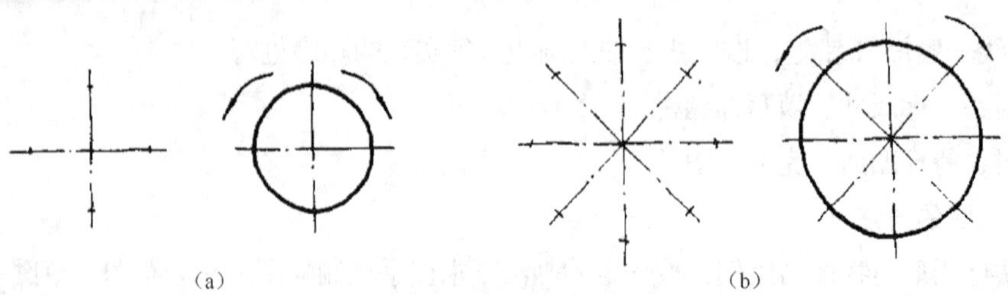

图1-23 圆的徒手画法

（4）椭圆的画法

① 画椭圆时，先画出椭圆的长、短轴，并定出长、短轴的端点，如图 1-24（a）所示。

② 画椭圆的外切矩形，将矩形的对角线六等分，如图 1-24（b）所示。

③ 过长、短轴端点和对角线靠外等分点画出椭圆，如图 1-24（c）所示。

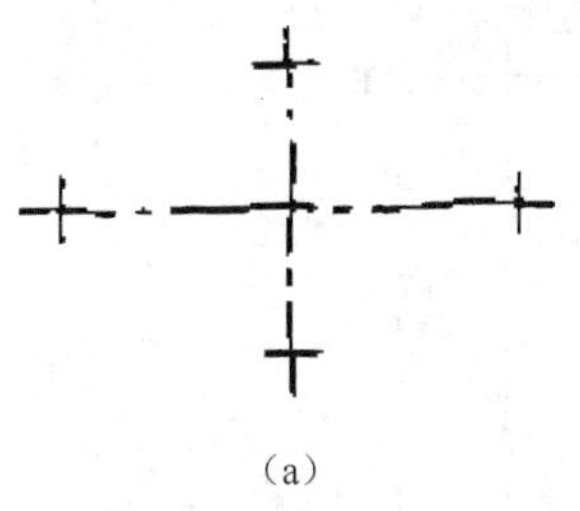
（a）

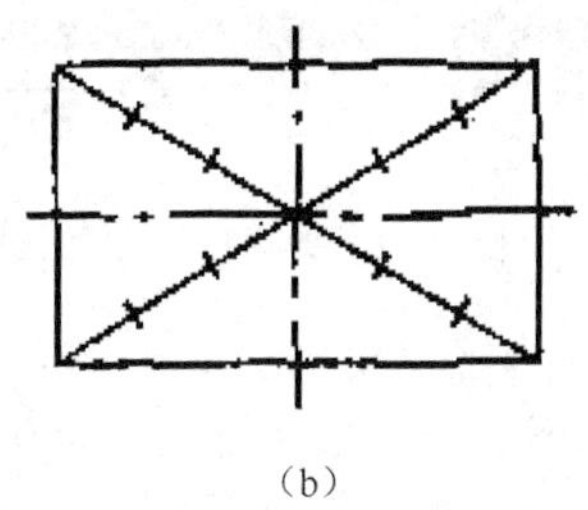
（b）

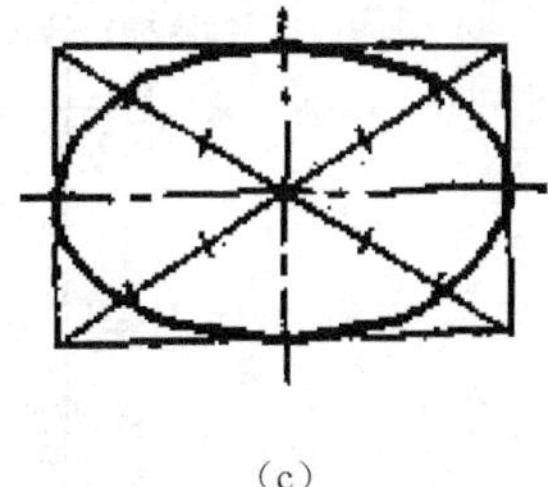
（c）

图1-24 椭圆的徒手画法

（5）平面图形的画法

尺寸较复杂的平面图形，要分析图形的尺寸关系，目测尺寸尽可能准。初学徒手画图，可在方格纸上进行，可以利用方格纸上的线条确定大圆的中心线和主要轮廓线，图形各部分之间的比例可按方格纸上的格数来确定。为了方便徒手绘图时转动图纸，提高绘图速度，草图的图纸一般不固定。

1.5 计算机绘图基础

1.5.1 走进 AutoCAD 2008

计算机软件水平和硬件性能的提高，促进了 CAD（Computer Aided Design，计算机辅助设计）技术的飞速发展和普及。目前，计算机绘图技术在建筑、机械、电子、石油化工、纺织、地质、气象等诸多领域得到了广泛的应用，解决了传统手工绘图中存在的效率低、绘图准确度差及劳动强度大等缺点。计算机绘图已成为工程技术人员必备的技能之一。

AutoCAD 是由美国 Autodesk 公司开发的通用计算机辅助绘图与设计软件包，具有功能强大、易于掌握、使用方便、体系结构开放等特点，能够绘制平面图形与三维图形，标注图形尺寸，渲染图形以及打印输出图纸，深受广大工程技术人员的欢迎。AutoCAD 自 1982 年问世以来，已经进行了 10 余次升级，功能日趋完善，已成为工程设计领域应用最为广泛的计算机辅助绘图与设计软件之一。本节内容将带领读者学习 AutoCAD 2008 软件的使用。

1. 认识 AutoCAD 2008 的工作界面

启动 AutoCAD 2008 应用程序后，进入 AutoCAD 2008 的工作界面，如图 1-25 所示。该工作界面主要由标题栏、菜单栏、工具栏、工具选项板、绘图窗口、文本窗口、命令行与状态栏等元素组成。

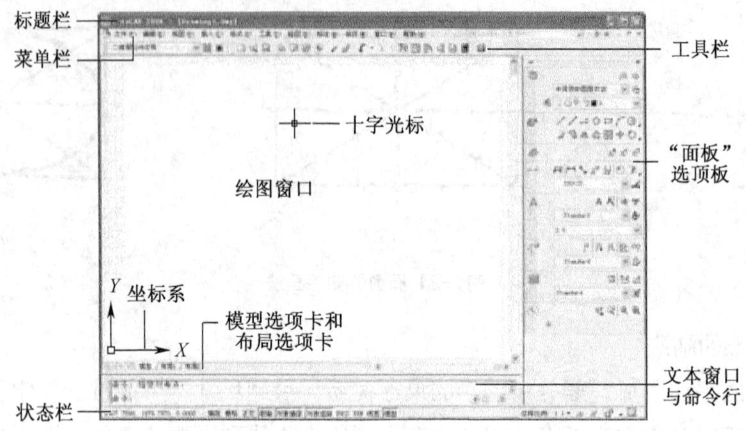

图1-25　AutoCAD 2008的工作界面

（1）标题栏

标题栏位于应用程序窗口的最上面，用于显示当前正在运行的程序名及用户正在使用的图形文件等信息。右端为最小化、最大化或关闭和还原应用程序窗口的按钮。

（2）菜单栏

菜单栏由"文件"、"编辑"、"视图"等 11 个主菜单组成，它们几乎包括了 AutoCAD 中全部的功能和命令，如图 1-26 所示。

图1-26　菜单栏

（1）同时按"Alt"和菜单右括号内的字母键，即可快速打开对应的菜单项，如"Alt+F"可快速打开"文件（F）"菜单、"Alt+V"可快速打开"视图（V）"菜单等。

（2）菜单项以灰色显示，表示目前尚不具备执行该命令的条件，命令无效。

（3）命令后带有"..."表示该命令将调用一个对话框。

（4）命令后带有"▶"黑色小三角时，表示该命令不是最终命令，如图 1-27 所示。

（3）工具栏与面板

① 标准工具栏。图 1-28 所示是默认的系统工具。

② 面板。图 1-29 所示是 AutoCAD 2008 工作界面的一个新组成。它将功能命令有机地集合在一组按钮中。将光标放在某个按钮上时，稍等片刻，就会在该按钮的一侧显示相应的功能，此时，单击该按钮可以启动相应的命令。

单击面板右上角的"－"按钮，可以使面板折叠，将绘图区域最大化。使用时，只要将光标移动到右侧面板区域上，系统会自动将面板弹出。单击面板右下角的自动隐藏按钮，可将面板固定在

屏幕上。

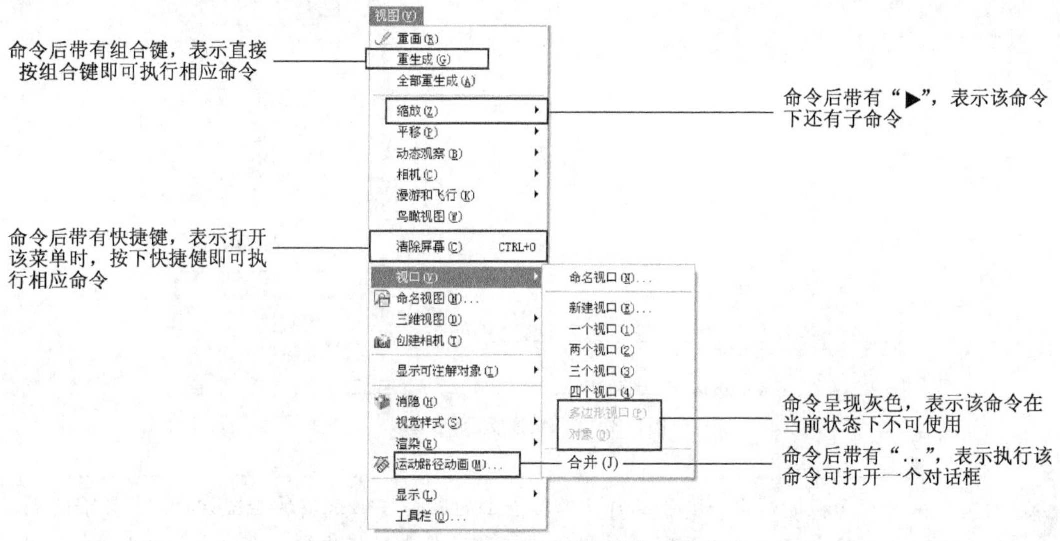

图1-27 菜单选项

图1-28 默认的系统工具

面板的调用与撤销，可通过下拉菜单“工具”→“选项板”→“面板”实现，如图 1-30 所示。

AutoCAD 2008 可以设置 3 种（二维草图与注释、三维建模和 AutoCAD 经典）不同的绘图空间。单击左上角的下拉按钮，弹出如图 1-31 所示的菜单，可以选择不同的绘图空间，同时，系统会弹出包含相应工具按钮的面板。图 1-32 所示是三维建模工作空间，图 1-33 所示是 AutoCAD 经典工作空间。

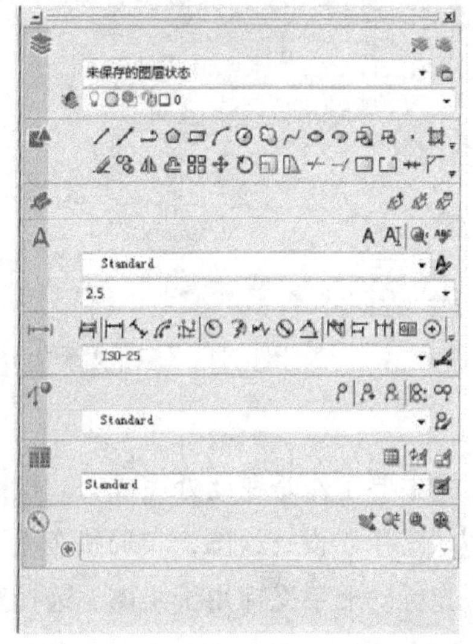

图1-29 面板

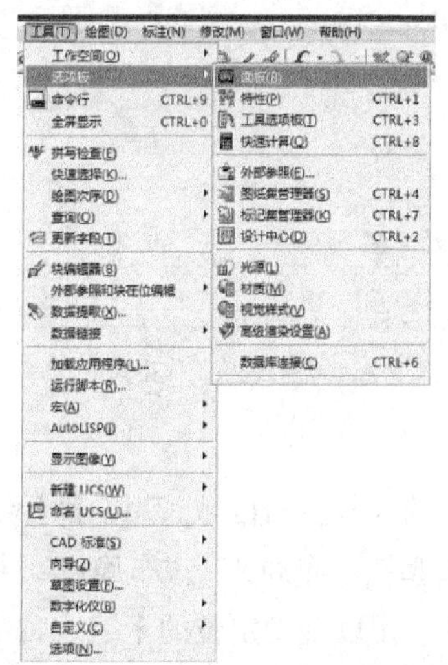

图1-30 面板的调用

图1-31 选择不同绘图空间菜单

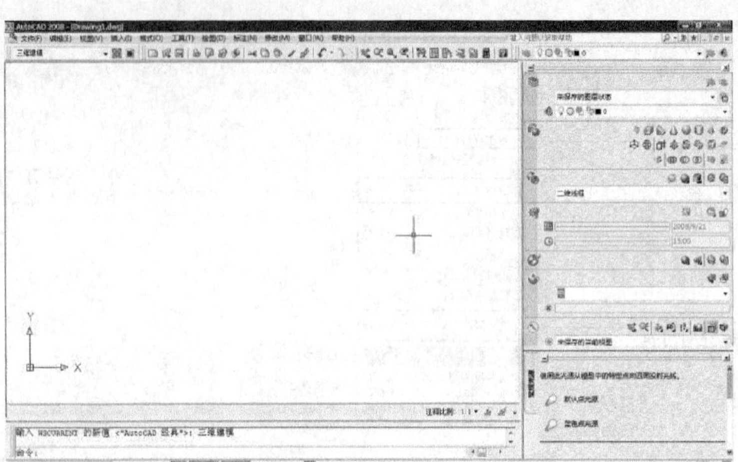

图1-32　三维建模工作空间

在没有面板的情况下，可以通过工具条上的命令按钮来实现绘图设计。工具条的调用方法是：将光标放在任一个工具栏的非标题区单击鼠标右键，系统会打开如图 1-34 所示的标签。利用标签可装载或卸载工具条，并可在屏幕上任意放置。

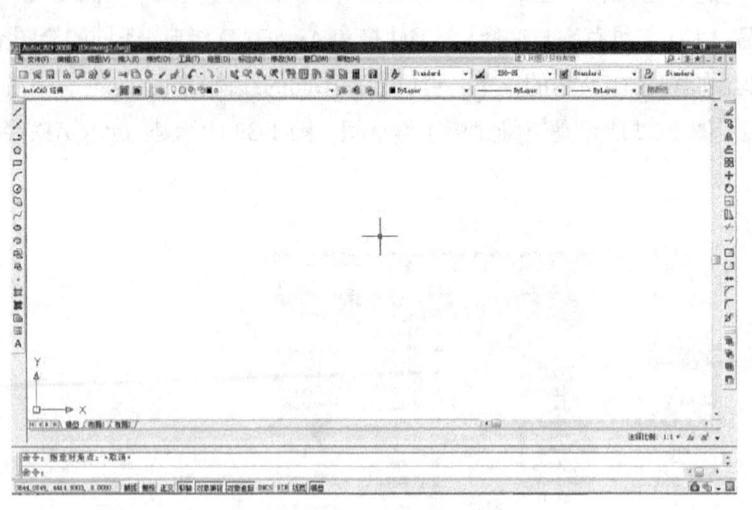

图1-33　AutoCAD经典工作空间

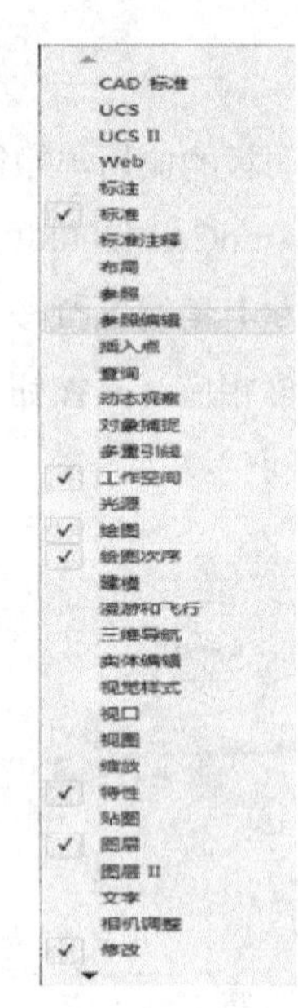

图1-34　工具条标签的调用

（4）绘图区与十字光标

绘图区是指标题栏下方的大片空白区域，用户设计绘图的主要工作是在此处完成的。绘图区有 3 种状态，分别是“模型”、“布局 1”、“布局 2”，模型状态用于设计绘图，布局状态用于图纸打印设置。在绘图区中，用以辅助定位的十字线称十字光标。十字光标用于绘图、选择对象等。

（5）状态栏

状态栏在屏幕的底部，反映当前的工作状态，左端显示绘图区中光标定位点的坐标 *X*、*Y*、*Z*，在右侧依次有“捕捉”、“栅格”、“正交”、“极轴”、“对象捕捉”、“对象追踪”、“DUCS（允许/禁止动态 UCS）”、“DYN（动态数据输入）”、“线宽”和“模型”10 个功能开关按钮。另有注释比例状态栏和工具栏/窗口位置锁等。

（6）命令提示行

命令提示行用于接受用户输入的命令，并显示 AutoCAD 提示的信息。

① 拖动命令提示行窗口，可将其放在屏幕的任何位置。

② 按“F2”键（开/关键），可打开或关闭“AutoCAD 文本编辑窗口”，此窗口是放大的命令窗口，它记录了用户所输入的所有命令，用户可在此编辑或输入新命令。

③ AutoCAD 通过命令提示行窗口，反馈各种信息，包括出错信息。因此，用户要时刻关注在命令提示行窗口中出现的信息。

（7）坐标系与坐标

在绘图过程中，如果要精确定位某个对象的位置，就需要以某个坐标系作为参照。在进入 AutoCAD 绘图区时，系统自动进入的坐标其左下角为（0，0），如图 1-25 所示。AutoCAD 就是采用这个坐标系统来确定图形矢量的，该坐标称为世界坐标系（WCS）。用户可根据需要建立自己的坐标系，称用户坐标系（UCS）。

在 AutoCAD 中，点的坐标可以用直角坐标、极坐标表示，每一种坐标又分为绝对坐标和相对坐标。

① 直角坐标法。用 *X*、*Y*、*Z* 3 个数值表示某点的位置。

在绝对坐标输入方式下，表示为“*X*、*Y*、*Z*”（在平面绘图中，*Z* 坐标为 0，可省略）。例如：在命令行中输入点的坐标提示下输入“15，18”，则表示输入了一个 *X*、*Y* 的坐标值分别为 15、18 的点，此为绝对坐标输入方式，表示该点的坐标是相对于当前坐标原点的坐标值，如图 1-35（a）所示。

在相对坐标输入方式下，需在坐标值前加上“@”。例如：输入“@10，20”，则为相对坐标输入方式，表示该点的坐标相对于前一点坐标 *X* 轴的增量为 10，*Y* 轴增量为 20，如图 1-35（b）所示。

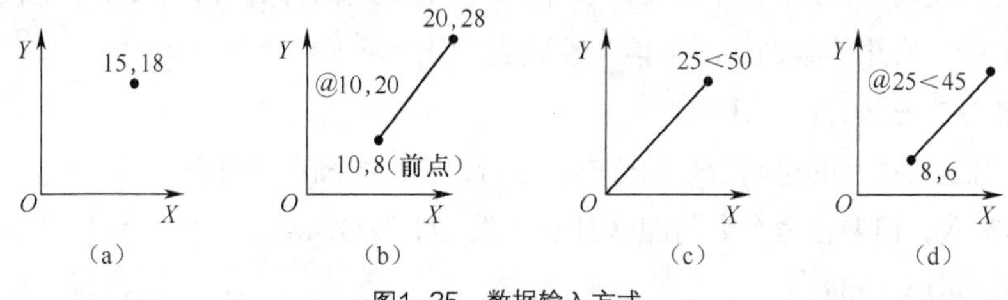

图1-35　数据输入方式

② 极坐标法。用长度和角度表示的坐标称为极坐标，极坐标只能用来表示二维点的坐标。

在绝对坐标输入方式下，表示为“长度<角度”，如“25<50”表示该点到坐标原点的距离为 25，该点至坐标原点连线与 *X* 轴正向的夹角为 50°，如图 1-35（c）所示。

在相对坐标输入方式下，表示为“@长度<角度”，如“@25<45”表示长度为该点到前一点的

距离为25，角度为该点至前一点连线与X轴正向的夹角为45°，如图1-35（d）所示。

2. 基本输入操作

AutoCAD 系统所有的功能都是通过命令的执行来完成的，系统命令的执行方式大致可分为两类：一类是执行命令后在出现的对话框中直接完成各项操作；另一类则需要不断地根据键盘命令区的提示输入正确的选项，经过多次反复后方可执行命令。这种AutoCAD系统所特有的“实时交互”方式应引起操作者的注意，操作时要养成随时观察命令行提示信息的良好习惯，切忌盲目操作。

（1）命令的输入方式

AutoCAD 2008 常用的输入设备有鼠标和键盘，一般在绘图的时候是两种设备结合进行的：利用键盘输入命令和参数，利用鼠标执行工具栏中的命令、选择对象和捕捉关键点等。

① 使用键盘输入命令与变量。所有的AutoCAD命令都可以通过键盘输入在命令行中执行（而且部分命令只有在命令行中才能执行），并且文本内容、坐标、数值以及各种参数的输入大部分是通过键盘来进行的。

用键盘执行命令的方法为：在“命令（COMMAND）:”状态下键入命令名（命令字符不分大小写，且可使用缩写命令），然后按回车键或空格键执行。

由于AutoCAD与汉字输入法的兼容问题，在命令行输入命令或数字时，最好关闭汉字输入法。

② 使用鼠标绘图。使用鼠标绘图包含两方面意思：通过鼠标从工具栏中点取图标来执行命令和在绘图区域里选择对象并绘图。

当鼠标在绘图区时，光标呈十字形，按下左键，相当于输入该点的坐标；当鼠标在绘图区外时，光标呈空心箭头，此时可以用鼠标左键选择（单击）各种命令或移动滑块；当鼠标在不同区域时，单击鼠标右键可以打开不同的快捷菜单，通过选择菜单项完成相应操作。

（2）透明命令

AutoCAD 中有些命令可以插入到另一条命令执行过程中执行，如当使用LINE命令绘制一条直线到一半时，可以使用ZOOM命令放大显示对象，然后继续执行LINE命令，类似ZOOM这样的命令称为透明命令。常用的辅助绘图工具一般都是透明命令。

输入透明命令的方法有以下几种。

① 直接单击工具栏上的透明命令图标或状态行中辅助绘图命令开关。

② 从键盘键入，但要在命令名前加单引号“'”，如“ZOOM”。

（3）命令的重复与中断

① 重复执行命令。

a. 在“命令（COMMAND）:”状态下，按回车键或空格键将重复执行上一次使用的命令。

b. 也可以将光标移动到命令行窗口，并在其中单击鼠标右键，系统会弹出快捷菜单，从快捷菜单中指向“近期使用的命令”的下一级菜单内容，选择最近使用过的6个命令之一就可以重复执行该命令。

② 删除图形对象。要删除已经绘制的图形对象，可输入 erase（缩写 e）或单击或选择菜单“修改”→“删除”，当光标变成“□”时，单击要删除的对象，按右键或空格键或回车键确认。

③ 撤销与恢复操作。在使用 AutoCAD 的过程中，不可避免地会出现操作失误的问题。可以用系统提供的撤销功能来修正这些错误。在命令行中执行 undo 命令、选择“编辑”中的“撤销”命令、使用快捷键“Ctrl + Z”或者使用标准工具栏中命令图标就可以撤销前一次或多次的操作。撤销一个或多个操作之后，如果又希望恢复某个操作，可以在命令行中执行 redo 命令、选择“编辑”中的“重做”命令或者使用标准工具栏中命令图标。

④ 命令的中断与结束。命令中断是指命令在执行过程中发现错误而强行结束命令的操作，可以按“Esc”键完成。

命令结束是指完成任务后正常地结束命令，大多数命令在完成任务后会自动结束，但个别命令必须通过按回车键或单击鼠标右键结束命令。

（4）命令选项

AutoCAD 2008 中的许多命令（无论采用哪种方式执行）都包含多个命令选项（也称子命令），输入其中的大写英文字母或数值就可得到相应的选项，如果直接回车则表示选择的是默认选项。如使用 CIRCLE 命令画圆后，键盘命令区提示如下。

```
指定圆的圆心或[三点(3P)/两点(2P)/相切、相切、半径(T)]:
```

直接回车，表示通过圆心和半径画圆；输入 3P，表示通过三点画圆；输入 2P，表示通过两点画圆；输入 T，表示在选择两条切线后，再输入半径画圆。

3. 图形文件管理

AutoCAD 2008 与其他 Windows 应用程序一样，其文件的管理包括新建图形文件，打开、保存已有的图形文件，以及退出打开的文件。

（1）创建新的图形文件

启动创建新的图形文件命令有如下 4 种方法。

- 命令行：NEW。
- 菜单：“文件”→“新建”。
- 标准工具栏：。
- 快捷键：“Ctrl + N”。

通过以上任一种方法，都会打开如图 1-36 所示的选择样板对话框，在“文件类型”下拉列表框中有 3 种格式的图形样板，扩展名分别是“.dwt”、“.dig”、“.dews”。一般情况下“.dwt”是标准的图形样板文件，通常将一些规定的标准性的样板文件设成“.dwt”文件；“.dig”是普通的样板文件；而“.dews”文件是包含标准图层、标注样式、线型和文字样式的样板文件。对一般用户选择“acad.dwt”或“acadiso.dwt”即可。

（2）打开图形文件

打开原有的图形文件进行编辑有以下方法。

- 命令行：OPEN。

- 菜单："文件"→"打开"。
- 标准工具栏：。
- 快捷键："Ctrl + O"。

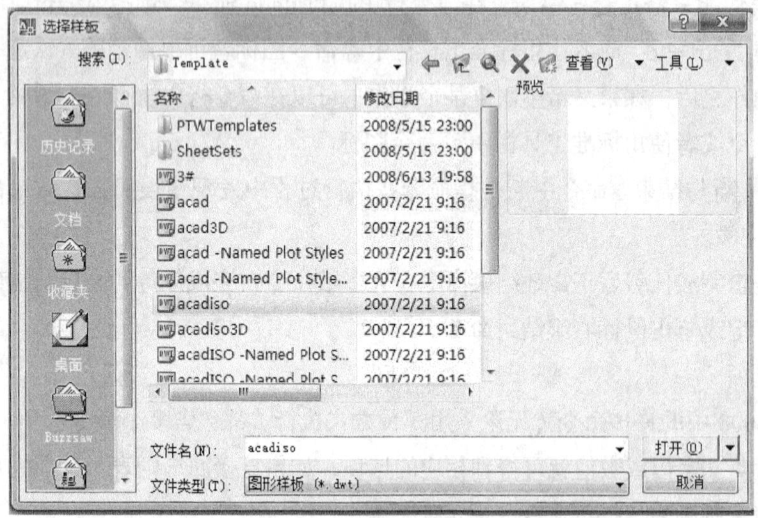

图1-36 新建对话框

打开文件的操作步骤如下。

- 启动打开文件命令，系统将打开"选择文件"对话框，如图1-37所示。

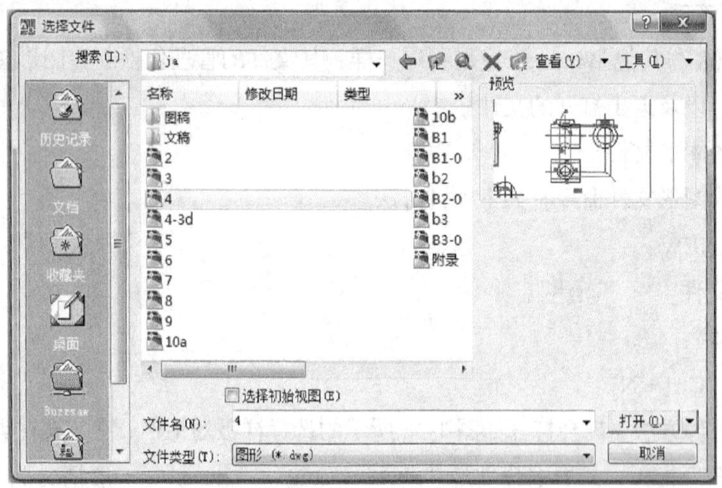

图1-37 打开文件对话框

- 在"搜索"下拉列表框中指定要打开的文件路径。
- 在"文件类型"下拉列表框中选择要打开的文件类型。
- 在"名称"列表框中选择要打开的文件，右边的"预览"框中显示了对应的图形，如图1-37所示。
- 单击"打开（O）"按钮右侧的按钮，系统将打开如图1-38所示的列表框，在该列表框中可选择打开的方式。

（3）保存图形文件

保存命令是对当前图形存盘，启动保存图形文件命令有以下几种方法。

- 命令行：SAVE 或 QSAVE 或 SAVE AS。
- 菜单：“文件” → “保存” 或 “另存为”。
- 标准工具栏：![]。
- 快捷键：“Ctrl + S”。

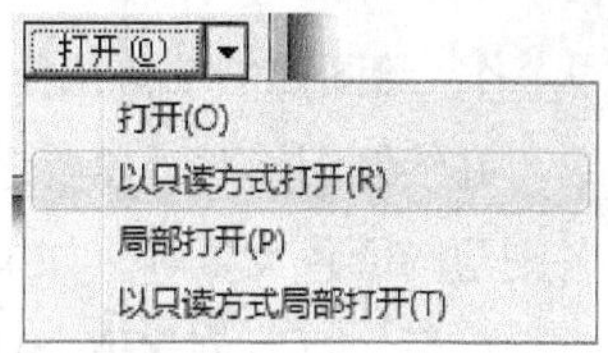

图1-38　打开样式

保存文件的步骤如下。

- 启动保存图形文件命令，系统将打开“图形另存为”对话框，如图 1-39 所示。

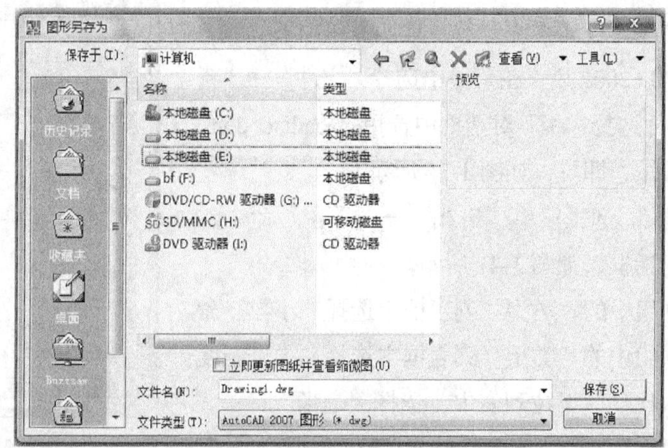

图1-39　图形另存为对话框

- 在“保存于”下拉列表中指定图形文件保存的路径。
- 在“文件名”文本框中指定图形文件名称。
- 在“文件类型”下拉列表中选择图形文件要保存的类型。
- 设置完成后单击“保存（S）”按钮。

若所编辑的文件是已保存过的文件，当再次执行“文件→保存”命令时，不会打开如图 1-39 所示的对话框，而是按原文件名保存。但若执行“文件→另存为”命令，则再次打开如图 1-39 所示的对话框，提示用户重新设置保存路径、文件名和文件类型。

（4）关闭图形文件

完成图形绘制或设置后，启动关闭图形文件的操作，应按下面的方法之一进行。

- 命令行：QUIT 或 EXIT。
- 菜单：“文件” → “退出”。
- 标题栏：![]。
- 快捷键：“Ctrl + F4”。

启动关闭命令后，如果当前图形没有存盘，将打开“AutoCAD”对话框，如图 1-40 所示，用户可以根据情况选择。

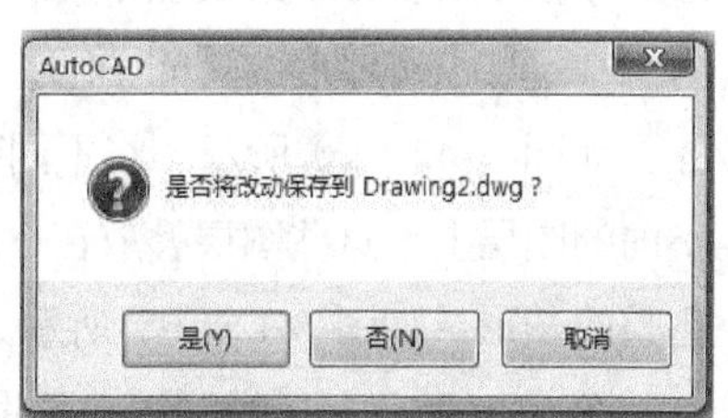

图1-40　“AutoCAD”对话框

1.5.2 绘制平面图形

1. 绘图前的准备工作（创建图形样板）

在绘制图形时，总要进行大量重复性的设置工作，如绘图环境、常用的图层、线型以及图形中各图层的颜色设置等。如果每次绘制图样，都要进行这些设置，就会造成时间上的浪费。为了解决这个问题，可以创建适合自己的图形样板，即“.dwt”文件。每次绘制图样时，只需调用图形样板即可，这样就可避免重复性的设置工作。下面介绍图形样板的创建方法。

（1）设置绘图环境

首先需要设置绘图环境和系统参数，具体操作如下。

① 启动 AutoCAD 2008 后，在菜单中选择“文件”→“新建”命令，在弹出的“选择样板”对话框中选用“acadiso. dwt”模板，单击“打开”按钮即可，如图 1-36 所示。

② 设置绘图单位。选择菜单“格式”→“单位”命令，打开“图形单位”对话框，如图 1-41 所示。

在“长度”选项组中的“类型”列表框中选择“小数”命令；在“角度”选项组中的“类型”列表框中选择“十进制度数”命令；在“插入比例”下拉列表中，选择“毫米”。

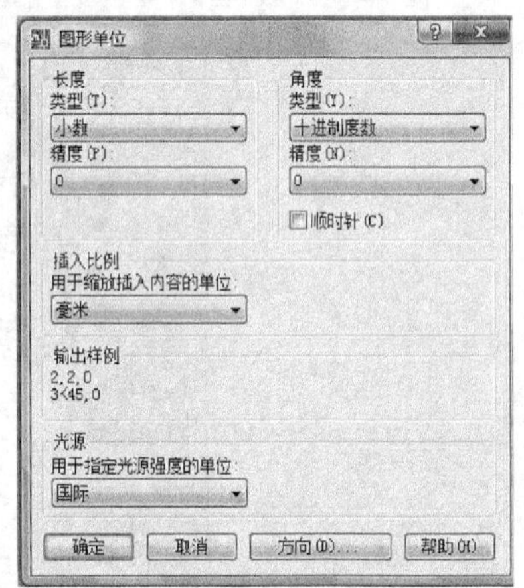

图1-41 单位设置

③ 设置绘图界限。选择菜单中“格式”→“图形界限”命令。执行该命令后，系统在命令行给出如下提示：

```
指定左下角点或[开(ON)/关(OFF)] <0.0000,0.0000>:回车后，系统给出下列提示：
指定右上角点 <420.0000,297.0000>:（输入图纸幅面尺寸）
```

系统默认为 A3 图幅。用户可根据绘图实际需要，输入其他图幅的另一点尺寸坐标，如 A4 为“297，210”。

设置了绘图界限后，当栅格显示被打开时，栅格将显示在整个图形界限里面。在进行视图缩放时，使用 ZOOM 命令中的 all 选项将按图形界限显示整幅图形。当图形界限被打开（即选择 ON 选项）时，将无法在图形界限以外绘制图形。

（2）设置图层、线型和颜色

为了有效地控制和组织图形，一般将不同的图形对象根据需要分别绘制在不同的图层上。图层相当于一层层没有厚度的透明图纸，各层之间完全对齐，如图 1-42（a）所示。将不同属性的对象画在不同的图层上，这些图层叠放在一起就构成了一幅完整的图形，如图 1-42（b）所示。

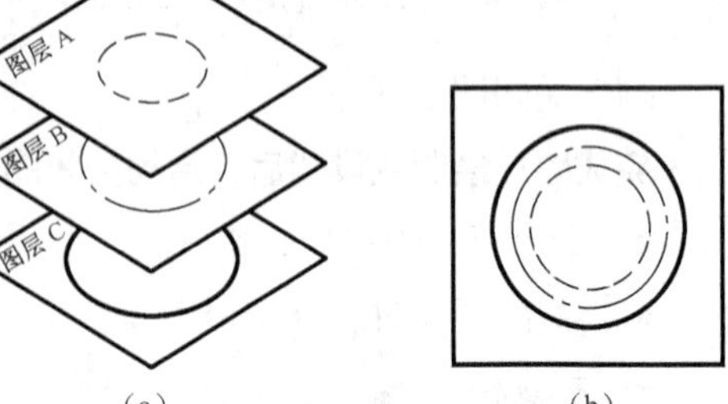

图1-42 图层示意图

图 1-43 所示是机械制图中常用的图层，设置图层的具体步骤如下。

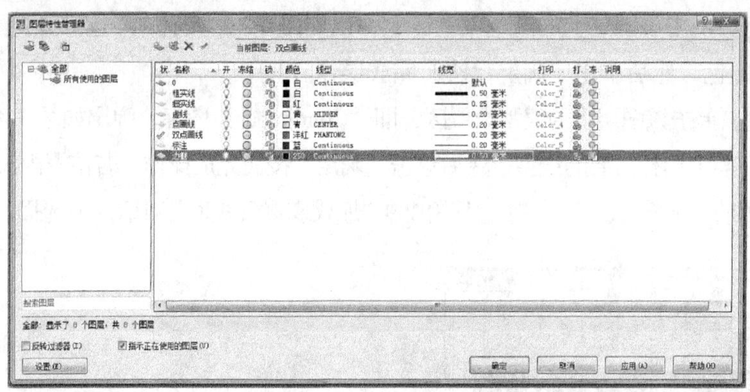

图1-43　图层示例

① 打开“图层特性管理器”。选择菜单中“格式”→“图层”命令，或单击图层工具栏中的按钮，弹出“图层特性管理器”对话框，其中显示当前的图层数目和状态，如图 1-44 所示。

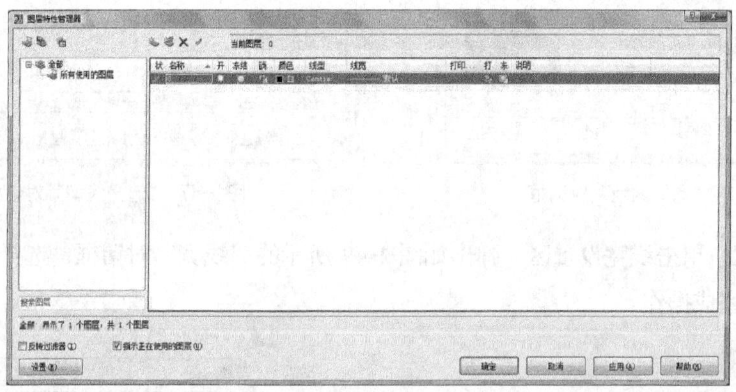

图1-44　图形的初始图层状态

② 新建图层。在“图层特性管理器”中，单击（新建图层）按钮，在图形中创建一个新图层，系统自动命名为“图层 1”，如图 1-45 所示。此时图层名称呈现为可编辑状态，可给其重新命名。同理，对于不使用的图层，用户可单击删除按钮，删除该图层。

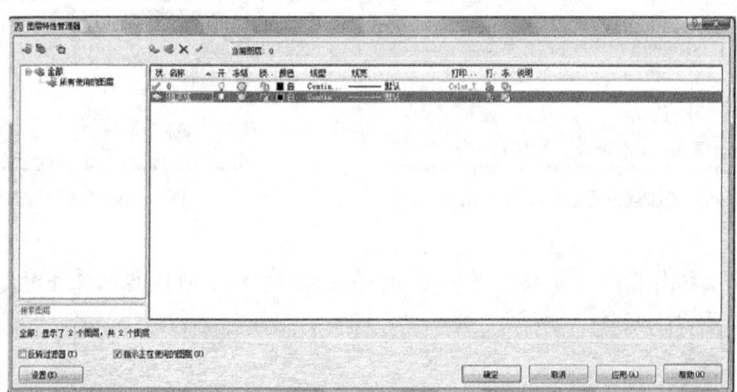

图1-45　新建图层

③ 设置颜色。单击该图层上的颜色设置区，弹出如图 1-46 所示的“选择颜色”对话框，在其中可选择不同的颜色，然后单击“确定”按钮完成操作。

④ 设置线型。单击该图层上的线型设置区，即“Continuous”图标，弹出如图 1-47 所示的“选择线型”对话框，在其中选择需要的线型，然后单击“确定”按钮完成操作。若该框内没有要用的线型，可单击该对话框上的“加载（L）...”项，从弹出的“加载或重载线型”对话框中选择，如图 1-48 所示。

图1-46 “选择颜色”对话框

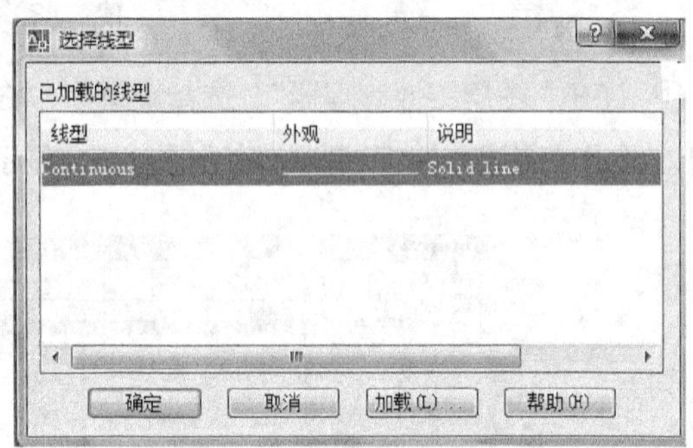

图1-47 “选择线型”对话框

⑤ 设置线宽。单击线宽设置区，弹出如图 1-49 所示的“线宽”对话框，选择合适的线宽，单击“确定”按钮完成操作。

图1-48 “加载或重载线型”对话框

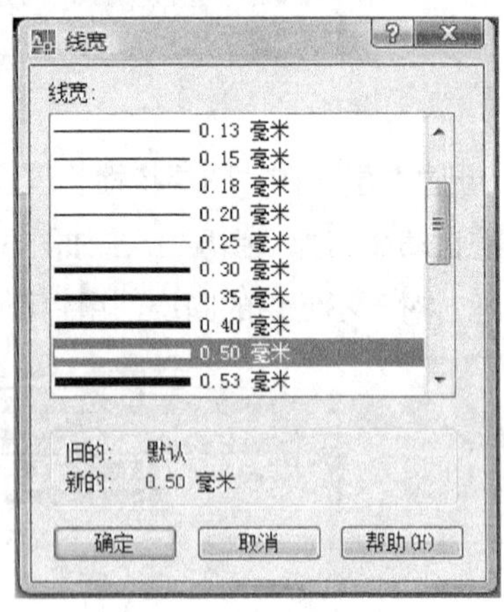

图1-49 “线宽”对话框

将以上操作保存为扩展名“.dwt”的样板文件，以后新建其他文件时，可直接调用，不需再重复以上操作。

⑥ 图层特性的其他操作。

- 图层打开 /关闭 ：使该图层上的图形可见或不可见。
- 图层冻结 /解冻 ：被冻结的图层上的图形不仅不可见，同时也不参加运算，有利于提高运行速度，冻结后的图层必须解冻后才可见。
- 图层加锁 /解锁 ：图层加锁后，该图层上的图形可见但不可编辑，要编辑该图层上的对象必须解锁。
- 图层打印 /不打印 ：控制是否打印该图层中的图形。

由于图层的打开与关闭、冻结与解冻、加锁与解锁是几项经常进行的操作，在AutoCAD中可以通过图层工具栏下拉列表快速完成这些操作，而不必打开图层特性对话框。

2. 绘制简单图形

（1）用直线命令绘图

【启动命令】

- 命令行：LINE（缩写L）。
- 菜单："绘图" → "直线"。
- 工具栏："绘图工具栏" → " "。

【命令响应及选项说明】

启动命令后命令行提示如下。

LINE 指定第一点：　（用光标指定或命令行输入线段起点坐标）
指定下一点或[放弃（U）]：　（指定线段下一点的坐标）

若用户连续确定直线端点，则在确定到第四个端点后，命令行上提示如下。

指定下一点或[闭合（C）/放弃（U）]：（此时若输入C选项，系统自动将最后一点与第一点连接成封闭图形并结束命令；若输入U选项，可放弃指定的起点或绘制的上一条线段）

若在命令提示下按回车键，则结束直线绘制命令，回到等待命令输入状态。

【实例操作】用直线命令绘制如图1-50所示的图形，步骤如下。

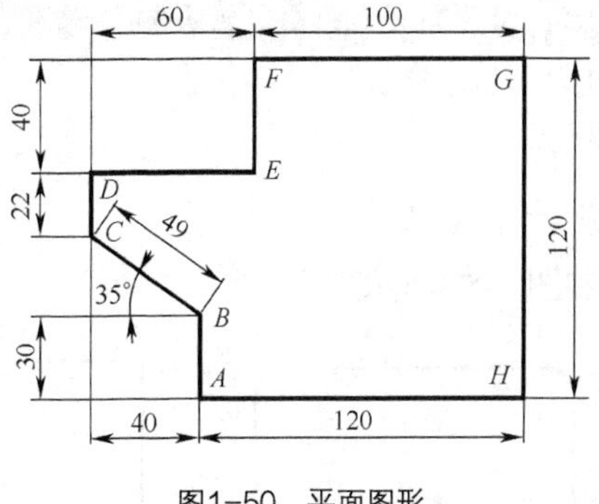

图1-50　平面图形

命令：L↙

LINE 指定第一点：（用鼠标直接输入A点）
指定下一点或[放弃（U）]：@0,30↙　（输入B点相对坐标）

指定下一点或[放弃（U）]：@49<145↙或@49<-215↙ （输入*C*点相对坐标）

指定下一点或[闭合（C）/放弃（U）]：@0,30↙（输入*D*点相对坐标）

依次在“指定下一点或[闭合（C）/放弃（U）]：”提示下输入其他点的坐标，*E*(@60,0)，F(@0,40)，*G*(@100,0)和*H*(@0,-120)，最后输入C并按回车键，即可得到封闭的图形。

在用坐标确定点的位置时，可以通过一种更简便的方法来提高操作速度。当第一点位置确定后，只需移动光标给出新点的方向，然后输入距离值就可迅速确定新点位置。例如图1-50中，当*A*点确定后，只要将光标移到*A*点正上方（或打开正交）输入30后回车就可确定*B*点。然后在状态栏中打开极轴，将光标移到*B*点左上方，当光标显示图1-51所示正确角度时，输入直线长度49后回车就可确定*C*点。

（2）绘制矩形

【启动命令】

- 命令行：RECTANG。
- 菜单：“绘图”→“矩形”。
- 工具栏：“绘图工具栏”→“□”。

【命令响应及选项说明】

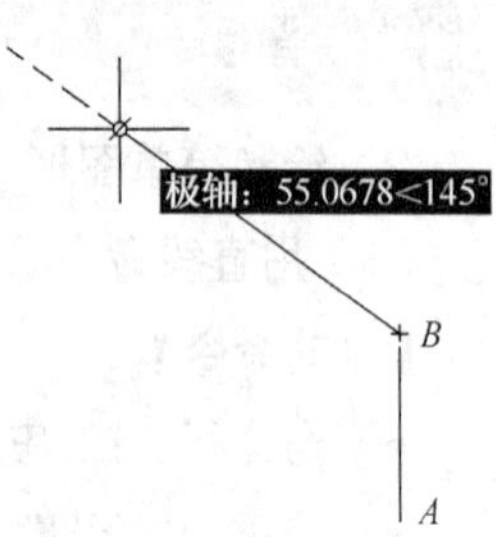

图1-51 极轴追踪

启动命令后命令行提示：

指定第一个角点或［倒角(C)/标高(E)/圆角(F)/厚度(T)/宽度(W)］：（输入矩形第一角点坐标（默认选项）或某一选项）

- “指定第一个角点”：默认选项，即通过矩形的两个对角点来绘制矩形。
- 选项C：绘制带全角的矩形，如图1-52（a）所示。
- 选项E：设置矩形的高度。这里高度是指相对于*XOY*平面，将图形抬高或下降多少，当取正值时为抬高，取负值时为下降。
- 选项F：绘制带有圆角的矩形，如图1-52（b）所示。
- 选项T：绘制带有厚度的矩形。厚度是指将*XOY*平面上的图形拉伸成具有一定厚度的三维图形。
- 选项W：设置矩形的线宽。

当输入默认选项“第一个角点”时，系统继续提示如下。

指定另一个角点或［面积（A）/尺寸（D）/旋转（R）］：（默认选项为输入矩形的另一角点坐标，或某一选项）

- 选项A：根据面积画矩形。
- 选项D：根据长和宽画矩形。
- 选项R：可将所绘矩形旋转。

【实例操作】用矩形命令绘制图1-53所示矩形。

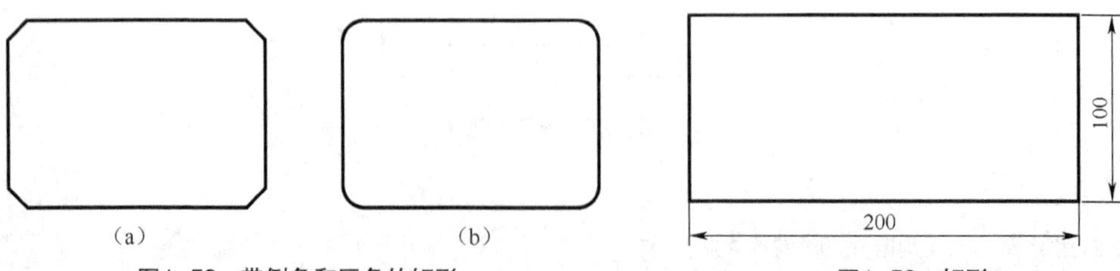

图1-52 带倒角和圆角的矩形

图1-53 矩形

方法 1

命令：RECTANG↙

```
指定第一个角点或 [倒角(C)/标高(E)/圆角(F)/厚度(T)/宽度(W)]:(用鼠标或键盘输入第一个角点的坐标)
指定另一个角点或 [面积(A)/尺寸(D)/旋转(R)]:@200,100↙（输入另一角点的坐标）
```

方法 2

命令：RECTANG

```
指定第一个角点或 [倒角(C)/标高(E)/圆角(F)/厚度(T)/宽度(W)]:(用鼠标或键盘输入第一个角点的坐标)
指定另一个角点或 [面积(A)/尺寸(D)/旋转(R)]:D↙（选择“尺寸（D)”选项）
指定矩形的长度 <100.0000>: 200↙    （输入矩形长度 200）
指定矩形的宽度 <50.0000>: 100↙     （输入矩形宽度 100）
```

单击鼠标完成绘图。

（3）绘制正多边形

【启动命令】

- 命令行：POLYGON。
- 菜单：“绘图” → “正多边形”。
- 工具栏：“绘图” → “⬠”。

【命令响应及选项说明】

启动命令后命令行提示：

```
输入边的数目 <3>:   （输入正多边形的边数）
指定正多边形的中心点或 [边(E)]:（指定多边形的中心或输入 E 使用“边”选项）
输入选项 [内接于圆(I)/外切于圆(C)] <I>:（输入一个选项或直接回车使用默认选项 I）
指定圆的半径：（输入假想圆的半径）
```

- 选项 E：通过指定正多边形的一条边的两个端点来绘制正多边形，如图 1-54（a）所示。
- 选项 I：通过指定正多边形假想外接圆的半径来绘制正多边形，如图 1-54（b）所示。
- 选项 C：通过指定正多边形假想内切圆的半径来绘制正多边形，如图 1-54（c）所示。

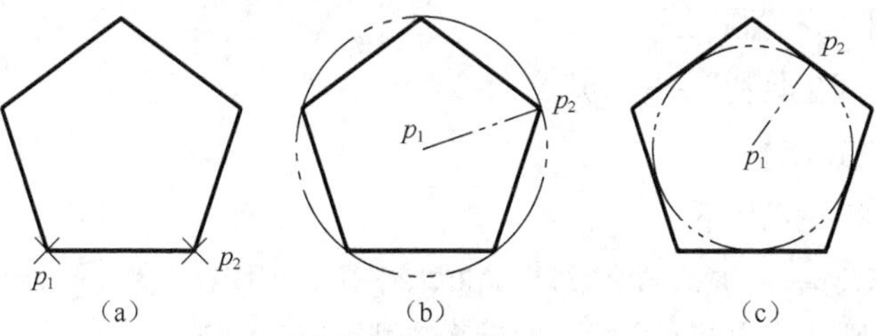

图1-54 正多边形的画法选项

【实例操作】绘制如图 1-55（c）所示的图形。

操作步骤如下。

① 绘制正五边形。

命令：POL↙

```
输入边的数目 <3>: 5↙（输入正五边形的边数 5）
指定正多边形的中心点或 [边(E)]:（在屏幕上适当位置单击鼠标指定五边形的中心）
输入选项 [内接于圆(I)/外切于圆(C)] <I>: I↙（输入 I 选项）
指定圆的半径: 100↙（输入假想圆的半径）
```

得到如图 1-55（a）所示的五边形。

② 用直线命令绘制如图 1-55（b）所示的图形。

③ 删除五边形。

a. 调用删除命令。

命令行：ERASE（缩写 E）↙

菜单："修改"→"删除"。

工具栏："修改工具栏"→"✐"。

b. 启动"删除"命令后，系统提示如下。

选择对象：此时光标变成"□"，单击要删除的对象（五边形），如图 1-55（b）所示。

删除对象：按右键或空格键或回车键确认后，五边形即被删除，如图 1-55（c）所示。

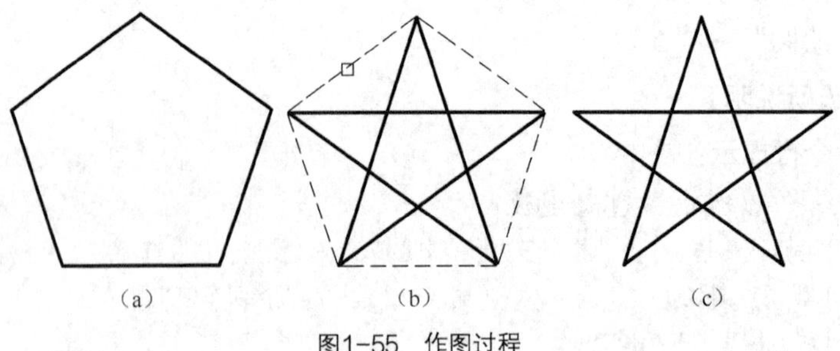

图1-55 作图过程

（4）绘制圆

【启动命令】

- 命令行：CIRCLE（缩写 C）。
- 菜单："绘图"→"圆"。
- 工具栏："绘图工具栏"→"⊙"。

【命令响应及选项说明】

启动命令后命令行提示如下。

```
指定圆的圆心或[三点(3P)/两点(2P)/相切、相切、半径(T)]:
```

其中直接回车为默认指定圆心方式，然后系统继续提示如下。

```
指定圆的半径或[直径(D)]:（输入半径或选项 D 输入直径）
```

这种方式可通过圆心点及半径（或直径）绘制圆。

- 选项 3P：给定圆周上的 3 点画圆。
- 选项 2P：给定直径上的端点画圆。
- 选项 T：指定两个对象（可以是直线、圆弧、圆）和半径，画与这两个对象相切的圆。

● 在菜单："绘图" → "圆" 中，还有 "相切、相切、相切" 绘制圆，画与三个对象（可以是直线、圆弧、圆）同时相切的圆。

用哪种方式画圆，取决于已知条件。

【实例操作】绘制如图 1-56（a）所示图形。

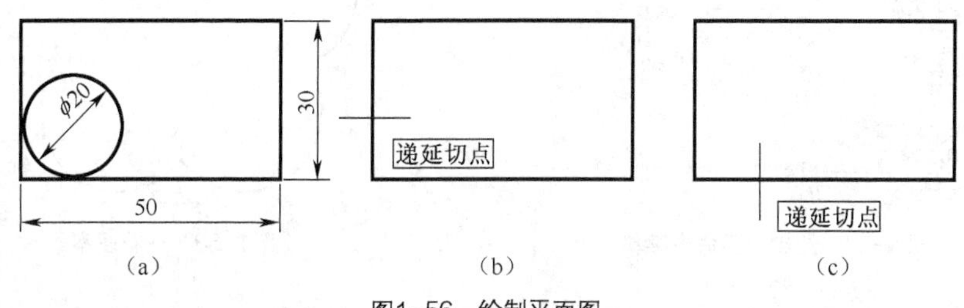

图1-56　绘制平面图

根据已知条件，此图中的圆可用 "相切、相切、半径" 画出，操作如下。

① 用矩形命令绘制矩形。

② 用圆命令绘制圆。

调用圆命令后系统提示：

```
指定圆的圆心或[三点（3P）/两点（2P）/相切、相切、半径（T）]：T↙（输入T选项）
指定对象与圆的第一个切点：（将光标放在矩形左边上，当光标上出现如图1-56（b）所示的切点符号时单击确定）
指定对象与圆的第二个切点：（将光标放在矩形下边上，当出现如图1-56（c）所示的切点符号时，单击确定）
指定圆的半径 <0>：10↙（输入圆的半径10，按回车键完成全图，如图1-56（a）所示）
```

（5）画圆弧

【启动命令】

● 命令行：ARC（缩写 A）。

● 菜单："绘图" → "圆弧"，如图 1-57 所示。

● 工具栏："绘图工具栏" → "⌒"。

AutoCAD 提供了 11 种画圆弧的方式，用户可根据已知条件选用相应的方式绘制圆弧。

● 系统默认绘制圆弧的方向为逆时针方向。用户在指定圆心时，若输入的角度为正值，则按逆时针方向绘制圆弧；反之，则按顺时针方向绘制圆弧。

● 绘制圆弧时，如果输入的弦长为正值，则将从起点逆时针绘制劣弧（即小于 180° 的圆弧）；如果输入的弦长为负值，则将从起点顺时针绘制优弧（即大于 180° 的圆弧）。

● 绘制圆弧时，如果输入的半径为正值，则将从起点逆时针绘制劣弧；如果输入的半径为负值，则将从起点顺时针绘制优弧。

● 菜单选项中的 "继续" 表示以最近一次绘制的线段（直线或曲线）的端点作为将要绘制的圆弧的起点，绘制与该线段相切的圆弧。

【实例操作】绘制如图 1-58 所示的梅花图案。

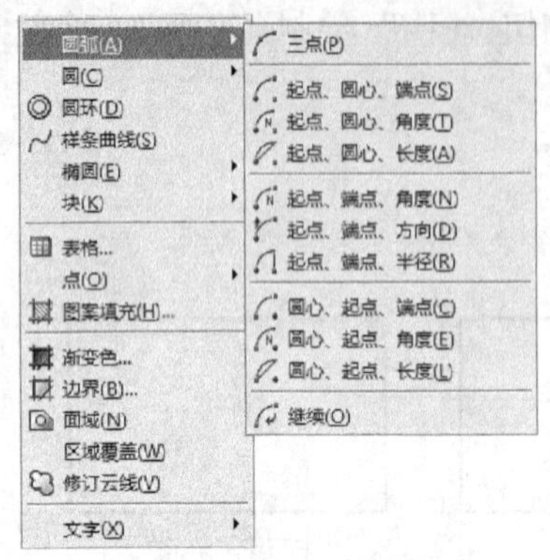

图1-57　绘制圆弧命令菜单

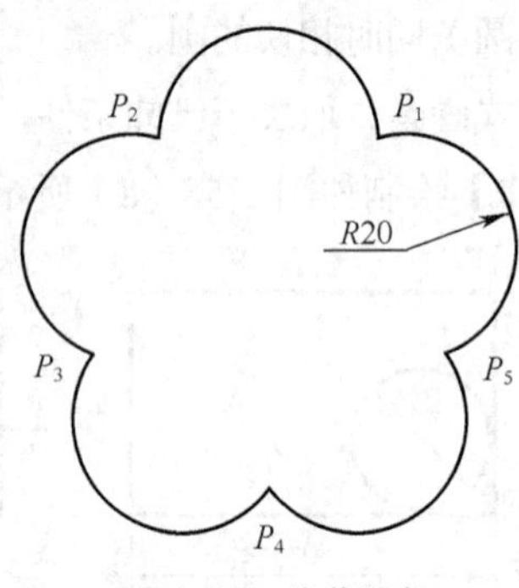

图1-58　梅花图案

具体操作如下。

命令：ARC↙（调用圆弧命令）

指定圆弧的起点或［圆心(C)］：（用鼠标在屏幕上指定圆弧的起点 P_1）
指定圆弧的第二个点或［圆心(C)/端点(E)］：e（选择 E“端点”选项）
指定圆弧的端点:@-40,0↙　　（P_2点）
指定圆弧的圆心或［角度(A)/方向(D)/半径(R)］：r↙
指定圆弧的半径：20↙　　（画出 P_1～P_2圆弧）

命令：↙（直接回车，重复调用刚刚结束的“ARC”命令）

指定圆弧的起点或［圆心(C)］：@↙（以上一个圆弧的端点 P_2 作为本圆弧的起点）
指定圆弧的第二个点或［圆心(C)/端点(E)］：e↙
指定圆弧的端点：@40<252↙　　（P_3点）
指定圆弧的圆心或［角度(A)/方向(D)/半径(R)］：r↙
指定圆弧的半径：20↙　　（画出 P_2～P_3圆弧）

命令：↙（直接回车，重复刚刚结束的“ARC”命令）

指定圆弧的起点或［圆心(C)］：@↙　（P_3点）
指定圆弧的第二个点或［圆心(C)/端点(E)］：e↙
指定圆弧的端点：@40<324↙　　（P_4点）
指定圆弧的圆心或［角度(A)/方向(D)/半径(R)］：r↙
指定圆弧的半径：20↙　　（画出 P_3～P_4圆弧）

命令：↙（直接回车，重复刚刚结束的“ARC”命令）

指定圆弧的起点或［圆心(C)］:@ ↙↙(P_4点)
指定圆弧的第二个点或［圆心(C)/端点(E)］：e↙
指定圆弧的端点：@40<36↙　　（P_5点）
指定圆弧的圆心或［角度(A)/方向(D)/半径(R)］：r↙
指定圆弧的半径：20↙　　（画出 P_4～P_5圆弧）

命令：↙（直接回车，重复刚刚结束的“ARC”命令）

指定圆弧的起点或［圆心(C)］：@↙　（P_5点）
指定圆弧的第二个点或［圆心(C)/端点(E)］：e↙
指定圆弧的端点：（用鼠标单击 P_1点）

指定圆弧的圆心或 [角度(A)/方向(D)/半径(R)]: a↙

指定包含角: 180↙　（画出 P_5～P_1 圆弧）

完成全图，如图 1-58 所示。

3. 观测图形

在绘图过程中，由于屏幕的大小，限制了视觉对图形细小结构的绘制和观测。为了便于实现绘制和观测图形，AutoCAD 提供了多种方法来观察绘图窗口中绘制的图形。这里只介绍常用的观察图形的方法、图形显示控制的命令。

（1）图形缩放

在 AutoCAD 中，可以通过缩放视图来改变屏幕上对象的视觉尺寸，但对象的真实尺寸保持不变。通过改变显示区域和图形对象的大小可更准确、更详细地绘图。

【启动命令】

- 命令行：ZOOM（缩写 Z）。
- 菜单："视图" → "缩放"，如图 1-59 所示。
- 工具栏："标准工具栏" → "" 与 ""。单击 "" 黑三角会出现缩放工具栏中的全部按钮，如图 1-60 所示。

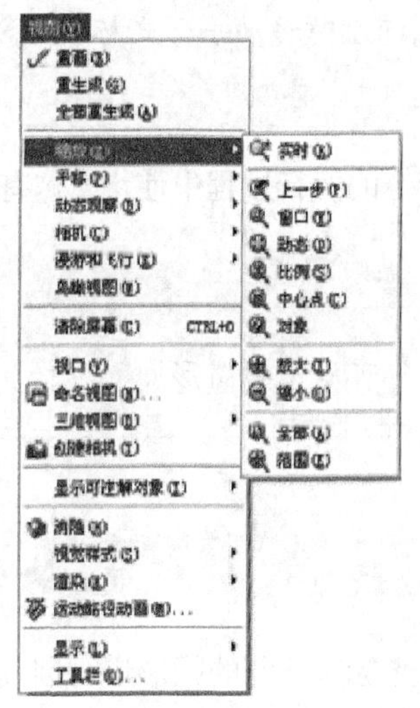

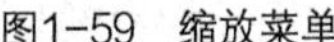
图1-59　缩放菜单

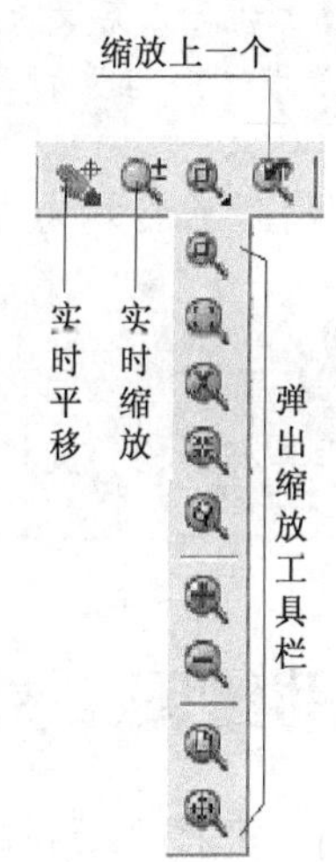

图1-60　"标准"工具栏上的有关图标

- 工具栏："缩放工具栏" → ""。

【选项说明】

缩放的方式很多，这里介绍常用的"实时缩放"与"窗口缩放"两种操作方式。

1）实时缩放。

- 命令行：执行"ZOOM"后，直接回车。
- 工具栏：。
- 菜单："视图" → "缩放" → "实时"。

执行该命令后，绘图区出现了一个放大镜，按住鼠标左键向上或向下移动光标可放大或缩小图形，松开鼠标停止缩放。

2）窗口缩放。

- 命令行：执行“ZOOM”命令后，选择“W”选项。
- 菜单：“视图”→“缩放”→“窗口”。
- 工具栏：🔍。

执行该命令后，光标变成十字形，命令行中提示用户选择一个矩形窗口进行图形放大。

对于具有滚轮的鼠标，滚动滚轮可以缩小或放大视图。

（2）实时平移

【启动命令】

- 命令行：PAN（缩写 P）。
- 菜单：“视图”→“平移”→“实时”。
- 工具栏：✋。

执行上述命令后，光标变成手形，按住鼠标左键移动手形光标就可以平移图形。按“Esc”或“Enter”键结束该操作命令。

“缩放”与“平移”命令均为透明命令，可在其他命令的执行过程中使用，这有利于边绘制边观察图形。

对于具有滚轮的鼠标，按住滚轮并移动鼠标可以平移图形。

1.5.3 辅助绘图工具的使用

在绘制图形时，可通过系统提供的某些功能，使用光标对绘制的图形进行准确定位，从而帮助方便、快捷、准确地绘制出各种图形。熟练掌握这些功能的使用是提高绘图精度和效率的关键。这些工具主要集中在状态栏上，如图 1-61 所示。

捕捉	栅格	正交	极轴	对象捕捉	对象追踪	DUCS	DYN	线宽	模型

图1-61 状态栏按钮

1. 使用辅助定位

（1）捕捉与栅格工具

启用捕捉功能可以使光标在屏幕上按规定的步长移动，提高光标的定位精度；启用栅格功能可

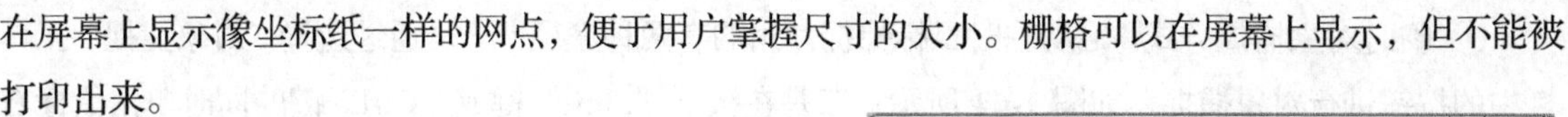

在屏幕上显示像坐标纸一样的网点，便于用户掌握尺寸的大小。栅格可以在屏幕上显示，但不能被打印出来。

【状态设置】

- 菜单："工具" → "草图设置"。
- 菜单：执行"工具" → "选项"，打开"选项"对话框，并选择"草图"选项卡。

按上述操作可打开如图 1-62 所示的对话框。

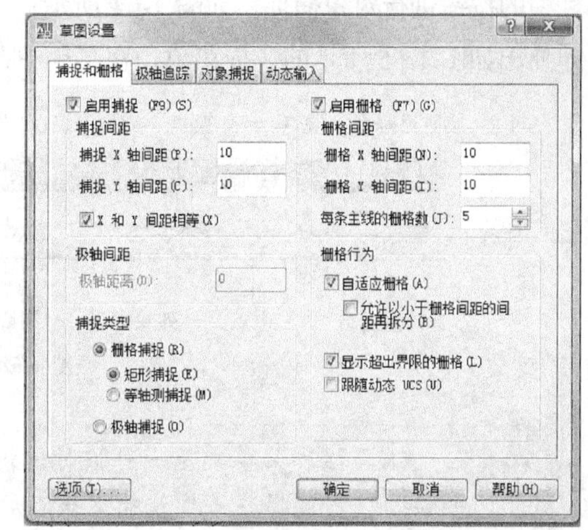

图1-62 "草图设置"对话框

【选项说明】

在"草图设置"对话框中打开"捕捉和栅格"选项卡，可以设置捕捉和栅格方式。

- "启用捕捉（F9）"复选项：控制捕捉功能的开或关，与"F9"快捷键或状态栏上的"捕捉"功能相同。
- "捕捉"区域：用于设置光标在 *X*、*Y* 方向上移动的最小间距。
- "启用栅格（F7）"复选项：控制栅格的开或关，与"F7"快捷键或状态栏上的"栅格"功能相同。
- "栅格"区域：设置栅格 *X*、*Y* 的间距。

（2）正交功能

单击状态栏上的"正交"按钮或按"F8"键可以打开或关闭正交模式。

当打开正交模式后，只能绘制出平行于 *X* 轴或 *Y* 轴的直线。

（3）动态输入

单击状态栏上的"DYN"按钮，可打开动态输入功能。此时，在光标位置处显示标注输入和命令提示等信息。用户可以根据提示在屏幕上动态地输入某些参数数据，从而极大地方便了绘图。

用户可以通过打开的"草图设置"对话框，选择"动态输入"选项卡对"动态输入"进行设置，如图 1-63 所示。

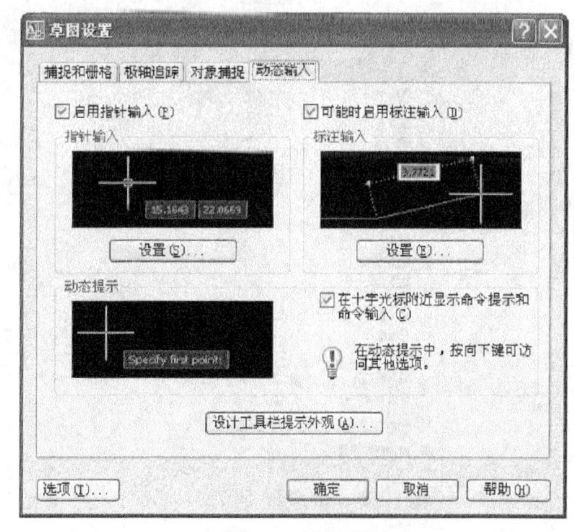

图1-63 动态输入设置

2. 通过捕捉图形几何点精确定位

在利用 AutoCAD 绘图时，用户经常要在已有的对象上指定一些特殊点，例如圆心、切点、线段的中点、端点等，以便把待输入点精确地定位在这些特殊点上。利用对象捕捉功能，可轻松、快速地将这些点找到。

（1）设置对象捕捉功能

对象捕捉分为临时对象捕捉和自动对象捕捉。

① 临时对象捕捉方式。启动临时目标捕捉常用的有两种途径：一是通过选择“对象捕捉”工具栏中的按钮进行对象捕捉，如图 1-64 所示；二是在按下“Shift”键或“Ctrl”键的同时单击鼠标右键弹出如图 1-65 所示的快捷菜单，在菜单中选择相应的捕捉模式。

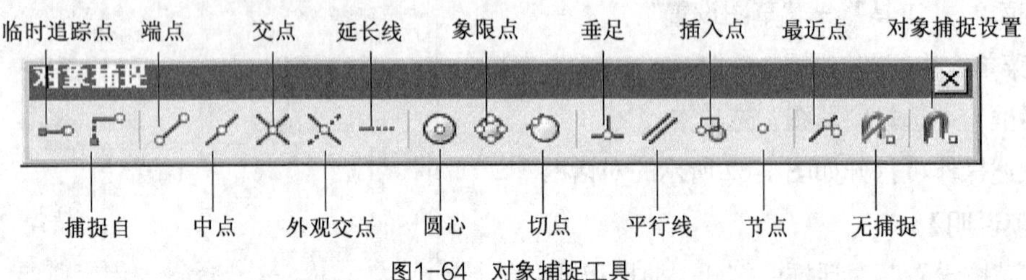

图1-64 对象捕捉工具

注意 工具栏和菜单都是一种临时使用的捕捉模式。每捕捉一个点，就要点取一次所需的按钮，当选择某一按钮捕捉一点后，这一对象捕捉模式将自动关闭。

② 自动对象捕捉方式。这是一种长效使用的捕捉模式，其打开和关闭可通过单击状态栏中的“对象捕捉”选项或按“F3”键来实现。当“对象捕捉”模式处于打开状态时，能自动捕捉到事先设定的特殊点，直到关闭为止。自动捕捉功能的设置方法如下。

- 菜单：“工具”→“草图设置”→“对象捕捉”。
- 快捷方式：将光标放在状态栏“对象捕捉”选项上单击右键。
- 工具栏：“对象捕捉工具栏”→“ ”。

用上述任一种操作都会打开如图 1-66 所示的对话框，用户可以进行各种捕捉功能的设置。

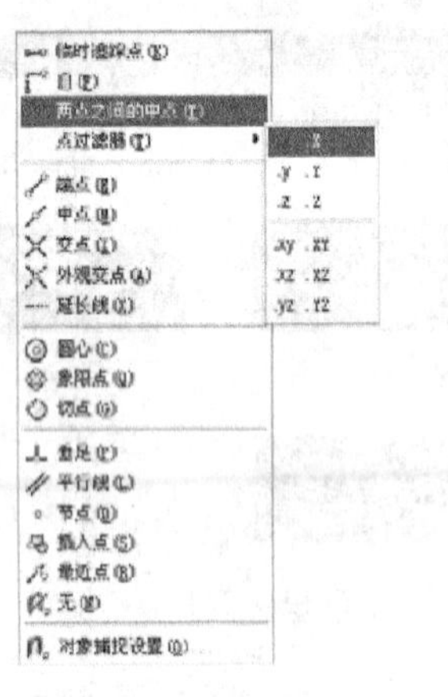

图1-65 对象捕捉菜单

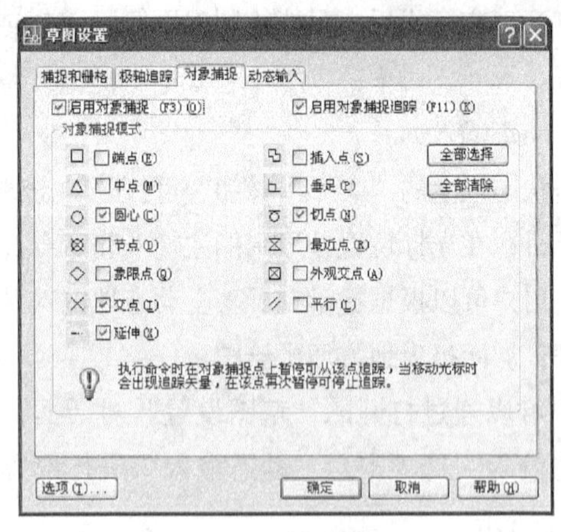

图1-66 对象捕捉设置

用户在运行自动对象捕捉模式时，也可以启用临时对象捕捉模式，临时对象捕捉模式将覆盖自动对象捕捉模式。

【实例操作】

实例 1 如图 1-67 所示，运用对象捕捉功能，以直线 AC 的端点 A、C 和中点 B 为圆心绘制圆，并作圆的公切线，绘图步骤如图 1-68 所示。

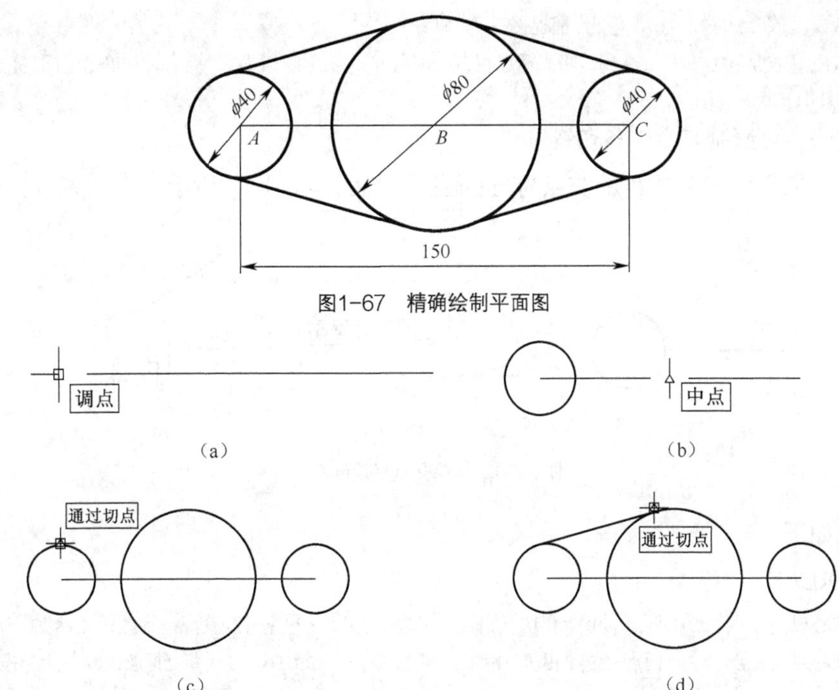

图1-67　精确绘制平面图

图1-68　精确绘制平面图形的步骤

① 绘制直线。

命令：L↙

指定第一点：(用鼠标在屏幕上指定A点)

指定下一点或［放弃(U)］：150↙ （正交开，光标向右移动输入数值回车确定C点）

② 绘制左端圆。

命令：CIRCLE↙

指定圆的圆心或［三点(3P)/两点(2P)/相切、相切、半径(T)］：（单击端点捕捉按钮“”）

指定圆的圆心或［三点(3P)/两点(2P)/相切、相切、半径(T)］：_endp 于 （将光标放在直线的左端附近，当出现“端点”提示时，单击鼠标，找到端点A，如图1-68(a)所示）

指定圆的半径或［直径(D)］<20.0000>：20↙ （左圆绘制完成）

③ 绘制中间圆。

命令：CIRCLE↙

指定圆的圆心或［三点(3P)/两点(2P)/相切、相切、半径(T)］：（单击中点捕捉按钮“”）

指定圆的圆心或［三点(3P)/两点(2P)/相切、相切、半径(T)］：_endp 于 （将光标放在直线的中部附近，当出现“中点”提示时，单击鼠标，找到中点B，如图1-68(b)所示）

指定圆的半径或［直径(D)］<20.0000>：40↙ （中间大圆绘制完成）

用同样方法可找到直线的右端点，绘制右端圆。

④ 绘制切线。

命令：L↙

指定第一点： （单击切点捕捉按钮“”）

指定第一点：_tan 到 （将光标放在左端圆上方，当出现“切点”提示时，单击鼠标，如图1-68(c)所示）

指定下一点或 [放弃(U)]：（单击切点捕捉按钮“”）

指定下一点或 [放弃(U)]：_tan 到（将光标放在右端圆上方，当出现“切点”提示时，单击鼠标，完成该切线的绘制，如图 1-68(d)所示）

用同样方法，可绘制其余 3 条切线。

实例 2　以直线 L_1 和直线 L_2 的交点为圆心画圆，如图 1-69（a）所示。

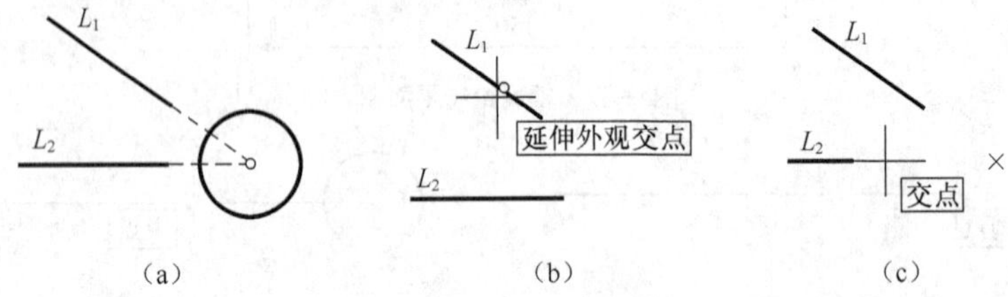

图1-69　外观交点捕捉绘图

绘图过程如下。

命令：CIRCLE↙

指定圆的圆心或 [三点(3P)/两点(2P)/相切、相切、半径(T)]：（单击外观交点捕捉按钮“”）

指定圆的圆心或 [三点(3P)/两点(2P)/相切、相切、半径(T)]：_appint 于（将光标放在 L_1 线上单击，如图 1-69（b）所示）

指定圆的圆心或 [三点(3P)/两点(2P)/相切、相切、半径(T)]：_appint 于　和（将光标放在 L_2 上，系统自动找到两线的交点，单击确定，如图 1-69（c）所示）

指定圆的半径或 [直径(D)]　：<40>↙（输入半径值完成作图）

技巧　各种对象捕捉命令只有在绘图命令发出之后，命令行提示输入点时才能应用。各种临时对象捕捉方式调用后只能使用一次，下次要用需再次调用。

实例 3　绘制如图 1-70 所示图形。

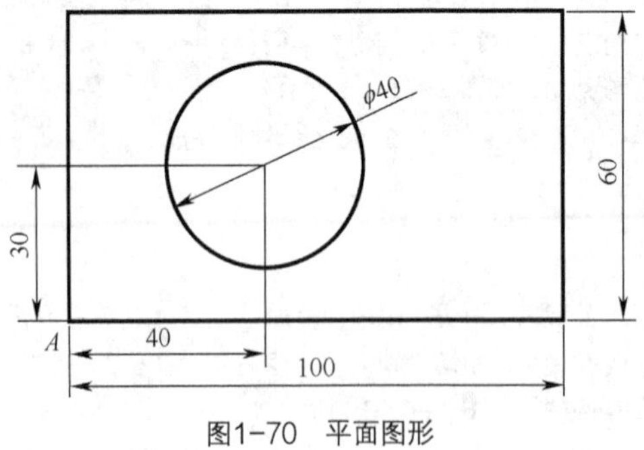

图1-70　平面图形

① 根据尺寸绘制矩形。

② 绘制圆。

命令：CIRCLE↙

指定圆的圆心或 [三点(3P)/两点(2P)/相切、相切、半径(T)]：（单击“捕捉自”按钮“”）

指定圆的圆心或 [三点(3P)/两点(2P)/相切、相切、半径(T)]：_from 基点：（单击“端点”捕捉按钮“”，

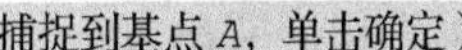

捕捉到基点 A，单击确定）

指定圆的圆心或 [三点(3P)/两点(2P)/相切、相切、半径(T)]: _from 基点:<偏移>: @40,30↙（输入圆心到基点 A 的相对坐标，系统自动找到圆心所在点）

指定圆的半径或 [直径(D)] : <40>↙（输入半径值完成作图）

（2）对象追踪的设置

对象追踪是指按指定角度或与其他对象指定关系绘制图形。当启用“对象追踪”功能时，屏幕上将显示一条临时辅助线，用户利用该辅助线就可以在指定的角度和位置上准确地绘制出图形对象。对象追踪分为自动追踪和临时追踪。

① 自动追踪。自动追踪分为“对象捕捉追踪”和“极轴追踪”。

a. 对象捕捉追踪设置。“对象捕捉追踪”是指以捕捉到的特殊位置点为基点，按指定的方向对齐要指定点的路径，如图 1-71（a）所示。

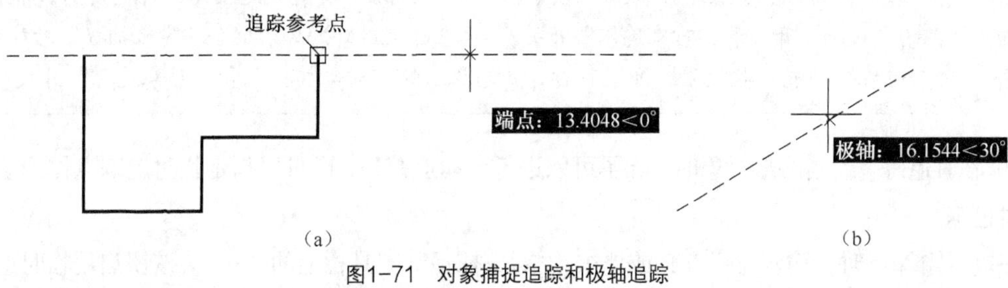

图1-71 对象捕捉追踪和极轴追踪

用以下任一种方式调用命令后，可打开如图 1-72（a）所示的对话框进行相关设置。

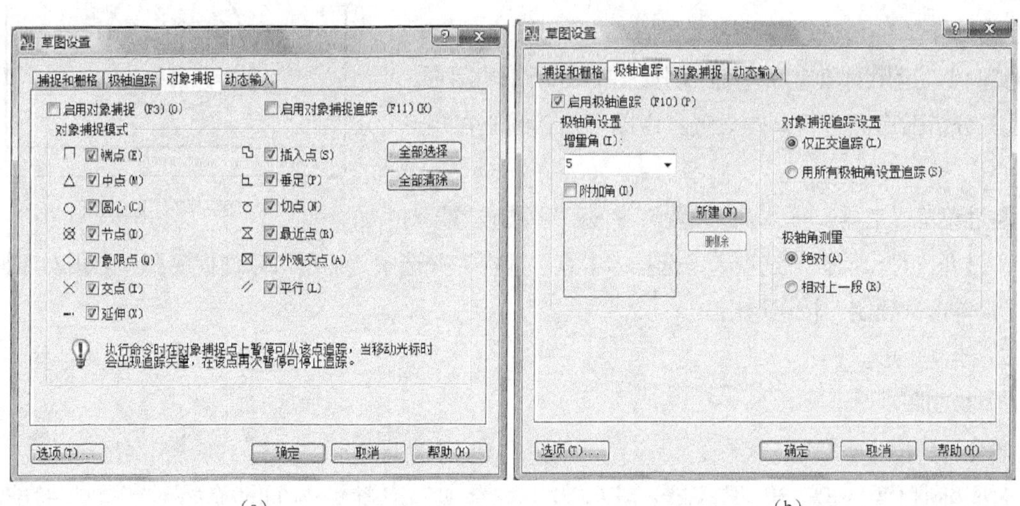

图1-72 对象捕捉追踪、极轴追踪设置

- 命令行：DDOSNAP。
- 菜单：“工具栏”→“草图设置”→“对象捕捉”。
- 工具栏：“对象捕捉”→“ ”。
- 状态栏：右键单击状态栏，在弹出的菜单中选择“设置”选项。

也可通过菜单“工具栏”→“选项”→“草图”，可展开“草图”选项卡进行相关设置。

在状态栏上单击“对象捕捉”、“对象追踪”可打开或关闭其功能。

b. 极轴追踪设置。“极轴追踪”是指按指定的极轴角或极轴角的整数倍数对齐要指定点的路径，如图1-71（b）所示。

打开“极轴追踪”选项卡可对“极轴追踪”功能进行相关设置，如图1-72（b）所示。

“极轴角设置”选项组：用于设置极轴角度。在“角增量”下拉列表框中可以设置系统预设的角度，如果该下拉列表中的角度不能满足需要，可选中“附加角”复选框进行设置。绘图时，系统将在设置的极轴角的整数倍数及附加角处出现追踪辅助线。

在状态栏上单击“极轴”或按“F10”键可打开或关闭其功能。

“极轴追踪”必须配合“极轴”功能和“对象追踪”功能一起使用，即同时打开状态栏上的“极轴”开关和“对象追踪”开关；“对象捕捉追踪”必须配合“对象捕捉”功能和“对象追踪”功能一起使用，即同时打开状态栏上的“对象捕捉”和“对象追踪”开关。

② 临时追踪。绘制图形对象时，除了可以进行自动追踪外，还可以指定临时追踪点作为基点进行临时追踪。

在提示输入点时，输入命令TT或单击 “对象捕捉”工具栏上的“⊷”按钮启用临时追踪。此时该点上将出现一个小的“+”号，移动光标时，将相对于这个临时点显示自动追踪对齐路径。

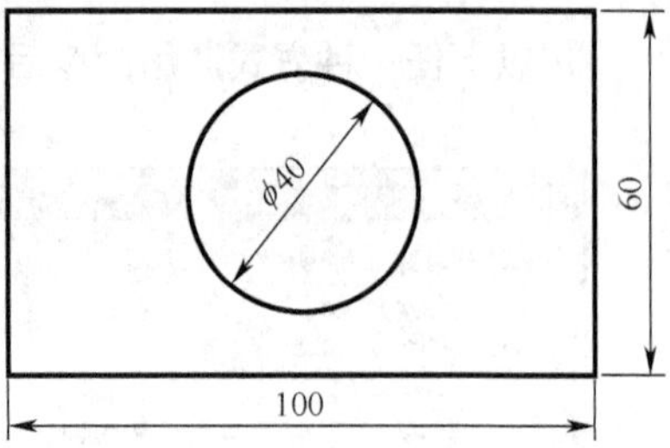

【实例操作】

实例1　运用对象追踪精确绘制如图1-73所示的图形。

① 分析图形并进行草图设置：由图可知，圆心在矩形的中心。

图1-73　平面图形

通过菜单“工具”→“草图设置”，打开“草图设置”对话框，打开“对象捕捉”选项卡，选择“中点”捕捉，并选中“启用对象捕捉”和“启用对象捕捉追踪”，单击“确定”按钮退出。

② 绘制矩形。

③ 绘制圆。

命令：CIRCLE↙

指定圆的圆心或 [三点(3P)/两点(2P)/相切、相切、半径(T)]：（将光标放在矩形的上边，捕捉到上边的中点，如图1-74（a）所示；向下移动光标，当出现如图1-74（b）所示的对齐线时，将光标移到矩形的左边捕捉左边的中点，如图1-74（c）所示；向右缓慢移动光标，会出现如图1-74（d）所示两条对齐线同时出现并相交，两条对齐线的交点即为矩形的中心，单击确定圆心的位置）

指定圆的半径或 [直径(D)] ：<20>↙（输入半径值回车，完成作图）

实例2　用极轴追踪命令在如图1-75（a）所示的半圆弧上绘制30°角等分线，如图1-75（b）所示。

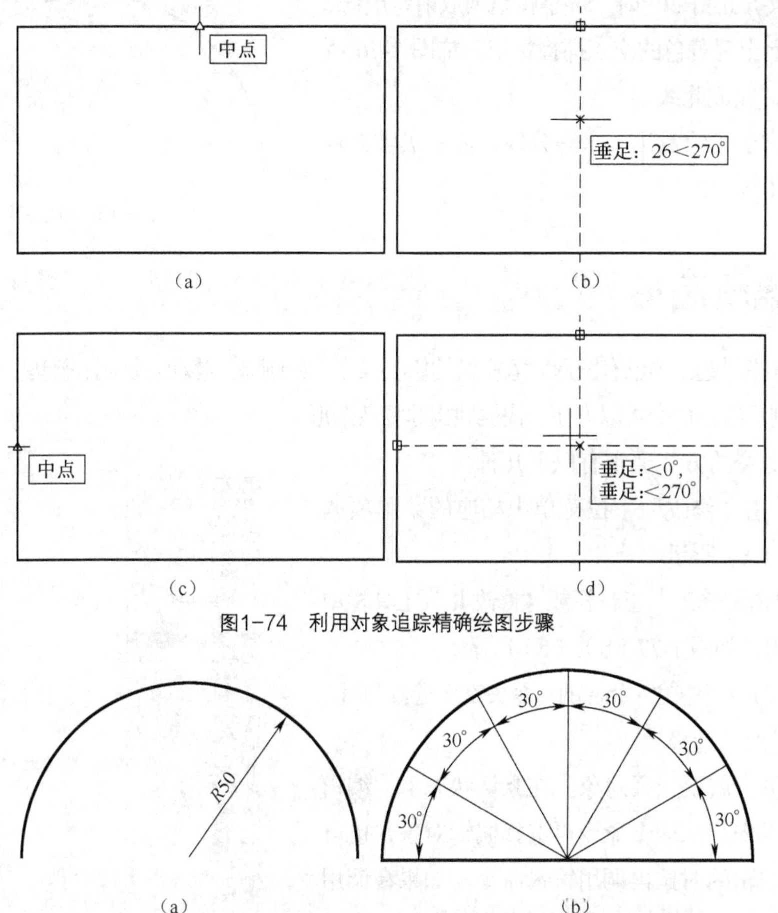

图1-74 利用对象追踪精确绘图步骤

图1-75 半圆图形

作图步骤如下。

① 设置并打开“极轴追踪”：在“极轴追踪”对话框中，设置“角增量”为30。

② 设置并打开“对象捕捉”：设置圆心、交点为默认捕捉方式。

③ 绘制圆弧。

命令：ARC↙（调用圆弧命令）

```
指定圆弧的起点或 [圆心(C)]: （用鼠标在屏幕上指定圆弧的左起点）
指定圆弧的第二个点或 [圆心(C)/端点(E)]: e （选择E“端点”选项）
指定圆弧的端点:@100,0↙          (右点)
指定圆弧的圆心或 [角度(A)/方向(D)/半径(R)]: a↙(选择“角度”)
指定包含角: -180↙(默认逆时针方向绘制，输入负值则从起点到终点按顺时针方向绘制)
```

④ 绘制等分线。

命令：LINE↙

捕捉弧线圆心为第一点。

当提示“指定下一点:”时，将光标定位在弧线上，并在对齐线与X轴大约成30°的位置上轻微移动，当极轴夹角正好30°时，屏幕将呈现放射状虚线，并同时在弧线上出现黄色的交点捕捉标记，如图1-76所示，单击确认，完成此线。

用同样的方法可绘制出其余等分线，注意极轴追踪角度为60°、90°、120°……

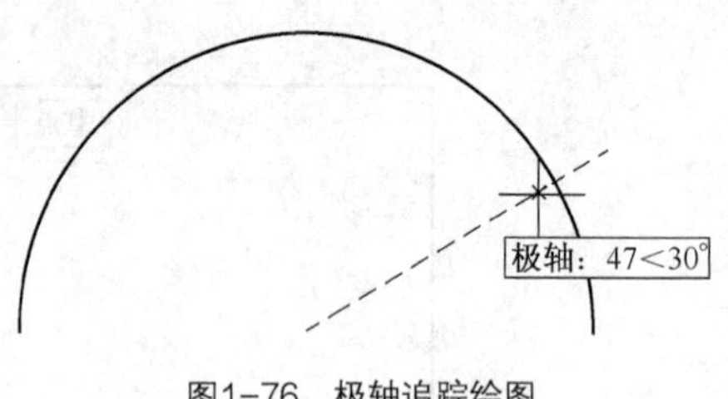

图1-76 极轴追踪绘图

1.5.4 编辑图形

编辑图形是指对选定的已有图形对象所做的修改操作，如删除、移动、复制、修剪、延伸、偏移、阵列、镜像等。利用编辑命令可以方便、快捷地构建复杂图形。

调用编辑命令的方式通常有以下几种。

① 通过单击“修改”下拉菜单中相应的菜单项调用，如图1-77（a）所示。

② 通过单击“修改”工具栏或“修改Ⅱ”工具栏中的相应图标调用，如图1-77（b）、（c）所示。

③ 通过在命令行中输入相应的命令关键字进行调用。

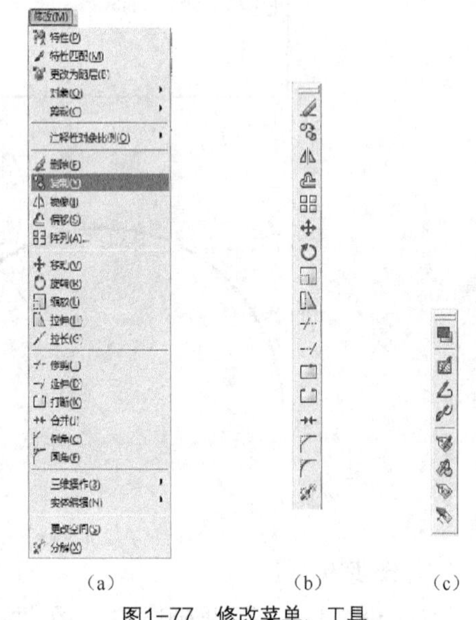

图1-77 修改菜单、工具

1. 图形对象的选择

要编辑图形，就要选择对象。在默认状态下，编辑图形时，既可以先启动编辑命令再选择编辑对象，也可以先选择需要编辑的对象再调用编辑命令。如果在调用编辑命令之前选择对象，被选中的对象将以虚线方式亮显，且带有默认的蓝色小方框（称为夹点），如图1-78（a）所示；如果在调用编辑命令之后再选择对象，被选中的对象将以虚线方式亮显，如图1-78（b）所示。

选择方式有多种，常用的有逐个选择法、窗口选择法和交叉选择法。

（1）逐个选择法

在用户执行编辑命令后，光标变成一个小矩形块，这个小矩形块称为拾取框。将拾取框移到要编辑的目标上，单击鼠标即可选中目标。连续多次选择即可构成选择集。用户可通过打开菜单“工具”→“选项”中的“选择集”选项卡进行相关设置，如图1-79所示。

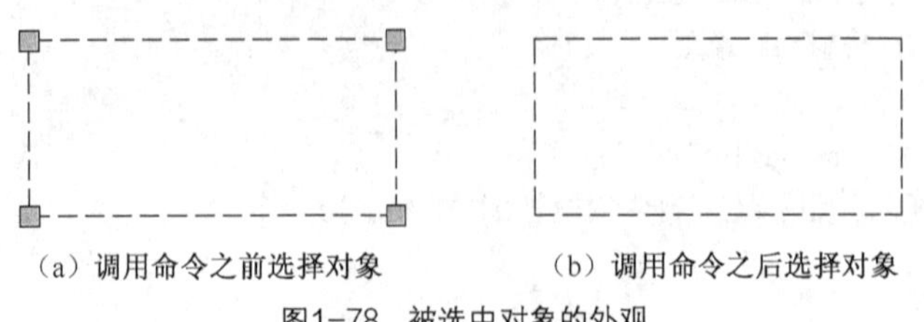

（a）调用命令之前选择对象　（b）调用命令之后选择对象

图1-78 被选中对象的外观

（2）窗口选择法

在用户执行编辑命令后，当提示“选择对象”时，首先将光标放到待选对象的左边并单击鼠标，指定一个角点，再向右移动光标，从左至右动态地拖出一个临时实线窗口，当该窗口完全围住待选对象时再单击鼠标，指定第二个角点。

这样，凡位于这两个角点所定义的实线矩形窗口内的对象全部被选中，而那些有一部分位于该窗口内或完全在该窗口外的对象不会被选中，如图 1-80 所示。

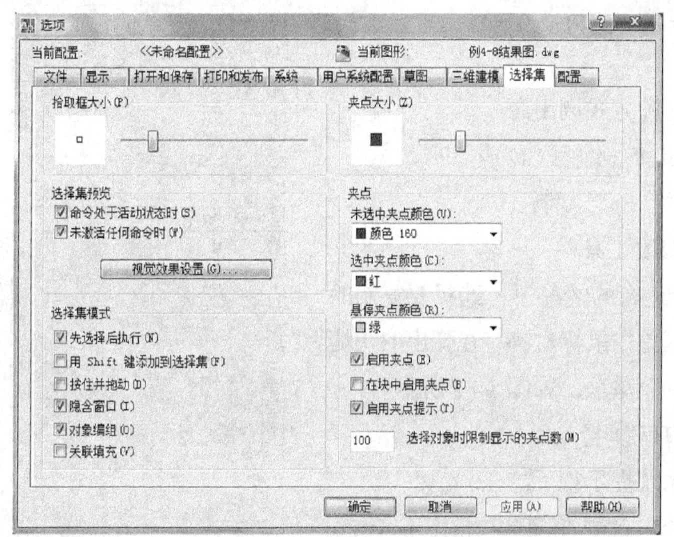

图1-79 “选项”对话框中的“选择集”选项卡

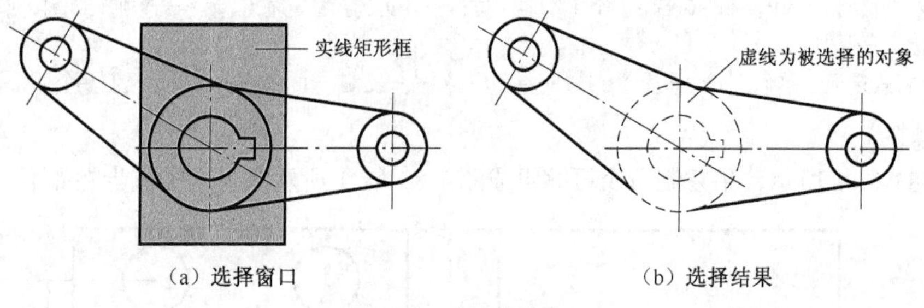

（a）选择窗口　　（b）选择结果

图1-80　窗口选择法

（3）交叉选择法

首先将光标放到待选对象的右边并单击鼠标，指定一个角点，再向左移动光标，从右至左动态地拖出一个临时虚线窗口，再次单击鼠标，指定第二个角点。这样，凡是位于这两个角点所定义的虚线矩形窗口内或与该窗口相交的对象全部被选中，而那些完全位于该窗口外的对象不会被选中，如图 1-81 所示。

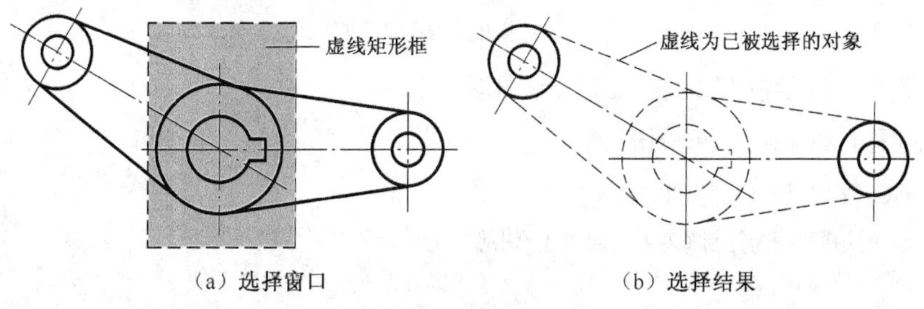

（a）选择窗口　　（b）选择结果

图1-81　交叉选择法

2. 复制类命令

复制对象包括直接复制对象、偏移复制对象、镜像复制对象及阵列复制对象等。

（1）复制对象

复制对象是将指定对象复制到指定位置上，可以单个复制或多个复制。

【命令调用】

选择以下任意一种方式调用命令。

- 命令行：COPY（缩写 CO 或 CP）。
- 菜单："修改"→"复制"。
- 工具栏："修改工具栏"→。
- 在没有命令运行的情况下，选择要复制的对象，然后在绘图区单击鼠标右键，在弹出的快捷菜单中选择"复制"菜单项，如图 1-82 所示。

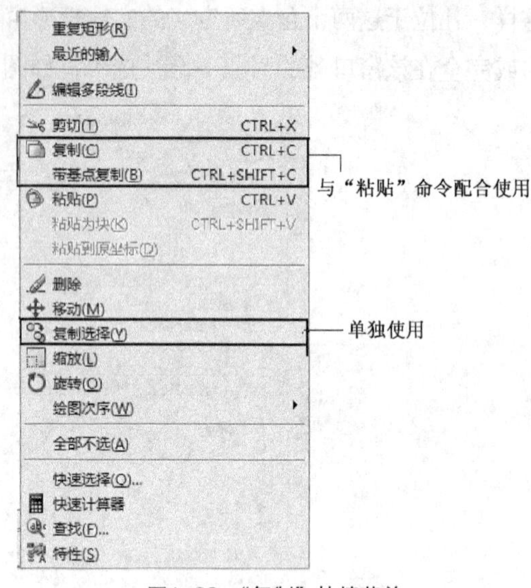

图1-82 "复制"快捷菜单

【命令响应及选项说明】

调用命令后，系统提示如下。

选择对象：（选择用于复制的源对象）
选择对象：（继续选择源对象，完成后按回车确认）
指定基点或［位移（D）/模式（O）/多个（M）］<位移>：（可选择指定基点、O、M 选项，或直接回车使用"位移"选项）输入 O 选项有下列提示：
输入复制模式选项［单个（S）/多个（M）］<单个>：（S——复制一个，M——可连续复制多个）

【实例操作】

如图 1-83（a）所示，用复制命令可编辑成图 1-83（b）所示结果，操作步骤如下。

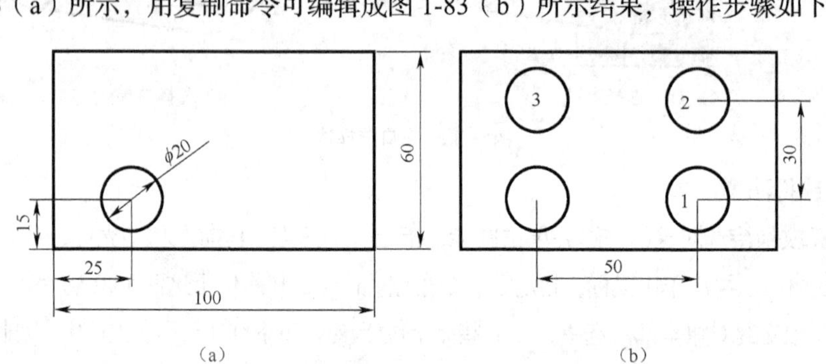

图1-83 垫片平面图

① 参照图 1-70 绘制图 1-83（a）所示图形。

② 绘制图 1-83（b）所示图形。

命令：COPY↙（CO 或 CP）

选择对象：（选择小圆为复制源对象，回车或单击鼠标右键确认）
指定基点或［位移(D)/模式(O)］<位移>：O↙（选择 O 模式）
输入复制模式选项［单个(S)/多个(M)］<多个>：M↙（选择多个复制模式）
指定基点或［位移(D)/模式(O)］<位移>：（选择圆心为基点）
指定第二个点或 <使用第一个点作为位移>：@50,0↙（输入圆 1 与基点的相对坐标）
指定第二个点或［退出(E)/放弃(U)］<退出>：@50,30↙（输入圆 2 与基点的相对坐标）

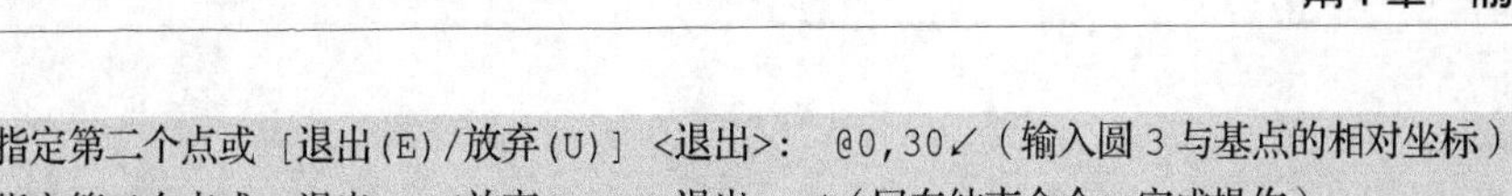

指定第二个点或［退出(E)/放弃(U)］<退出>： @0,30↙（输入圆 3 与基点的相对坐标）

指定第二个点或［退出(E)/放弃(U)］<退出>：↙（回车结束命令，完成操作）

（2）偏移复制对象

用于创建造型与选定的源对象造型平行的新对象，如平行直线、同心圆和平行曲线等。

【启动命令】

选择以下任一种方式调用命令。

- 命令行：OFFSET（缩写 O）。
- 菜单栏："修改"→"偏移"。
- 工具栏："修改工具栏"→⚲。

【命令响应及选项说明】

命令调用后系统提示如下。

指定偏移距离或［通过（T）/删除（E）/图层（L）］<通过>：（"指定偏移距离"：指定源对象与新创建对象间的距离。选项"T"：指定新创建对象通过的点。选项"E"：创建新对象后是否保留或删除源对象。选项"L"：指定新创建对象所在的图层）

选择要偏移的对象，或［退出（E）/放弃（U）］<退出>：（选择要偏移的源对象）

指定要偏移的那一侧上的点，或［退出（E）/多个（M）/放弃（U）］<退出>：（指定新创建对象在源对象哪一侧）

（1）使用"偏移"（OFFSET）命令每次只能复制一个对象。选择偏移对象的方式，只能用"直接点取方式"。

（2）圆、椭圆及多边形等的偏移结果是与源对象形状类似、大小不同的图形，圆弧偏移后与原来的圆弧具有相同的圆心角，但是圆弧的大小发生了变化。

（3）偏移命令执行后，会一直提示用户进行偏移操作，需用"Esc"键才能结束命令。

【实例操作】

用偏移命令绘制图 1-84 所示的连杆。

作图过程如下。

① 准备工作。参照"1.5.2 中绘图前的准备工作"，设置绘图环境，创建两个图层（粗实线、中心线），如图 1-85 所示。

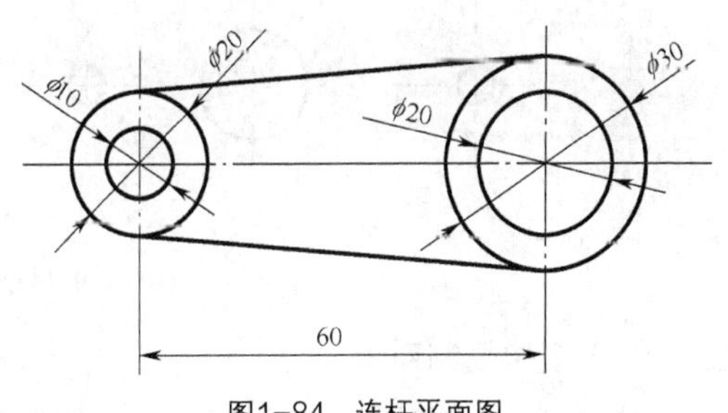

图1-84 连杆平面图

状	名称	开	冻结	锁	颜色	线型	线宽
✓	0				■白	Continuous	—— 默认
	粗实线				■白	Continuous	—— 0.30 毫米
	中心线				□红	CENTER2	—— 0.15 毫米

图1-85 建立图层

② 绘制中心线（将中心线图层设为当前层）。用直线命令绘制图 1-86（a）所示的图形。

调用"偏移"命令绘制另一条中心线，操作过程如下。

命令：OFFSET↙

指定偏移距离或［通过(T)/删除(E)/图层(L)］<通过>： 60↙（输入两条中心线间的距离 60，回车确认）

选择要偏移的对象，或［退出(E)/放弃(U)］<退出>：（选择要偏移的源对象：此时，光标变成小矩形，用矩形光标

在左边中心线上单击鼠标或回车确认）

指定要偏移的那一侧上的点，或 [退出(E)/多个(M)/放弃(U)] <退出>:（此时，光标变成十字，将十字光标放在源对象的右侧单击鼠标或回车确认，第二条中心线绘制完成，如图 1-86（b）所示）

选择要偏移的对象，或 [退出(E)/放弃(U)] <退出>:↙（可以继续选择其他对象进行偏移操作，回车确认或按“Esc”键退出命令）

③ 绘制圆（将粗实线图层置为当前层）。用圆命令绘制ϕ10 和ϕ30 的圆，如图 1-86（c）所示。用“偏移”命令绘制另外两个圆，操作步骤如下。

命令：OFFSET↙

指定偏移距离或 [通过(T)/删除(E)/图层(L)] <通过>: 5↙（输入两同心圆周间的距离 5，回车确认）

选择要偏移的对象，或 [退出(E)/放弃(U)] <退出>:（选择要偏移的源对象：将矩形光标放在ϕ30 的圆周上单击鼠标确认）

指定要偏移的那一侧上的点，或 [退出(E)/多个(M)/放弃(U)] <退出>:（将十字光标放在源对象ϕ30 圆的内侧，如图 1-86（d）所示，单击鼠标或回车确认，完成右边ϕ20 的圆，如图 1-86（e）所示）

选择要偏移的对象，或 [退出(E)/放弃(U)] <退出>:（将矩形光标放在ϕ10 圆周上单击鼠标确认）

指定要偏移的那一侧上的点，或 [退出(E)/多个(M)/放弃(U)] <退出>:（将十字光标放在源对象ϕ10 圆周的外侧，如图 1-86（e）所示，单击鼠标或回车确认，完成左边ϕ20 的圆，如图 1-86（f）所示）

选择要偏移的对象，或 [退出(E)/放弃(U)] <退出>:↙（可以继续选择其他对象进行偏移操作，回车确认或按“Esc”键退出命令）

④ 绘制两条切线。用直线命令和切点捕捉功能绘制两条切线（见图 1-86），完成全图。

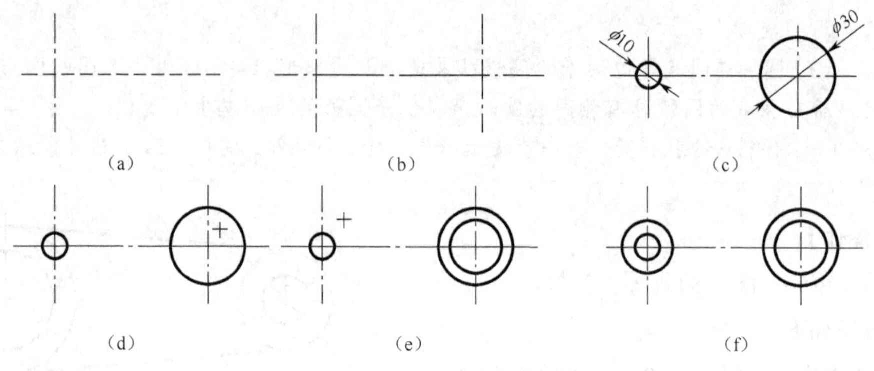

图1-86 连杆的绘制过程

（3）镜像复制对象

镜像又称为对称复制，是指把选择的对象围绕一条镜像线（对称线）作对称复制。镜像操作完成后，可以保留源对象也可以将源对象删除。

【启动命令】

- 命令行：MIRROR↙
- 菜单：“修改”→“镜像”。
- 工具栏：“修改工具栏”→。

【命令响应及说明】

调用命令后，系统提示如下。

选择对象：（选择要镜像的对象，可用拾取、窗口、交叉等任何方式进行选择）

指定镜像线的第一点：（选择镜像线的第一个点，单击鼠标确认）

指定镜像线的第二点：（选择镜像线的第二个点，单击鼠标确认）

被选择的对象将以指定的两点所确定的直线为对称轴进行镜像。

要删除源对象吗？［是（Y）/否（N）］ <N>：（确定是否删除源对象）

【实例操作】

实例 1　将图 1-84 绘制成如图 1-87 所示的图形。

操作过程如下。

命令：MIRROR↙

选择对象：（用窗口选择全图）
指定镜像线的第一点：<对象捕捉 开>（捕捉 *A* 点单击鼠标确认）
指定镜像线的第二点：<对象捕捉 开>（捕捉 *B* 点单击鼠标确认）
要删除源对象吗？［是(Y)/否(N)］ <N>：↙（默认为不删除“N”，回车确认）

实例 2　文字是特殊的镜像对象，在镜像后文字可能会出现不可识别的现象，这一现象可通过改变变量“MIRRTEXT”的值进行修正。在命令行中输入 MIRRTEXT 命令后回车，可对其变量值进行选择，不同的变量值有不同的镜像效果，如图 1-88 所示。

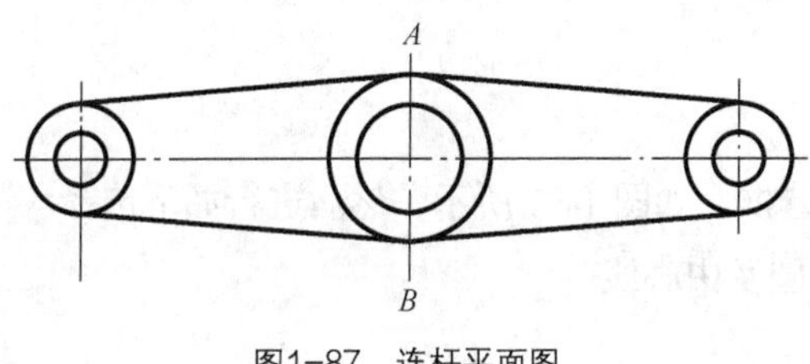

图1-87　连杆平面图

人民邮电出版社
人民邮电出版社
mirrtext=0
人民邮电出版社
mirrtext=1

图1-88　文字镜像效果示例

（4）阵列复制对象

将选择的阵列对象复制成有规则的排列。例如，通过阵列（矩形阵列）命令可将图 1-89（a）绘制成图 1-89（b）所示结果；通过阵列（环形阵列）命令可将图 1-90（a）绘制成图 1-90（b）所示结果。

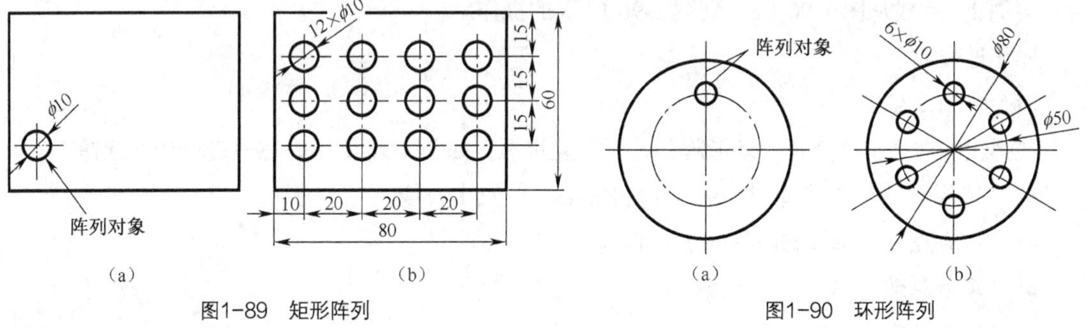

图1-89　矩形阵列

图1-90　环形阵列

【启动命令】

- 命令行：ARRAY↙
- 菜单：“修改”→“阵列”。
- 工具栏：“修改工具”→𐀀。

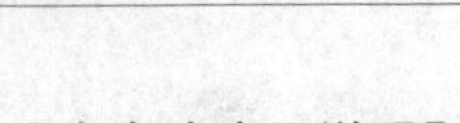

【命令响应及说明】

启动命令后，系统打开图 1-91 所示的“阵列”对话框。用户可根据实际进行相应的选择，通过“预览”选项观察效果，然后根据图 1-92 所示系统所给的提示完成操作。

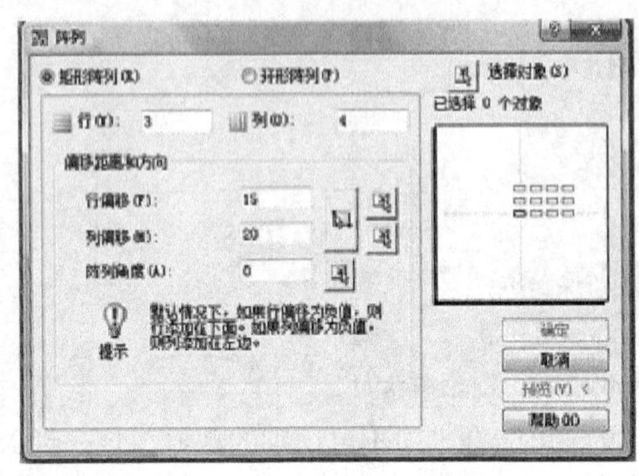

图1-91 矩形阵列设置对话框

图1-92 阵列选择对话框

【实例操作】

实例 1 完成从图 1-89（a）到图 1-89（b）的操作。

操作过程如下。

命令：ARRAY↙

在弹出的对话框中选择“矩形阵列（R）”复选框，如图 1-91 所示，然后进行如下选择。

- “选择对象”:（选择图 1-89（a）中的ϕ10 圆及中心线）
- “行偏移”：3。
- “列偏移”：4。
- “偏移距离和角度”：行偏移 15，列偏移 20，阵列角度 0。

单击“预览”，弹出图 1-92 所示对话框，单击“接受”则完成作图，单击“修改”则返回图 1-91 所示对话框进行重新选择，单击“取消”则取消阵列命令。

实例 2 完成从图 1-90（a）到图 1-90（b）的操作。

操作过程如下。

命令：ARRAY↙

在弹出的对话框中选择“环形阵列（P）”复选框，如图 1-93 所示，然后进行如下选择。

- “选择对象”:（选择图 1-90（a）中的ϕ10 圆及中心线）。
- “中心点”:（选择ϕ50（ϕ80）圆心）。
- “项目总数”：6。
- “填充角度”：360。

单击“确定”，完成作图。

实例 3 完成从图 1-94（a）到图 1-94（b）的操作。

操作过程如下。

命令：ARRAY↙

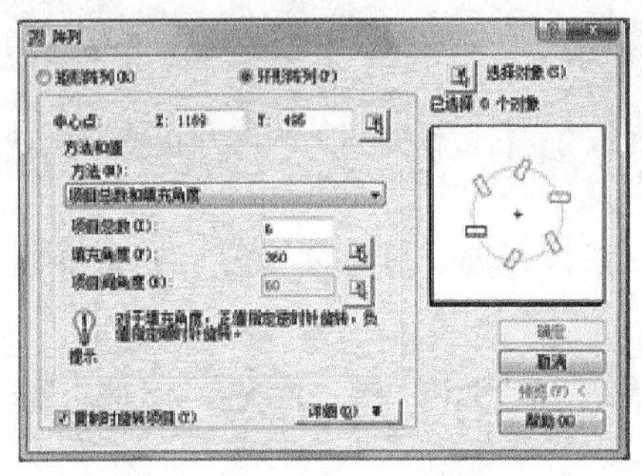

图1-93 环形阵列设置对话框

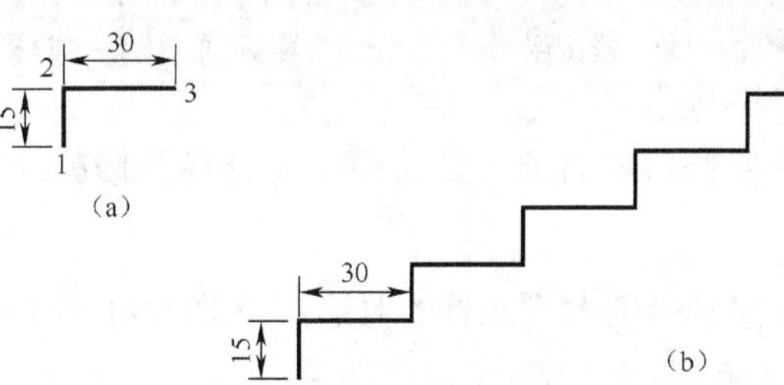

图1-94 倾斜矩形阵列

在弹出的对话框中选择“矩形阵列(R)”复选框，然后进行如下选择。

- “选择对象”:（选择要阵列的对象。本例选择图 1-94（a）中的 12、23 直线。）
- “行偏移”: 1（输入行的数量，本例中输入“1”）
- “列偏移”: 6（输入列的数量，本例中输入“6”）

“行偏移”:（输入行偏移值或单击右侧的按钮，在绘图区拾取行上的偏移量，本例中输入 30 或在绘图区拾取 2、3 点）。

“列偏移”:（输入列偏移值或单击右侧的按钮，在绘图区拾取列上的偏移量，本例中拾取 1、3 点）。

“阵列角度”:（输入阵列的角度，本例中单击右侧的按钮，在绘图区拾取 1、3 点）单击“确定”，完成作图。

3. 改变几何特性类命令

这一类编辑命令在对指定对象进行编辑后，使编辑对象的几何特性发生了改变，包括修剪、延伸、倒角、圆角、断开等。

（1）修剪与延伸对象

修剪是以图形中某一对象为剪切边界，将图形多余部分剪去；延伸是以图形中某一对象为边界，将被编辑的对象延伸至边界，如图 1-95 所示。修剪和延伸的边界可以是直线、圆弧、连多段线等。

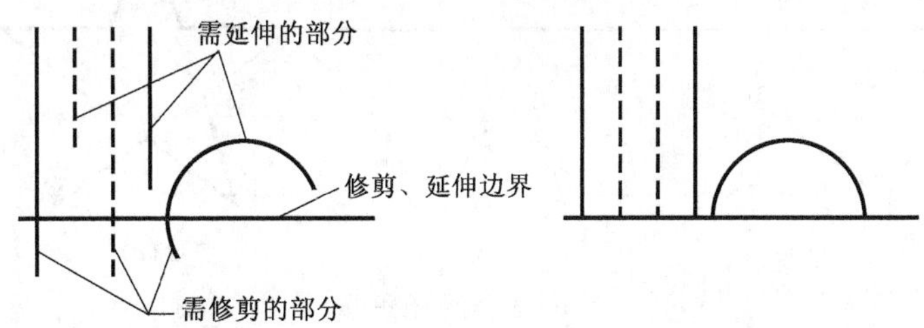

图1-95 剪切效果

【调用修剪命令】

- 命令行：TRIM（缩写 TR）。
- 菜单：“修改”→“修剪”。
- 工具栏：“修改工具栏”→-/--。

调用修剪命令后，系统有如下提示。

选择对象或 <全部选择>:（选择用作修剪边界的对象）

选择对象:（可连续选择多个对象用作修剪边界，回车结束选择）

选择要修剪的对象，或按住 Shift 键选择要延伸的对象，或[栏选(F)/窗交(C)/投影(P)/边(E)/删除(R)/放弃(U)]：各选项说明如下。

- 选择要修剪的对象（默认项）:（选择要修剪的部位将其剪掉，可连续修剪，直至修剪完成）
- 按住 Shift 键选择要延伸的对象:（在选择对象时，如果按住“Shift”键，系统会自动将“修剪”命令转换成“延伸”命令）
- 栏选（F）:（用栏选方式选择剪切边界）
- 窗交（C）:（用窗交方式选择剪切边界）
- 投影（P）:（用于确定修剪操作的空间）
- 边（E）:（选择对象的修剪方式，如剪切边没有与要修剪的对象相交，系统会延伸剪切边界直至与对象相交，然后再修剪）

【调用延伸命令】

- 命令行：EXTEND（缩写 EX）。
- 菜单：“修改”→“延伸”。
- 工具栏：“修改工具栏”→--/。

“延伸”命令与“修剪”命令的操作格式基本相同，二者可以互相转换，在选择需要延伸的对象时，如果直接选择对象，则选中的对象将被延伸；如果按住“Shift”键不放，再选择对象，则被选中的对象被修剪。

【实例操作】

绘制五角星。将图 1-96（a）编辑成如图 1-96（c）所示的结果。

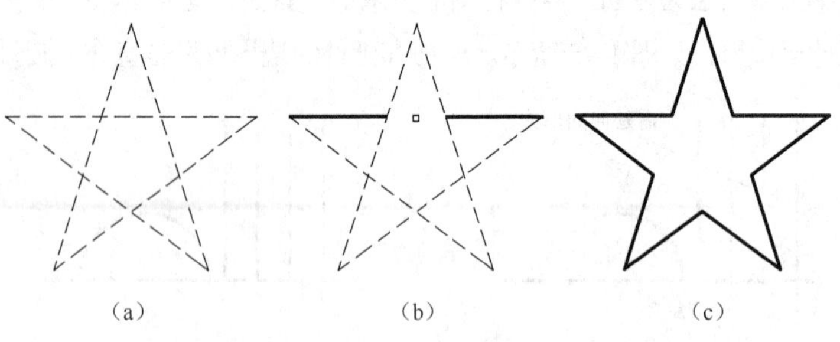

图1-96 绘制五角星

操作过程如下。

命令：单击“修改工具栏”中的“-/--”按钮。

选择对象或 <全部选择>:（选择修剪边界。用窗口选择方式将待编辑图形全部选择，如图 1-96（a）所示）

选择对象：↙（回车或单击鼠标右键确认，结束边界选择）

选择要修剪的对象，或按住 Shift 键选择要延伸的对象，或[栏选(F)/窗交(C)/投影(P)/边(E)/删除(R)/放弃(U)]:（将矩形光标放在要剪去的部位上，单击鼠标确认，如图 1-96（b）所示。继续用矩形光标单击要剪去的部位，回车完成操作，如图 1-96（c）所示）

① 被修剪对象也可作为修剪边，所以在选择对象时可一次选择多个对象作为修剪边。

② 用光标拾取被修剪对象时，拾取点侧为被修剪侧。可用交叉选择（只能用交叉选择）方式一次操作多个被修剪对象，这时，被修剪对象与选择窗口的交点位置为被修剪侧，这些与选择窗口相交的对象被修剪，不与窗口相交的对象将不会被修剪，如图 1-97 所示。

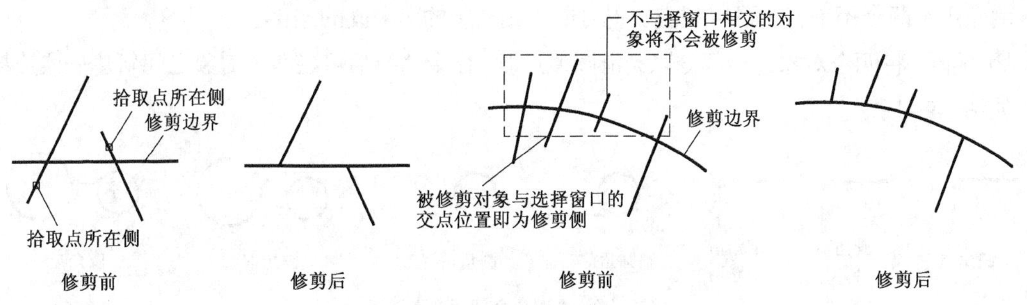

图1-97 被修剪对象的拾取位置与修剪结果

（2）将对象倒角、圆角

① 倒角。对两条不平行的直线（相交或不相交）或多义线倒角。

【启动命令】

- 命令行：CHAMFER。
- 菜单栏："修改"→"倒角"。
- 工具栏："修改"→ 。

【操作过程】

绘制图 1-98 所示图形的步骤如下。

① 用"矩形"命令绘制 60mm × 50mm 的矩形。

② 对矩形右上角进行倒角操作。

命令：CHAMFER↙

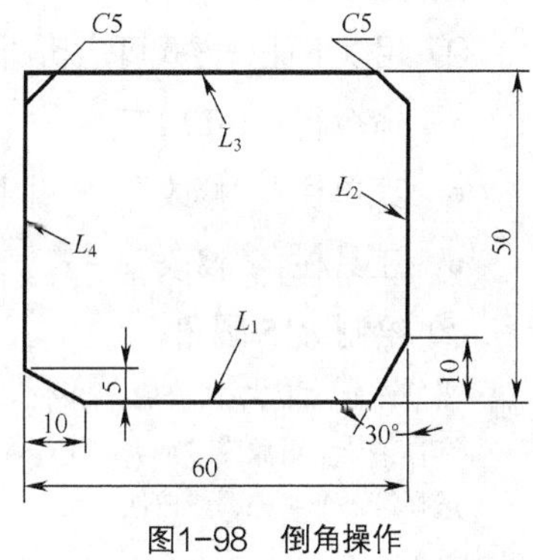

图1-98 倒角操作

启用命令后系统提示如下。

（"修剪"模式）当前倒角长度 = 0，角度 = 0）

选择第一条直线或 [放弃(U)/多段线(P)/距离(D)/角度(A)/修剪(T)/方式(E)/多个(M)]： D↙（选择距离模式，回车确认）

指定第一个倒角距离 <0>：5↙（输入第一边的倒角距离）

指定第二个倒角距离 <0>：5↙（输入第二边的倒角距离）

选择第一条直线或 [放弃(U)/多段线(P)/距离(D)/角度(A)/修剪(T)/方式(E)/多个(M)]：(用光标选择 L_2 线，单击鼠标确认)

选择第二条直线，或按住 Shift 键选择要应用角点的直线：(用光标选择 L_3 线，单击鼠标确认)

完成右上角的倒角操作，系统退出"倒角"命令。

其他 3 个角的倒角操作同上述过程基本一样，区别如下。

- 左上角：在输入两边的倒角距离后，根据提示选择"修剪（T）"选项，然后根据系统提示选择"不修剪（N）"。

- 左下角：两边倒角距离不同，注意选择边时要与输入数值时的顺序一致。
- 右下角：调用命令后，选择“角度（A）”选项。

提示 因为系统默认倒角距离为0或保留上次操作时的数值，所以在使用倒角命令时，要先对距离或角度及修剪方式进行设置。

倒角用于两个不平行（可以相交，也可以不相交）的对象间的连接。

② 倒圆。将两个对象连接部分以光滑圆弧过渡，命令执行后可在两个对象之间新建一段连接圆弧，如图1-99所示。

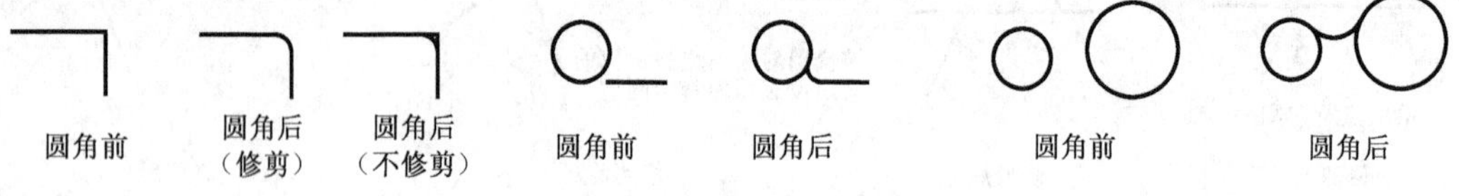

图1-99 两对象之间用圆弧过渡

倒圆同倒角基本类似，操作时同样要对圆角半径及修剪方式进行设置。

【实例操作】

用圆角命令将图1-100（a）编辑成图1-100（b）所示结果。

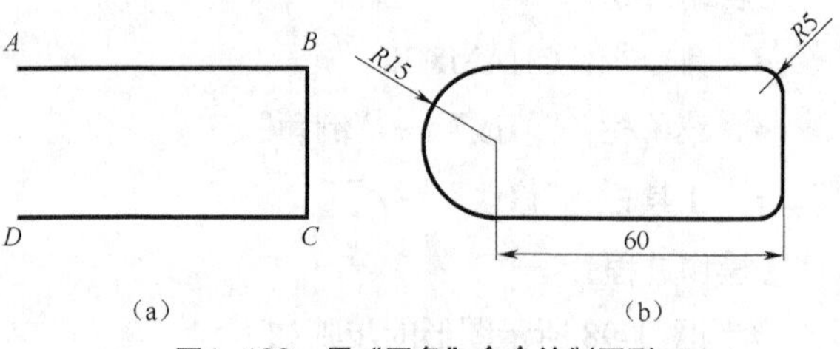

图1-100 用“圆角”命令绘制图形

操作步骤如下。

① 用以下任一方式可启动“圆角”命令。

- 命令行：FILLET。
- 菜单栏：“修改”→“圆角”。
- 工具栏：“修改”→![]。

② 绘制R15圆角。

```
当前设置：模式 = 修剪，半径 = 0
选择第一个对象或 [放弃(U)/多段线(P)/半径(R)/修剪(T)/多个(M)]：(靠近A端选取直线AB，单击鼠标确认)
选择第二个对象，或按住 Shift 键选择要应用角点的对象：(靠近 D 端选取直线 CD，单击鼠标确认)完成第一个R15圆角的绘制。
```

③ 绘制两个R5圆角。

↙（直接回车，再次启动“圆角”命令）

```
当前设置：模式 = 修剪，半径 = 0
选择第一个对象或 [放弃(U)/多段线(P)/半径(R)/修剪(T)/多个(M)]： r↙（输入R回车）
指定圆角半径 <0>： 5↙（输入圆角半径回车）
选择第一个对象或 [放弃(U)/多段线(P)/半径(R)/修剪(T)/多个(M)]： m↙（选择“多个（M）”模式）
选择第一个对象或 [放弃(U)/多段线(P)/半径(R)/修剪(T)/多个(M)]：(靠近B端选取AB直线，单击鼠标确认)
选择第二个对象，或按住 Shift 键选择要应用角点的对象：(靠近B端选取BC直线，单击鼠标确认)第一个R5圆角的绘制完成。
选择第一个对象或 [放弃(U)/多段线(P)/半径(R)/修剪(T)/多个(M)]：（靠近C端选取BC直线，单击鼠标确认）
选择第二个对象，或按住Shift键选择要应用角点的对象：（靠近D端选取CD直线，单击鼠标确认）完成第二个R5圆角的绘制。
选择第一个对象或 [放弃(U)/多段线(P)/半径(R)/修剪(T)/多个(M)]：↙（回车或单击鼠标右键结束“圆角”命令）
```

“圆角”命令可将两条平行线用圆弧光滑地连接，用户不必设置圆角半径，系统自动以两条平行线间距离的一半为圆角半径。连接弧的起点从所选的第一条直线的端点开始，第二条直线的端点被延长或被修剪至与第一条直线对齐，如图 1-100 所示。

（3）打断、合并、分解

① 打断。用于将一个对象切断为两个对象或删除一部分，对象之间可以具有间隙，也可以没有间隙，如图 1-101 所示。适应对象有直线、圆及圆弧、椭圆及椭圆弧、构造线、样条曲线等，但不包括块、标注、面域等。

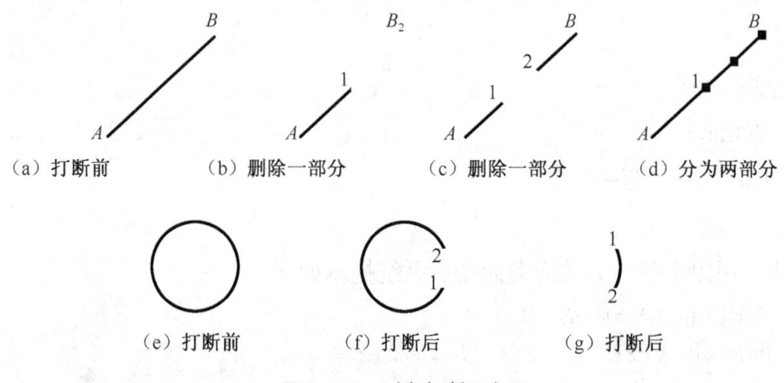

（a）打断前　（b）删除一部分　（c）删除一部分　（d）分为两部分

（e）打断前　（f）打断后　（g）打断后

图1-101　对象打断示意图

【实例操作】

将图 1-101（a）和（e）分别编辑成图 1-101（b）、（c）、（d）和（f）、（g）所示的结果。

操作步骤如下。

a. 启动“打断”命令。

- 命令行：BREAK。
- 菜单：“修改” → “打断”。
- 工具栏：“修改” →□。

b. 用以上任一方式启动命令后系统提示如下。

选择对象：（将光标放在要打断对象的某位置，单击鼠标确认，此时，完成了选择对象和选择第一打断点两项操作；系统默认选择对象时光标所在点为第一打断点；本例按默认操作）

指定第二个打断点 或 [第一点(F)]：（将光标放在第二点单击鼠标确认，完成操作；若选择“F”选项可重新选择第一点，系统将再次提示选择第二点）

本例中，在系统提示“选择第二打断点”时，若选择如图 1-101 所示 2 点，得到如图 1-101（b）、（c）、（f）和（g）所示结果，将对象删除一部分；若输入“@”或“@0,0”或在选择对象后鼠标不动继续单击鼠标，得到如图 1-101（d）所示结果，将一个对象分为两个对象。

在打断整圆时，系统默认打断第一选择点与第二选择点构成的逆时针方向圆弧，如图 1-101（f）、（g）所示。

② 合并。用于将直线、圆弧、椭圆弧和样条曲线等独立的线段合并为一个对象，如图 1-102 所示。

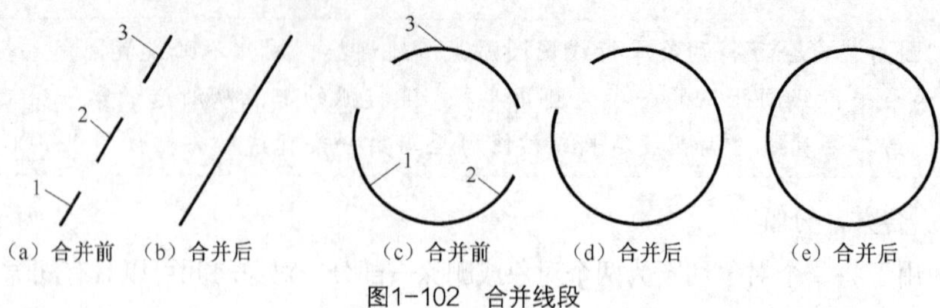

图1-102　合并线段

【实例操作】

将图 1-102（a）和（c）分别编辑成图 1-102（b）、（d）和（e）所示结果。

操作步骤如下。

a. 启动“合并”命令。

- 命令行：JOIN。
- 菜单：“修改”→“合并”。
- 工具栏：“修改”→ 。

b. 合并直线。用以上任一方式启动命令后系统提示如下。

选择源对象：（选择图 1-102(a) 中的 1 线）
选择要合并到源的直线：（选择图 1-102(a) 中的 2 线）
找到 1 个
选择要合并到源的直线：（选择图 1-102(a) 中的 3 线）
找到 1 个，总计 2 个
选择要合并到源的直线：（单击鼠标右键或按回车键确认）
已将 2 条直线合并到源：（“合并”命令结束，完成操作。结果如图 1-102(b) 所示，已将三个对象合并为一个对象）

c. 合并圆弧。回车调用刚结束的“合并”命令。

选择源对象：（选择图 1-102(c) 中的 1 弧）
选择圆弧，以合并到源或进行［闭合(L)］：（若按提示分别选择图 1-102（c）中的 2、3 弧，结果如图 1-102(d) 所示；若输入 L 回车，结果如图 1-102（e）所示）

③ 分解。用于将矩形、多边形、块、尺寸分解为单个实体，将多义线分解为失去宽度的单个实体。例如，用多边形命令绘制的五边形是一个单独的实体，分解后将成为由五条直线（五个实体）组成的对象。

【启动命令】

- 菜单：“修改”→“分解”。
- 命令行：EXPLOD。
- 工具栏：“修改”→ 。

执行上述命令后，选择需要分解的对象后按下回车键，即可分解图形并结束命令。

4. 改变位置类命令

这一类命令的功能是按照指定要求改变当前图形或图形某部分的位置，主要包括移动、旋转和缩放等命令。

（1）移动对象

用于将选中的实体从当前位置移动到另一新位置。

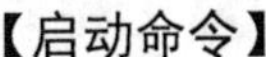
【启动命令】

- 命令行：MOVE。
- 菜单：　“修改”→“移动”。
- 工具栏：“修改”→ 。
- 快捷菜单：选择实体后单击鼠标右键，在弹出的快捷菜单中选择“移动”。

命令启动后，系统提示如下。

```
选择对象：（选择要移动的对象）
指定基点或 [位移(D)] <位移>：（指定基准点）
指定第二个点或 <使用第一个点作为位移>：（指定实体移动的新位置点）
```

移动命令的使用与复制命令的操作方式相似，只是复制不会改变原对象的存在，而对象移动后原位置将不再存在该对象。

（2）旋转对象

用于将选定的实体绕指定点旋转一个角度。

【启动命令】

- 命令行：ROTATE。
- 菜单：“修改”→“旋转”。
- 工具栏：“修改”→ 。
- 快捷菜单：选择实体后单击鼠标右键，在弹出的快捷菜单中选择“旋转”。

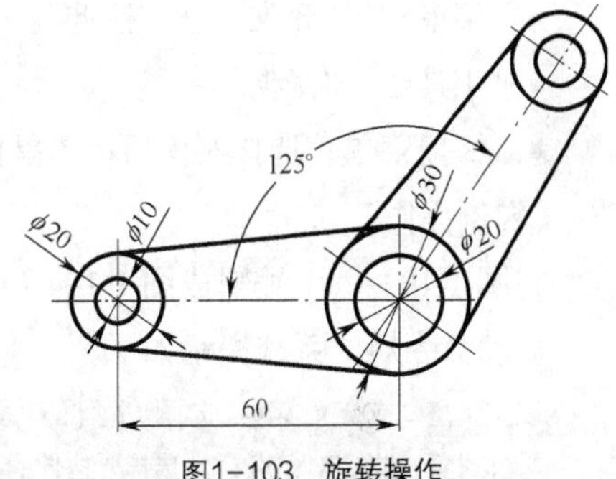

图1-103　旋转操作

【实例操作】将图 1-84 编辑成图 1-103 所示结果，步骤如下。

命令：ROTATE↙

```
选择对象：（选择要旋转的整个图形）
指定基点：（选择ϕ30 圆心）
指定旋转角度，或 [复制(C)/参照(R)] <0>: C↙（选择选项“C”，旋转后保留源对象）
指定旋转角度，或 [复制(C)/参照(R)] <0>:-125↙（输入要旋转的角度，回车确认完成操作）
```

（3）缩放对象

用于将选定的对象放大或缩小。

【启动命令】

- 命令行：SCALE（缩写 SC）。
- 菜单栏：“修改”→“缩放”。
- 工具栏：“修改”→ 。
- 快捷菜单：选择实体后单击鼠标右键，在弹出的快捷菜单中选择“缩放”。

启动命令后，根据系统提示：“选择对象”→“指定基点”→“指定比例因子”依次进行操作，即可完成对所选对象的放大或缩小。“比例因子”是指图形的缩放比例系数，大于 1 时图形放大，小于 1 时图形缩小。

（4）图形的拉伸与压缩

用于将选定图形的某一部分向某一方向（而不是像缩放命令那样向所有方向）进行缩放，其余部分保持不变，如图 1-104 所示。

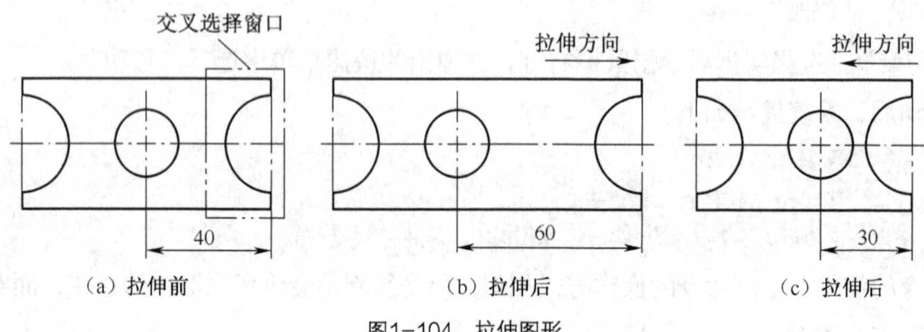

图1–104　拉伸图形

【启动命令】

- 命令行：STRETCH（缩写 S）。
- 菜单栏："修改"→"拉伸"。
- 工具栏："修改"→ 。
- 快捷菜单：选择实体后单击鼠标右键，在弹出的快捷菜单中选择"拉伸"。

【实例操作】

将图 1-104（a）编辑成图 1-104（b）和（c）所示的操作过程如下。

启动命令后，系统提示如下。

以交叉窗口或交叉多边形选择要拉伸的对象…

选择对象：指定对角点：（选择要拉伸的对象，如图 1-104（a）所示）

指定基点或［位移(D)］<位移>：(指定基准点，单击鼠标确认）

指定第二个点或<使用第一个点作为位移>：（①输入@20，0↙或将光标向右移动到指定位置，单击鼠标确认，得到图 1-104（b）所示的拉伸结果；②输入@-10，0↙或将光标向左移动到指定位置，单击鼠标确认，得到图 1-104（c）所示的压缩结果。）

用交叉窗口选择拉伸对象后，落在交叉窗口内的端点被拉伸或压缩，落在窗口外部的端点保持不动。

5. 对象特性修改命令

（1）夹点编辑

AutoCAD 系统中，每一个图形对象都存在一些特殊的可编辑点，称为夹持点（简称夹点）。在待命状态下单击图形，就会在图形上出现图 1-105 所示的夹点，可利用这些点对图形进行拉伸、缩放、旋转、移动、镜像、复制等操作。

当在图形上拾取一个夹点时，该夹点改变颜色，此夹点为基准点。可直接移动鼠标进行拉伸、移动等操作；也可根据命令行的提示"指定拉伸点或[基点(B)/复制(C)/放弃(U)/退出(X)]:"进行操作；此时若单击鼠标右键会弹出图 1-106 所示的快捷菜单，从菜单中选择相应的选项进行操作。

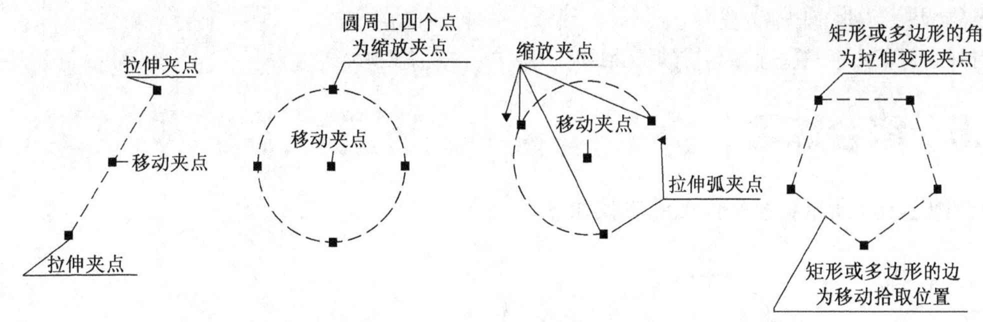

图1-105　对象的夹点

（2）特性选项板的使用

通过命令（DDMODIFY）或菜单（“修改”→“特性”）或工具栏（“标准”→ ）以及右击快捷菜单中的“特性”选项可打开“特性”选项板，如图 1-107 所示。利用它可以方便地设置或修改各种对象（如图形、尺寸标注等）的各种属性。

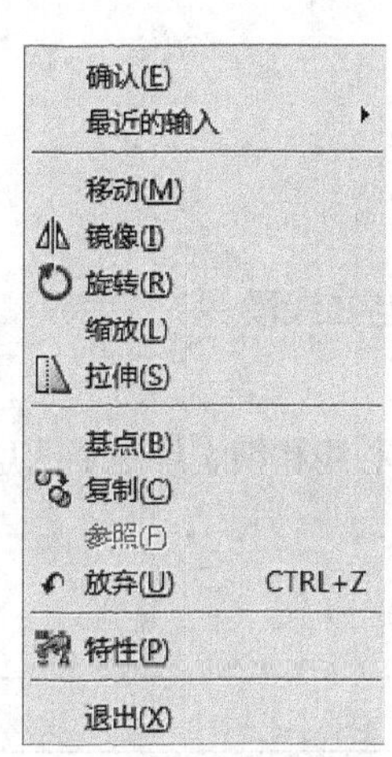

图1-106　夹点快捷菜单

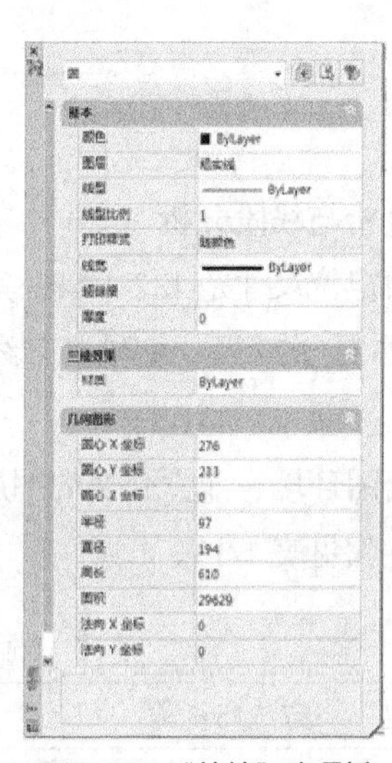

图1-107　“特性”选项板

（3）特性匹配的应用

特性匹配与文字编辑软件 Word 中的格式刷相似，利用特性匹配功能可以将目标对象的属性与源对象的属性进行匹配，使其两者属性相同。图 1-108（a）所示为两个不同属性的对象，以左边圆为源对象，对右边矩形进行匹配，结果如图 1-108（b）所示，操作过程如下。

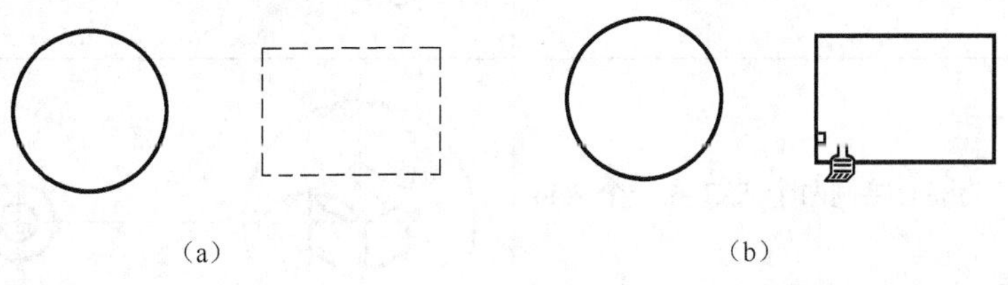

图1-108　特性匹配

命令：MATCHPROP 或菜单（“修改”→“特性匹配”）。

选择源对象：（选择圆为源对象）

选择目标对象或［设置(S)］：（选择矩形为目标对象，单击鼠标右键确认）

1.5.5 综合练习

绘制图 1-109 所示扳手平面图的步骤如下。

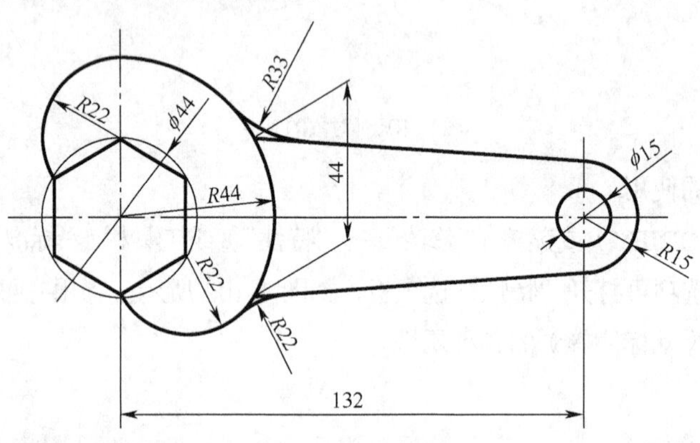

图1-109 扳手的平面图

1. 尺寸分析与线段分析

① 图中的定位尺寸是 132、44；其余全是定形尺寸。

② 图中 *R*33、*R*22 及手柄轮廓直线为连接线段，其余均为已知线段。

2. 绘图

① 设置绘图环境、建立必要的图层（本例设置粗实线、中心线和细实线 3 个图层）。

② 绘图步骤见表 1-13。

表 1-13 扳手平面图的绘图步骤

方法与步骤	图例
1. 设置绘图环境、建立三个图层（粗实线、中心线、细实线）。 将“中心线”图层设为当前层。用直线命令“ ”、偏移命令“ ”绘制中心线	
2. 将“粗实线”图层设为当前层。用多边形命令“ ”和圆命令“ ”绘制正六边形和ϕ15 和 *R*15 的圆	
3. 以 *A*、*B*、*C* 为圆心绘制两个 *R*22 和一个 *R*44 的圆	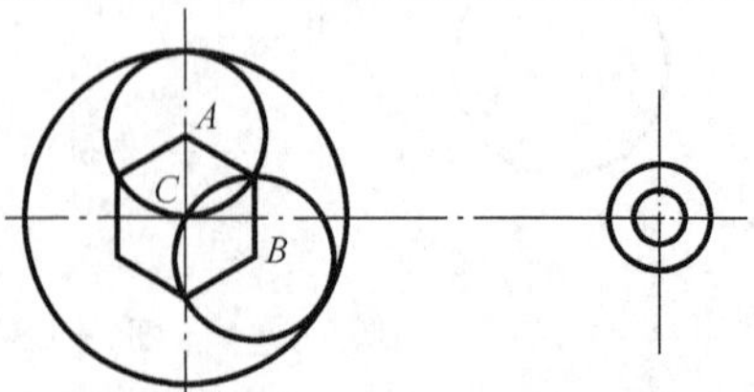

续表

方法与步骤	图　例
4. 用偏移命令“ ”将水平中心线向上、下各偏移 22 确定 1、2 点。过 1、2 点分别绘制直线与 ϕ15 的圆相切（启用临时对象捕捉，捕捉切点）	
5. 用“相切、相切、半径”命令，绘制 R33、R22 的圆	
6. 用修剪命令剪掉多余线条；将“细实线”图层设为当前层，用分解命令（菜单“修改”→“分解”）将正六边形分解后，将左、下两边转换成细实线，并用细实线绘制其外接圆；用“夹点”编辑法，调整线条长度，完成绘图	

本章小结

1. 熟练掌握国家标准机械制图的有关规定是学好机械制图的基本要求。其中，图线的型式及画法和标注尺寸是本节的重点内容。

2. 使用绘图仪器进行手工绘图或徒手绘图是学好本课程必备的基础技能。通过绘图工具和徒手绘图，完成相关作业练习，可加深对所学知识的理解与掌握。

3. 掌握平面图形的尺寸分析和线段分析方法，能帮助确定平面图形的绘图步骤和方法，是快速、准确地绘制机械图样，并正确、完整地标注尺寸的重要基础。

4. 计算机绘图技术是当今工程技术人员必备的基本技能之一。本章介绍了常用的绘图命令、编辑命令和辅助绘图功能等计算机绘图的基本知识。

在绘图过程中，同一图形可用多种不同的命令和方法绘制，这取决于绘图人员对各命令掌握的熟练程度和使用习惯，因此，必须通过大量的实例操作练习才能熟练掌握各种命令的使用方法和技巧，从而快速、准确地绘制图形。

第2章 正投影法与三视图

机械图样中表达物体形状的图形是按正投影法绘制的，正投影法是绘制和阅读机械图样的理论基础。所以掌握正投影法理论，是培养空间思维能力、提高绘图和读图能力的关键。本章将介绍正投影法的有关知识及其应用。

2.1 投影法的基本知识

2.1.1 投影法的概念

物体被灯光或日光照射时，在地面或墙壁上就会出现物体的影子，如图 2-1 所示，这是一种在日常生活中常遇到的投影现象。但物体的影子只能概括地反映出物体某个方面的外轮廓形状，而不能反映出物体上各表面间的界线以及物体内部的和后面被挡住部分的形状。人们在长期的生产实践中，根据影子的启示，科学地总结出假想光线（称为投射线）能通过物体，将其内外所有边界轮廓向一个平面（称投影面）投射，从而在这个平面上得到一个由线条组成的平面图形（称为投影或投影图）来表达物体形状，如图 2-2 所示。上述将物体进行投射并在投影面上得到图形的方法称为投影法。

投射线、物体、投影面是构成投影的三要素。

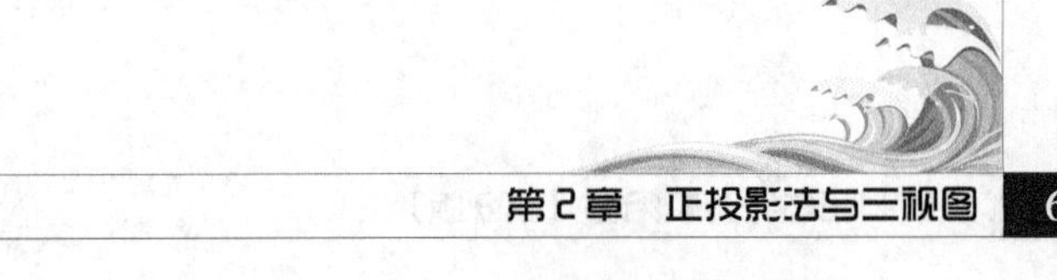

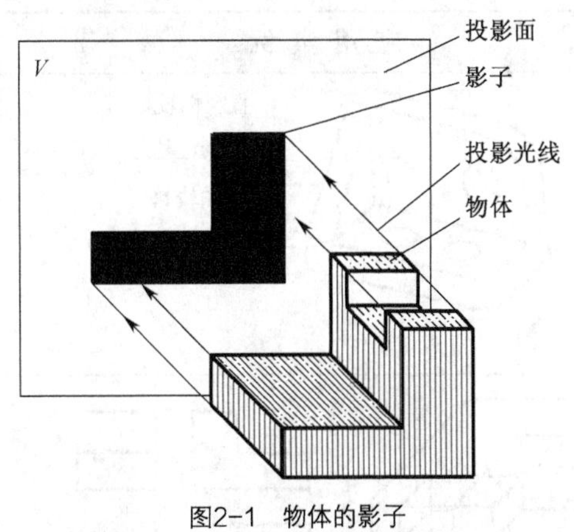

图2-1 物体的影子

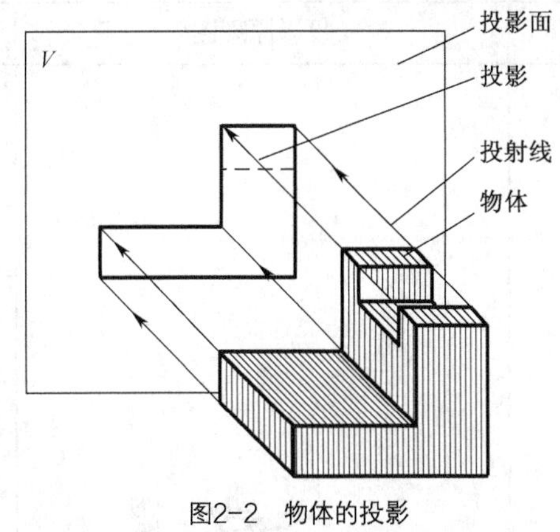

图2-2 物体的投影

2.1.2 投影法的种类

由于投射线、物体和投影面之间的相互关系不同，因而产生了不同的投影法。工程上常用的投影法有中心投影法和平行投影法两种，表 2-1 列出了工程上常用的几种投影法。

表 2-1 投影法分类及应用

		投影原理图	应用实例
中心投影		投射中心 S；物体；投射线；投影；投影面；A B C；a b c；H 投射线汇交于一点	透视图 直观性好 度量性差 作图复杂 用于广告及建筑效果图
平行投影	斜投影	A B C；a b c；H；投射方向 投射线相互平行，且倾斜于投影面	斜轴测图 直观性稍差 度量性好 作图较繁 用于辅助工程图

续表

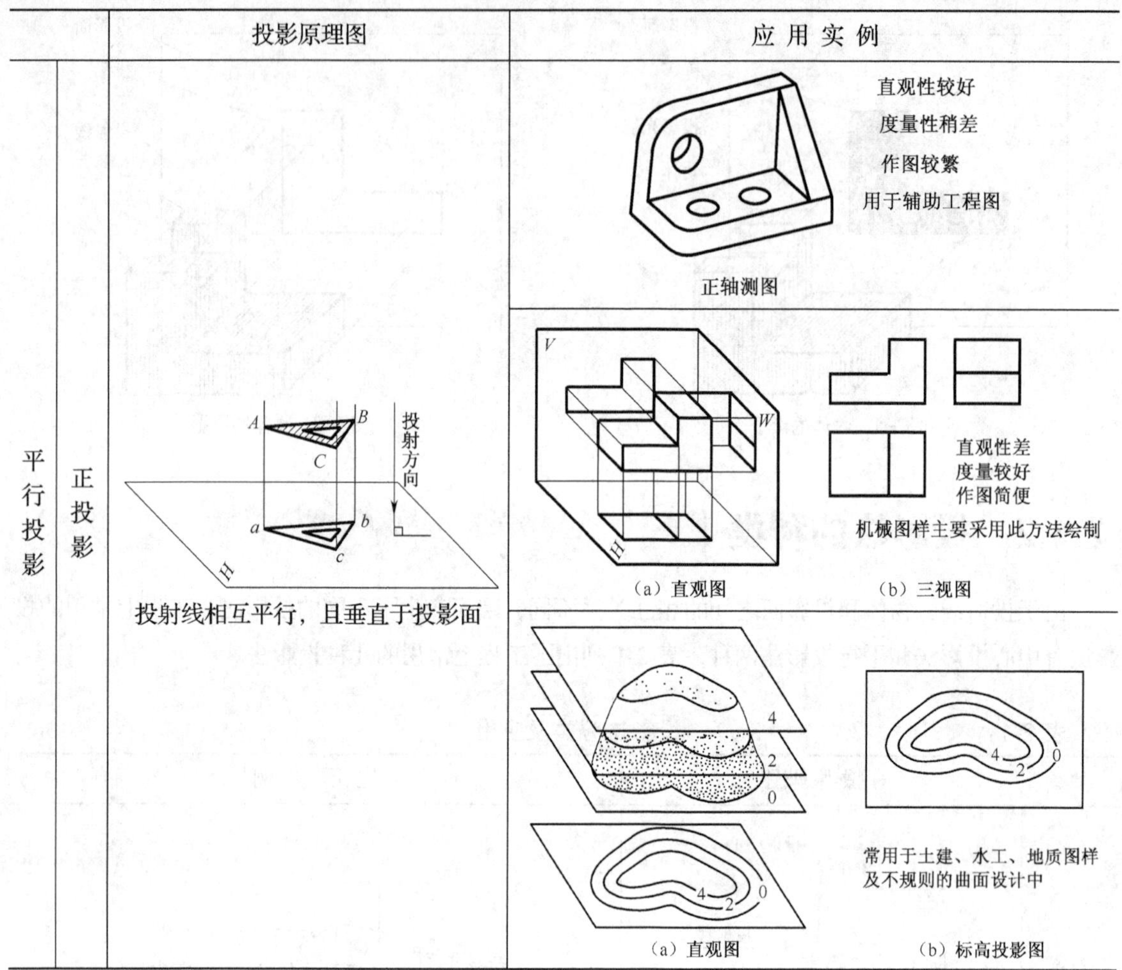

1. **中心投影法**

投射线汇交于一点的投影法，称为中心投影法（如照相、放电影等），所得的投影称为中心投影。中心投影常用于广告及绘制建筑物的外观图。

2. **平行投影法**

将投影中心移至无限远处，则所有投射线可视为互相平行（如阳光）。这种投射线都互相平行的投影法，称为平行投影法，所得的投影称为平行投影。

根据投射线与投影面是否垂直又分为正投影法和斜投影法。当互相平行的投射线与投影面垂直时，称为正投影法；当互相平行的投射线与投影面倾斜时，称为斜投影法。

2.1.3 正投影的性质

在机械图样中，为了满足实形性和度量性的要求以及画图方便，一般都采用正投影法来绘制图样。正投影法的性质见表2-2。

表 2-2　　正投影法的性质

性质	物体上的直线和平面	直线和平面的投影图	投影特性
显实性			当平面图形（或直线）与投影面平行时，其投影反映平面的实形（或直线的实长）的性质，称为显实性（又称实形性）。 即平面平行投影面，该面投影实形显；直线平行投影面，该面投影实长显
积聚性			当平面图形（或直线）与投影面垂直时，其投影积聚成直线（或积聚成点）的性质，称为积聚性。 即平面垂直投影面，该面投影聚成线；直线垂直投影面，该面投影聚成点
类似性			当平面图形（或直线）与投影面倾斜时，其投影与空间图形类似，但面积缩小（直线的投影仍然是线段，但长度缩短）的性质，称为类似性。 即平面倾斜投影面，投影类似往小变；直线倾斜投影面，该面投影长变短

2.2 物体的三视图

制图标准规定：将机件用正投影法向投影面进行投射所得的图形称为视图（在实际绘图时，

通常用人的视线模拟正投影线，按人-物体-投影面的关系，将物体向投影面进行投射，从而在投影面上得到物体的投影，视图的名称由此而来）。

因空间物体有三个方向的尺寸，物体的一个视图只能表达物体一个方面的形状，反映出两个方向的尺寸，所以只用一个视图不能完整、确切地表达出物体的形状。图 2-3 所示为两个形状不同的物体，但它们向 *V* 面进行投影所得的视图是相同的。为了确切、完整地表达出物体的全部形状，必须从物体的不同方向进行投影，工程上常用三个视图来表达物体的形状。

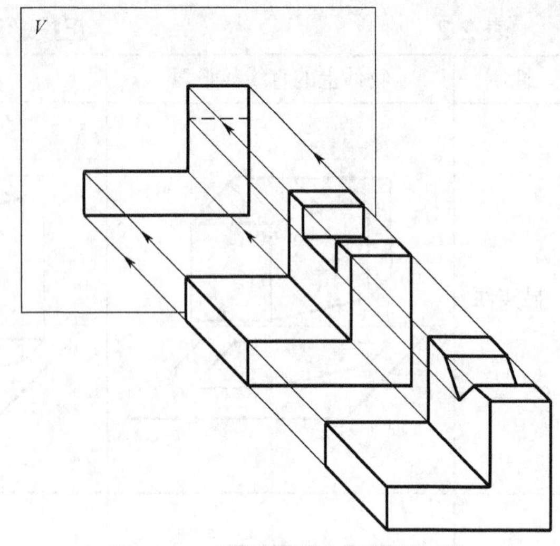

图2-3　一个投影不能确定物体的形状

2.2.1　三视图的形成

根据投影的三要素（投射线、物体、投影面）可知，要得到物体的三个视图，就必须有三个投影面。

1. 三投影面体系的建立

在空间设立三个相互垂直的投影面，如图 2-4 所示，分别为正立投影面，简称正面，用 *V* 表示；水平投影面，简称水平面，用 *H* 表示；侧立投影面，简称侧面，用 *W* 表示。

相邻两个投影面之间的交线，称为投影轴，分别用 *OX*、*OY*、*OZ* 表示，简称 *X* 轴、*Y* 轴、*Z* 轴，三轴汇交于一点 *O*，称为原点。

三轴的方向为：*X* 轴表示左右长度尺寸；*Y* 轴表示前后宽度尺寸；*Z* 轴表示上下高度尺寸。

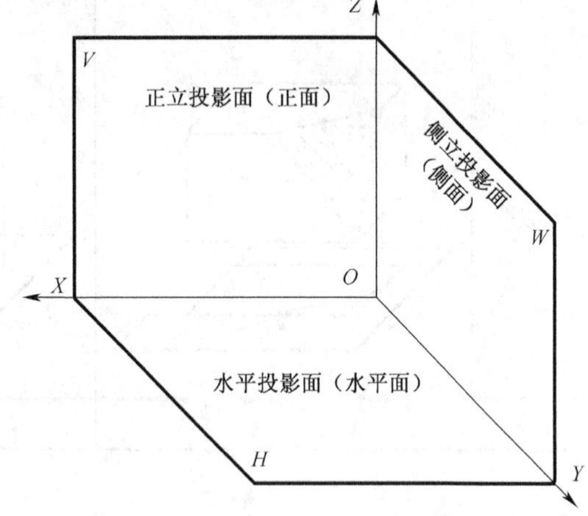

图2-4　三投影面体系的建立

2. 三视图的形成及名称

将物体置于三投影面体系中，使物体各主要表面平行或垂直于其中的某一投影面（这样可使这些表面在所平行的投影面上的投影反映实形，在所垂直的投影面上的投影成为简单易画的直线或圆）并保持不动，然后将物体分别向各个投影面进行正投影，这样就在三个投影面上分别得到了三个视图，如图 2-5（a）所示。三个视图的名称为：

主视图——从前向后投射，在 *V* 面上所得的投影；

俯视图——从上向下投射，在 *H* 面上所得的投影；

左视图——从左向右投射，在 *W* 面上所得的投影。

为了使三个视图能画在同一张图纸上，国家标准规定将三投影面展开至同一平面上：*V* 面保持不动，H 面绕 OX 轴向下旋转 90° 与 V 面重合，W 面绕 OZ 轴向右旋转 90° 与 V 面重合，如图 2-5（b）所示。这样三个视图就展平到同一平面上了，如图 2-5（c）所示。

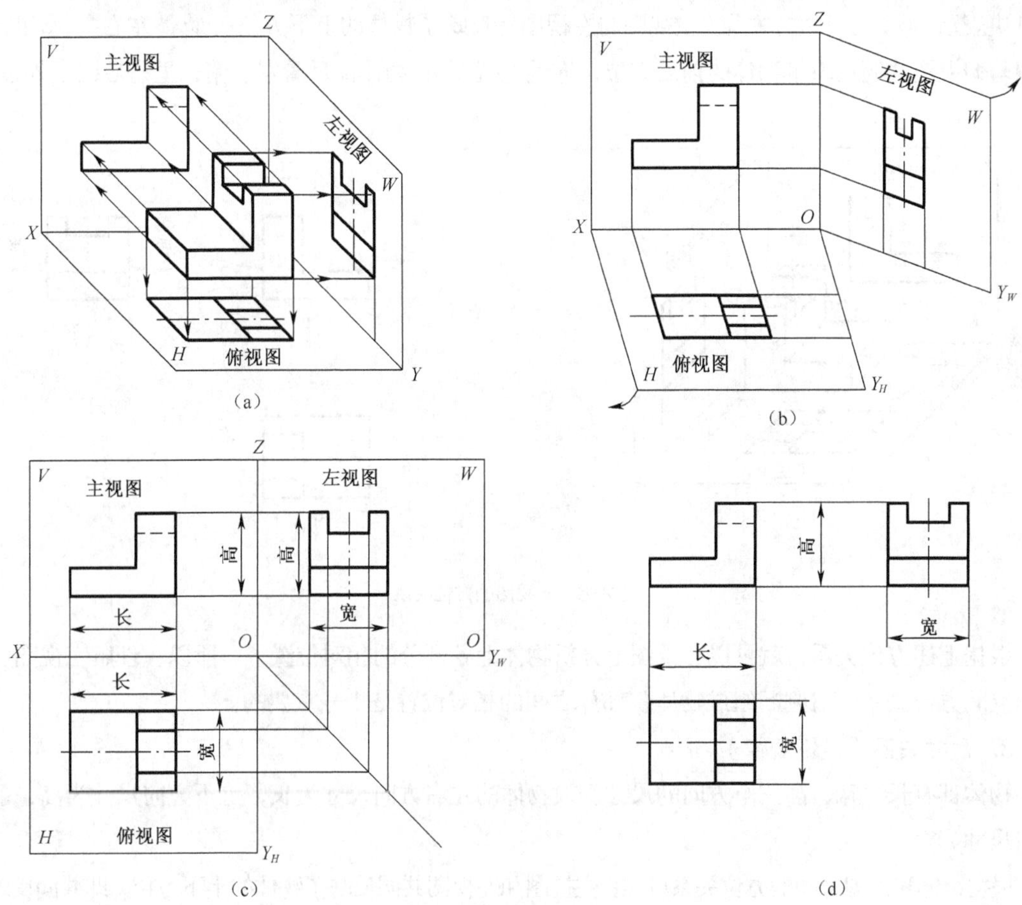

图2-5 三视图的形成

由于三视图是表达物体形状的，与投影面之间的距离无关，因此，与视图无关的投影边框不需要画出，如图 2-5（d）所示。

2.2.2 三视图的投影规律

由于三视图是由同一物体向固定的三投影面投射得来，所以三视图之间及三视图与空间物体之间必然存在着联系。

1. 位置关系

三投影面展开后，三视图之间的位置就自然确定了。用口诀表示：正面放着主视图，俯视画在它下面，右边画着左视图，三图位置不改变。

在绘制三视图时，应按此规定配置。按规定配置的三视图，不需要标注其名称，如图 2-5（d）所示。

2. 方位关系

物体在空间具有左右、上下、前后六个方位，如图 2-6（a）所示。当物体的投射方向确定后，视图与物体的空间方位之间的对应关系也就确定了。如图 2-6（b）所示，主视图反映左右、上下关系，前后重叠；左视图反映前后、上下关系，左右重叠；俯视图反映左右、前后关系，上下重叠。用口诀表示：物体上下主、左见（主视图与左视图都反映了物体的上下方位）；物体左右主、俯视（左视图与俯视图共同反映了物体的前后方位，靠近主视图）；物体前后看左、俯；里是后面，外是前。

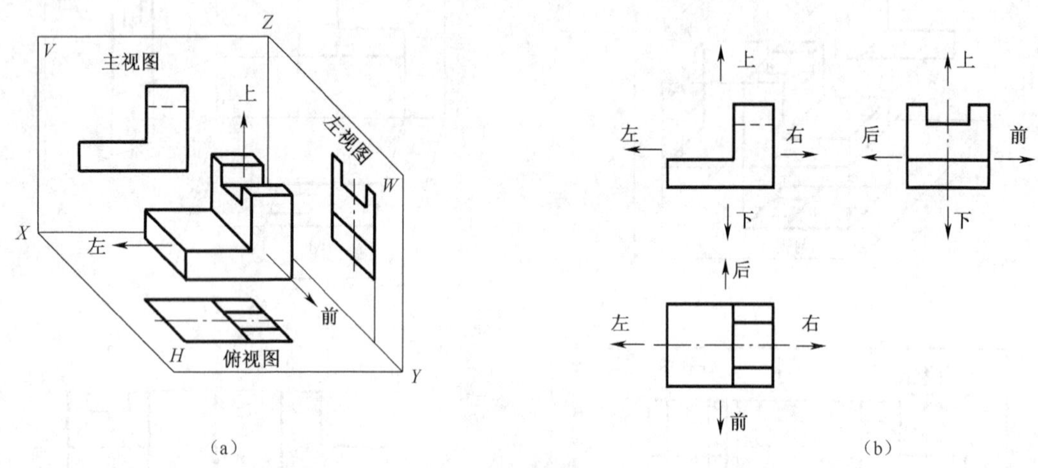

图2-6 三视图的方位关系

根据上述方位关系，就可以在视图上分析物体上各部分的相对位置了。所以，理解三视图所反映的空间方位关系，对判断组成物体各部分之间的相对位置是十分重要的。

3. 尺寸关系（投影规律）

物体都有长、宽、高三个方向的尺寸。设物体的左右方向尺寸为长，上下方向尺寸为高，前后方向尺寸为宽。

根据物体和视图之间的方位关系可知：主视图和左视图共同反映了物体的上下方位，即共同反映了物体高度方向的尺寸；主视图和俯视图共同反映了物体的左右方位，即共同反映了物体长度方向的尺寸；俯视图和左视图共同反映了物体的前后方位，即共同反映了物体宽度的尺寸。由此得出了三视图之间的尺寸关系，如图 2-5（d）所示，即：主、俯视图长对正；主、左视图高平齐；俯、左视图宽相等。

三视图之间的“长对正、高平齐、宽相等”的尺寸关系，又称为三视图的投影规律，是三视图的基本投影规则，这个规则不仅适应于整个物体的总尺寸，对物体的局部尺寸同样适应，画图、读图时都应严格遵循和应用。

2.2.3 画物体三视图的步骤

画物体的三视图时，应首先确定主视图的投射方向，选择最能反映物体形体特征的图作为主视图。当主视图的投射方向确定后，俯、左视图的投射方向也随之确定。然后按“长对正、高平齐、宽相等”的关系及图线的画法规定画出物体的三视图。

绘制如图 2-7（a）所示物体三视图的步骤如下。

① 分析物体的组成，确定主视图的投射方向。根据物体的结构特点，选择图 2-7（a）中的 *A*

箭头所指方向为主视图的投射方向，则 B 向就是俯视图的投射方向，C 向就是左视图的投射方向。

② 用细线画出作图的基准线。主、俯视图中左右对称平面的位置；主、左视图中底平面的位置及竖板中心线的位置；俯、左视图中后平面的位置，这些都是作图的基准线，应首先画出，如图 2-7（b）所示。

③ 画出底板的三视图，如图 2-7（c）所示。

④ 画出竖板的三视图。先画主视图（即先画有积聚性的投影），再按投影关系画出其左、俯视图，如图 2-7（d）所示。

⑤ 画出竖板上孔的三视图。画圆孔时，应先画具有积聚性投影为圆的视图，然后再画转向线的投影，如图 2-7（e）所示。

⑥ 底稿画完后，检查确认没有错误，再按图线要求描深（可见轮廓线用粗实线画出，不可见轮廓线用虚线画出，对称线、圆的中心线及圆孔的轴线用细点画线画出），如图 2-7（f）所示。

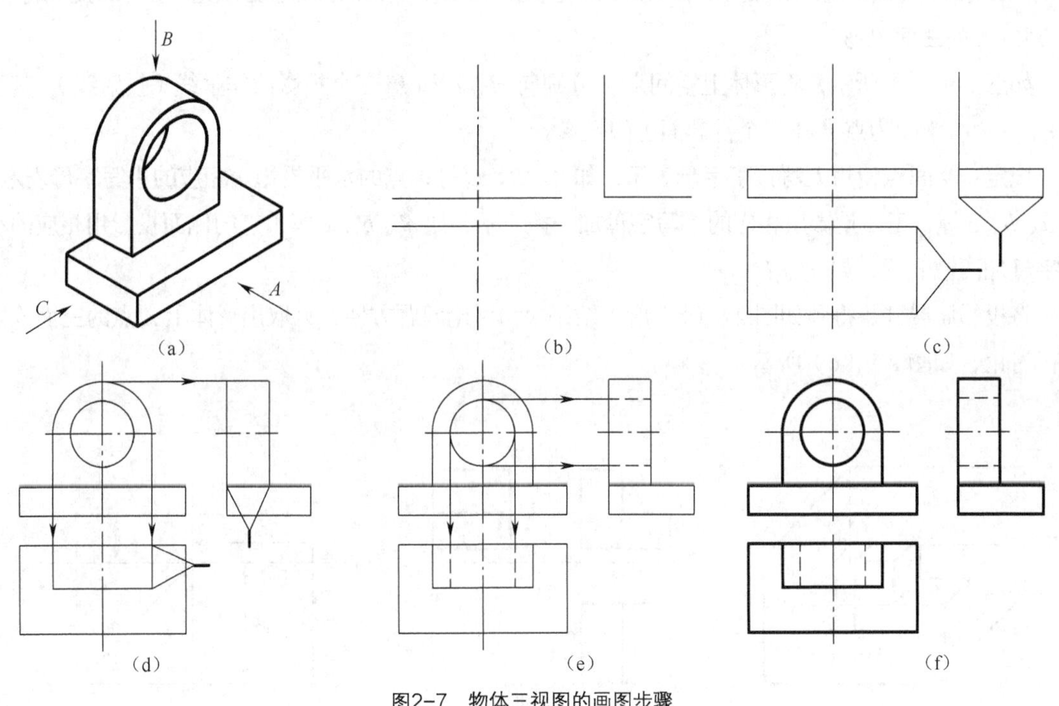

图2-7　物体三视图的画图步骤

2.3 物体上点、直线、平面的投影

任何立体都是由点、直线、面等几何元素所组成的。图 2-8 所示三棱锥的表面由三角形 SAB、

SBC、*SAC*、*ABC* 四个平面所围成；两相邻平面有交线（称为棱线）*SA*、*SB*、*SC* 等六条，六条交线（棱线）汇交于 *A*、*B*、*C*、*S* 四个点。显然画三棱锥的三视图，实质上是画这些点、线、面的投影。因此，掌握点、线、平面的投影及投影规律是正确、迅速地画立体投影的基础。

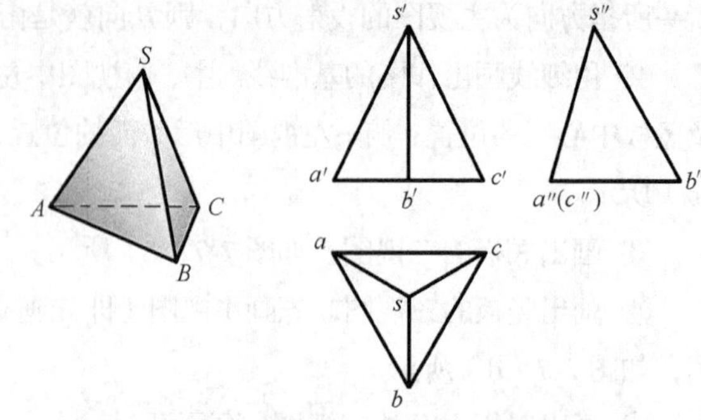

图2-8 三棱锥表面上点、线、平面的投影

2.3.1 物体上点的投影

点是构成立体的最基本的几何元素，所以研究直线、平面、立体的投影就必须先掌握点的投影规律。

1. 点的三面投影

如图 2-9（a）所示，将形体上空间点 *A* 分别向 *H*、*V* 和 *W* 三个投影面作垂线（投射线），其垂足 *a*、*a'* 和 *a* " 即为点 *A* 在三个投影面上的投影。

规定：空间点使用大写拉丁字母表示，如 *A*、*B*、*C* 等；点的水平投影用相应的小写字母表示，如 *a*、*b*、*c* 等；正面投影用相应的小写字母加一撇表示，如 *a'*、*b'*、*c'*等；点的侧面投影用相应的小写字母加两撇表示，如 *a''*、*b''*、*c''*。

将投影面展开，得到如图 2-9（b）所示结果，为讨论问题方便，只取出形体上 *A* 点的三面投影进行讨论，如图 2-9（c）所示。

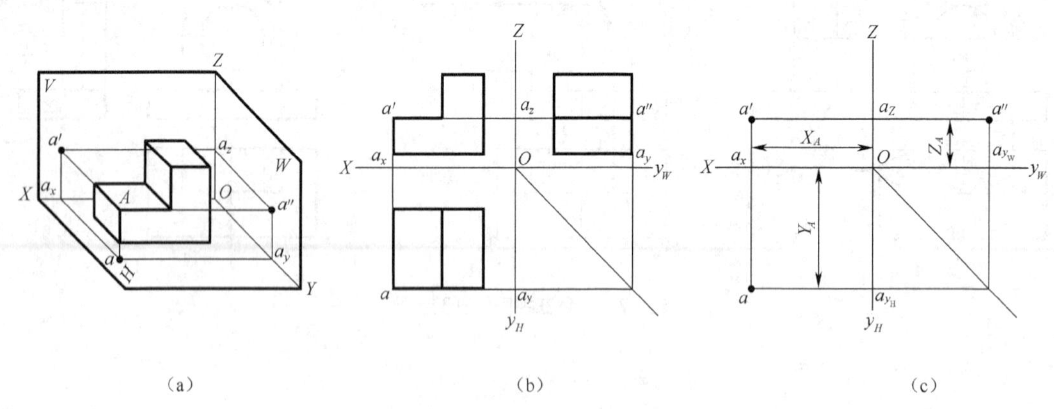

图2-9 立体上点的三面投影

投影面展开时，*OY* 轴分别随 *H* 面和 *W* 面旋转，分别标记为 OY_H和 OY_w，此为同一轴，不能将其理解为两根轴，在投影图上的点 a_{y_H} 和 a_{y_W} 为同一点，即 $a_{y_H}=a_{y_W}$ 。

（1）点的直角坐标

由图 2-9（a）看出，*Aa*、*Aa'*、*Aa''*三条投射线构成三个互相垂直平面，与三个投影面相交出六

条交线 $a'a_Z$、$a'a_X$、aa_y、aa_X、$a''a_Z$、$a''a_y$，并组成一个长方体线框，A 点在长方体线框的一个角点上。如把三投影面体系看作空间直角坐标系，则 H、V、W 面为坐标面，OX、OY、OZ 为坐标轴，点 O 为坐标原点。从图中的长方体线框可知，空间点 A 到三个投影面的距离可用其直角坐标 A（x_A、y_A、z_A）表示，且与其三面投影 a、a'、a''的关系如下。

点 A 的 x_A 坐标，$x_A = a_xO = Aa'' = a'a_z = aa_y$，为点到 W 面的距离；

点 A 的 y_A 坐标，$y_A = a_yO = Aa' = aa_x = a''a_z$，为点到 V 面的距离；

点 A 的 z_A 坐标，$z_A = a_ZO = Aa = a'a_x = a''a_y$，为点到 H 面的距离。

由此可以得出以下结论。

点的水平投影 a 由 a_xO、a_yO，即点 A 的 x_A、y_A 两坐标决定；

点的正面投影 a'由 a_xO、a_zO，即点 A 的 x_A、z_A 两坐标决定；

点的侧面投影 a''由 a_YO、a_zO，即点 A 的 y_A、z_A 两坐标决定。

所以空间点 A（x_A，y_A，z_A）在三投影面体系中有唯一确定的一组投影 a、a'、a''。反之，如已知点 A 的一组投影 a、a'、a''，即可确定该点的坐标值，即确定其空间位置。

【例 2-1】 已知点 A（30，10，20），求作它的三面投影图。

作图过程如图 2-10 所示。

① 作投影轴 OX、OY_H、OY_W、OZ；在 OX 轴上由 O向左量取 30mm 得 a_x点；在 OY_H、OY_W由原点 O 分别向前量取 10 得出 a_{y_H}、a_{y_W} 点；在 OZ 轴由 O点向上量取 20mm 得 a_Z点，如图 2-10（a）所示。

② 过 a_X作 OX 轴的垂线，过 a_{y_H}、a_{y_W} 分别作 OY_H、OY_W 轴的垂线，过 a_Z作 OZ 轴的垂线；各条垂线的交点 a、a'、a''，即为点 A 的三面投影图，如图 2-10（b）所示。

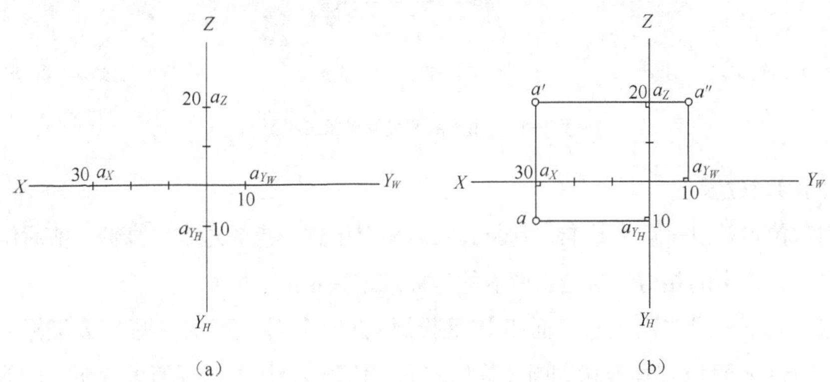

图2-10　由点的坐标作三面投影

（2）点的投影规律

根据点在三投影面体系中的投影分析，得出点在三投影面体系中的投影规律，如图 2-9（c）所示。

① 点的正面投影和水平投影的连线垂直于 OX 轴，即 $aa' \perp OX$ 轴，且正面投影到 OZ 的距离与水平投影到 OY 的距离相等，都反映了空间点的 X 坐标，即 $aa_y = a'a_z = x_A$，也表示空间点到 W 面的距离。

② 点的正面投影和侧面投影的连线垂直于 OZ 轴，正面投影到 OX 的距离与侧面投影到 OY 的距离相等，都反映了空间点的 Z 坐标，即 $a'a'' \perp OZ$ 轴，$a'a_x = a''a_y = z_A$，也表示空间点到 V 面的距离。

③ 点的水平投影到 OX 轴的距离和点的侧面投影到 OZ 轴的距离相等，都反映了空间点的 Y 坐标，即 $aa_z = a''a_z = y_A$，也表示空间点到 V 面的距离。

【结论】

点的投影规律和三视图的投影规律是一致的，即点的投影规律仍然符合“长对正（$aa' \perp OX$）、高平齐（$a'a'' \perp OZ$）、宽相等（$aa_z = a''a_z = y_A''$）”的对正关系。

【例 2-2】 已知点的两面投影，求作第三投影，如图 2-11 所示。

给出点的两个投影，则点的三个坐标就完全确定了，因而点的第三投影必能唯一作出；或根据点的投影规律，按照第三投影与已知两投影的对正关系，也能唯一求出，如图 2-11（a）、（b）和（c）所示。

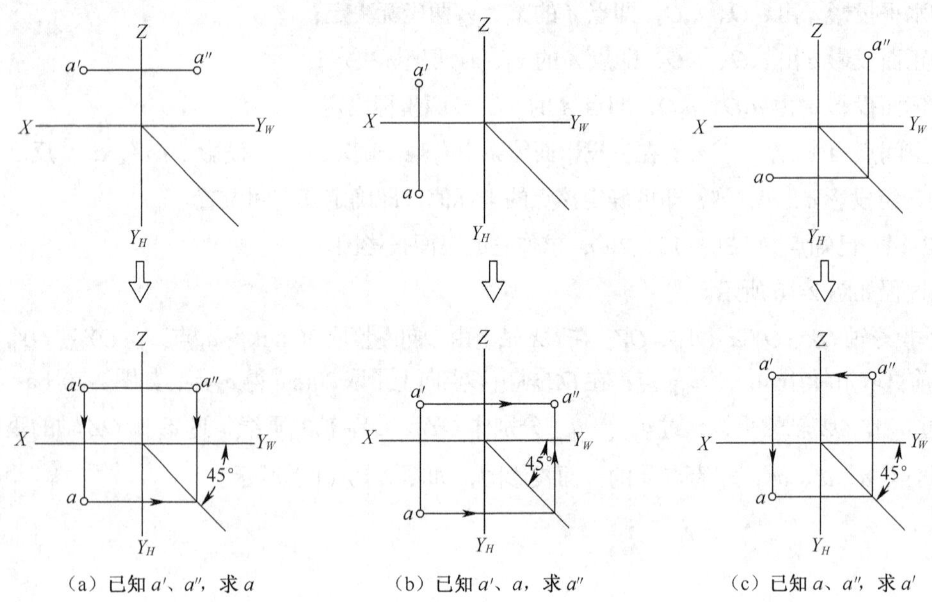

图2-11 由点的两投影求第三投影

2. 两点的相对位置

两点的相对位置是以一点为基准，判断其它点相对于这一点的左右、高低、前后位置关系。在三投影面体系中，两点的相对位置是由两点的坐标差来决定的。

空间两点的上下相对位置通过 V 面和 W 面投影判断（物体上下主左见），Z 坐标值大者为上；左右相对位置通过 V 面和 H 面投影判断（物体左右主俯现），其 X 坐标值大者在左；前后相对位置通过 H 面和 W 面的投影判断（物体前后看左俯，里是后边外是前），Y 坐标值大者在前。

如图 2-12（a）所示，判断 A、B 两点的相对位置，可选择其中一点为基准点（如 A 点）来确定另一点与其相对位置。由于 $x_A>x_B$，因此，点 B 在点 A 的右方，坐标差ΔX；$y_A>y_B$，点 B 在点 A 的后方，坐标差为ΔY；由于 $z_A<z_B$，因此，点 B 在点 A 的上方，坐标差为ΔZ。综合起来想象出点 B 在点 A 的右、上、后方，如图 2-12（b）所示。

【例 2-3】 已知图 2-13（a）所示 A 点的三面投影，B 点位于 A 点的左方 20mm，上方 15mm，后方 10mm，求作 B 点的三面投影。

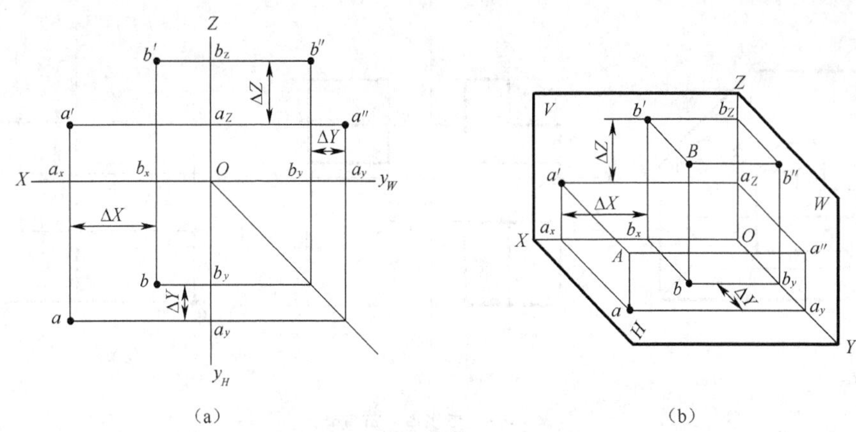

（a）　（b）

图2-12　空间两点的相对位置

作图步骤如下。

① 在 OX 轴上自 a_x 往左量 20 得 bx；过 bx 作 OX 轴的垂线，在该垂线上，沿 OZ 轴方向量 $\Delta z = 15$mm，得 b'；沿 OY 轴反方向量 $\Delta Y = 10$mm，得点 b，如图 2-13（b）所示。

② 根据已知点 b、b'，求得 b'' ，如图 2-13（c）所示。

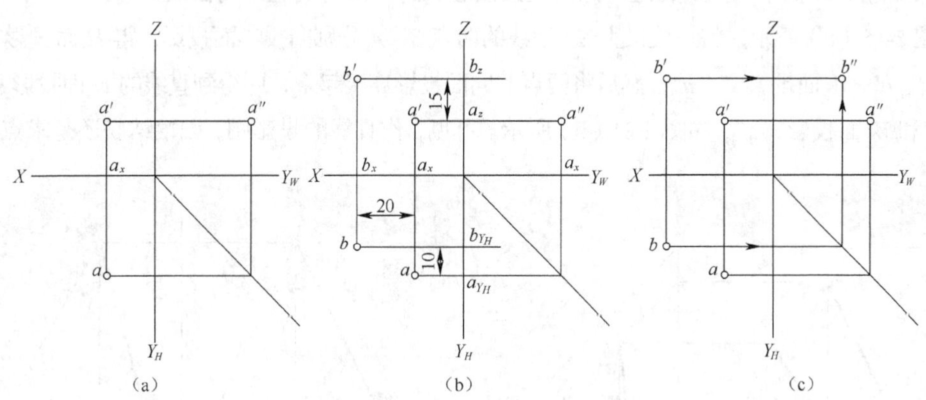

（a）　（b）　（c）

图2-13　根据两点的相对位置作点的三面投影图

3. 重影点及可见性

当空间两点的两个坐标相等时，这两个点处在某投影面的同一条投射线上，在该投影面的投影重叠成一点，称为重影点。如图 2-14（a）所示，形体上 A、C 两点均处在对 V 面的同一条投射线上，其两点在 V 面的投影重合为一点，且 A 点投影可见，C 点投影不可见（用括号表示），投影图如图 2-14（b）、（c）所示。

对重影点可见性的判断，由其坐标值确定。如两点在 H 面投影重合，则 Z 坐标值大者为可见，即处在上方的点为可见；当两点在 V 面投影重合，则 Y 坐标值大者为可见，即处在前方的点为可见；当两点在 W 面投影重合时，X 坐标值大者为可见，即处在左方的点可见。

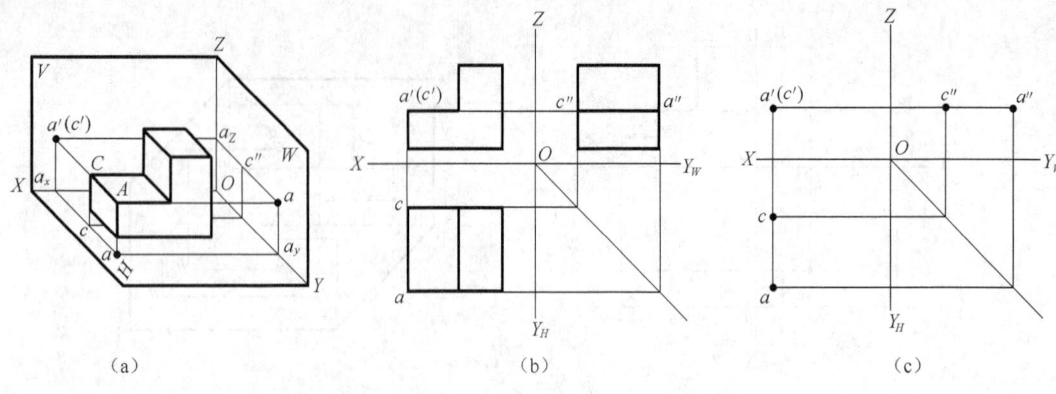

图2-14　重影点及可见性

2.3.2　物体上直线的投影

常见的直线是平面立体的棱线，即两平面的交线，如图 2-15（a）所示。

根据“两点可确定一直线”的几何定理，作直线的投影时，可作出直线上任意两点（一般取直线段的两端点）的投影，然后将这两点的同面投影相连，即得到直线的三面投影。

如图 2-15（a）所示，将三棱锥上 *SA* 棱线的两点 *S*、*A* 分别向投影面投影，得 *H* 面投影 *s*、*a*，*V* 面投影 *s*′、*a*′，*W* 面投影 *s*″、*a*″；然后将两点的同面投影连接起来，即得到直线的 *H* 面投影 *sa*、*V* 面投影 *s′a′* 和 *W* 面投影 *s″a″*，如图 2-15（b）所示。可见，作直线的投影图，归根结底还是求点的投影。

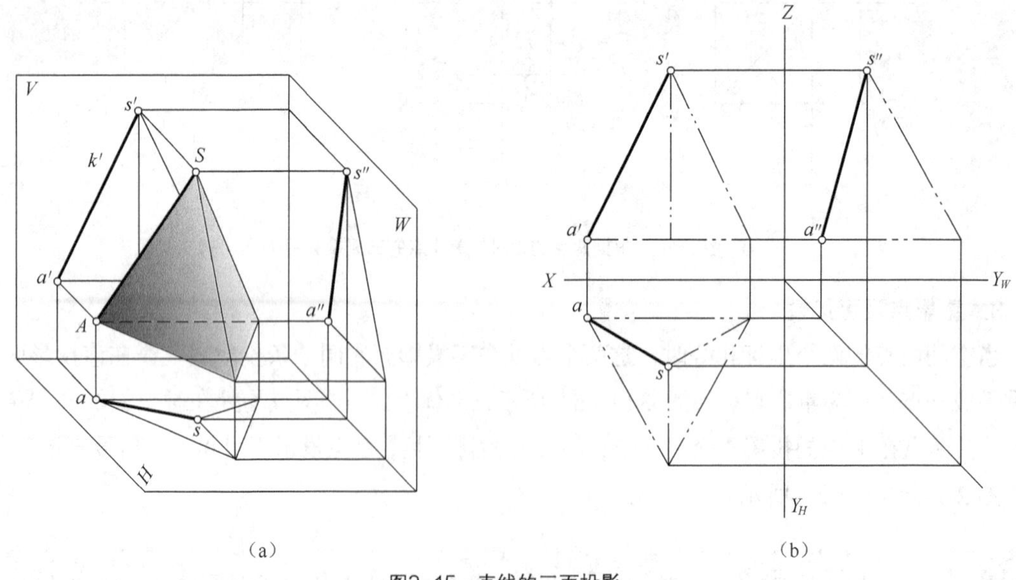

图2-15　直线的三面投影

1. 各种位置直线的投影

直线在三投影面体系中有三种位置：投影面垂直线、投影面平行线、一般位置直线。投影面垂直线和投影面平行线又称为特殊位置直线。

（1）投影面垂直线

垂直于一个投影面并与另外两个投影面平行的空间直线，称为投影面的垂直线。垂直于 H 面的称为铅垂线；垂直于 V 面的称为正垂线；垂直于 W 面的称为侧垂线。

三种投影面垂直线的投影特性见表 2-3。

表 2-3　　投影面垂直线的投影特性

名称	铅垂线（$\perp H$）	正垂线（$\perp V$）	侧垂线（$\perp W$）
直观图	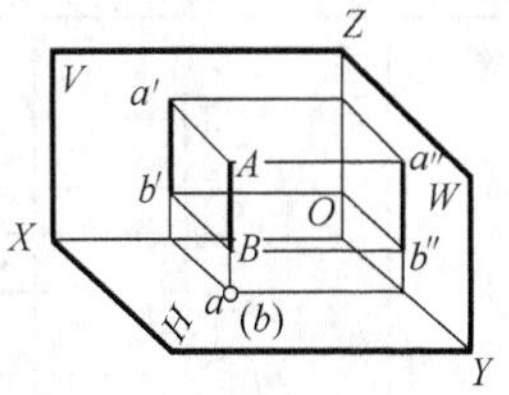	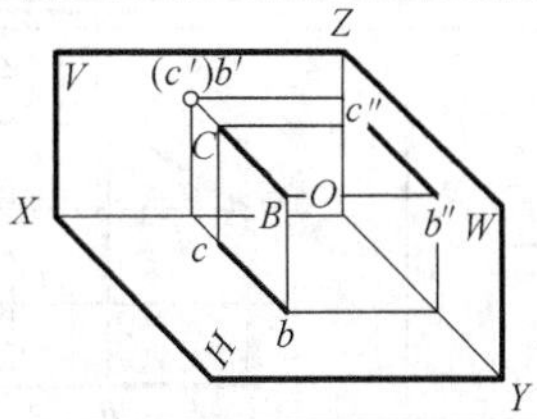	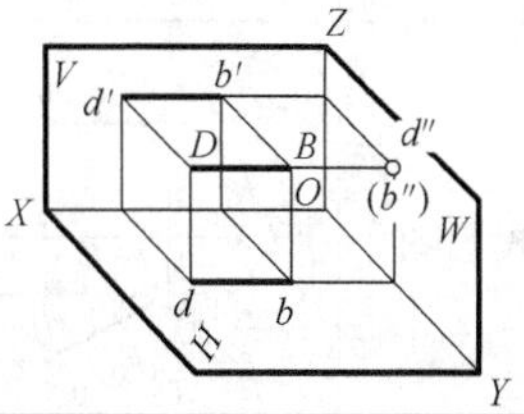
投影图	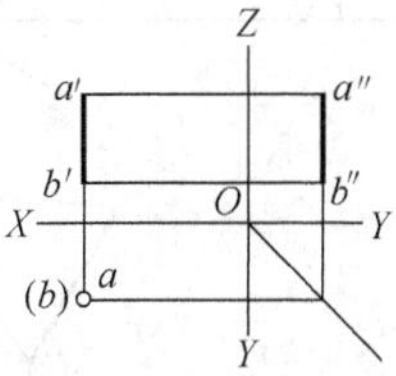	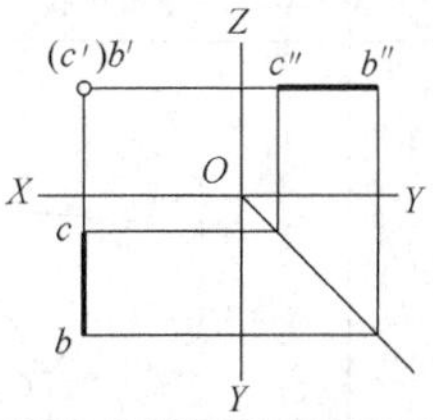	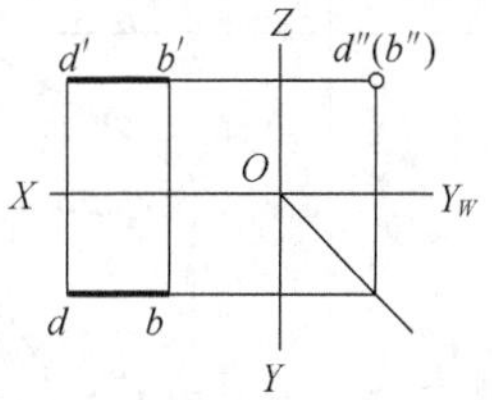
实例	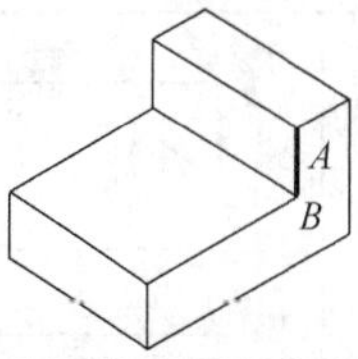 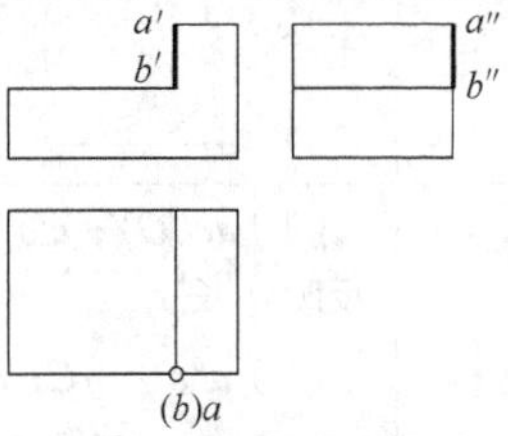	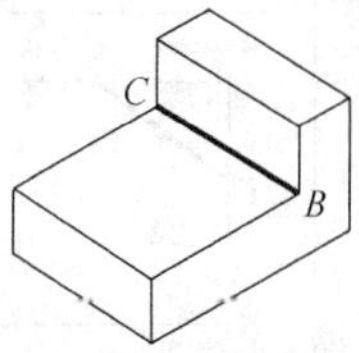 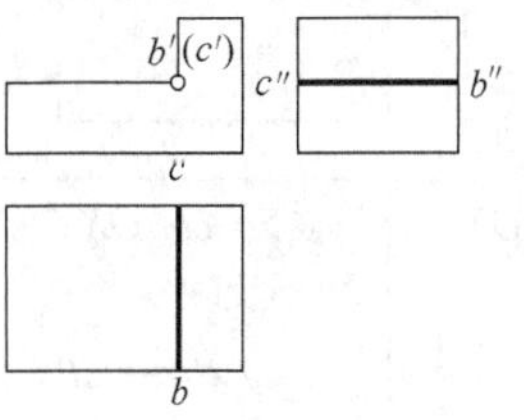	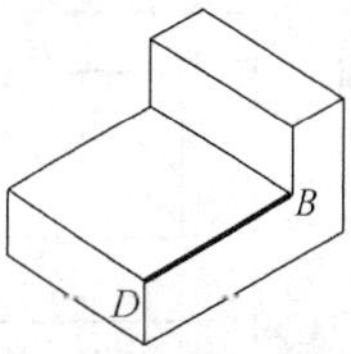 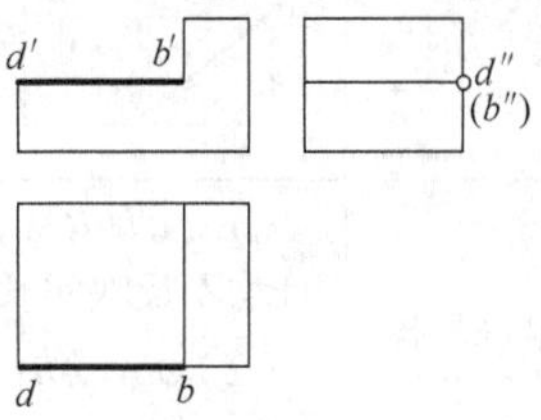
投影特性	（1）a（b）积聚为一点； （2）$a'b' \perp OX$；$a''b'' \perp OY$； （3）$a'b' = a''b'' = AB$	（1）b'（c'）积聚为一点； （2）$bc \perp OX$；$b''c'' \perp OZ$； （3）$bc = b''c'' = BC$	（1）d''（b''）积聚为一点； （2）$d'b' \perp OZ$；$db \perp OY$； （3）$d'b' = db = DB$

投影特性：在所垂直的投影面上的投影积聚成一点，在另外两投影面上的投影反映空间直线的实长，且与空间直线所垂直的投影面的两轴垂直。

（2）投影面平行线

平行于一个投影面并与另外两投影面倾斜的空间直线，称为投影面的平行线。平行于 H 面，且与 V、W 面倾斜的直线，称为水平线；平行于 V 面，且与 H、W 面倾斜的直线，称为正平线；平行于 W 面，且与 V、H 面倾斜的直线，称为侧平线。

三种投影面平行线的投影特性见表 2-4。

表 2-4　　投影面平行线的投影特性

名称	水平线（//*H*）	正平线（//*V*）	侧平线（//*W*）
直观图			
投影图			
实例			
投影特性	（1）*a'b'*//*OX*；*a"b"*//*OY*，且均不反映实长； （2）*ab*=*AB*； （3）β、γ反映真实倾角	（1）*cb*//*OX*；*c"b"*//*OZ*，且均不反映实长； （2）*c'b'*=*CB*； （3）α、γ反映真实倾角	（1）*ac*//*OY*；*a'c'*//*OZ*，且均不反映实长； （2）*a"c"*=*AC*； （3）α、β反映真实倾角

投影特性：在所平行的投影面上的投影为反映空间直线实长的线段，该线段与投影轴的夹角为空间直线与其他两个投影面相应的夹角；其他两个面的投影为比空间直线缩短的线段，且分别平行于空间直线所平行的投影面上的两根投影轴。

规定：空间直线对 *H* 面的倾角用 α 表示，对 *V* 面的倾角用 β 表示，对 *W* 面的倾角用 γ 表示。

（3）一般位置直线

空间直线对三个投影面都倾斜，称为一般位置直线。一般位置直线的三面投影均与投影轴倾斜，其投影不反映空间直线的实长，也不反映该直线与投影面的实际倾角，如图 2-15（b）所示。

【例 2-4】 已知直线 *AB* 的 *V*、*H* 两面投影，求其 *W* 面投影，如图 2-16（a）所示。

作图过程如图 2-16（b）所示。

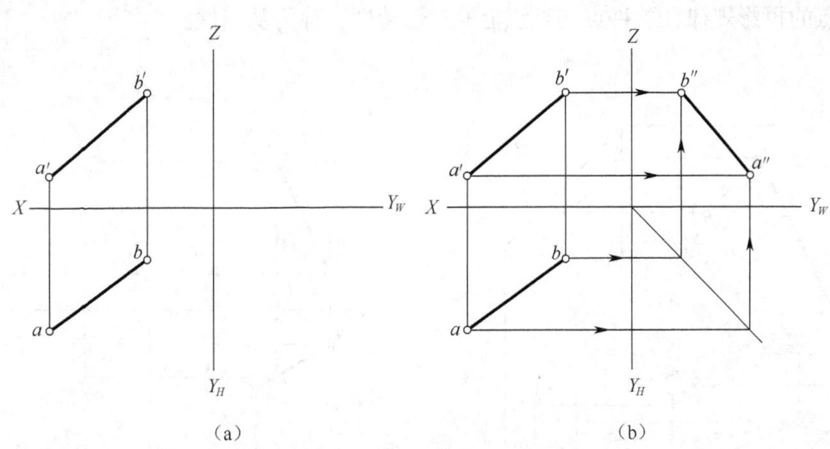

图2-16　已知直线的两投影，求其第三投影

① 根据点的投影规律，分别求出 A、B 两点的侧面投影 a''、b''。

② 连接 a''、b''，得直线 AB 的侧面投影。

【例 2-5】 已知水平线 AB 上 A 点的三面投影，又知 AB 长 30mm，与正面的夹角 $\beta = 30°$，B 点在 A 点的右前方，求 AB 的三面投影，如图 2-17（a）所示。

作图步骤如下。

① 过 a 点朝右前方（图 2-17（b）中箭头方向）作与 OX 轴夹角为 30° 的斜线，并截取 ab = 30mm，如图 2-17（b）所示。

② 过 a'点向右（图 2-17（c）中箭头方向）作 OX 轴的平行线，过 a''向前（图 2-17（c）中箭头方向）作 OY 轴的平行线，由点 b 作投影线求得 b'、b''，即得所求，如图 2-17（c）所示。

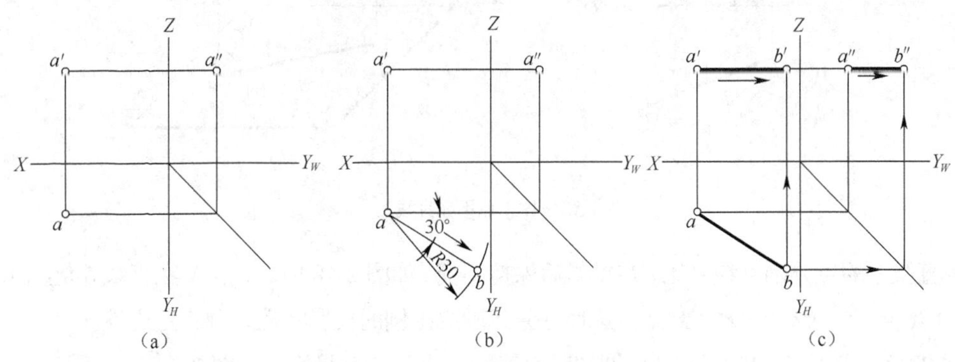

图2-17　作正平线AB的投影

2. 直线与点以及两直线的相对位置

（1）直线上的点

直线上的点有以下投影特性。

① 点在直线上，则点的投影必在该直线的同面投影上。反之，如果点的投影均在直线的同面投影上，则点必在该直线上，否则点不在该直线上。

如图 2-18（a）、（b）所示，K 点属于直线 SA 上的点，其投影 k、k'、k''必定分别在 sa、$s'a'$和 $s''a''$

上，且符合点的投影规律，这种点在直线上的投影特性，称为从属性。

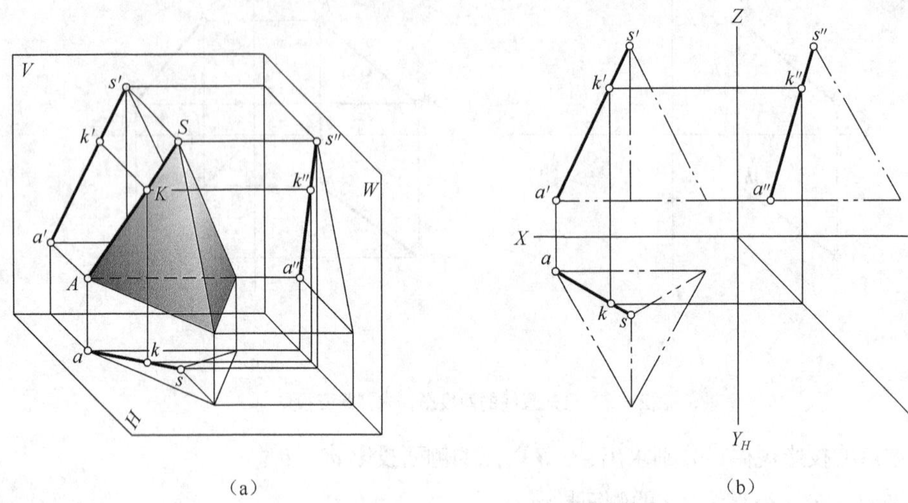

（a）　　　　　　　　　　　　　　　　（b）

图2-18　直线上点的投影

如图 2-19（a）所示，点 C 的 V 面投影 c' 虽然在 ab 上，但点 C 的水平投影 c 不在 ab 上，所以点 C 不在直线 AB 上，如图 2-19（b）所示。

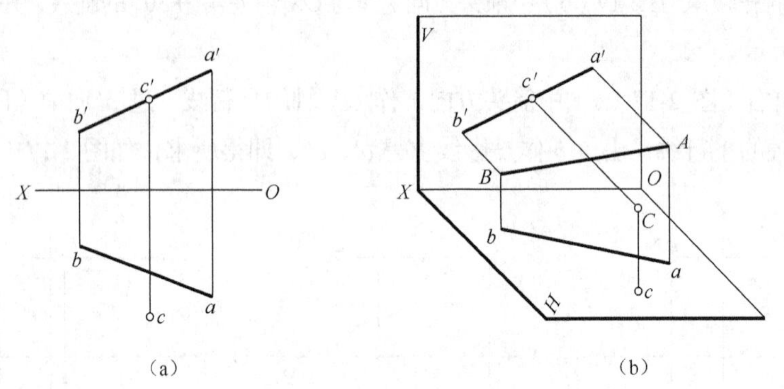

（a）　　　　　　　　　　　　　　　　（b）

图2-19　点不在直线上

② 直线上的点分割直线之比，在投影后保持不变。如图 2-18 所示，点 K 在直线 SA 上，则 $SK:KA=sk:ka=s'k':k'a'=s''k'':k''a''$，这种点分线段成比例的投影特性，称为定比性。

【例 2-6】 求直线 AB 上距 H 面和 V 面相等的 K 点的三面投影，如图 2-20（a）所示。

分析：因 K 点属于直线 AB 上的点，其三面投影一定在直线的同面投影上；K 点到 H 面和 V 面的距离相等，即 K 点的 Z 坐标和 Y 坐标值相等。

作图步骤如下。

① 在能同时反映 Z 坐标和 Y 坐标的 W 面上，过 O 点作倾斜 45° 的辅助线，其与 $a''b''$ 的交点即为 K 点的侧面投影 k''，如图 2-20（b）所示。

② 根据直线上点的投影特性，可求得 k、k'，如图 2-20（c）所示。

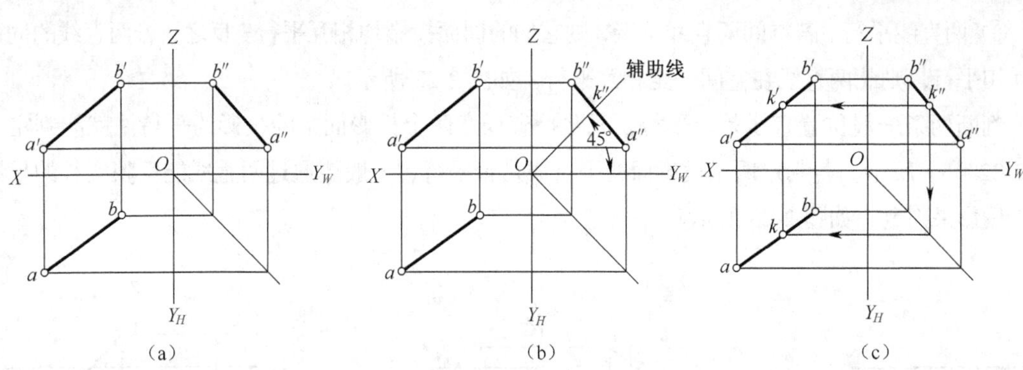

图2-20　求直线上点的投影

【例 2-7】 已知图 2-21（a）所示，*AB* 直线的两面投影和直线上 *S* 点的正面投影 *s*′，求作水平投影 *s*。

作图方法一。

分析：由于 *AB* 为侧平线，不能直接由点 *s*′求 *s*，根据点在直线的从属性，点 *s* 一定在 *ab* 上。

作图：先求出直线的侧面投影，同时求得 *s*″；然后根据点在直线上投影的从属性由 *s*″求得 *s*，如图 2-21（b）所示。

作图方法二。

分析：由于点 *S* 在直线 *AB* 上，它把直线分成比例 *a*′*s*′ : *s*′*b*′，根据点在直线上的定比性，可求得 *s*。

作图：过点 *a* 作任意一辅助线，在该辅助线上截取 $as_0=a's'$，$s_0b_0=s'b'$；连接 bb_0，过 s_0 作 bb_0 的平行线交 *ab* 于 *s* 点，即为所求，如图 2-21（c）所示。

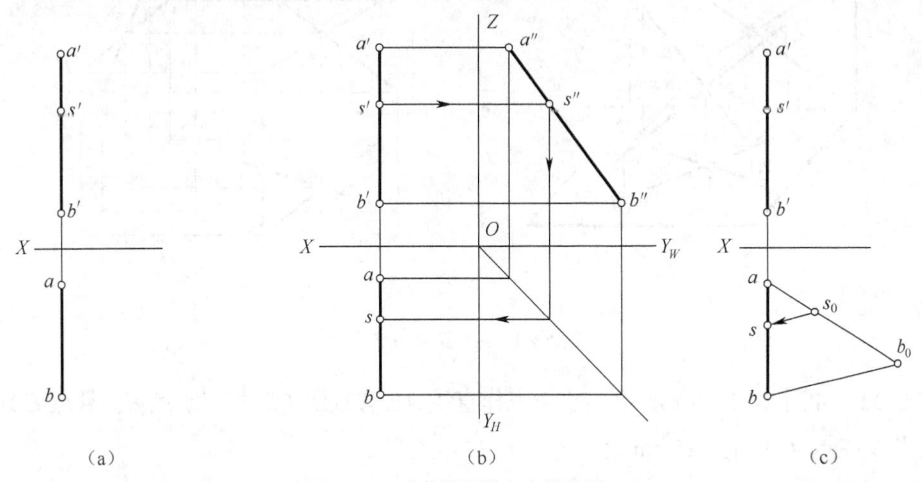

图2-21　求作平行线上点的投影

（2）两直线的相对位置

两直线的相对位置有三种情况：平行、相交、交叉。平行和相交的两直线都是属于同一平面（共面）的直线，而交叉两直线则属于不同平面（异面）的直线。在相交和交叉两种直线中，又有垂直相交和异面垂直的特殊情况。

① 两直线平行。若空间两直线平行，则它们的同面投影均相互平行。反之，若两直线的同面投影互相平行，则此两直线在空间一定相互平行，如图 2-22 所示。

判断两条一般位置直线是否平行，只要检查任意两个投影面上的投影的平行性就能判定，如图 2-22（b）所示。若判定两条投影面的平行线是否平行，一般要通过两直线能反映实长的投影面上的投影来判定，如图 2-23 所示。

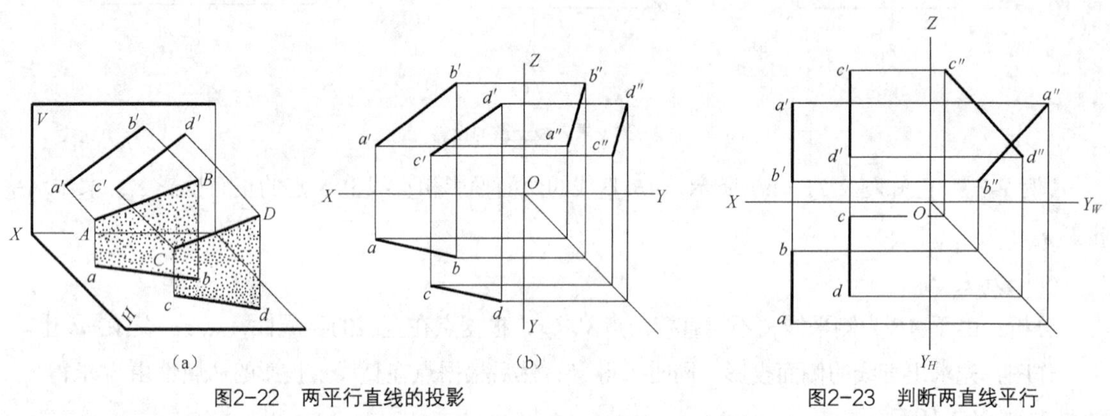

图2-22　两平行直线的投影　　图2-23　判断两直线平行

② 两直线相交。若两直线相交，则它们的同面投影也一定相交，且交点的投影符合点的投影规律，如图 2-24 所示。

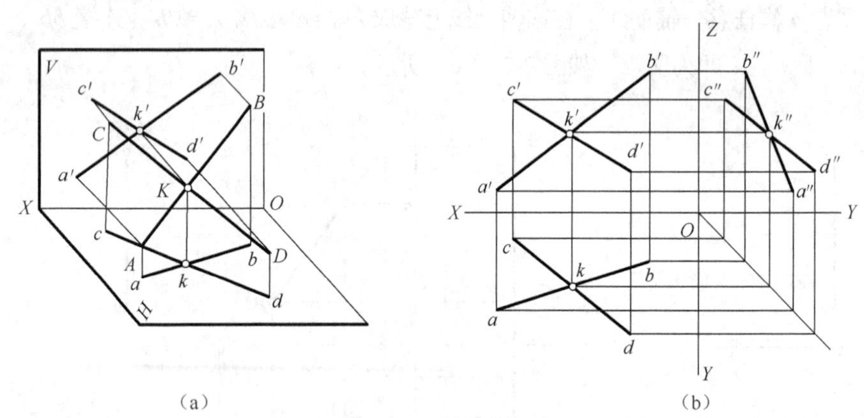

图2-24　两相交直线的投影

【例 2-8】 如图 2-25（a）所示，过 A 点作直线 AB 与直线 CD 相交于点 K，且点 K 距离 H 面 12mm，点 B 在点 A 的右方 25mm 处。

分析与作图步骤如下。

由于所求直线 AB 与已知直线 CD 相交，则其交点 K 的投影应在 CD 的同面投影上；又因点 K 距离 H 面 12mm，即点 K 的正面投影距 OX 轴 12mm，据此可作出交点 K 的投影；然后，连接 A 与 K 并延长，使另一端点 B 在点 A 右方 25mm 处，直线 AB 即为所求，作图步骤如图 2-25（b）所示。

首先在 OX 轴上方 12mm 处作水平线交 $c'd'$ 于 k'，并由 k' 求得 k。k'、k 即为交点 K 的两个投影，然后

连接 a'、k'和 a、k，并分别延长到点 A 右方 25mm 处得 b'、b。则 $a'b'$和 ab 即为所求直线 AB 的两面投影。

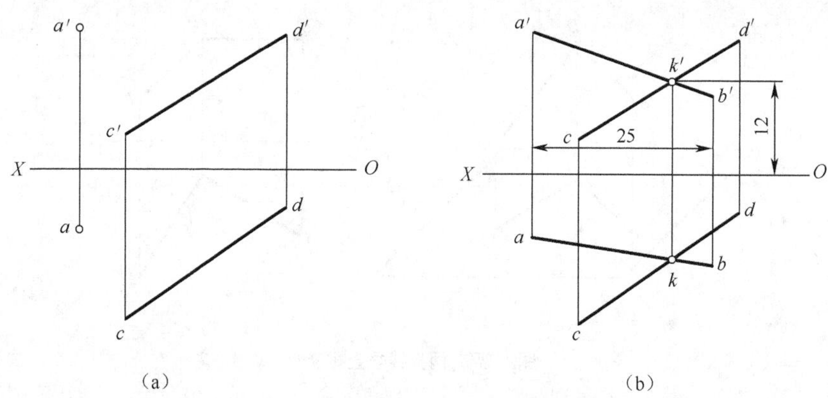

图2-25 过已知点作直线与已知直线相交

③ 两直线交叉。空间两条既不平行也不相交的直线，称为交叉两直线。其投影既不满足平行两直线的投影特性，也不满足相交两直线的投影特性，如图 2-26 所示。

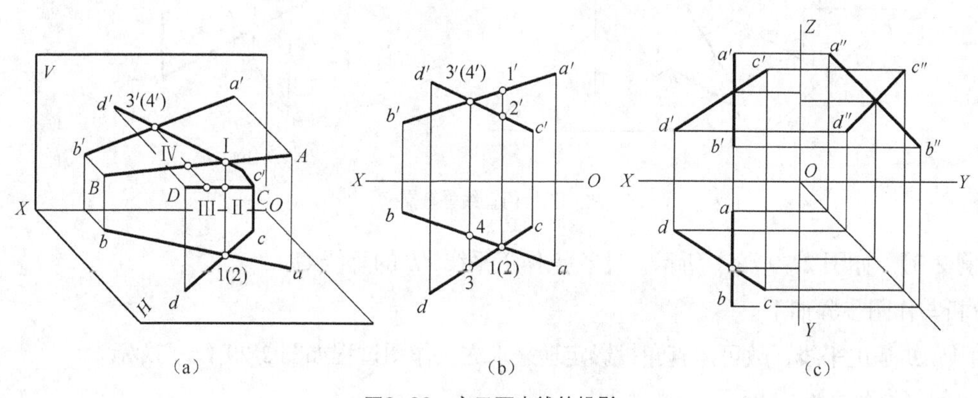

图2-26 交叉两直线的投影

交叉两直线不存在共有点，但必存在重影点。同面投影的交点，实际上是两直线在处于同一投射线上的两点（重影点）的投影（重影）。重影点的可见性，可根据重影点的另外两个投影按照前遮后、上遮下、左遮右的原则来判断。

图 2-26（b）所示直线 AB、CD 的水平投影 ab、cd 的"交点"，实际上是空间直线 AB 上的点Ⅰ和直线 CD 上的点Ⅱ的重合的投影，因为点Ⅰ和点Ⅱ位于向 H 面投射的同一条投射线上，所以它们的水平投影 1（2）重合为一点。从正面投影中可以看出，点Ⅰ比点Ⅱ的 Z 坐标大，所以点Ⅰ的水平投影 1 可见，点Ⅱ的水平投影（2）不可见，不可见的投影用括号括起。同样，正面投影 $a'b'$和 $c'd'$ 的"交点"，是 AB 上点Ⅳ和 CD 上点Ⅲ的重合的投影，从水平投影可看出，点Ⅲ在点Ⅳ之前，所以点Ⅲ的正面投影 3′可见，点Ⅳ的正面投影（4′）不可见。图 2-26（c）中两交叉直线的重影点的可见性，请读者自行分析。

④ 直角投影定理。当空间相互垂直的两直线（相交或交叉）都平行或其中之一平行于某一投影面时，两直线在该投影面上的投影反映直角。反之，若相交（或交叉）两直线在某一投影面上的投影相互垂直，且其中有一条直线为该投影面的平行线，则这两条直线在空间也必定垂直。这一定理

称之为直角投影定理。图 2-27、图 2-28 所示分别是空间垂直相交、空间垂直交叉两直线的投影图。

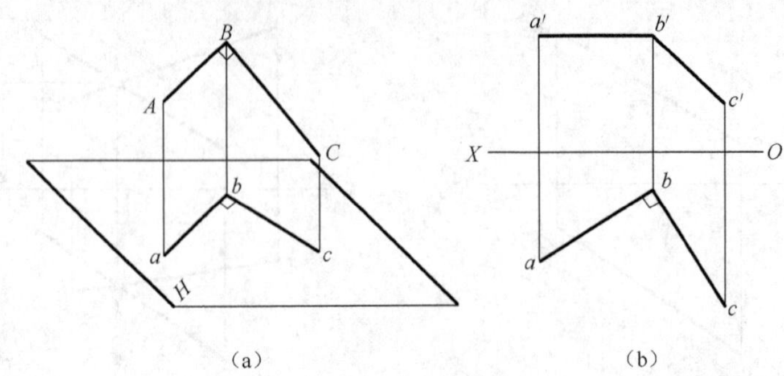

图2-27　两直线垂直相交

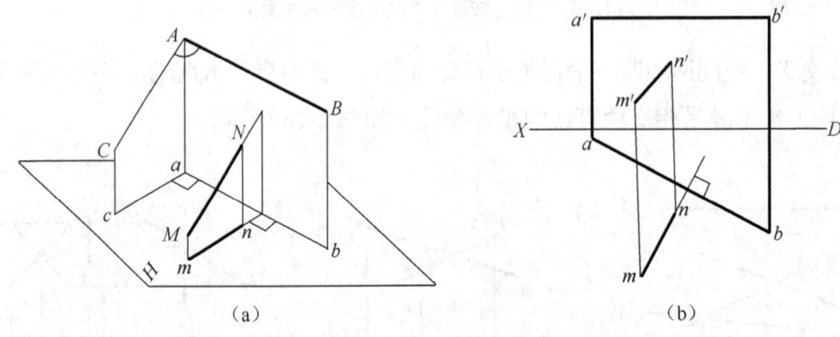

图2-28　两直线垂直交叉

【例 2-9】 如图 2-29（a）所示，过 C 点作正平线 AB 的垂线 CD。

分析与作图步骤如下。

由于 AB 是正平线，故可用直角投影定理来求之。作图过程如图 2-29（b）所示。

① 过 c'点作 $c'd' \perp a'b'$。

② 由 d' 求出 d。

③ 连 cd，即为所求。

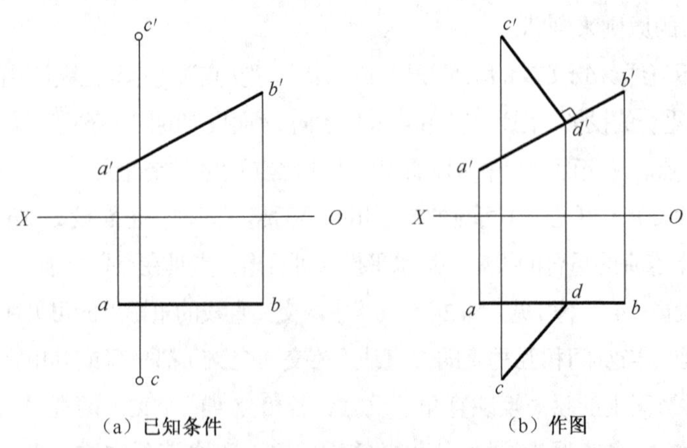

图2-29　过C点作直线垂直于AB

2.3.3 物体上平面的投影

从图 2-8 所示三棱锥的三视图看出，每个视图是组成该三棱锥的所有表面的投影集合，因此，绘制三视图的实质是绘制各组成面的投影。

图 2-30（a）所示三棱锥的 *SAB* 表面，是由 *SA*、*SB*、*AB* 三条直线围成，该面的投影图也是由这三条直线的同面投影围成。绘制该面的投影只需分别求出 *S*、*A*、*B* 三点的投影，然后将其同面投影相连即可，如图 2-30（b）所示。由此可知，作平面的投影图，其实质仍然是求点的投影。

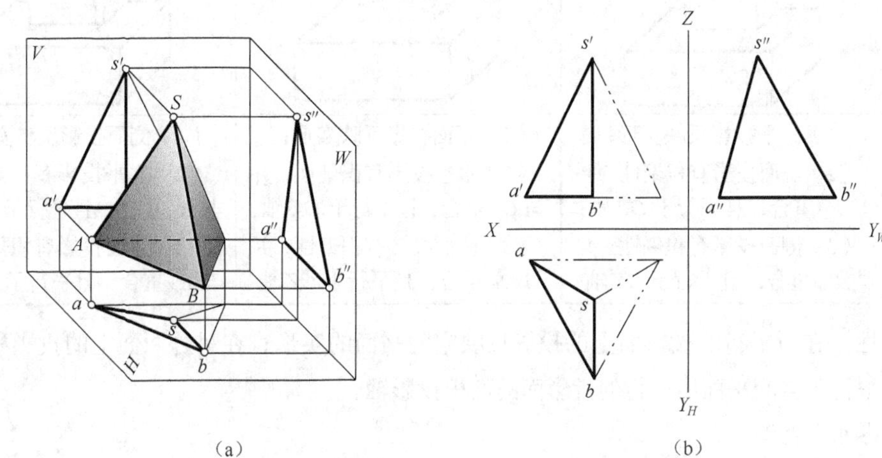

图2-30 物体上平面的投影

1. 各种位置平面的投影

平面在三面投影体系中有三种位置：投影面平行面、投影面垂直面和一般位置面。投影面平行面和投影面垂直面又称为特殊位置面。

（1）投影面平行面

平行于一个投影面与另外两个投影面垂直的空间平面，称为投影面的平行面。平行于 *H* 面的平面称为水平面；平行于 *V* 面的平面称为正平面；平行于 *W* 面的平面称为侧平面。三种投影面平行面的投影特性见表 2-5。

表 2-5 投影面平行面的投影特性

名称	水平面（//*H*）	正平面（//*V*）	侧平面（//*W*）
直观图	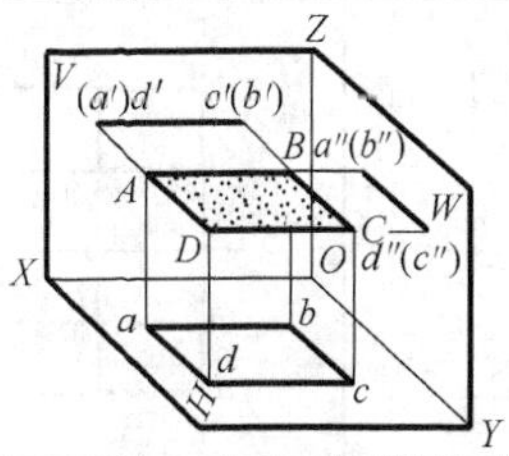	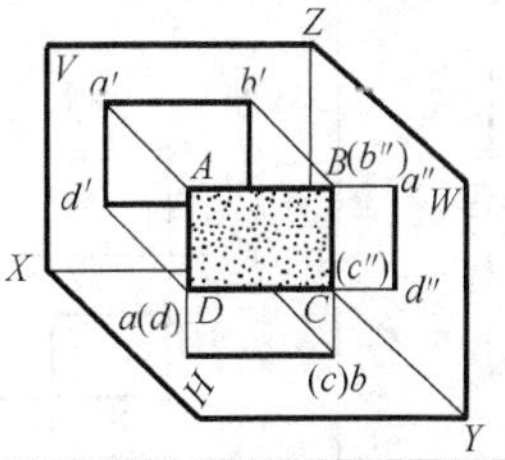	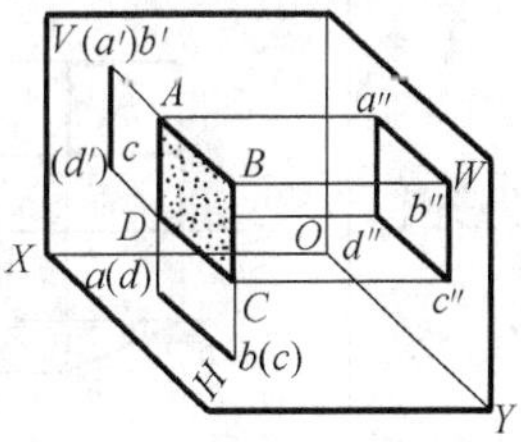

续表

名称	水平面（//H）	正平面（//V）	侧平面（//W）
投影图			
实例			
投影特性	（1）水平投影反映实形； （2）正面投影有积聚性，并与 P_V 重合，且平行于 OX 轴； （3）侧面投影有积聚性，并与 P_W 重合，且平行于 OY 轴	（1）正面投影反映实形； （2）水平投影有积聚性，并与 Q_H 重合，且平行于 OX 轴； （3）侧面投影有积聚性，并与 Q_W 重合，且平行于 OZ 轴	（1）侧面投影反映实形； （2）水平投影有积聚性，并与 R_H 重合，且平行于 OY 轴； （3）正面投影有积聚性，并与 R_V 重合，且平行于 OZ 轴

投影特性：在所平行的投影面上的投影反映空间平面的实形；在另外两面上的投影积聚成直线，且分别平行于空间平面所平行的投影面的两根投影轴。

（2）投影面垂直面

垂直于一个投影面与另外两个投影面倾斜的空间平面，称为投影面的垂直面。垂直于 H 面与 V、W 面倾斜，称为铅垂面；垂直于 V 面与 H、W 面倾斜，称为正垂面；垂直于 W 面与 H、V 面倾斜，称为侧垂面。三种投影面垂直面的投影特性见表 2-6。

表 2-6 投影面垂直面的投影特性

名称	铅垂面（⊥H）	正垂面（⊥V）	侧垂面（⊥W）
直观图			
投影图			

续表

名称	铅垂面（⊥H）	正垂面（⊥V）	侧垂面（⊥W）
实例			
投影特性	（1）水平投影有积聚性，且与其水平迹线重合； （2）水平投影与 OX 轴的夹角反映β角，与 OY 轴的夹角反映γ角； （3）正面投影和侧面投影均为类似形	（1）正面投影有积聚性，且与其正面迹线重合； （2）正面投影与 OX 轴的夹角反映α角，与 OZ 轴的夹角反映γ角； （3）水平投影和侧面投影均为类似形	（1）侧面投影有积聚性，且与其侧面迹线重合； （2）侧面投影与 OY 轴的夹角反映α角，与 OZ 轴的夹角反映β角； （3）正面投影和水平投影均为类似形

投影特性：在所垂直的投影面上的投影积聚为与投影轴倾斜的直线，与两投影轴的夹角反映空间平面对其他两平面的夹角；其他两平面的投影为与空间平面相类似的图形。

（3）一般位置平面

对三个投影面都倾斜的空间平面，称为一般位置平面。其投影特性为：在三个投影面上的投影均是与空间平面相类似的图形，如图 2-30（b）所示。

【例 2-10】 已知图 2-31（a）所示平面的两投影，求第三投影。

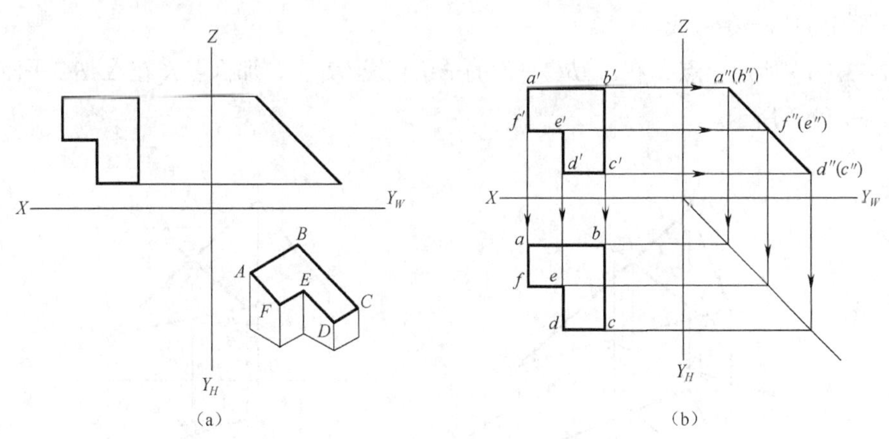

图2-31 已知平面的两面投影求作第三投影

分析与作图步骤如下。

由图 2-31（a）看出，该平面为侧垂面，因此，其水平投影应是与正面投影相类似的图形，可通过求出平面上 A、B、C、D、E、F 各拐点的水平投影并连接，即可得到该面的水平投影。作图方法如图 2-31（b）所示。

① 在 V 面和 W 面上，找出该平面的拐点 A、B、C、D、E、F 的投影 a'、b'、c'、d'、e'、f'和 a''、b''、c''、d''、e''、f''。

② 根据点的投影规律，求出各点的水平投影 a、b、c、d、e、f。

③ 根据正面投影中各点的连接顺序，将求得的各点的水平投影连接，即为所求。

【例 2-11】 根据图 2-32（a）所示立体图上指定的平面，在图 2-32（b）所示三视图上找出各面的对应投影，标出对应的字母，并说出各面的空间位置。

各面在三视图上对应的投影关系如图 2-32（c）所示。面 A 为一般位置平面，对应投影为线框 a、线框 a'和线框 a''；面 B 为正平面，对应投影为线框 b'、线 b 和线 b''；面 C 为侧垂面，对应投影为线框 c'、线框 c 和线 c''。

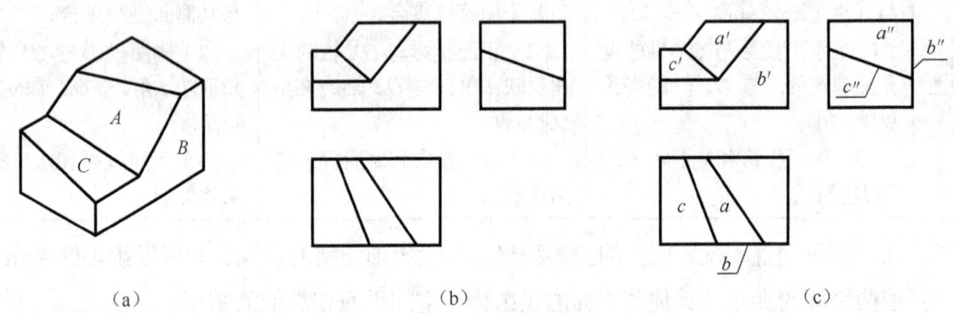

图2-32 分析物体上指定面的空间位置及投影关系

2. 平面上的直线和点

（1）点与直线在平面上的几何条件

平面上的点必在该平面的直线上。平面上的直线必通过平面上的两点，或通过平面上的一点，且平行于平面上的另一条直线。

如图 2-33（a）所示，点 K 在△ABC 平面的一条直线 DE 上，那么点 K 在△ABC 平面上，其投影图如图 2-33（b）所示。

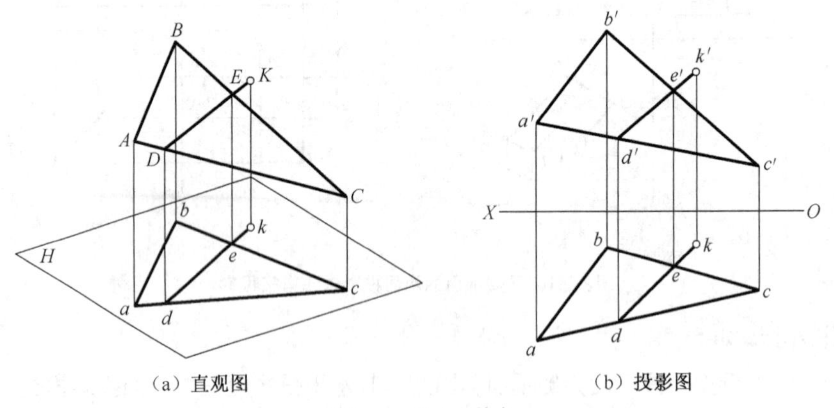

图2-33 平面上的点

图 2-34（a）所示点 M、N 为属于△ABC 平面上的点，所以直线 MN 在△ABC 平面上；点 M 在△ABC 平面上，MP 平行于△ABC 平面上的直线 AC，则直线 MP 在△ABC 平面上，其投影图如图 2-34（b）、（c）所示。

【例 2-12】 已知图 2-35（a）所示△ABC 平面上点 K 的正面投影 k'，求作水平投影 k。

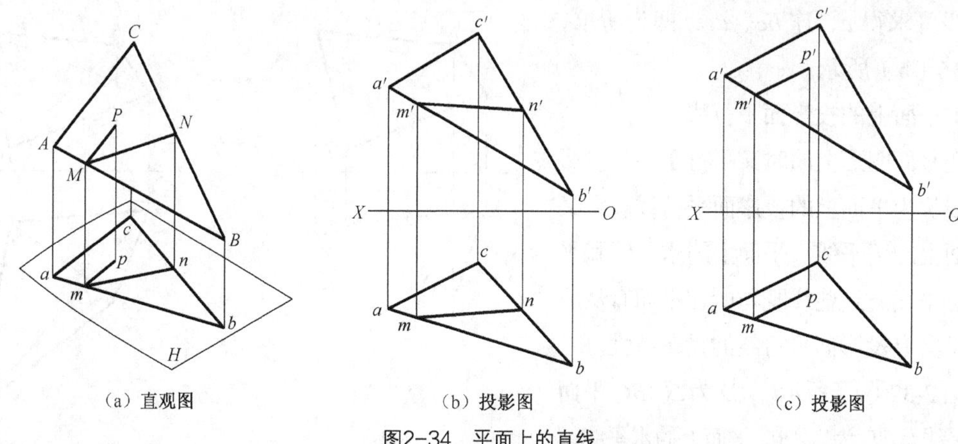

(a) 直观图 (b) 投影图 (c) 投影图

图2-34 平面上的直线

分析与作图步骤如下。

点 K 在△ABC 平面上，点 K 必在△ABC 平面上任一直线上，过点 K 在三角形平面内引辅助线，点 K 必在辅助线的同面投影上，用这种方法在平面上取点，称为辅助线法，作图过程如图 2-35（b）所示。

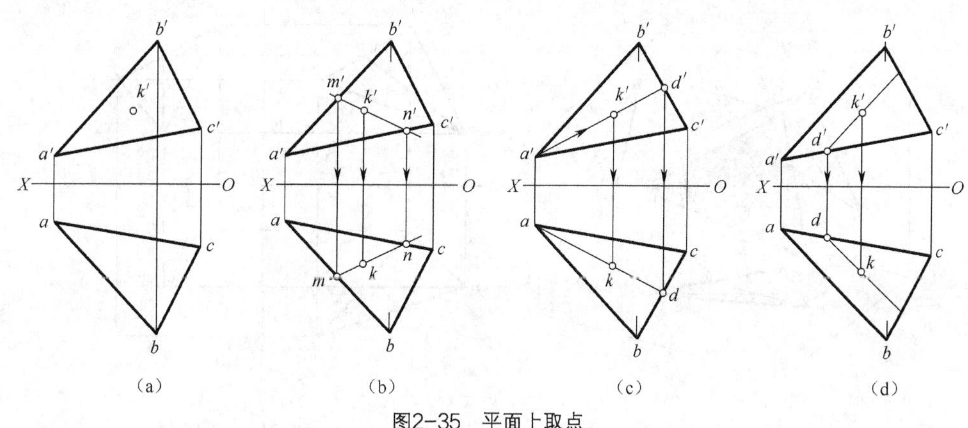

图2-35 平面上取点

① 过点 k' 在△$a'b'c'$ 上作辅助线与 $a'b'$、$a'c'$ 交于 m'、n' 两点。

② 根据点 M、N 在直线 AB、AC 上，求得其水平投影 m、n 并连线，最后由点 K 在辅助线 MN 上，求得其水平投影 k，如图 2-35（b）所示。

为了简化作图，可通过平面上已知点引辅助线，如图 2-35（b）所示；或作已知线的平行线为辅助线，如图 2-35（c）所示。

【例 2-13】 已知图 2-36（a）所示四边形 $ABCD$ 的正面投影和边 AB、AD 的水平投影，补全其水平投影。

分析与作图步骤如下。

该平面上 AB 和 AD 的两面投影为已知，根据相交两直线可确定一平面的几何原理，因此该平面已确定。只要根据平面上直线和点的投影特性，求出平面上 C 点的水平投影即可。

① 在正面投影中，连 $b'd'$ 和 $a'c'$ 交于点 k'（C 点在 AK 的延长线上）。

② 在水平投影中，连接 bd，并由 k' 求得 k，连 ak 并延长，则 c 必在 ak 的延长线上，由 c'

引投影线可求得 c，连 bc、dc，即为所求，如图 2-36（b）所示。

（2）平面上的投影面平行线

既在平面图形上同时又平行于某一投影面的直线称为平面上的投影面平行线。它又分为平面上的正平线、平面上的水平线和平面上的侧平线。这些线既与所在平面有从属关系，又具有投影面平行线的投影特性。

如图 2-37（a）所示，AD 为△ABC 平面上的正平线，CE 为△ABC 平面上的水平线，BF 为△ABC 平面上的侧平线，其投影图分别如图 2-37（b）、（c）、（d）所示。

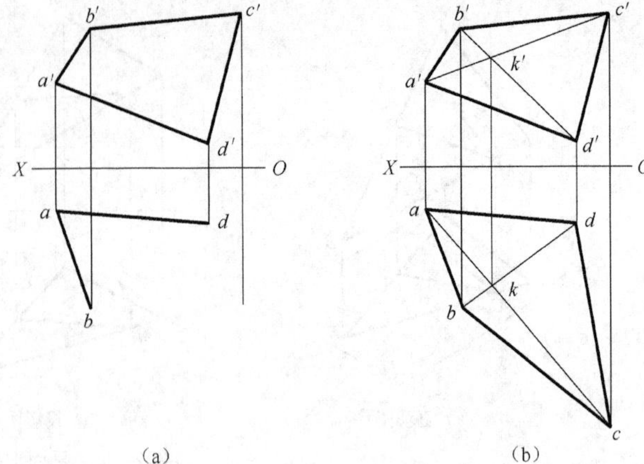

图2-36　补全四边形ABCD的水平投影

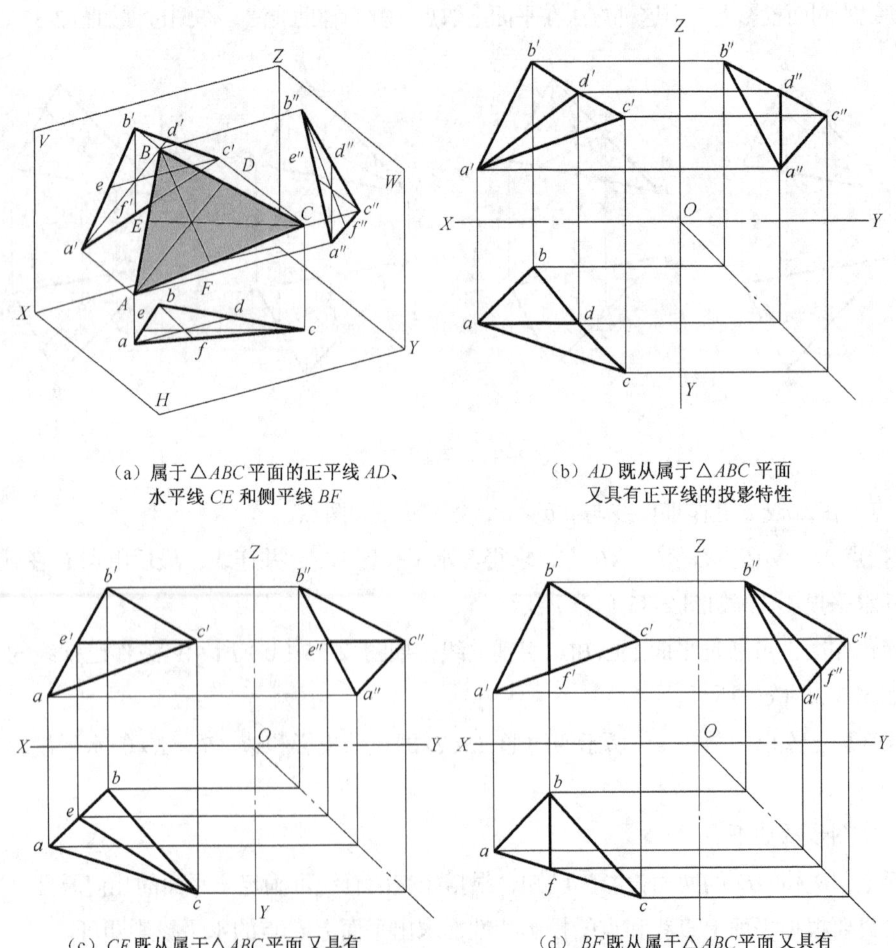

（c）CE 既从属于△ABC 平面又具有水平线的投影特性

（d）BF 既从属于△ABC 平面又具有侧平线的投影特性

图2-37　属于平面的正平线、水平线和侧平线

在一平面上，若不限定条件，可作出对某个投影面的无数条投影面的平行线。平面上投影面的平行线的一个投影反映线段实长，另外两投影到相应投影轴的距离，反映了线段到投影面的真实距离。

一般位置平面上存在一般位置线和投影面平行线，不存在投影面垂直线。特殊位置平面上存在哪些种类直线，请读者自行分析。

图 2-38（a）所示为过△*ABC* 上点 *A* 所作的一条正平线 *AM*；图 2-38（b）所示为在△*ABC* 上距离 *H* 面为 *D* 的一条水平线 *MN*。请读者自行分析作图步骤。

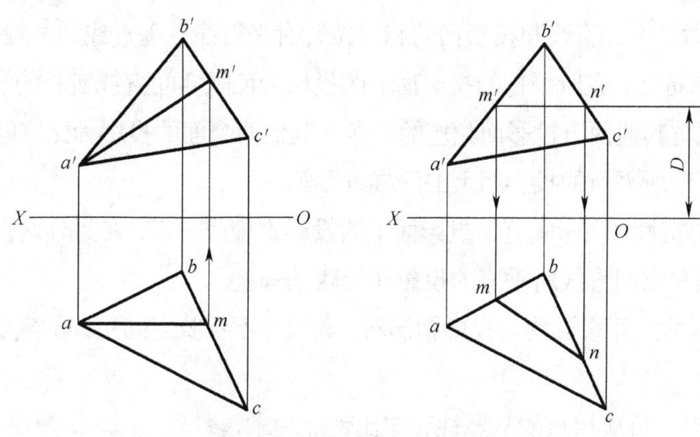

（a）过 *A* 点的正平线 *AM*　　（b）距 *H* 面为 *D* 的水平线 *MN*

图2-38　投影面平行线的作图方法

本章小结

1. 正投影

正投影的性质是：显实性、积聚性、类似性，即空间平面（或直线）与投影面平行时，其在该面上的投影反映实形（或实长）；空间平面（或直线）与投影面垂直时，其在该投影面上的投影积聚成线（或点）；空间平面（或直线）与投影面倾斜时，其在该投影面上的投影类似变小（或变短）。

2. 三视图

三视图是用正投影法将物体向投影面投射，在投影面上得到的物体的投影。

（1）三视图的投影规律：主俯视图长对正，主左视图高平齐，俯左视图宽相等。

（2）三视图的方位关系：主左视图反映空间物体的上下方位，主俯视图反映空间物体的左右方位，俯左视图反映空间物体的前后方位。

三视图的投影规律和方位关系是画、看物体三视图的基本规则。

3. 物体上点、直线、平面的投影

（1）点的投影

① 点的投影规律与三视图的投影规律一样，符合“长对正、高平齐、宽相等”。

② 点的投影到投影轴的距离等于空间点到相应投影面的距离。

③ 点的相对位置，可用两点的同一坐标值的大小来确定，也可用三视图的方位关系来分析，即两点的上下关系可通过 *V* 面、*W* 面投影来判断（物体上下主左见），两点的左右关系可通过 *V* 面、*H* 面投影判断（物体左右主俯现）两点的前后关系可通过俯左视图判断（物体前后看左俯，里是后边外是前）。

（2）直线的投影

① 直线的投影实质是点的投影。作直线的投影可通过作直线上两点（一般为端点）的投影来实现。

② 在三投影面体系中，直线与投影面的相对位置有平行线、垂直线和一般位置直线。

a. 平行线的投影特性：在所平行的投影面上的投影为反映空间直线实长的线段，该线段与投影轴的夹角为空间直线与其他两个投影面相应的夹角；其他两个面的投影为比空间直线缩短的线段，且分别平行于空间直线所平行的投影面上的两根投影轴。

b. 垂直线的投影特性：在所垂直的投影面上的投影积聚成一点，在另外两投影面上的投影反映空间直线的实长，且与空间直线所垂直的投影面的两轴垂直。

c. 一般位置直线的三面投影均与投影轴倾斜，其投影不反映空间直线的实长，也不反映该直线与投影面的实际倾角。

③ 在直线上求点，可应用点的从属性和定比性原理求得。

④ 空间两直线的相对位置有平行、相交、交叉三种情况，其中，垂直是相交的特殊情况。

a. 平行两直线的同面投影仍然平行。

b. 相交两直线的交点符合点的投影规律。

c. 交叉两直线的投影既不符合平行直线的投影特点，也不符合相交两直线的投影特点。

d. 空间垂直相交或垂直交叉两直线，若其中之一与某投影面平行，则两直线在该投影面上的投影也互相垂直。

（3）平面的投影

① 面的投影其实质仍然是点的投影。作面的投影可通过作面的边缘上一系列点的投影来实现。

② 在三投影面体系中，平面与投影面的相对位置有平行面、垂直面和一般位置面。

a. 平行面投影特性：在所平行的投影面上的投影反映空间平面的实形；在另外两面上的投影积聚成直线，且分别平行于空间平面所平行的投影面的两根投影轴。

b. 垂直面投影特性：在所垂直的投影面上的投影积聚为与投影轴倾斜的直线，与两投影轴的夹角反映空间平面对其相应两投影面的夹角；其他两平面的投影为与空间平面相类似的图形。

c. 一般位置平面在三个投影面上的投影均是与空间平面相类似的图形。

③ 平面上的点与直线。在平面上求点应用辅助线法，即属于平面上的点，一定在属于平面内的一条直线上。同理，可推出在平面上取线，应用平面上取点法。

第3章 基本立体的三视图

任何物体均可以看成由若干基本立体组合而成。基本立体包括平面立体和曲面立体两类。平面立体的每个表面都是平面，如棱柱、棱锥。曲面立体至少有一个表面是曲面，如圆柱、圆锥、圆球和圆环等。图 3-1 所示是由基本立体组成的机件实例。本章是为学习第 5 章组合体打基础的，主要介绍基本立体的形体特征、三视图特点、基本立体三视图的画法、表面上点的投影及其尺寸标注。

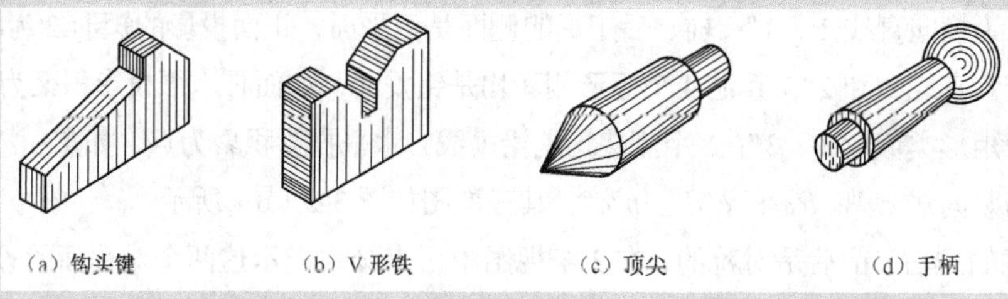

图3-1　机件实例

3.1 平面立体

3.1.1　棱柱

1．正棱柱的形体特征

正棱柱的顶面和底面是全等且互相平行的多边形，这两个多边形起着确定棱柱形状的主要作用，

称为特征面；其矩形侧面、侧棱垂直于顶面和底面。

如图 3-2 所示，正六棱柱的顶面、底面是全等和互相平行的正六边形（特征面），6 个矩形侧面和 6 个侧棱垂直于正六边形底面。

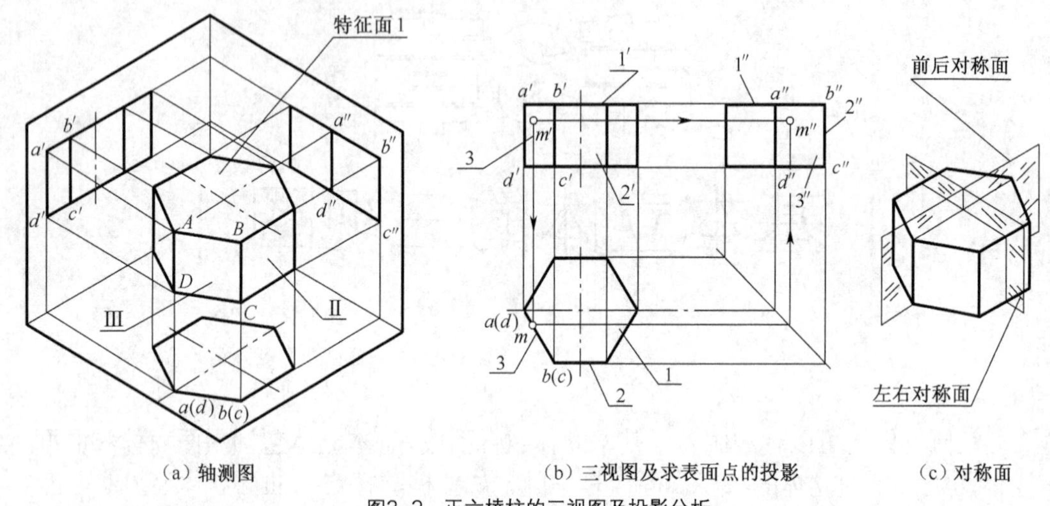

（a）轴测图　（b）三视图及求表面点的投影　（c）对称面

图3-2　正六棱柱的三视图及投影分析

2. 棱柱的投影分析

如图 3-2（a）所示，正六棱柱的顶面、底面是水平面，水平投影的正六边形 1 为实形，正面和侧面投影积聚为横向直线 1′、1″；前、后矩形的侧面是正平面，正面投影的矩形 2′为实形，水平和侧面投影积聚为直线 2 和 2″；其他 4 个矩形侧面均是铅垂面，如面Ⅲ水平投影积聚为斜线 3，正面和侧面投影为矩形类似形 3′、3″；6 个侧棱均是铅垂线，水平投影积聚为点，如点 *a*(*d*)、*b*(*c*)，正面和侧面投影为竖向线 *a′d′*、*b′c′*和 *a″d″*、*b″c″*。其三视图如图 3-2（b）所示。

正六棱柱的左右、前后是对称的，在 3 个视图中用点画线表示这两个对称面的投影，如图 3-2（b）和图 3-2（c）所示。

3. 棱柱三视图的特点及作图步骤

（1）棱柱三视图特点

如图 3-2（a）和图 3-2（b）所示，顶面和底面的投影为多边形（正六边形）反映底面实形，这个视图称为特征视图；另两个投影均是单个或多个相邻虚、实的矩形，为一般视图。

（2）棱柱三视图的作图步骤

由于正六棱柱是对称形，画图时，先画各个视图对称中心线，作为作图的基准线，再画正六棱柱的底面俯视图（正六边形），然后根据“长对正”及高度尺寸画主视图，由“高平齐、宽相等”画左视图，如图 3-2（b）所示。

4. 棱柱表面上点的投影

当点属于基本立体的某个表面时，则该点的投影必在它所属表面的各同面投影范围内。若该表面投影为可见，则该点同面投影为可见；反之为不可见。因此，求作平面立体表面点的投影，应先分析该点所属平面的投影特性，然后再根据面上点的投影特性作图。

如图 3-2（b）所示，已知六棱柱表面上点 M 的正面投影点 m'，求作另两个面的投影。

按点 m' 的位置及可见性，可判断点 M 在六棱柱侧面 $ABCD$ 上，$ABCD$ 是铅垂面。因此，点 M 的水平投影 m 必在该面水平积聚性投影 $abcd$ 线上。由点 m' 求得点 m，再根据点 m、m'，求得点 m''（见箭头所指）。

由于点 M 属于六棱柱的左边侧面，该面侧面投影矩形 $a''b''c''d''$ 是可见的，所以点 m'' 为可见。

3.1.2 棱锥

1. 棱锥的形体特征

棱锥的棱线交于一点，底面为多边形（特征面），各侧面为若干具有公共顶点的三角形，从棱顶点到底面距离为棱锥的高。正棱锥的底面为正多边形。

如图 3-3（a）所示的三棱锥，底面是三角形（特征面），前左、前右、后侧面是等腰三角形，3 条棱线交于 1 点，即锥顶 S。

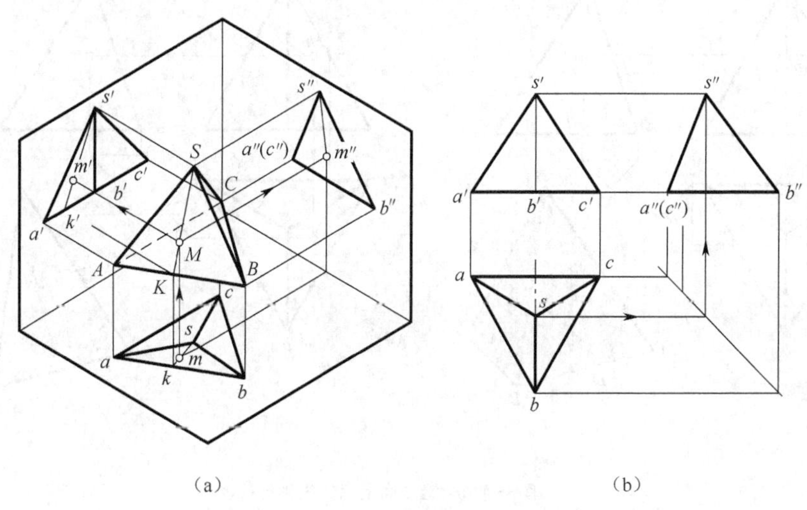

图3-3 正三棱锥三视图的作图步骤

2. 棱锥的投影分析

该三棱锥底面平行于 H 面，并有一个侧面垂直于 W 面。

图 3-3（b）为该三棱锥的三视图。由于锥底面△ABC 为水平面，所以它的 H 面投影△abc 反映了底面的实形，V 面和 W 面投影分别积聚成平行于 X 轴和 Y 轴的直线段 $a'b'c'$ 和 a''（c''）b''。锥体的后侧面△SAC 为侧垂面，它的 W 面投影积聚为一段斜线 $s''a''$（c''），它的 V 面和 H 面投影为类似形△$s'a'c'$ 和△sac，前者为不可见，后者为可见。左、右两个端面为一般位置平面，它在三个投影面上的投影均是类似形，如图 3-3（b）所示。

3. 正三棱锥三视图的作图步骤

作正三棱锥的对称中心线和底面基线；画底面的俯视图（正三角形），然后根据棱锥高画出顶点 S 的各个投影，最后把锥顶与底面各顶点的同面投影连线，如图 3-3（b）所示。

4. 棱锥表面上点的投影

棱锥的表面可能是特殊位置平面，也可能是一般位置平面。凡属特殊位置表面上的点，可利用投影的积聚性直接求得；而一般位置表面上的点，可通过该面作辅助线的方法求得。

图 3-3 所示为已知三棱锥棱面上点 M 的 V 面投影 m'，求作另外两面投影的作图过程。

由于 M 点所在平面△SAB 为一般位置平面，因此要用辅助线法作图。在图 3-4（a）中，作过锥顶点 S 和点 M 的直线 SD。连接 $s'm'$，并延长交 $a'b'$ 于 d'，得辅助线 SD 的 V 面投影 $s'd'$，再求出 SD 的 H 面投影 sd，则 m 必在 sd 上，由此求得 M 点的 H 面投影 m。点 M 的 W 面投影 m''，可通过 $s''d''$ 求得，也可由 m' 和 m 直接求得。

如图 3-4（b）所示，用另一种辅助线的作图方法，即过点 M 作 AB 的平行线 ME。过 m' 作出辅助线的 V 面投影 $m'e' /\!/ a'b'$，再求出辅助线 ME 上点 E 的 H 面投影 e，由 $me /\!/ ab$ 可求出点 M 的 H 面投影 m，然后由 m 和 m' 求出 m''。

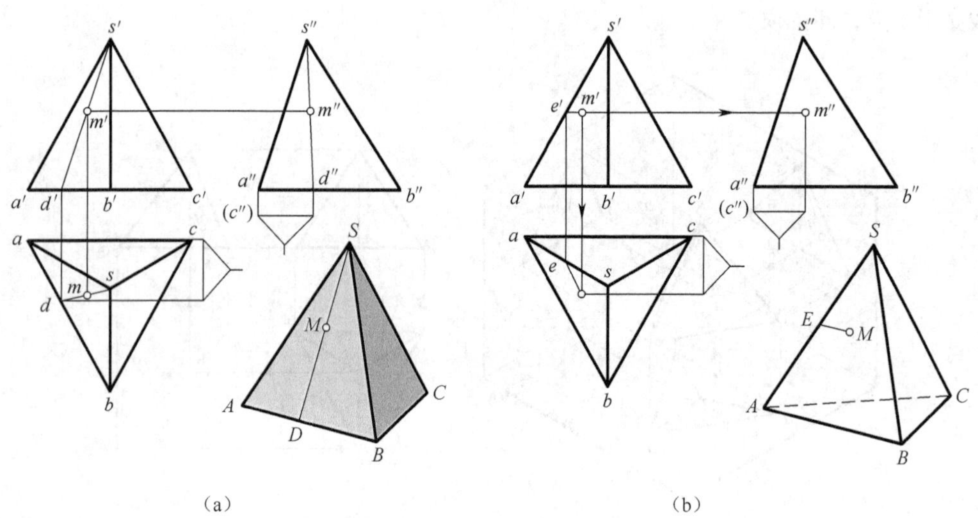

图3-4 棱锥表面上点的投影

曲面立体

3.2.1 圆柱

1. 圆柱面的形成

如图 3-5（a）所示，圆柱面可看成是由一条直线 AA_1（母线）绕与其平行的轴 OO_1，回转而成的。圆柱面上任意一条平行轴线 OO_1 的直线称为圆柱面素线。

圆柱的表面是由圆柱面和上、下底面（圆平面）所围成的。

2. 圆柱的投影分析

如图 3-5（b）所示，圆柱轴线垂直于 H 面，圆柱面上所有素线都是铅垂线，圆柱顶面、底面是水平面，因此，圆柱的 H 面的投影为一个圆，反映圆柱顶面、底面的实形，而圆周又是圆柱面的积聚的投影，在圆柱面上任何点、线的投影都积聚在此圆的圆周上。

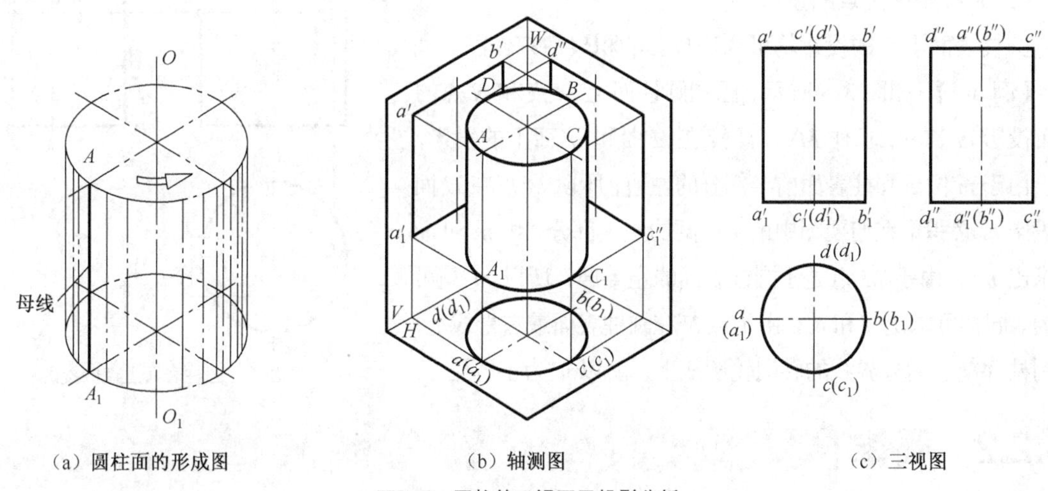

（a）圆柱面的形成图　　（b）轴测图　　（c）三视图

图3-5　圆柱的三视图及投影分析

正面投影的矩形左右两边 $a'a_1'$和 $b'b_1'$是圆柱面最左和最右两条素线 AA_1 和 BB_1 的投影，它把圆柱面分为前后两半，前半可见后半不可见，所以它们是可见和不可见的分界线，是圆柱面正面轮廓线的投影，它们的水平投影积聚为点 $a(a_1)$、$b(b_1)$，侧面投影与轴线投影的点画线重合。由于圆柱面是光滑的，所以不再画线。矩形上、下边表示圆柱顶面和底面积聚性投影。

侧面投影的矩形前、后两边 $c''c_1''$、$d''d_1''$可按正面投影的分析方法自行分析。

还应注意要用点画线表示圆柱对称中心线和轴线的投影，其他回转体都有类似要求。

3. 圆柱三视图的特点及作图步骤

（1）圆柱三视图特点

从图 3-5（c）可看出，圆柱轴线垂直投影面上的投影为圆，轴线所平行两个投影面的投影为两个全等的矩形。

（2）圆柱三视图的作图步骤

先画出圆的中心线和轴线，再画反映圆的视图，然后画两个投影为矩形的视图。

4. 分析轮廓线与判断曲面的可见性

（1）从不同方向投影时，圆柱面的投影其轮廓线是不同的。从图 3-5（b）上可看出，主视图上的轮廓线 $a'a_1'$、$b'b_1'$是轮廓素线 AA_1、BB_1 的投影，但在左视图上 $a''a_1''$、$b''b_1''$与轴线重合，它们并不同时是左视图的轮廓线，因此，画图时不必画出。而左视图上圆柱面的轮廓线 $c''c_1''$、$d''d_1''$是从左向右看时，圆柱面的轮廓素线 CC_1、DD_1 的投影，它们在主视图上的投影也与轴线重合，不必画出。

（2）某一视图上的轮廓线是曲面在该视图上可见部分与不可见部分的分界线。

图 3-5（b）和（c）中主视图上曲面的可见与不可见部分，可以根据轮廓线 AA_1 和 BB_1 在俯视图上的位置来判断，在轮廓线 AA_1 和 BB_1 以前的 ACB 半个圆柱面是可见部分，而后半个圆柱面 ADB 是不可见的部分。AA_1、BB_1 即为主视图上的可见性分界线。同理，DD_1、CC_1 为圆柱面在左视图上的可见性分界线，它将圆柱分为左、右两部分，DD_1、CC_1 以左的 CAD 半个圆柱面在左视图上是可见的，其右边的 CBD 半个圆柱面在左视图上是不可见的。

5. 圆柱表面上点的投影

圆柱表面上点的投影均可利用投影的积聚性来作图。

【例 3-1】 如图 3-6 所示，已知圆柱面上 M 点和 N 点的 V 面投影 m' 和 n'，求作 M、N 两点在 H 面和 W 面上的投影。

由于 m' 位于圆柱表面前半部分的左边，所以 M 点在 H 面的投影 m 必积聚在俯视图中前半个圆的左半部分，由 m 和 m' 可求出 m''，由于 M 点处于圆柱表面的左半部，所以 m'' 是可见的。同样可求出 n 和 n''。由于点 N 在圆柱表面最右素线上，即圆柱面前、后分界线的转向轮廓线上，所以 n'' 为不可见。

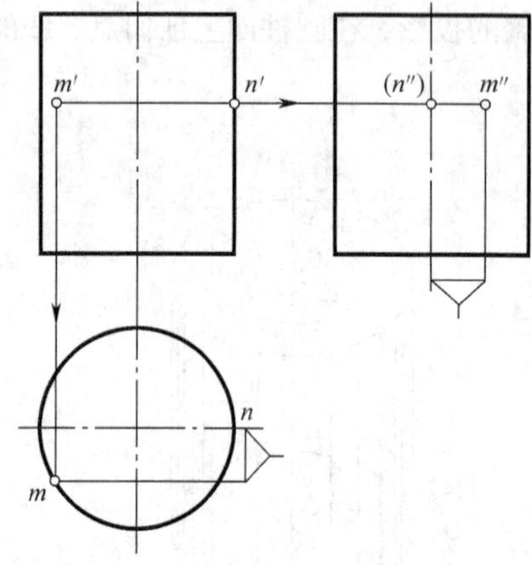

图3-6 圆柱表面上点的投影

3.2.2 圆锥

1. 圆锥面的形成

如图 3-7（a）所示，圆锥面可看成是一条直线（母线）围绕着与其相交成一定角度的轴线 SO 回转而成的。在圆锥面上通过锥顶的任一直线称为圆锥面素线。在母线上任意一点的运动轨迹为圆。

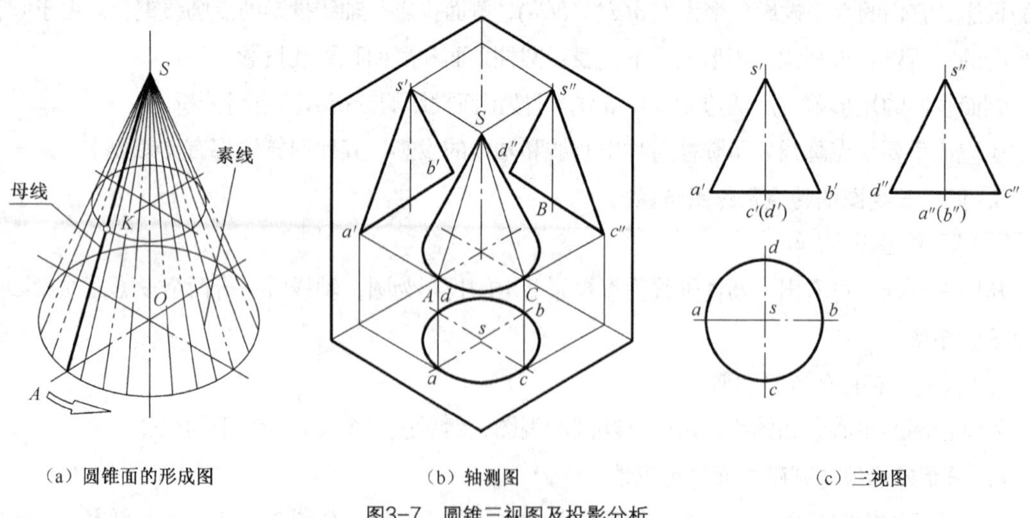

（a）圆锥面的形成图　（b）轴测图　（c）三视图

图3-7 圆锥三视图及投影分析

圆锥是由圆底面与圆锥面所围成的。

2. 圆锥的投影分析

如图 3-7（b）所示，圆锥轴垂直于 H 面，圆锥底面的水平面投影为圆形，正面与侧面的投影积

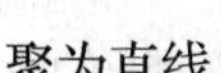

聚为直线。

圆锥面的水平面投影与底圆投影重合，可见正面投影为等腰△*s'a'b'*，两腰 *s'a'*、*s'b'*分别表示圆锥面最左 *SA*、最右 *SB* 素线的投影，反映实长，是圆锥面前半部和后半部可见与不可见的分界线，是圆锥正面的左、右轮廓线。*SA*、*SB* 的水平投影 *sa*、*sb* 与圆锥横向对称中心线重合，侧面投影 *s''a* 、*s''*(*b''*)与圆锥轴线重合，由于圆锥面是光滑曲面，所以都不画线。侧面投影的等腰△*s''c''d''*的两腰 *s''c''*、*s''d''*，表示圆锥面最前 *SC*、最后 *SD* 素线的实长投影，是圆锥面左半部可见、右半部不可见的分界线（圆锥侧面的前后轮廓线）。*SC*、*SD* 的其他投影位置读者可自行分析。

3. 圆锥三视图的特点及作图步骤

（1）圆锥三视图特点

从图 3-7（c）可看出，在圆锥轴线所垂直投影面上投影为圆，在轴线所平行两个投影面的投影为两个全等等腰三角形。

（2）圆锥三视图的作图步骤

先画圆的中心线和轴线，然后画底圆的各个投影（先画底圆的实形，再画两个积聚性直线），再作出顶点各个投影，最后画圆锥轮廓线。

4. 圆锥表面上点的投影

【例 3-2】 如图 3-8 所示，已知圆锥面上 *M* 点的 *V* 面投影 *m'*，求作 *M* 点的 *H* 面投影 *m* 和 *W* 面投影 *m''*。

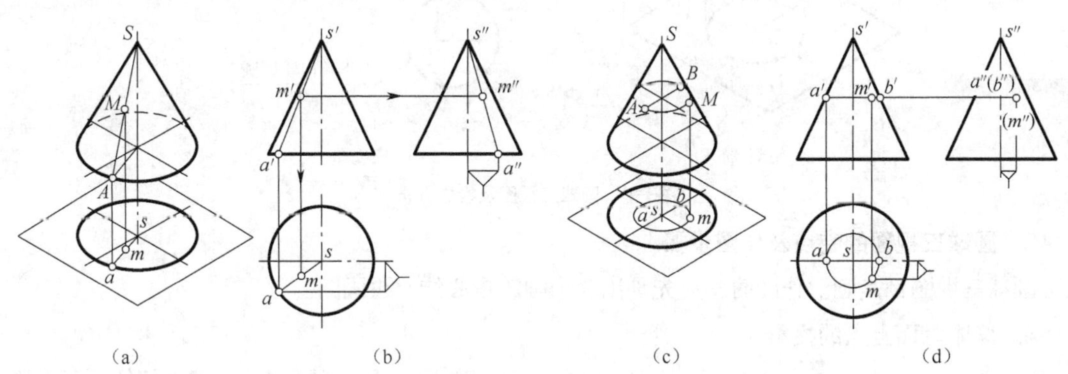

图3-8 圆锥表面上点的投影

由于圆锥面投影没有积聚性，所以求点 *M* 的另两个投影，必须过圆锥面上点 *M* 引辅助线，然后在辅助线的投影上确定点 *M* 的投影，作图方法有两种。

（1）辅助线法

如图 3-8（a）和（b）所示，过锥顶点 *S* 和锥面上点 *M* 引一素线 *SA*（*s'a'*、*sa*、*s''a''*），则 *m*、*m''* 必分别在 *sa*、*s''a''*上，由 *m'*便可求出 *m* 和 *m''*。

（2）辅助圆法

如图 3-8（c）所示，在圆锥表面上过点 *M* 作一辅助圆（垂直于圆锥轴线的圆），则点 *M* 各投影必在该圆的同面投影上。

如图 3-8（d）所示，过 m'点作圆锥轴线的垂线，交圆锥左、右轮廓线于 a'、b'，得辅助圆的 V 面投影。作辅助圆的 H 面投影（以 s 为圆心，$a'b'$为直径画圆）。由 m'求得 m，因 m'是可见的，所以 m 在前半圆锥面上；再由 m'和 m 求得 m''。由于 M 点在右半圆锥面上，所以 m''是不可见的。

3.2.3 圆球

1. 圆球面的形成

圆球面是由一个圆作母线，以其直径为轴线旋转而成的。母线圆上任意点运动轨迹为大小不等的圆。

2. 圆球的投影分析

圆球从任何方向投影都是与圆球直径相等的圆，因此三面视图都是等径的圆，并且是球面上平行于相应投影面的三个不同位置的最大轮廓圆，如图 3-9 所示。正面投影的轮廓圆是前、后半球面可见与不可见的分界线；水平投影的轮廓圆是上、下两半球面可见与不可见的分界线；侧面投影的轮廓圆是左、右两半球面可见与不可见的分界线。

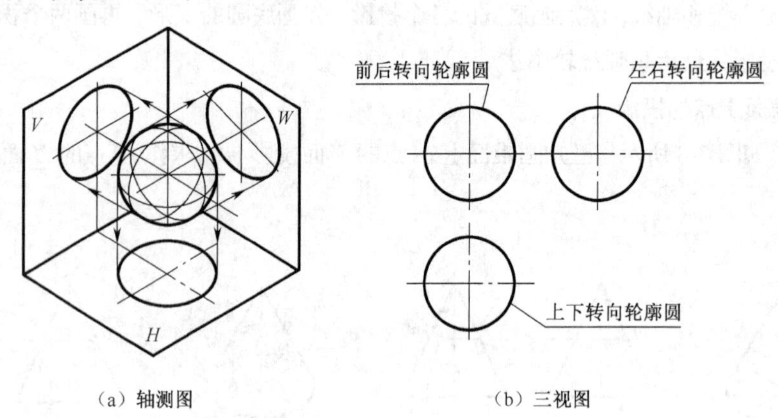

（a）轴测图　　（b）三视图

图3-9　圆球三视图及投影分析

3. 圆球三视图的特点及作图步骤

圆球三视图都是圆。作图时，应先画出 3 个圆的中心线，再画圆。

4. 球体表面上点的投影

【例 3-3】 如图 3-10（a）所示，已知点 M、N 正面投影 m'和水平投影 n，求作其他两面投影。

点 M 处于前后半个圆球的分界线上，即圆球正面轮廓线上，由点 m'直接求得点 m、m''。点 N 处于上下半个圆球分界线上，即圆球水平方向轮廓线上，由点 n 直接求得点 n'、n''。

以上作图步骤和投影分析如图 3-10（b）所示。由于点 N 从属于右半球面，所以点 n''为不可见，其他点均可见。

【例 3-4】 如图 3-11 所示，已知圆球面上的点 M 的正面投影 m'，求作其他两面投影。

由于圆球面投影没有积聚性，且在圆球面也不能引直线，但它可作辅助圆，因此，在圆球面上求点，可通过过已知点在球面上作平行投影面的辅助圆取点方法求得。

从点 m'的位置和可见性，判断点 M 在上右半球的前面，过球面上点 M 作平行于 H 面或 W 面的辅助圆，所以点的投影必在辅助圆的同面投影上。

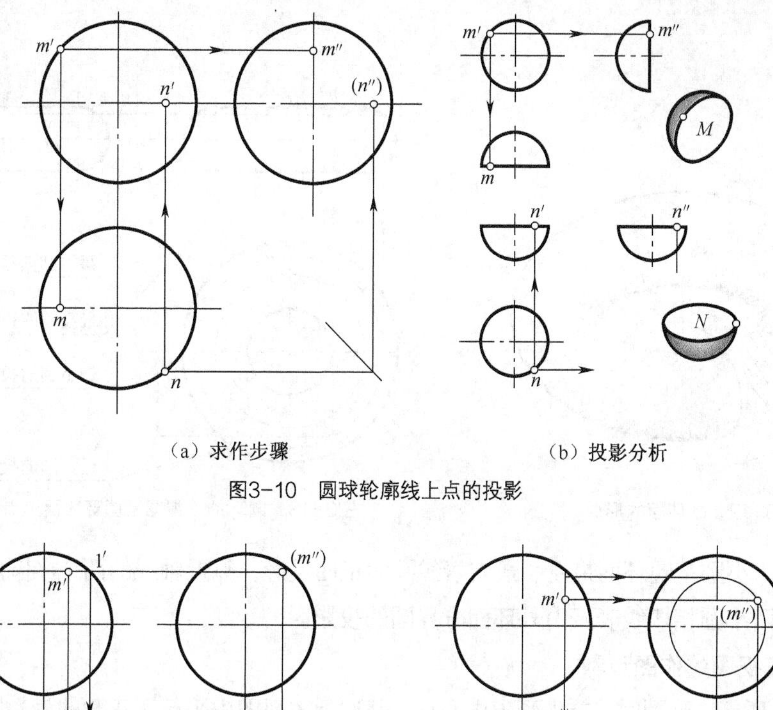

（a）求作步骤　　（b）投影分析

图3-10　圆球轮廓线上点的投影

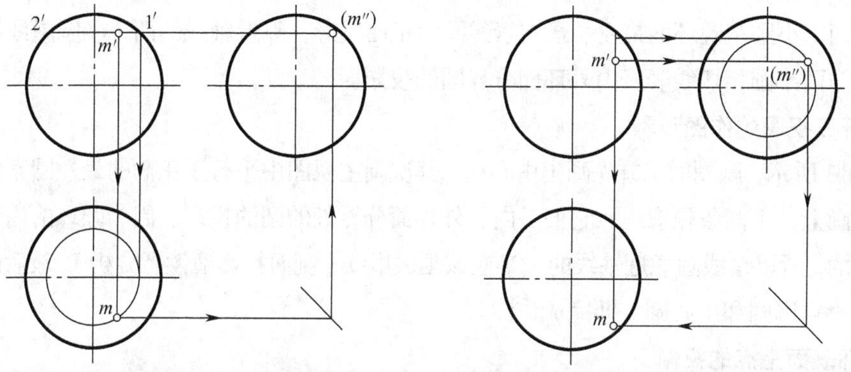

（a）作水平辅助圆取点　　（b）作侧平辅助圆取点

图3-11　球体表面上点的投影

作图时，过点 m' 作水平辅助圆的正面积聚性投影 $1'2'$（也是辅助圆的直径），然后作该圆的水平投影，由点 m' 求得点 m（它在前半球范围内），再由点 m'、m 求得 m''，如图 3-11（a）箭头所示。

由于点 M 所在圆球面的水平投影可见和侧面投影不可见，所以点 m 可见、m'' 不可见。

同样，也可按图 3-11（b）所示，在球面上作平行于 W 面的辅助圆，其投影结果均相同。

3.2.4 圆环

1. 圆环的形成

如图 3-12 所示，圆环面可看成是以一圆母线绕着与圆在同一平面内、但不通过圆心的轴线 OO_1 回转而成的。圆环面外面的一半表面，称为外环面，是由母线圆的 $\overset{\frown}{ABC}$ 旋转形成的；里面的一半表面，称为内环面，是由母线圆的 $\overset{\frown}{ADC}$ 旋转形成的。

2. 圆环的投影分析

如图 3-13 所示，圆环轴线垂直于 H 面，水平面投影是两个同心圆，分别表示上、下两个半环面的分界线（圆环面水平方向最大和最小的轮廓线圆）的投影；点画线的圆表示母线圆中心运动轨迹的水平投影。

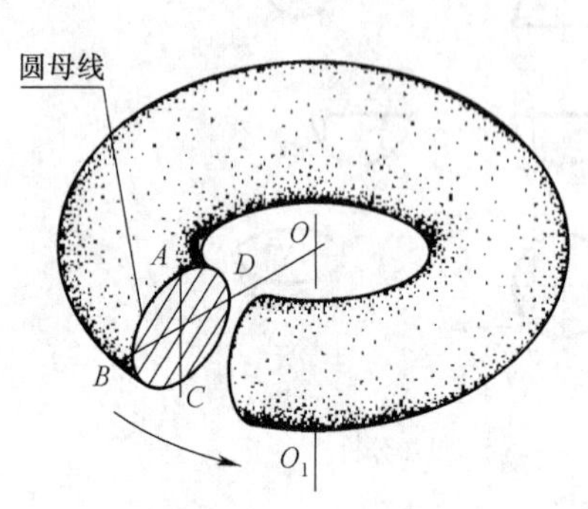

图3-12 圆环面的形成

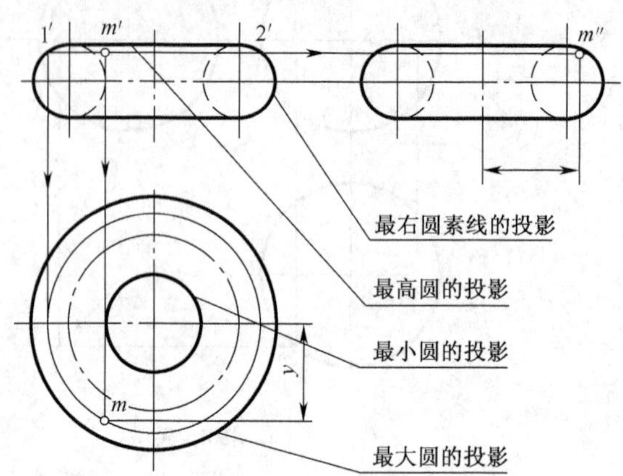

图3-13 圆环的三视图及圆环表面上点的投影

V 面的两个小圆是圆环面最左、最右素线圆的正面投影，靠近轴线的两个半圆虚线，表示内环面不可见。与两小圆相切线表示内外环面分界圆的投影。

3. 圆环三视图的作图步骤

如图 3-13 所示，画图时，首先画出中心线，其次画主视图中平行于正面的最左圆素线和最右圆素线，然后画上、下两条轮廓线，它们是内、外环面分界处的圆的投影。因为圆环的内环面从前面看是看不见的，所以素线圆靠近轴线的一半应该画成虚线（侧面投影请读者分析）。最后画出俯视图中最大、最小轮廓圆和中心圆，即完成作图。

4. 圆环表面上点的投影

如图 3-13 所示，已知环面上 M 点的 V 面投影 m'，求作其 H 面和 W 面投影 m、m''。

因为 m'为可见点，所以 M 点在外环面上的前半部。可过 M 点作一水平辅助圆的方法求点，过 m'作一横向直线 1′2′为辅助圆在 V 面上的积聚投影，再以 1′2′为直径作出辅助圆在俯视图中的投影，并由 m 作 X 轴垂线求得 m，最后由 m'和 m 求得 m''。

因为 M 点在左边上半部外环面上，所以 m 和 m''均可见。

3.3 常见柱形体

3.3.1 柱形体的形体特征

柱形体如图 3-14（a）、（d）和（g）所示。

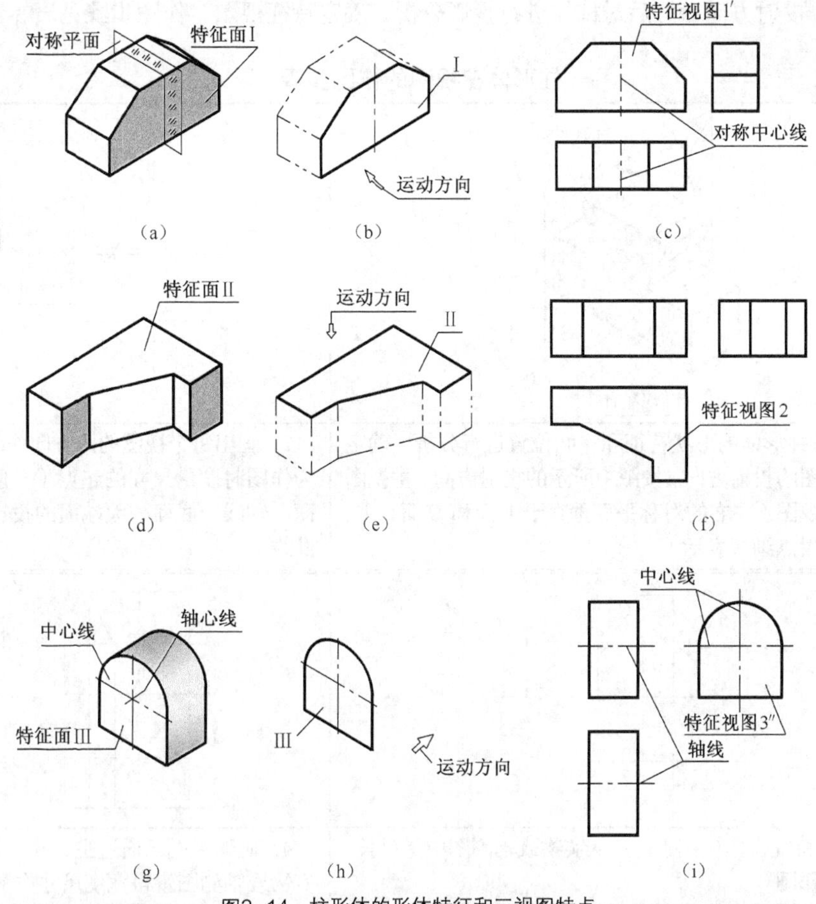

（a）（b）（c）（d）（e）（f）（g）（h）（i）

图3-14 柱形体的形体特征和三视图特点

这些柱形体也可看成是以一平面形沿着与其垂直方向平移（拉伸）一定距离形成的等厚立体。图 3-14（b）、（e）和（h）所示为由面Ⅰ、Ⅱ、Ⅲ分别沿其垂直方向平移一厚度而成的立体。

柱形体两端的平面形既平行又相等，起着确定立体形状的主要作用，称为特征面。其侧面由矩形平面、圆柱面及其相切组合面所组成，这些面与特征面垂直。

3.3.2 柱形体三视图的特点

从图 3-14（c）、（f）和（i）中可看出，平行于柱形体特征面的投影面的投影，反映柱形体的特征面实形，这个视图称为特征视图，特征视图的线框称为特征形线框。其他两个视图均为单个或多个相邻的虚、实线组成的矩形线框。

例如，图 3-14（c）的主视图、图 3-14（f）的俯视图和图 3-14（i）的左视图均是特征视图，线框 1′、2、3″是特征形线框。

3.3.3 柱形体三视图的画法

画图前，首先分析柱形体各表面形状和相对位置，确定柱形体的空间位置（特征面平行哪个投影面）及3个投射方向，然后对柱体进行投影分析，确定特征视图，作图步骤见表3-1。

表 3-1　柱形体三视图的作图步骤

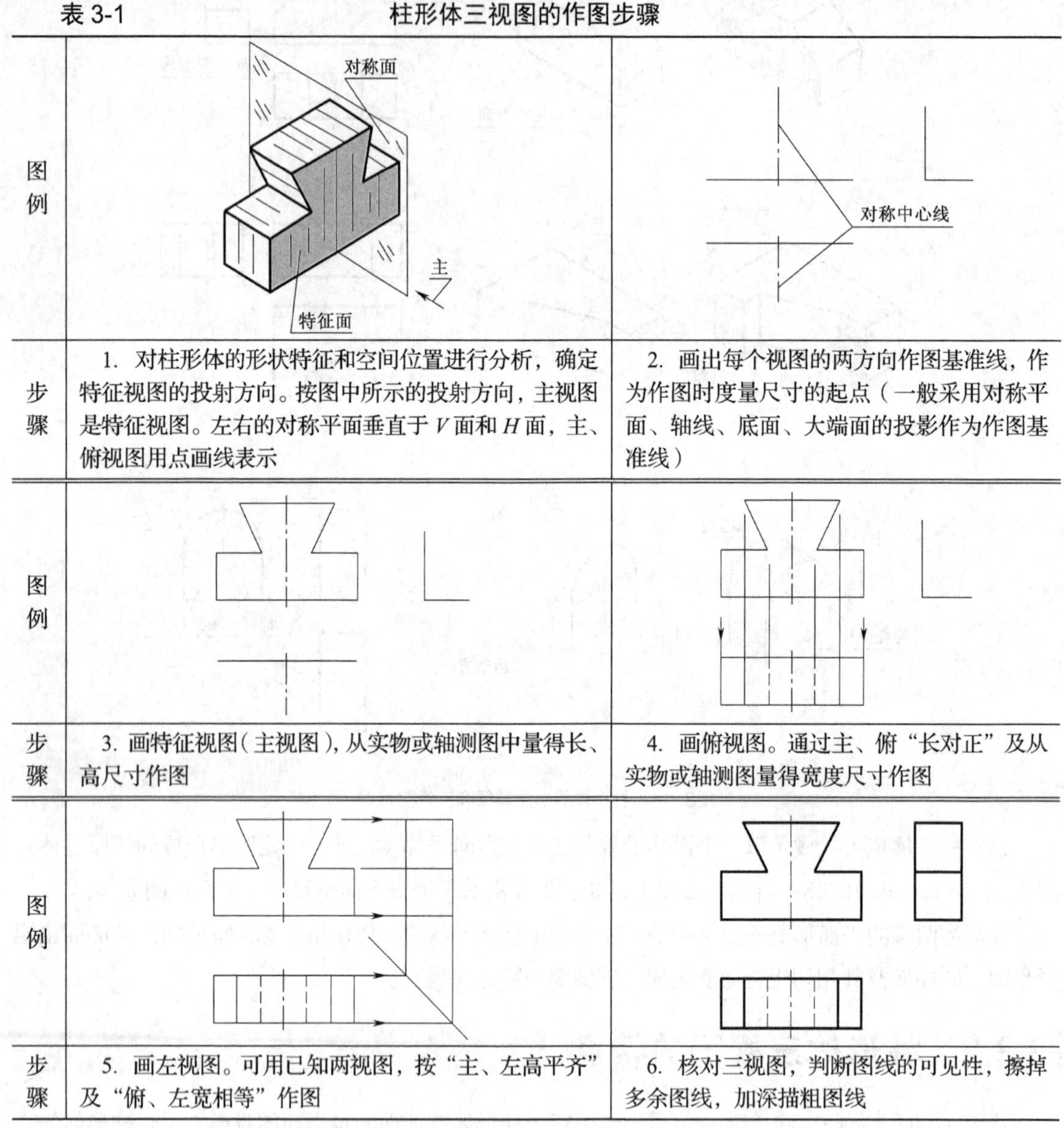

图例	（图）	（图）
步骤	1. 对柱形体的形状特征和空间位置进行分析，确定特征视图的投射方向。按图中所示的投射方向，主视图是特征视图。左右的对称平面垂直于 V 面和 H 面，主、俯视图用点画线表示	2. 画出每个视图的两方向作图基准线，作为作图时度量尺寸的起点（一般采用对称平面、轴线、底面、大端面的投影作为作图基准线）
图例	（图）	（图）
步骤	3. 画特征视图（主视图），从实物或轴测图中量得长、高尺寸作图	4. 画俯视图。通过主、俯“长对正”及从实物或轴测图量得宽度尺寸作图
图例	（图）	（图）
步骤	5. 画左视图。可用已知两视图，按“主、左高平齐”及“俯、左宽相等”作图	6. 核对三视图，判断图线的可见性，擦掉多余图线，加深描粗图线

3.3.4 读柱形体三视图的思维方法

读图是根据若干视图想象出视图表示的立体形状，是画图的逆过程。

1. 特征视图平移（拉伸）法

根据柱形体的形状特征以及视图形成过程，用逆向思维的方法来想象立体形状。把三视图恢复到三面投影面展开前的位置，然后由特征视图的特征线框所示平面形按其投射方向逆向平移（拉伸）到已知距离来想象立体形状。这种读图的思维方法，称为特征视图平移（拉伸）读图法。

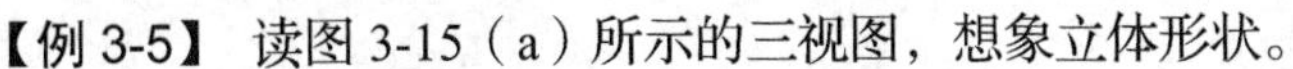

【例 3-5】 读图 3-15（a）所示的三视图，想象立体形状。

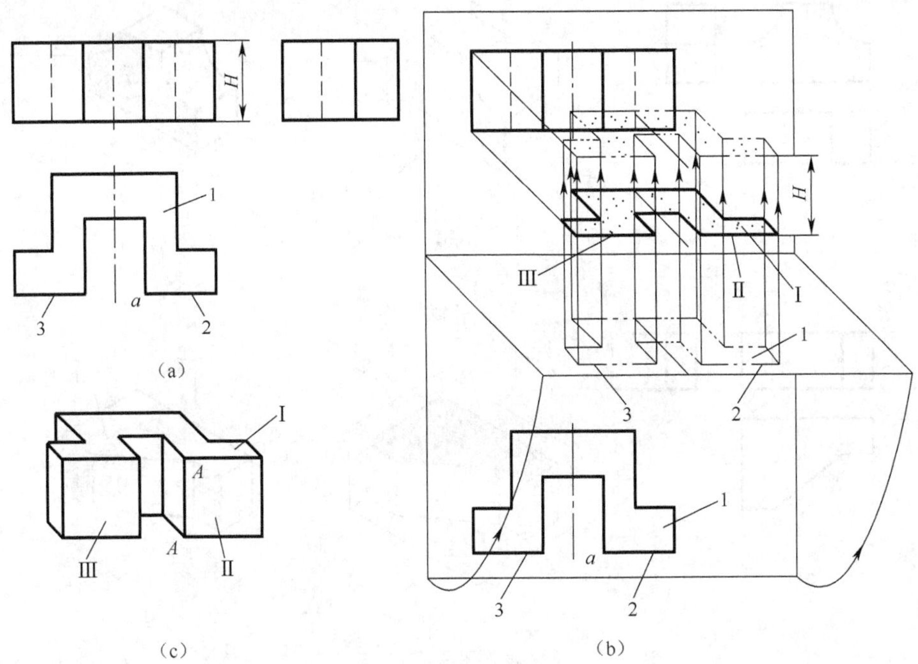

图3-15 视图归位平移（拉伸）法

读图步骤如下。

① 在三个视图中确定特征视图。根据图 3-15（a）所示三视图的特点，其主、左视图都是矩形线框，所以确定俯视图为特征视图。

② 视图旋转归位。设想主视图 V 面不动，把俯视图（H 面）向上旋转 90°，左视图（W 面）向左前方旋转 90°，把 3 个视图（3 个投影面体系）恢复到展开前的位置，如图 3-15（b）所示的俯视图旋转归位。

③ 特征视图平移（拉伸）想象。按图 3-15（b）所示，把俯视图的特征形线框 1 所表示的水平面Ⅰ，向上平移（拉伸）到 H 距离。此时，线框顶点（如点 a）运动成垂直于 H 面的直线；线 2、3 运动成垂直于 H 面的矩形面；特征形面 1 运动成柱体。图 3-15（c）所示立体形状就想象出来了。

2. 特征面形加厚度构形法

当给定的三视图中，有一个视图是特征视图（特征形线框），对应一个或两个图是矩形线框，就能想象为柱形体。

想象时，从特征线框所示平面形状和位置为基础，想象加一厚度，物体形状就想象出来了。这种读图的思维方法称为特征面形加厚度构形法。

如图 3-16（a）、（d）、（g）所示 3 组三视图，通过各组三视图的投影关系，确定图 3-16（a）、（d）、（g）的主视图、俯视图、左视图为特征视图。按图 3-16（b）、（e）、（h）的思维方法，分别以特征形线框 1′、2、3″所表示平面形Ⅰ、Ⅱ、Ⅲ为基础，加一其他视图所给定的厚度，图 3-16（c）、（f）、（i）所示立体形状就想象出来了。

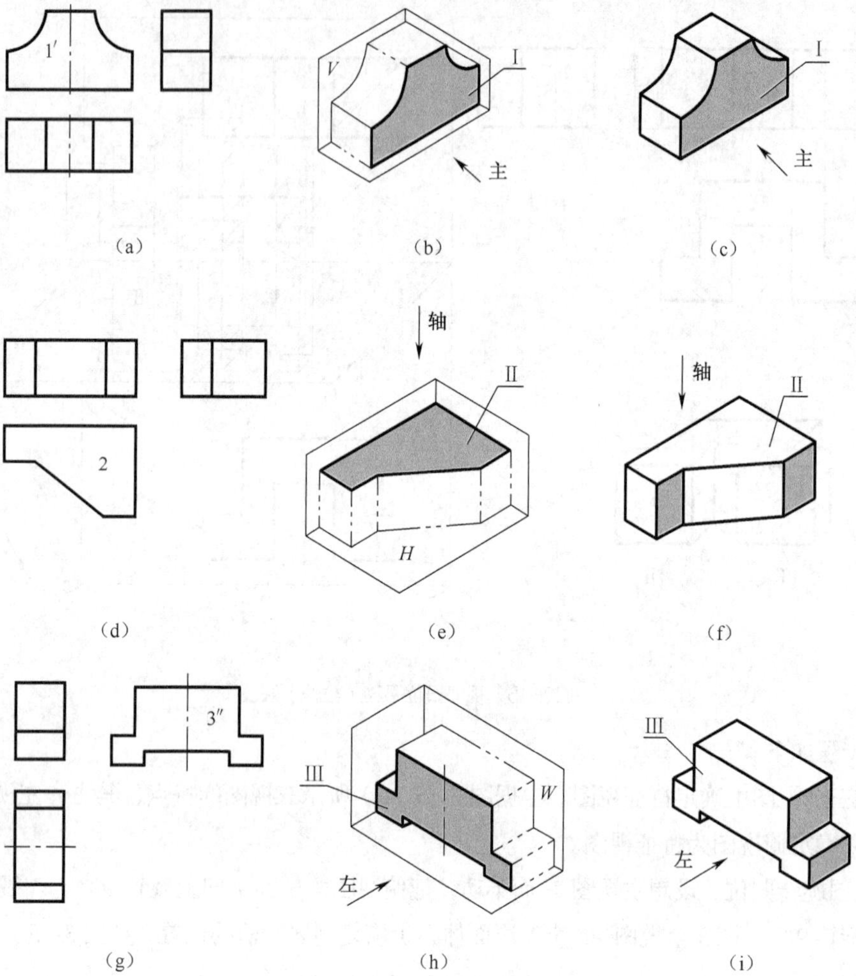

（a）　（b）　（c）

（d）　（e）　（f）

（g）　（h）　（i）

图3-16　特征面形加厚度构形法

3.4 基本立体的尺寸标注

3.4.1 平面立体尺寸注法

平面立体一般只需注出底面尺寸和高度尺寸。如图 3-17（a）、（b）所示，只需注出底面尺寸和高度尺寸；对于图 3-17（c）所示的正六棱柱的底面尺寸有两种注法，一种是注出正六边形对角线尺寸（外接圆直径），另一种是注出正六边形对边的尺寸（内切圆直径，通常也称为扳手尺寸）；图 3-17（d）所示的正五棱柱，其底面为圆内接的正五边形，可注出底部外接圆直径和正五棱柱的高度尺寸；图 3-17（e）所示的四棱台必须注出上、下底的长、宽和高度尺寸。

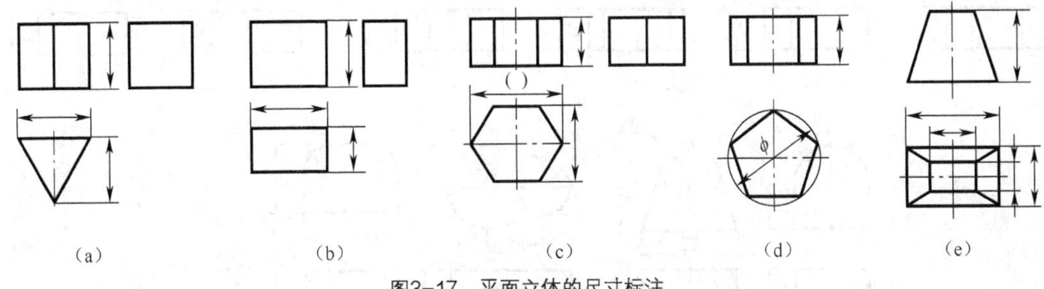

图3-17　平面立体的尺寸标注

3.4.2　曲面立体尺寸注法

图 3-18 所示是各种曲面立体的尺寸标注。其中，圆柱、圆锥、圆台需注出底圆直径和高度尺寸。如图 3-18（a）、（b）、（c）所示，在标注直径尺寸时应注意在数字前面加注“ϕ”，而且往往标注在非圆的视图上，用这种标注形式有时只要用一个视图就能确定其形状和大小，其他视图可省略。如图 3-18（d）、（e）所示，球在直径数字前加注“$S\phi$”或“SR”也只需一个视图；圆环应标注素线圆的直径和素线圆中心轨迹圆的直径，如图 3-18（f）所示。

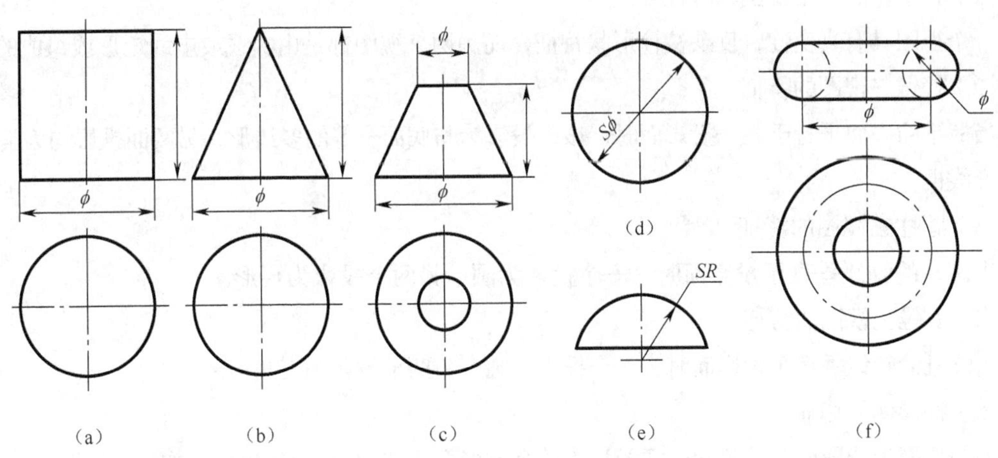

图3-18　曲面立体的尺寸标注

3.4.3　常见柱体尺寸注法

标注各种各样的柱体的尺寸时，为了读图方便，常常在能反映柱体特征视图上集中标注两个坐标方向的尺寸，一般视图标注一个方向尺寸，也就是除了标注确定特征面形状大小尺寸外，还应有厚度尺寸，如图 3-19 所示。

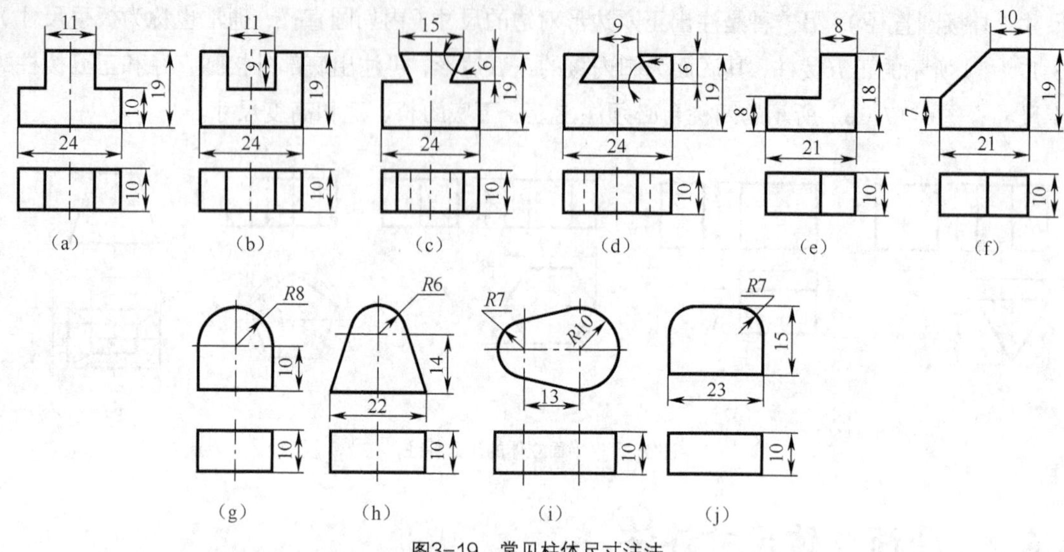

图3-19　常见柱体尺寸注法

1. 棱柱、棱锥的特点，圆柱、圆锥、圆球和圆环表面的形成及投影特性，柱形体特征、视图特点

（1）正棱柱的 3 个视图的特征

一个视图具有真实性，反映棱柱形状特征，而另两个视图都是由实线或虚线矩形线组成的。

（2）棱锥三视图的特征

当棱锥的底面平行于某一投影面时，该面投影为与底面全等的多边形，另两面投影均为类似的三角形线框。

（3）圆柱三视图的特征

当圆柱的轴线垂直于投影面时，一个投影为圆，另两个投影为矩形。

（4）圆锥三视图的特征

当圆锥的轴线垂直于投影面时，一个投影为圆，另两个投影为三角形。

（5）柱形体的特征

一个视图为特征面，其他两个视图均为单个或多个相邻的虚、实线组成的矩形线框。

2. 立体表面取点

立体表面取点的关键在于形体分析，明确点的位置，确定点所在的面或线，根据点所在面或线的特点确定求法。

① 点所在面的某一投影具有积聚性，直接利用投影关系求另两个投影。

② 点所在的所有投影都无积聚性，用辅助线或辅助圆求另两个投影。

③ 点在某一线上，直接求另两投影。

第4章 基本立体的轴测图

用正投影法绘制的三视图，能准确表达物体的形状，但缺乏立体感。为了帮助看图，工程上常采用轴测图为辅助图样。在制图教学中，轴测图是发展空间构思能力的手段之一，通过画轴测图可帮助想象物体的形状，培养空间想象能力，为读组合体视图打下基础。

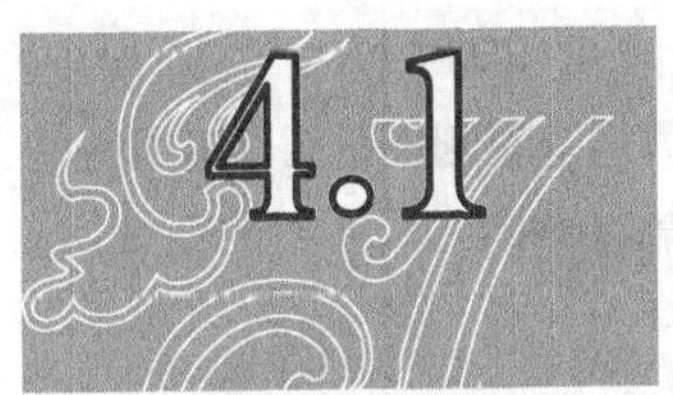

4.1 轴测投影的基本知识

4.1.1 轴测图的基本知识

1. 轴测图的基本概念

（1）轴测图

将物体连同其直角坐标系，沿不平行于任一坐标面的方向，用平行投影法将其投射在单一投影面上所得的具有立体感的图形，称为轴测投影或轴测图。该投影面（P）称为轴测投影面，如图 4-1 所示。由于轴测图能同时反映出物体长、宽、高三个方向的形状，所以具有立体感。

（2）轴测轴

空间直角坐标系中的三根坐标轴 OX、OY、OZ 在轴测投影面上的投影 O_1X_1、O_1Y_1、O_1Z_1，称为轴测轴。

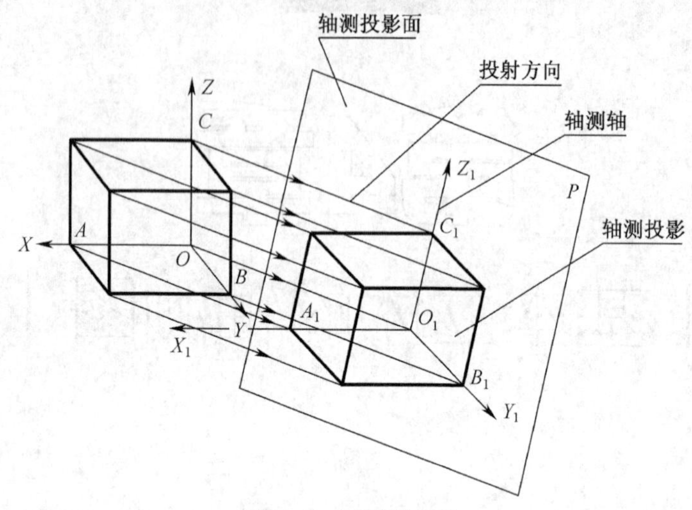

图4-1　轴测图的形成

（3）轴间角

两根轴测轴之间的夹角称为轴间角。

（4）轴向伸缩系数

轴测轴上的单位长度与相应直角坐标轴的单位长度的比值称为轴向伸缩系数。O_1X_1、O_1Y_1 和 O_1Z_1 的轴向伸缩系数分别用 p_1、q_1、r_1 表示。

2. 轴测图的分类

根据投射方向与轴测投影面的相对位置，轴测图分为两类：投射方向与轴测投影面垂直所得的轴测图称为正轴测图；投射方向与轴测投影面倾斜所得的轴测图称为斜轴测图。

4.1.2　轴测图的基本性质

物体上互相平行的直线段，它们的轴测投影仍互相平行。

平行于坐标轴的直线段，它的轴测投影仍平行于相应的轴测轴，且同一轴向所有线段的轴向伸缩系数相同。

物体上不平行于轴测投影面的平面图形，在轴测图上变成原形的类似形。如正方形的轴测投影为菱形，圆的轴测投影为椭圆。

画轴测图时，凡物体上与轴测轴平行的线段的尺寸可以沿轴向直接量取。所谓“轴测”就是指沿轴向进行测量的意思。

正等测图的画法

4.2.1　正等测图的形成

将形体放置成使它的三个坐标轴与轴测投影面具有相同的夹角，然后用正投影的方法向轴测投影面投影，就可得到该形体的正等轴测投影，简称为正等测图。

图 4-2 所示的正方形，取其后面三根棱线为其内在的直角坐标轴，然后绕 Z 轴旋转 45°，成为图 4-2（b）所示的位置；再向前倾斜到正方体的对角线垂直于投影面 P，成为图 4-2（c）所示的位置。在此位置上正方形的三个坐标轴与轴测投影面有相同的夹角，然后向轴测投影面 P 进行正投影，所得轴测图即为此正方体的正等测图。

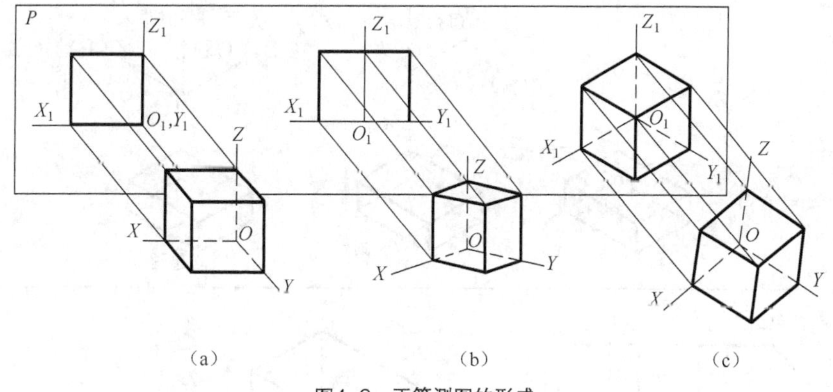

图4-2　正等测图的形成

4.2.2　正等测图的轴测轴、轴间角、轴向伸缩系数

图 4-2（c）所示正立方体的三根直角坐标轴 OX、OY、OZ 都与轴测投影面构成约 35° 16′ 的倾角，投影以后所成三根轴测轴 O_1X_1、O_1Y_1、O_1Z_1 称为正等测轴。轴间角 $\angle X_1O_1Y_1=\angle Y_1O_1Z_1=\angle Z_1O_1X_1=120°$；三个轴向伸缩系数也相等，即 $p_1=q_1=r_1=0.82$。为了画图方便，画正等测图时，通常采用简化的轴向伸缩系数即 $p-q=r=1$。用简化的轴向伸缩系数画成的正等测图约是实际投影尺寸的 1.22 倍，但是并不影响立体感，而作图却简便多了。

作正等测图时，一般总是使 O_1Z_1 轴画成垂直位置，使 O_1X_1 和 O_1Y_1 轴画成与水平线成 30°。应想象在空间是互相垂直的三个坐标构成的一个坐标系统。

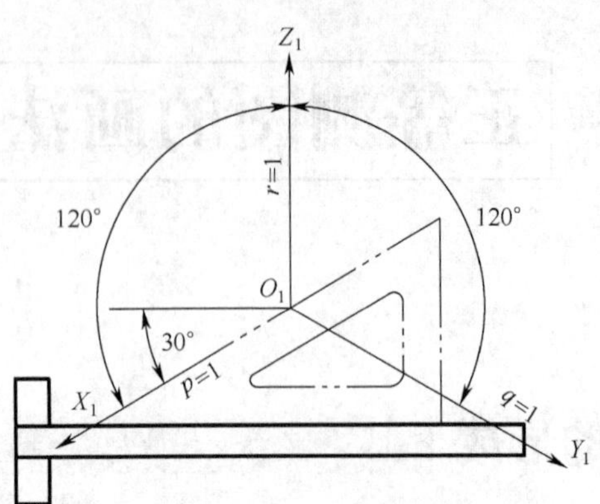

图4-3 正等测图的轴间角和轴向伸缩系数

4.2.3 正等测图的画法

1. 方箱法（见表4-1）

表4-1 方箱法

方箱画法 一点起画 每点三线 每角三面 面面相连成方箱	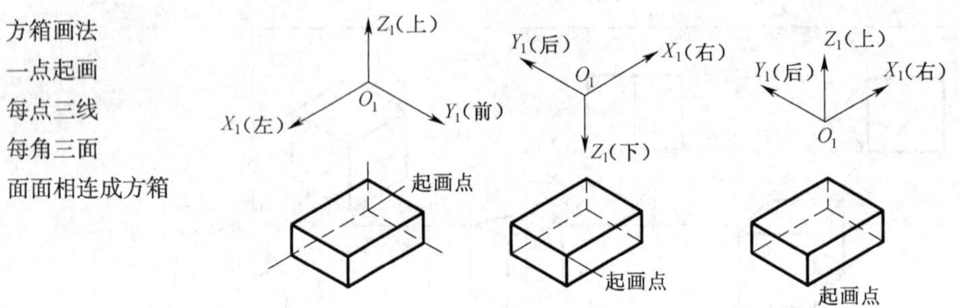
截切作法	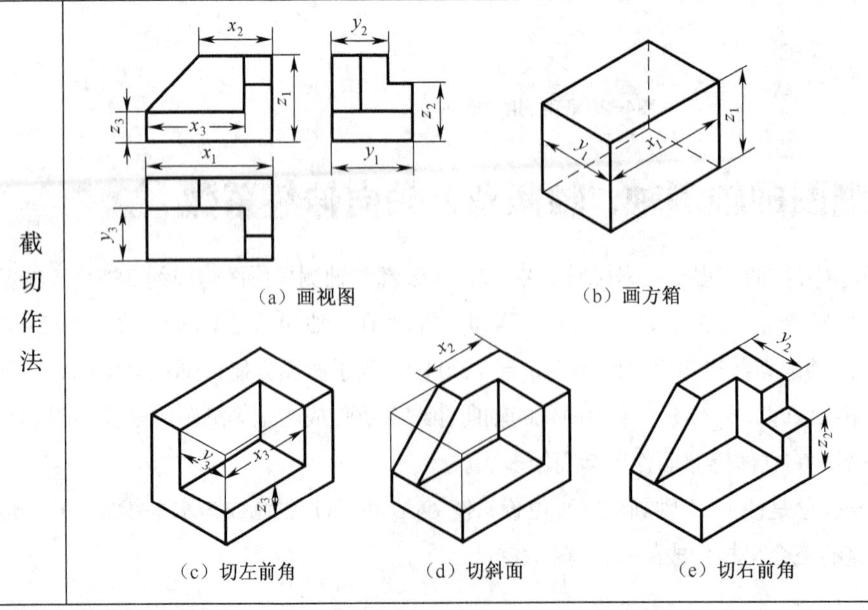

（a）画视图 （b）画方箱

（c）切左前角 （d）切斜面 （e）切右前角

续表

叠加作法	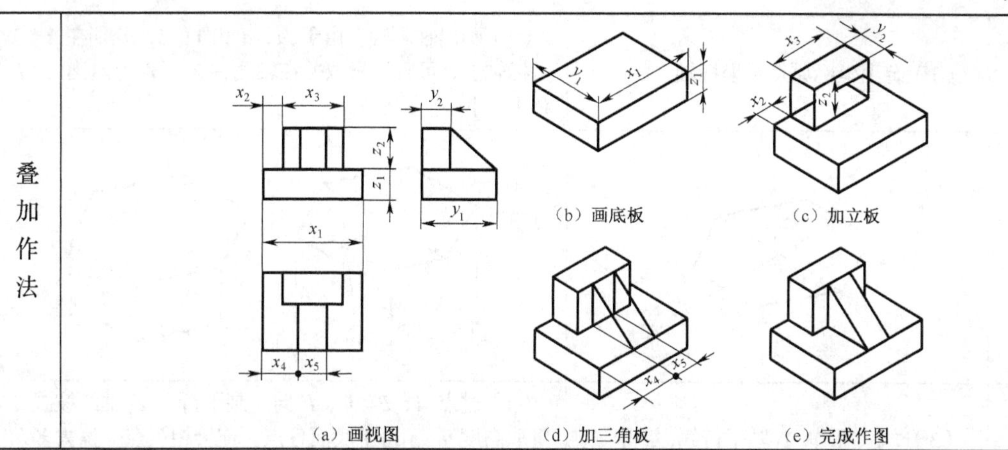 （a）画视图　（b）画底板　（c）加立板　（d）加三角板　（e）完成作图

假设将形体装在一个辅助立方体里来画轴测图的方法称为方箱法。具体作图时，可以设轴测轴与方箱一个角上的三条棱线重合，然后沿轴向按所画形体的长、宽、高三个外轮廓总尺寸截取各边的长度，并作轴线的平行线，就可画成辅助方箱的正等测图；再以此为基本轮廓，从实物或模型上量取所需的轴向尺寸或根据视图中所注的尺寸逐步进行切割（挖掉）或叠加（添上去），就能作出形体的轴测图。

2. 坐标法

将形体上各点的直角坐标位置移置于轴测坐标系统中去，定出各点的轴测投影，从而就能作出整个形体的轴测图，这种作轴测图的方法称为坐标法，它是画轴测图的基本方法。

前述方箱法实质上是坐标法的另一种形式，只不过它是利用辅助方箱作为基准来确定点的坐标位置的。

坐标法作图时，先定出形体直角坐标轴和坐标原点，画出轴测轴，按形体上各点的直角坐标，定出各点的轴测投影，然后连接有关点，完成轴测图。

（1）正六棱柱

正六棱柱的前后、左右对称，设坐标原点为顶面六边形的对称中心，X_1 轴、Y_1 轴分别为六边形的对称中心线，Z_1 轴与六棱柱的轴线重合（这样取坐标便于定出顶面六边形各顶点坐标）。从顶面开始画图。

正六棱柱正等测图的绘图步骤见表 4-2。

表 4-2　　　　正六棱柱正等测图的绘图步骤

图例	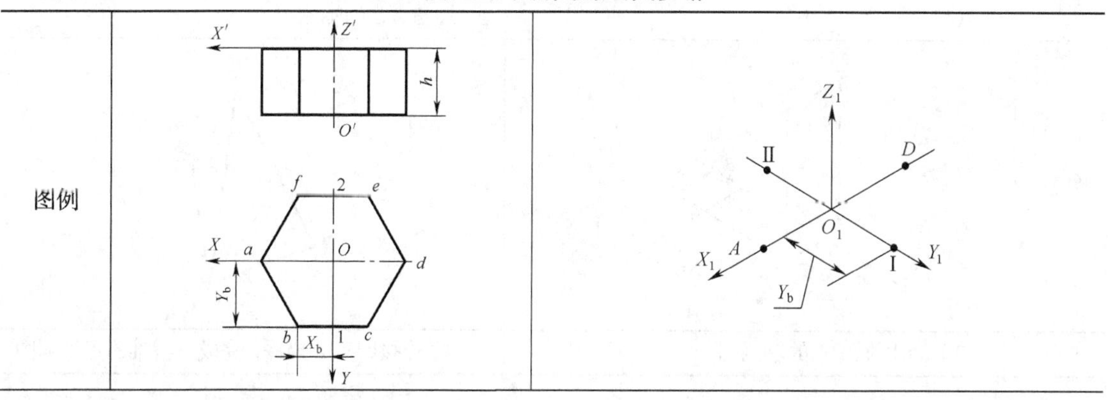	

续表

步骤	（1）定出坐标原点及坐标轴	（2）画出轴测轴。由于 a、d 和 1、2，分别在 X、Y 坐标轴上，可直接量取并在轴测轴 X_1、Y_1 上定出 A、D 和Ⅰ、Ⅱ
图例	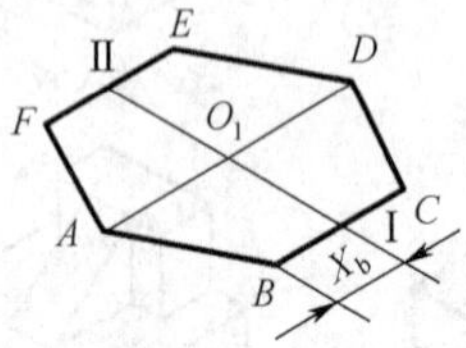	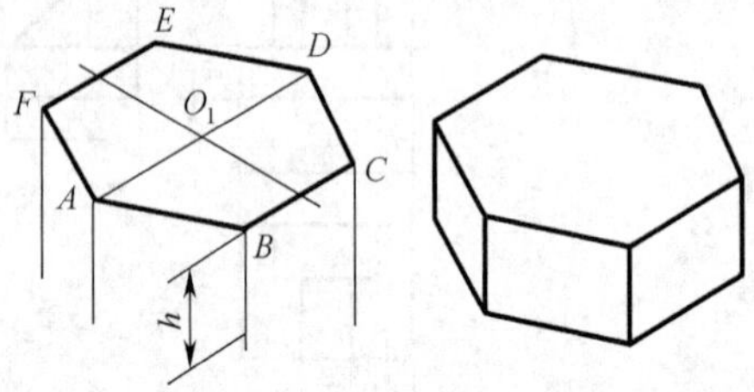
步骤	（3）过Ⅰ、Ⅱ作 X_1 轴平行线，量得 B、C 和 E、F 连成顶面六边形	（4）过点 A、B、C、F 向下画平行于 Z_1 轴的棱线，量取高度 h，得下底面各点，连接相关点，擦去多余作图线，描深，完成六棱柱正等测图。轴测图中的不可见轮廓线一般不要求画出

（2）三棱锥

三棱锥正等测图的绘图步骤见表 4-3。

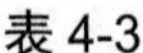

表 4-3　三棱锥的正等测图画法

图例	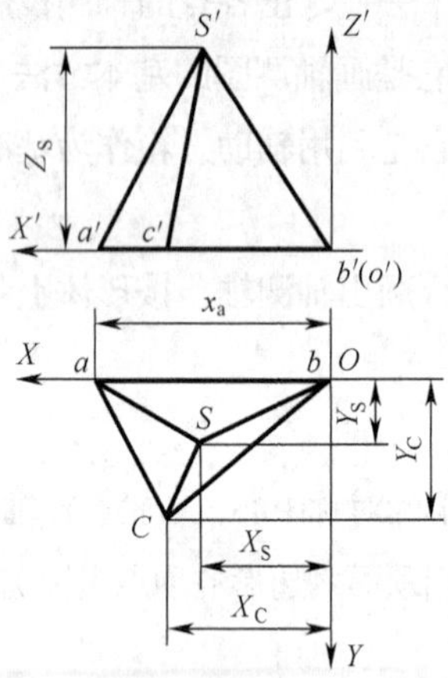	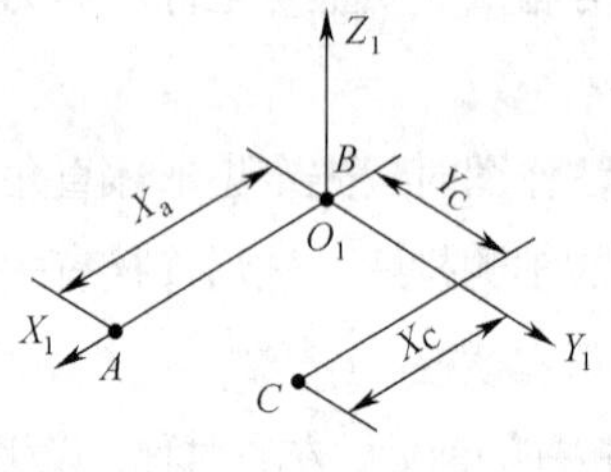
步骤	（1）选定坐标轴。使 OX 轴与 AB 重合，坐标原点与 B 重合	（2）画出轴测轴。按底面三角形顶点的坐标画出 A、B、C 的轴测图
图例	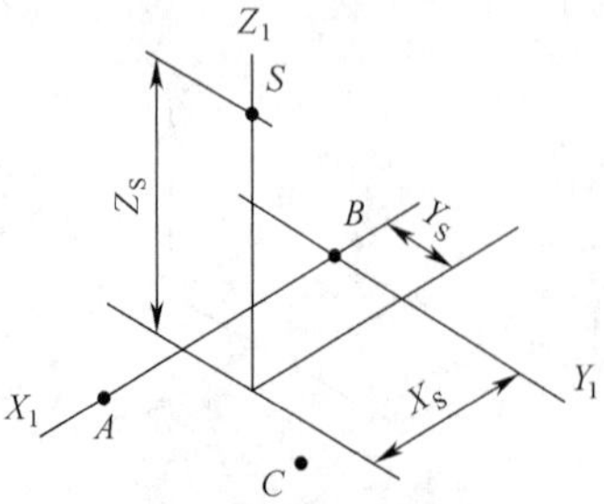	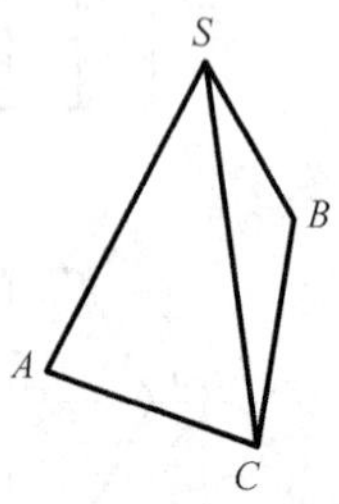
步骤	（3）画出锥顶 S 的轴测图	（4）连接四点并描深，完成三棱锥的正等测图

（3）圆柱

表 4-4 中直立圆柱的轴线垂直于水平面，上、下端面为两个与水平面平行且大小相同的圆，在轴测图中均为椭圆。可根据圆的直径ϕ和柱高 h 作出两个形状和大小相同、中心距为 h 的椭圆，然后作两椭圆的公切线即得圆柱轴测图。

圆柱正等测图的绘图步骤见表 4-4。

表 4-4　　　圆柱的正等测图画法

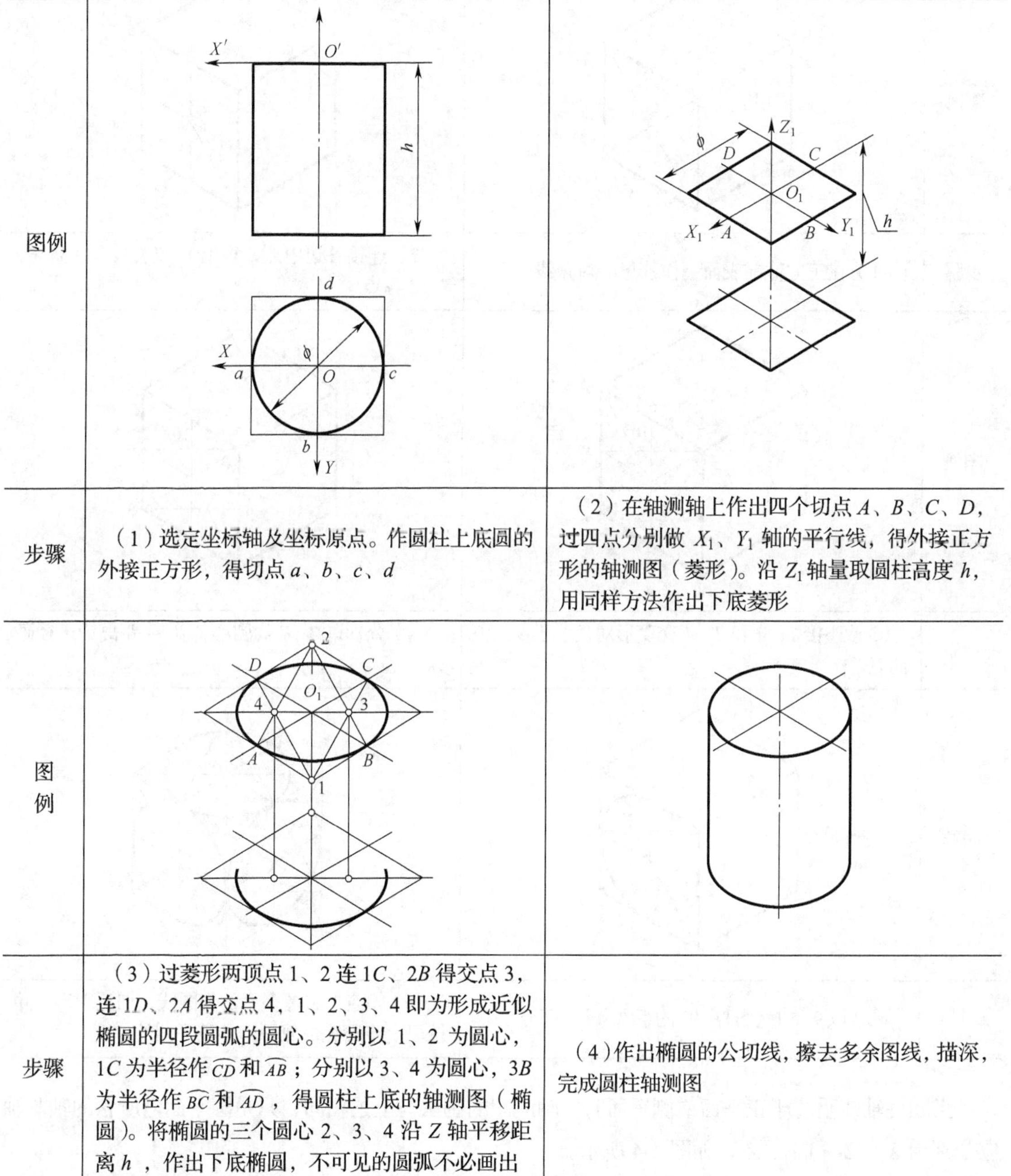

图例	（图）	（图）
步骤	（1）选定坐标轴及坐标原点。作圆柱上底圆的外接正方形，得切点 a、b、c、d	（2）在轴测轴上作出四个切点 A、B、C、D，过四点分别做 X_1、Y_1 轴的平行线，得外接正方形的轴测图（菱形）。沿 Z_1 轴量取圆柱高度 h，用同样方法作出下底菱形
图例	（图）	（图）
步骤	（3）过菱形两顶点 1、2 连 $1C$、$2B$ 得交点 3，连 $1D$、$2A$ 得交点 4，1、2、3、4 即为形成近似椭圆的四段圆弧的圆心。分别以 1、2 为圆心，$1C$ 为半径作 $\overset{\frown}{CD}$ 和 $\overset{\frown}{AB}$；分别以 3、4 为圆心，$3B$ 为半径作 $\overset{\frown}{BC}$ 和 $\overset{\frown}{AD}$，得圆柱上底的轴测图（椭圆）。将椭圆的三个圆心 2、3、4 沿 Z 轴平移距离 h，作出下底椭圆，不可见的圆弧不必画出	（4）作出椭圆的公切线，擦去多余图线，描深，完成圆柱轴测图

圆柱的正等测图作图过程中，可以证明 $2A \perp 1A$，$2B \perp 1B$，该性质可用于后面绘制圆角的正等轴测图时确定圆心点。

（4）平行于不同坐标面上圆的正等测图画法

平行于不同坐标面上圆的正等测图的绘制见表 4-5。

表 4-5　　不同平面上圆的正等测图的画法

图例	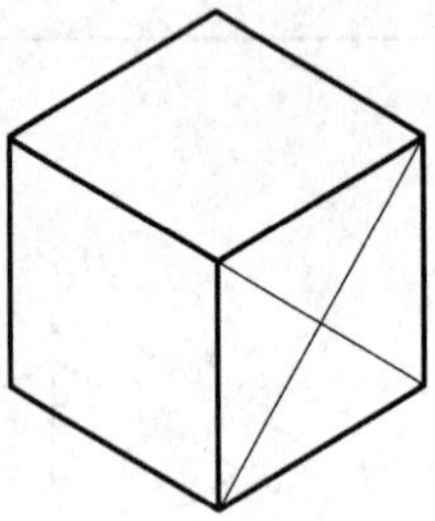	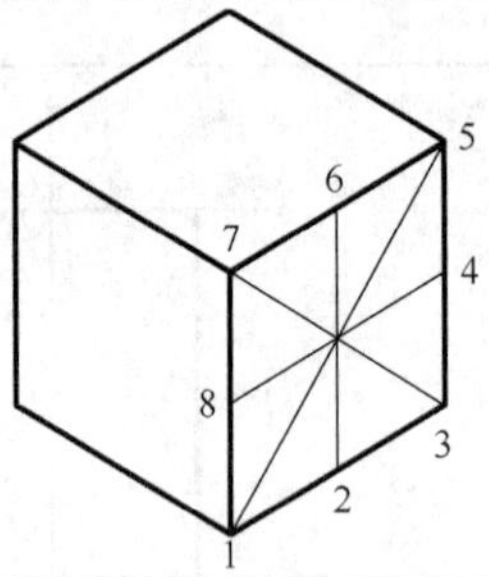
步骤	（1）在正方体前表面上作菱形的对角线	（2）连接各边中点，得出 1、2、3、4、5、6、7、8 各点
图例	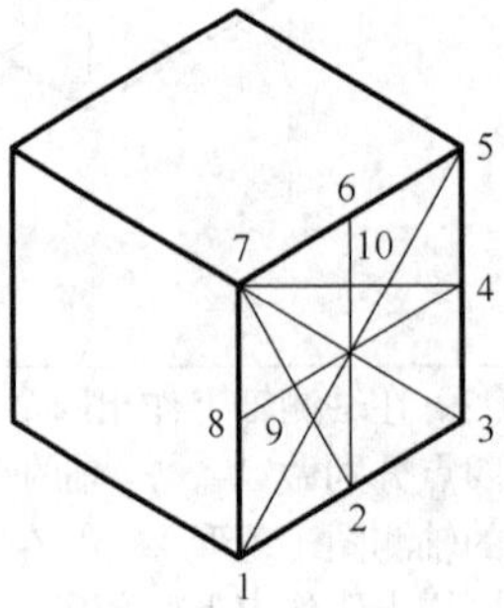	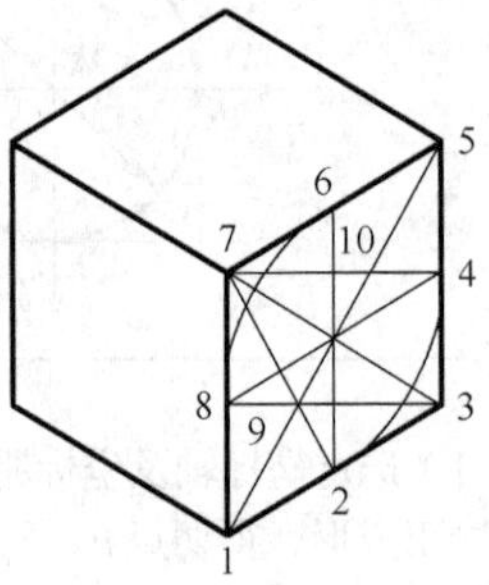
步骤	（3）连接 7、2 和 7、4 交菱形对角线于 9、10 两点	（4）分别以 3、7 为圆心，以 38 距离为半径画 $\overset{\frown}{78}$、$\overset{\frown}{24}$
图例	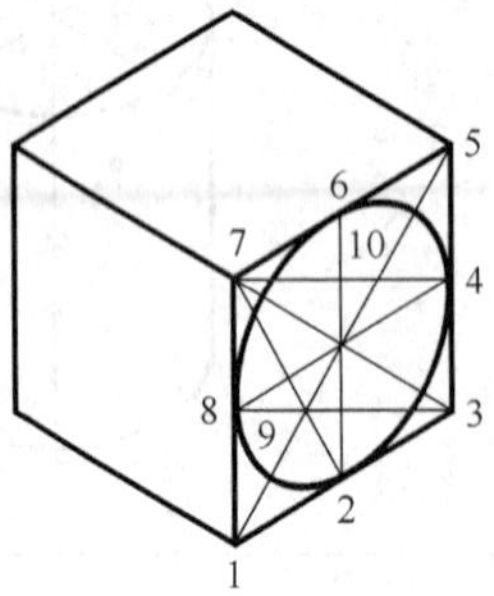	
步骤	（5）以 9、10 为圆心，92 的距离为半径画 $\overset{\frown}{28}$、$\overset{\frown}{46}$	（6）检查、去掉多余的作图线，加深图形，并按以上步骤完成侧平圆和正平圆的作图

当圆柱轴线垂直于正平面或侧平面时，轴测图的画法与上述相同，只是圆平面内所含的轴测轴应分别为 X_1、Z_1 和 Y_1、Z_1，如图 4-4 所示。

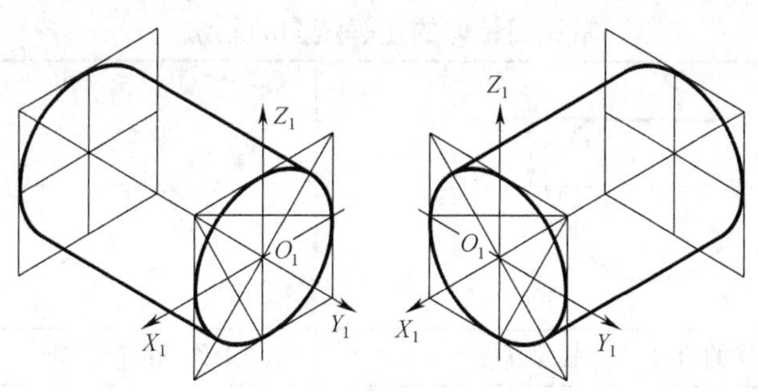

图4-4　不同方向圆柱的正等测图

（5）平板上的圆角

平行于坐标面的圆角是圆的一部分，表 4-6 中的图例为常见的 1/4 圆周的圆角，其正等测图恰好是上述近似椭圆的四段圆弧中的一段。

平板上的圆角正等测图的绘图步骤见表 4-6。

表 4-6　　　平板上圆角的正等测画法

图例	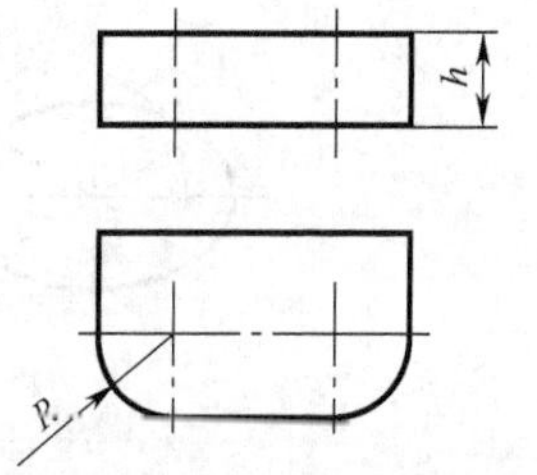	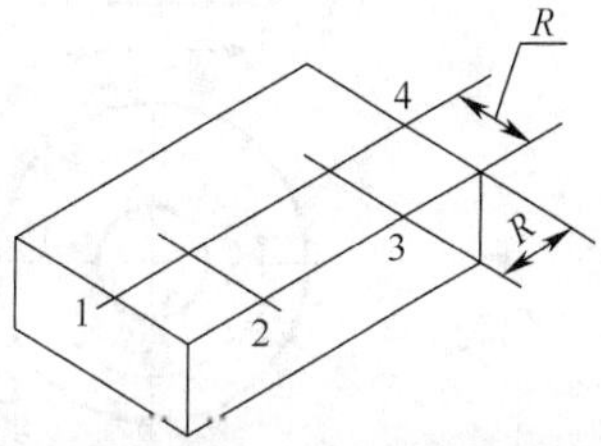
步骤	（1）平板的两视图	（2）作出平板的轴测图，并根据半径 R，在平板上底面相应的棱线上作出切点 1、2、3、4
图例	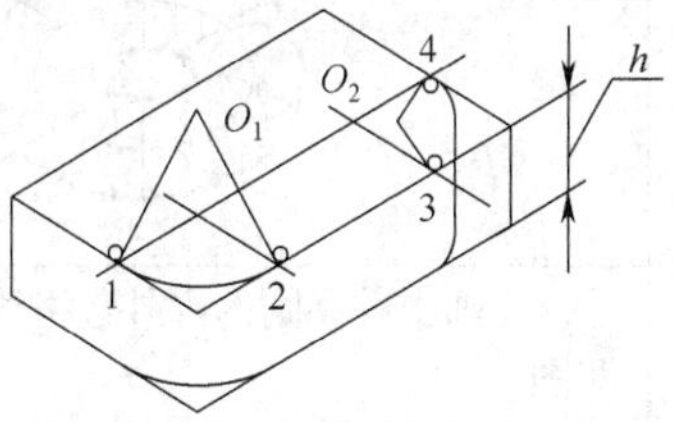	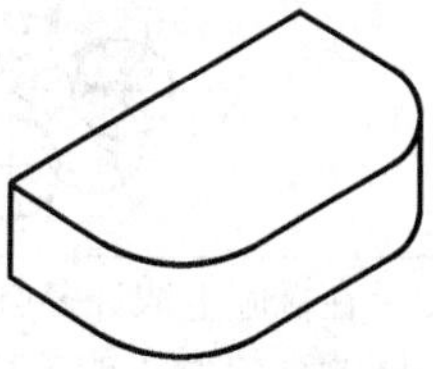
步骤	（3）过切点 1、2 分别作相应棱线的垂线，得交点 O_1，过切点 3、4 作相应棱线的垂线，得交点 O_2。以 O_1 为圆心 $O_1 1$ 为半径作圆弧 $\overset{\frown}{12}$，以 O_2 为圆心，$O_2 3$ 为半径作圆弧 $\overset{\frown}{34}$，得平板上底面两圆角的轴测图。将圆心 O_1、O_2，切点 1、2、3、4 下移平板厚度 h，以半径 R 分别作两圆弧，即得平板下底面圆角的轴测图	（4）在平板右端作上、下小圆弧上画公切线，描深可见部分轮廓线

（6）常见回转体的正等测图的画法（见表 4-7）

表 4-7　　　　常见回转体的正等测图的画法

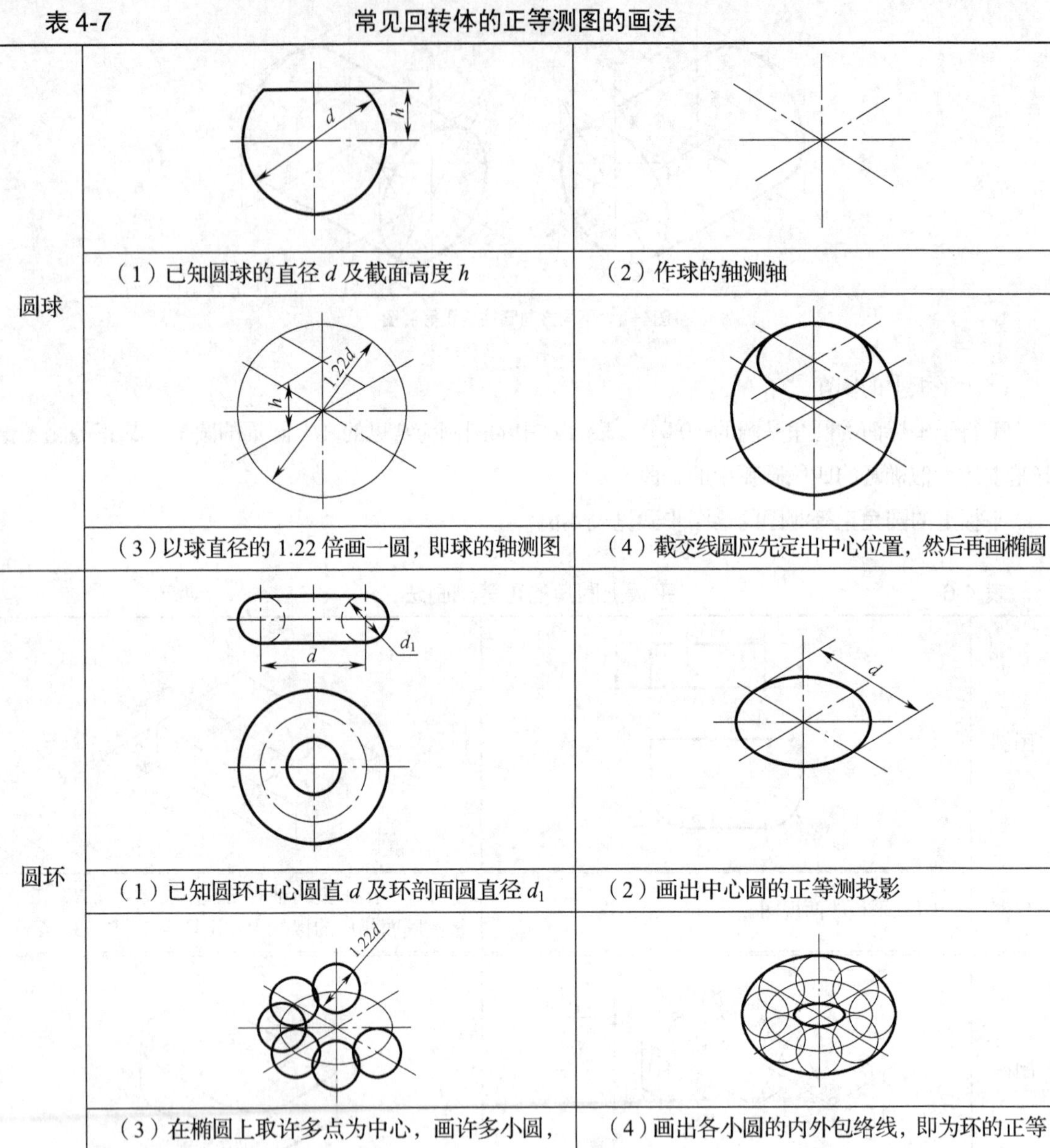

圆球	（1）已知圆球的直径 d 及截面高度 h	（2）作球的轴测轴
	（3）以球直径的 1.22 倍画一圆，即球的轴测图	（4）截交线圆应先定出中心位置，然后再画椭圆
圆环	（1）已知圆环中心圆直 d 及环剖面圆直径 d_1	（2）画出中心圆的正等测投影
	（3）在椭圆上取许多点为中心，画许多小圆，各小圆的直径为 d_1 的 1.22 倍	（4）画出各小圆的内外包络线，即为环的正等测图

3．柱形体正等测图的画法

画柱形体的正等测图时，可先画出柱形体特征面的正等测，再画出其厚度，柱形体的正等测图就画出来。

图 4-5（a）、（b）、（c）所示的三组三视图，特征视图分别为主、左、俯视图，其表示的特征面Ⅰ、Ⅱ、Ⅲ分别平行于 XOZ（正平面）、YOZ（侧平面）、XOY（水平面）。作图时，先分别画出轴间角$\angle Z_1O_1X_1$、$\angle Y_1O_1Z_1$、$\angle X_1O_1Y_1$，再画出Ⅰ、Ⅱ、Ⅲ的正等测，然后过各顶点分别作厚度方向的轴测轴 Y_1、X_1、Z_1的平行线，在其上截取等厚并连线，即得各柱形体的正等测图。

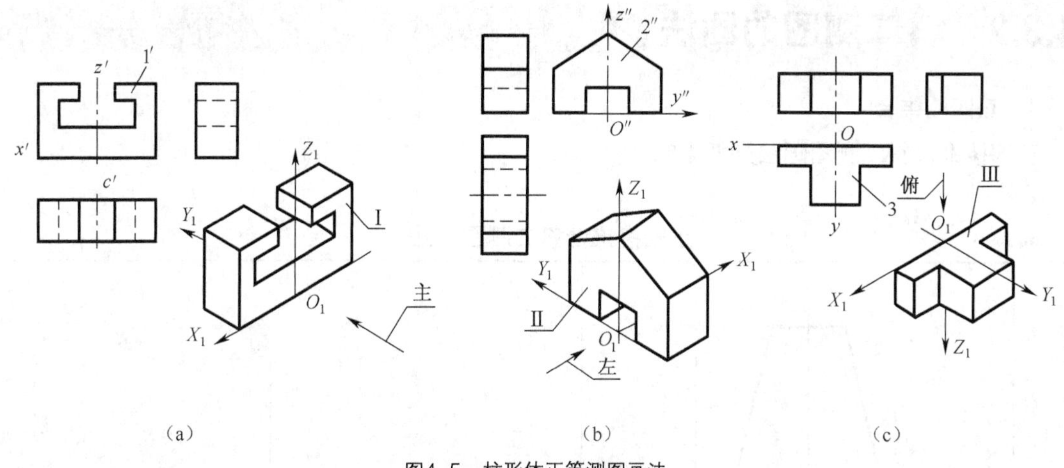

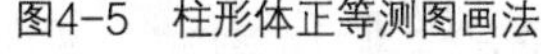
图4-5 柱形体正等测图画法

4.3 斜二测图的画法

如图 4-6（a）所示，将坐标轴 OZ 放置成铅垂位置，并使坐标面 XOZ 平行于轴测投影面 V，用斜投影法将物体连同其坐标轴一起向 V 面投射，所得到的轴测图称为斜二轴测图，简称为斜二测图。

4.3.1 轴间角和轴向伸缩系数

国家标准规定，斜二测的轴测轴 O_1X_1、O_1Z_1 分别为水平方向和铅垂方向，轴向伸缩系数 $p_1=r_1=1$，轴间角 $\angle X_1O_1Y_1=90°$，第三个轴 O_1Y_1 与 O_1Z_1 成 135° 的轴间角，轴向伸缩系数 $q_1=0.5$，如图 4-6（b）所示。

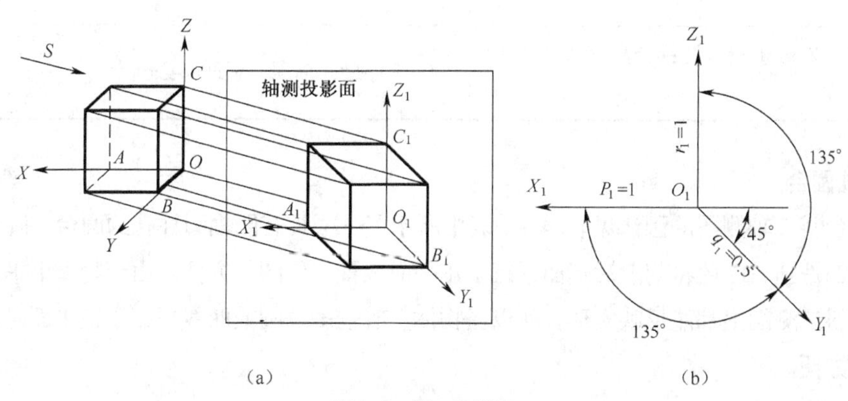

图4-6 斜二轴测图

4.3.2 斜二测图的画法

1. 正四棱锥台

正四棱锥台斜二测图画法见表 4-8。

表 4-8 正四棱锥台斜二测图画法

图例	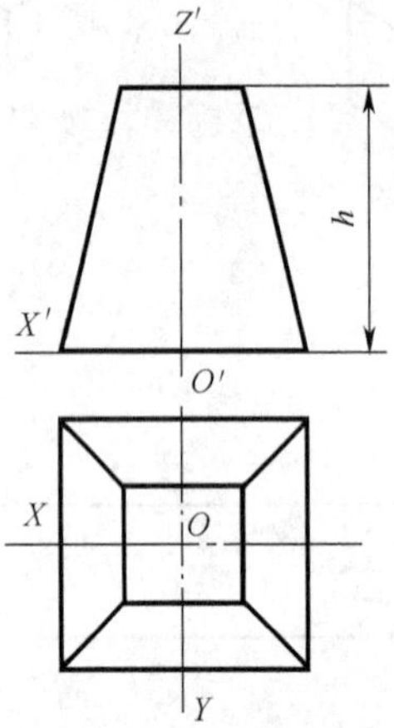 Z' h X' O' X O Y	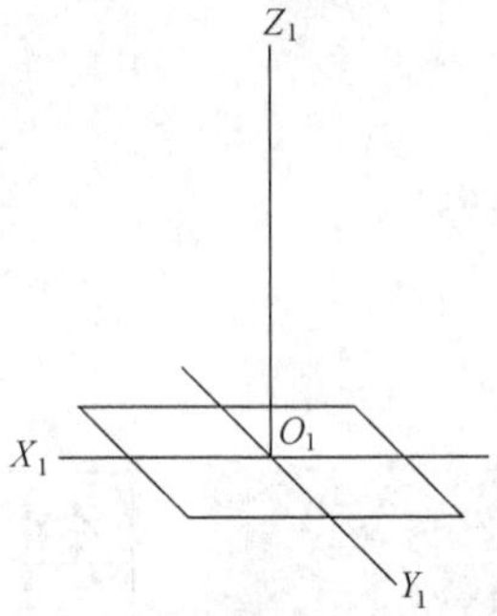 Z_1 X_1 O_1 Y_1
步骤	（1）在三视图上选好坐标轴	（2）画轴测轴，作底面的轴测图（注意宽度应缩 $0.5y_0$）
图例	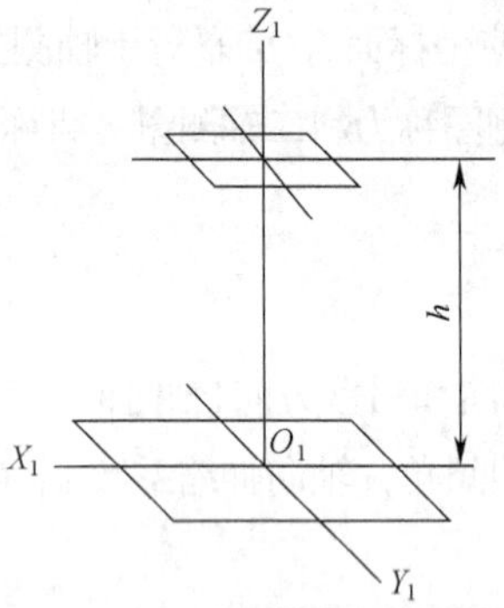 Z_1 h X_1 O_1 Y_1	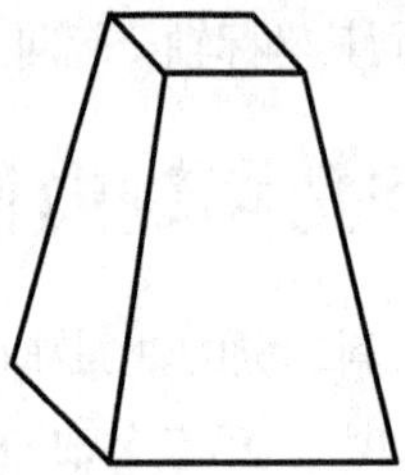
步骤	（3）Z 轴上量取棱锥台高度 h 作顶面轴测图	（4）连接并描深（虚线不必画出）

2. 穿孔圆台

穿孔圆台斜二轴测图的画法见表 4-9。表中所示了一个具有同轴圆柱孔的圆台，圆台的前、后端面及孔口都是圆，因此将前、后端面平行于正平面放置，作图很方便。由于物体上平行于正平面的平面，在斜二测图上都能反映实形，所以当物体上有较多的圆或曲线平行于正平面时，采用斜二测作图比较方便。

表 4-9　　　　　　　　穿孔圆台的斜二测图的画法

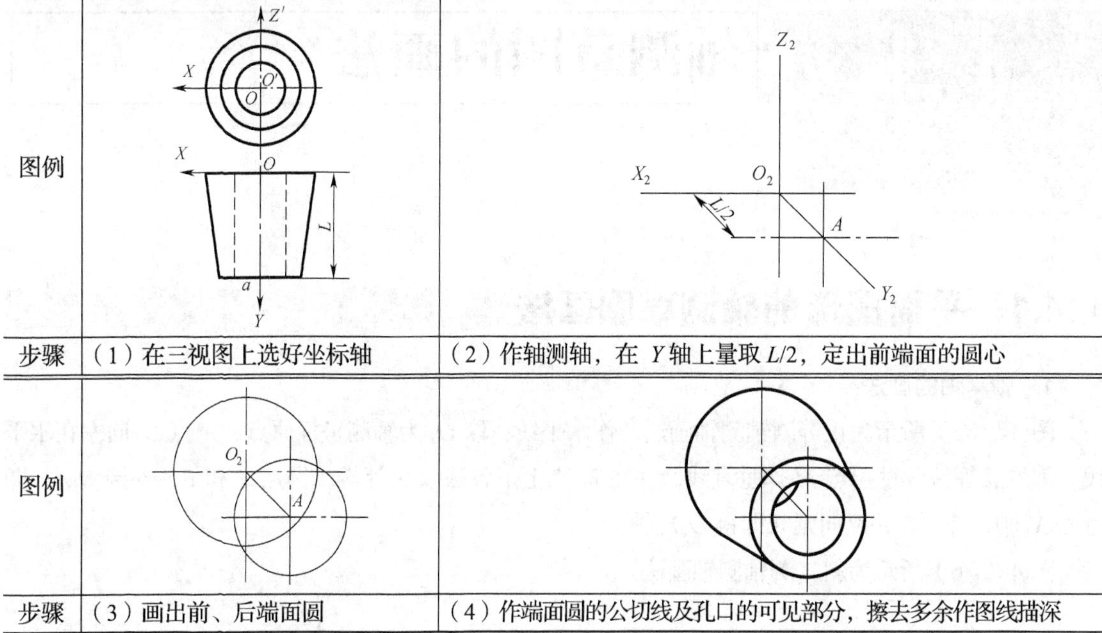

图例		
步骤	（1）在三视图上选好坐标轴	（2）作轴测轴，在 Y 轴上量取 L/2，定出前端面的圆心
图例		
步骤	（3）画出前、后端面圆	（4）作端面圆的公切线及孔口的可见部分，擦去多余作图线描深

3. 连接盘

连接盘的斜二测图的画法见表 4-10。

表 4-10　　　　　　　　连接盘斜二测图的画法

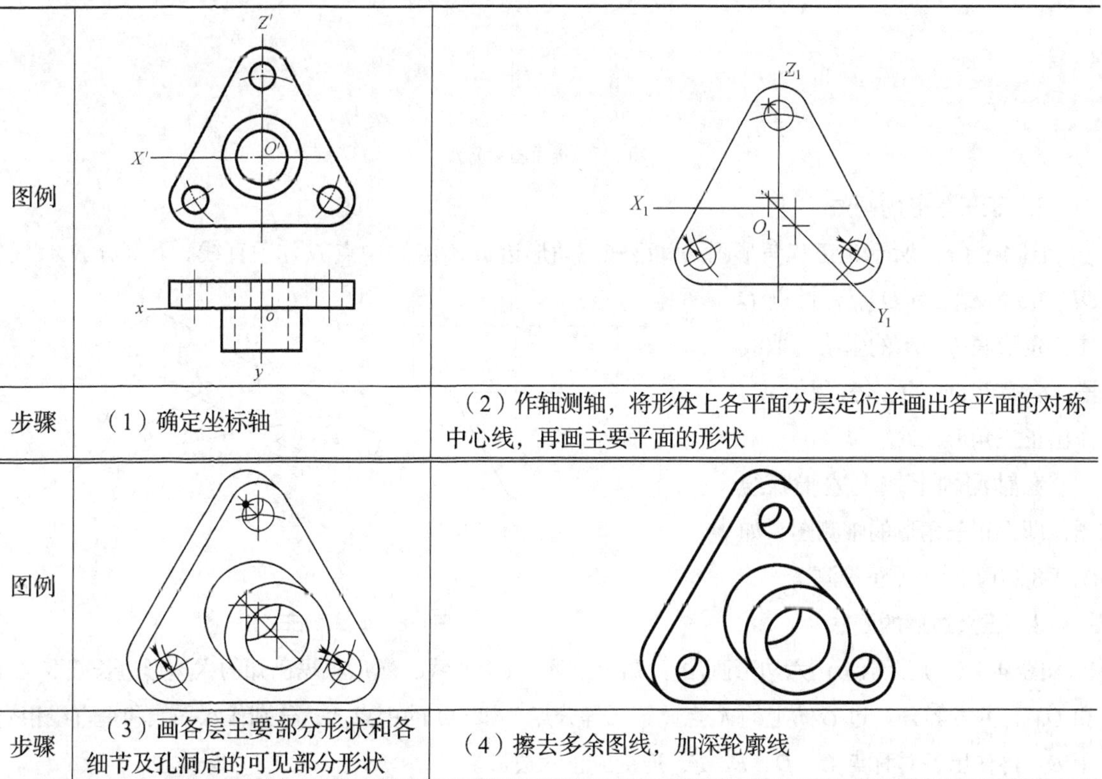

图例		
步骤	（1）确定坐标轴	（2）作轴测轴，将形体上各平面分层定位并画出各平面的对称中心线，再画主要平面的形状
图例		
步骤	（3）画各层主要部分形状和各细节及孔洞后的可见部分形状	（4）擦去多余图线，加深轮廓线

4.4 轴测草图的画法

4.4.1 平面图形的轴测草图画法

1. 轴测轴的画法

图 4-7（a）所示为正等测轴测轴画法。作水平线，取 O_1 为轴测坐标原点，由点 O_1 向左在水平线上截取五等份，过端点 M 作垂直线，并在 M 点上下各截取 3 等份，得点 A 和 B，连接 O_1A，即得 O_1X_1 轴，连 OB 并反向延长即得 O_1Y_1 轴。

图 4-7（b）所示为斜二测轴测轴画法。

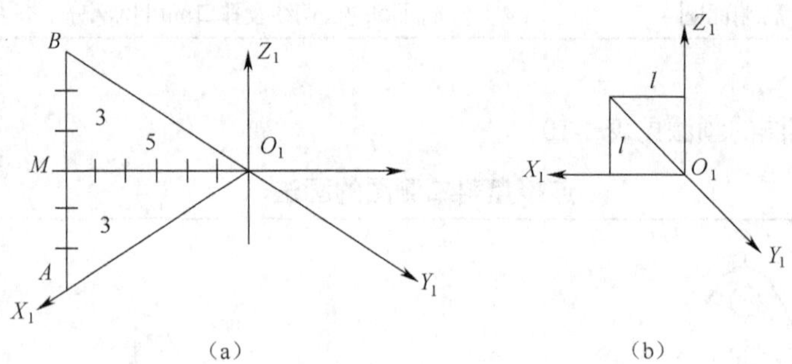

图4-7　徒手画轴测轴

2. 正三角形的画法

图 4-8（a）所示为正三角形画法。已知三角形边长 A_1B_1 过中点 N 作垂直线。五等分 NA，取 ON=3/5 NA_1，得 O 点，过点 O 作三角形底边 AB 的垂线，取线段 NC 等于 ON 的 2 倍，得 C 点，作出正三角形 ABC。

在轴测轴上按上述步骤绘图，即得正三角形的轴测图，如图 4-8（b）所示（正等测）。

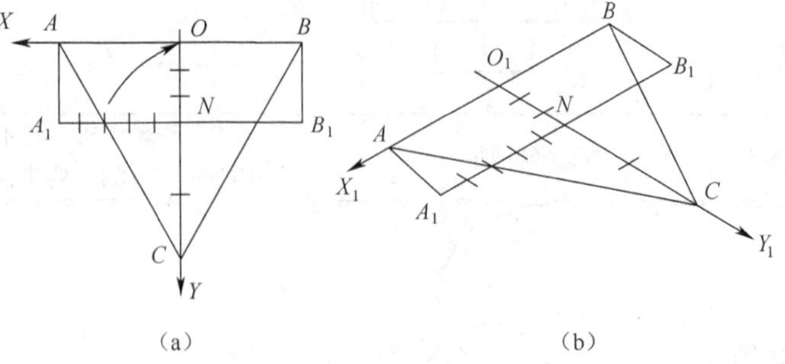

图4-8　徒手画正三角形

3. 正六边形的画法

图 4-9（a）所示为正六边形画法。先作出两垂直中心线，然后根据已知的六边形边长截取 OA 和 OM，并六等分。过 OM 上的 K 点（第五等分点）和 OA 的中点 N，分别作水平线和垂直线相交于 B，再作出各对称点 C、D、E、F，连接成正六边形。

图 4-9（b）所示为正六边形的正等测图画法。

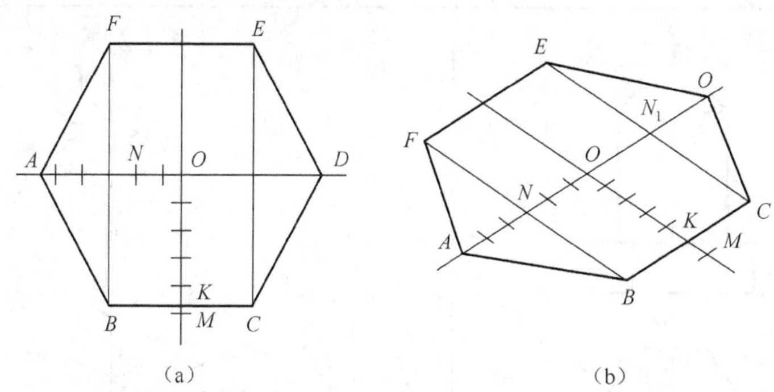

图4-9 徒手画正六边形

4. 正等测和斜二测椭圆的画法

（1）正等测椭圆的画法

如图 4-10（a）所示，作轴测轴 O_1X_1、O_1Y_1，根据已知圆的直径 D 作菱形，得 1、3、5、7 椭圆的四个切点。三等分 O_15，并过 M 作 O_1X_1 轴平行线，与菱形的对角线交于 4、6。过 4、6 分别作 O_1Y_1 轴平行线，与对角线交于 2、8。光滑连接上述八点即为正等测椭圆的近似图形。

（2）斜二测椭圆的画法

如图 4-10（b）所示，作轴测轴 O_1X_1、O_1Y_1，根据已知圆的直径 D 作平行四边形，得 1、3、5、7 椭圆的四个切点。三等分 O_15，过 M 作 O_1Y_1 轴平行线，与平行四边形的对角线交于 4、6。过 4、6 分别作 O_1X_1 轴平行线，与对角线交于 2、8。光滑连接 1～8 点即为斜二测椭圆的近似图形。

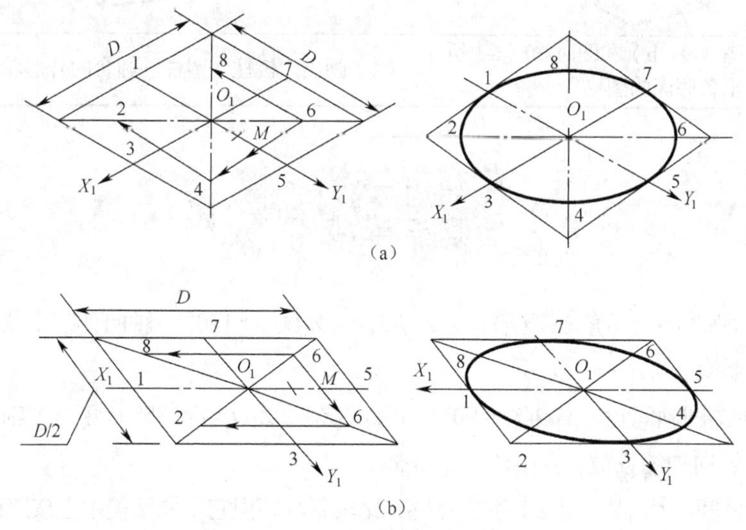

图4-10 徒手画正等测和斜二测椭圆

4.4.2 轴测草图画法举例

螺栓毛坯的轴测草图的画法见表 4-11。

表 4-11　　螺栓毛坯轴测草图的画法

图例	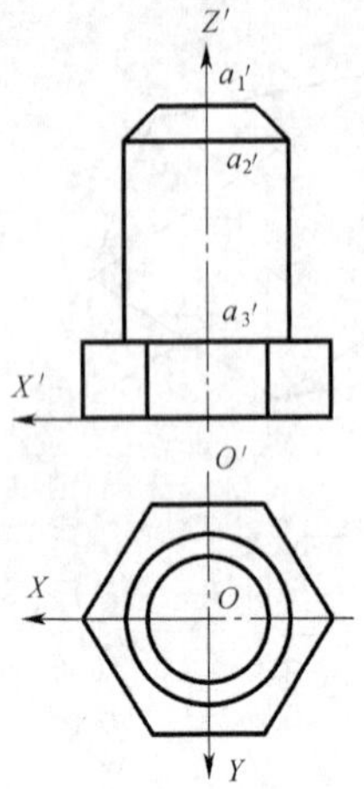	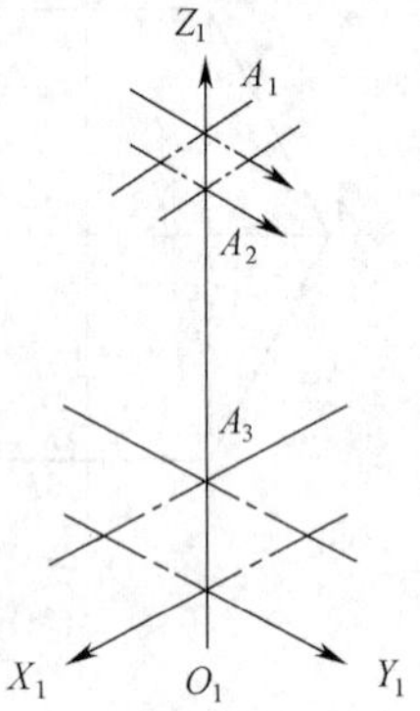
步骤	（1）在三视图上定出原点、坐标	（2）在 O_1Z_1 轴上定出各底面中心 A_1、A_2、A_3，过各中心点作平行轴测轴 X_1、Y_1 的直线
图例	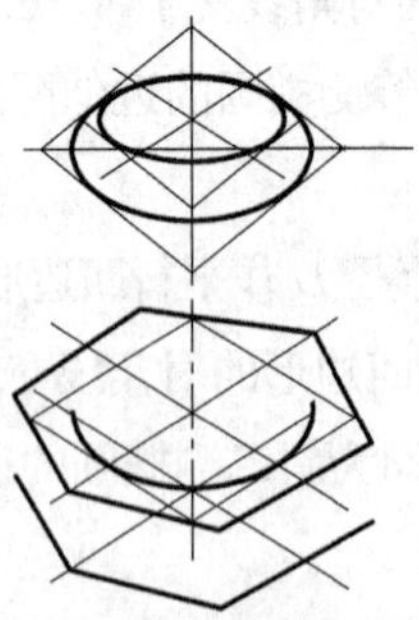	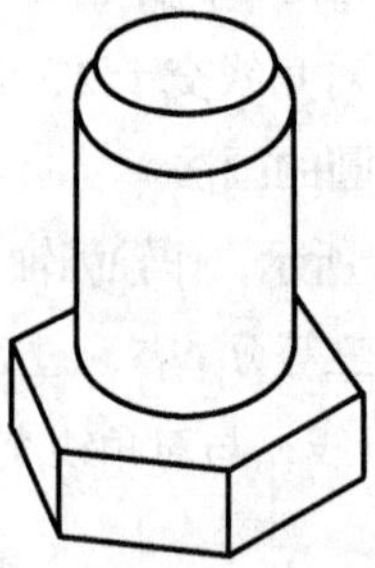
步骤	（3）按图 4-9（b）和图 4-10（a）所示方法画出各底面的图形	（4）画出六棱柱、圆柱、圆台的外形轮廓

本章小结

1. 正等测轴测图的轴间角$\angle X_1O_1Y_1=\angle Y_1O_1Z_1=\angle Z_1O_1X_1=120°$；轴向伸缩系数 $p_1=q_1=r_1=0.82$，简化的轴向伸缩系数 $p=q=r=1$。

2. 斜二测轴测图轴间角$\angle X_1O_1Y_1=90°$，$\angle Y_1O_1Z_1=\angle Z_1O_1X_1=135°$；第三个轴 O_1Y_1 与 O_1Z_1 成 135° 的轴间角，轴向伸缩系数 $p_1=r_1=1$，$q_1=0.5$。

3. 轴测图是辅助图示法，图形具有立体感，比较直观，但它不同于美术上按透视法画出的图。

4. 正等测图立体感强，但在有圆结构时，画图比较繁琐。当物体上有较多的圆或曲线时，采用斜二测作图比较方便。

5. 进一步理解轴测图的内涵：轴测及沿轴向量取尺寸，正等测图即用正投影的方法投影，各轴向伸缩系数相等。

第5章

| 组合体 |

本章是全书的重点部分，主要介绍组合体三视图的画法，尺寸标注和读图方法以及计算机绘制组合体视图、轴测图和标注尺寸的方法。既是对前面所学知识的综合运用，又是后续待学知识的基础。因此，本章学习的效果将直接影响后续知识的学习。

组合体及形体分析法

5.1.1 组合体的形成方式及形体分析法

从形体的几何角度看，机器零件大多数是由简单的基本形体（棱柱、棱锥、圆柱、圆锥、球和环等）叠加在一起，或者把一个基本形体经过几次切割，或既叠加又切割而形成的。这些经叠加、切割等形成的几何体称为组合体。

1. 形成方式

形成组合体有两种方式，即叠加式和挖切式。

叠加式如同积木的堆积，如图 5-1（a）所示；挖切式包括切割、穿孔、切槽等，如图 5-1（b）所示；而常见的是两种形式的综合，如图 5-1（c）所示。

在许多情况下，叠加式和挖切式并无严格的界限，同一形体既可以按叠加式分析，也可以按挖切式去理解。图 5-2（a）所示的组合体，可按图 5-2（b）叠加式理解，也可按图 5-2（c）挖切式理解。

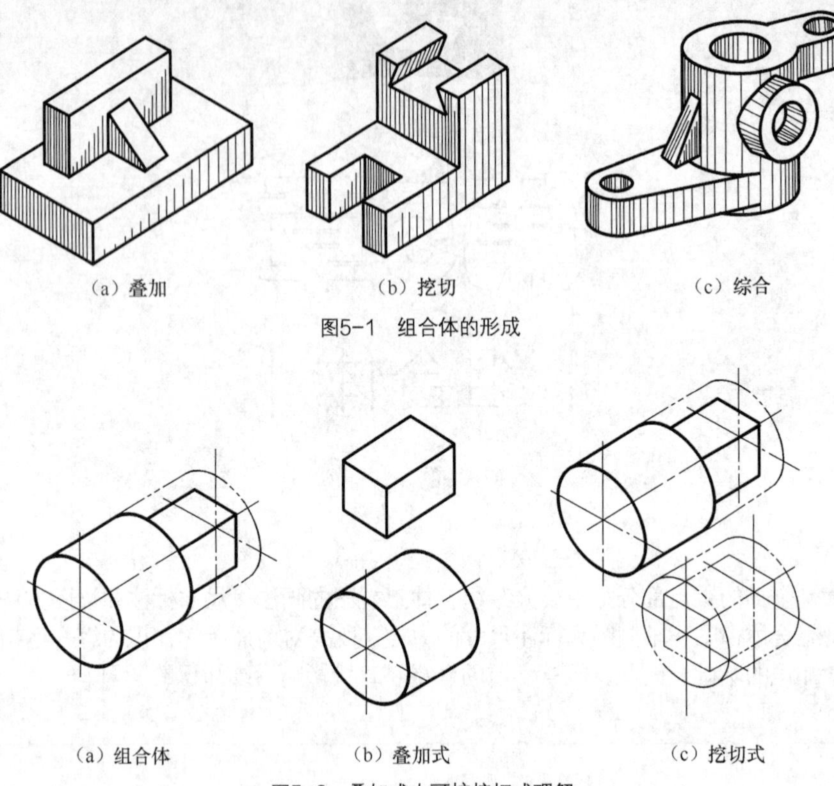

（a）叠加　（b）挖切　（c）综合

图5-1　组合体的形成

（a）组合体　（b）叠加式　（c）挖切式

图5-2　叠加式也可按挖切式理解

2. 形体分析法

在读、画组合体的视图时，通常按照组合体的结构特点和各组成部分的相对位置，将其划分为若干个简单形体，并分析各简单形体的形状、组合形式、相对位置，然后组合起来画出视图或想象出其形状，这种分析方法称为形体分析法。

形体分析法是画图和读图的基本方法之一。图 5-3 所示支座可假想分解为由直立空心圆柱、底板、肋板、搭子、水平空心圆柱、扁空心圆柱等组成。

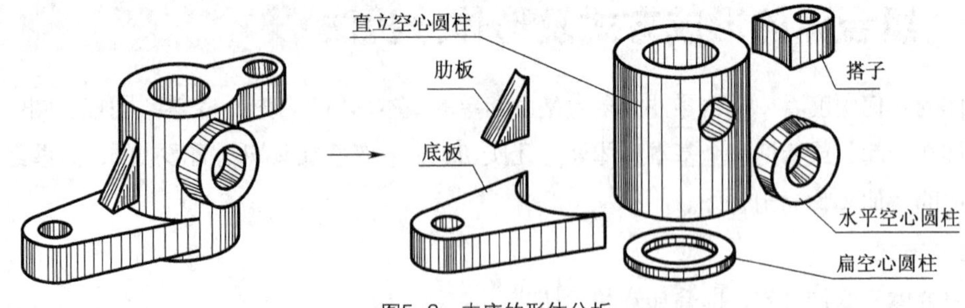

图5-3　支座的形体分析

可以看出肋板的底面与底板的顶面相接，扁空心圆柱的顶面和直立空心圆柱的底面分别与底板的底、顶面相接，底板的顶面与直立空心圆柱垂直相截，肋板和搭子的侧面与直立空心圆柱相交，底板的前、后侧面与直立空心圆柱相切，水平空心圆柱与直立空心圆柱垂直相交，且两者贯通，但其整体在三个方向上都不具有对称面。

5.1.2 组合体相邻表面界线分析

由基本形体组成组合体时，因各组成部分的连接方式不同，其原有表面会发生新的变化。因此，在画图和读图时，必须注意各组成部分间的连接方式。常见的有以下几种表面结合关系。

1. 两表面平齐

当两形体的两表面平齐时，两个表面形成了一个新的面，它们之间不存在分界线，视图上不应用线隔开，如图5-4（a）所示。

2. 两表面不平齐

当两个形体互相叠加且两平面相交或错开时，两平面间一定存在着分界线，在视图中必须画出该分界线，如图5-4（b）、（c）所示。

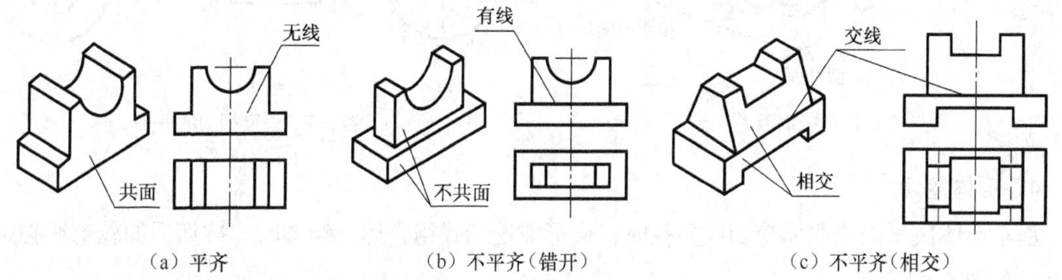

图5-4 两表面平齐和不平齐

当两形体的平面和曲面或两曲面相交时，它们之间一定存在着交线，其交线要画出，如图5-5所示。

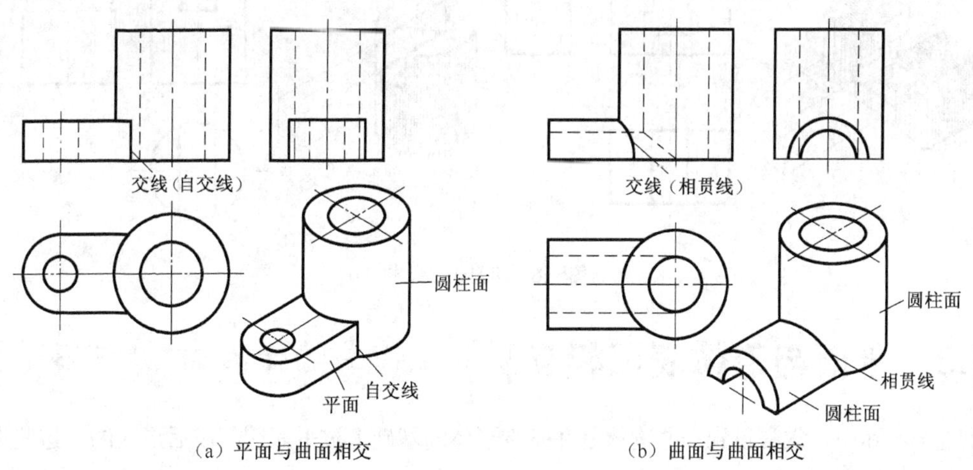

图5-5 两表面相交

3. 两表面相切

如果两形体叠加且表面相切，在相切处两表面是光滑过渡的，故该处不应画出分界线，如图5-6所示。

> **注意** 只有在平面与曲面或两曲面之间才会出现相切的情况。画图时，当与曲面相切的平面或两曲面的公切面垂直于投影面时，在该投影面上的投影画出相切处的投影轮廓线，否则不应画出公切面的投影，如图5-7所示。

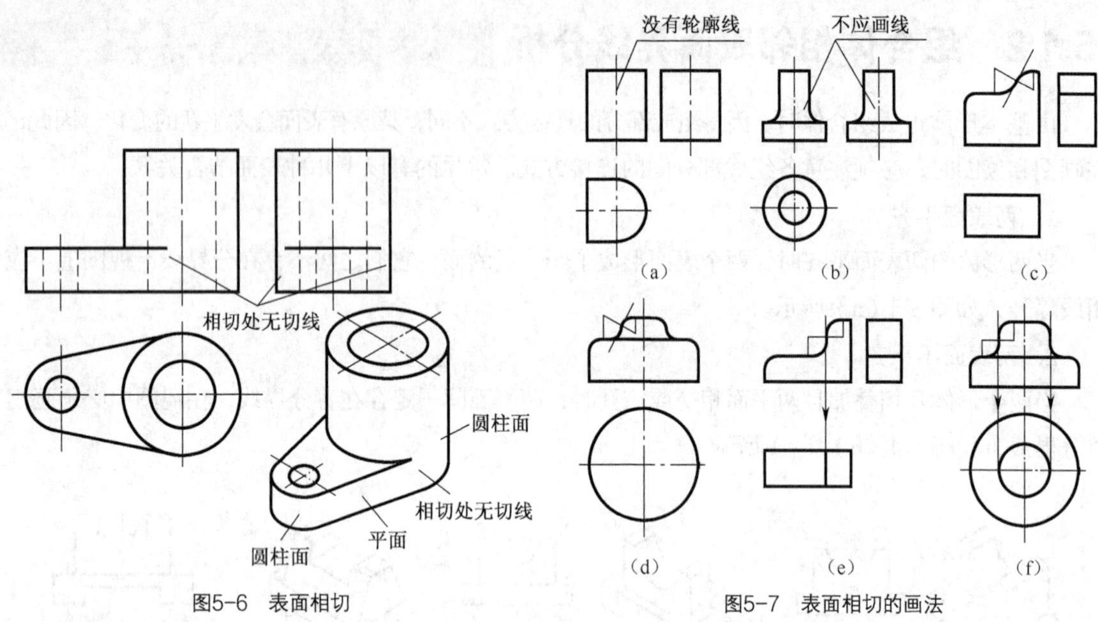

图5-6 表面相切

图5-7 表面相切的画法

4. 形体挖切

基本形体被平面或曲面挖切或穿孔时，会形成挖切式组合体，绘图时，被切后的轮廓线必须画出来，如图 5-8 所示。

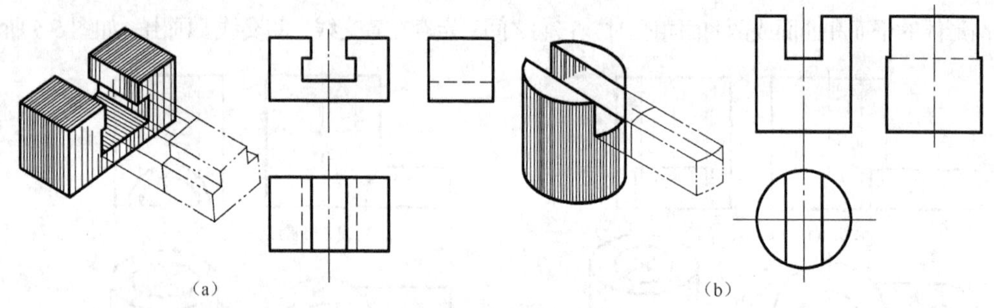

图5-8 切割式组合体

5.1.3 平面与形体表面相交

在生产实际中，常常见到一些物体是在基本形体的基础上被平面切割以后形成的，这些物体称为挖切式组合体（或称为截断体），如图 5-9 所示。

用来切割物体的平面称为截平面，截平面与物体表面的交线称为截交线，由截交线所围成的平面称为截断面，如图 5-10 所示。绘制截断体视图的关键是绘制出截断面的投影，即绘制出围成截断面的截交线的投影。要绘制出截交线的投影，就必须了解截交线的基本性质。

从图 5-9、图 5-10 中可以看出，截交线的形状和大小取决于被截物体的形状和截平面与物体的相对位置，但任何截交线都具有如下性质。

图5-9 挖切式组合体

① 截交线是截平面与物体表面的共有线，是共有点的集合。

② 截交线是一个封闭的平面图形（平面折线，平面曲线或两者的组合）。

因此，求截交线的实质就是求出截平面与物体表面一系列的共有点，然后将共有点的同面投影连线，并判断可见性。求作共有点可应用前面介绍的物体表面求点法。

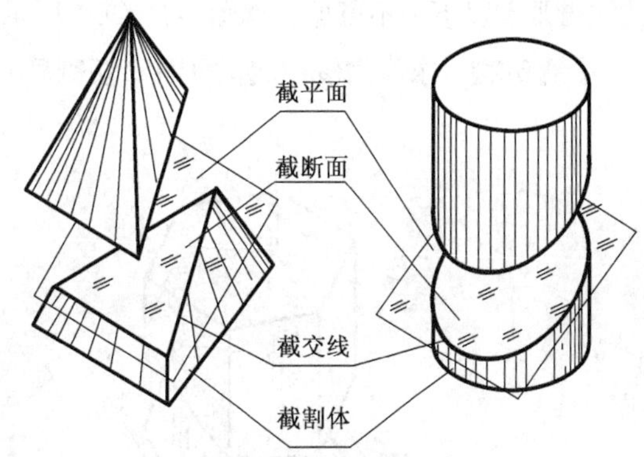

图5-10 截交线的性质

1. 平面切割平面形体

平面形体被截平面切割后所得的截交线是由直线段组成的平面多边形，多边形的各边是形体表面与截平面的交线，而多边形的顶点是形体的棱线与截平面的交点，如图 5-11 所示。

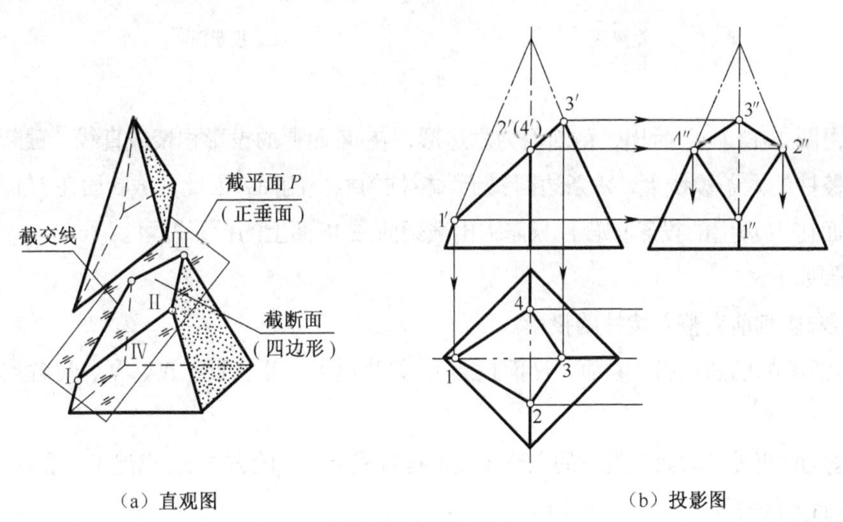

（a）直观图　　（b）投影图

图5-11 切割四棱锥

【例 5-1】 求作四棱锥被正垂面 P 切割后的三视图，如图 5-11 所示。

分析：由图 5-11（a）可知，截断面为四边形，四边形的顶点是四棱锥四条棱线与截平面 P 的交点，即四个顶点在四棱锥的四条棱线上；由于截平面 P 是正垂面，故截断面的 V 面投影积聚为直线，可直接确定，由 V 面投影可求出 H 面与 W 面的投影。

作图步骤如下。

① 画出未切割前完整四棱锥的投影。

② 画出截断面有积聚性的投影（已知投影），即 V 面投影，并找出Ⅰ、Ⅱ、Ⅲ、Ⅳ点的正面投影 1′、2′、3′、4′。

③ 根据直线上点的投影性质，分别求出Ⅰ、Ⅱ、Ⅲ、Ⅳ点的 H 面和 W 面的投影。

④ 判断点的可见性（本例中，去掉被截平面切掉的部分后，截交线的三个投影均可见），并顺次连接各同面投影，擦去被切掉部分的投影线，在侧面投影中，由于Ⅰ点以上的棱线被切去，故右棱线自Ⅲ点以下为不可见，如图 5-11（b）所示。

【例 5-2】 求作六棱柱被正垂面 P 切割后的三视图，如图 5-12 所示。

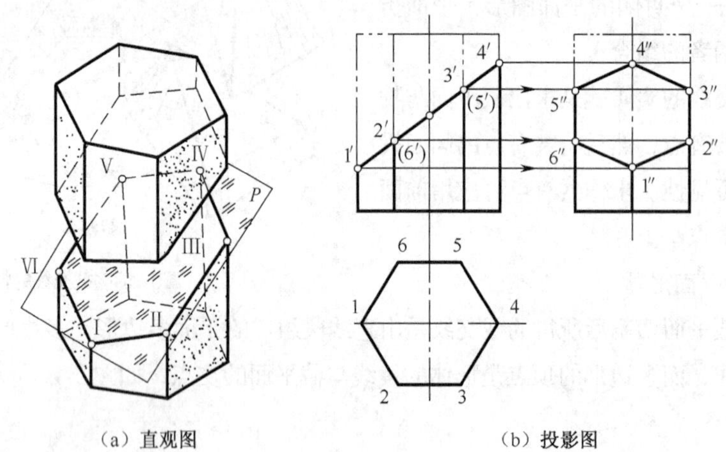

（a）直观图　　（b）投影图

图5-12　平面切割六棱柱

分析：由图 5-12（a）看出，截断面为六边形，在 V 面上的投影积聚成直线，截断面的六个顶点分别在六棱柱的六条棱线上，六条边同属于六棱柱的六个侧面，因此，截断面在 H 面上的投影与六棱柱的端面在 H 面上的投影重合，只需求出截断面在 W 面上的投影即可。

作图步骤如下。

① 画出未切割前完整六棱柱的投影。

② 画截断面的已知投影（V 面、H 面投影），并找出Ⅰ、Ⅱ、Ⅲ、Ⅳ、Ⅴ、Ⅵ各点在 V 面和 H 面上的投影。

③ 根据点的两投影求第三投影的方法（或根据直线上求点的方法），求出Ⅰ、Ⅱ、Ⅲ、Ⅳ、Ⅴ、Ⅵ各点在 W 面上的投影。

④ 判断点的可见性，并顺次连接各点，擦去被切掉部分的投影线，完成作图，如图 5-12（b）所示。

2. 平面切割回转形体

平面截回转形体所形成的截交线一般是封闭的平面曲线，特殊情况是直线。截交线上的任一点都可看作是截平面与回转面素线（直线或曲线）的交点。因此，作图时可用回转体表面求点法（素线法或纬线法）求出截交线上一系列的点，依次光滑连接即得截交线的投影。

在截交线上处于截断面的最高、最低、最前、最后、最左、最右位置的点称为特殊点。这些点一般处在回转体的转向轮廓线上，它限定了截交线的最大范围，也是截交线在某个投影面上投影时可见性的分界点。作图时，要先求出所有特殊点的投影。

（1）平面切割圆柱

截平面与圆柱轴线的相对位置不同，其截交线有三种不同的形状，见表 5-1。

表 5-1　平面与圆柱相交

	截平面与轴线垂直	截平面与轴线平行	截平面与轴线倾斜
立体图	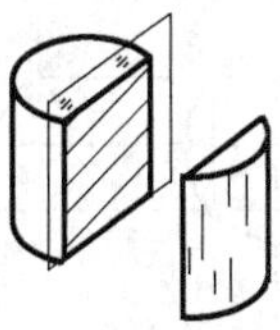	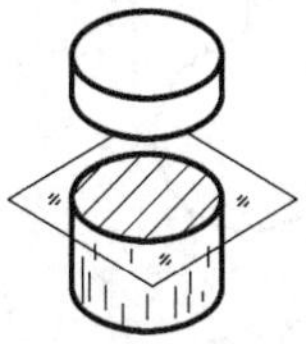	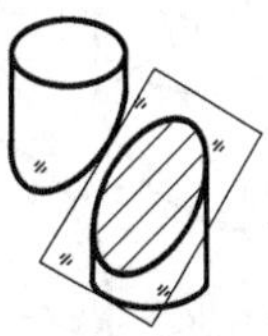
投影图	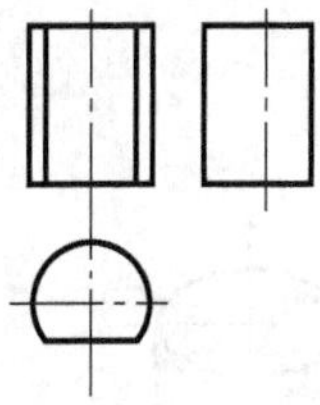	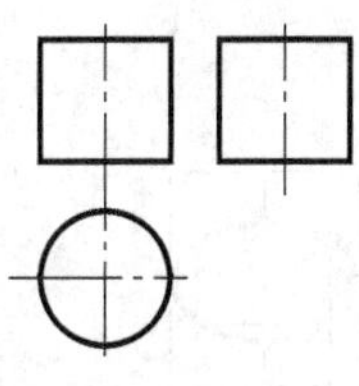	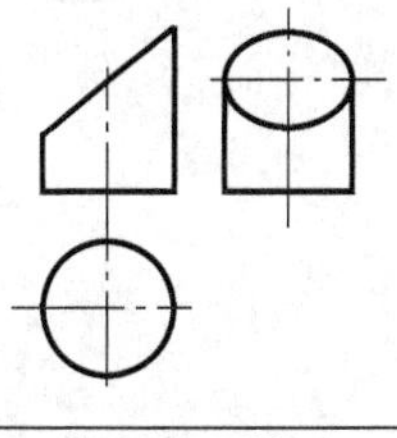
	截交线为直线	截交线为圆	截交线为椭圆

【例 5-3】 求作图 5-13（a）所示圆柱切割后的三视图。

分析：由图可知，截断面为椭圆，截交线是椭圆曲线；由截交线的性质可知，该椭圆曲线是圆柱面和截断面的共有线，因此，它具有圆柱面的投影特性，即 H 面投影与圆柱面的积聚性投影圆相重合，它同时又具有正垂面的投影特性，即 V 面投影积聚成直线，W 面上的投影仍是椭圆类似形，需求出一系列共有点作出。

由于 V 面投影和 H 面投影是已知的，可应用"知二求三"的作图方法求出点的侧面投影，作图步骤如下。

① 画圆柱的完整视图，作截交线的已知投影，求特殊点。如图 5-13（b）所示，首先画出圆柱未切割前的完整投影，再画出截交线有积聚性的投影（正面投影），并找出椭圆的四个特殊位置点（提示：四个特殊点是圆柱的四条转向轮廓线与截平面的交点，即最低点 A、最高点 B、最前点 C、最后点 D，也是椭圆长、短轴的端点）的正面投影和水平投影，最后根据"知二求三"的方法，求出特殊点的侧面投影。

② 求一般点。在截交线的已知投影上的适当位置确定几个一般点（如俯视图上的 e、f、g、h 点），按投影规律或表面取点法作出点的其余投影（如正面投影 e'、f'、g'、h'和侧面投影 e''、f''、g''、h''），如图 5-13（c）所示。

③ 判断点的可见性，并光滑连接各点的侧面投影，如图 5-13（d）所示。

④ 擦去被切掉部分的轮廓线，描深可见轮廓线，完成作图，如图 5-13（e）所示。

【例 5-4】 画图 5-14 所示轴块的三视图。

分析：该切割体左端中间开一通槽，右端上、下对称各切去一块，其截平面分别为水平面和侧平面；水平面平行于圆柱轴线，与圆柱面的交线为直线，截断面为矩形，矩形的 V、W 面投影积聚成直线；矩形的 H 面投影反映实形，其宽度由 W 面投影量取；侧平面垂直于圆柱轴线，与圆柱面的交线为圆的一部分，其 W 面投影与圆柱面的投影重影，V、H 面的投影积聚成直线。作图步骤如下。

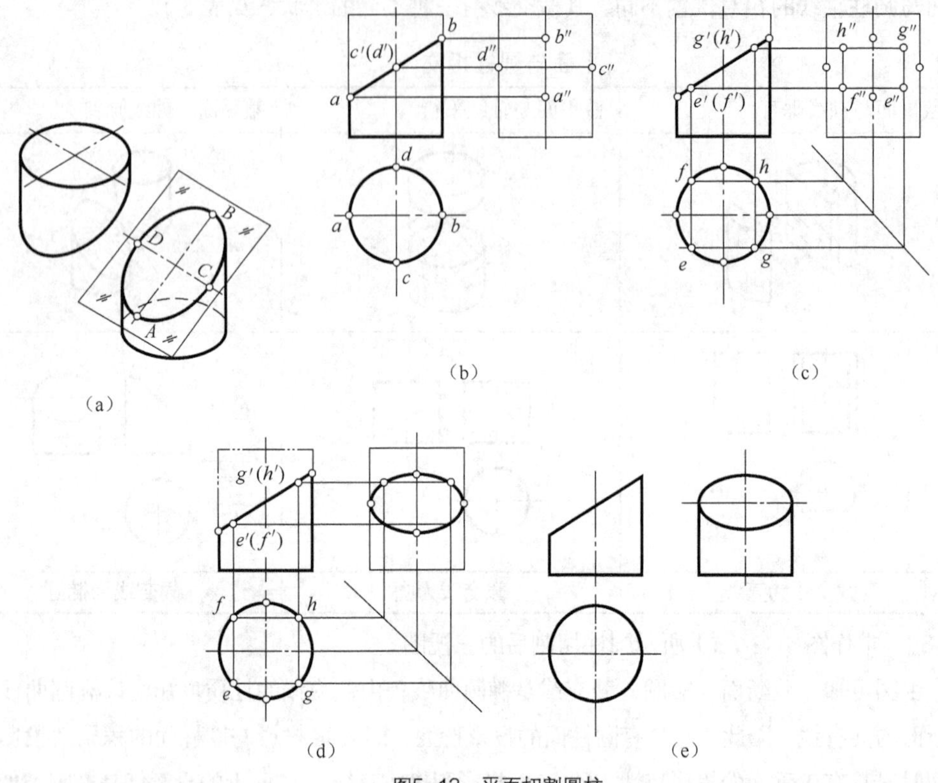

图5-13 平面切割圆柱

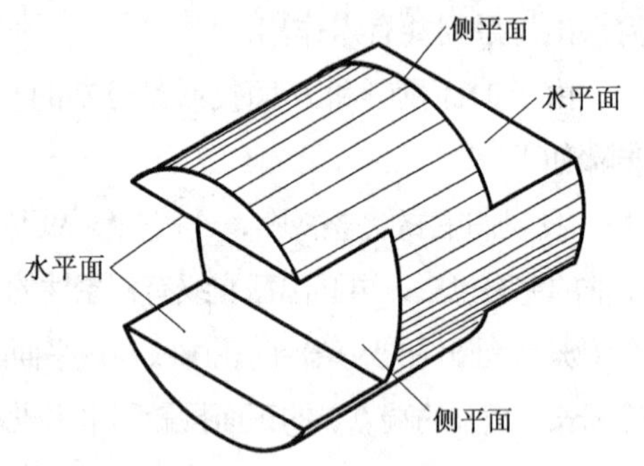

图5-14 轴块

① 画完整圆柱的三视图，如图 5-15（a）所示。

② 画左端通槽和右端上下切口的 V、W 面投影（即画切口有积聚性的投影），如图 5-15（b）所示。

③ 按投影关系完成左、右端的 H 面投影，如图 5-15（c）所示。

④ 擦去被切掉部分的轮廓线，描深，完成作图，如图 5-15（d）所示。

【例 5-5】 画出图 5-16 所示圆柱筒开槽的三视图。

分析：由图可见，圆柱筒的上方正中间用与其轴线平行的两个侧平面和一个水平面对称地切去一个通槽。侧平面的 V、H 面投影具有积聚性，它的 W 面投影反映实形；由于两侧平面相对于轴线左、右对称，所以它们的 W 面投影重合；侧平面既与外圆柱面相交，又与内圆柱面相交，交线均为直线，根据投影规律可得交线的 W 面投影。在左视图中外交线可见，内交线不可见。作图步骤如下。

① 画完整圆筒的三视图，如图 5-17（a）所示。

② 画通槽的 V、H 面投影（画切口有积聚性的投影），如图 5-17（b）所示。

③ 按投影关系画出表面交线及水平截断面的 W 面投影，如图 5-17（c）所示。

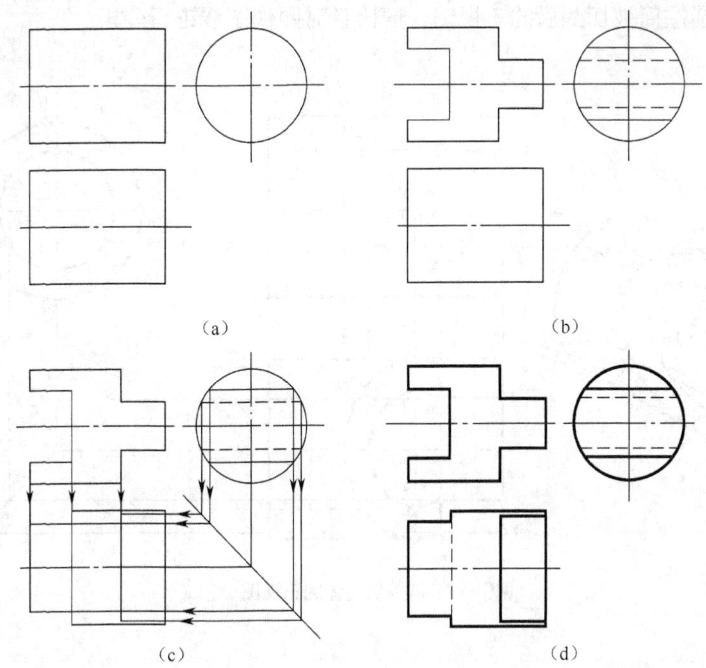

图5-15 轴块三视图的画图步骤

④ 擦去多余线条，描深，完成作图，如图 5-17（d）所示。

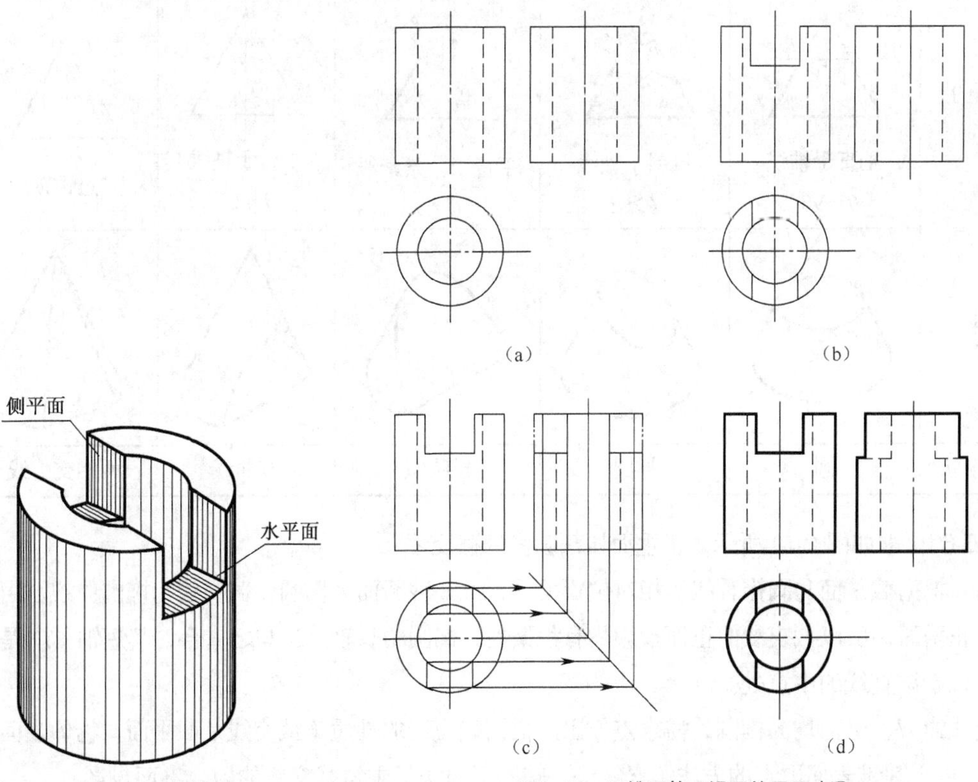

图5-16 开槽圆筒

图5-17 开槽圆筒三视图的画图步骤

图 5-18 给出了圆柱筒被切割后的三视图，请读者对照作图线进行分析。

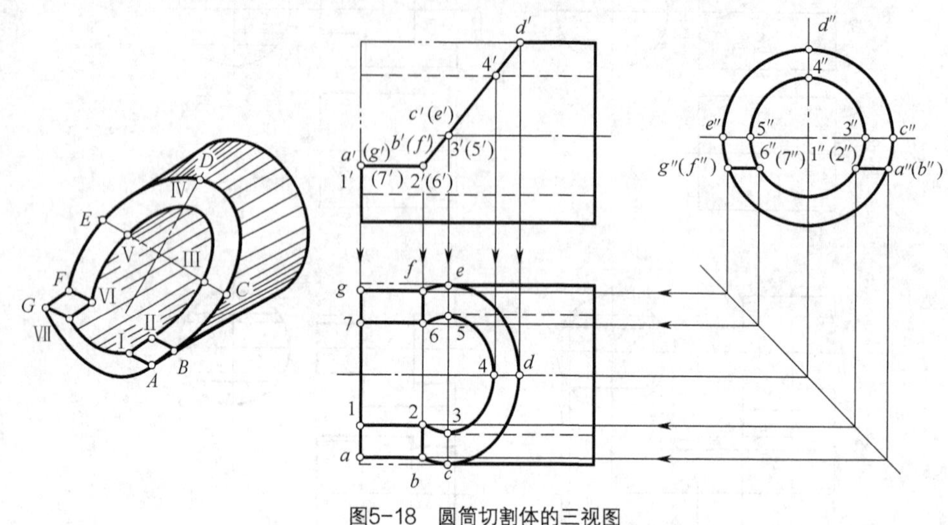

图5-18 圆筒切割体的三视图

（2）平面切割圆锥

当截平面与圆锥轴线的相对位置不同时，圆锥面上可以产生形状不同的截交线，见表 5-2。

表 5-2 圆锥的截交线

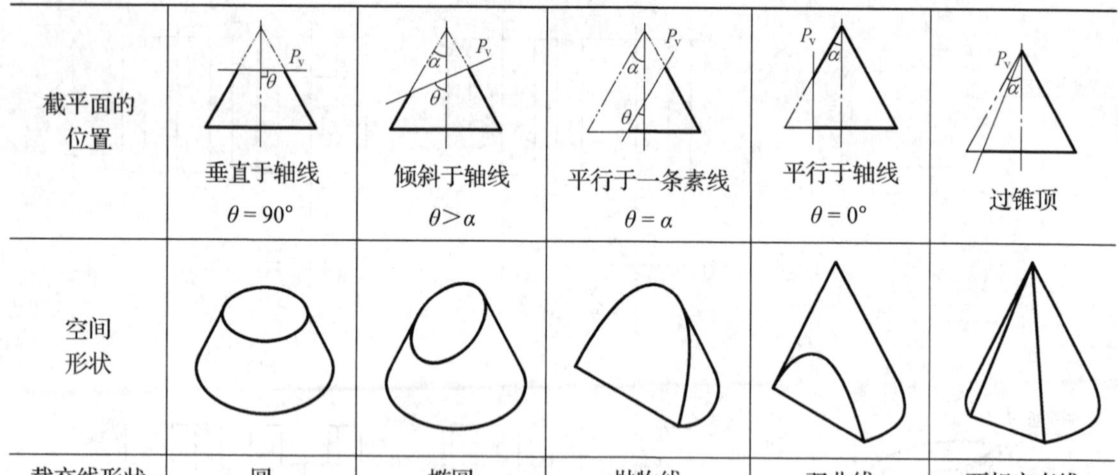

截平面的位置	垂直于轴线 $\theta=90°$	倾斜于轴线 $\theta>\alpha$	平行于一条素线 $\theta=\alpha$	平行于轴线 $\theta=0°$	过锥顶
空间形状					
截交线形状	圆	椭圆	抛物线	双曲线	两相交直线

【例 5-6】 求如图 5-19 所示，正垂面切割圆锥的截交线。

分析：根据截平面与圆锥轴线的相对位置关系，可知截断面为椭圆，截交线为椭圆曲线。由于截平面为正垂面，所以截交线的正面投影具有积聚性，椭圆的长轴 AB 与之重合，其短轴 CD 是一正垂线，位于该直线的中点处。

截交线的 H、W 面均为椭圆，需求点作出。根据截交线的性质（截交线是截平面与物体表面的共有线），可用圆锥表面取点的方法（素线法、辅助平面法）求得截交线的 H、W 面投影。

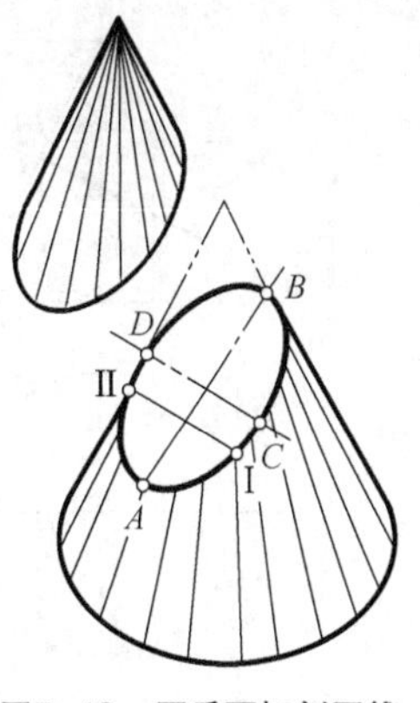

图5-19 正垂面切割圆锥

作图方法如下。

① 辅助素线法：在圆锥的截交线上任取一点 M，过 M 点作素线，点 M 的投影在素线的同面投影上，如图 5-20（a）所示。

② 辅助平面法（三面共点）：在截交线的范围内，作垂直于圆锥轴线的辅助平面 Q，辅助平面 Q 与圆锥面的交线为圆，称为辅助圆（所以也称辅助圆法或纬线法）。该平面与截平面 P 的交点 M、N 为截交线上的点，此两点是圆锥表面、截平面 P 和辅助平面 Q 的三面共点，如图 5-20（b）所示。

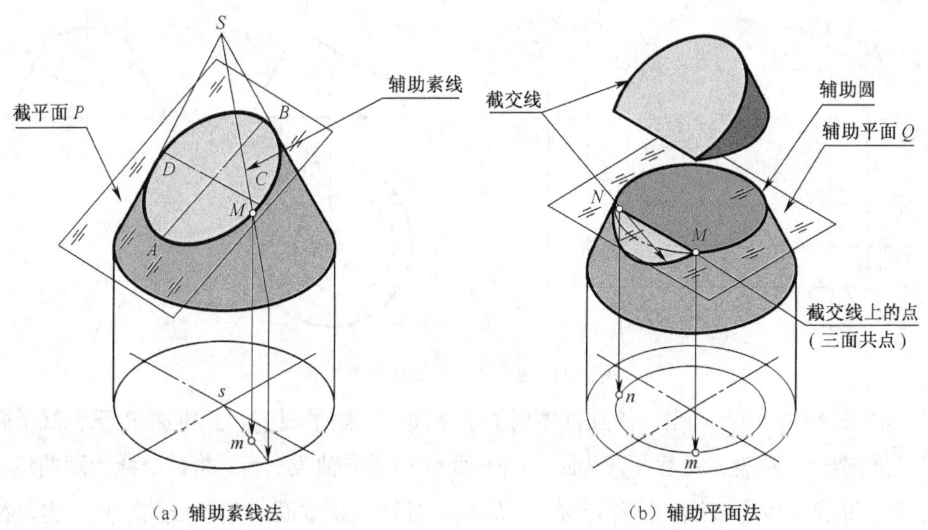

（a）辅助素线法　（b）辅助平面法

图5-20 求作圆锥截交线的方法

作图步骤如图 5-21 所示。

① 作完整圆锥的投影，并作截断面有积聚性的投影（截断面在 V 面上的投影积聚成直线），如图 5-21（a）所示。

② 求特殊点。在截交线的已知投影（V 面投影）上，标出特殊点的投影位置（本例的特殊点为圆锥表面转向轮廓线上 A、B、E、F 四点和截断面椭圆短轴 C、D 两端点），并用“辅助素线法”或“辅助平面法”，按照投影规律，求出特殊点 H、W 面的投影，如图 5-21（b）所示。

③ 求一般点。为了较准确地求出截交线在 H、W 面的投影，可在截交线已知的正面投影上，特殊点中间的稀疏处作一般点Ⅰ、Ⅱ，并求出其余两投影，如图 5-21（c）所示。

④ 依次连接求得的各点，即得截交线的 H、W 面投影；擦去圆锥被切掉部分轮廓线（注意：在左视图上，椭圆与圆锥的侧面转向轮廓线切于 e''、f''点，在此两点上端的转向轮廓线被切掉，不再画出），描深，完成作图，如图 5-21（d）所示。

【例 5-7】 画出图 5-22（a）所示开槽圆锥的三视图。

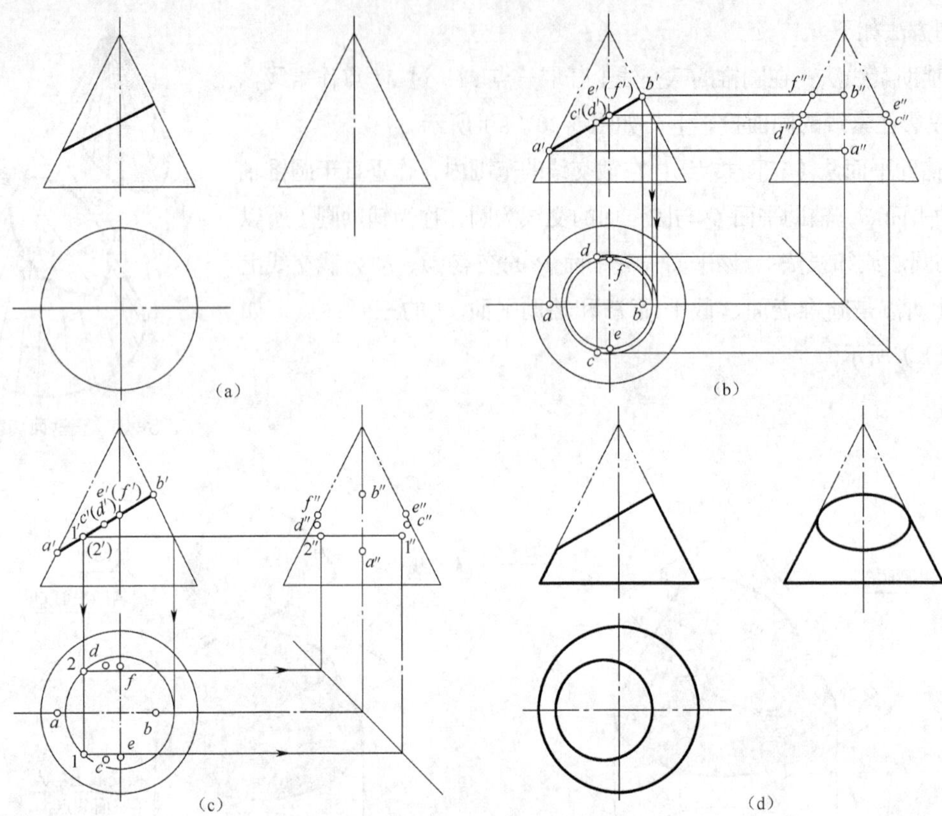

图5-21　正垂面切圆锥的作图步骤

分析：由图 5-22（b）看出，该圆锥体用了水平面 P、侧平面 Q、正垂面 R 三个截平面切割。水平面 P 与圆锥轴线垂直，得截断面为圆；侧平面 Q 与圆锥轴线平行，得截交线为双曲线；正垂面 R 过圆锥顶，得截交线为直线。特殊点 A、B 是水平面 P 与正垂面 R 的交线的端点，也是物体表面上的点，也是两组截交线的分界点；特殊点 C、D 是水平面 P 与侧平面 Q 的交线的端点，与 A、B 点一样也是三面共点；特殊点 E、F 是转向轮廓线的切断点；正垂面 R、侧平面 Q 与圆锥底面的交点分别为Ⅰ、Ⅱ和Ⅲ、Ⅳ。显然，只要求得这些点，就可满足解题要求。

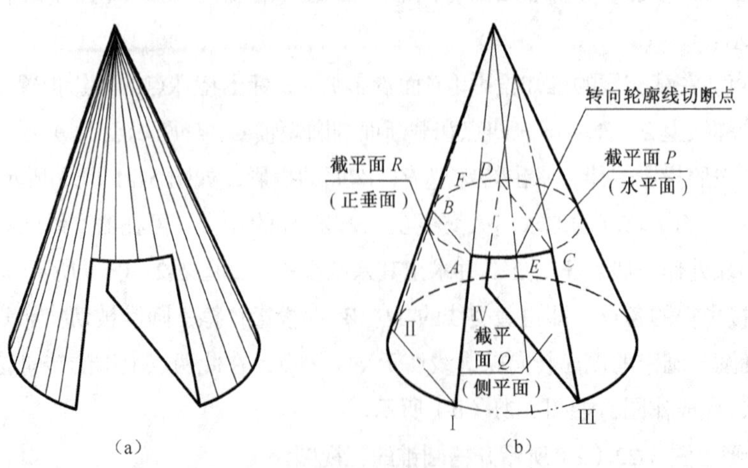

图5-22　圆锥切割体

当相交的两个截平面同时切割物体时，先分别作出各自的截交线，其两组截交线的交点就是要求的截交线的分界点（也是两截断面交线的端点）。

作图步骤如下。

① 画出完整圆锥的三视图，并作出切口有积聚性的投影，如图 5-23（a）所示。

② 作出截平面 P 与截平面 R 所产生的完整截交线，两组截交线的交点为 A、B 点的投影，截平面 R 与底圆周的交点为Ⅰ、Ⅱ点的投影，截平面 P 与转向轮廓线的交点为 E、F 点的投影，如图 5-23（b）所示。

③ 作截平面 Q 所产生的完整截交线，与截平面 P 所产生的截交线相交，其交点为点 C、D 的投影，与底圆相交点为Ⅲ、Ⅳ点的投影，如图 5-23（c）所示。

④ 连接各点，擦去多余线条，描深图线，完成作图，如图 5-23（d）所示。注意：A、B、C、D 点为各截交线的分界点；在左视图上最前、最后素线从 E、F 点以下被截断；底面圆周在Ⅰ～Ⅲ和Ⅱ～Ⅳ部位被切断。

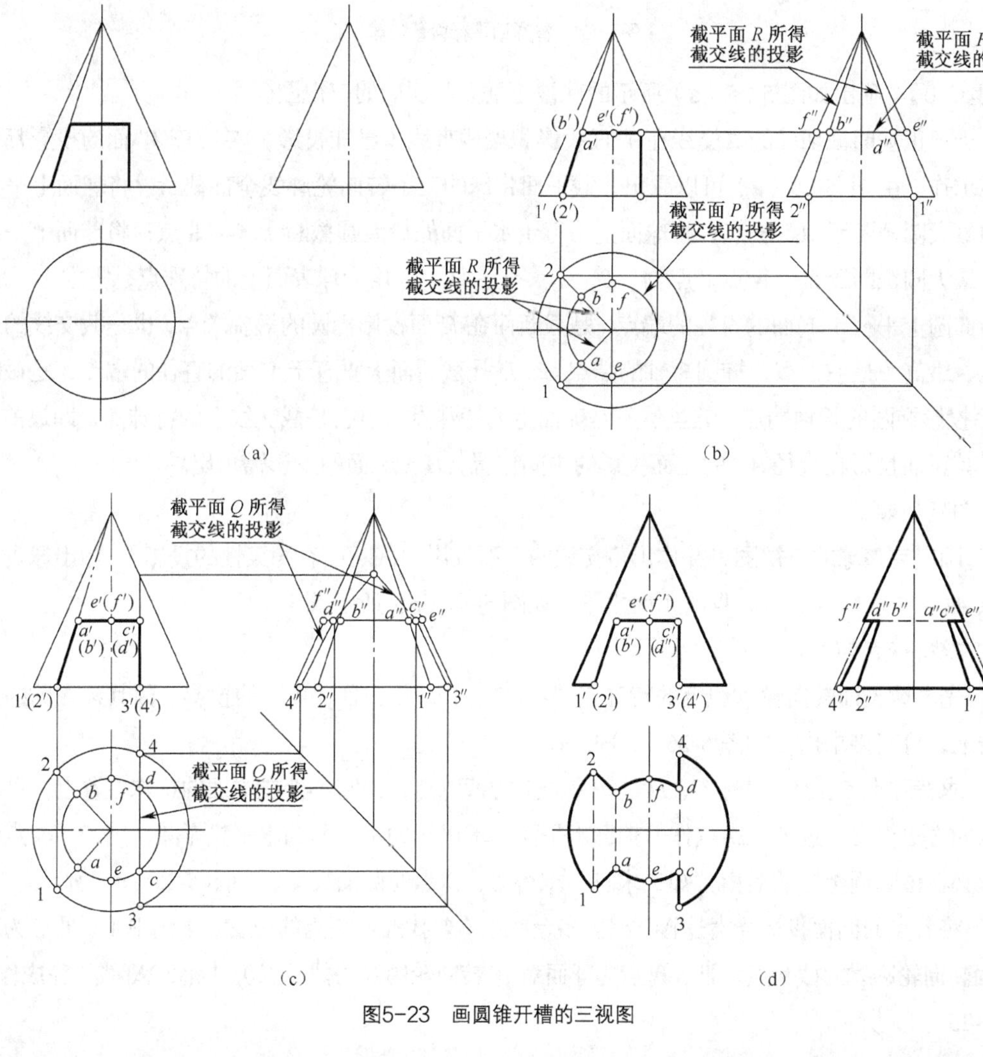

（a）（b）（c）（d）

图5-23 画圆锥开槽的三视图

（3）平面切割球

平面截切球，不论平面与球的相对位置如何，截交线均为圆。圆的大小取决于截平面与球心的距离。当截平面平行于投影面时，其交线在该投影面上的投影反映实形。图 5-24 所示列出了三种投影面平行面截切球所得交线圆的投影画法。

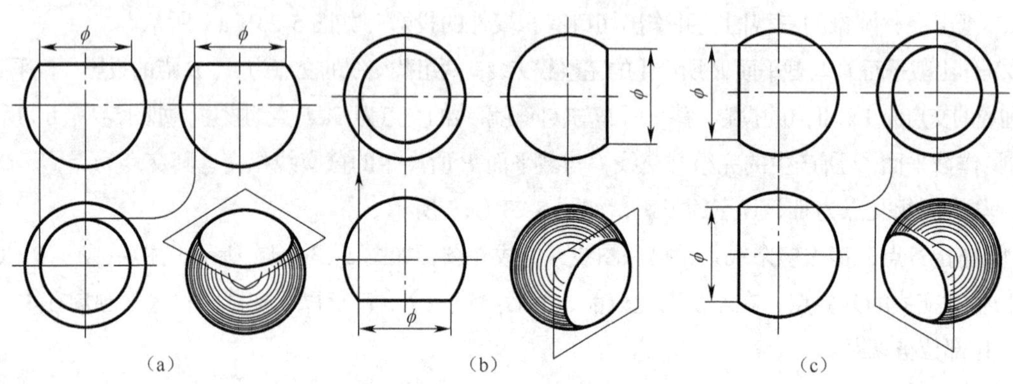

图5-24 投影面平行面截切球

【例 5-8】 画出如图 5-25（a）所示的球被正垂面截切后的三视图。

分析：正垂面截切球的截交线在 V 面投影积聚成直线（已知投影），在 H、W 面的投影都是椭圆，需求作。由图 5-25（a）可以看出，截平面将球的三条转向轮廓线全部截断：将球面上平行于正面的最大圆截断于 A、B 点；将球面上平行于水平面的最大圆截断于Ⅰ、Ⅱ点；将球面上平行于侧面的最大圆截断于Ⅲ、Ⅳ点，点 A、B、Ⅰ、Ⅱ、Ⅲ、Ⅳ均为球表面上的特殊点，需求出。A、B 是截断面圆上平行于 V 面的直径的端点，是截断面在 H 面投影椭圆的短轴端点，也是截交线的最低（最左）、最高（最右）点，椭圆短轴的端点 C、D 是截断面上垂直于 V 面的直径的端点，是截断面在 H 面投影椭圆的长轴端点，它虽然不是球面上的特殊点，但它是截交线上的特殊点，即最前、最后点，其正面投影在直径 AB 的正面投影的中间位置，H、W 面的投影需求出。

作图步骤如下。

① 画出完整球的三视图，并作出截交线的正面投影（截断面有积聚性的投影），标出球表面上特殊点 A、B、Ⅰ、Ⅱ、Ⅲ、Ⅳ的正面投影，如图 5-25（b）所示。

② 求特殊点如下。

a. 先求球表面转向轮廓线上的特殊点"A、B、Ⅰ、Ⅱ、Ⅲ、Ⅳ"的投影。因其都在球的转向轮廓线上，可直接求出，如图 5-25（b）所示。

b. 求特殊点 C、D。虽然 C、D 是截交线上的特殊点，但它不处在球面的特殊位置上，可用求一般点的方法作出：过 C、D 点作一辅助水平面，求出辅助水平面的水平投影圆，则 C、D 点的水平投影必在该圆周上，然后由"知二求三"求得 C、D 点的侧面投影，如图 5-25（c）所示。

③ 将各点的同面投影光滑连接，擦去多余线条（要找准截断点的位置，本例中Ⅰ、Ⅱ点为球面对 H 面转向轮廓线的截断点，Ⅲ、Ⅳ点为球面对 W 转向轮廓线的截断点），描深轮廓线，完成作图，如图 5-25（d）所示。

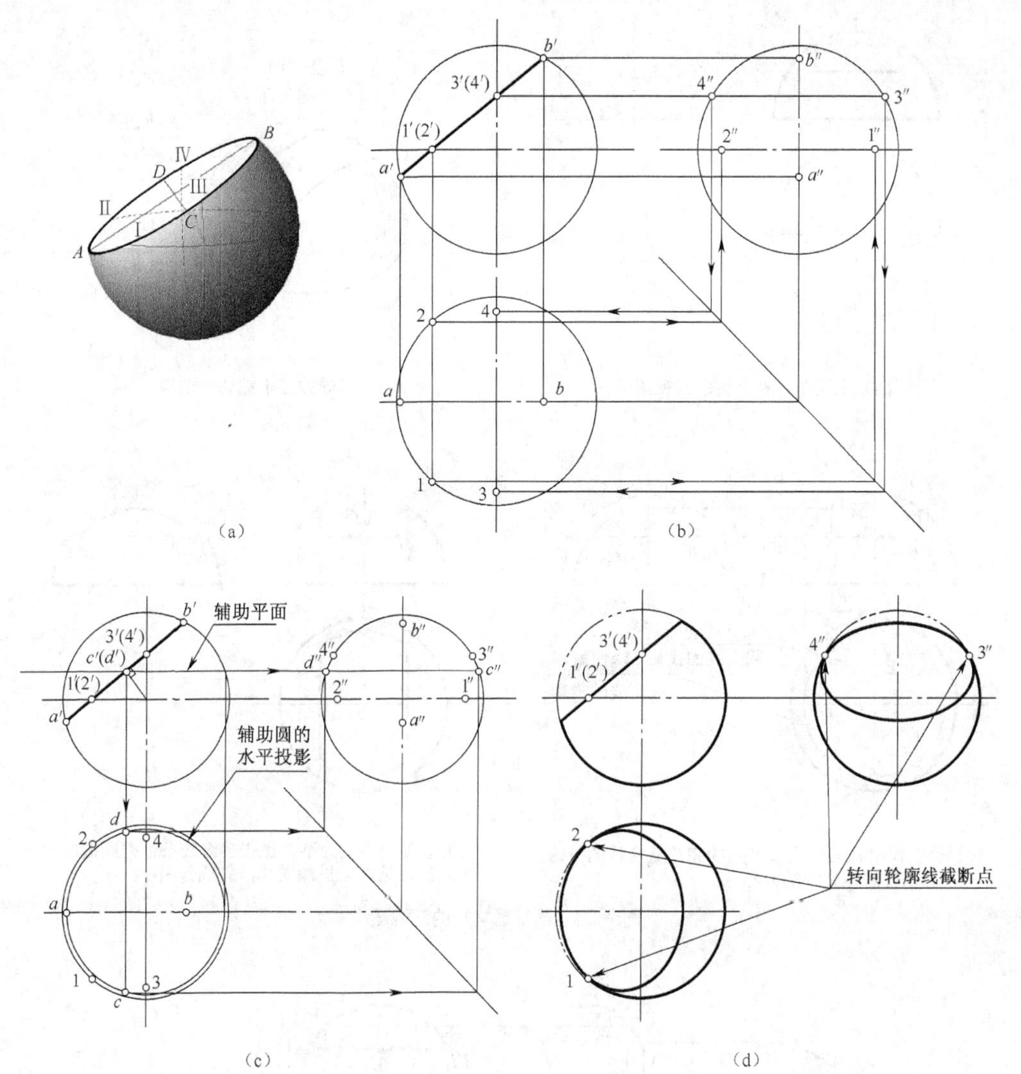

图5-25 正垂面切割球的截交线的画法

【例 5-9】 求作半球切槽的俯视图和左视图，如图 5-26（a）所示。

分析：该半球由两个侧平面 P、Q 和一个水平面 S 切割，如图 5-26（b）所示。它们与球相交得到的截交线都是圆弧，由 P、Q 切割产生的截交线（圆弧）在 W 面上反映实形，在 H、V 面的投影积聚成直线；由 S 面切割产生的截交线（圆弧）在 H 面上反映实形，在 V、W 面上积聚成直线。

各截切面所形成的截交线（圆弧）相交于 A、B、C、D 四点，此四点是各组截交线的交点，也是各组截交线的分界点，也是球表面上的点，为三面共点。球表面上平行于侧面的最大圆截断于 E、F 点。

作图思路：首先分别作出各截切面所形成的完整截交线，求得各组截交线的交点；然后以交点为分界点，擦掉多余线条（未切到部分的截交线），分析截断面的可见性，描深图线，完成作图。

作图步骤如图 5-26（c）、（d）所示。

（4）综合切割实例

【例 5-10】 求作如图 5-27 所示顶针的表面交线。

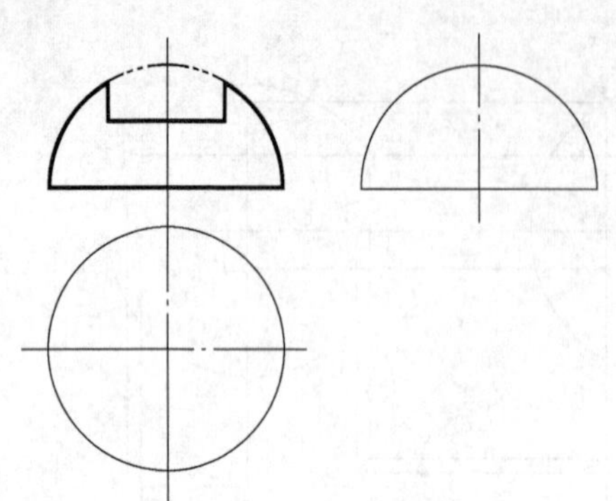

（a）已知主视图，补全俯、左视图

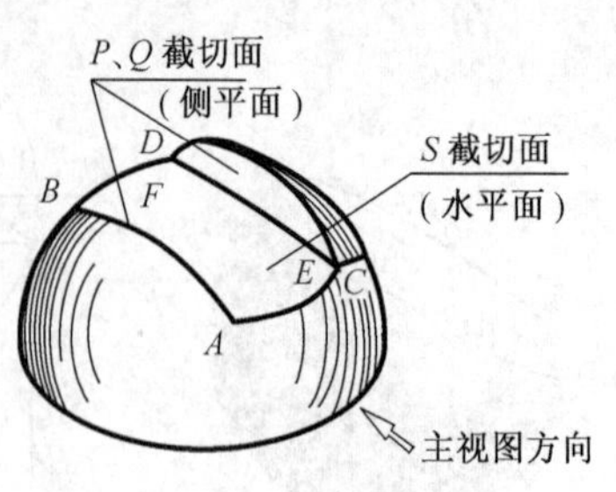

（b）半球被三个截切面切割

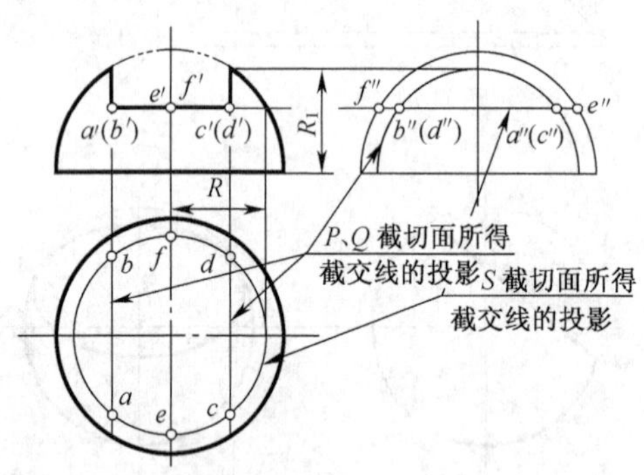

（c）分别作出各截切面所产生的完整截交线的投影，确定各组截交线的分界点

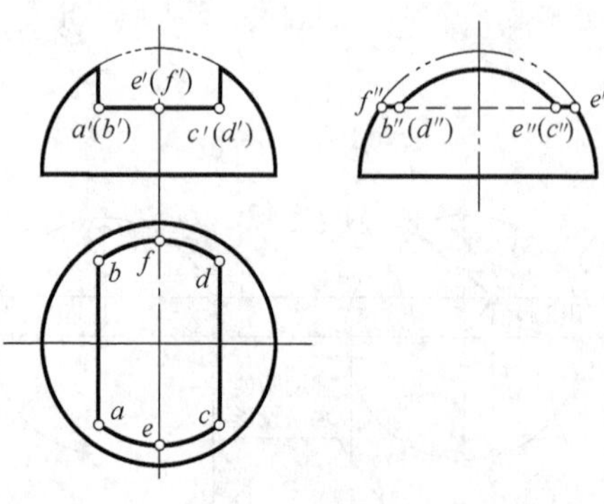

（d）以各分界点为准，擦去多余线条，判断截断面的可见性，描深图线，完成作图

图5-26 画半球切槽的三视图

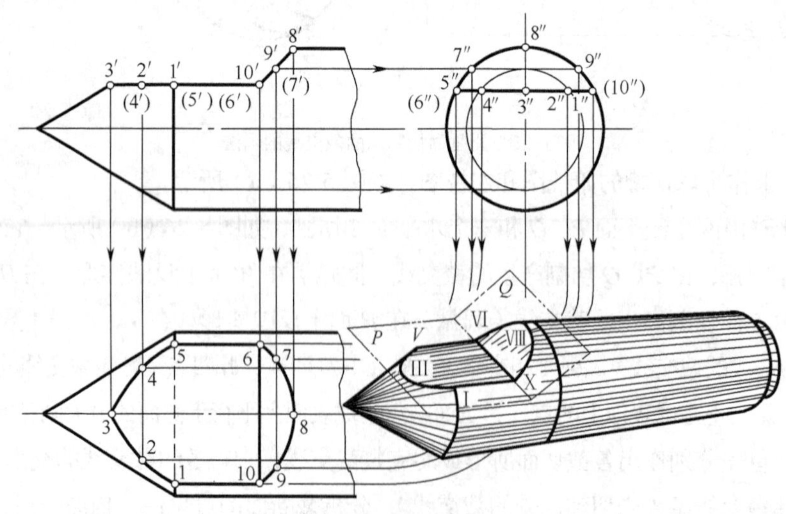

图5-27 顶针表面交线的画法

分析：顶针由同轴的圆锥和圆柱组成，其轴线垂直于 W 面。在它的左上部被一个水平面 P 和一个正垂面 Q 切去一部分，在它的表面上共出现了三组截交线和一条 P 面与 Q 面的交线。由于截平

面 P 平行于轴线，所以它与圆锥面的交线为双曲线，与圆柱面的交线为两条直素线。因截平面 Q 与圆柱轴线斜交，所以它与圆柱面的交线为一段椭圆曲线。

因截平面 P 和圆柱面都与 W 面垂直，所以三组截交线在 W 面上的投影分别积聚在截平面 P 和圆柱面的投影上，它们的 V 面投影具有积聚性，积聚在 P、Q 两截平面的 V 面投影（直线）上，因此，只需求三组截交线的 H 面投影。

作图步骤如下（见图 5-27）。

① 求特殊点。由于截交线共有三组，因此，作图时应先求出相邻两组截交线的结合点，图中Ⅰ、Ⅴ两点在圆锥面与圆柱面的分界线上，是双曲线和平行两素线的结合点。Ⅵ、Ⅹ是平行两素线与椭圆曲线的结合点，位于 P、Q 两截平面的交线上。Ⅲ点是双曲线的顶点，它位于圆锥面对 V 面的转向轮廓线上。Ⅷ点是椭圆曲线上的最右点，它位于圆柱面对 V 面的转向轮廓线上。上述各点均为特殊点。

② 求一般点。利用在圆锥面上作辅助圆的方法，求一般点Ⅱ、Ⅳ（2、4、2″、4″），利用圆柱面在 W 面上积聚性投影，求一般点Ⅶ、Ⅸ（7、9、7″、9″）。

③ 在俯视图中，把 1、2、3、4、5 顺序连接得双曲线的 H 面投影；把 6、7、8、9、10 顺序连接得椭圆曲线的 H 面投影；1～10 和 5～6 分别为直线，此即为圆柱面上平行两素线的 H 面投影；6～10 为 P、Q 两截平面交线的 H 面投影；由于被 P、Q 两个截平面所截，其交线为两个封闭的线框。

除截交线之外，尚应注意圆锥面与圆柱面分界线在 H 面的投影画法。

【例 5-11】 求作如图 5-28 所示拉杆头的表面交线。

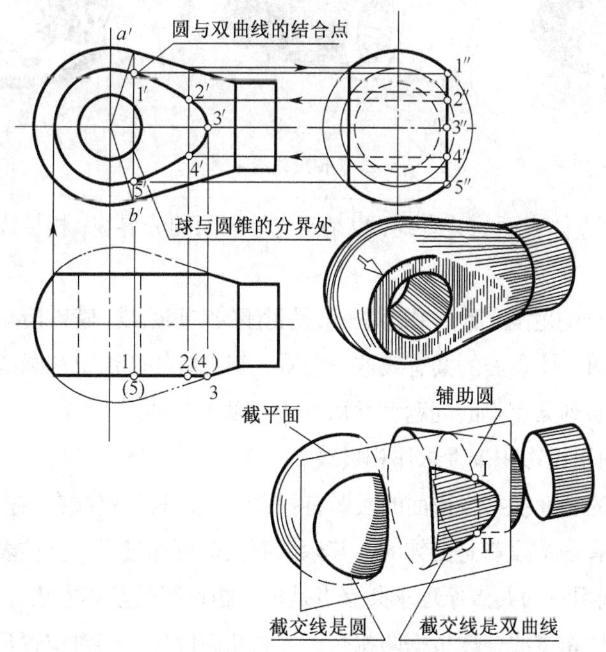

图5-28 拉杆头表面交线画法

分析：图示的拉杆头上由同轴的球、圆锥台、圆柱三部分组成，其中球与圆锥台相切。两截平面平行于轴线，前后对称地将球、锥各切去一部分，在拉杆头的表面上产生了两组截交线：平面与球面截交线为圆，与圆锥表面的截交线为双曲线。由于截平面是正平面，所以截交线的 *H* 面和 *W* 面上的投影均积聚在截平面的投影（直线）上，故只需求作截交线的 *V* 面投影。

作图步骤如下。

① 画球的截交线圆，并确定截交线的结合点Ⅰ、Ⅴ。在主视图上，过球心作垂直于圆锥面对 *V* 面转向轮廓线的直线，得交点 a'、b'，连线 $a'b'$ 即为球面与圆锥面的分界线，也是截交线圆与双曲线的分界线。从 *H* 面投影可直接量得截交线圆的半径，然后在主视图上画圆至 $a'b'$ 线。交线圆与 $a'b'$ 线的交点 1′、5′即为交线圆与双曲线的结合点。

② 求圆锥面上双曲线的投影。由圆锥对 *H* 面转向轮廓线的投影与截平面积聚性投影的交点 3 向上引投影线，可得双曲线的顶点Ⅲ的 *V* 面投影 3′。然后利用在圆锥面上作辅助圆的方法可作出截交线上一般点Ⅱ的 *V* 面投影 2′、4′。顺序圆滑连接 1′、2′、3′、4′、5′即得双曲线的 *V* 面投影。

5.1.4 两回转体表面相交

两相交的形体称为相贯体，其表面交线称为相贯线，如图 5-29 中箭头所指处。由于相交两形体的几何形状或其相对位置不同，则相贯线的形状也各不相同，但都具有下列性质。

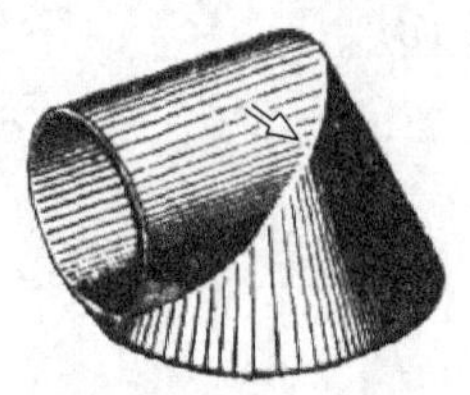

（a）弯头

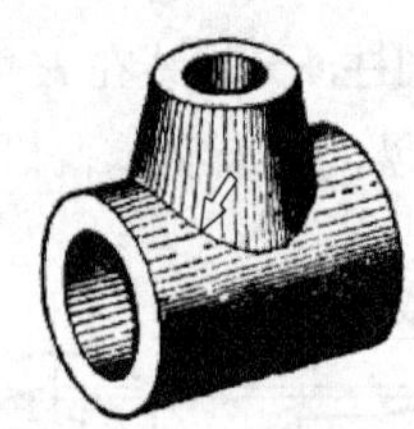

（b）三通

（c）盖

图5-29 相贯线的实例

① 相贯线是相交两立体表面的共有线，也是两立体表面的分界线；相贯线上的点是两立体表面的共有点。

② 由于立体具有一定的范围，所以相贯线一般是封闭的空间曲线，特殊情况下是平面曲线或直线。

根据相贯线是相交两立体表面的共有线这一性质，相贯线的画法也和画截交线一样，可归结为求作相交立体表面上一系列共有点的问题，常用方法有以下两种。

① 表面取点法：利用投影积聚性求作相贯线。

当相交两立体之一的表面在某投影面的投影有积聚性时，其相贯线在该投影面的投影与该表面积聚在一起，即相贯线有一个投影是已知的，其余两面投影可通过另一立体表面上求点方法作出。

② 辅助平面法：利用三面共点原理求共有点是求作相贯线的基本方法。

至于用哪种方法求作相贯线，要根据两相交形体的几何性质、相对位置及投影特点而定。不论采用哪种方法，均应按以下步骤求作相贯线。

① 首先分析两回转体的形状和相对位置及相贯线的空间形状，然后分析相贯线的投影情况，可利用无积聚性的投影（已知投影）。

② 作特殊点：特殊点一般是相贯线上处于极端位置的点，如最高、最低点，最前、最后点，最左、最右点，这些点通常是曲面转向轮廓线上的点。

③ 作一般点：为准确作图可在特殊点之间插入若干一般点。

④ 判断可见性：相贯线上的点只有同时位于两个回转体的可见表面上时，其投影才是可见的，可见性的分界点一定在回转体的转向轮廓线上。

⑤ 光滑连接：只有相邻两素线上的点才能连接。

1. 表面取点法求作相贯线

两回转体相交，如果其中有一个是轴线垂直于投影面的圆柱，则相贯线在该投影面上的投影就积聚在圆柱面有积聚性的投影上。于是求圆柱和另一回转体的相贯线的投影，可看作是已知另一回转体表面上的线的一个投影而求其余两投影的问题。

【例 5-12】 求作轴线垂直相交两圆柱的相贯线，如图 5-30 所示。

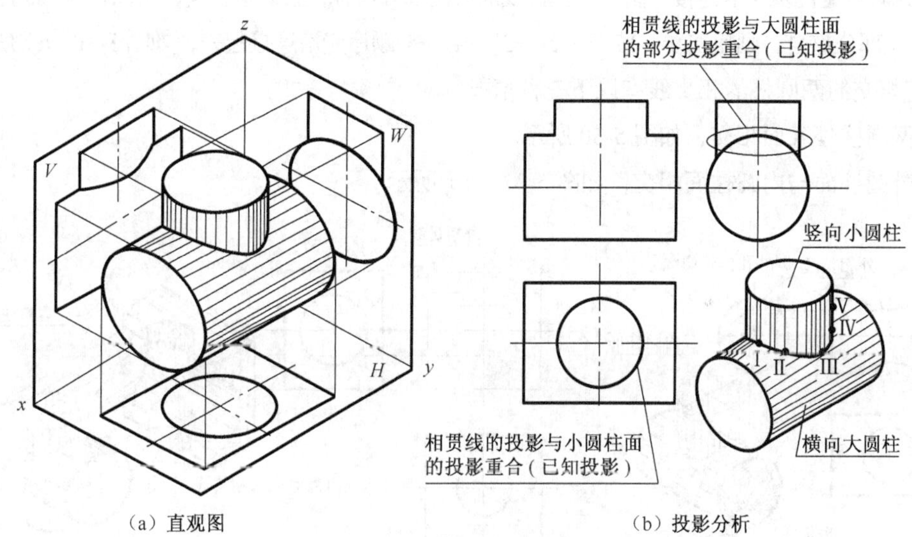

（a）直观图　（b）投影分析

图5-30　轴线正交两圆柱的投影分析

分析：由图 5-30（a）看出，横、竖的大、小两圆柱的轴线分别垂直于 *W* 面和 *H* 面，相贯线的 *H* 面投影积聚在小圆柱面投影的圆周上，相贯线的 *W* 面投影积聚在大圆柱面投影的圆周的一段圆弧上，如图 5-30（b）所示，因此，根据已知相贯线的两个投影，可作出它的 *V* 面投影。

作图步骤如下。

① 求特殊点。特殊点处在一圆柱面的转向线与另一圆柱表面相交点的位置。Ⅰ、Ⅴ点是小圆柱面对 *V* 面转向线与大圆柱面的交点（也是大圆柱面对 *V* 面转向线与小圆柱面的交点），是相贯线的最高点，同时也是最左、最右点；Ⅲ、Ⅶ点是小圆柱面对 *W* 面转向线与大圆柱面的交点，是相贯线的最低点，同时也是相贯线的最前、最后点。它们在投影图上可直接作投影线求得，如图 5-31（a）所示。

② 求一般点。先在俯视图中的小圆上适当地确定若干一般点的投影，如图中的Ⅱ、Ⅳ、Ⅵ、Ⅷ等点，再按投影规律，作出 *W* 面的投影 2″、（4″）、（6″）、8″和 *V* 面的投影 2′、4′、（6′）、（8′）点，

如图 5-31（b）所示。

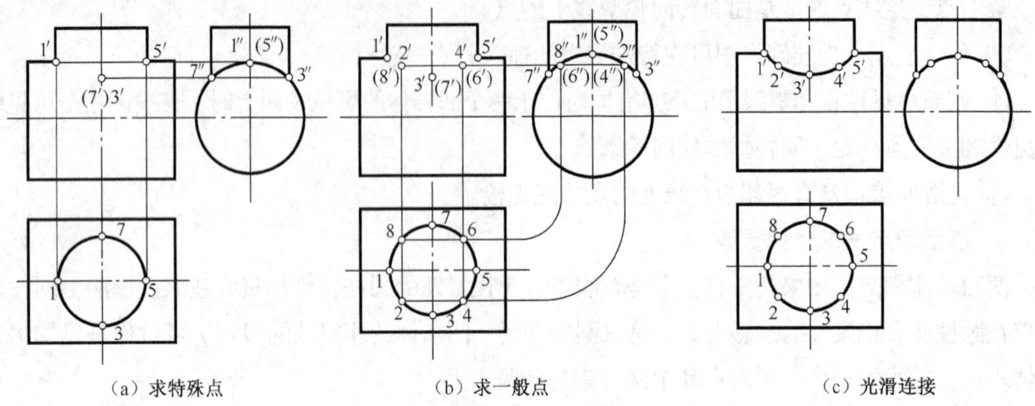

图5-31 轴线垂直相交两圆柱相贯线的画图步骤

③ 判断可见性及光滑连接。由于该相贯线前后两部分对称，且形状相同，所以在 V 面上的投影可见与不可见部分重合，画粗实线，按 1′—2′—3′—4′—5′顺序光滑连接起来，如图 5-31（c）所示。

垂直相交的两圆柱的相贯线有以下三种情况。

① 两圆柱外表面相交，如图 5-30 所示。

② 外圆柱面与内圆柱面相交，如图 5-32（a）所示。

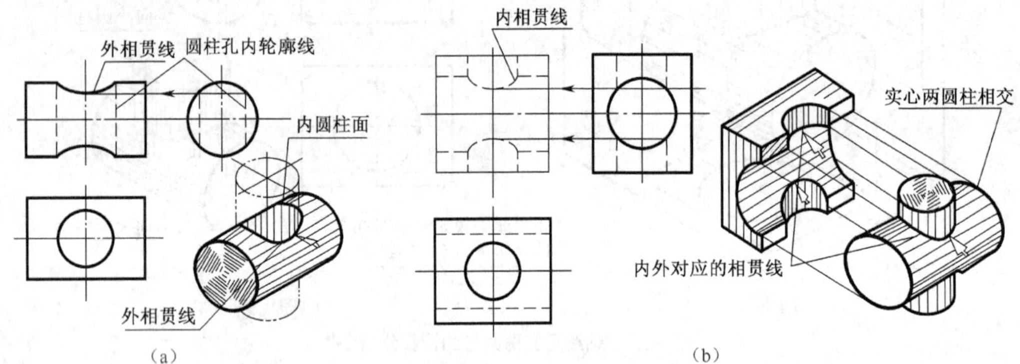

图5-32 两圆柱内外表面、两内表面相交

③ 两圆柱内表面相交，如图 5-32（b）所示。

【例 5-13】 求作两圆柱轴线垂直交叉相贯线的投影，如图 5-33（a）所示。

分析：两圆柱轴线垂直交叉且分别垂直于 H 面及 W 面，因此，相贯线与小圆柱面的水平投影积聚在圆周上，相贯线的侧面投影积聚在大圆柱面投影的圆周的一段圆弧上。只需求出相贯线的正面投影，作图方法同两圆柱正交时基本一样。由于两圆柱轴线偏交，所示相贯线前后不对称，其 V 面投影不重合。

作图步骤如下。

① 求特殊点。小圆柱面的四条转向轮廓线全部与大圆柱面相交，其交点Ⅰ、Ⅲ、Ⅴ、Ⅶ分别是相贯线的最左、最前、最右、最后点；大圆柱面中有一条对 V 面的上转向轮廓线从左至右穿过小圆柱面交于Ⅵ、Ⅷ点。以上各点均为相贯线的特殊点，都处在圆柱面的转向轮廓线上，可直接作出，如图 5-33（b）所示。

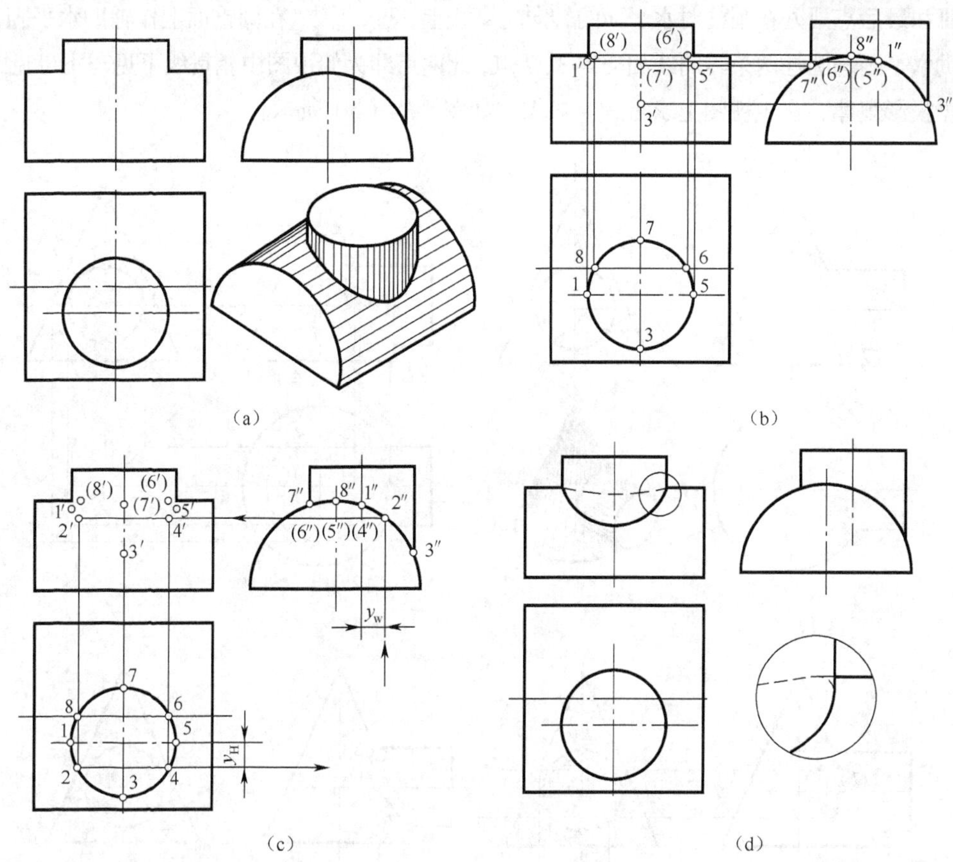

图5-33　两圆柱轴线交叉相贯线的画法

② 求一般点。在小圆柱投影为圆的水平投影的圆周上确定一般点Ⅱ、Ⅳ，由于此两点同属于大圆柱表面上的点，因此，可用在大圆柱表面上取点法求得其 W 面和 V 面投影，如图 5-33（c）所示。

③ 判断可见性并光滑连接各点。由俯视图可知，Ⅰ、Ⅱ、Ⅲ、Ⅳ、Ⅴ各点在前半小圆柱面上，Ⅴ、Ⅵ、Ⅶ、Ⅷ、Ⅰ在后半小圆柱面上，因此，1′、5′为 V 面投影中相贯线上可见与不可见的分界点。曲线 1′—2′—3′—4′—5′为可见，画成粗实线；曲线 5′—6′—7′—8′—1′为不可见，画成虚线。连线时应注意 5 与 6 相连，8 与 1 相连，如图 5-33（d）所示。

【例 5-14】 求作圆柱与圆锥轴线正交相贯线，如图 5-34（a）所示。

分析：如图 5-34（a）所示，圆柱全部穿入左半圆锥，相贯线为封闭的空间曲线。圆柱的轴线垂直于 W 面，相贯线在 W 面的投影积聚在圆柱的投影圆上，为已知投影；由于圆锥面的三个投影均无积聚性，所以相贯线的其余两面投影均需求作。相贯线是圆锥与圆柱表面的共有线，因此，可根据相贯线的 W 面投影，利用在圆锥表面上取点的方法（素线法、辅助圆法）求出相贯线上各点的 H 面、V 面的投影。

作图步骤如下。

① 求特殊点。由于圆柱轴线和圆锥轴线相交，且处在同一平行于 V 面的平面上，因此，圆柱对 V 面的两条转向轮廓线与圆锥左边对 V 面的转向轮廓线相交，其交点Ⅰ、Ⅴ即是相贯线上的最高点和最低点的 V 面投影 1′、5′。由 1′、5′向 H 面引投影线与水平中心线相交得 1、5 点。相贯线的

最前点Ⅲ和最后点Ⅶ处在圆柱对水平面的转向轮廓线上，过 3″、7″ 在圆锥面上作辅助水平圆，在 H 面上辅助水平圆与圆柱两条转向线相交得 3、7 点，此两点即为俯视图中相贯线可见与不可见的分界点。根据投影规律，在主视图上求得 3′、7′点，如图 5-34（b）所示。

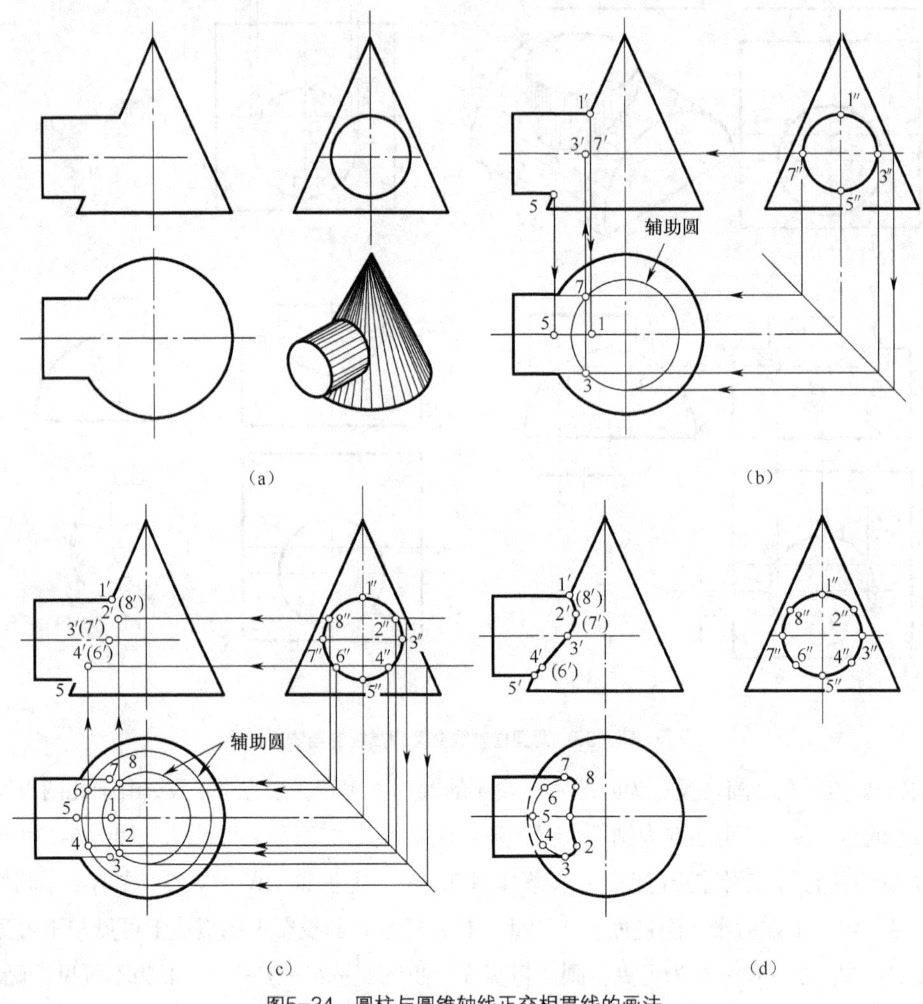

图5-34　圆柱与圆锥轴线正交相贯线的画法

② 求一般点：在相贯线已知的 W 面投影圆周上，取若干一般点的投影如 2″、4″、6″、8″，分别过这些点在圆锥面上作辅助圆，可求得点的水平投影 2、4、6、8；根据投影规律，求得正面投影 2′、4′、6′、8′，如图 5-34（c）所示。

③ 判断可见性及光滑连接：由于该相贯线前后对称，因此 V 面投影中实线、虚线重合，画粗实线，即将可见点 1′、2′、3′、4′、5′用粗实线光滑连接；在 H 面投影中，其上半个圆柱面可见，下半个圆柱面不可见，3、7 点为可见与不可见的分界点，所以 3—2—8—1—7 线段用粗实线光滑连接，3—4—5—6—7 线段用虚线光滑连接，如图 5-34（d）所示。

2. 用辅助平面法求作相贯线

当相贯线在三个投影面上的投影均没有积聚性，即在三投影面上的投影均未知，无法利用表面取点法求作相贯线时，可用辅助平面求得。

用辅助平面求作相贯线的作图原理如图 5-35 所示。假设用一辅助平面，同时截切两相交的回转体，在两回转体表面得到两组截交线，这两组截交线的交点必是相贯线上的点。这种点既在两物体表面上，又在辅助平面内，是三面的共有点。若作一系列的辅助平面，便可得到相贯线上一系列的点，从而完成相贯线的作图。

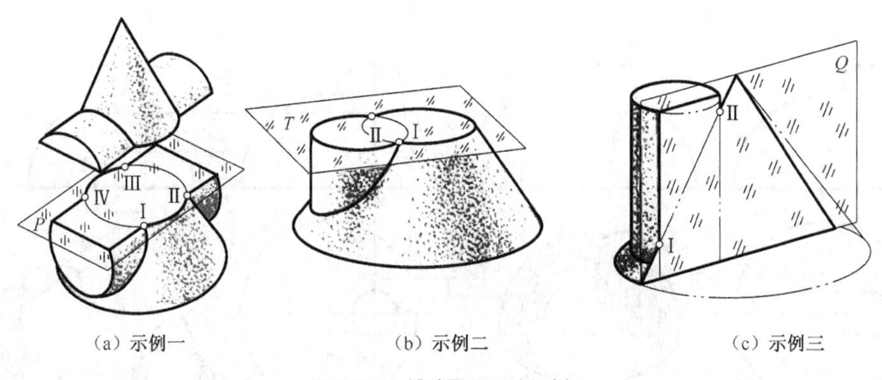

（a）示例一　（b）示例二　（c）示例三

图5-35　辅助平面图法示例

为了作图简便，采用辅助平面法作图的关键是选择适当的辅助平面，选择原则如下。

① 选择的辅助平面与两回转体表面交线的投影应简单易画，如直线和圆，因此，一般选择投影面的特殊位置面为辅助平面。

② 辅助平面应位于两回转体相交的区域内，否则得不到共有点。

用辅助平面法求相贯线上点的作图步骤如下。

① 根据两回转体轴线的相对位置及与投影面的相对位置，选择恰当的辅助平面。

② 分别求作辅助平面与两回转体的表面交线。

③ 求出表面交线的交点，即为相贯线上的点。

【例 5-15】 求圆锥台与半球相交的表面交线。

分析：图 5-36（a）所示为一圆锥台与一半球相交，圆锥台轴线垂直于 H 面，且位于半球左边的前后对称平面上，其相贯线为前后对称的封闭空间曲线。由于圆锥面和球面的各面投影都没有积聚性，所以不能再利用投影的积聚性通过表面取点的方法求作相贯线，而需用辅助平面法。具体作图步骤如下。

① 求特殊点。由于圆锥台的四条转向轮廓线全部与球面相交，所以其特殊点（相贯线的最大范围点）在该四条转向轮廓线上。圆锥面对 V 面的两条转向线与球面对 V 面的转向线的交点Ⅰ、Ⅳ是相贯线的最左（最低）、最右（最高）点，可直接求得。相贯线的最前、最后点Ⅲ、Ⅴ点在圆锥面对 W 面的转向轮廓线上，是区分相贯线在 W 面投影可见与不可见的分界点，其各面投影需通过作图求出。为求得Ⅲ、Ⅴ点，可借助于通过圆锥台轴线的辅助侧平面 Q 求出，侧平面 Q 与圆锥台的表面交线即是圆锥面对 W 面的两条转向轮廓线，而与半球的交线为圆，两组交线的交点 $3''$、$5''$ 即为Ⅲ、Ⅴ点的 W 面投影，根据投影规律可求得其 H 面投影 3、5 和 V 面投影 $3'$、$5'$，如图 5-36（b）所示。

② 求一般点。在Ⅰ、Ⅲ点之间作辅助水平截切面 P 分别与圆锥台和球相交，在 H 面上分别画出该截平面与圆锥面和球面的截交线圆 a 和 b，它们的交点 2、6 即为相贯线上的Ⅱ、Ⅵ两点的水平

投影。根据投影规律可求出其 V 面投影 2′、6′和 W 面投影 2″、6″，如图 5-36（c）所示。同理，可作一系列辅助水平面，求得相贯线上足够多的点。

③ 判断可见性及光滑连接。相贯线在 H 面上投影均为可见，在 V 面上的投影前后对称，用粗实线连接。在 W 面上的投影中，3″—1″—5″段在左半圆锥面上为可见，用粗实线连接；3″—4″—5″段在右半圆锥面上为不可见，用虚线连接，如图 5-36（d）所示。

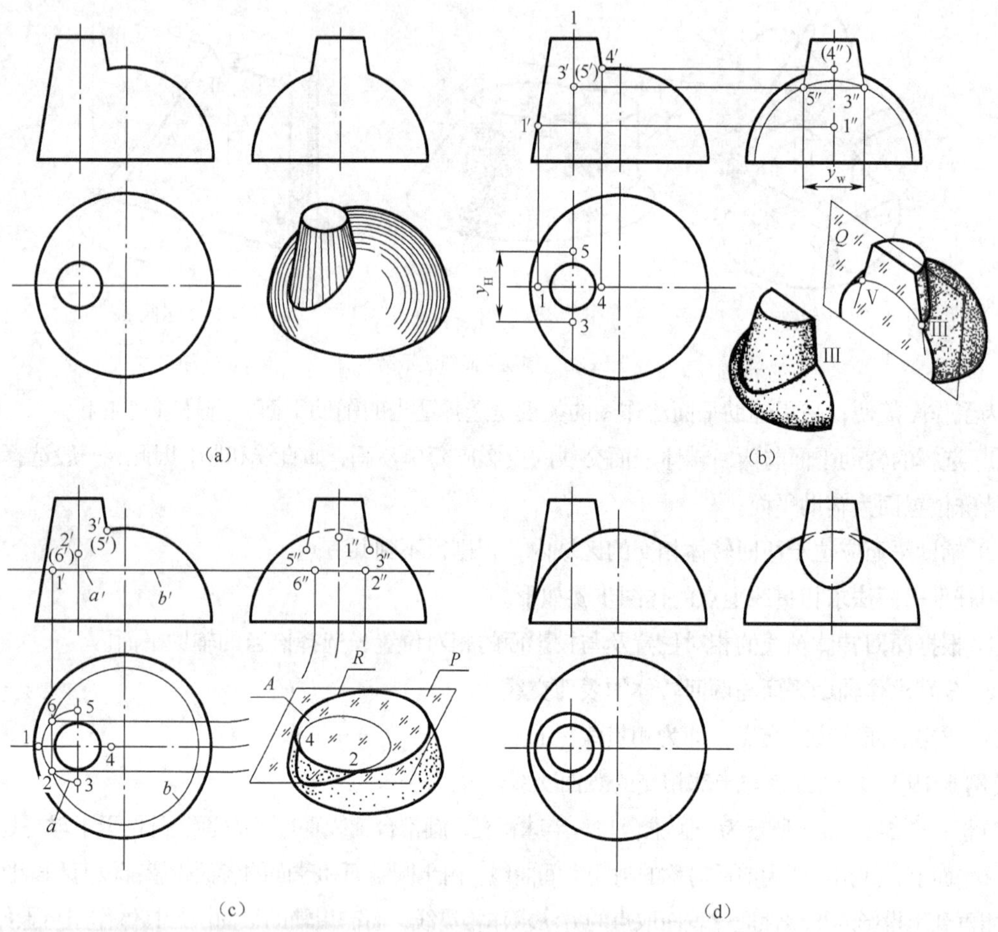

图5-36　辅助平面法求作相贯线

辅助平面法是求作相贯线时常用的一种方法，用表面取点法（积聚性法）能解决的问题，用此法也能解决。图 5-37 所示为用辅助平面法求作圆柱与半球相贯线的例子，因该相贯线在左视图的投影为已知，故也可用球表面上取点的方法求得相贯线的其余两投影，请读者自行分析。

在图 5-37 中，采用了辅助水平面求相贯线。读者可根据图 5-38 给出的提示，采用辅助正平面或辅助侧平面求作相贯线的投影。

3. 相贯线的特殊情况

两回转体相交，其相贯线一般为空间曲线，但在特殊情况下，也可能是平面曲线或直线。

① 当两个回转体具有公共轴线时，相贯线为垂直于轴线的圆，如图 5-39 所示。

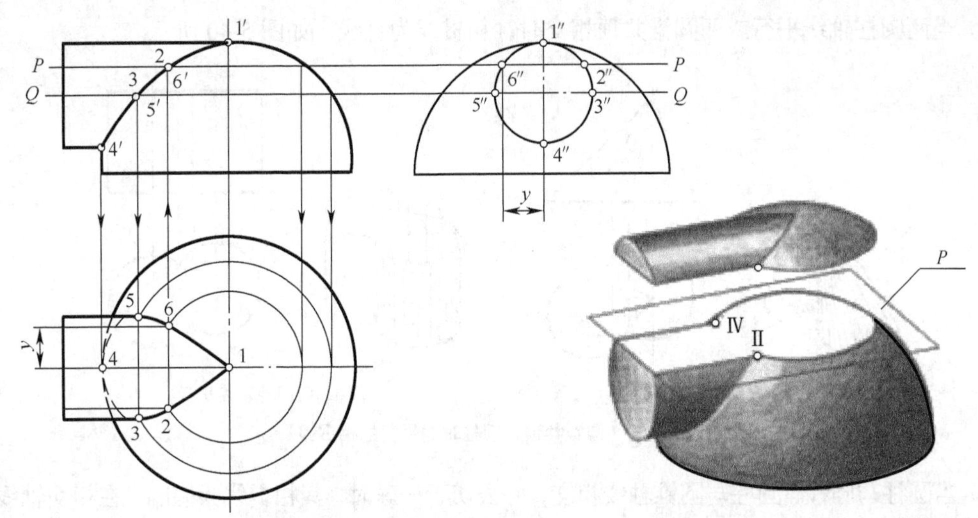

图5-37 用辅助水平面求作圆柱与半球的相贯线

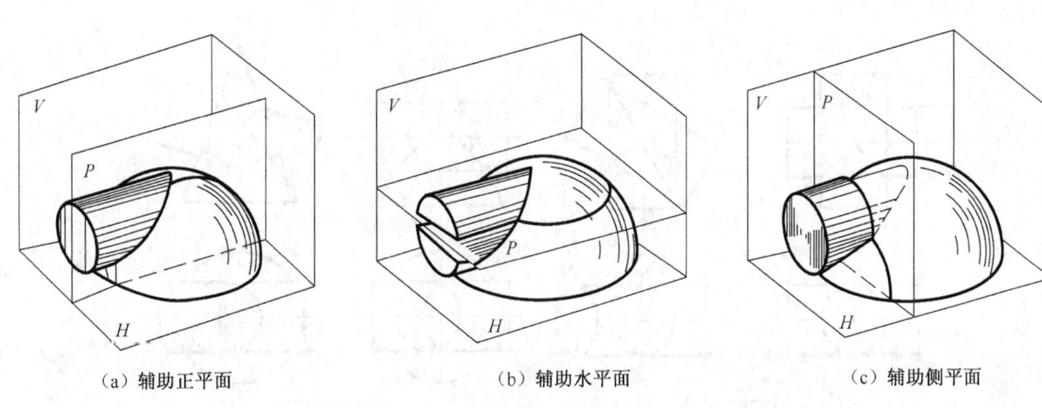

（a）辅助正平面 （b）辅助水平面 （c）辅助侧平面

图5-38 辅助平面的选择

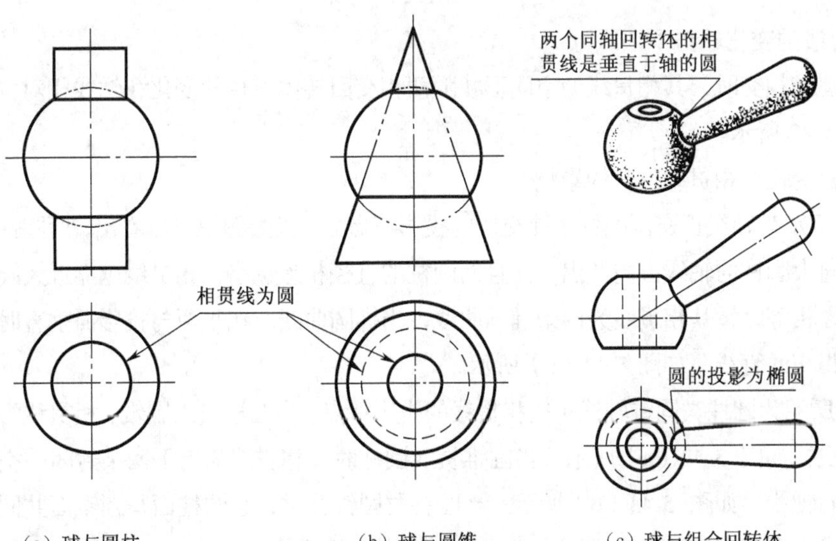

（a）球与圆柱 （b）球与圆锥 （c）球与组合回转体

图5-39 同轴回转体相交的相贯线示例

② 当两圆柱轴线平行或两圆锥共顶相交时，相贯线为直线，如图 5-40 所示。

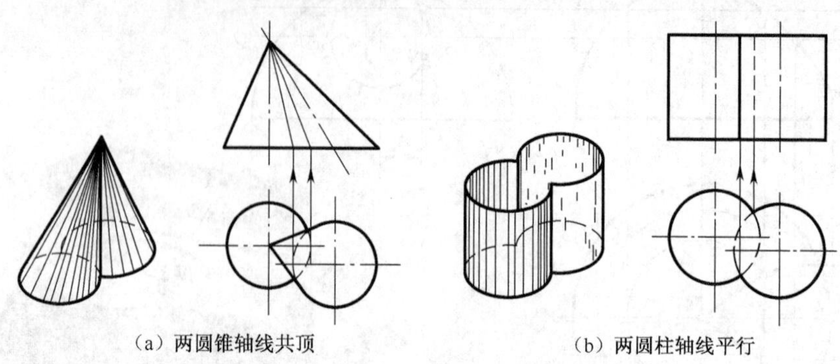

（a）两圆锥轴线共顶　　（b）两圆柱轴线平行

图5-40　圆锥共顶、圆柱轴线平行的相贯线

③ 当圆柱与圆柱、圆柱与圆锥轴线相交，并公切于一球时，其相贯线为椭圆，在相交轴线所平行的投影面上的投影积聚成直线，其他投影为类似椭圆，如图 5-41 所示。

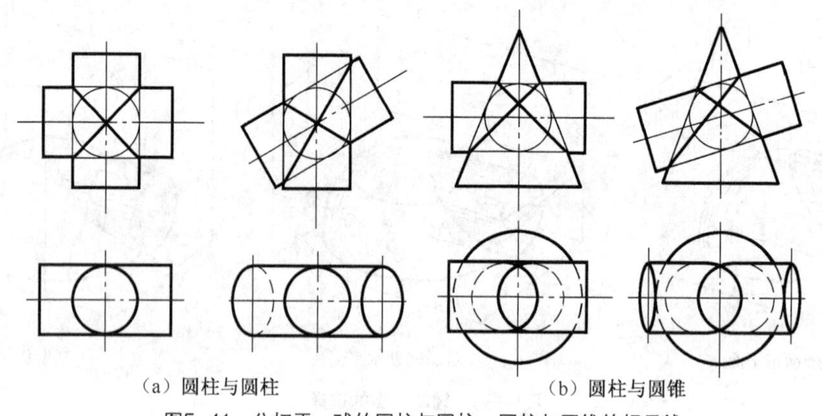

（a）圆柱与圆柱　　（b）圆柱与圆锥

图5-41　公切于一球的圆柱与圆柱、圆柱与圆锥的相贯线

4. 相贯线的变化趋势

圆柱、圆锥相交时，其相贯线的空间形状随两相交回转体直径的变化和轴线相对位置的变化而变化，如图 5-42 所示。

（1）直径变化对相贯线形状的影响

图 5-42 所示为轴线正交两圆柱表面交线的投影特点。从投影图中可以看出，两圆柱的相贯线总是由小圆柱向大圆柱的轴线方向凸出，而且两圆柱的直径相差越小，相贯线越靠近大圆柱的轴线。当两圆柱直径相等时，其相贯线为两条椭圆曲线，当椭圆曲线所在平面与投影面垂直时，相贯线的投影成两条相交的直线，如图 5-42（c）所示。

图 5-43 所示为圆柱与圆锥轴线正交相贯线的投影特点。当圆柱贯入圆锥，相贯线为左右两条封闭的空间曲线，如图 5-43（a）所示；当圆锥贯入圆柱时，相贯线为上下两条封闭的空间曲线，弯曲凸向圆锥的轴线，如图 5-43（b）所示；当圆柱与圆锥互贯，且圆柱面与圆锥面共同切于一个球面时，相贯线为平面曲线（两个椭圆），如图 5-43（c）所示。

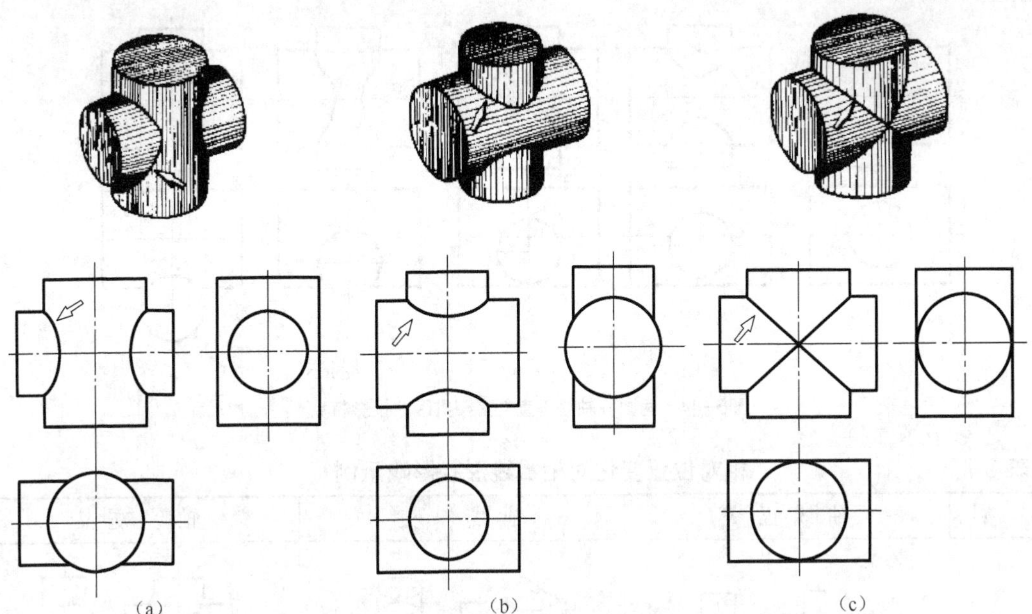
（a） （b） （c）

图5-42 轴线正交两圆柱表面交线的投影特点

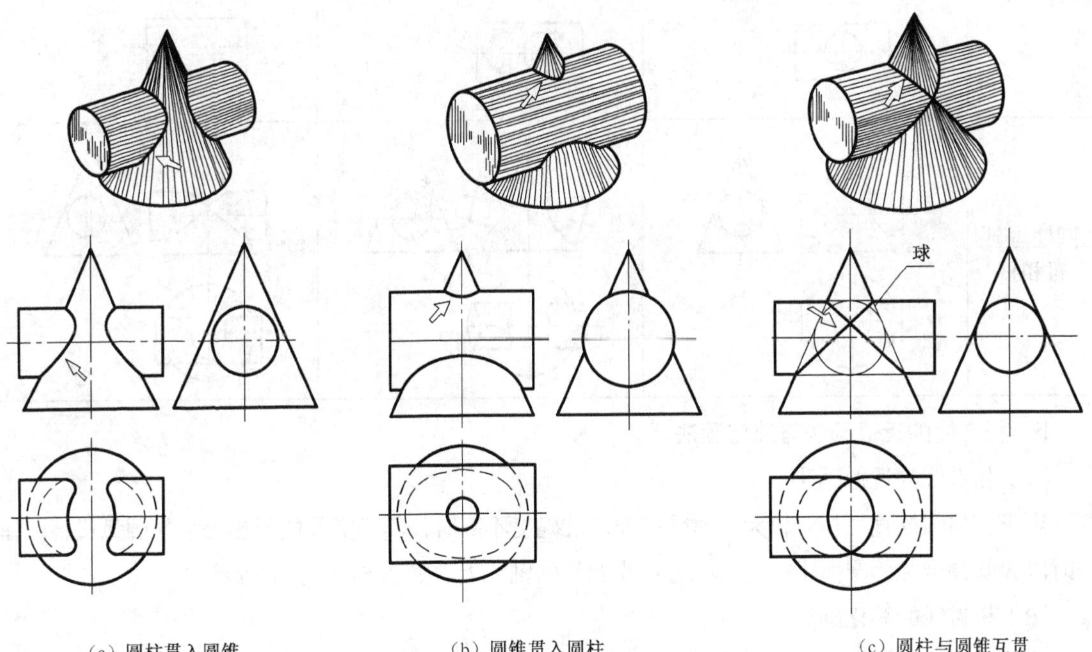

（a）圆柱贯入圆锥 （b）圆锥贯入圆柱 （c）圆柱与圆锥互贯

图5-43 圆柱与圆锥正交相贯线的投影特点

（2）两相交回转体相对位置变化对相贯线的影响

两相交圆柱直径不变，改变其轴线的相对位置，则相贯线的形状也随之变化。图 5-44 所示为两圆柱轴线垂直交叉而距离不同时相贯线的变化情况。表 5-3 列出了两回转体轴线从正交到倾斜交叉不同情况下相贯线的变化情况。

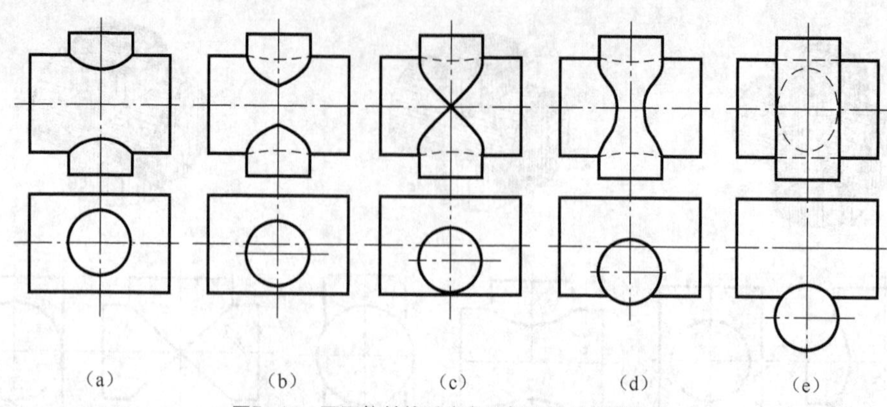

图5-44　两圆柱轴线垂直交叉相贯线的投影特点

表 5-3　　相对位置变化对相贯线形状影响示例

项　目	轴线正交	轴线斜交	轴线交叉
圆柱与圆柱相贯	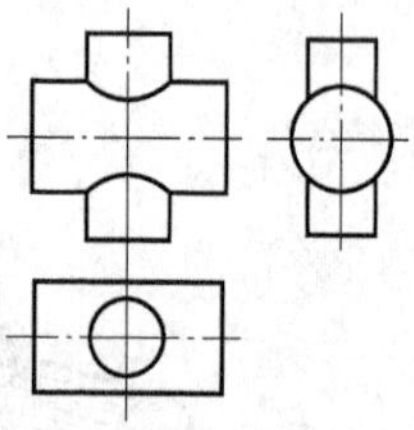	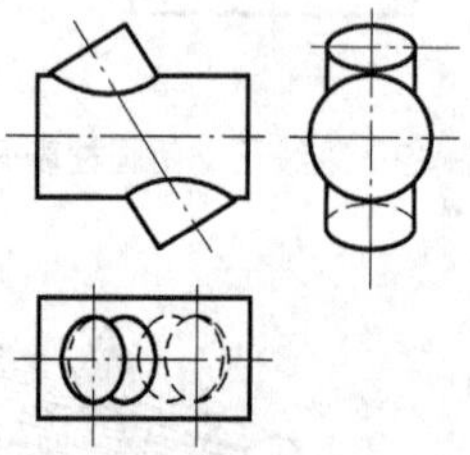	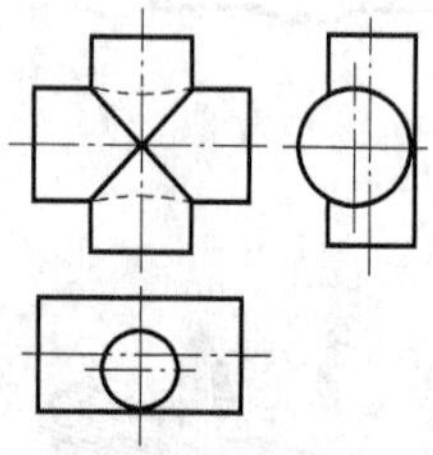
圆柱与圆锥相贯	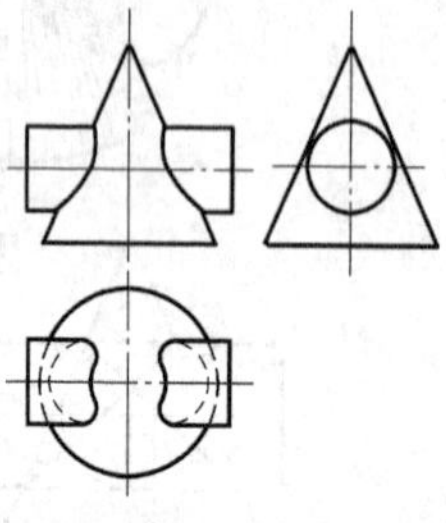	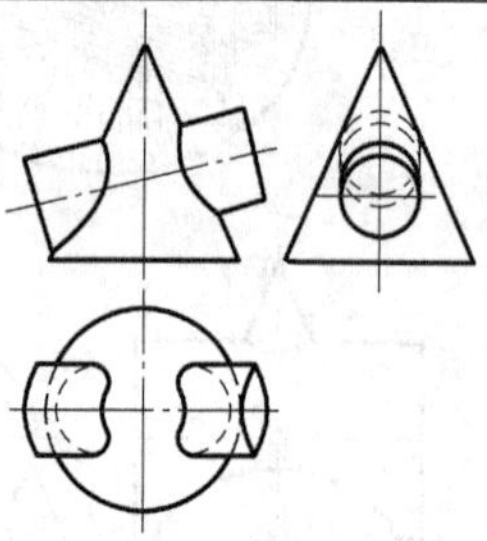	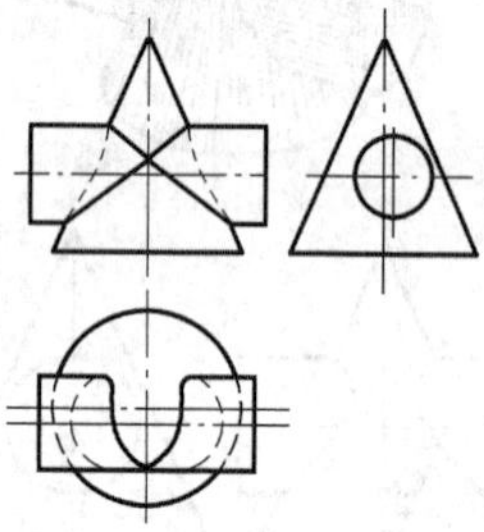

5. **相贯线的近似画法与简化画法**

（1）相贯线的近似画法

当正交两圆柱直径相差较大，对作图要求准确度不高时，其相贯线的投影可采用圆弧代替。作图时以大圆柱半径为圆弧半径，其圆心在小圆柱的轴线上，如图 5-45（a）所示。

（2）相贯线的简化画法

在不致引起误解时，相贯线可采用简化作图。如图 5-45（b）所示为两圆柱偏交相贯线，用直线代替曲线；如图 5-45（c）所示为圆柱与圆锥正交，相贯线采用模糊画法。

6. **多形体相交**

在实际生产中，经常会遇到三个或三个以上形体相交的情况，此时的相贯线比较复杂，但其作图方法和前述的方法是一样的，只是在作图前要分析各相贯体的形状和相对位置，再逐个求出彼此相交部分的相贯线。

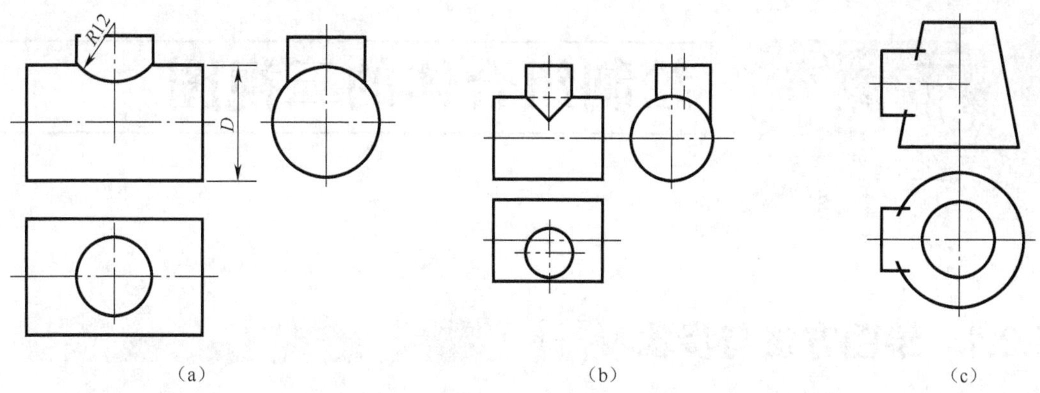

图5-45 相贯线的近似画法与简化画法

【例 5-16】 求图 5-46 所示形体的交线。

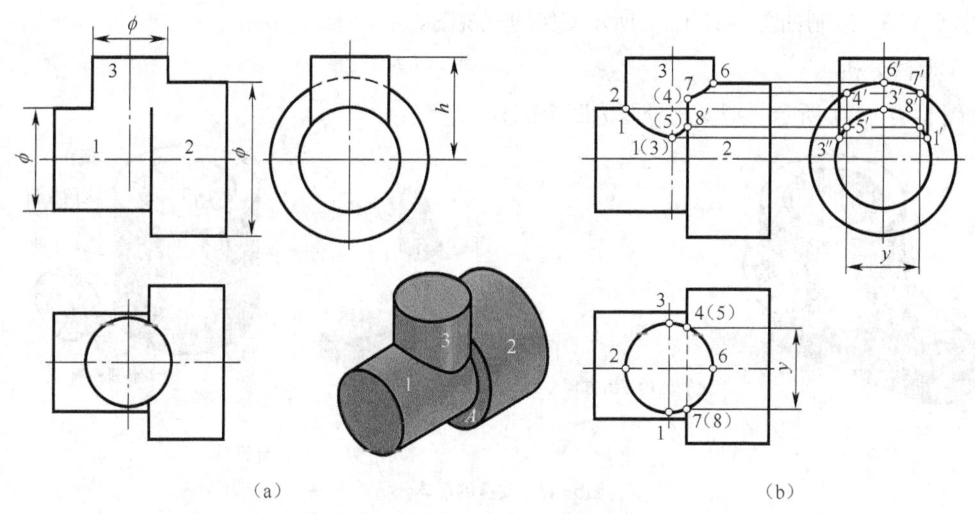

图5-46 多形体相交

分析：图 5-46 所示为多圆柱体相交的立体。从立体图中看出是由 3 个圆柱Ⅰ、Ⅱ、Ⅲ组成的。其中Ⅰ、Ⅱ是叠加关系，无交线；Ⅰ与Ⅲ、Ⅱ与Ⅲ都是正交关系，存在交线，需求解。另外，圆柱Ⅱ的左端面与Ⅲ也是相交关系，存在交线。

作图思路：按上述分析，逐个求出各形体之间的交线，由于圆柱Ⅰ、Ⅱ在侧面投影图上有积聚性，圆柱Ⅲ在水平面投影图上有积聚性，因此可利用投影的积聚性及点的三投影之间关系，求出圆柱Ⅰ、Ⅲ的表面交线和圆柱Ⅱ、Ⅲ之间表面交线（将其假设为完全相贯进行作图）；

平面 *A* 与圆柱Ⅲ交线在正面的投影重影成一竖直线段（4′）（5′）、7′8′，且位于两段曲交线之间，是Ⅰ与Ⅲ、Ⅱ与Ⅲ表面交线正面投影的终止位置（在求圆柱Ⅰ、Ⅲ的表面交线和圆柱Ⅱ、Ⅲ之间表面交线时，可将其假设为完整相贯进行作图，然后以 *A* 面的正面投影为界去掉未相交的线），*A* 面的水平投影积聚成点 4（5）和点 7（8），侧面投影 4″、5″和 7″、8″可根据宽相等求得。

5.2 绘制组合体的三视图

5.2.1 绘图方法与步骤

画组合体的三视图一般按“形体分析→选择主视图→确定比例、选定图幅及布置视图 →具体作图”等步骤进行。

1. 叠加式组合体视图画法

【例 5-17】 绘制如图 5-47（a）所示支座的三视图。

（1）形体分析

如图 5-47（b）所示，把支座分解为四个部分。

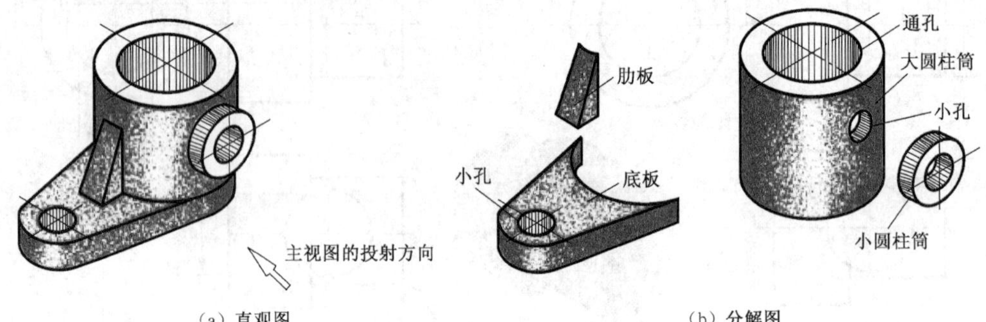

（a）直观图　（b）分解图

图5-47　支座的形体分析

（2）选择主视图

表达组合体的三个视图中，主视图是最主要的视图，当主视图的投射方向确定后，俯、左视图的投射方向也就随之确定。选择主视图应考虑以下三点。

① 反映组合体的形体特征（称为形体特征原则），把反映组合体各部分形状和相对位置信息量较多的一面作为主视图的投射方向。

② 符合组合体的自然安放位置，使组合体的表面对投影面尽可能多地处于平行或垂直位置。

③ 尽量减少其他视图的虚线。

如图 5-47（a）所示，选择箭头所指方向为主视图的投射方向符合以上三点要求。

图 5-48 所示是四个组合体分别按两个不同方向画出来的主视图，显然，*A* 向作主视图的投射方向更符合要求。

（3）确定比例、选定图幅及布置视图

① 根据组合体的大小和复杂程度，选择符合标准规定的比例，一般选用 1:1 的比例。

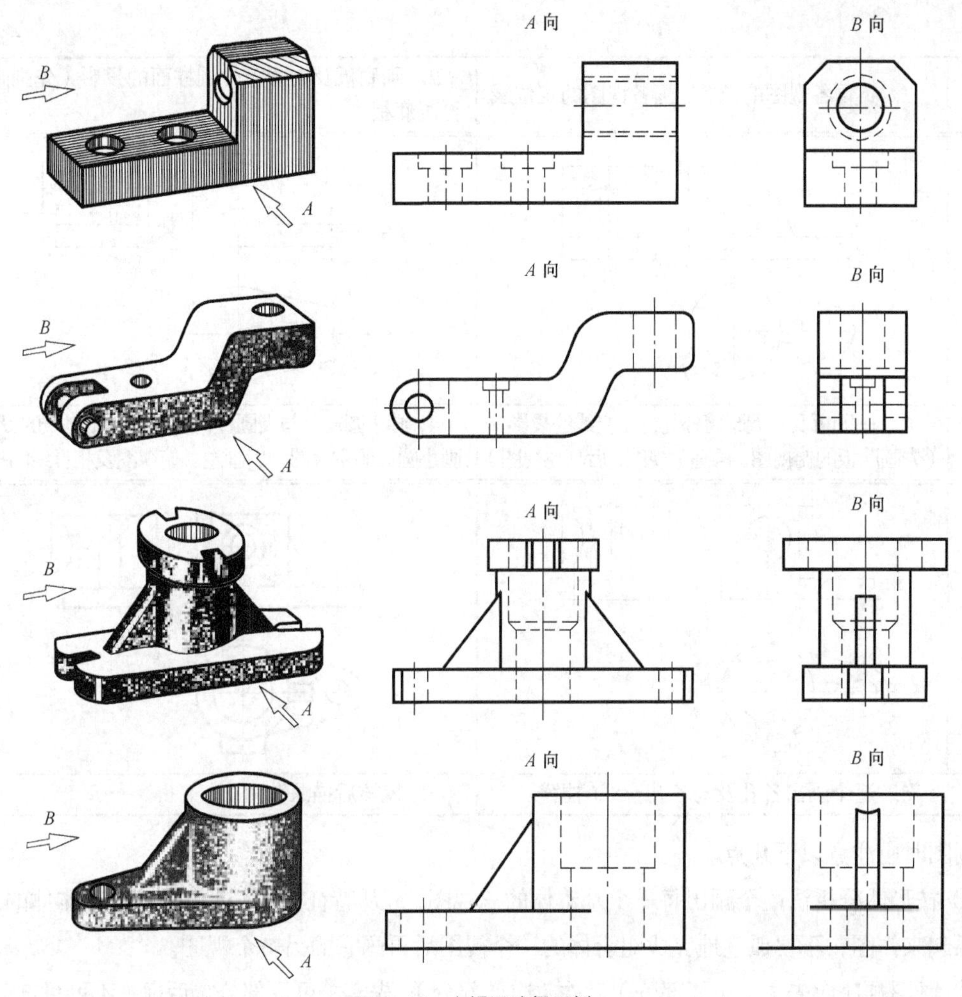

图5-48 主视图选择示例

② 按选定的比例，根据组合体的长、宽、高计算出三个视图所占的面积，并考虑标注尺寸以及视图之间、视图与图框之间的间距，选用合适的标准图幅，并布置各视图。

（4）具体绘图

叠加类组合体的视图应按“加法”进行绘图，即按组合体的组合顺序，逐个画出各组成部分的视图，最后完成全图。表5-4给出了支座三视图的具体作图过程。

表5-4　　支座的画图步骤

图例		

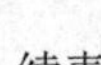
续表

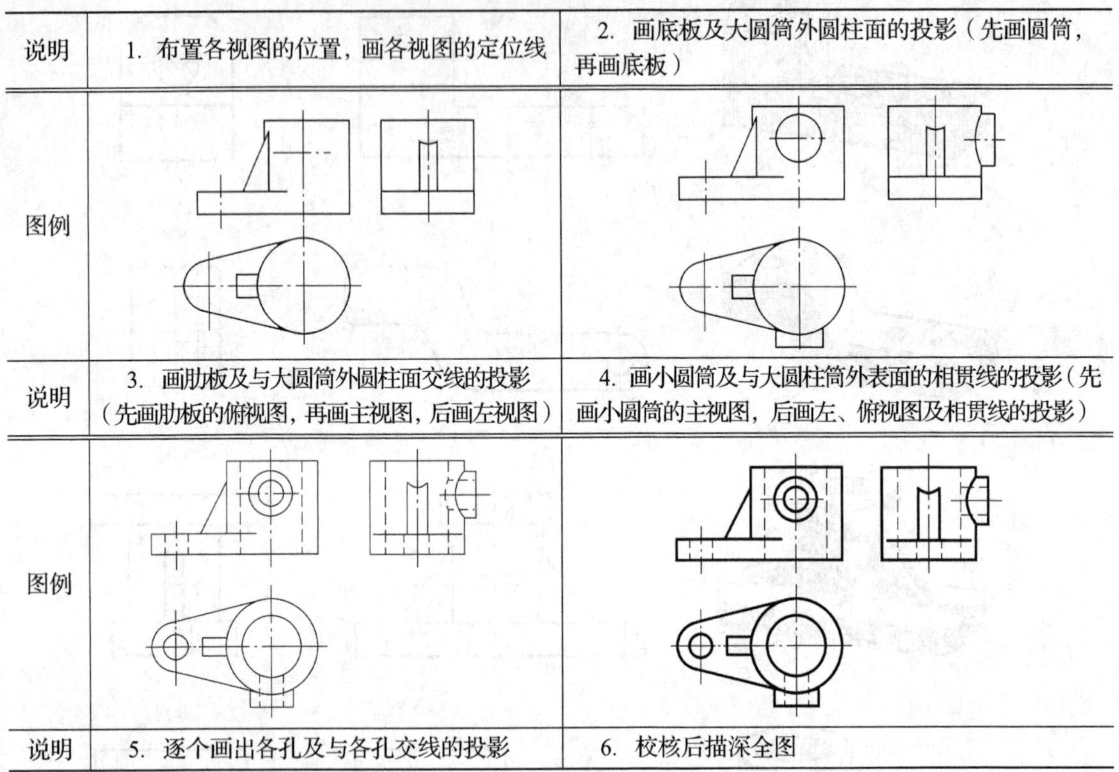

说明	1. 布置各视图的位置，画各视图的定位线	2. 画底板及大圆筒外圆柱面的投影（先画圆筒，再画底板）
图例		
说明	3. 画肋板及与大圆筒外圆柱面交线的投影（先画肋板的俯视图，再画主视图，后画左视图）	4. 画小圆筒及与大圆柱筒外表面的相贯线的投影（先画小圆筒的主视图，后画左、俯视图及相贯线的投影）
图例		
说明	5. 逐个画出各孔及与各孔交线的投影	6. 校核后描深全图

画图时应注意以下几点。

① 按形体分析法逐个画出每一个基本体的三视图，应从特征视图开始，把同一基本体的三个视图联系起来作图，不要孤立地完成组合体的一个视图后再画它的另一个视图。

② 画图顺序应先主（主要部分）后次（次要部分）；先实（可见部分）后虚（不可见部分）；先轮廓，后细节；先积聚性投影，后其他投影。

③ 应从整体概念出发，处理各形体之间表面连接关系和各部分衔接处图线的变化。

④ 为了便于修改图形，保证图面质量，应先用细线条画底稿，经核对修改无误后，再按所选择的标准图线宽度，分别描深各种图线。

2. 切割式组合体画法

切割式组合体的视图应按"减法"进行绘制，即先画出未切前物体的完整视图，然后按切割顺序逐个减去被切掉的部分，其基本画图步骤如下。

（1）画切割前完整基本体的视图。

（2）按切割顺序逐个画出被切去部分的视图。画图时，应先画被切割部分的特征视图（即截断面或切口有积聚性或反映实形的投影），再根据投影规律，三个视图同时配合，画其他视图。

【例 5-18】 绘制如图 5-49 所示支架的三视图。

（1）形体分析

该支架在未切割前是一长方体，如图 5-49（a）所示。在长方体的基础上，依次用侧垂面切去了前后各一块三角块Ⅰ，用一水平面和正垂面在左上角切去一块梯形块Ⅱ，用两个正平面和一个侧平面在左下方中间部位切去一长方体Ⅲ，用两个侧垂面和一个水平面在右上方中间部位切去梯形块Ⅳ，如图 5-49（b）所示。

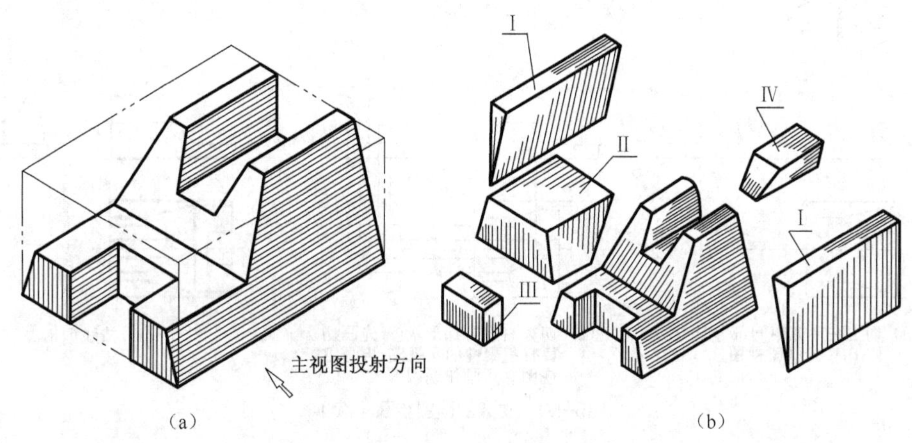

图5-49 支架的形体分析

（2）选择主视图

选择反映该物体形状特征最明显，且物体上尽量多的面处于投影面的平行位置和垂直位置为主视图的投射方向，如图 5-49（a）所示。

（3）具体作图

先画出未切前物体的完整视图，然后按切割顺序逐个减去被切掉的部分，具体作图过程如图 5-50 所示。

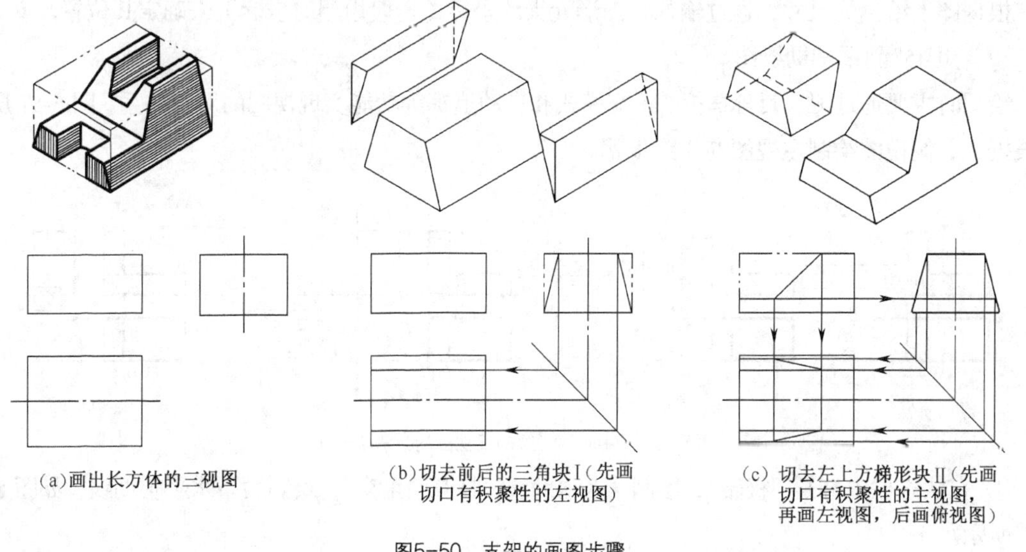

图5-50 支架的画图步骤

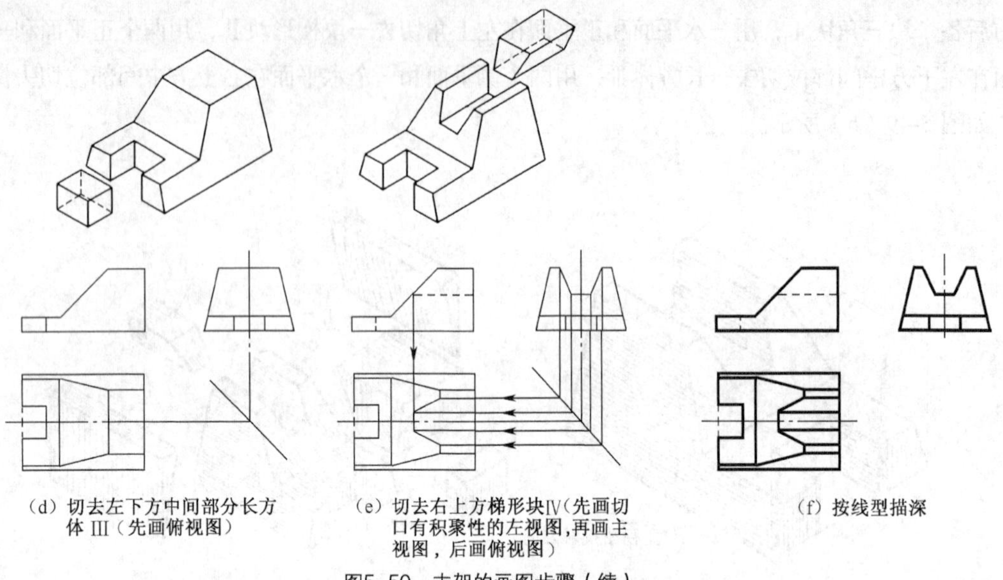

图5-50 支架的画图步骤（续）

5.2.2 计算机绘制三视图的方法

绘制组合体的三视图是绘制零件图的基础。

绘制三视图的关键是要保证三视图之间的对正关系，即主俯视图长对正、主左视图高平齐、俯左视图宽相等。因此，需使用 AutoCAD 提供的辅助绘图工具进行绘图。一般常采用捕捉、栅格、追踪、正交模式以及目标捕捉功能等几种辅助工具配合作图。

一般常采用以下几种方法。

（1）坐标输入法

根据图上给出的尺寸，通过输入各图形元素的坐标（一般用相对坐标）来确定其位置。

（2）用 45° 斜线辅助绘图

绘图时主要通过配合目标捕捉、正交模式和自动追踪等功能实现视图的对正关系。图 5-51 所示为根据主、俯视图绘制左视图的作图步骤。

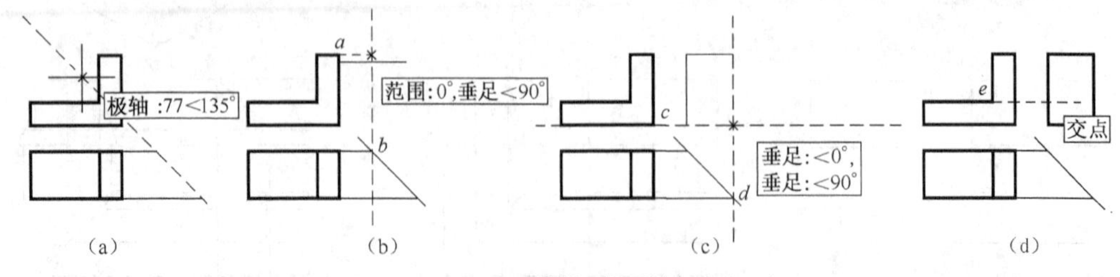

图5-51 AutoCAD绘制三视图的方法（一）

① 在状态栏中打开“极轴”，绘制 45° 辅助线；打开“正交”，绘制两条水平辅助线，如图 5-51（a）所示。

② 在状态栏中打开“正交”、“对象捕捉”和“对象追踪”；启用“矩形”绘制命令，当系统提

示“指定第一角点”时，用光标捕捉主视图中的 *a* 点，并向右缓慢移动光标，待出现追踪线（细点线）时，再移动光标捕捉辅助线上的 *b* 点，并向上缓慢移动光标，待同时出现两条相交追踪线时，单击鼠标，即确定了矩形的第一角点，如图 5-51（b）所示。

③ 确定第一角点后，系统提示“指定第二角点”。用光标捕捉主视图中的 *c* 点，并向右缓慢移动光标，待出现追踪线时，再移动光标捕捉辅助线上的 *d* 点，并向上缓慢移动光标，待同时出现两条相交追踪线时，单击鼠标左键，即确定了矩形的第二角点，如图 5-51（c）所示。

④ 用上述方法，捕捉主视图上的 *e* 点，可绘制出左视图上的中间线段，并完成作图，如图 5-51（d）所示。

（3）辅助线图层法

建立“辅助线图层”，作图完毕再将该辅助图层关闭或删除，图 5-52（a）所示为用辅助线作图。通过旋转并移动俯视图（或左视图）来实现两视图间的宽相等关系，如图 5-52（b）所示。

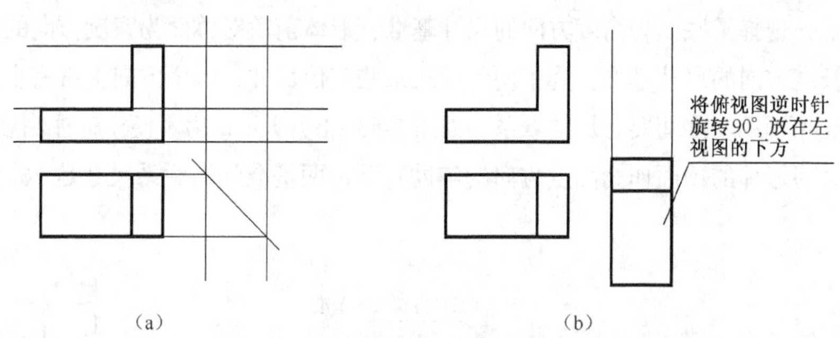

图5-52　AutoCAD绘制三视图的方法（二）

由于 AutoCAD 软件绘制平面图形的命令非常丰富，相同图形元素的作图方法也多种多样，这使得同一个图样的绘制可采用许多不同的作图顺序来实现，所以，用计算机软件绘制三视图的方法并不固定，它取决于绘图者的个人习惯以及绘图者对命令和对系统操作的熟练水平。

5.3 组合体的尺寸标注

三视图只能表达组合体的形状，而各形体的真实大小及其相对位置，则要靠尺寸来确定。因此，标注尺寸是表达形体的重要手段，掌握好组合体标注尺寸的方法，可为今后在零件图上标注尺寸打下良好的基础。

5.3.1 标注尺寸的基本要求

标注组合体尺寸必须做到正确、完整、清晰。

1. 标注尺寸要正确

所谓正确就是指所注的尺寸数值要正确无误，尺寸注法要严格遵守国家标准《机械制图　尺寸注法》（GB/T 4458.4—2003）的基本规则和方法（见第 1 章）。

2. 标注尺寸要完整

标注尺寸要完整是要求所标注的尺寸必须能完全确定组合体的形状、大小及其相对位置，不遗漏、不重复。

要保证所标尺寸完整，通常采用形体分析法，将组合体分成若干个基本形体，标注出其定形尺寸，选择合适的基准，标注出各形体的相互位置尺寸和总体尺寸。

（1）尺寸基准的确定

标注或测量尺寸的起点称为尺寸基准。

标注组合体尺寸时，应先选择尺寸基准，以便标注各形体间的相对位置尺寸。组合体具有长、宽、高三个方向的尺寸，每个方向上都要有尺寸基准。选择尺寸基准必须体现组合体的结构特点，并使尺寸度量方便。一般选择组合体的对称面、底面、重要端面及轴线为基准。如图 5-53（a）所示，选择了底面为高度方向的尺寸基准，形体前后对称面为宽度方向的尺寸基准，底板的右端面为长度方向的尺寸基准。为了便于标注某些定位尺寸，每个方向上常有主要基准和辅助基准，主要基准和辅助基准间要有尺寸联系。如图 5-53（b）所示，为了便于标注高度方向尺寸 6，在高度方向上又将形体的顶面作为高度方向的辅助基准，两基准间的联系尺寸是 76。

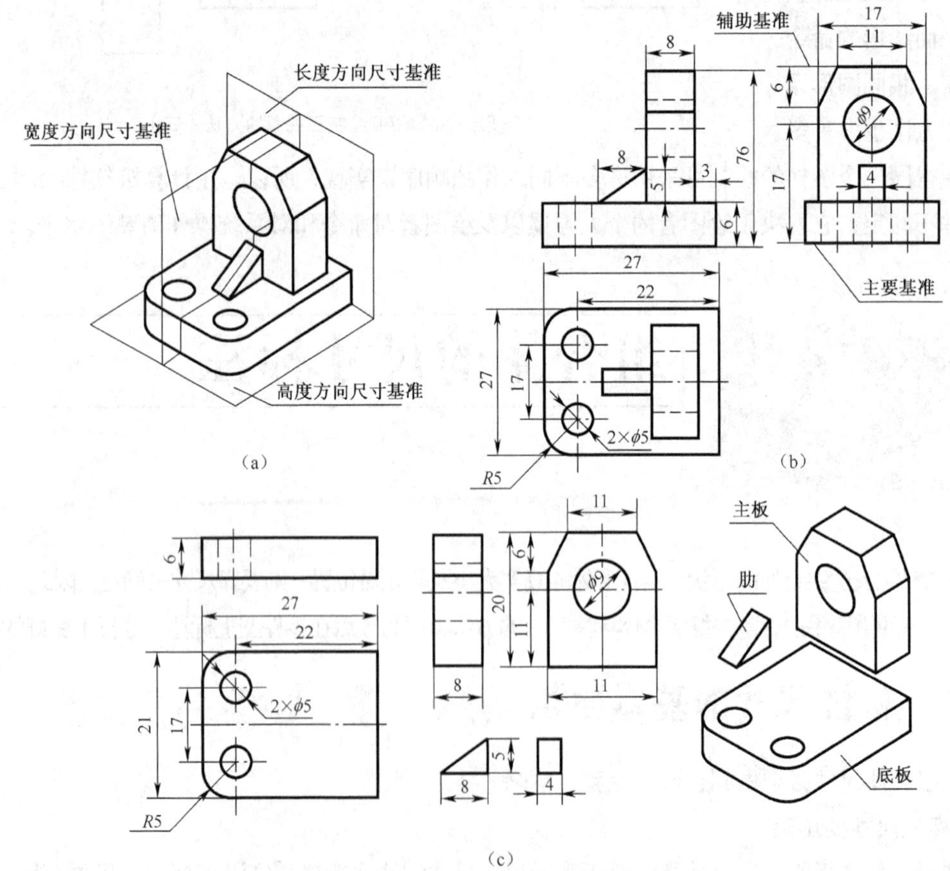

图5-53 组合体的尺寸标注

（2）尺寸的种类

① 定形尺寸。确定组合体上各组成部分形状和大小的尺寸称为定形尺寸。在标注定形尺寸时，应首先用形体分析法，将组合体分解成若干个简单形体，然后逐个标注出各简单形体的定形尺寸，如图 5-53（c）所示。

② 定位尺寸。确定组合体各组成部分之间相对位置的尺寸称为定位尺寸，如图 5-53（b）所示的 3、22、11、17 等。

两个形体间应该有三个方向的定位尺寸，如图 5-54（a）所示。有时在视图中已经确定了某个方向的相对位置，也可省略其定位尺寸。如图 5-54（b）所示，由于孔板和底板左右对称，且两对称面重合，因此可省略长度方向的定位尺寸，只需注出宽度和高度的定位尺寸。图 5-54（c）所示的孔板与底板左右对称面重合，后面平齐，两形体的左右、前后的相对位置已在视图中表达清楚，因此，只需标注出高度方向的定位尺寸即可。

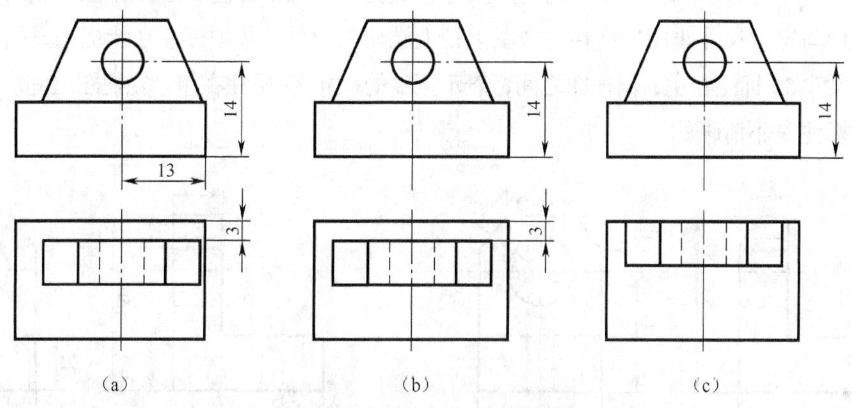

图5-54 组合体定位尺寸的标注

③ 总体尺寸。确定形体总长、总宽、总高的尺寸称为总体尺寸。图 5-53（b）中的 27、26、21 分别为形体的总长、总高和总宽。当标注了总体尺寸后，为了避免产生多余尺寸，有时要对已标注的定形、定位尺寸作调整。图 5-53（b）中主视图上标注了总高尺寸 26 后，要省略孔板高 20 的尺寸。

当组合体的一端为回转体时，通常总体尺寸只标注到回转体的中心，而不直接标注出总体尺寸，如图 5-55 所示。

3. 标注尺寸要清晰

标注尺寸清晰就是指尺寸要恰当布局，便于查找和看图，不至于发生误解和混淆，因此要注意以下几点。

（1）突出特征

定形尺寸尽量标注在反映形体特征明显的视图上。如图 5-56 所示，凹槽在主视图上反映特征最明显，因此尺寸 16 标注在主视图上较好。

（2）相对集中

同一形体的定形尺寸和定位尺寸应尽量标注在同一视图上，与两图有关的尺寸最好标注在两视图之间，以便于读图时查找。

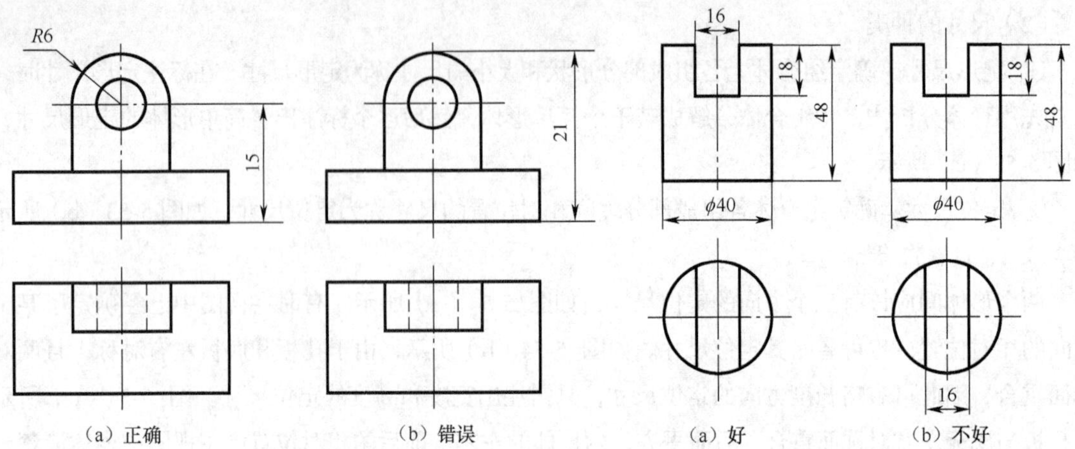

（a）正确　（b）错误

图5-55　总体尺寸注法示例

（a）好　（b）不好

图5-56　尺寸标注在形体特征明显的视图上

如图 5-57（a）所示，2 × ϕ12 孔的定形尺寸和定位尺寸集中标注在形体特征明显的俯视图上；ϕ20 孔的定形与定位尺寸集中标注在左视图上；上端切角的尺寸集中标注在特征明显的左视图上；表示高度的尺寸 50 标注在主、俯视图之间，表示宽度的尺寸 37 标注在俯、左视图之间。图 5-57（b）所示的分散标注是不清晰的。

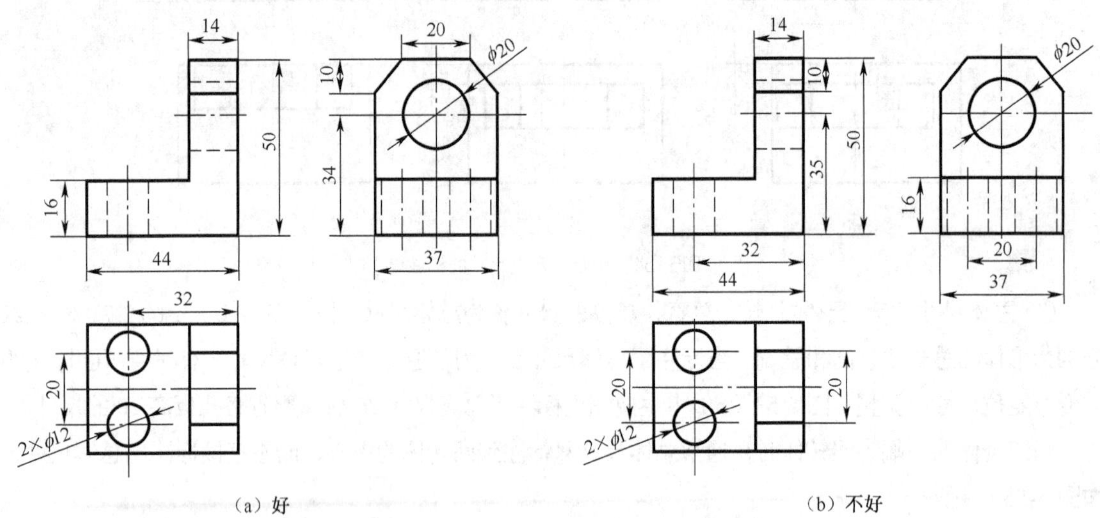

（a）好　（b）不好

图5-57　尺寸标注要集中

（3）布局整齐、清晰

① 尺寸排列要整齐，串列尺寸尽量标注在同一条线上，并列尺寸应使小尺寸在里（靠近视图），大尺寸在外，如图 5-58 所示。尺寸应尽量标注在视图外部，以免尺寸线和尺寸数字与轮廓线交错重叠，影响看图。

② 圆柱、圆锥的直径尺寸应尽量标注在非圆视图上，圆弧尺寸一定要标注在反映圆弧实形的视图上，如图 5-59（a）所示。图 5-59（b）中的ϕ24、ϕ40 标注不当，R28 标注错误。

③ 对称的定位尺寸应以尺寸基准对称面为对称直接标注，不应在尺寸基准两边分别标注。如图 5-60 所示，凹槽宽度尺寸 40 和 2 × ϕ12 孔的定位尺寸 40 应按图 5-60（a）所示标注，图 5-60（b）

所示的标注是错误的。

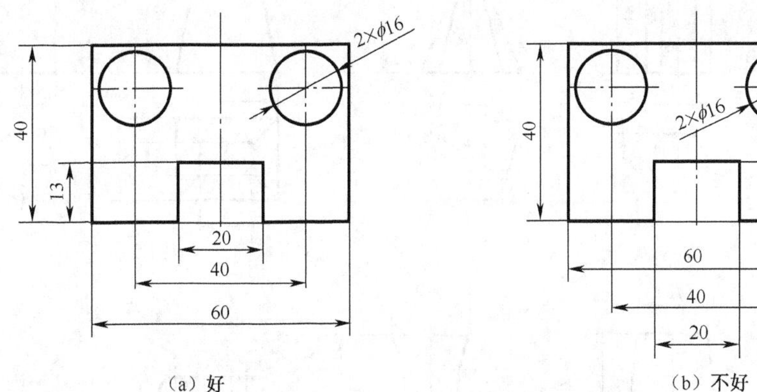

（a）好　　（b）不好

图5-58 尺寸标注要清晰

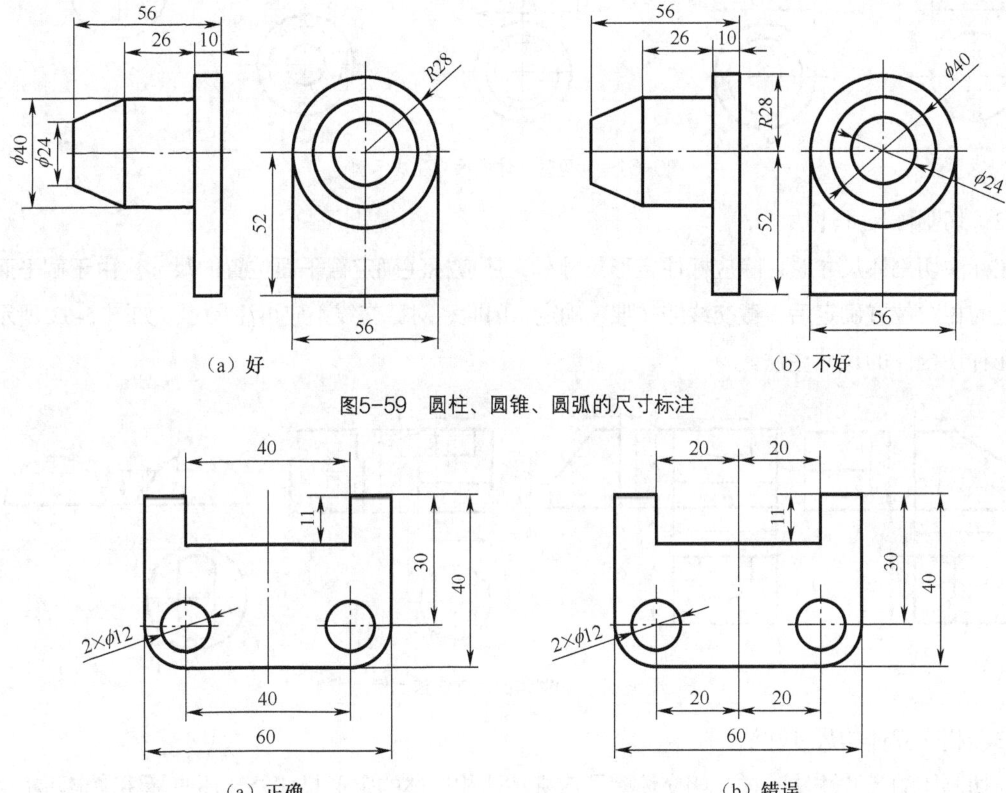

（a）好　　（b）不好

图5-59 圆柱、圆锥、圆弧的尺寸标注

（a）正确　　（b）错误

图5-60 对称结构尺寸的标注

④ 尺寸线与轮廓线、尺寸线与尺寸线之间的距离大小要适当（一般取 7～10mm）。

4. 常见基本体、切割体及相交立体的尺寸注法示例

（1）基本体的尺寸注法

标注基本体的尺寸，一般要标注它的长、宽、高三个方向的尺寸，图 5-61 所示是几种常见基本体的尺寸注法示例。对于回转体来说，通常只要标注径向尺寸和轴向尺寸。

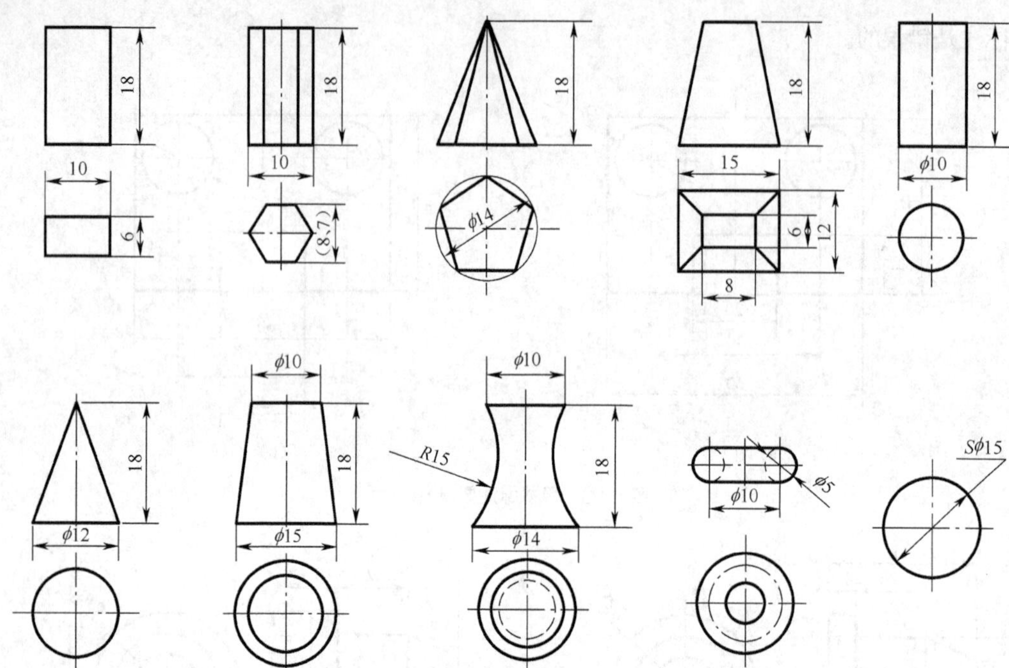

图5-61　常见基本体的尺寸注法示例

（2）切割体尺寸注法

在标注切割体尺寸时，除应标注定形尺寸外，还应标注确定截平面位置的尺寸。由于截平面在形体上的相对位置确定后，截交线即被唯一确定，因此，对截交线不应再注尺寸。如图 5-62 所示列出了几种切割体的尺寸注法。

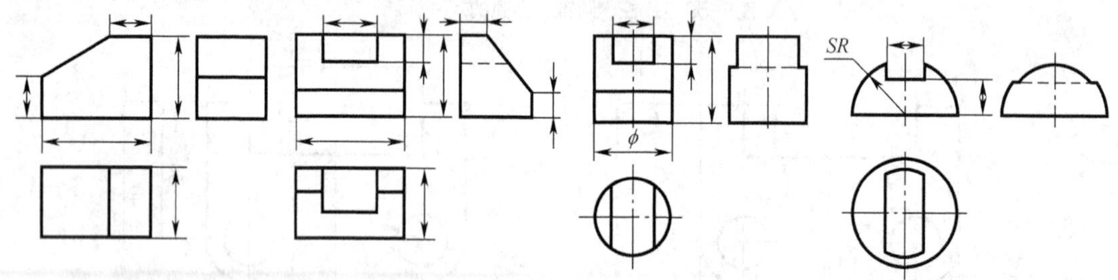

图5-62　切割体的尺寸注法示例

（3）相交立体的尺寸注法

与切割体的尺寸注法一样，相交体除了应标注两相交体的定形尺寸外，还应标注确定两相交基本体的相对位置的定位尺寸。当定形和定位尺寸注全后，两相交体的交线（相贯线）即被唯一确定，因此，对相贯线也不需再注尺寸。图 5-63 所示列出了常见相交立体的尺寸注法。

（4）机件上常见薄板的尺寸注法

从图 5-64 中可以看出，由于板的基本形状和孔、槽的分布形式不同，其中心距定位尺寸的标注形式也不一样。如在类似长方形板上按长、宽两个方向分布的孔、槽，其中心距定位尺寸按长、宽两个方向进行标注；在类似圆形板上按圆周分布的孔、槽，其中心距用标注定位圆（用细点画线）直径的方法标注。

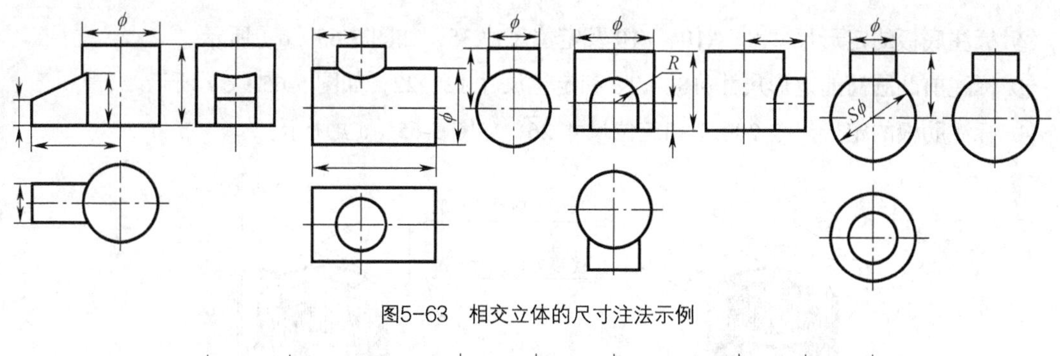

图5-63　相交立体的尺寸注法示例

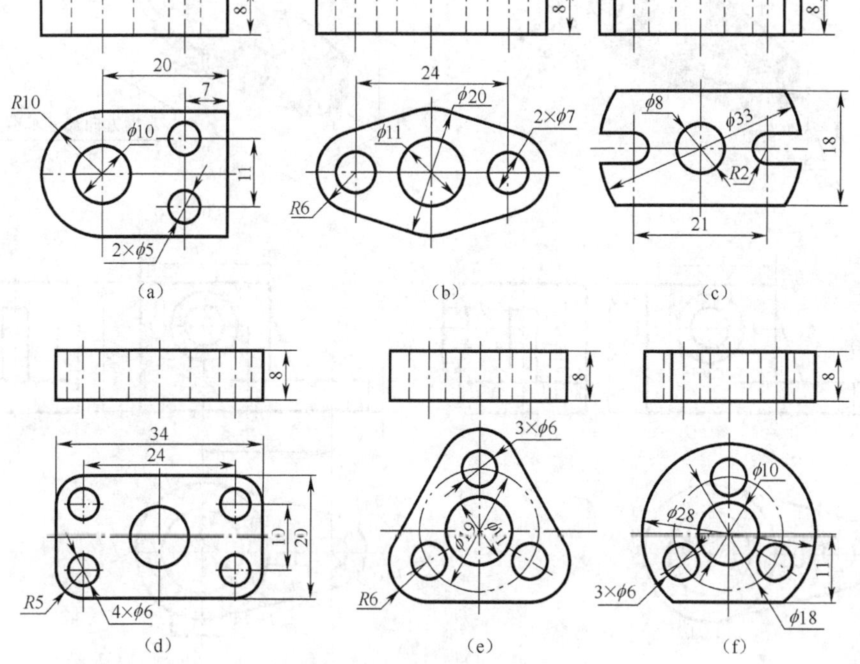

图5-64　常见薄板的尺寸注法示例

5.3.2　标注组合体尺寸的方法和步骤

下面以如图 5-65 所示的支座为例，说明标注组合体尺寸的方法和步骤。

1. 对组合体进行形体分析

可按图 5-47 所示进行形体分析。

2. 选定尺寸基准

按组合体的长、宽、高三个方向依次选定主要基准。支座底平面为高度方向尺寸的主要基准，圆筒与底板的前后对称面为宽度方向尺寸的主要基准，过圆筒轴线的侧平面为长度方向尺寸的主要基准，如图 5-65（b）所示。

3. 分别标出各形体的定位尺寸和定形尺寸

① 标注圆筒的定形尺寸ϕ36、ϕ24、35，如图 5-65（c）所示。

② 标注底板的定形尺寸 8、$R10$、$\phi10$ 及定位尺寸 35，如图 5-65（d）所示。

③ 标注前凸圆筒的定形尺寸$\phi18$、$\phi10$ 和定位尺寸 12、22，如图 5-65（e）所示。

④ 标注肋板的定形尺寸 20、7 和定位尺寸 26，如图 5-65（d）所示。

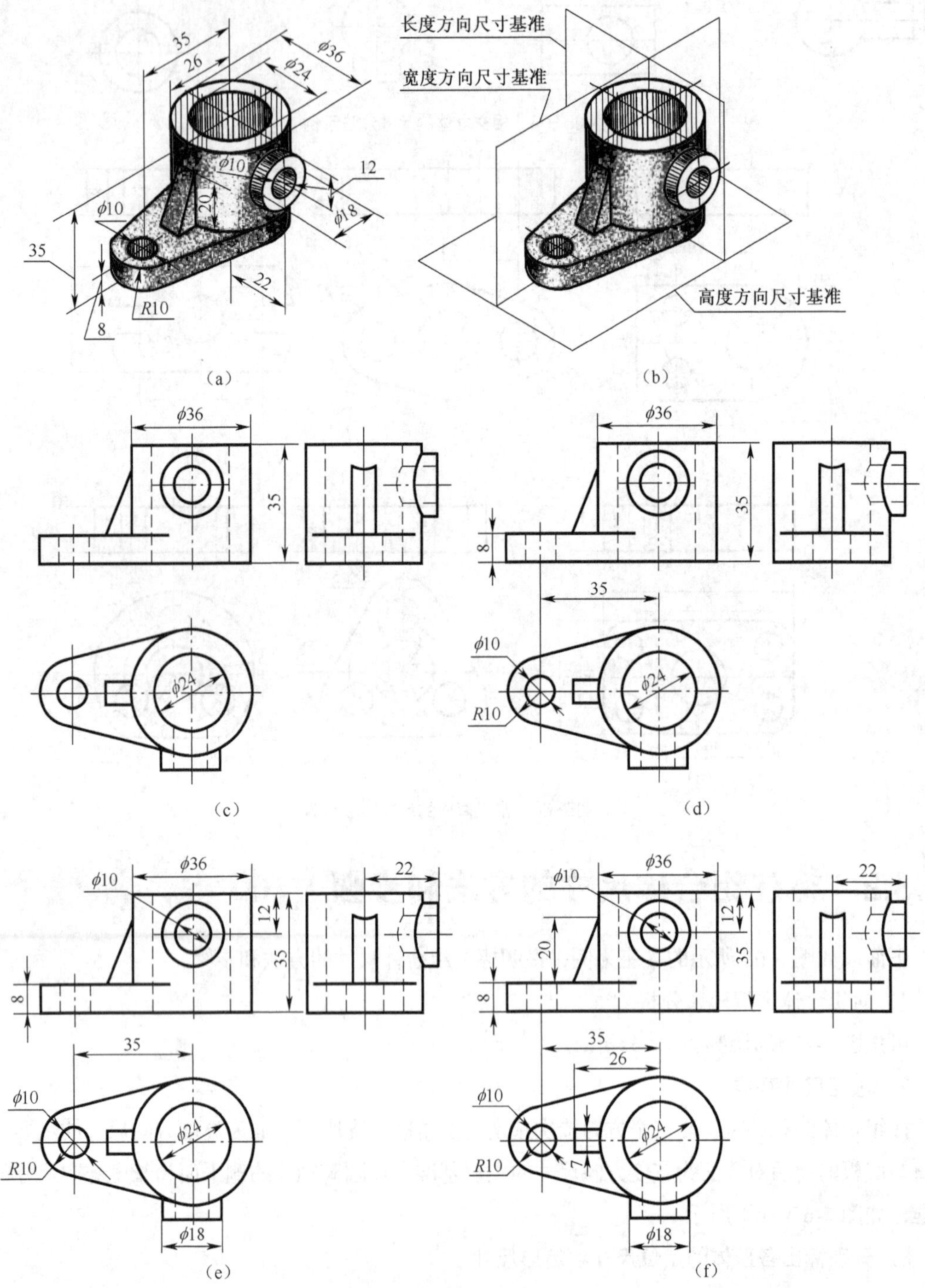

图5-65 支座的尺寸标注实例

4. 进行尺寸调整，并标注总体尺寸

由于定形尺寸、定位尺寸和总体尺寸有兼作情况，或具有规律分布的多个相同基本形体时，都应避免重复标注，因此，要进行检查、调整，并标注总体尺寸。

如圆筒的高度 35 兼作组合体的总体高度尺寸，不能重复标注总体尺寸。组合体的总长度为（35 + 10 + 18），因其两端是回转体，要优先标注回转体的半径 $R10$ 和直径 $\phi36$ 及中心距 35，总体尺寸由这三个尺寸而定，就不能再标注总体尺寸了。同理，总体宽度尺寸由竖圆筒的直径 $\phi36$ 和前凸圆筒的定位尺寸 22 确定，也不能再重复标注。

5.3.3 用 AutoCAD 书写文本

在机械图样中，必要的文字说明可以表达许多非图形信息，例如标题栏、规格说明、图形注释、技术要求等，所以标注文字也是绘图必不可少的内容，即图形和文字结合才能准确表达设计创意。AutoCAD 提供了很强的文字处理功能，具有多行和单行标注文字和编辑功能，并为用户提供了默认的 STANDARD 样式，而且用户还可以根据需要创建自己的文字样式进行文字标注。

1. 文字样式的建立

【命令输入方式】

- 命令：DDSTYLE 或 STYLE。
- 菜单："格式" → "文字样式"。
- 工具栏："文字面板" → "文字样式" A。

启动命令后，系统将打开"文字样式"对话框，如图 5-66 所示，该对话框各项功能如下。

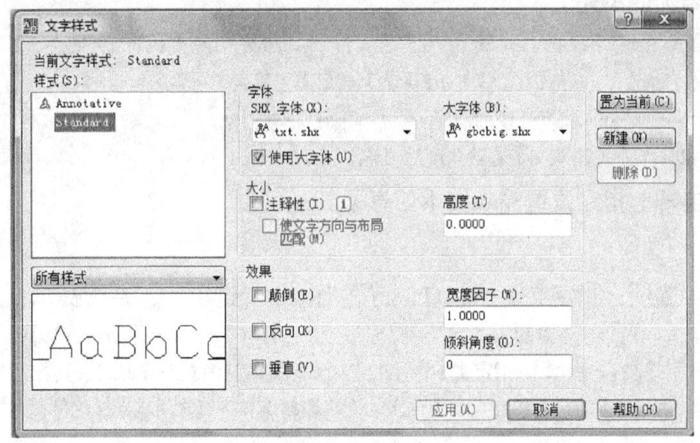

图5-66 "文字样式"对话框

（1）"样式（s）:" 选项区

显示当前图形中所有文字样式的名称，用户可指定列表中的一种样式为当前文字样式，并对其进行修改、重命名、删除等操作。

（2）"字体" 选项区

该区包括"字体名"、"字体样式"、"高度"和是否"使用大字体"等选项，用于更改当前文字样式的字体格式。

如“使用大字体”选项，当选中了一种后缀为.shx 的字体时，选择该项，则此选项的名称变为大字体，它只对后缀为.shx 的字体有效。

（3）“大小”及“效果”选项区

用于设置或修改字体的特性，如文字的高度、方向、高宽比等效果。

（4）“新建（N）…”

用于建立新的文字样式。单击该按钮弹出“新建文字样式”对话框，如图 5-67 所示。用户可以在“样式名”框中，输入新的样式名，单击确定按钮后，返回“文字样式”对话框，并根据制图标准要求和实际需要进行相关设置，建立自己的文字样式。

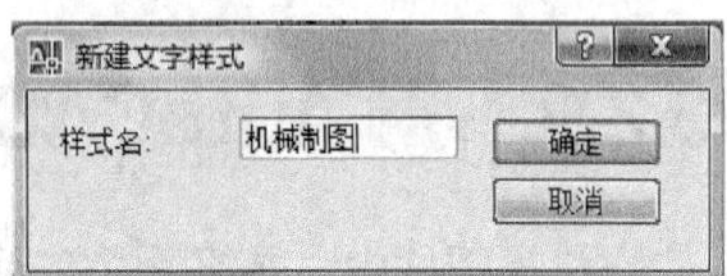

图5-67 “新建文字样式”对话框

2. 单行文字输入

AutoCAD 提供的单行文字，在输入文字的过程中通过回车键可创建多行文字，但每行文字都是一个独立的对象，用户可对每行文字重新定位、调整格式或进行其他修改操作等。

（1）单行文字输入

【命令输入方式】

- 命令：DTEXT。
- 菜单：“绘图”→“文字”→“单行文字”。
- 工具栏：“文字面板”→“单行文字”AI。

【操作格式】

启动命令后，系统提示如下。

当前文字样式：“样式 4”文字高度：10.0000 注释性：否（系统提示当前文字样式、文字高度）

指定文字的起点或 [对正(J)/样式(S)]：（在屏幕上指定文字起点）

指定高度 <10.0000>:（输入文字高度后回车）

指定文字的旋转角度 <0>:（输入文字旋转角度后回车）

此时，便可在屏幕上指定位置输入文本信息了。

【选项说明】

- “对正（J）”选项：指定文字的起点位置，当输入 J 选项后，系统提示：

[对齐(A)/调整(F)/中心(C)/中间(M)/右(R)/左上(TL)/中上(TC)/右上(TR)/左中(ML)/正中(MC)/右中(MR)/左下(BL)/中/下(BC)/右下(BR)]：指定文本标注的起始点，并默认为左对齐方式，其各项含义如下。

① 对齐（A）：确定输入文本的起点和终点，使输入的文本在起点和终点之间重新按比例设置文本的字高，并均匀放置在两点之间。

② 调整（F）：确定输入文本的起点和终点，文本高度保持不变，使输入的文本在起点和终点之间均匀排列。

③ 中心（C）：指定一个坐标点，确定文本的高度和文本的旋转角度，把输入的文本中心放在指定坐标点。

④ 中间（M）：指定一个坐标点，确定文本的高度和文本的旋转角度，把输入的文本中心和高度中心放在指定坐标点。

⑤ 右（R）：将文本右对齐，起始点在文本的右侧。

其余各项分别表示指定标注文本的起始对齐点位置。

- “样式（S）”选项：选择文字样式。在该提示下，用户可直接输入要使用的文字样式名称；

当用户需要查询已经设置了哪些文字样式时，可键入“？”，并按回车键，系统将显示出已定义的所有文字样式，如图 5-68 所示。

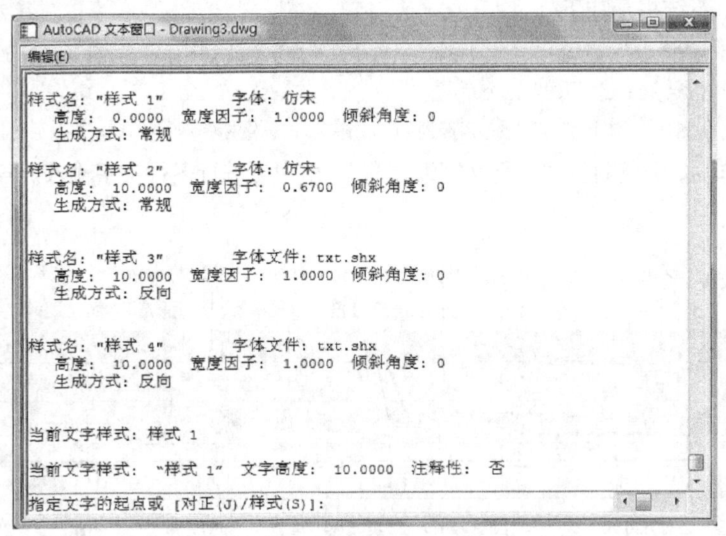

图5-68　显示文字样式的窗口

完成文字的“对正”及“文字样式”设置后，AutoCAD 将以指定的“对正”方式及选定的“文字样式”创建所需的文字，按回车键可换行继续输入单行文字，如果要退出单行文字创建，连续按两次回车键即可。

（2）特殊字符的输入

在单行文字输入过程中，有些字符不能直接从键盘上输入，为了工程图样标注的需要，AutoCAD 提供了控制码来标注这些特殊字符。常见的控制码有如下几种。

%%C：用于生成“ϕ”直径符号。

%%D：用于生成“°”角度符号。

%%P：用于生成“±”上下偏差符号。

%%%：用于生成“%”百分比符号。

%%O：用于打开或关闭文字的上划线。

%%U：用于打开或关闭文字的下划线。

例如，在单行文字输入过程中，通过输入%%C30，可生成ϕ30。

3. 多行文字输入

多行文字就是在指定的矩形范围内书写段落文字，输入的文字为一个对象，可以统一地进行编辑修改。在机械制图中，常用多行文字创建较为复杂的文字说明，如图样中的技术要求等。利用多行文字编辑器可以创建多行文字中的缩进与制表位，使正确对齐表格和编排列表的文字变得更加容易。

（1）多行文字输入

【命令输入方式】

- 命令：MTEXT。
- 菜单：“绘图”→“文字”→“多行文字”。

- 工具栏：“文字面板”→“多行文字”A。

【操作格式】

启动命令后，系统提示如下。

```
当前文字样式："样式 1" 文字高度：10 注释性：否（系统提示当前文字样式、文字高度等）
指定第一角点：（指定多行文字框的第一个角点）
指定对角点或［高度(H)/对正(J)/行距(L)/旋转(R)/样式(S)/宽度(W)/栏(C)］：（指定对角点或选项）
```

完成上述操作后，系统打开“多行文字编辑器”，用户可进行多行文字输入。各主要选项的含义如图 5-69 所示。

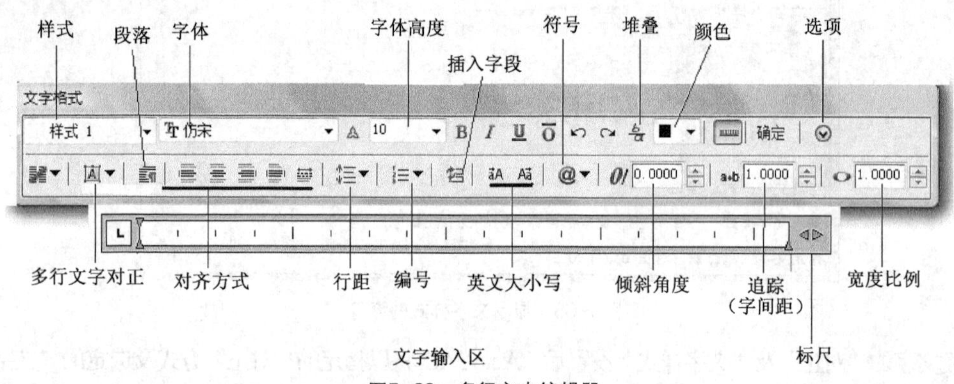

图5-69　多行文本编辑器

（2）特殊字符输入

① 在多行文字输入过程中，用户可通过打开“多行编辑器”上的符号“@▾”按钮，在弹出的“符号子菜单”中选择需要的符号，如图 5-70 所示。在“符号子菜单”中，若选择“其他”选项，系统会弹出更多的符号列表，供用户选用。

② 输入堆叠格式的文字时，可通过“堆叠”按钮“$\frac{a}{b}$”来实现。具体操作方法为：当在“文字输入区”选择了可以堆叠的文字后，再选择该按钮，它可以将位于符号“/”左面的文字放在分子上，而将符号右面的文字放在分母上；含有一个符号“^”的文本，堆叠后其左面的文本设置为上标，右面的文本为下标；含有符号“#”文本，堆叠后为被“/”分开的分数，如图 5-71 所示。

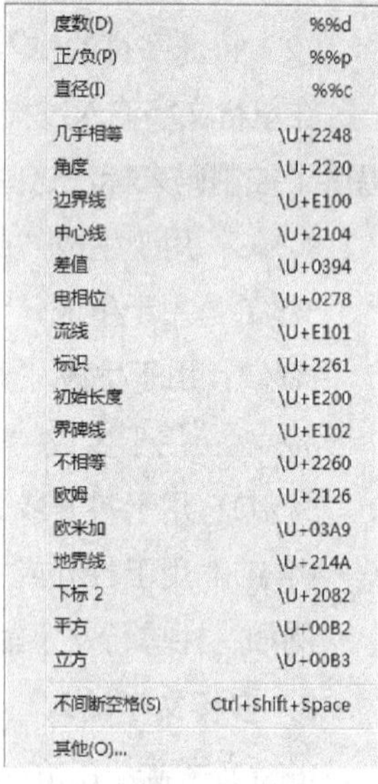

图5-70　符号子菜单

4. 文本编辑

如果标注的文本不符合绘图要求，往往需要在原有的基础上进行修改，修改的项目一般包含修改文字特性和修改文字内容，最常用的方法有如下两种。

（1）修改文字内容时，只要直接双击文字，就可对文字内容进行修改。

（2）修改文字特性有两种方法，一是通过修改样式，修改文字的高度、反向、颠倒、旋转等效果；二是选中文字后，单击鼠标右键，在弹出的菜单中选择“特性”项，打开“特性”面板，如图 5-72 所示，在“特性”面板的“内容”文本框中对文字进行修改。

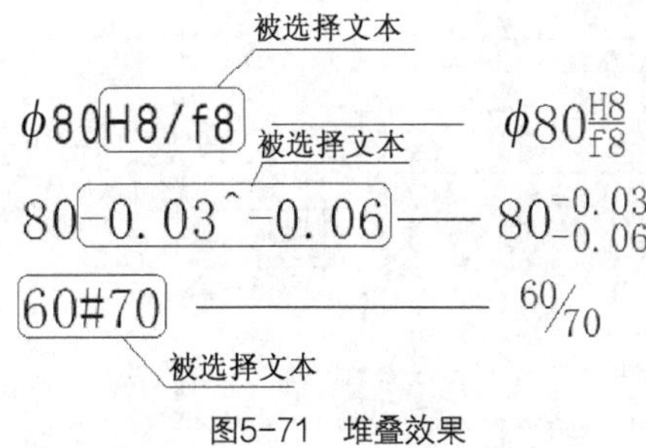

图5-71 堆叠效果

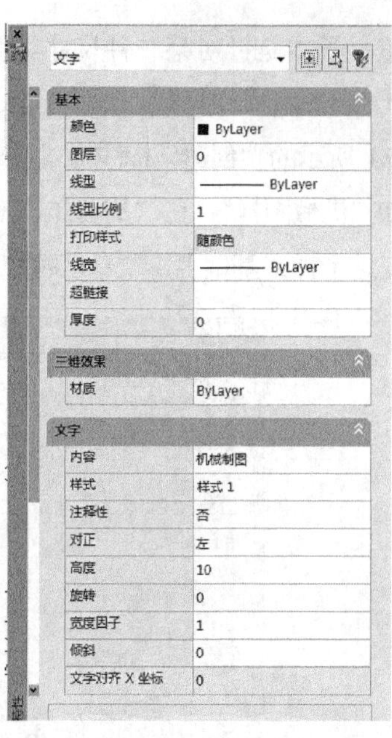

图5-72 “特性”面板

5.3.4 用AutoCAD标注尺寸

AutoCAD 提供了一套完整的尺寸标注命令，通过这些命令用户可以方便地标注图形上的各种尺寸。当用户进行尺寸标注时，AutoCAD 会自动测量实体的大小，并在尺寸线上标出正确的尺寸数字。

1. 尺寸标注样式

由于 AutoCAD 提供的标注功能是一种半自动标注，许多参数的默认设置往往不能满足各种尺寸标注的要求，这就需要用户在标注尺寸前，根据实际需要对其进行修改或创建适合自己的标注样式。

（1）新建或修改尺寸标注样式

【命令输入方式】

- DIMSTYLE。
- 菜单：“格式”→“标注样式”或“标注”→“标注样式”。
- 工具栏：“标注”→“标注样式”。

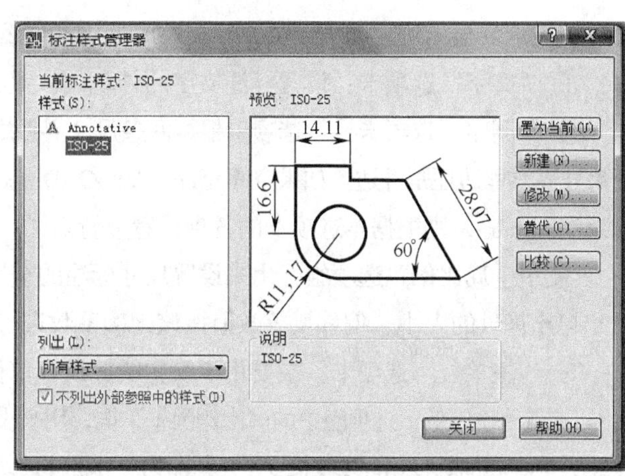

图5-73 “标注样式管理器”对话框

启动命令后，系统打开如图 5-73 所示“标注样式管理器”对话框，利用此对话框可以方便直观地定制和浏览尺寸标注样式，包括创建新的标注样式、修改已存在的样式、设置当前尺寸标注样式、样式重命名及删除已有样式等。标注样式分为父本和子本，其中父本是针对全体尺寸类型的设置；子本是针对某一种尺寸类型，如“角度、直径、半径”等，子本是由父本产生的。

① 创建新标注样式。单击“标注样式管理器”对话框中的“新建（N）...”按钮，系统弹出如图 5-74 所示的“创建新标注样式”对话框。用户可在“新样式名（N）:”文本框中输入新建样式的名称，如“机械图样”；在“基础样式（s）:”下拉列表框中选择当前要使用的样式，即父本样式，新建样式是在这个样式基础上修改一些特性得到的；在“用于”下拉列表框中定义新建样式的应用范围。

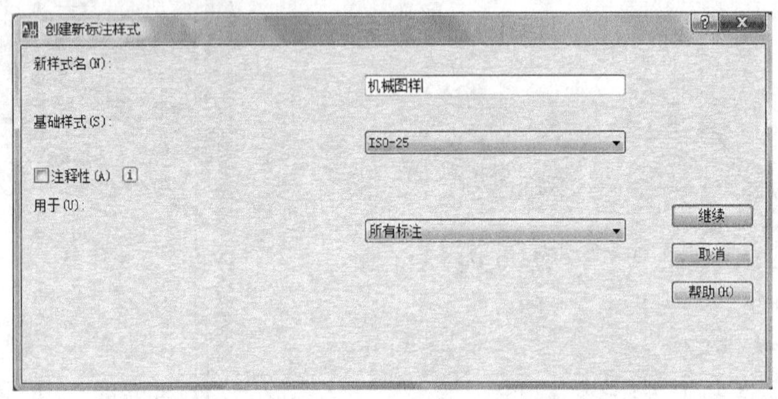

图5-74 “创建新标注样式”对话框

单击“继续”按钮，打开“新建标注样式：机械图样”对话框，如图 5-75 所示。该对话框包括“线”、“符号和箭头”、“文字”、“调整”、“主单位”、“换算单位”、“公差”七个选项卡供用户定制设置。

② 修改标注样式。单击“标注样式管理器”对话框中的“修改（M）...”按钮，系统打开“修改标注样式”对话框，该对话框中的各选项与图 5-75“新建标注样式”对话框中的选项完全相同，用户可以对已有的样式进行修改。

（2）样式定制

在图 5-75 所示“新建标注样式”（或“修改标注样式”）对话框中，有七个选项卡，各选项卡说明如下。

① “线”选项卡：用于设置尺寸线和尺寸界线的格式和特性。

② “符号和箭头”选项卡：用于设置尺寸线终端的形式和大小、是否对圆心作中心标记、弧长符号的显示及显示位置和大圆弧半径标注时的折弯设置。

③ “文字”选项卡：设置标注文字的外观、位置和对齐方式。

④ “调整”选项卡：该选项卡根据两条尺寸界线之间的空间，设置将尺寸文本、尺寸箭头放在两尺寸界线里边还是外边。如果空间允许，AutoCAD 总是把尺寸文本和尺寸箭头放在尺寸界线里边；如果空间不够，则根据本选项卡的各项设置放置。

“使用全局比例”选项组，用来设置尺寸标注的全局比例系数。AutoCAD 将尺寸字体的大小、尺寸起止符号的大小、偏移量等数值按该比例系数进行缩放。该比例系数不影响尺寸数字测量值。

⑤ “主单位”选项卡：主要用于设置所标尺寸单位的格式和精度等。

“测量单位比例”选项组中的“比例因子”框，用来设置线性尺寸测量值的缩放系数，该系数与线性尺寸测量值（即图形上的线段长度）乘积即为尺寸标注值。如将比例因子设置为 100，AutoCAD 就将 2mm 的线段标注为 200mm。采用不同的比例绘图时，可输入相应的“比例因子”来标注物体的真实大小。

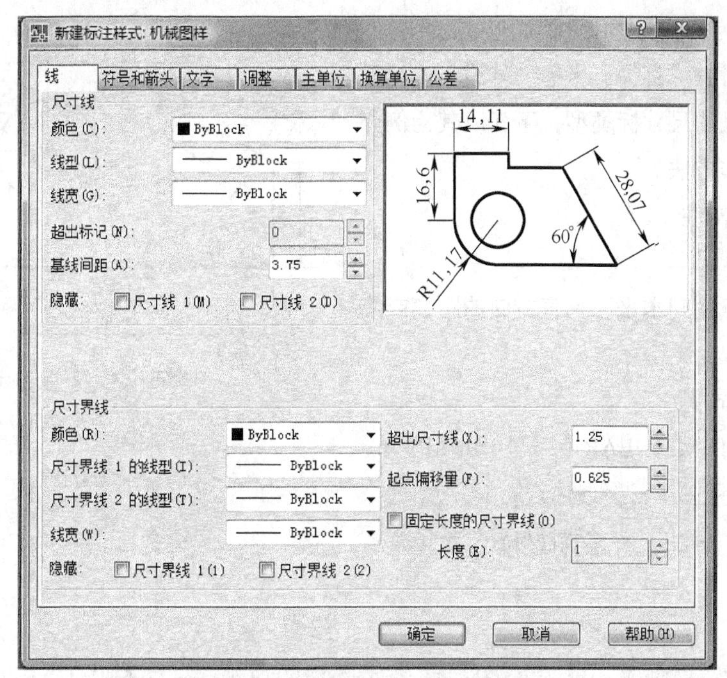

图5-75 “新建标注样式”对话框

⑥ “换算单位”选项卡：主要用于设置换算单位的格式和精度。通常是公制—英制之间的转换。若选择了“显示换算单位”项，在尺寸标注的文字中，换算单位显示在主单位旁边的[ ]中。

⑦ “公差”选项卡：主要用于机械图样中尺寸公差的格式及大小的设置。

2. 标注尺寸

用 AutoCAD 进行尺寸标注的操作步骤如下。

① 为尺寸标注创建一个独立的图层，并置为当前图层。

② 为尺寸标注创建专门的文本类型（设置文本样式），使之符合国家标准的文本规定。

③ 设置尺寸样式，使之符合国家标准的尺寸格式规定，并置为当前。

④ 设置常用的对象捕捉方式，以便快速而准确地拾取对象。

⑤ 输入相应的尺寸标注命令，进行相应的尺寸标注。

⑥ 对某些尺寸进行必要的编辑。

在 AutoCAD 中，通过命令行、“标注”工具栏、“标注”菜单栏等输入命令均可实现尺寸标注。而使用“标注”工具栏输入标注尺寸命令，则更简便、直观。“标注”工具栏如图 5-76 所示。

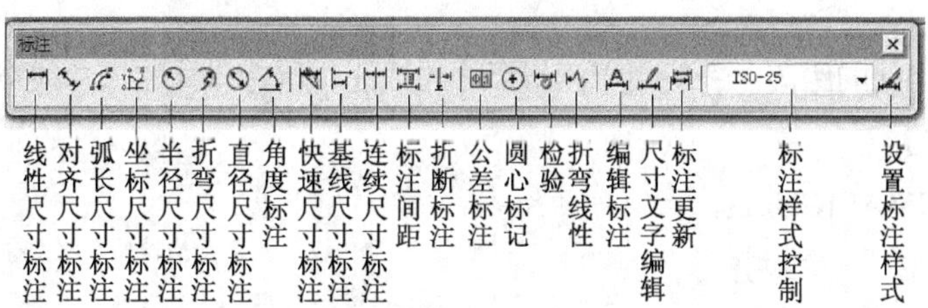

图5-76 “标注”工具栏

图 5-77 所示为机械图样尺寸标注形式示例。该图包含了线性、对齐、直径、半径、基线、连续尺寸标注等几种常见的尺寸标类型，下面以其为例介绍标注尺寸的操作方法。

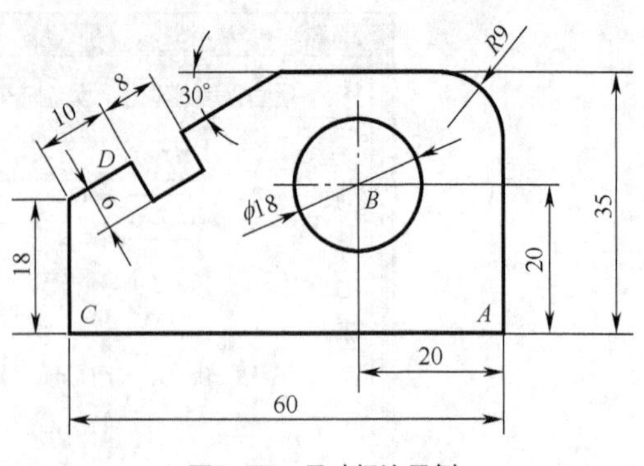

图5-77　尺寸标注示例

① 线性尺寸标注。

【功能】

用于标注两点之间水平、垂直方向的距离或旋转的线性尺寸。

【命令输入方式】

- 命令行：DIMLINEAR（缩写 DIMLIN）。
- 菜单："标注" → "线性"。
- 工具栏："标注" → "线性标注"。

【操作格式】

启用命令后，系统提示如下。

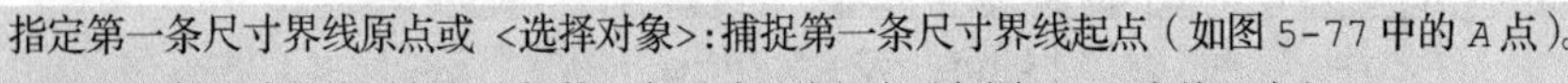
指定第一条尺寸界线原点或 <选择对象>:捕捉第一条尺寸界线起点（如图 5-77 中的 A 点）。

指定第二条尺寸界线原点：捕捉第二条尺寸界线起点（如图 5-77 中的 B 点）。

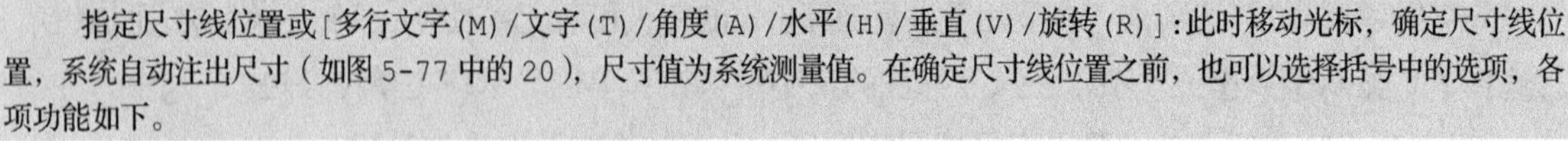
指定尺寸线位置或[多行文字(M)/文字(T)/角度(A)/水平(H)/垂直(V)/旋转(R)]:此时移动光标，确定尺寸线位置，系统自动注出尺寸（如图 5-77 中的 20），尺寸值为系统测量值。在确定尺寸线位置之前，也可以选择括号中的选项，各项功能如下。

- 多行文字（M）：用"多行文字编辑器"修改系统测量值，即编辑尺寸文本。
- 单行文字（T）：在命令提示行下输入或编辑尺寸文本。
- 角度（A）：该选项用于确定尺寸数字与尺寸线的夹角，一般不用。
- 水平（H）/垂直（V）：标注水平或垂直尺寸。不论标注什么方向的线段，尺寸线均水平/垂直放置。
- 旋转（R）：输入尺寸线旋转的角度值，旋转标注尺寸。

若在系统提示"指定第一条尺寸界线原点或 <选择对象>:"时，直接回车，可用选择对象的方式标注尺寸。如图 5-77 中，在提示选择对象时，用光标拾取直线 AC，系统会自动标出其尺寸 60。

② 对齐尺寸标注。

【功能】

用于标注两点之间的距离。一般用于倾斜尺寸的标注，所标尺寸的尺寸线与两点连线平行。

【命令输入方式】

- 命令行：DIMALIGNED。
- 菜单："标注" → "对齐"。
- 工具栏："标注" → "对齐标注"。

【操作格式】

对齐标注的操作与线性标注操作相同。如图 5-77 中的 10、8、6 三个倾斜尺寸均用“对齐标注”方式标注。

③ 直径尺寸标注。

【功能】

标注圆或圆弧的直径，系统自动生成直径符号“ϕ”。

【命令输入方式】

- 命令行：DIMDIAMETER。
- 菜单：“标注”→“直径”。
- 工具栏：“标注”→“直径”⊘。

【操作格式】

启用命令后，系统提示如下。

选择圆弧或圆：选择要标注直径的圆或圆弧，单击鼠标确定。

指定尺寸线位置或 [多行文字(M)/文字(T)/角度(A)]：选择合适位置放置尺寸线，单击鼠标，完成操作。

如果不使用系统测量值，可通过“M”或“T”选项修改。

④ 半径尺寸标注。

【功能】

标注圆或圆弧的半径，系统自动生成半径符号“R”。

【命令输入方式】

- 命令行：DIMRADIUS。
- 菜单：“标注”→“半径”。
- 工具栏：“标注”→“半径”⊘。

半径尺寸标注的操作方法与直径尺寸标注相同，不再赘述。

⑤ 圆心标记。

【功能】

用于给指定的圆或圆弧画出圆心符号，圆心标记样式可通过“标注样式”进行设置，它分为无圆心标记、十字形圆心标记及直线圆心标记三种标记形式，如图 5-78 所示。

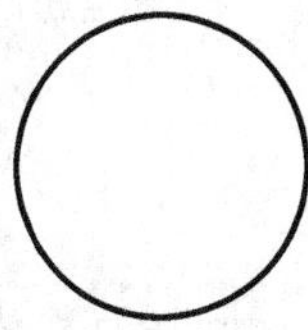

（a）无圆心标记

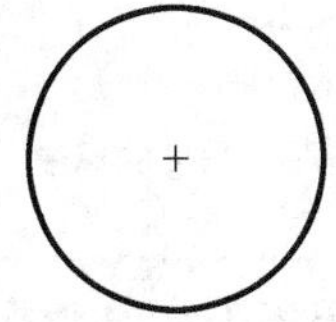

（b）十字形圆心标记

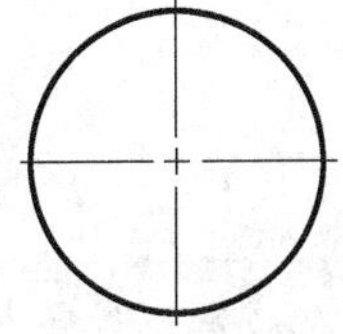

（c）直线圆心标记

图5-78 圆心标记形式

【命令输入方式】

- 命令行：DIMCENTER。

- 菜单：“标注” → “圆心标记”。
- 工具栏：“标注” → “圆心标记”⊕。

【操作格式】

启用命令后，系统提示如下。

选择圆弧或圆：选择要标注圆心标记的圆或圆弧，单击鼠标左键确定，完成操作。

⑥ 角度标注。

【功能】

标注两直线间的夹角或圆弧中心角以及圆上某段圆弧的中心角。如图 5-77 中角度 30°，操作如下。

【命令输入方式】

- 命令行：DIMANGULAR。
- 菜单：“标注” → “角度”。
- 工具栏：“标注” → “角度”△。

【操作格式】

启用命令后，系统提示如下。

选择圆弧、圆、直线或 <指定顶点>：拾取图中倾斜线（见图 5-77）。

选择第二条直线：拾取图中顶部水平线（见图 5-77）。

指定标注弧线位置或［多行文字(M)/文字(T)/角度(A)/象限点(Q)］：移动鼠标确定尺寸线位置，自动注出系统测量角度数值 30°。若不使用系统测量值，可通过“M”、“T”选项修改。

说明

在第一个提示中，如果拾取对象为圆弧，则可标出圆弧的中心角，如图 5-79（a）所示；如果拾取对象为圆，则拾取点作为圆弧的第一个端点，再拾取第二个端点，可标出圆上两点间的圆弧的中心角，如图 5-79（b）所示；如果直接回车，则可指定三点标注角度，第一点为顶点，另两点为两个边上的点，如图 5-79（c）所示。

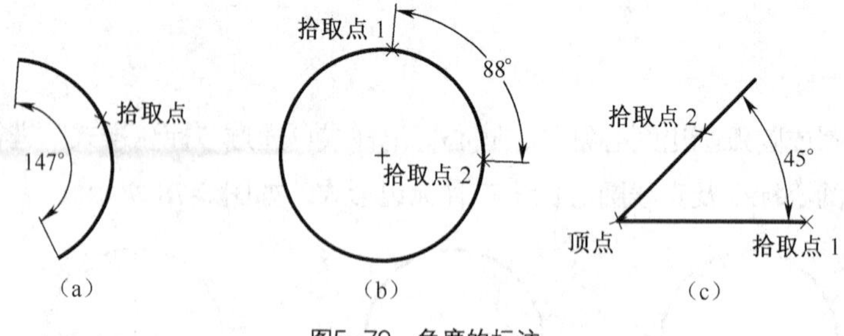

图5-79 角度的标注

提示

国家标准规定：图样中角度数字字头应朝上书写。但 AutoCAD 默认的角度数字方向是倾斜的，可通过以下两种方法解决。

- 系统提示：“指定标注弧线位置或 [多行文字(M)/文字(T)/角度(A)/象限点(Q)]”时，输入 A 回车，在系统出现“标注文字的角度:”提示下输入 1 回车，所标角度数字的字头就朝上了。

● 通过“标注样式管理器”进行设置。在图 5-74 中“创建新标注样式”对话框中，单击“所有标注”下拉列表中选择“角度标注”，单击继续按钮进入如图 5-75 所示“新建标注样式：机械图样”对话框，在“文字”选项卡中的“文字”对齐选项组中选择“水平”选项。

⑦ 弧长标注。

【功能】

标注或测量圆弧的长度。可以对整段弧进行测量和标注，也可以对圆周或圆弧上的某部分进行测量和标注。

【命令输入方式】

● 命令行：DIMARC。

● 菜单：“标注”→“弧长”。

● 工具栏：“标注”→“弧长”。

【操作格式】

启用命令后，系统提示如下。

选择弧线段或多段线弧线段：选择要标注的对象。

指定弧长标注位置或 [多行文字(M)/文字(T)/角度(A)/部分(P)/引线(L)]：移动鼠标确定尺寸线的位置，单击鼠标确定，可标注整段弧的长度，如图 5-80(a)所示。

【选项说明】

● 多行文字(M)/文字(T)/角度(A)：各项含义与线性尺寸相同。

● 部分(P)：标注圆弧中的部分弧长。选择此项，系统提示如下。

指定圆弧长度标注的第一个点：指定要标注圆弧部分的起点。

指定圆弧长度标注的第二个点：指定要标注圆弧部分的终点，如图 5-80（b）所示。

● 引线（L）：添加径向引线对象，如图 5-80（c）所示。仅当圆弧或弧段大于 90° 时才会显示此选项。

标注弧长尺寸前，应通过“标注样式管理器”对弧符号的标注位置进行设置，设置方法是在“新建标注样式”或“修改标注样式”中，选择“符号和箭头”选项卡中的“弧长符号”选项组，在此选择“标注在文字的上方”单选框。

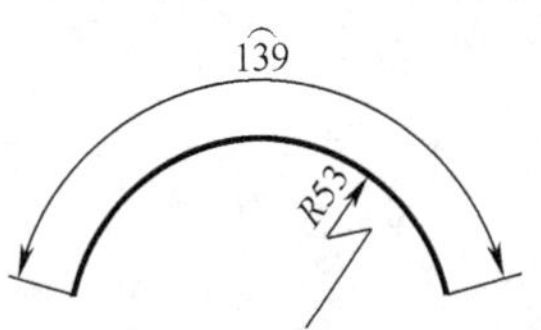

（a）直接指定弧长标注位置

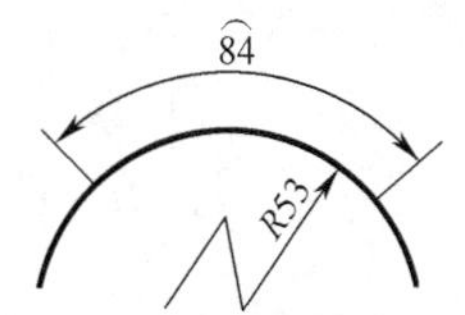

（b）指定部分弧长标注

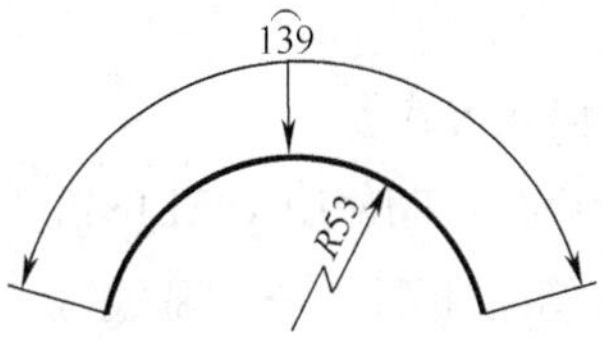

（c）弧长标注时加引线

图5-80 弧长标注及折弯标注

⑧ 折弯标注。

【功能】

如果圆弧的圆心位于图形边界之外，可以使用折弯标注测量并显示其半径，如图 5-80 所示。

【命令输入方式】

- 命令行：DIMJOGGED。
- 菜单："标注"→"折弯"。
- 工具栏："标注"→"折弯" 。

【操作格式】

启用命令后，系统提示如下。

选择圆弧或圆：选择要标注的对象。
指定图示中心位置：指定折弯半径标注的新中心点，用于替代圆弧的实际中心点。
指定尺寸线位置或［多行文字(M)/文字(T)/角度(A)］：在合适位置放置指定尺寸线。
指定折弯位置：任意指定折弯位置。

说明

当选择对象后，可以在任意位置指定尺寸线原点、尺寸线位置以及尺寸线的折弯位置。折弯的横向角度可通过"标注样式管理器"对话框进行设置。

⑨ 基线标注。

【功能】

用于在图形中以某一尺寸线为基准进行标注其他对象的尺寸。它是多个尺寸共用一个尺寸界线作为第一尺寸界线的标注，如图5-81所示。系统默认以最后一次标注的尺寸的第一条尺寸界线为标注基线，所以在使用基线标注方式之前，应先标注出一个相关的尺寸，如图5-81中的尺寸30为在使用基线标注前先标出的尺寸。

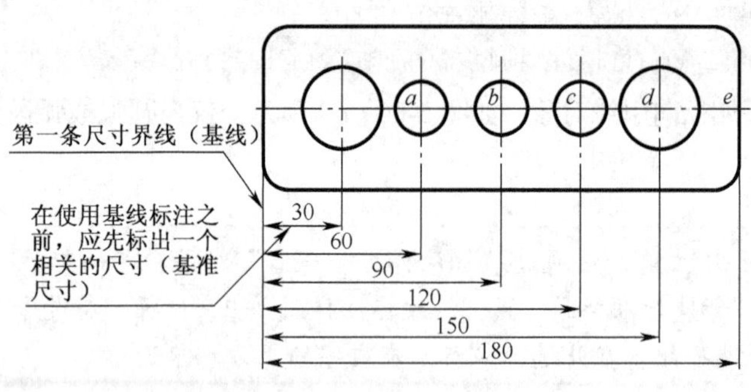

图5-81 基线标注示例

【命令输入方式】

- 命令行：DIMJBASELINE。
- 菜单："标注"→"基线"。
- 工具栏："标注"→"基线" 。

【操作格式】

下面以图5-81为例，说明基线标注的操作步骤。

启用命令后，系统自动将前一次标注的尺寸（图中尺寸30）的第一条尺寸线作为基线，然后提示如下。

指定第二条尺寸界线原点或［放弃(U)/选择(S)］ <选择>：选择a点，单击鼠标确认。

```
标注文字 = 60
指定第二条尺寸界线原点或［放弃(U)/选择(S)］<选择>:选择 b 点，单击鼠标确认。
标注文字 = 90
指定第二条尺寸界线原点或［放弃(U)/选择(S)］<选择>:选择 c 点，单击鼠标确认。
标注文字 = 120
……
```

回车结束基线标注命令。

【选项说明】

- 放弃（U）：取消上一步操作。
- 选择（S）：重新选择一个尺寸界线作为标注基准线。

> 应用基线标注时，应首先通过“标注样式管理器”对“基线间距”进行设置，一般选“7～10mm”。

⑩ 连续标注。

【功能】

用于标注尺寸线共线且首尾相连的若干个连续尺寸。前一尺寸的第二条尺寸界线是后一尺寸的第一条尺寸界线。下面以图 5-82 为例说明连续标注的操作过程。

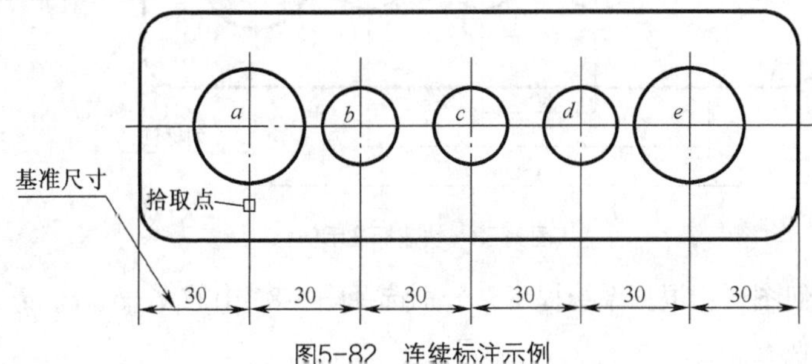

图5-82 连续标注示例

【命令输入方式】

- 命令行：DIMCONTINUE。
- 菜单：“标注”→“连续”。
- 工具栏：“标注”→“连续”。

【操作格式】

启用命令后，系统自动将上一次所标注尺寸的第二条尺寸线作为当前的第一条尺寸线并提示如下。

```
指定第二条尺寸界线原点或［放弃(U)/选择(S)］<选择>:↙，直接回车（或输入 S 选项）放弃系统选择，用户另行选择。
选择连续标注:选择要进行连续标注的尺寸界线（如图 5-75 中光标符号“□”所在尺寸界线）。
指定第二条尺寸界线原点或［放弃(U)/选择(S)］<选择>:选择图 5-82 中的 b 点。
标注文字 = 30
指定第二条尺寸界线原点或［放弃(U)/选择(S)］<选择>:选择图 5-82 中的 c 点。
标注文字 = 30
……
```

回车结束连续标注命令。

⑪ 快速标注。

【功能】

可一次性快速地标注一系列基线尺寸、连续尺寸以及一次性标注多个圆和圆弧的直径尺寸、半径尺寸、坐标尺寸等。

【命令输入方式】

- 命令行：QDIM。
- 菜单："标注"→"快速标注"。
- 工具栏："标注"→"快速标注"。

【操作格式】

下面以图 5-83 为例，说明快速标注的操作过程。启用命令后，系统提示如下。

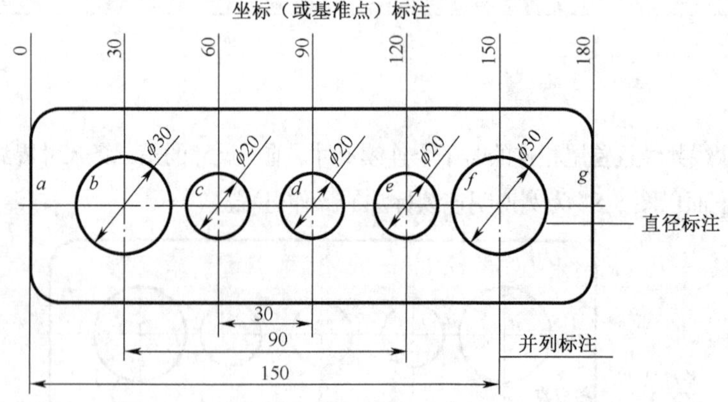

图5-83 快速标注示例

选择要标注的几何图形：根据系统提示，分别选择图 5-83 中的 *a*、*b*、*c*、*d*、*e*、*f*、*g* 七个几何图形对象，回车结束选择。

指定尺寸线位置或 [连续(C)/并列(S)/基线(B)/坐标(O)/半径(R)/直径(D)/基准点(P)/编辑(E)/设置(T)] <基线>:选择不同的选项，将出现如下不同的标注结果。

- 选择"连续（C）"选项，结果如图 5-82 所示。
- 选择"直径（D）"选项，结果如图 5-83 中部所示。
- 选择"基线（B）"选项，结果如图 5-81 所示。
- 选择"坐标（O）"选项，结果如图 5-83 上部所示。
- 选择"并列（S）"选项，结果如图 5-83 下部所示。

快速标注的结果有些尺寸数字位置不够理想，应进行调整，调整方法可参见"3. 尺寸标注的编辑"。

⑫ 引线标注。

【功能】

利用引线标注，用户可以标注一些注释和说明，如图 5-84 所示。引线可以是直线或样条曲线，可以带箭头或不带箭头。引线和注释的文字说明是相互关联的。

【命令输入方式】

- 命令行：QLEADER。

【操作格式】

命令启动后，系统提示如下。

```
指定第一个引线点或［设置(S)］<设置>:
```

【选项说明】

a. 在上面的提示下确定一点作为指引线的第一点。

```
指定下一点:（输入指引线的第二点）
指定下一点:（输入指引线的第三点）
指定文字宽度 <0.000>:（输入多行文本的宽度）
输入注释文字的第一行 <多行文字(M)>:
```

此时，有如下两种输入选择。

- 输入注释文字的第一行<多行文字(M)>（在命令行输入第一行文本）系统继续提示：

```
输入注释文字的下一行:（输入另一行，或按回车键结束）
```

- <多行文字(M)>选项：（打开多行文字编辑器，输入编辑多行文字）

b. [设置(S)]选项：直接回车或输入 S，弹出如图 5-85 所示的“引线设置”对话框，可分别对“注释”、“引线和箭头”、“附着”三个选项卡进行设置。

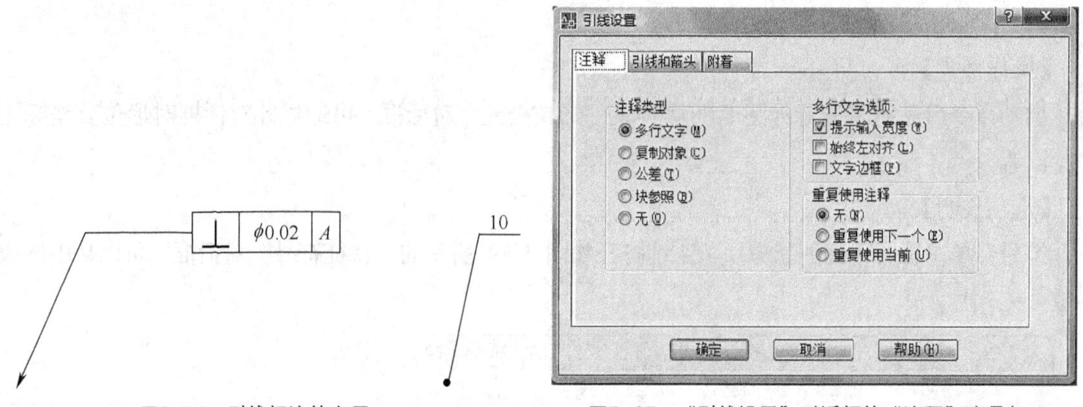

图5-84 引线标注的应用　　　图5-85 “引线设置”对话框的“注释”选项卡

“注释”选项卡（见图 5-86）：用于设置引线标注中注释文本的类型、多行文本的格式，并确定注释文本是否多次使用。

“引线和箭头”选项卡（见图 5-86）：用于设置引线标注中引线和箭头的形式。

“附着”选项卡（图 5-87）：设置注释文本和引线的相对位置。

⑬ 公差的标注。

a. 尺寸公差的标注。在机械图样中标注尺寸公差，如果通过“修改标注样式”对话框的“公差”选项卡中设置尺寸偏差的数值，会使所有的尺寸标注都被加上相同的偏差数值。为解决此问题，在实际操作中，如果带偏差的尺寸较多，可以建立一个名为“公差”的标注样式，专门标注公差；若偏差数值不同，可将标注好的尺寸公差进行分解，再逐个修改；如果带偏差的尺寸较少，就可以采用样式替代的方法进行标注。

图5-86 “引线设置”对话框的“引线和箭头”选项卡

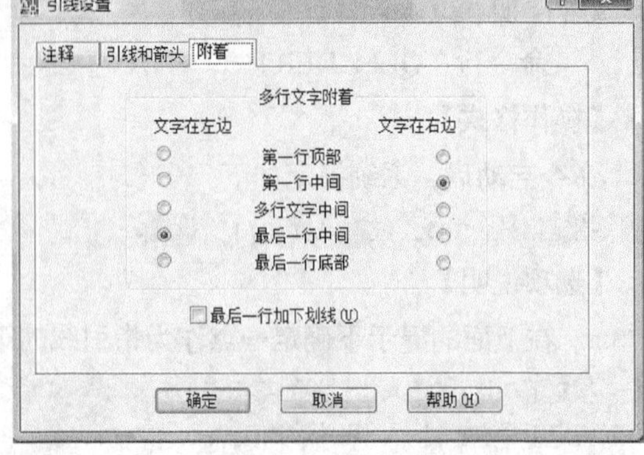

图5-87 “引线设置”对话框的“附着”选项卡

b. 形位公差的标注。在机械图样中标注形位公差的方法，一是在引线标注中通过选择“注释”选项卡的“公差”单选按钮，系统将显示如图 5-88 所示的“形位公差”对话框，利用该对话框可创建公差特征控制框，输入完成后按“确定”按钮，则特征控制框将附着到引线上，从而完成形位公差的标注；二是利用 AutoCAD 提供的形位公差标注功能，完成其标注，操作过程如下。

【命令输入方式】

- 命令行：TOLERANCE。
- 菜单：“标注”→“公差”。
- 工具栏：“标注”→“公差”▣。

【操作格式】

启动命令后系统将显示如图 5-88 所示的“形位公差”对话框，可通过此对话框对形位公差标注进行设置。

【选项说明】

符号：单击符号下面的黑方块，系统打开如图 5-89 所示的“特征符号”对话框，可以从中选取形位公差代号。

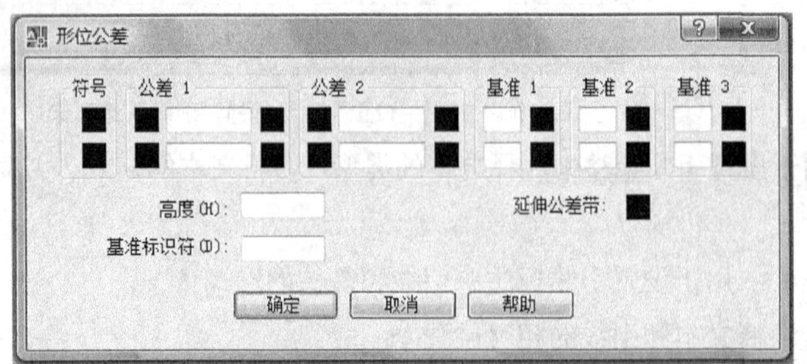

图5-88 “形位公差”对话框

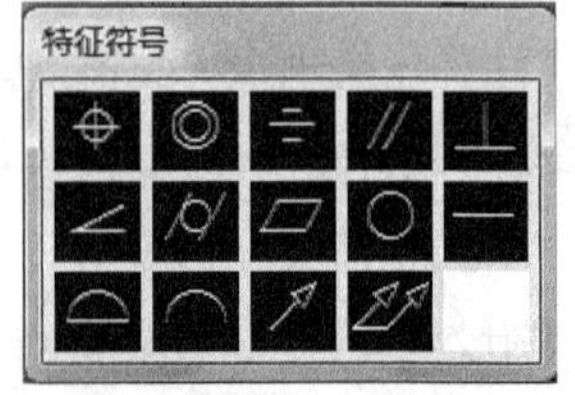

图5-89 “特征符号”对话框

公差 1（2）：产生第一（二）个公差值及符号。白色文本框用于输入公差值，其左侧的黑块用于控制是否在公差值前加入一个直径符号，右侧黑框用于插入“包容条件”符号，单击后系统打开如图 5-90 所示的“附加符号”对话框，可从中选取适当的“包容条件”符号。

注意 在“形位公差”对话框中有两行，可实现复合形位公差标注。如果两行中输入的公差代号相同，则得到如图 5-91 所示的形式。

图5-90 “附加符号”对话框

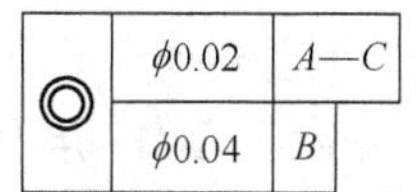

图5-91 形位公差标注示例

3. 尺寸标注的编辑

尺寸标注后如果不理想或不合适，可用多种方法对其进行编辑。

（1）利用 DIMEDIT 命令编辑尺寸标注

【功能】

编辑标注对象上的文本和尺寸界线。该命令可同时对多个尺寸进行编辑。

【命令输入方式】

- 命令行：DIMEDIT。
- 菜单：“标注” → “对齐文字” → “默认”。
- 工具栏：“标注” → “编辑标注” 。

【操作格式】

启动命令后系统提示如下。

```
标注编辑类型 [默认(H)/新建(N)/旋转(R)/倾斜(O)] <默认>:
```

【选项说明】

① 默认（H）：按尺寸标注样式中设置的默认位置和方向放置文本尺寸。直接回车（或输入 H 回车）为默认选项，系统提示如下。

选择对象：选择要编辑的尺寸标注。

图 5-92（a）所示为手动放置的文字，图 5-92（b）所示为编辑后系统默认位置。

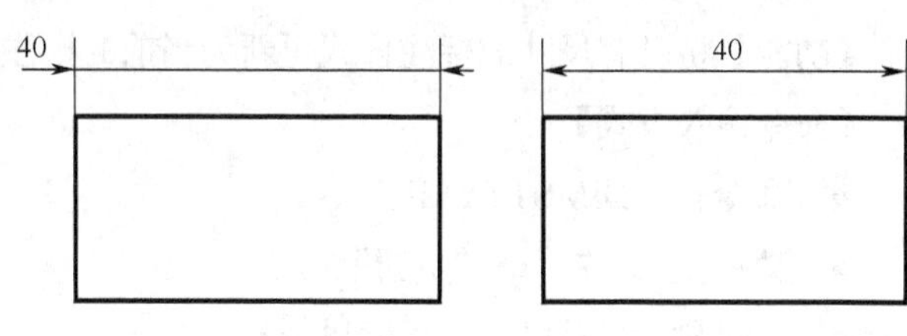

（a）指定“默认”选项前 （b）指定“默认”选项后

图5-92 编辑标注“默认”选项

② 新建（N）：选择此项，系统打开“多行文字编辑器”，可对系统测量值进行编辑（修改）。通过此选项将如图 5-93（a）中的文本编辑为如图 5-93（b）所示。

③ 旋转（R）：旋转标注的文字，如图 5-94 所示。

④ 倾斜（O）：旋转尺寸界线，如图 5-95 所示。在图样中，当尺寸界线与图形轮廓线重合或接近重合时，可用调整尺寸界线的方式避免二者重合。

（2）利用 DIMTEDIT 命令调整尺寸数字的位置。

【功能】用于修改尺寸数字所处的位置和角度

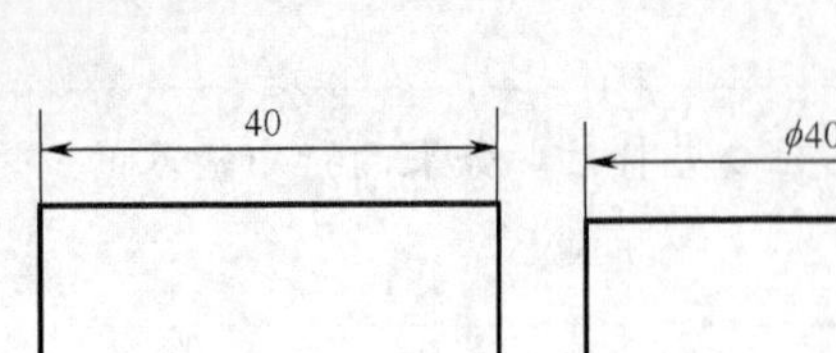

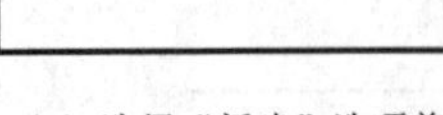

（a）选择“新建”选项前　（b）选择“新建”选项后

图5-93　编辑标注“新建”选项

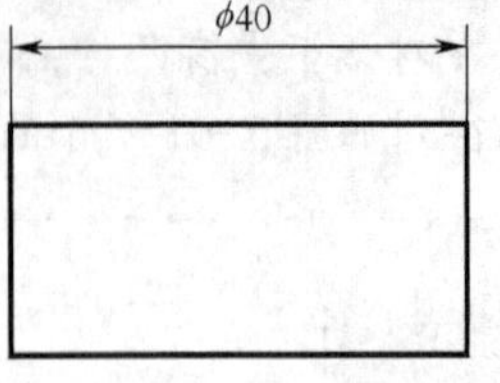

（a）选择“旋转”选项前

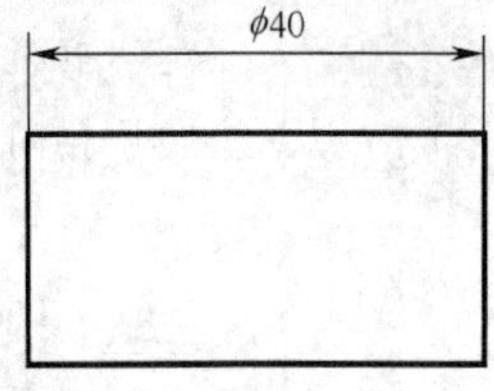

（b）选择“旋转”选项后

图5-94　编辑标注“旋转”选项

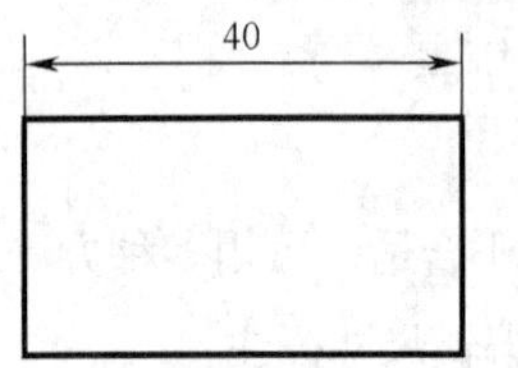

（a）选择“倾斜”选项之前

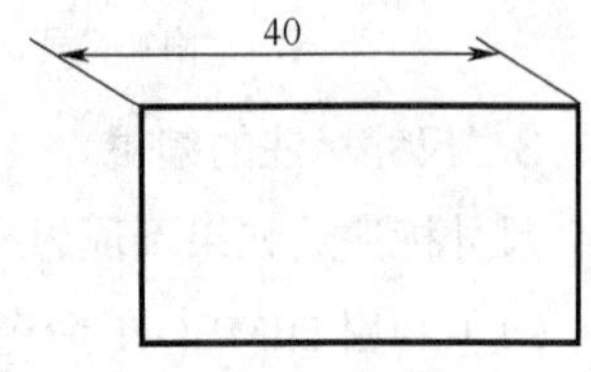

（b）选择“倾斜”选项之后

图5-95　编辑标注“倾斜”选项

【命令输入方式】

- 命令行：DIMTEDIT。
- 菜单：“标注”→“对齐文字”→（除“默认”外的命令）。
- 工具栏：“标注”→“编辑标注文字”。

【操作格式】：输入命令后的提示如下。

```
选择标注:选择一个尺寸标注。
指定标注文字的新位置或 [左(L)/右(R)/中心(C)/默认(H)/角度(A)]:
```

【选项说明】

① 左（L）：将尺寸数字定位在靠近尺寸线的左端。

② 右（R）：将尺寸数字定位在靠近尺寸线的右端。

③ 中心（C）：将尺寸数字定位在尺寸线的正中间。

④ 默认（H）：将尺寸数字返回到由标注样式定义的位置（即默认位置）。

⑤ 角度（A）：提示输入一个角度来旋转尺寸数字。

（3）标注更新

【功能】将已有尺寸的标注样式更新为当前的标注样式。

【命令输入方式】

- 命令行：DIMSTTYLE。
- 菜单：“标注”→“更新”。
- 工具栏：“标注”→“更新”。

命令输入后提示如下。

```
当前标注样式: AutoCAD 显示当前的标注样式，如 ISO-25。
输入标注样式选项
[注释性(AN)/保存(S)/恢复(R)/状态(ST)/变量(V)/应用(A)/?] <恢复>: a↙
选择对象: 选择要更新的尺寸（可用窗口命令选择若干个尺寸）。
选择对象:继续选择或回车结束命令。
```

提示

一种更简单的方法是由夹持点直接编辑尺寸标注。

尺寸标注对象的夹持点位置如图 5-96（a）所示。尺寸中的夹持点控制了尺寸界线起点位置、尺寸线位置、尺寸文字位置。用鼠标选择相应夹持点移动可实现以下操作。

- 选中尺寸文字（尺寸界线）控制夹持点可改变尺寸文字（尺寸界线）的位置。
- 选中尺寸界线起点控制夹持点，可改变尺寸界线的位置。
- 在任意夹持点单击鼠标右键，将弹出一个快捷菜单，将光标放在后边带黑三角“▸”符号的选项上又会弹出下一级菜单，如图 5-96（b）所示。可根据菜单提示编辑尺寸标注，其中“翻转箭头”的含义如图 5-96（c）所示，选择尺寸时距拾取点较近的箭头将发生翻转。

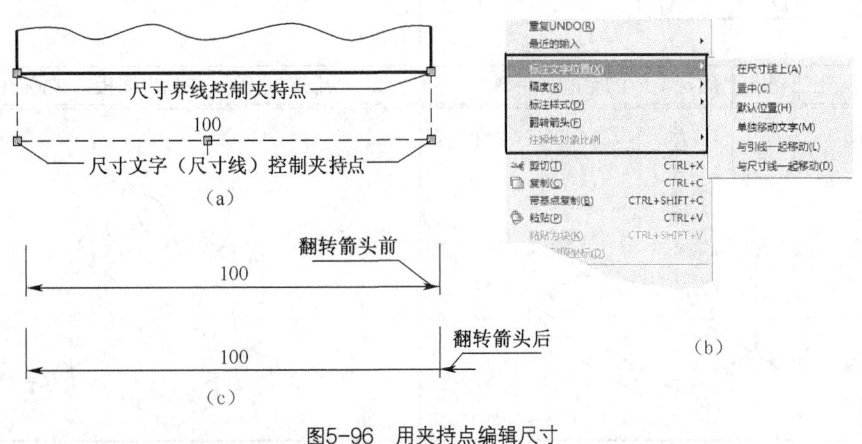

图5-96　用夹持点编辑尺寸

另可以在右键单击鼠标弹出的快捷菜单中，选择“特性”项，在弹出的“特性”对话框中，可以非常方便地修改所选尺寸各组成要素的多个特性，包括颜色、线型、图层、直线和箭头、文字、单位、公差及各组成要素的位置关系等，还可以重新选择比例和标注样式，操作同前。

5.4 组合体轴测图的画法

根据组合体的组合形式和形状，画组合体轴测图常用叠加、切割两种基本方法。

5.4.1 画组合体轴测图的基本方法

1. 叠加法

若组合体为叠加体，可按各基本体的形状和其相对位置，逐个画出各基本体的轴测图。表 5-5 为叠加式组合体正等轴测图的画法。

表 5-5 叠加式组合体正等轴测图的画法

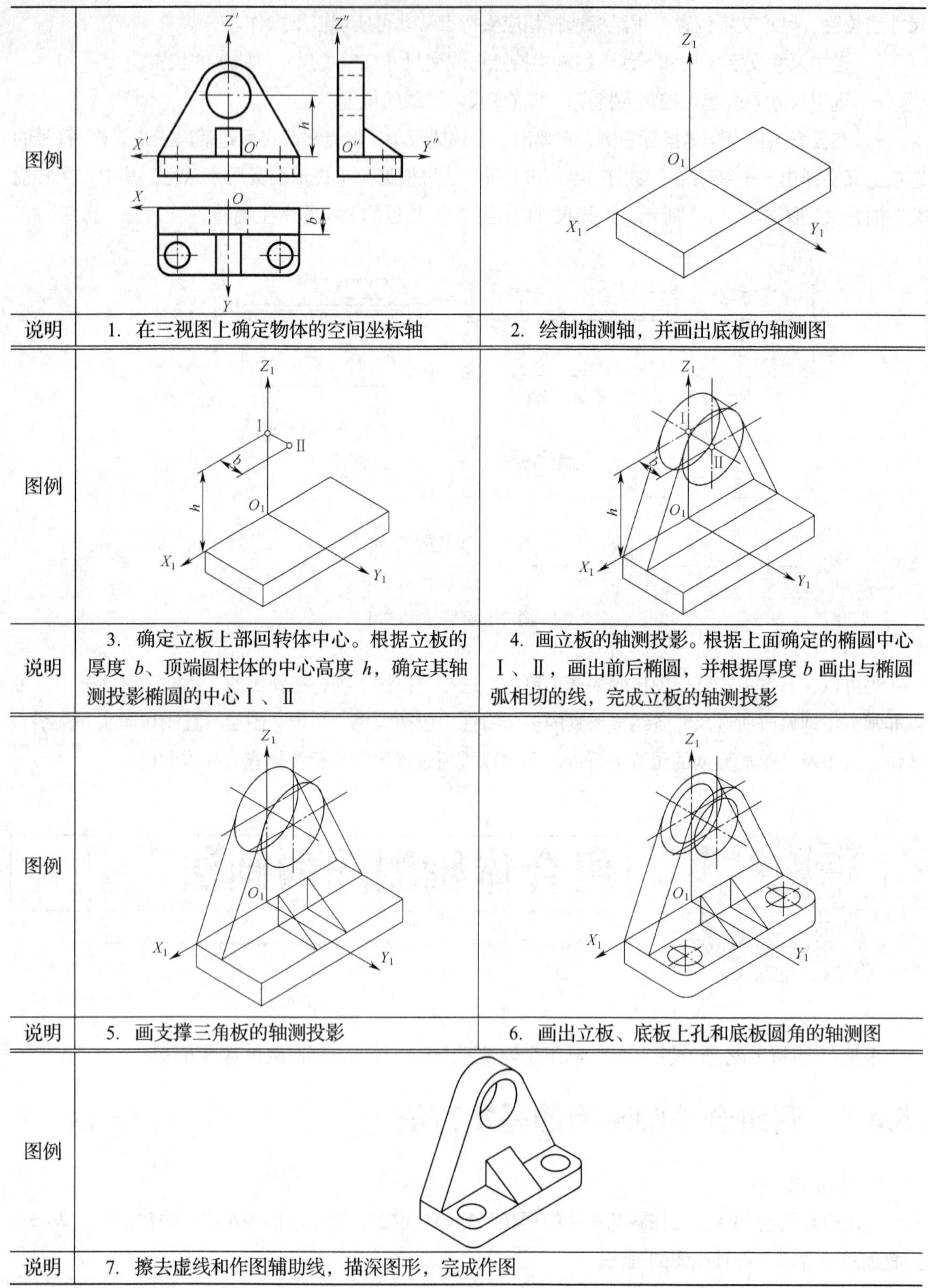

图例		
说明	1. 在三视图上确定物体的空间坐标轴	2. 绘制轴测轴，并画出底板的轴测图
图例		
说明	3. 确定立板上部回转体中心。根据立板的厚度 b、顶端圆柱体的中心高度 h，确定其轴测投影椭圆的中心Ⅰ、Ⅱ	4. 画立板的轴测投影。根据上面确定的椭圆中心Ⅰ、Ⅱ，画出前后椭圆，并根据厚度 b 画出与椭圆弧相切的线，完成立板的轴测投影
图例		
说明	5. 画支撑三角板的轴测投影	6. 画出立板、底板上孔和底板圆角的轴测图
图例		
说明	7. 擦去虚线和作图辅助线，描深图形，完成作图	

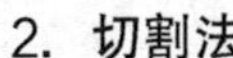

2. 切割法

若组合体为切割体，应先画出未切割前的完整体的轴测图，然后按切割顺序逐个画出各切去部分（切口）的轴测图。画切去部分时，应按坐标法，确定截切面的位置，从而画出截交线。表 5-6 为切割体正等轴测图的画法。

表 5-6　　切割体正等轴测图的画法

图例	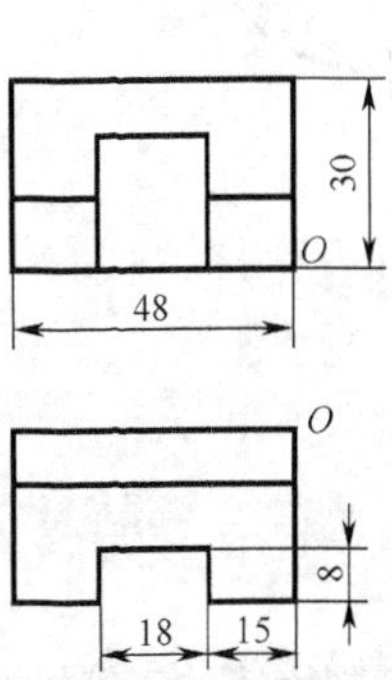	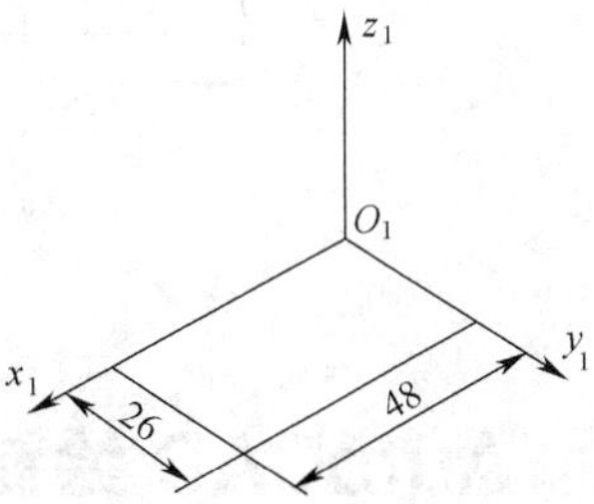
说明	1. 定出坐标轴位置。本例取形体的右、后、下角坐标原点	2. 画轴测轴，并根据长方体的长、宽尺寸画出长方体底面的轴测投影
图例	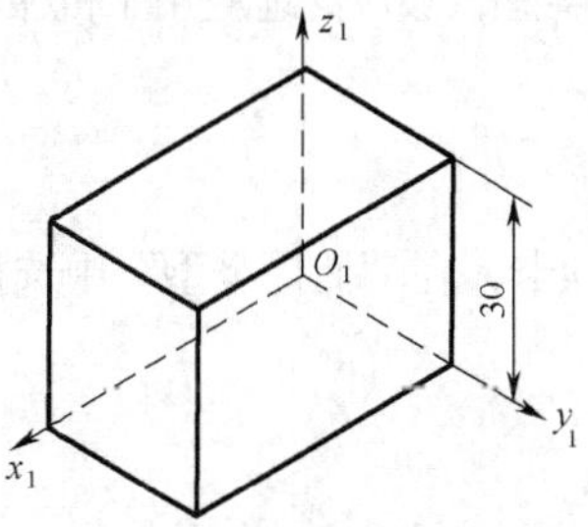	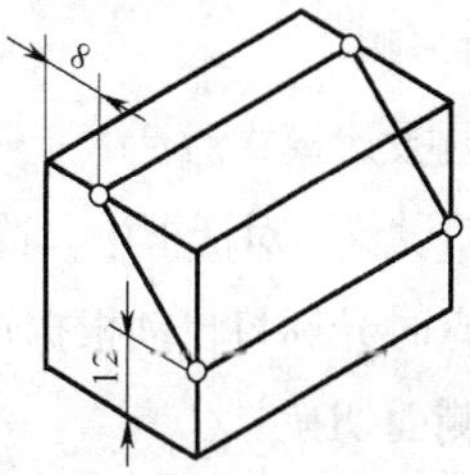
说明	3. 画出完整长方体的轴测图	4. 切去前上倾斜部分。斜面用尺寸 8、12 定位
图例	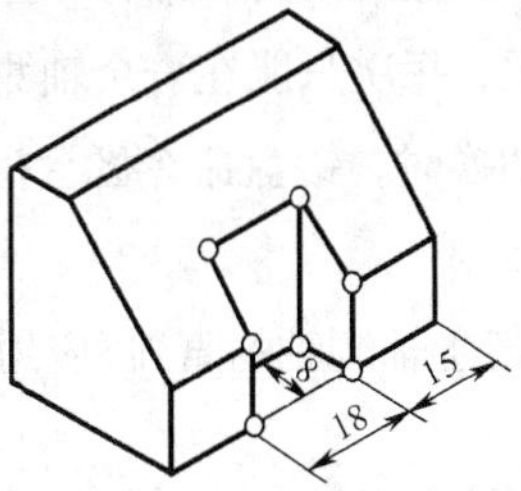	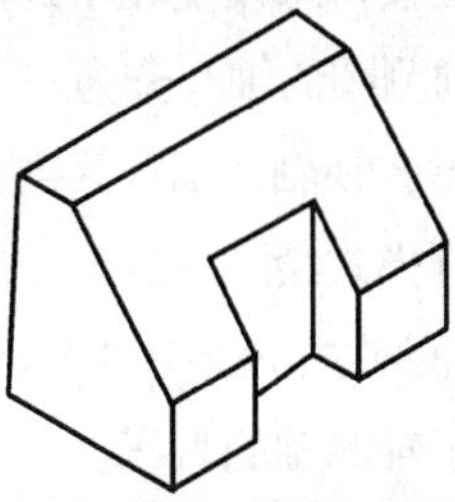
说明	5. 画前方中央的凹槽。用尺寸 15、18、8 定位	6. 描深可见轮廓线，完成作图

3. 辅助平面法

图 5-97 所示为正交两圆柱体，画其轴测图的步骤如下。

① 根据视图尺寸画两圆柱的正等轴测图。

② 绘制相贯线的轴测投影。和用辅助平面法求相贯线正投影一样，采用辅助平面 P（平行于两圆柱轴线）截两圆柱，按 $y_1 = y_2 = y$ 作出相应交线 A_1、A_2，它们的交点Ⅲ即相贯线的点的轴测投影。

③ 按上述方法求得一系列的点后，光滑连接即得相贯线的轴测投影。

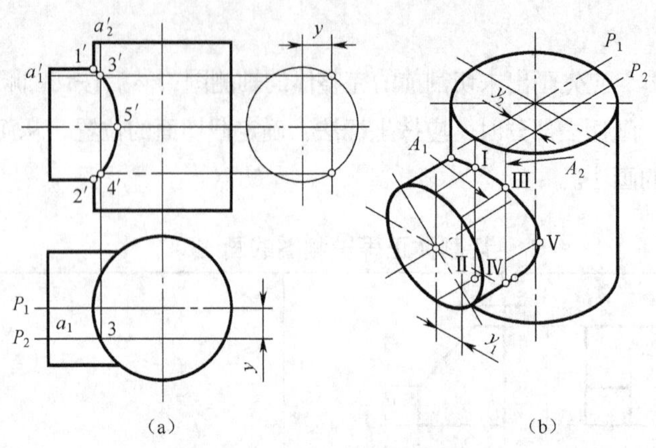

图5-97 辅助平面法画轴测图

5.4.2 AutoCAD 绘制轴测图

AutoCAD 系统提供了正等轴测图的工具，使用该工具可方便地绘制物体的正等轴测图。但所绘轴测图只提供立体效果，不是真正的三维图形，只是用来模拟三维对象，无法生成视图，因此又称伪三维图。由于 CAD 绘制的轴测图简单，且具有较好的三维真实感，被广泛地应用于机械和建筑专业中。

1. 操作步骤

（1）轴测投影模式激活

在“草图设置”对话框中，选择“捕捉和栅格”选项卡，在“捕捉类型”中选择“等轴测捕捉”单选按钮，这时光标将自动根据轴测面发生改变。

（2）轴测面切换

使用“F5”键可实现轴测面之间的切换，用户可在某一轴测面上作图。

虽然轴测投影未改变在 *XY* 坐标系的二维环境中工作，但轴测投影又有一些不同于二维图形的特点，正等轴测图的轴间分为三个轴测面，如图 5-98 所示，每次只能在一个轴测面上作图，因此要通过“F5”键转换轴测面成为当前工作面（用“F5”键切换时，键盘命令区会提示当前工作面）。

（3）轴测模式绘图特点

① 在轴测模式下绘图时应始终保持正交状态绘制平行于轴测轴的直线，应用捕捉功能和相对坐标绘制倾斜于轴测轴的直线。

② 空间平行于坐标面的圆，在轴测投影中变为椭圆。在轴测投影模式下绘制此椭圆时，应用 ELLIPSE（画椭圆）命令中的（Iso circle）选项。

在轴测模式下，不能随便使用 MIRROR（镜像）、OFFSET（偏移）、FILLET（倒圆角）等命令。

2. 绘图步骤

【例 5-19】 根据如图 5-99 所示两个视图，想象形状，绘制其正等轴测图。

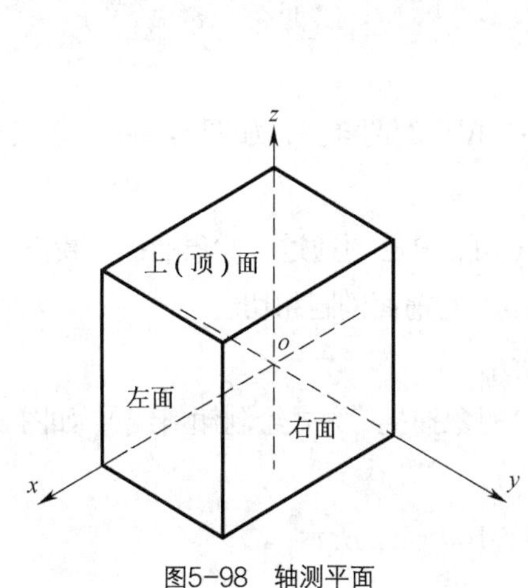

图5-98　轴测平面

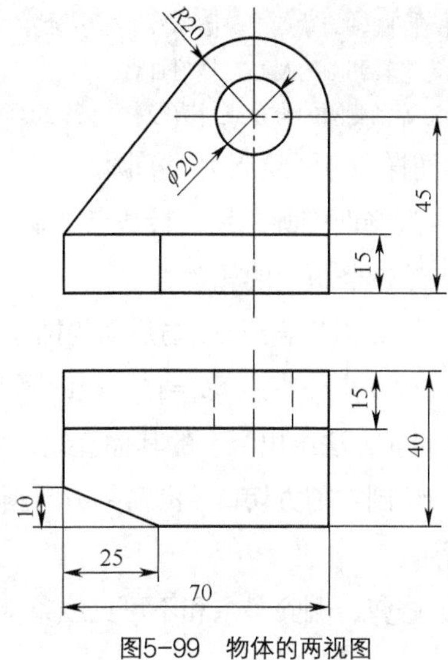

图5-99　物体的两视图

绘图步骤如下。

（1）轴测投影绘图环境设置

① 激活画轴测图模式。单击菜单“工具”→“草图设置”，弹出“草图设置”对话框，在“捕捉和栅格”选项卡中的“捕捉类型”组中选择“等轴测捕捉”单选按钮。

② 打开“正交”、“对象捕捉”模式。

（2）绘制底板的轴测图

① 按“F5”键，待命令行提示：<等轴测平面上>时，用“直线”命令绘制底板的上面，操作步骤如图 5-100（a）所示。

<等轴测平面 上>
命令：_line 指定第一点：在屏幕上指定 a 点。
指定下一点或［放弃(U)］：输入@40<150 或沿箭头方向移动光标直接输入 40 回车（极坐标的简化输入），画出直线 *ab*。
指定下一点或［放弃(U)］：输入@70<30 或沿箭头方向移动光标输入 70 回车，画出直线 *bc*。
指定下一点或［闭合(C)/放弃(U)］：输入@40<-30（或 330）回车，画出直线 *cd*。
指定下一点或［闭合(C)/放弃(U)］：输入@70<210 或回车，画出直线 *ca*。

② 按“F5”键切换至<等轴测平面 右>，绘制底板的前面（用“直线”命令，沿箭头方向移动光标，采用极坐标简化输入绘制），如图 5-100（b）所示。

③ 按“F5”键切换至<等轴测平面 左>绘制底板的左面，如图 5-100（c）所示。

（3）绘制ϕ20、*R*20 圆柱体的轴测投影

① 绘制辅助线，确定圆心：用“直线”命令，从 *b* 点开始，并沿箭头方向，用极坐标简化输入法绘制 *b* Ⅰ= 50(70−20)、ⅠⅡ = 15、ⅡⅢ= 30（45−15）、Ⅲ Ⅳ= 15，则Ⅲ、Ⅳ点分别为圆柱体的前、后圆心，如图 5-100（d）所示。

② 绘制圆的轴测投影，用“F5”键切换至<等轴测平面 右>后，步骤如下。

- 启用椭圆绘制命令后，系统提示如下。

```
指定椭圆轴的端点或 [圆弧(A)/中心点(C)/等轴测圆(I)]: i↙ 选择"等轴测圆（i）"。
指定等轴测圆的圆心：捕捉Ⅲ点。
指定等轴测圆的半径或 [直径(D)]: 20↙ 输入半径。
```

用同样的方法绘制另一椭圆。

- 选择两椭圆，用“带基点复制”命令，绘制圆心为Ⅳ点的两椭圆，如图 5-100（e）所示。

③ 绘制竖板上的轮廓直线。

- 过 b 点作直线 bB 与后面的椭圆相切，切点为 B（切点 B 必须通过“对象捕捉”找出）。
- 过 b 点作直线 bb_1=15（板的厚度），然后作直线 b_1B 与前面椭圆相切。

用同样方法给出板上的其他直线，如图 5-100（f）所示。

④ 绘制左前方切口（沿箭头方向画辅助线，之后用“对象捕捉”方式绘制倾斜线），如图 5-100（g）所示。

⑤ 修剪、删除多余和不可见线条，完成作图，如图 5-100（h）所示。

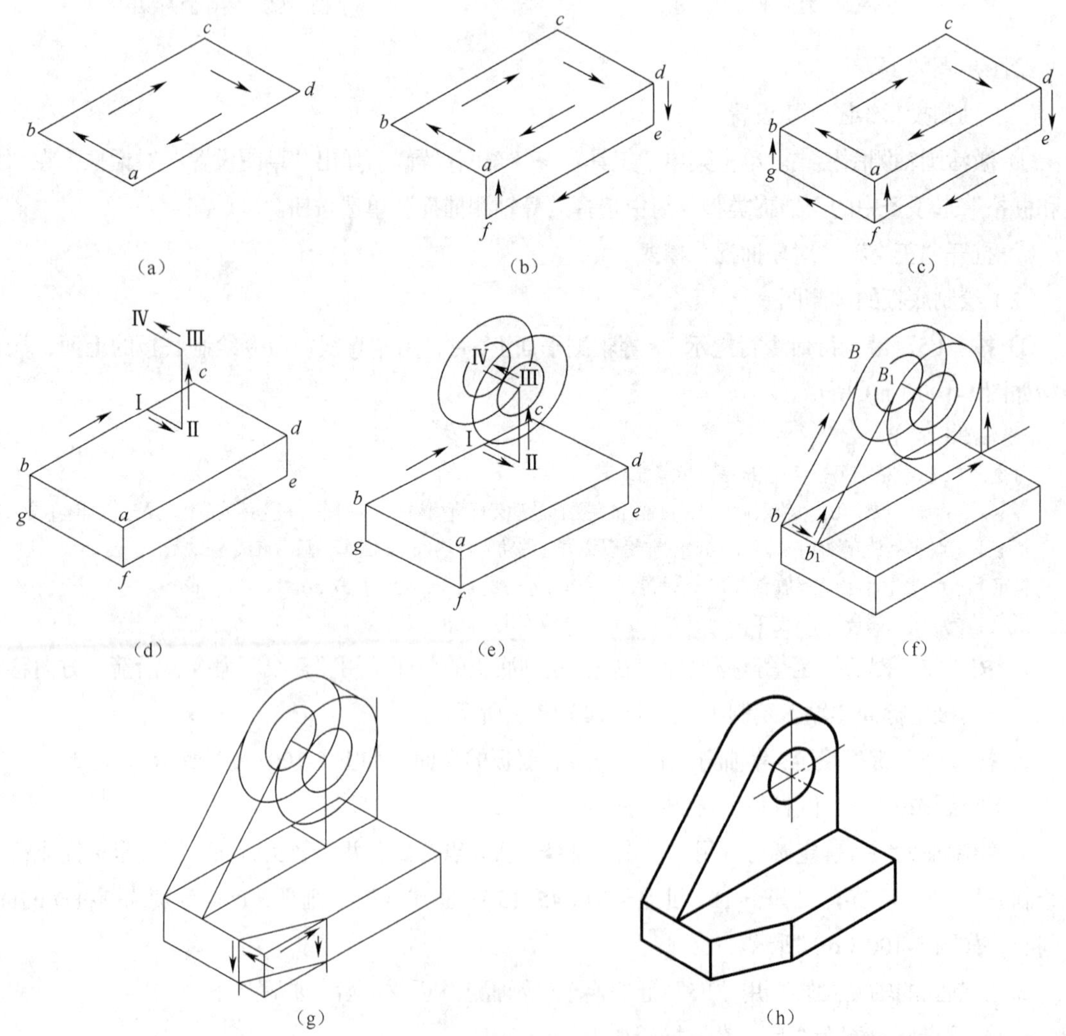

图5-100　用AutoCAD绘制轴测图

5.5 读组合体视图

画图是把物体的形状按正投影法和有关规则用平面图形（视图）表达出来，即由物到图（由空间到平面）。而读图则是根据所画的平面图形（视图）中的图线和封闭线框以及视图之间的对应关系，想象出物体的形状，即由物到图（由平面到空间）。所以画图与读图是相辅相成、互相联系的过程，又是一个相反的过程。因此，应掌握读图的基本方法和读图的基本要领。

5.5.1 读图的基本知识

1. 应几个视图联系起来读图

“只看一图不全面，三图合看整体现”。一般情况下，仅由一个或者两个视图往往不能唯一地表达物体的形状，如图 5-101 所示四组视图，其形状各异，它们的俯视图均相同。如图 5-102（a）、（b）所示，主视图和左视图相同，但它们的俯视图不同，所以表达的物体形状也不同；如图 5-102（c）、（d）所示，主视图和俯视相同，左视图不同，则表达的物体形状也不一样。由此可见，读图时必须将几个视图联系起来分析、构思，才能想象出物体的形状。

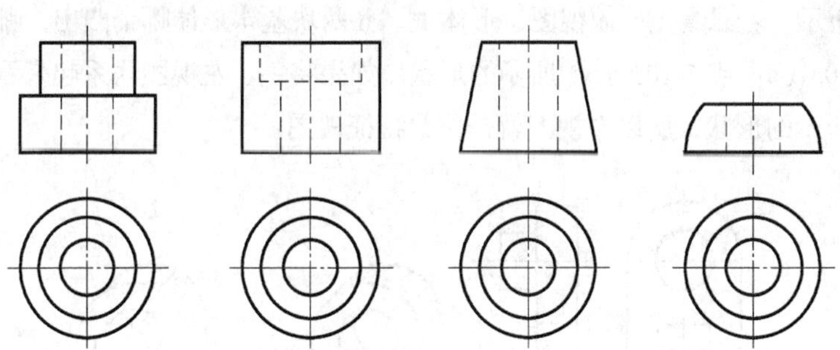

图5-101 一个视图不能确定唯一物体的形状

2. 抓特征视图，想形状

抓特征视图，就是抓物体的形状特征视图和位置特征视图。

（1）形状特征视图

所谓形状特征视图就是最能表达物体形状的那个视图。如图 5-102（a）、（b）所示，由其主视图和左视图可以想象出多种物体形状，只有配合俯视图，才能确定唯一物体的形状。如果由俯视图和主视图组合而去掉左视图或由俯视图和左视图组合而去掉主视图，物体形状都是确定的，所以俯视图是确定物体形状不可缺少的、最能反映物体形状的视图，即特征视图。

由于组成组合体的各基本体的形状特征不一定集中在一个投射方向，反映各基本体形状的特征视图也不可能集中在同一个视图上，所以读图时，只要注意抓住各组成部分的特征视图，就能很容易地想象出各组成部分的形状，从而就不难想象出组合体的整体形状。

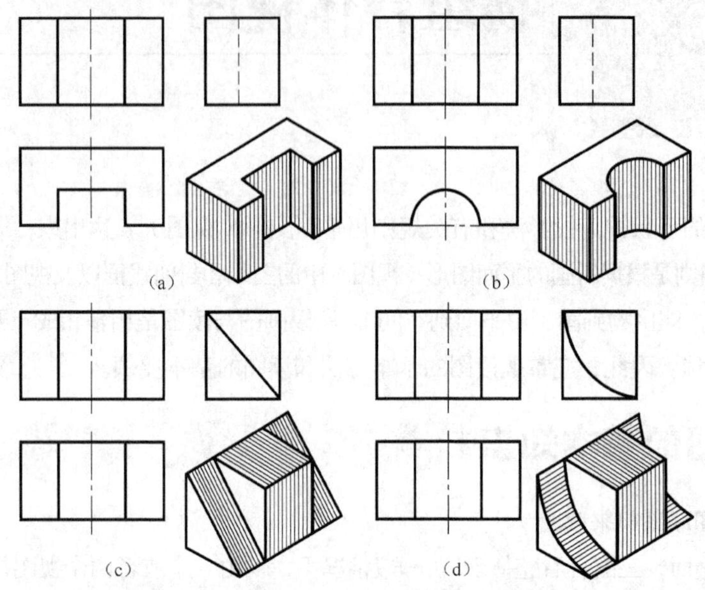

图5-102 只用两个视图不能确定唯一的物体形状

（2）位置特征视图

反映组合体的各组成部分相对位置关系最明显的视图，即是位置特征视图。读图时，应以位置特征视图为基础，想象各组成部分的相对位置。

如图 5-103 所示，若只看主、俯视图，形体Ⅰ、Ⅱ两块基本形体哪个凸出，哪个凹进，无法确定，可能是图 5-103（a）或 5-103（b）所示的形状。如果将主、左视图联系起来看，就可唯一判定是图 5-103（c）所示的形状，所以左视图就是位置特征视图。

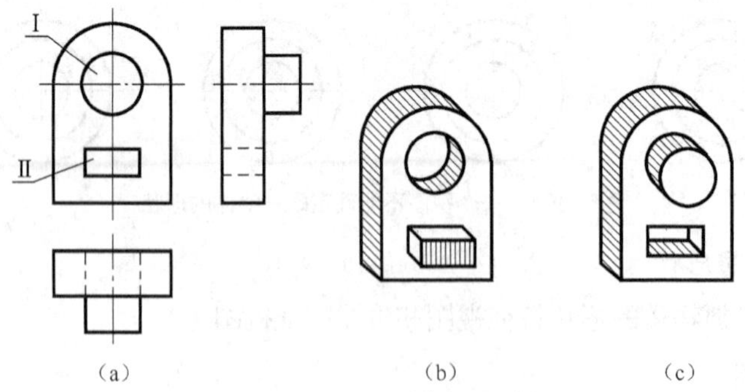

图5-103 位置特征视图

可见特征视图是表达形体的关键视图，读图时应注意找出形体的位置特征视图和形状特征视图，再联系其他视图，就能很容易地读懂视图想象出形体的形状了。

3. 明确视图中图线、线框的投影含义

组合体三视图中的图线主要有粗实线、虚线和细点画线。读图时应根据三视图之间的投影关系

（位置关系、方位关系和尺寸关系），正确分析视图中的每条图线、每个线框所表示的含义。

（1）视图中的图线

视图中的每条粗实线（或虚线）可以表示形体的两表面（两平面、两曲面、平面与曲面）交线的投影、曲面转向轮廓线的投影、具有积聚性表面（平面或柱面）的投影；细点画线可以表示回转体轴线、圆的中心线、对称面的投影，如图 5-104 所示。

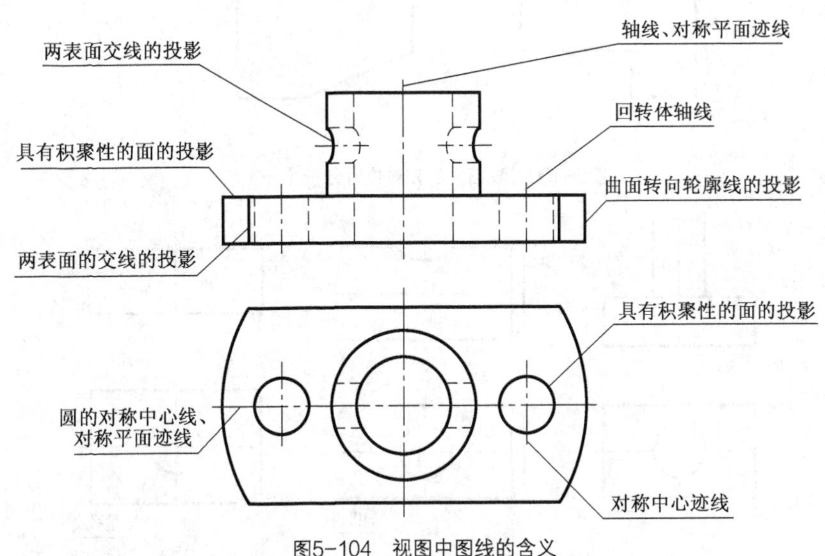

图5-104 视图中图线的含义

（2）视图中的封闭线框

可以表示形体一个面（平面或曲面）的投影、曲面及相切平面的投影、凹坑或通孔积聚的投影，如图 5-105 所示。

（3）视图中的相邻线框

可以表示两表面同向错位，如图 5-106（a）所示（属于上下、左右或前后关系）；或两表面相交；如图 5-106（b）所示。

（4）线框里面的线框

可以表示凸起，如图 5-107（a）所示；或表示凹进，如图 5-107（b）所示；或表示通孔内表面积聚，如图 5-107（c）所示。

（a） （b）

图5-105 视图中线框的含义

（5）线框边上的开口线框和闭口线框

分别表示通槽和不通槽，如图 5-108（a）和图 5-108（b）所示。

4. 利用线段及线框的可见性，判断形体的形状

（1）利用交线的性质确定物体形状

如图 5-109 所示的两组相贯体，由于其相贯线的形状不同，所以相贯的物体形状也不一样，图 5-109（a）所示为两等径圆柱正交，图 5-109（b）所示为圆柱与平面立体相交。

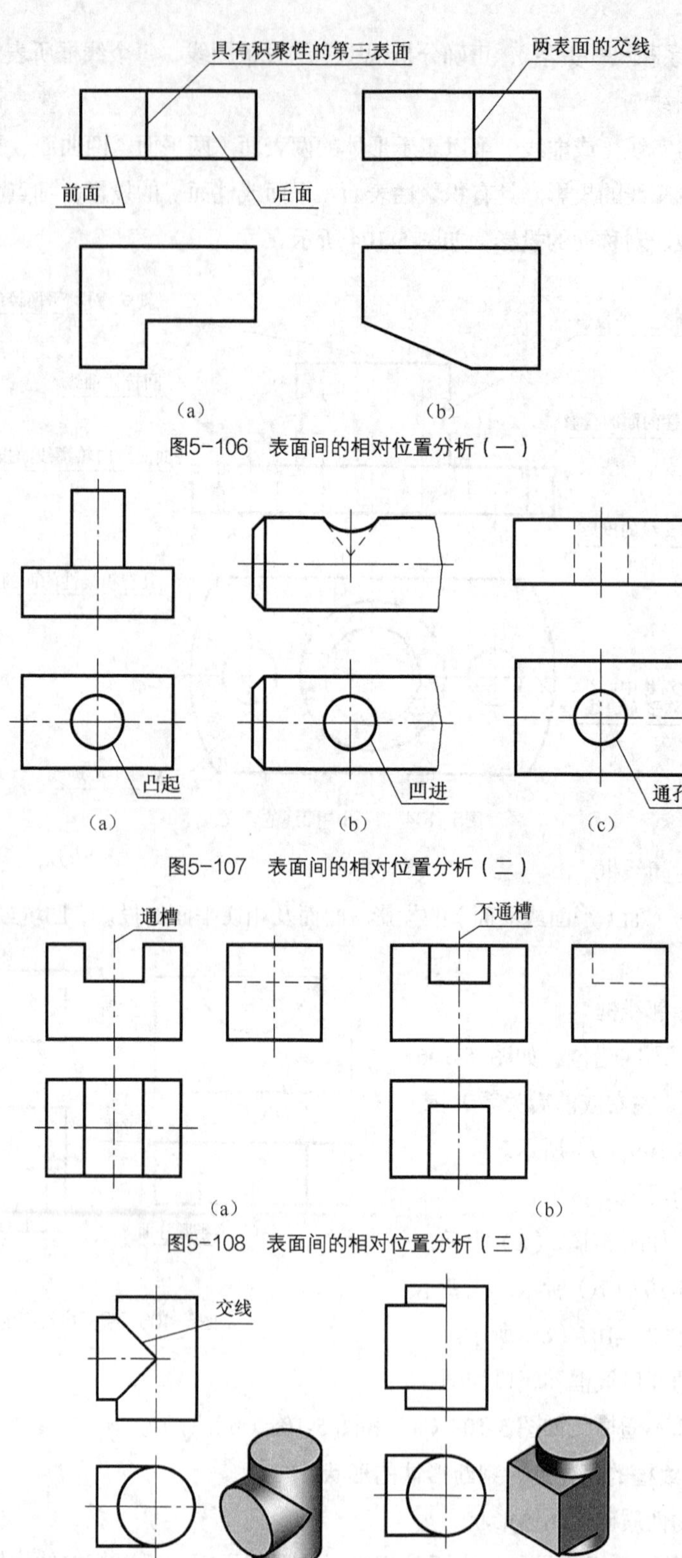

图5-109 利用交线的性质判断物体形状

（2）利用线的虚实变化判断物体的形状

图 5-110 所示的两物体中，它们的主视图有虚线和实线的不同，图 5-110（a）中的两个实线线框，说明是两个前后错位的面，图 5-110（b）中的实线线框是物体的完整前表面，其虚线是该面后边的结构，虚线是由前面遮挡而形成，综合分析可想像出各自的形状。

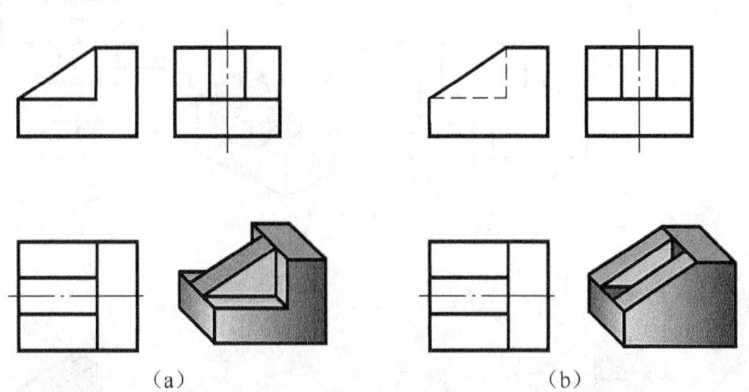

图5-110 利用虚实线的变化规律判断物体形状

5.5.2 读图的基本方法和步骤

1. 形体分析法

根据形体视图的特点，抓住形体特征明显的视图（一般为主视图），结合其他视图，按封闭线框划分为几个部分，想象出各部分的基本形状、相对位置和组合形式，再综合起来想象出形体的整体形状。

【例 5-20】 图 5-111 所示为轴承座的三视图，想象物体形状，方法与步骤如下。

（1）抓住主视看大致，综观全图分部分

从主视图看起，联系其他视图，可将主视图划分为四个封闭线框Ⅰ、Ⅱ、Ⅲ、Ⅳ，如图 5-111（a）所示。

（2）对投影找关系，抓特征想象形状

根据视图之间的对正关系，找出每部分在其余两视图中的投影线框，找出每部分的特征视图，看懂各部分形状。

Ⅰ部分的特征视图为主视图，其形状如图 5-111（b）所示；Ⅱ和Ⅳ部分的特征视图为主视图，其形状如图 5-111（c）所示；Ⅲ部分的特征视图在左视图上，其形状如图 5-111（d）所示。

（3）根据方位定位置，综合起来想象整体

分别读懂各部分的形状后，根据三视图方位关系，想象出它们的整体形状。

形体Ⅲ在下，形体Ⅰ在其上面中部；形体Ⅱ、Ⅳ在Ⅲ上面，并分布在Ⅰ两侧，四形体后表面平齐，如图 5-111（e）所示。

2. 线面分析法

线面分析法就是把组合体视为由若干个面（平面或曲面）围成，根据面的投影特性逐个分析其对投影面的相对位置、空间形状及与相邻面之间的位置，从而想象出组合体的形状。

对不规则形体或形体上由于切割而产生的截断面及截交线的投影，难以用形体分析法划分想象

形状时，可用线面分析法。

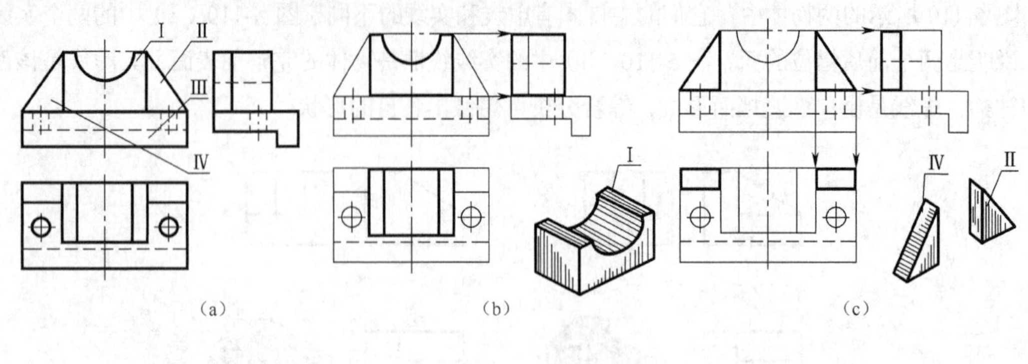

（a）　　（b）　　（c）

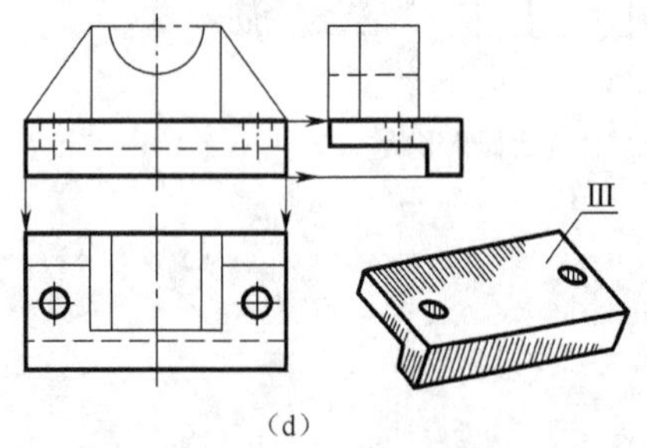

（d）

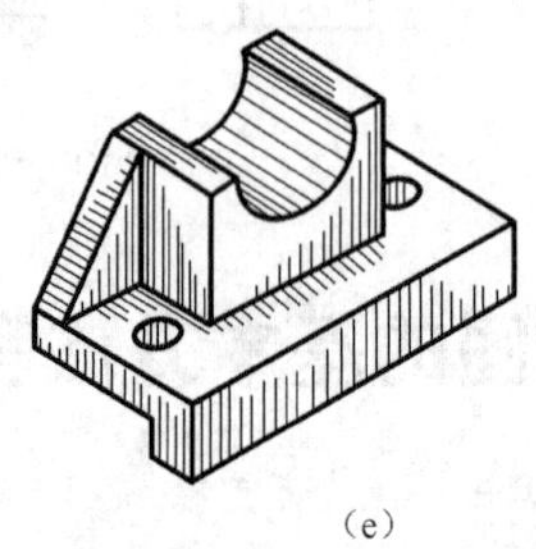

（e）

图5-111　轴承座的三视图

【例 5-21】 读图 5-112（a）所示三视图，想象物体形状。

读该三视图时，可应用线面分析法把视图中的每个封闭线框所表达形体表面的空间形状和位置确定下来，然后把这些面按相对位置进行组装想象，就能综合想象出整体形状。看图方法和步骤如下。

（1）分线框，对投影，想象面的形状和位置

将视图中的每一个封闭线框，按投影规律找到其在另两投影面上的投影，并想象其空间形状及位置。如图 5-112（b）所示，主视图中的封闭线框 a'，按对正关系在俯视图上与其对应的是线段 a，在左视图上与其对应的是类似线框 a''，根据面的投影图特征可知，该面在空间为四边形、铅垂面。

同理，可继续找出主视图上封闭线框 b' 在俯、左视图上的对应投影位置 b、b''，在空间是五边形、正平面，如图 5-112（c）所示；俯视图上的封闭线框 c 在主、左视图上的对应投影位置 c'、c''，在空间是六边形、正垂面，如图 5-112（d）所示；俯视图上的封闭线框 d 在主、左视图上的对应投影位置 d'、d''，在空间是四边形、侧垂面，如图 5-112（e）所示。

（2）根据各面的形状和相对位置，进行组装，综合想象整体形状

通过对各面进行组装和想象，就不难确定该形体是由长方体通过铅垂面 A、正垂面 C 和侧垂面 D 切割而成，如图 5-112（f）所示。

上例是用线面分析法，先看懂各面的形状和位置，然后按照各面在空间的相对位置进行“组装”想象而得出形体的整体形状。

对切割体类形体，还可以通过“先整后切”的思维方式进行读图。即在视图上先补齐基本体所缺的图线，想象出形体未切前的完整形状，然后应用线面分析法，通过分析截断面（切口）的投影，

确定各截切面的位置，按形体的切割顺序，逐步想象出形体的整体形状。

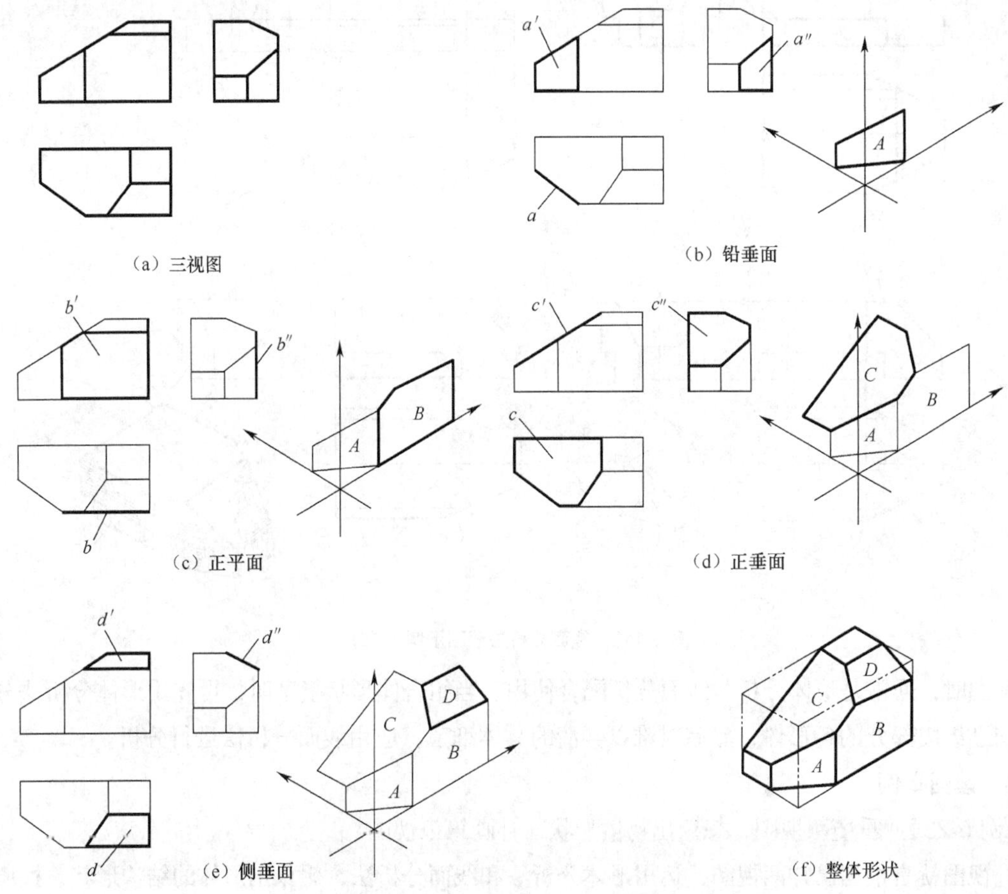

图5-112 线面分析法读图示例（一）

【例 5-22】 看懂如图 5-113（a）所示三视图，想象形体的形状。

（1）形体分析

由三视图可以看出，主视图外形轮廓为矩形少左上角，俯视图外形轮廓为矩形少左前后两角，左视图外形为矩形少左右各一小矩形。假想把各视图中所缺少的部分补齐，则构成一长方体的三视图，因此，该形体未切前为长方体，如图 5-113（b）所示。

（2）确定截切位置，想象形体形状

① 从俯视图线框 p 入手，可找出其另两投影 p'和 p''，可知 P 为一正垂面，即形体被一正垂面切去左上角，如图 5-113（b）所示。

② 从主视图线框 q'开始，按投影关系找出 q 和 q''，可知 Q 面为铅垂面，将长方体的左前（后）角切去，如图 5-113（c）所示。

③ 与主视图线框 r'有联系的是俯视图中图线（r）、左视图中图线 r''，所以 R 为正平面；由俯视图上线框（h）可找出其正投影 h 和侧面投影 h，H 为水平面。由正平面 R 与水平面 H 结合将长方体前（后）下部各切去一块长方体。经过几次切割以后，剩余部分即为物体的形状，如图 5-113（d）所示。

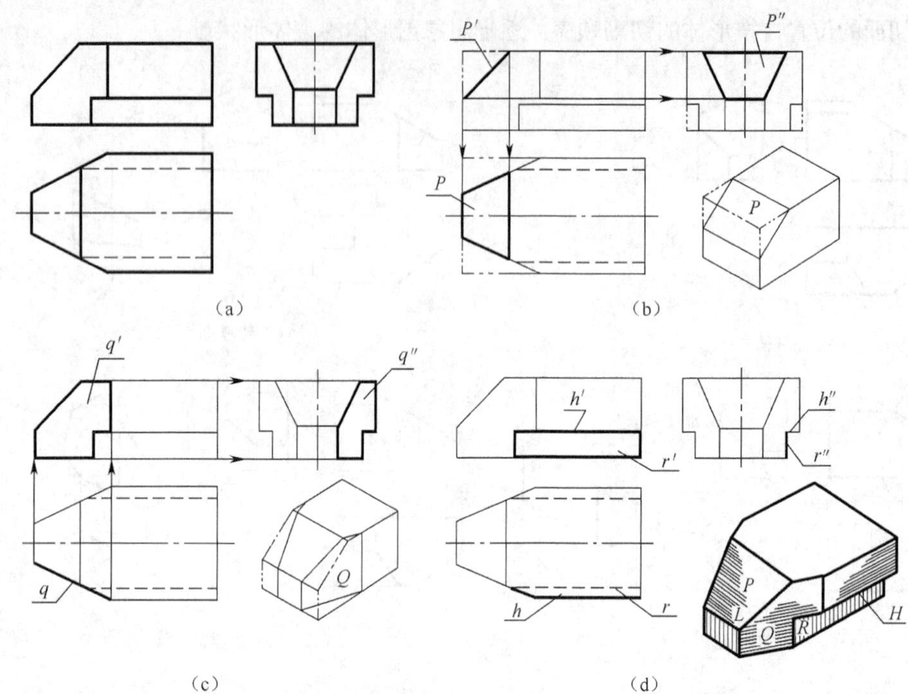

图5-113　线面分析法读图示例（二）

看图时，通常是形体分析与线面分析配合使用。当组合体形状复杂时，可先用形体分析法分部分，识别组成部分的各形体，然后对难以弄清的具体细节，应用线面分析法进行分析。

3. 读图举例

【例 5-23】 看懂两视图，想象出物体形状，补画第三视图。

补视图就是根据已知两视图，运用形体分析法和线面分析法，想象出形体的结构形状，按照画组合体视图的步骤和方法，画出第三视图。

（1）形体分析

在如图 5-114（a）所示的两视图中，假想补全主视图的外形线框使其成矩形，可知该形体的基本主体为部分圆柱体，在此基础上切割而成，因此，可按切割顺序补画左视图。

（2）补画左视图的步骤

① 画出基本主体未切割前的左视图，如图 5-114（b）所示。

② 基本主体左、右两边用水平面和侧平面各切去一块，在左视图上反映侧平面的实形，如图 5-114（c）所示。

③ 基本主体上部中间用侧平面和半圆柱面切开一通槽，底部左右各钻一小孔，如图 5-114（d）所示。

（3）检查描深，完成作图

【例 5-24】 如图 5-115（a）所示，补全俯、左视图中的缺线。

（1）形体分析

由三个视图的外围轮廓看出，该形体为切割体，其主体形状如图 5-115（b）所示。可应用线面分析法，按切割顺序逐步补全视图中的缺线。

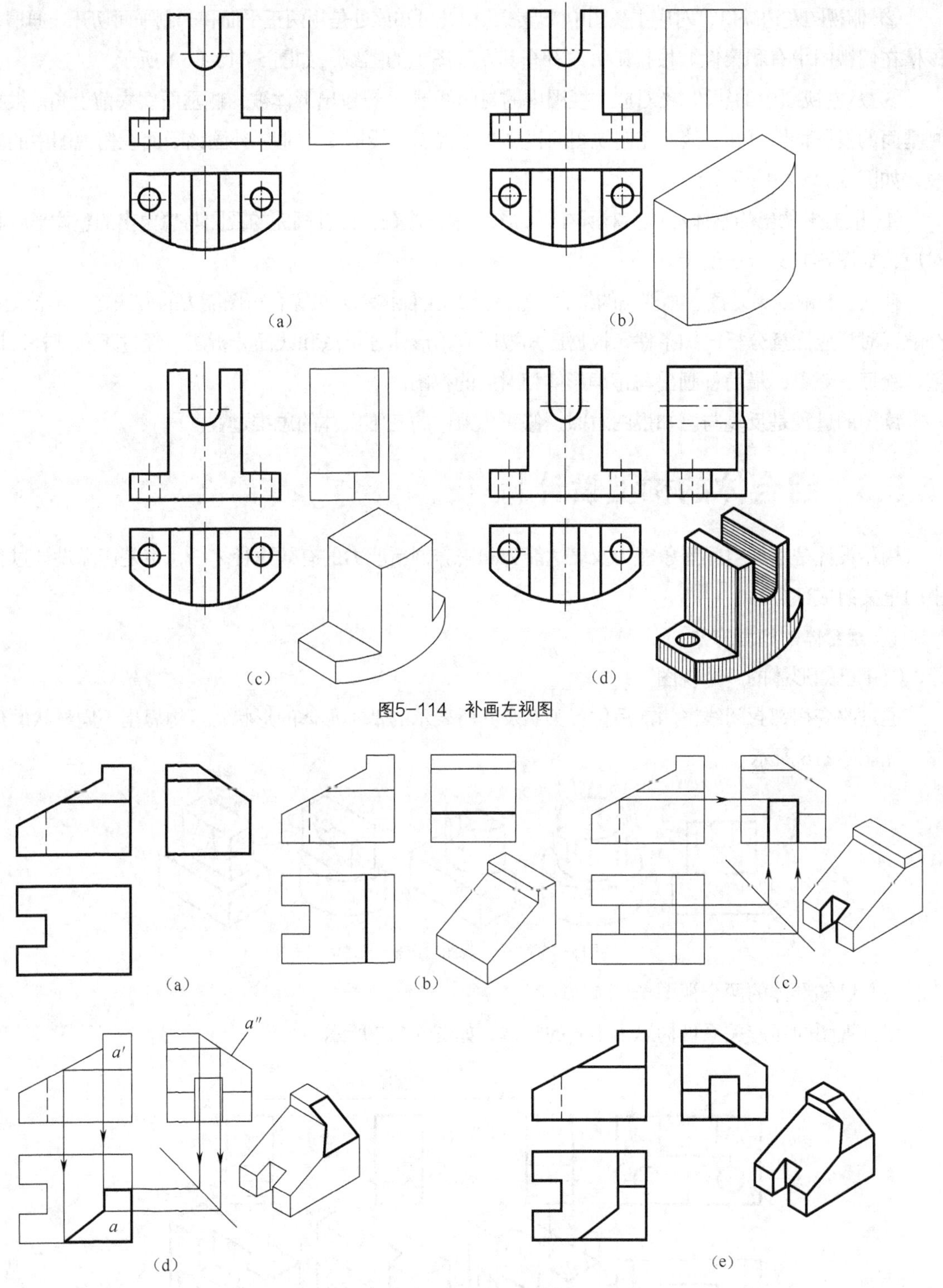

图5-114 补画左视图

图5-115 补全视图中的缺线

（2）作图步骤

① 补画基本主体的投影图线，如图 5-115（b）所示。

② 俯视图左边缺口，对应主视图中的虚线，由此可知该处是用两正平面和一侧平面切开一通槽，该槽在俯视图中有积聚性。按投影关系补全其左视图上的图线，如图 5-115（c）所示。

③ 从左视图中的线段 a'' 对应主视图中的封闭线框 a' 想象出形体被一侧垂面切去前上角。根据侧垂面的投影特性可知，该面在俯视图的投影与主视图上线框 a' 类似。补画该断面在俯视图中的缺线，如图 5-115（d）所示。

④ 根据想象出的整体形状，对所补画的图线进行检查，使补画完的视图与想象出的整体形状相对应，如图 5-115（e）所示。

补图、补缺线，是读、画视图的结合，也是训练工程技术人员综合审图能力的方法之一。补图、补缺线时，应注意分析已知条件，根据已知视图应用形体分析法和线面分析法，经过不断试补、调整、验证、想象，最后补画出与正确形体相对应的视图。

读图的过程是反复与已知视图对照、修正想象中的三维实体的思维过程。

5.5.3 组合体的构型设计

构型设计是发展空间想象能力及表达能力和培养创新能力的有效途径之一，也是产品设计过程中的重要组成部分。

1. 组合体的构型方法

（1）已知形体的一个视图

通过改变相邻封闭线框的前后位置关系及其所表示的基本形体的形状，可构思出不同形状的形体，如图 5-116 所示。

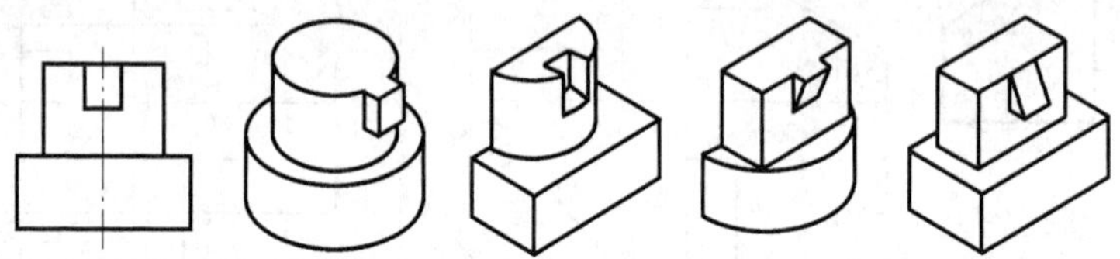

图5-116 一个视图对应多个形体

（2）已知形体的两个视图

根据视图的对应关系可构思出不同的物体，如图 5-117 所示。

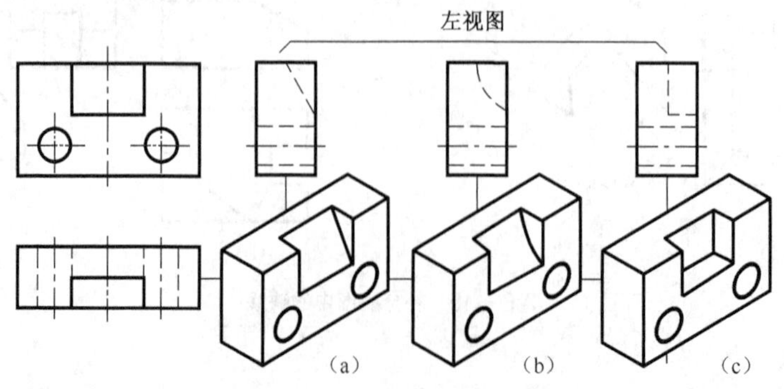

图5-117 两个视图对应若干形体

（3）互补形体构型

根据已知的形体，构思另一形体，该两形体能吻合成一有规则的物体（如长方体、圆柱等），如图 5-118、图 5-119 所示。

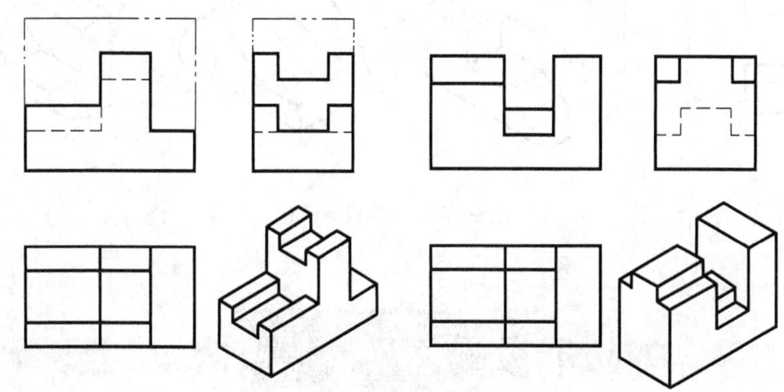

图5-118 两形体互补为一长方体

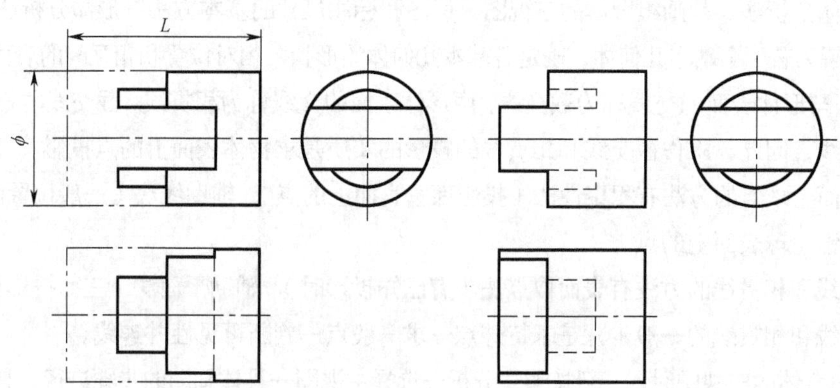

图5-119 两形体互补为一圆柱

2. 构型设计应注意的问题

① 两个形体组合时，不能出现线接触和面接触，如图 5-120（a）、（b）中箭头所示。

② 不要出现封闭内腔的造型，如图 5-120（c）所示。

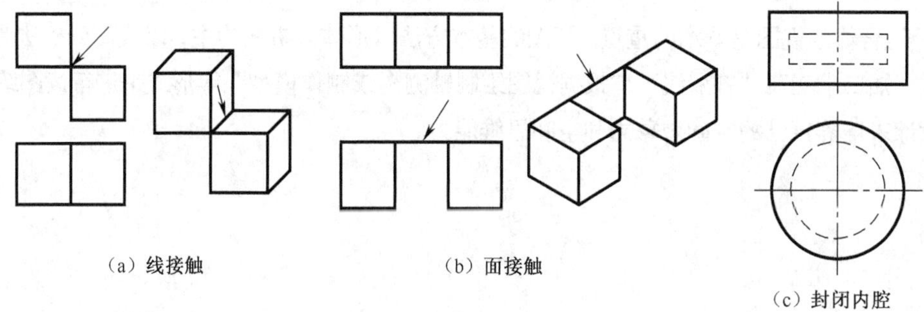

图5-120 构型设计应注意的问题

③ 构型设计应力求新颖，如图 5-121 所示。

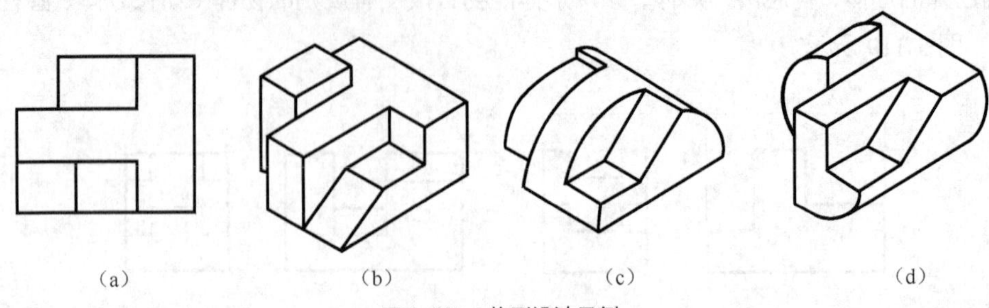

图5-121　构型设计示例

本章小结

1. “形体分析法”是画组合体的三视图、读图和标注尺寸的基本方法。形体分析法就是将复杂的组合体分解为若干个基本几何体，确定各基本几何体的形状、相对位置和相互间的表面连接关系。

2. 平面与形体表面的交线称为截交线，两形体表面的交线称为相贯线。截交线与相贯线都是物体表面上的线，因此，求作截交线和相贯线的投影的实质是求物体表面上的点投影。

物体表面上求点的方法有积聚性法（投影面垂直面上的点）、辅助线法（一般位置面上的点）、围线法（圆锥、球表面上的点）。

求截交线和相贯线的方法有表面取点法（有已知投影时）、辅助平面法（三面投影均未知时）。

求截交线和相贯线的一般步骤是求特殊点→求一般点→判断可见性并连线。

3. 画组合体的三视图时，一般按形体分析→选择主视图→具体画图的步骤进行。具体画图时，要按选择比例和图幅→画长、宽、高三个方向的基准线→逐个画出各部分的三视图（注意各部分间的表面连接关系）→检查、加深底稿的顺序进行。

4. 标注组合体的尺寸时，按照形体分析，选择尺寸基准→标注各形体的定形尺寸→标注各形体间的定位尺寸→考虑总体尺寸，并对有关尺寸进行调整的顺序进行。所标尺寸必须正确、完整、清晰。

5. 读组合体的视图是本章的重点。读图的基本方法以形体分析法为主，以线面分析法为辅。读者可通过“知二求三”、“补漏线”、“根据视图绘制轴测图或制作模型”等形式来进行读图练习，通过构型设计来培养自己的空间想象力和空间思维能力。

第6章 | 机件的表示法 |

本章主要介绍国家标准《机械制图》中的“图样画法”，内容包括视图、剖视图、断面图、局部放大、简化画法和其他规定画法等，是学习绘制和阅读机械图样的重要基础。

在实际生产中，由于使用要求不同，机件的结构形状也是多种多样的。对于结构形状比较复杂的机件，仅用前面所介绍的三视图，难以将它们的内外形状表示清楚，为此，国家标准《技术制图》和《机械制图》规定了各种图样画法。掌握这些画法，就能根据机件的结构特点，完整、清楚地表示机件的内外形状，并达到简化绘图、方便读图的目的。

6.1 视图

视图主要用来表达机件的外部结构形状，一般只画出机件的可见部分，必要时才用虚线表达其不可见部分。国家标准（《机械制图　图样画法　视图》GB/T 4458.1—2002 和《机械制图　机件上倾斜结构的表示法》GB/T24739—2009）规定，视图包括基本视图、向视图、局部视图和斜视图四种。

6.1.1 基本视图及其配置

1. 六个基本视图的形成

机件向基本投影面投射所得到的视图，称为基本视图。

国家标准规定，用正六面体的六个面作为基本投影面。把机件置于正六面体中，将机件从六个方向，向六个基本投影面投射，即得到六个基本视图，如图 6-1 所示。在得到的六个基本视图中，除了前面学习的主、俯、左三个视图外，还有以下三个视图。

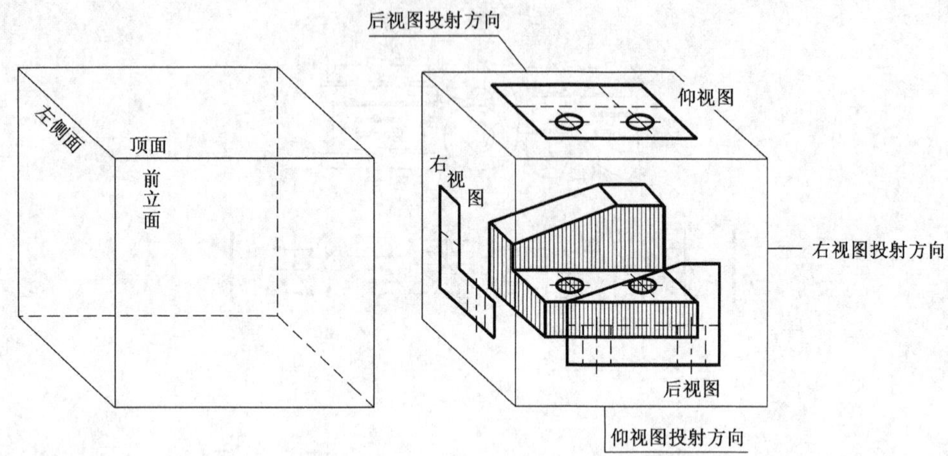

图6-1　六个基本投影面及右、后、仰视图的形成

右视图——由机件的右侧向左侧面投射所得的视图；

仰视图——由机件的下方向顶面投射所得的视图；

后视图——由机件的后方向前立面投射所得的视图。

六个投影面的展开方法如图 6-2 所示。

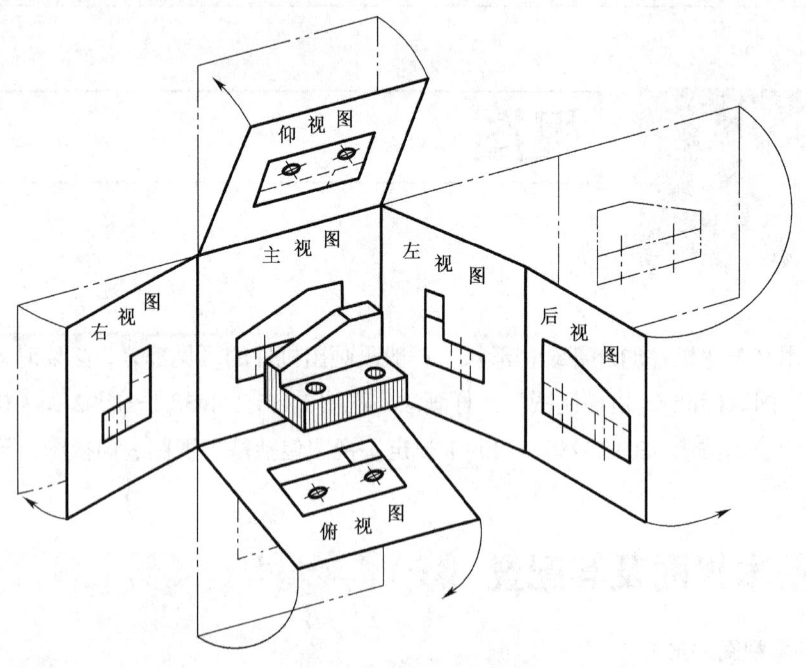

图6-2　六个投影面的展开

2. 六个基本视图的配置及投影规律

六个基本视图若画在同一张图纸上，并按图 6-3 所示的规定位置配置时，一律不标注视图的名称。

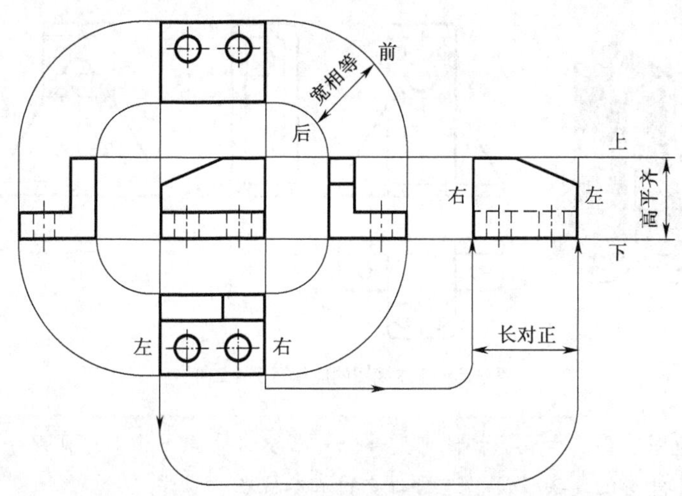

图6-3 六个基本视图的配置及投影规律

六个基本视图之间仍保持长对正、高平齐、宽相等的投影关系，如图 6-3 所示，即主、俯、仰、后视图长对正；主、左、右、后视图高平齐；俯、左、仰、右视图宽相等。

六个视图的方位对应关系为：俯、左、仰、右现前后（视图靠近主视图的一侧均反映物体的后方，而远离主视图的外侧均反映物体的前方）；主、俯、仰、后现左右（后视图的左侧反映物体的右方，而右侧反映物体的左方）；主、左、右、后现上下。

3. 基本视图的应用

在表达机件的形状时，不是任何机件都需要画出六个基本视图，应根据机件的结构特点，按需要选择其中几个视图。如图 6-4（a）所示，该机件若采用主、俯、左三视图表达，则图中线条交错，画图复杂，看图困难。因该机件左、右形状不同，故采用如图 6-4（b）所示，主、左、右三个基本视图表达，在左、右视图中省略了一些不必要的虚线，这样表达既清楚，又使画图简单，看图更方便。如图 6-5 所示支架，除选用了主、俯、左三个视图外，又增加了一个后视图用以表达支架后面上孔的形状和位置，表达准确、清晰、简便。

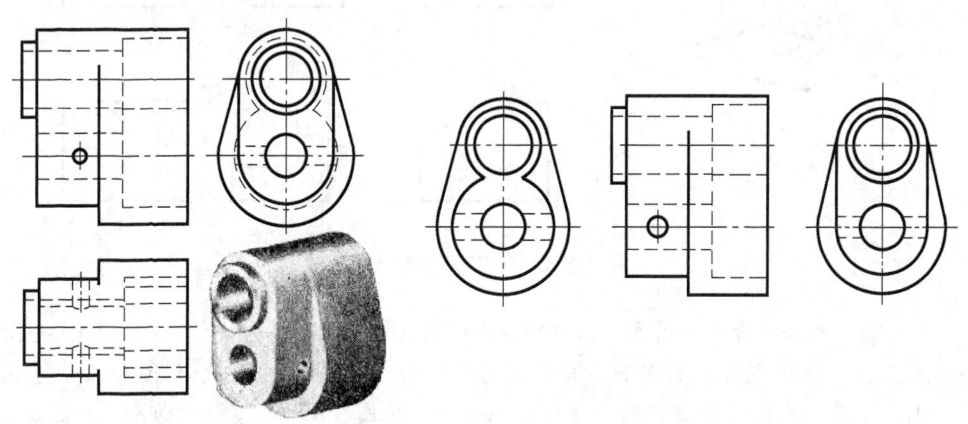

（a）直观图与三视图　　（b）主、左、右视图

图6-4 基本视图的应用示例（一）

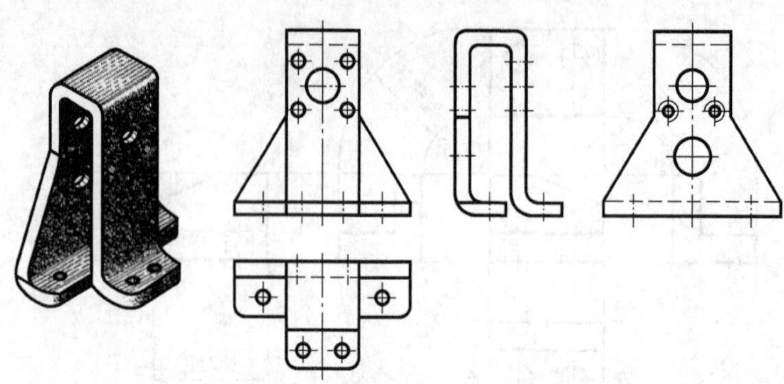

图6-5 基本视图的应用示例（二）

基本视图主要用于表达机件可见部分，必要时才画出其不可见部分；实际绘图时，应根据物体外形的复杂程度，选用必要的基本视图。

6.1.2 向视图

向视图是可以自由配置的视图，一般指移位的基本视图。向视图是基本视图的一种表示形式，如图 6-6 所示，当主视图如图 6-6（a）所示确定后，其他视图不按图 6-3 规定位置配置，而将其他视图放在图纸的合理位置。

为了不致引起误解，便于读图，应在向视图的上方用大写拉丁字母标出该向视图的名称（如“*A*”、“*B*”等），并在相应的视图附近用箭头指明投射方向，并标注相同的字母，且字母的方向均应与正常的读图方向相一致（字头朝上），如图 6-6 所示。

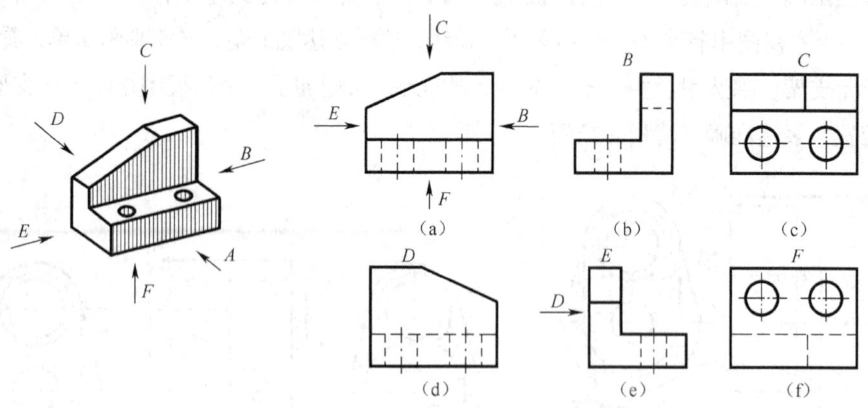

图6-6 向视图及其标注

表示投射方向箭头所在视图与相应向视图之间始终存在着“主（主视图）、从（俯、左、右、仰）”关系，如图 6-6 中，若把图 6-6（a）作为主视图，则图 6-6（b）为右视图、图 6-6（c）为俯视图、图 6-6（e）为左视图、图 6-6（f）为仰视图；在图 6-6（d）、（e）两图中，若将投射方向箭头“*D*”所在的图 6-6（e）看作主视图，则图 6-6（e）和（d）（*D*向视图）就可理解为主、左关系。

6.1.3 局部视图和斜视图

1. 局部视图

如图 6-7（a）所示的机件，采用主、俯两个基本视图，其主要结构已表达清楚，但左、右两个凸台的形状不够清晰，如再画出图 6-7（b）中的左、右视图，则主体形状属于重复表达。这时，可以采用如图 6-7（c）所示的表达方法，只画出左、右凸缘两部分的局部视图，则可使图形重点更为突出，左、右凸台的形状更清晰，且便于读图，简化画图。

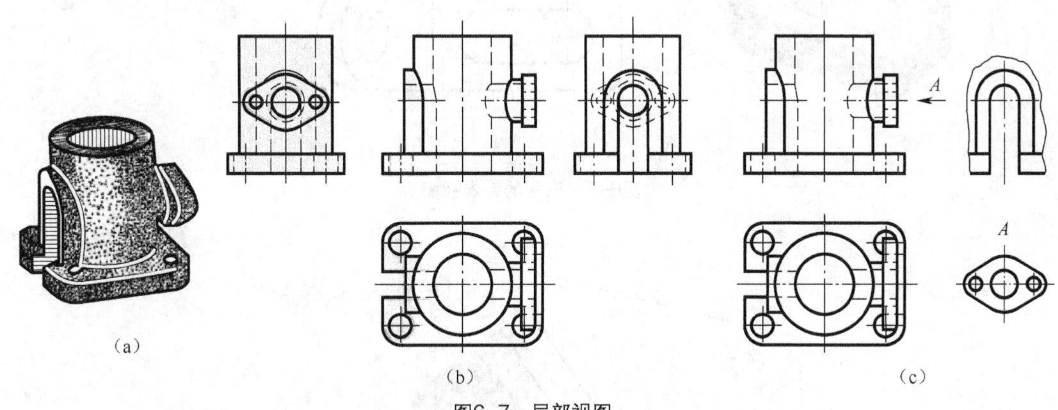

图6-7 局部视图

这种将机件的某一部分向基本投影面投射所得的视图，称为局部视图。

（1）局部视图的配置及标注

① 局部视图通常应配置在投射箭头所指的方向或基本视图的位置，以便与原来的基本视图保持相对应的投影关系。当局部视图按投影关系配置，中间又没有其他图形隔开时，可省略标注，如图 6-7（c）表示左边凸缘的局部视图。

② 为了合理地利用图纸，也可以将局部视图配置在图纸的合适的位置，但应按向视图的规则标注，如图 6-7（c）中的 *A* 向局部视图。

（2）局部视图的规定画法

① 由于局部视图所表达的只是机件的局部形状，故需要画出断裂边界，局部视图的断裂边界常以波浪线（或双折线、中断线）表示，如图 6-7（c）中的左边凸缘的局部视图。

② 当所表示的局部结构形状是完整的，且外形轮廓成封闭状态时，可省略表示断裂边界的波浪线（或双折线、中断线），如图 6-7（c）中的 *A* 向局部视图。

2. 斜视图

如图 6-8（a）所示的弯板上具有倾斜结构，当完全采用基本视图时，不论如何放置，其俯视图和左视图均不反映它的真实形状，这会给绘图和看图都带来困难，也不便于标注其倾斜部分结构的尺寸和读图，如图 6-8（b）所示。

为了使机件上的倾斜结构反映出真实形状，可设置一平行于倾斜结构的辅助投影面（该辅助平面垂直于某一个基本投影面），只将倾斜结构向该投影面投射，如图 6-9 所示。然后将辅助投影面按箭头所指方向翻转到与其垂直的基本投影面重合的位置，便可得到反映这部分结构实形的视图，如图 6-10（a）所示。

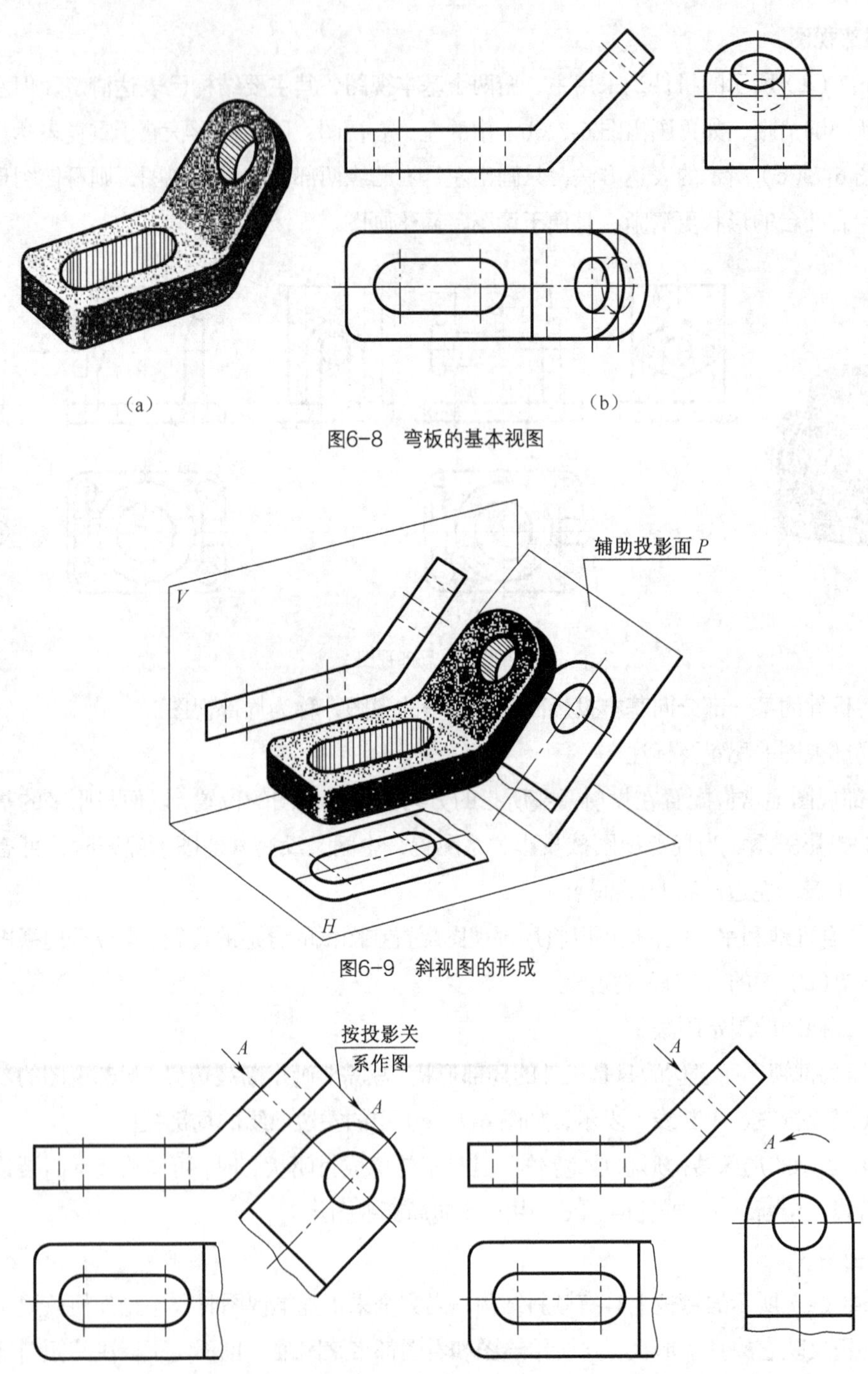

图6-10 斜视图的配置与标注

这种将机件向非基本投影面（不平行于任何基本投影面的平面）投射所得的视图称为斜视图。

（1）斜视图的画法及配置

斜视图通常只画出机件倾斜部分结构，其余部分不必全部画出来，而用波浪线断开，成为一个局部的斜视图，如图 6-10（a）所示的斜视图 *A*。

斜视图一般按投影关系配置在投射箭头所指的方向上，如图 6-10（a）所示。必要时允许将斜视图配置在图纸的其他位置，在不至于引起误解时，允许将图形旋转（既可顺时针旋转，也可逆时针旋转）放正画出，如图 6-10（b）所示。

当斜面为复斜面时，一般需先用一个斜视图(或用斜剖切平面剖得的剖视图)将复斜面变换成单斜面，如图 6-11 中的 *A*（表示投射方向的箭头应平行于所指视图的投影面）。再用图 6-9 的方法画出第二个斜视图表示出实形，并标注有关尺寸，如图 6-11 中的 *B*。

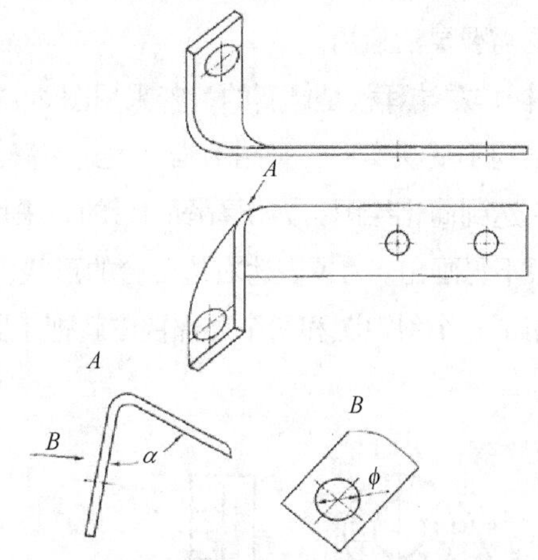

图6-11　斜面为复斜面时的斜视图画法

（2）斜视图的标注

画斜视图时必须加标注，应在相应视图的投射部位附近，沿垂直于倾斜面的方向画出箭头表明投射方向，并注上大写拉丁字母，在斜视图的上方标注相同的字母（字母一律水平书写），如图 6-10（a）所示。经过旋转的斜视图，必须加注旋转符号，旋转符号的箭头方向与斜视图的旋转方向一致，名称字母应靠近旋转符号的箭头端，如图 6-10（b）所示。

当要注出图形的旋转角度时，应将其标注在字母之后，如“⌒*A*30°”、“*A*45°⌒”等。旋转符号的尺寸和比例，如图 6-12 所示。

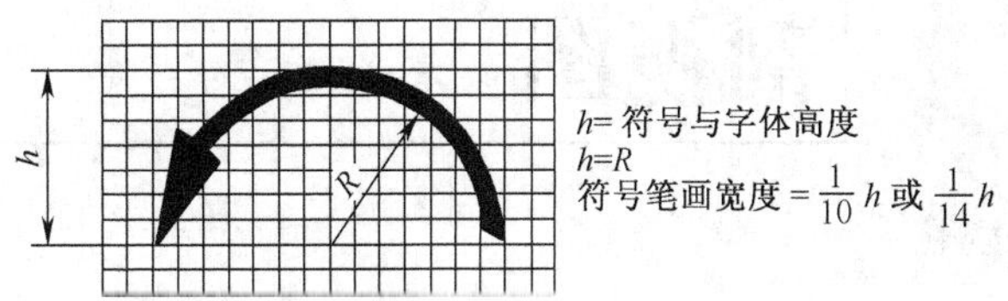

图6-12　旋转符号的尺寸和比例

3. 局部视图与斜视图的比较

（1）局部视图与斜视图的相同点

两种视图都表达了机件的局部结构，其断裂边界的画法相同，当所表达的局部结构形状完整且外形轮廓线成封闭时，都不画断裂边界线。

（2）局部视图与斜视图的区别

① 投射方向不一样。局部视图是向基本投影面投影所得到的视图，是基本视图的一部分；斜视图是对机件上倾斜的局部结构向与任一基本投影面都不平行的新加的一个投影面投影后所得到的视图。

② 斜视图必须进行标注，而局部视图当按投影关系配置，中间又没有其他图形隔开时，可省略标注。

6.1.4 应用举例

以上介绍了基本视图、向视图、局部视图和斜视图，在实际画图中，并不是每一个机件的表达方案中都有这四种视图，应根据需要灵活运用。

如图 6-13（a）所示的压紧杆，左端耳板是倾斜的，若采用图 6-13（b）所示主、俯、左三个基本视图表达，其上倾斜的耳板结构不反映实形，画图困难，表达不清楚。

为了表达耳板的倾斜结构，达到简化绘图、方便看图的目的，采用了 *A* 向斜视图。在俯视图的位置上画出 *B* 向局部视图，耳板不再画出。为了表达右边凸台的形状，选用了 *C* 向局部视图。这样，只用了一个基本视图，灵活选用了一个斜视图和两个局部视图就把压紧杆的各个部分表达清楚了，如图 6-13（c）所示。

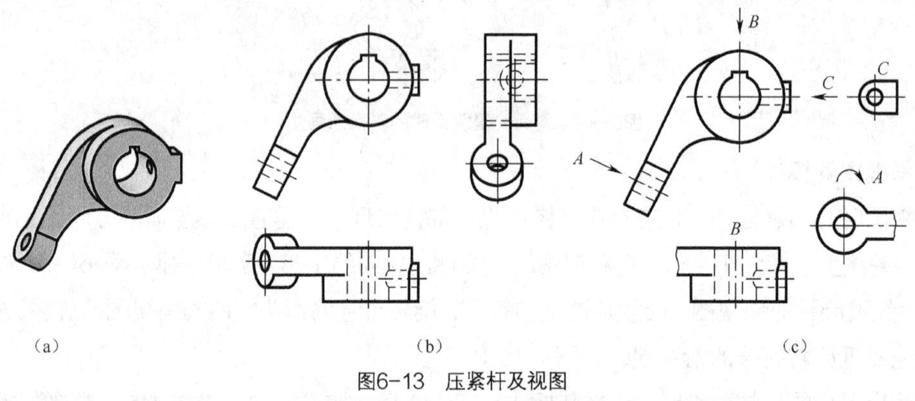

图6-13　压紧杆及视图

6.2 剖视图

如图 6-14（a）所示，当机件内部形状比较复杂，视图中会有较多的虚线，这些虚线与外部轮廓线交叠在一起，给看图、绘图、标注尺寸带来困难。为此，国家标准（《机械制图图样画法　剖视图和断面图》GB/T 4458.6—2002）规定采用剖视图来表示机件的内部形状。

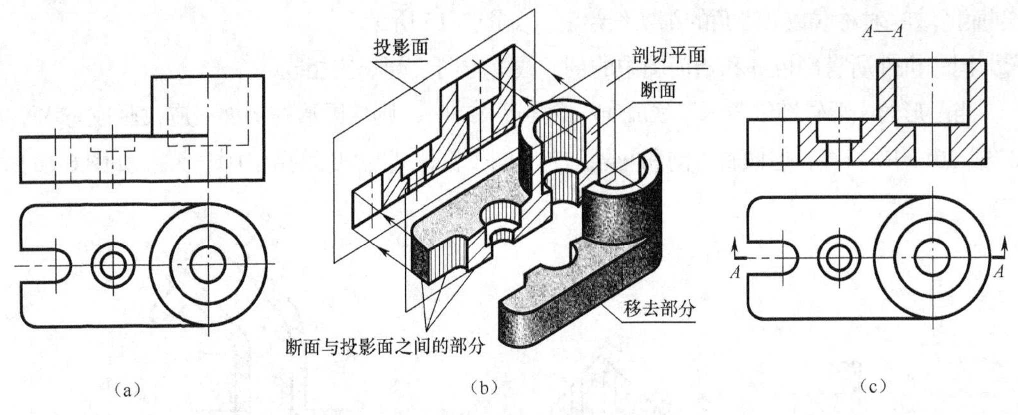

图6-14　支架的视图及剖视图的形成

6.2.1　剖视图的基本概念

1. 剖视图的形成

如图 6-14（b）所示，假想用剖切面剖开机件，将处在观察者和剖切面之间的部分移去，将其余部分向投影面投射所得的图形，称为剖视图（简称剖视）。如图 6-14（c）所示，原来不可见的孔、槽都变成可见的了，与没有剖开的视图相比较，剖视图表示物体内部结构层次分明，清晰易懂。

2. 剖面符号

在剖视图上，为了区分机件的空心与实体、远与近的结构，通常将机件上与剖切面接触的部分（称为剖面区域）画上剖面符号，以增强剖视图的表示效果。表 6-1 为各种材料的剖面符号。

表 6-1　　材料的剖面符号（GB/T 4457.5—1984）

金属材料（已有规定剖面符号者除外）		型砂、填砂、粉末冶金、砂轮、陶瓷刀片、硬质合金刀片等		木材纵剖面	
非金属材料（已有规定剖面符号者除外）		钢筋混凝土		木材横剖面	
转子电枢、变压器、电抗器等的叠钢片		玻璃及供观察用的其他透明材料		液体	
线圈绕组元件		砖		木质胶合板（不分层数）	
				格网（筛网、过滤网）	

画剖面符号时，应遵守下述规定。

① 在剖视图或断面图中，当不需要在剖面区域表示材料的类别及画金属材料的剖面符号（也称剖面线）时，用通用剖面线表示。通用剖面线以间隔相等的细实线绘制，最好采用与图形主要轮廓

线或剖面区域的对称线成 45° 角的细实线绘制，如图 6-15 所示。

② 同一机件所有剖视图和断面图中的剖面线的方向、间隔应相同。

③ 当图形的主要轮廓线与水平线成 45° 或接近 45° 时，则该图形的剖面线应改画成与水平方向成 30° 或 60° 的平行线，但倾斜方向和间隔仍应与同一机件其他图形的剖面线一致，如图 6-16 所示。

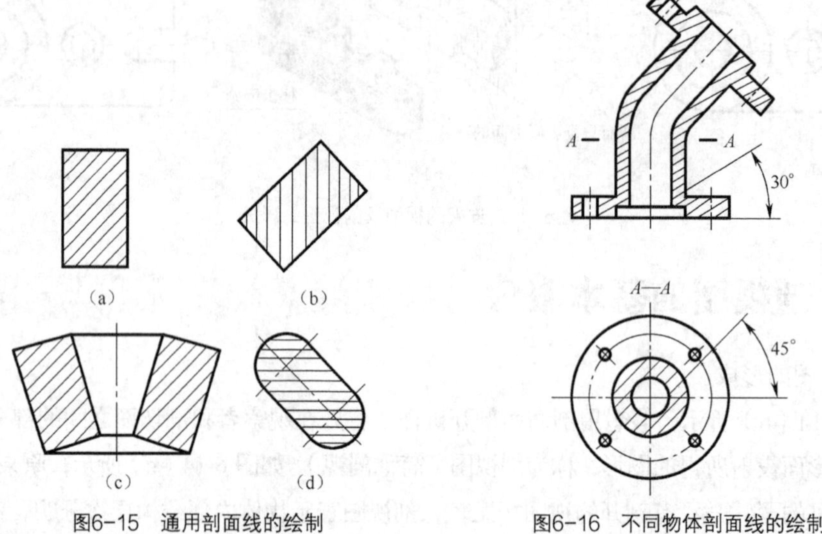

图6-15 通用剖面线的绘制　　图6-16 不同物体剖面线的绘制

3. 画剖视图应注意的问题

① 剖切平面应通过机件的对称平面或孔、槽的轴线（在图上应沿对称线、轴线、对称中心线），以便反映内部结构的实形，应避免剖切出不完整要素或不反映实形的剖面区域。

② 剖切是假想的，事实上并没有把机件切去一部分，因此，当机件的某一个视图画成剖视图以后，其他视图仍应按机件完整时的情形画出，图 6-14（c）中的俯视图仍按完整画出。

③ 剖切平面后方的可见轮廓线应全部画出，不能出现漏线和多线情况。

④ 在剖视图中，当内部结构已表达清楚时，虚线可省略不画，如图 6-17（a）、（b）所示俯视图中省略了表示孔的虚线；在图 6-17（a）左视图中表示右边平面的虚线可以省略。对没有表达清楚的结构，仍需要画出虚线，如图 6-17（b）中左视图上表示圆柱面的虚线不能省略。

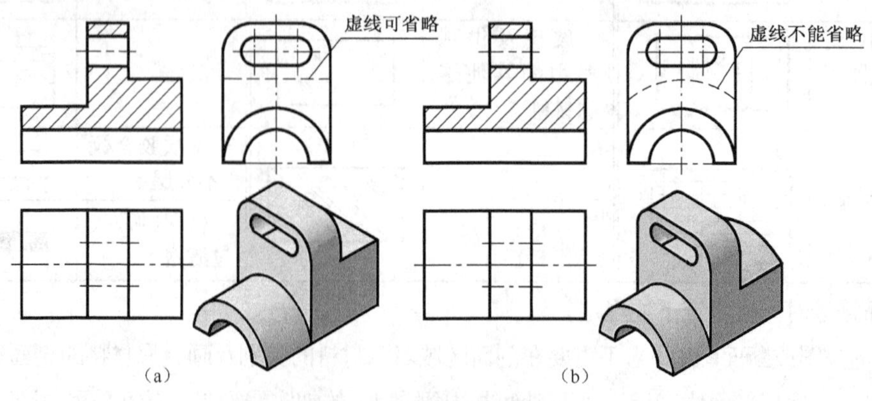

图6-17 必要的虚线要画出

⑤ 在同一机件上可根据需要多次剖切，将机件的多个视图都画成剖视图，每次剖切都应从完整形体考虑，各次剖切互不影响。如图 6-16 中的主、俯视图都画成了剖视图。

4. 剖视图的标注

剖视图一般按基本视图形式配置，必要时，也可配置在图纸的适当位置。

剖视图一般应标注其名称、剖切位置、投射方向，因此，剖视图的标注是剖切符号及剖切线、箭头和剖切部位名称的组合应用，剖面线也可省略不画。

（1）剖切符号

用以表示剖切的位置，在剖切平面的起止和转折处用线宽为（1～1.5）d、长 5～8mm 的粗短线画出。为了不影响图形的清晰，剖切符号应避免与图形轮廓线相交或重合。

（2）箭头

用以表示剖切后的投影方向。在剖切符号粗短画起、止的外侧画出与其相垂直的箭头。

（3）大写字母

用以表示剖视图的名称。在表示剖切平面起、止和转折位置的粗短画外侧写上相同的大写拉丁字母“×”，并在相应剖视图的上方正中位置用同样字母标注出剖视图的名称“×—×”，字母一律按水平位置书写，字头朝上。

（4）剖视图的省略标注

① 当单一剖切平面通过机件的对称平面或基本对称平面，且剖视图按投影关系配置，中间又没有其他图形隔开时，可省略标注。如图 6-16 所示省略了主视图的剖视标注。

② 当剖视图按投影关系配置，而中间又没有其他图形隔开时，可省略剖切符号中的箭头，如图 6-16 所示主视图上的剖切符号中省略了箭头。

6.2.2 用 AutoCAD 实现剖面区域的填充

在如图 6-14（c）所示主视图上的剖面区域内填充剖面线的方法如下。

设置剖面线图层，并置为当前层。

【启动命令】

- 命令行：BHATCH。
- 菜单：“绘图”→“图案填充”或“绘图”→“渐变色”。
- 工具栏：“绘图”→▦或“绘图”→▦。

【操作过程】

执行命令后，系统打开“图案填充和渐变色”对话框，如图 6-18 所示。

单击“图案”后的“...”按钮，弹出如图 6-19 所示“填充图案选项板”对话框，用户可从中选择所需的剖面线图案，也可从“图案（p）:”下拉列表中选取所需的剖面线，如选用“ANSI31”。

在“角度和比例”一栏中，可改变剖面线的角度和方向（预定值为 0）及剖面线的间隔（预定值为 1，值越大，间隔越宽）。金属材料剖面线的设置示例如图 6-20 所示。

图6-18 “图案填充和渐变色”对话框

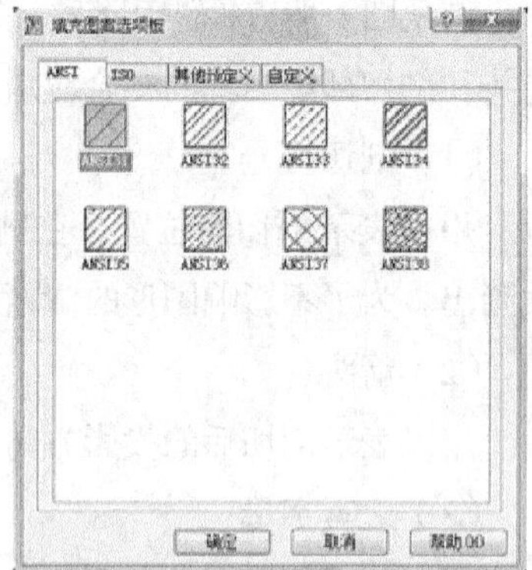

图6-19 “填充图案选项板”对话框

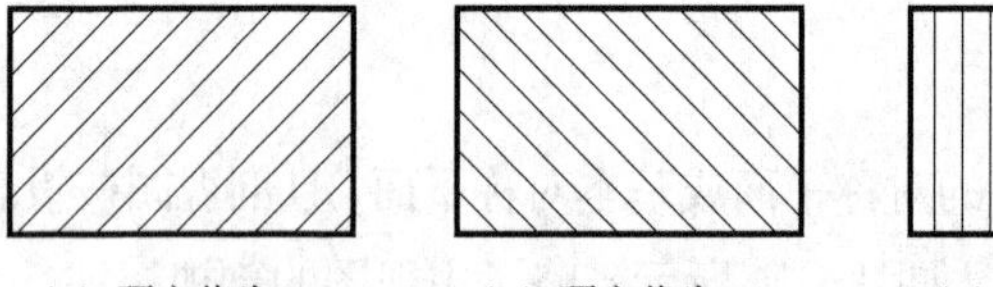

（a）预定值为 0　　（b）预定值为 90　　（c）预定值为 45

图6-20 填充图案“角度”设置示例

单击“添加：拾取点”按钮，系统会返回到绘图界面，要求用户在需要画剖面线的封闭区域内拾取一点，以确定填充边界。此例中，选择 1、2、3 区域并分别单击鼠标，被选区域的边界显示如图 6-21（a）所示（也可以单击“添加：选择对象”按钮，以选取对象的方式确定填充区域的边界。此方法虽然可用于所选对象组成不封闭的区域，但在不封闭处会发生填充断裂或不均的现象）。

在对话框中，单击“确定”按钮，完成填充，命令结束，如图 6-21（b）所示。若单击“预览”按钮，则返回绘图界面，用户可观看填充效果，此时，若对预览效果满意就单击鼠标右键或回车完成填充操作；若对预览效果不满意，可单击鼠标或按“Esc”键返回“图案填充和渐变色”对话框重新进行设置。

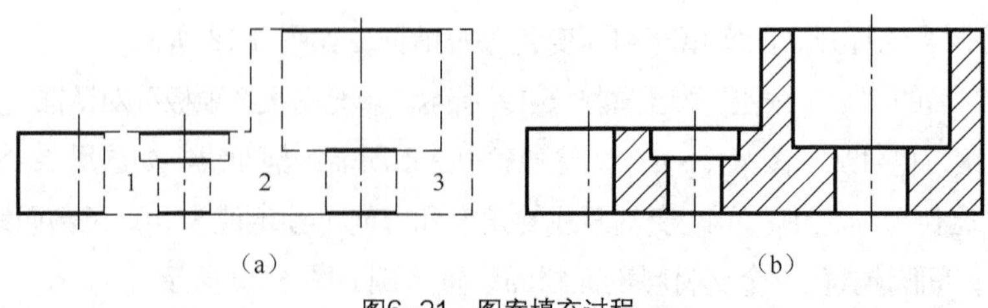

图6-21 图案填充过程

（1）用“添加：拾取点”按钮选择剖面区域时，所选区域必须是封闭的，否则，系统会弹出“边界定义错误”对话框。

（2）“关联（A）”复选框：填充的图案与填充的边界保持着关联关系。当对已填充的图形做修改时，填充图案随边界的变化而自动填充。

（3）“孤岛检测（L）”复选框：可以设置孤岛的填充方式（填充区域内部的封闭边界称为孤岛）。包括“普通”、“外部”、“忽略”三种形式。“普通”方式是从外往里按奇数线框填充；“外部”方式是只填充最外层线框；“忽略”方式是忽略所有孤岛，全部填充。

（4）“继承特性”按钮可以在图中选择已填充的图案来填充指定的区域。

6.2.3 剖切面的种类及选用

实际绘图中，可根据机件的结构特点，选用单个剖切面或同时用多个剖切面组合的形式将机件剖开，以清晰地表达机件的内部结构。

1. 单一剖切面

只用一个平面或柱面剖切机件的方法。

（1）单一柱面剖切

用单一柱面剖切机件时，其剖视图应按展开绘制，并在剖视图上方标注“×—×展开”，如图6-22所示。

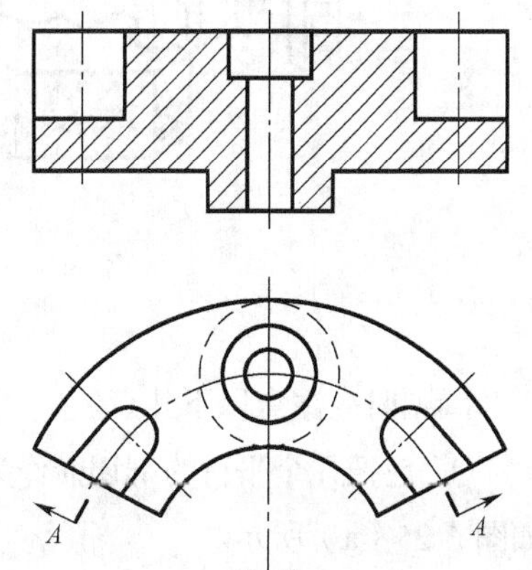

图6-22 单一柱面剖切

（2）单一平面剖切

① 用平行于某一基本投影面的平面剖切。图6-14（c）所示的主视图是用平行于正投影面的剖切平面剖切的。

② 用不平行于任何基本投影面的平面剖切。当机件上倾斜部分的内部结构形状需要表达时，与画斜视图类似，可以先选择一个与该倾斜部分平行的辅助投影面，然后用一个平行于该投影面的平面剖切机件，并将剖切平面与辅助投影面之间的部分向辅助投影面进行投射，如图6-23（b）所示的*B—B*剖视。

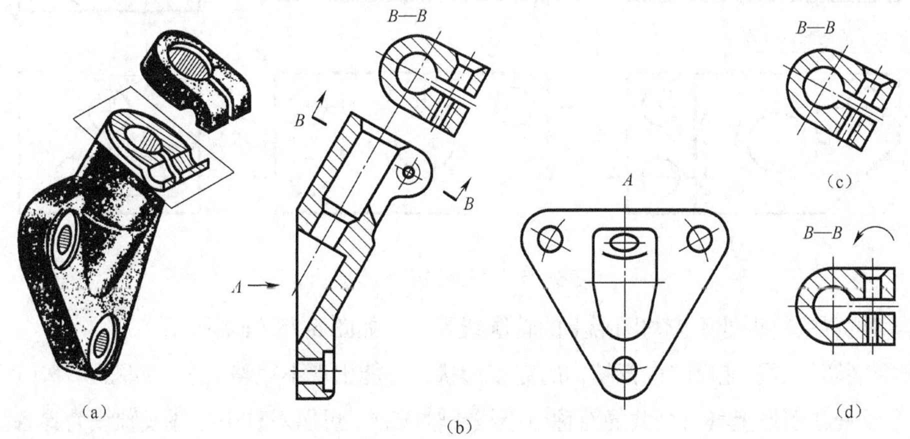

图6-23 单一剖切面剖切示例

画这种剖视图一般按投影关系配置，并进行标注。必要时，也可配置在其他位置或旋转放正画出，如图 6-23（c）、（d）所示。

2. 几个相互平行的剖切平面

当机件上有较多的内部结构，且它们的轴线不在同一平面上，这时可用几个相互平行的剖切平面剖切。

如图 6-24（a）所示的机件有较多的孔，且孔的轴线不在同一平面内，这时用三个相互平行且与投影面也平行的剖切平面将其剖切，得到如图 6-24（b）所示的剖视图。

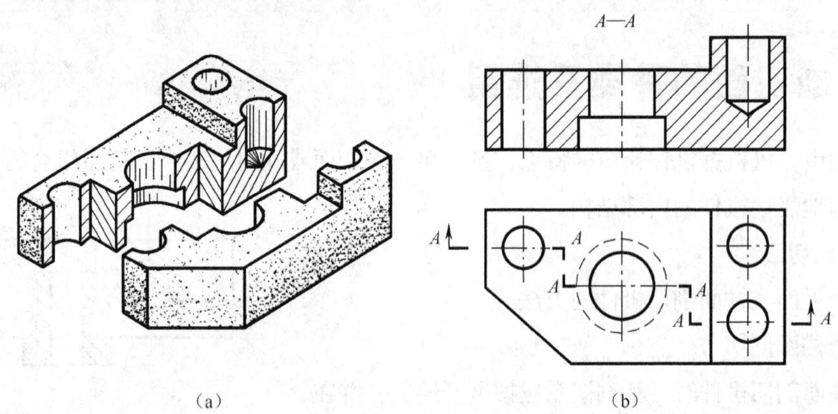

图6-24　几个平行的剖切平面

画图时应注意以下几点。

① 应把几个平行的剖切面作为一个面来考虑，所以剖视图上不应画出剖切面转折处的分界线，如图 6-25（a）所示。

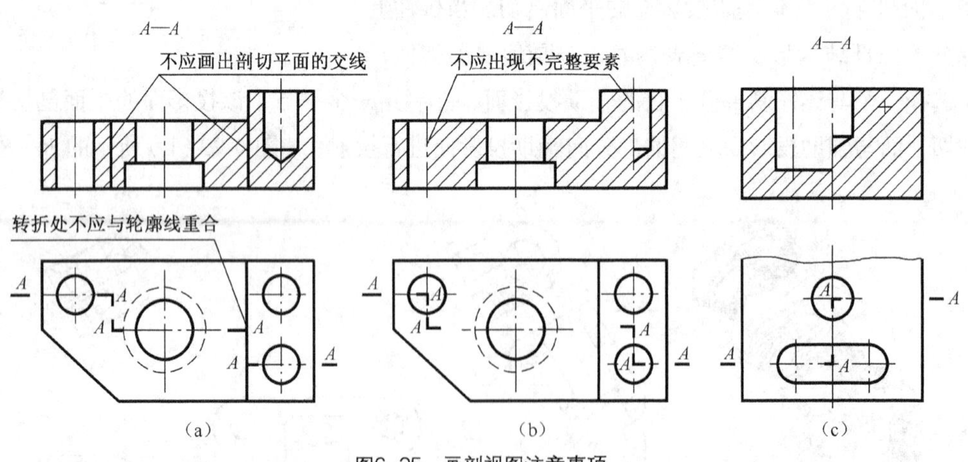

图6-25　画剖视图注意事项

② 剖切位置的转折处不应与图形上的轮廓线重合，如图 6-25（a）所示。

③ 选择剖切位置要能反映内部结构的完整形状，不能出现不完整要素，如图 6-25（b）所示，只有当两个要素在图形上具有公共的对称中心线或轴线时，可以对称中心线或轴线为界各画一半，如图 6-25（c）所示。

④ 画这种剖视图时，必须标注剖视图的名称“×—×”，用剖切符号在相应视图上表示起、迄和转折，并注上相同字母，若转折处位置受限，可省略字母。当剖视图按投影关系配置，中间没有其他视图隔开时，可省略箭头。

3. 几个相交的剖切平面（交线垂直于某一投影面）

如图 6-26（a）所示，该机件是用两个相交且交线垂直于正投影面的剖切平面剖切后得到的剖视图。

选择剖切平面时，一般有一个剖切平面与要表达的基本投影面平行，另外一个或几个与该平面是倾斜的。作图时，平行基本投影面的剖切平面剖切部分可以直接投射，而倾斜基本投影面的剖切平面须绕着两者的交线先旋转到与选定的投影面平行后，再进行投射，如图 6-26 所示。画法规定如下。

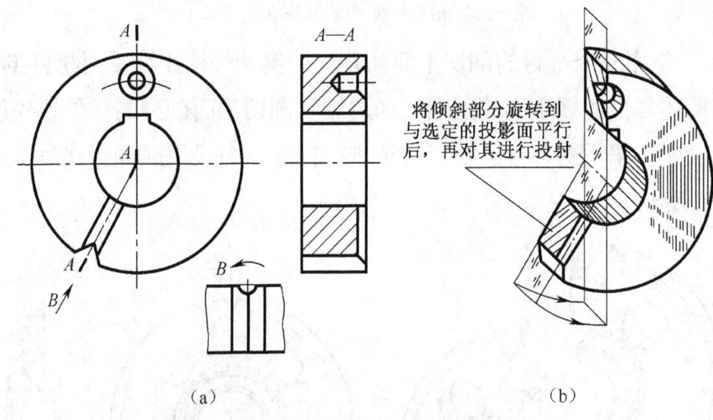

图6-26　两个相交的剖切面

① 处在剖切平面后的其他结构一般仍按原来位置投射，但若按原来位置投射表达不清或易引起误解时，可与倾斜面一起旋转后，再进行投射，如图 6-27 所示。

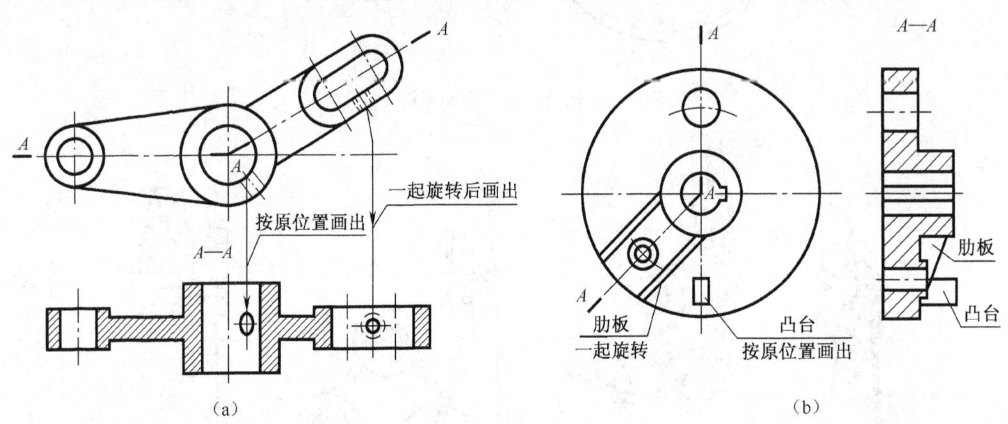

图6-27　相交平面剖切画法规定（一）

② 当两相交剖切平面剖到机件上的结构产生不完整要素时，应将此部分结构按不剖绘制，如图 6-28 所示。

4. 组合剖切平面

当机件的内部结构复杂，用前述的剖切面仍不能充分表达机件的内部结构时，可采用组合的剖切平面剖切机件。

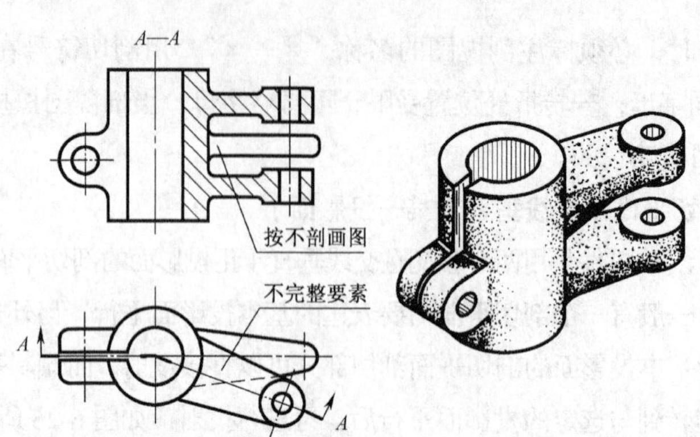

图6-28 相交平面剖切画法规定（二）

如图 6-29 所示，是用几个平行的剖切平面和相交的剖切平面组合后对机件剖切得到的剖视图。画图时，仍然要按前述各自的规定画法画图，如对倾斜剖切平面剖到的部位要先旋转到与选定的投影面平行后再进行投射。采用这种画法时，必须进行标注。当采用展开画法时，图名应标注“×—×展开”，如图 6-30 所示。

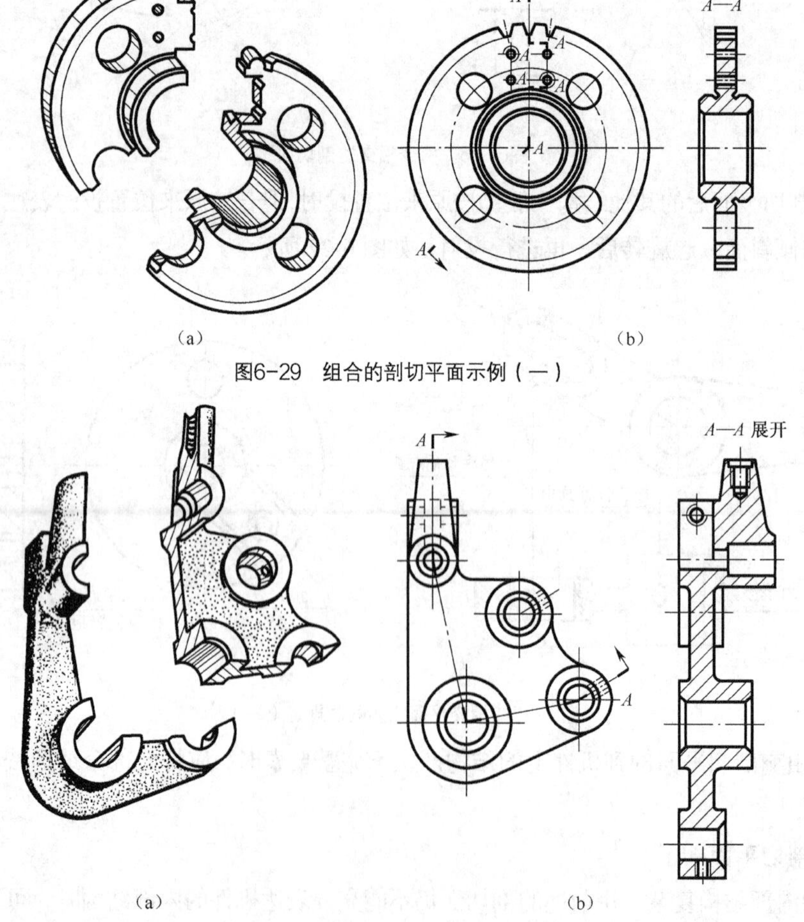

图6-29 组合的剖切平面示例（一）

图6-30 组合的剖切平面示例（二）

6.2.4　剖视图的种类

按机件内部结构表达的需要和剖视图的表现形式，剖视图可分为全剖视图、半剖视图和局部剖视图三种。

1. 全剖视图

用剖切面完全地剖开物体所画的剖视图，称为全剖视图。图 6-14～图 6-30 所示的剖视图均为全剖视图。全剖视图适应于内部结构形状较复杂，而外形又较简单或外形虽复杂但已在其他视图上表达清楚了的机件。

2. 半剖视图

当机件具有对称平面时，向对称平面所垂直的投影面上投射所得到的图形，以对称中心线为界，一半画成视图，另一半画成剖视图，这种组合图形称为半剖视图。这样可以在一个图形上同时反映物体的内、外部结构形状。

如图 6-31 所示机件前后、左右对称，为了清楚地表达其内、外部结构，在主视图上，以对称中心线为分界线，一半按视图绘制，表达机件的外部结构，另一半按剖视图绘制，表达机件的内部结构，这样就得到了如图 6-31（c）所示半剖视的主视图。

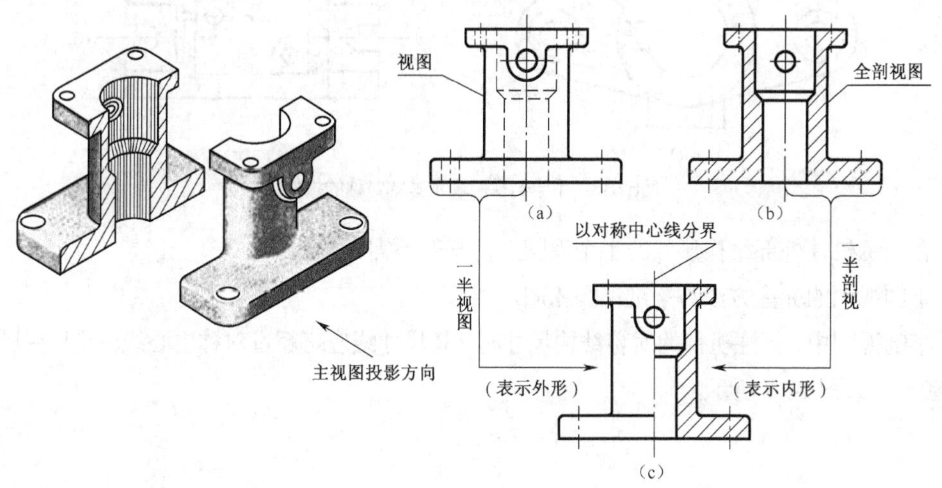

图6-31　半剖视图的形成（一）

俯视图也可用半剖视图表达，如图 6-32 所示，用半个视图反映出顶部的外形，用半个剖视图表达被顶部遮盖的圆筒及凸台的内部结构形状。

半剖视主要用于内、外形状都需表达的对称机件。当机件形状接近对称，且不对称的部分已另有视图表达清楚时，也可画成半剖视图。图 6-33（a）、（b）所示分别是用单一剖切面和几个平行的剖切面剖切机件后画出的半剖视图，不对称部分已在俯视图中表达清楚。

如果机件的外形简单，虽然图形对称，也可画成全剖视图，如图 6-34 所示。

画半剖视图应注意以下几个问题。

① 半个视图和半个剖视图应以细点画线为界。

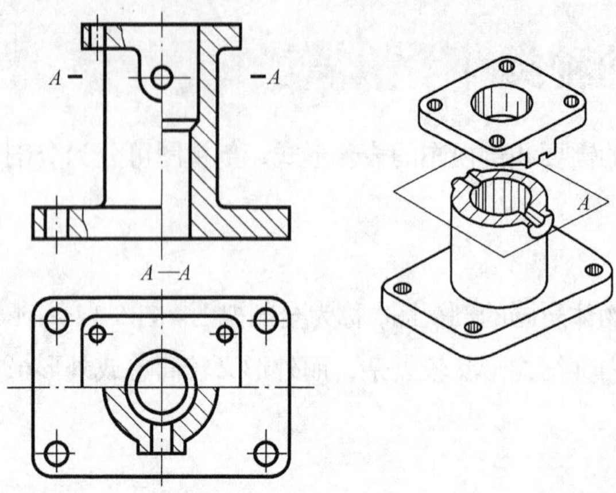

图6-32　半剖视图的形成（二）

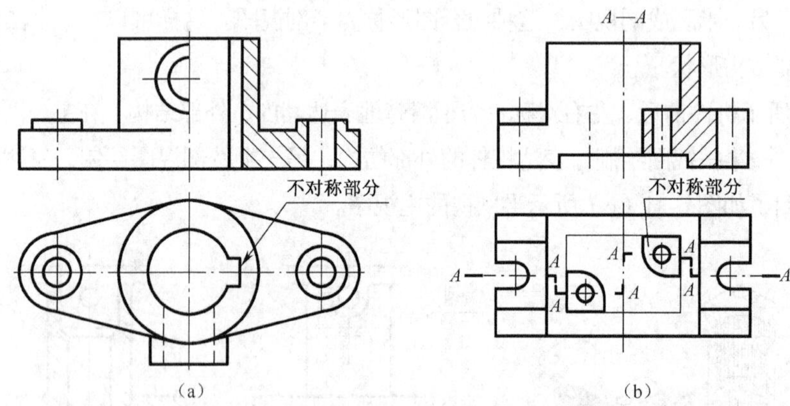

（a）　（b）

图6-33　用半剖视图表示基本对称的机件

② 在表示机件外部结构形状的半个视图上，一般不需再画虚线。

③ 半剖视图的标注方法与全剖视图相同。

④ 半剖视图中，标注机件的对称结构尺寸时，其尺寸线应略超过对称中心线，并只在尺寸线的一端画箭头，如图 6-35 所示。

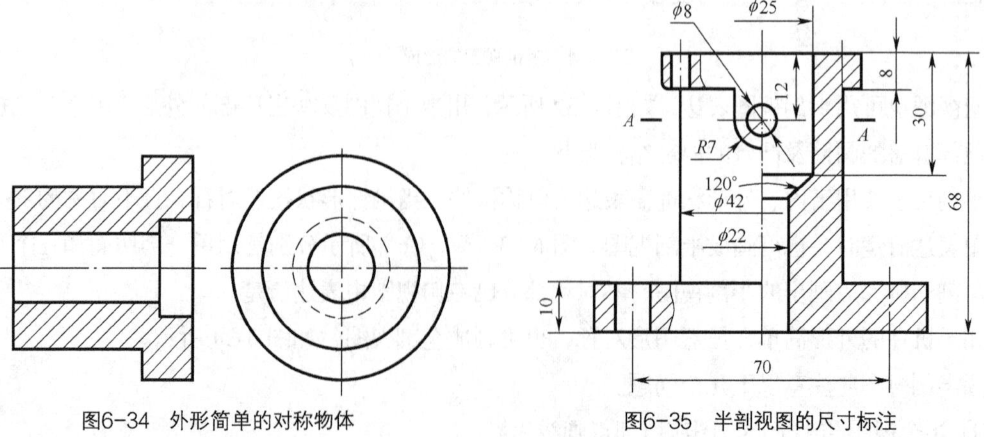

图6-34　外形简单的对称物体

图6-35　半剖视图的尺寸标注

3. 局部剖视图

用剖切面局部地剖开机件所得的剖视图，称为局部剖视图，如图 6-36（b）所示。在局部剖视图上，以波浪线为界，一部分画成剖视表达机件的内部形状，一部分画成视图表达机件的外部形状。所以，局部视图具有同时表达机件内、外部结构形状的特点，因此应用比较广泛。

（1）局部剖视图的应用范围

① 既需要表达外形又要表达内部形状的不对称机件。如图 6-36（a）所示的机件，内、外结构形状都需表达，而机件左右、前后、上下都不对称，不具备做半剖视的条件。若将主视图画成全剖视，就会将机件左前端的凸台剖切掉。若将俯视图画成全剖视，则不能表达顶部凸缘的形状。当采用了如图 6-36（b）所示局部剖视后，其主视图上的两处局部剖视图，分别表达了顶部凸缘内孔和箱体的内部结构以及底板上的安装孔；俯视图上的剖视则表达了左前方凸台上的通孔。

如图 6-37 所示，主视图是用相交的剖切面剖切机件后画出的局部剖视图，表示了前凸台的外部形状和该机件三通孔的内部结构；俯视图是用单一剖切面剖开机件后画出的局部剖视图，它表示了前凸台孔与竖孔相通的情况及左右两孔在空间的结构位置。

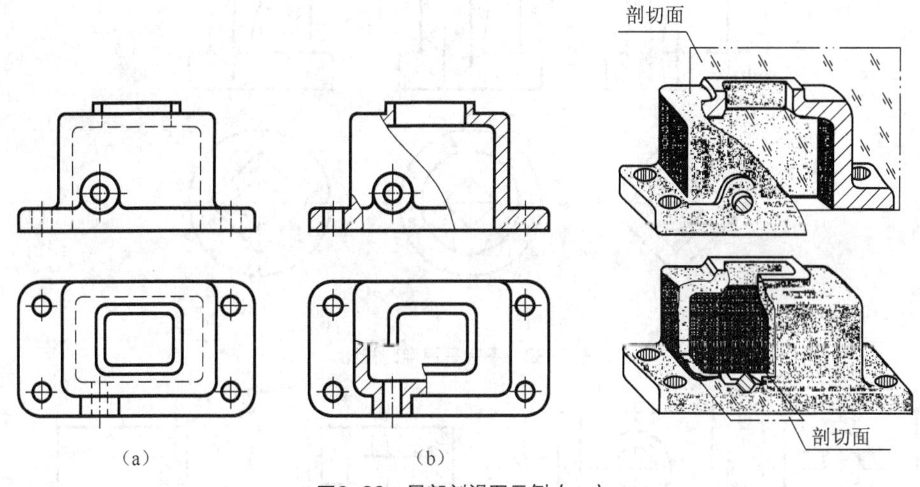

图6-36 局部剖视图示例（一）

② 机件上仅需要表示局部内形（如孔、槽、缺口等），又没必要或不宜采用全剖视时，可采用局部剖视图来表达，如图 6-36、图 6-37、图 6-38（a）和图 6-38（b）所示。

③ 当图形的对称中心处有机件的轮廓线而不宜采用半剖视时，可采用局部剖视图，如图 6-39 所示。

（2）画局部剖视图的注意事项。

① 局部剖视图中，剖视图部分与视图部分之间应以波浪线为界，该波浪线表示机件实体部分的断裂痕迹。因此，波浪线应画在机件的实体部分，不能超出视图中被剖切部分的轮廓线，如图 6-40 所示；波浪线不能与视图中的轮廓线重合或画在其延长线上，如图 6-41 所示。

② 当被剖的局部结构为回转体时，允许将该结构的中心线作为局部剖视图与视图的分界线，如

图 6-42 所示。

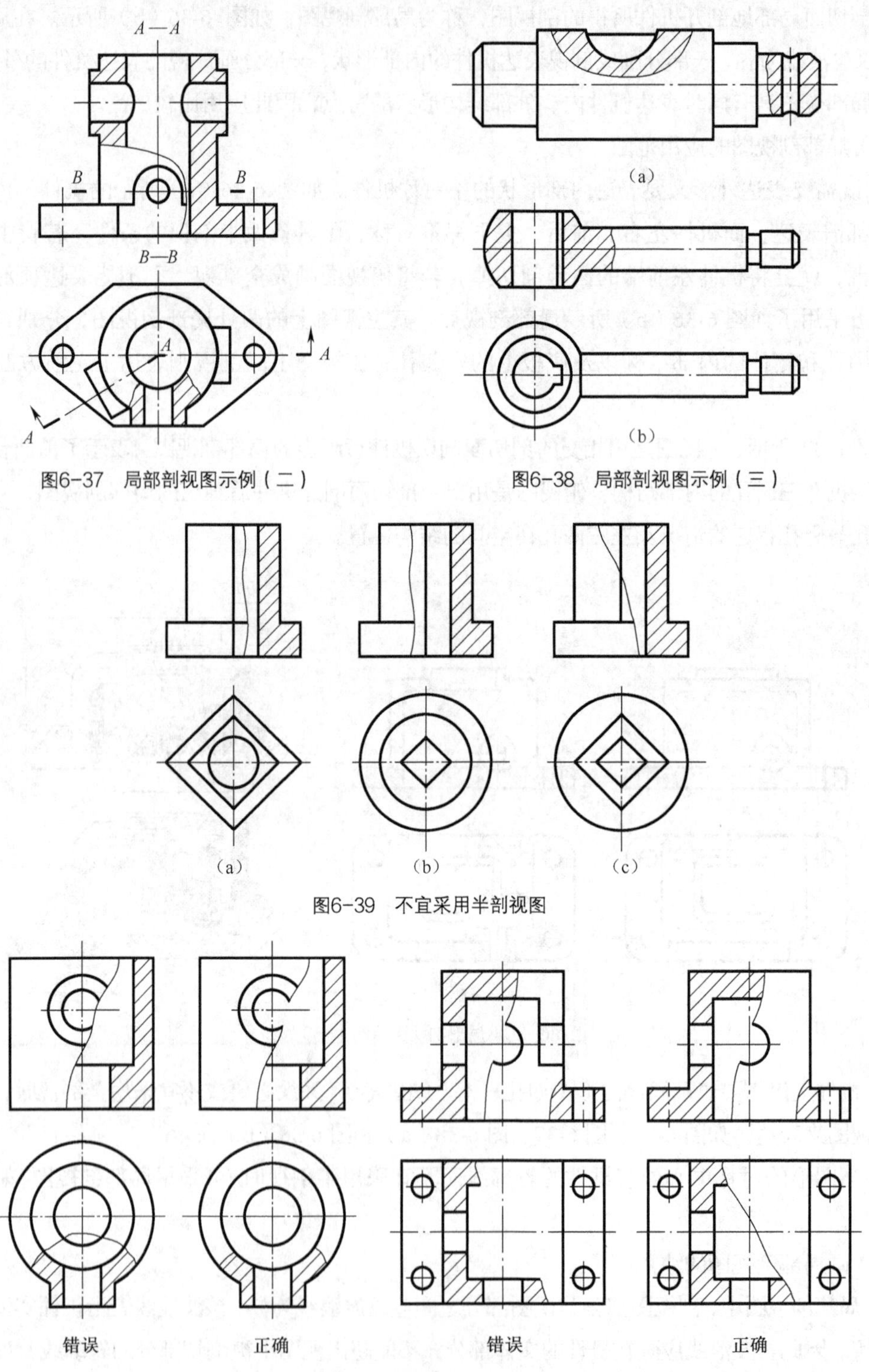

图6-37 局部剖视图示例（二）

图6-38 局部剖视图示例（三）

图6-39 不宜采用半剖视图

图6-40 波浪线的正误对照

③ 局部视图是一种比较灵活的表达方法，如运用得当，可使图形简明、清晰。但一个视图中，

局部剖视的数量不宜过多，以免使图形过于零散。

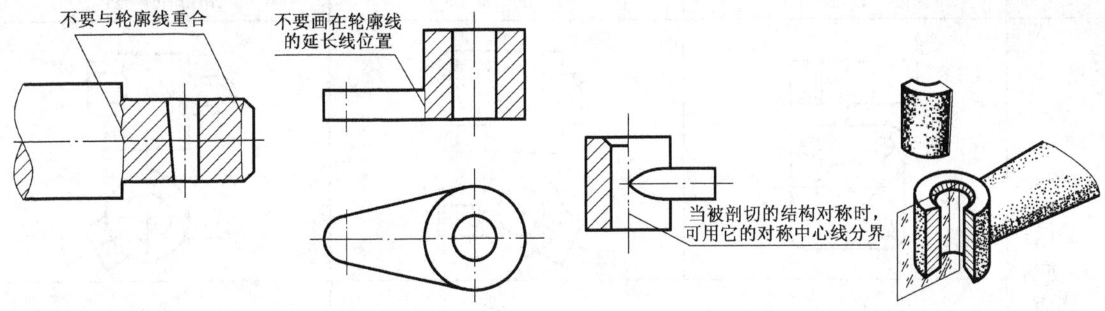

图6-41　波浪线的错误画法

图6-42　以对称中心线为分界线

④ 剖切位置明显的局部剖视图，一般省略剖视图的标注，若剖切位置不明确，应进行标注，如图 6-37 所示。

在实际应用中，选用何种剖切方法，画何种剖视图，应根据机件的结构形状和表达需要来确定。表 6-2 列出了采用不同剖切方法获得的剖视图的图例。

表 6-2　　　　剖视图图例

	全 剖 视 图	半 剖 视 图	局部剖视图
单一剖切面	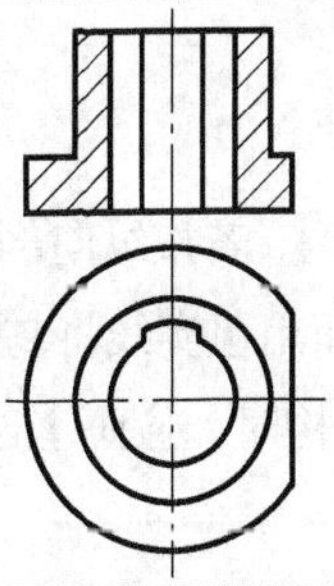	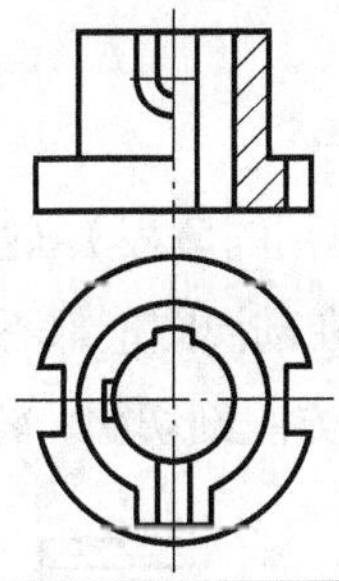	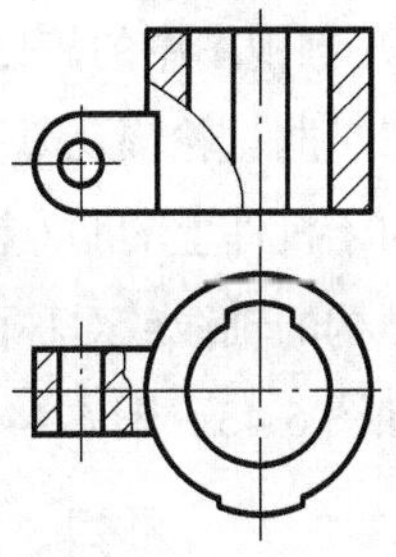
	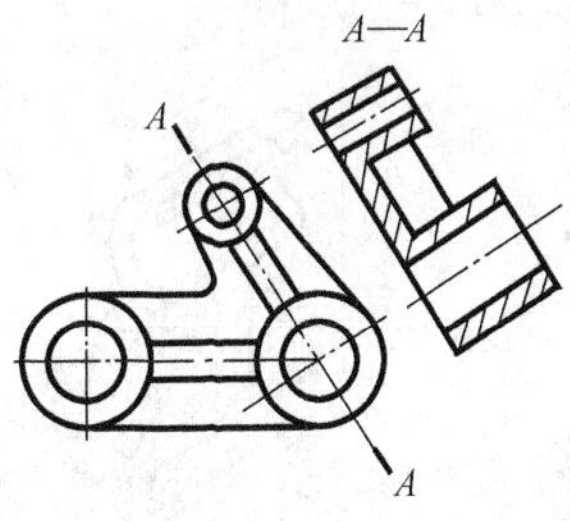 A—A	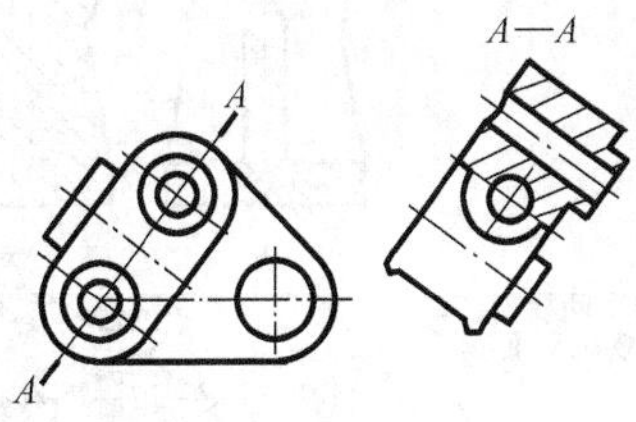 A—A	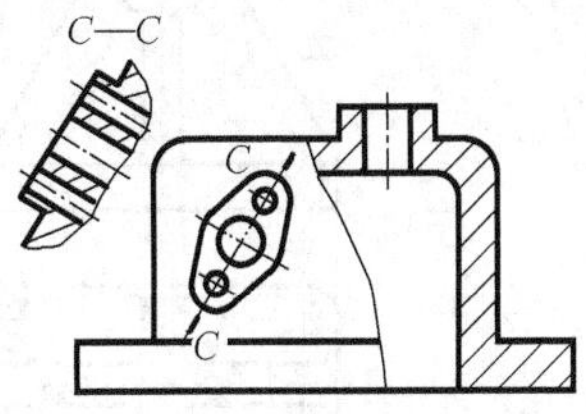 C—C
平行剖切面	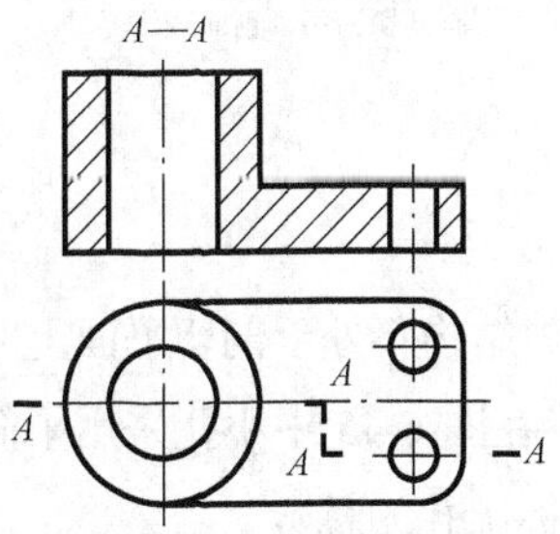 A—A	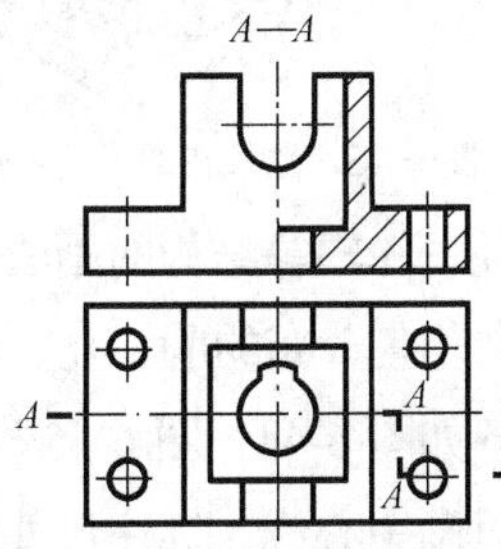 A—A	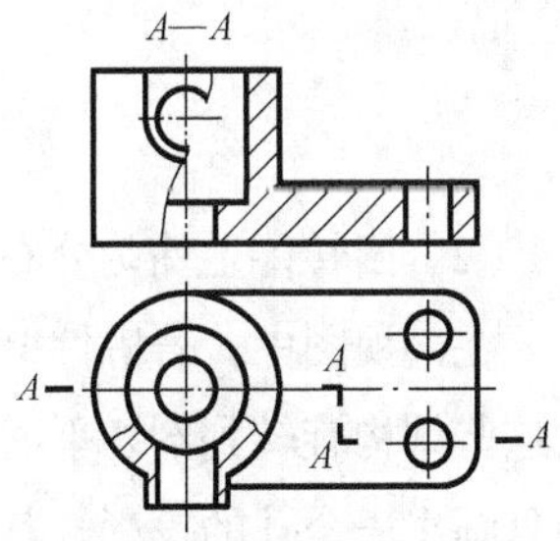 A—A

续表

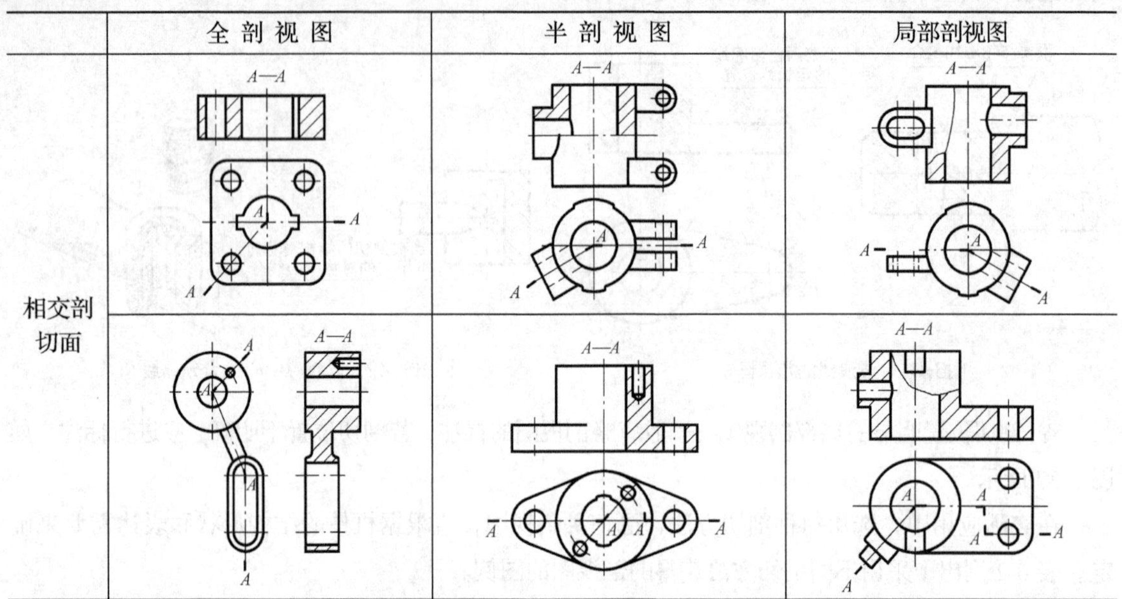

	全剖视图	半剖视图	局部剖视图
相交剖切面	A—A	A—A	A—A
	A—A	A—A	A—A

6.2.5 剖视图中的规定画法

1. 剖视图中的简化画法

（1）肋、轮辐及薄壁等的剖切画法

对于机件上的肋（起支撑和加固作用的薄板）、轮辐及薄壁等结构，若按纵向剖切（剖切面通过这些结构的轴线或对称面），这些结构在剖视图上都不画剖面符号，而用粗实线将它与其邻接部分分开，如图 6-43、图 6-44 所示。按其他方向剖切肋、轮辐及薄壁等结构时，应画上剖面符号。

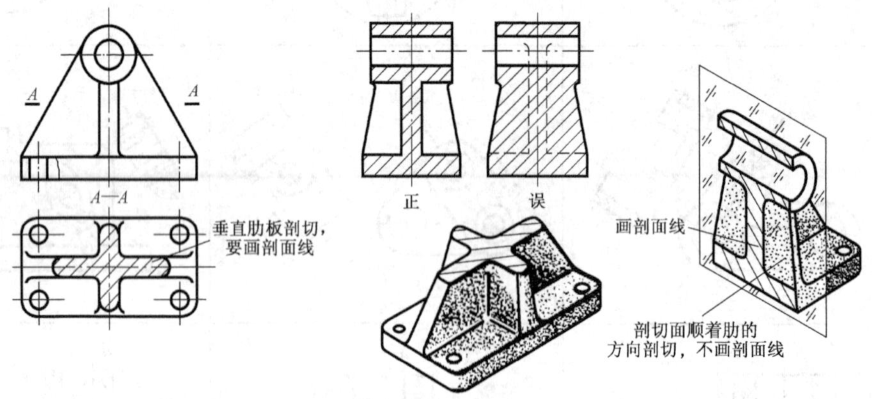

图6-43　肋板在剖视图中的画法

（2）回转体上均匀分布的肋、孔、轮辐等结构的画法

在剖视图中，若机件上呈辐射状均匀分布的肋、孔、轮辐等结构不处于剖切平面上时，可假想把这些结构旋转到剖切平面上画出，如图 6-44、图 6-45 所示。在图 6-45 中小孔采用了简化画法，即只画出一个孔的投影，其余的孔只画中心线，标注尺寸时应标出孔的总数。

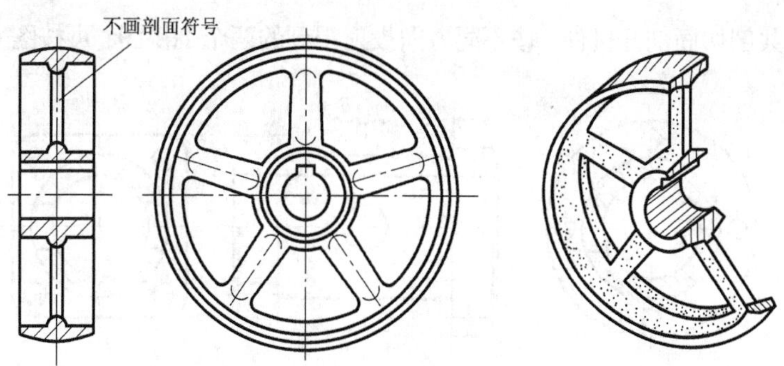

图6-44 轮辐在剖视图中的画法

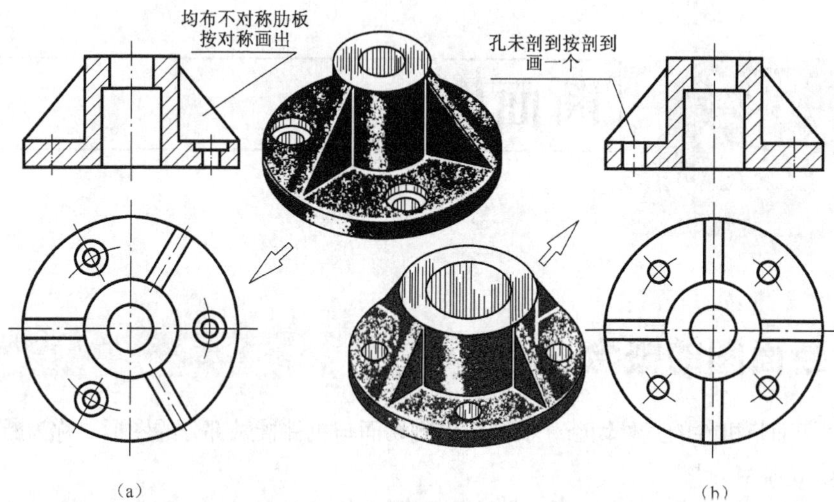

图6-45 均匀分布的肋板和孔的画法

2. 剖视图在特殊情况下的标注

① 在机件上不同的部位剖切，得到的剖视图为相同的图形时，可按图 6-46 所示的形式标注。

② 可将几个对称图形各取一半（或四分之一）合并成一个图形，此时应标清楚剖切位置、投射方向和字母，并在剖视图附近标出相应的剖视图名称“×—×”，如图 6-47 所示。

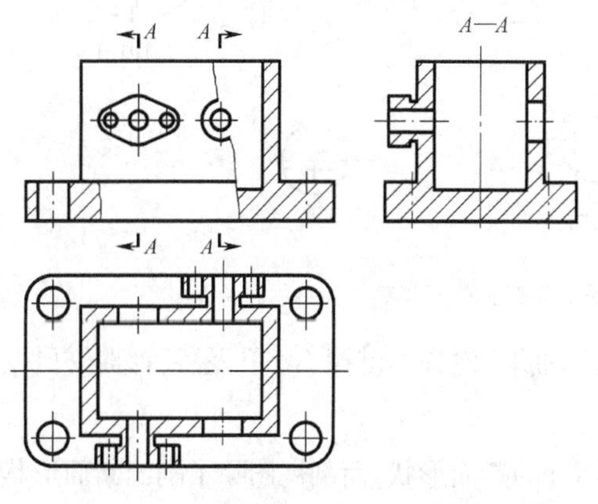

图6-46 剖视图图形相同时的标注

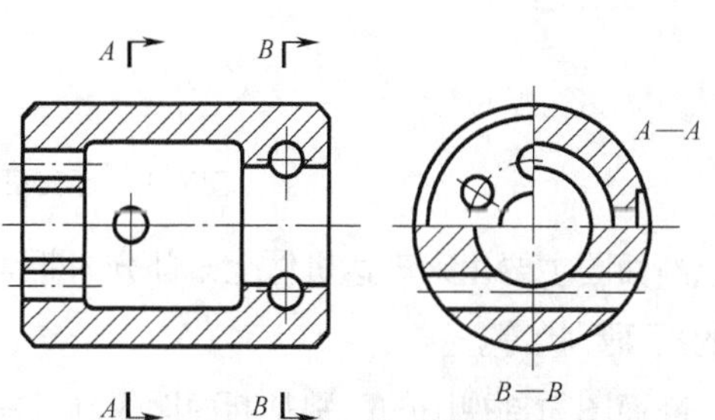

图6-47 合并剖视图的标注

③ 用一个公共剖切面剖开机件，按不同方向投射得到的两个剖视图，可按图 6-48 的形式标注。

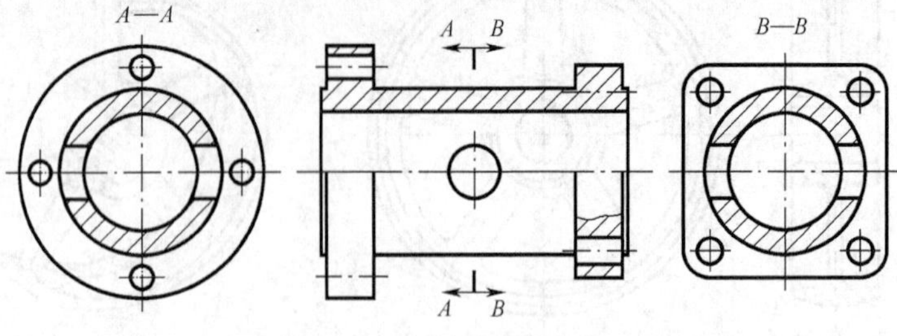

图6-48 公共剖切面的标注

6.3 断面图

6.3.1 断面图的概念

假想用剖切面将机件的某处切断，仅画出该剖切面与机件接触部分的图形，称为断面图，简称断面，如图 6-49 所示。

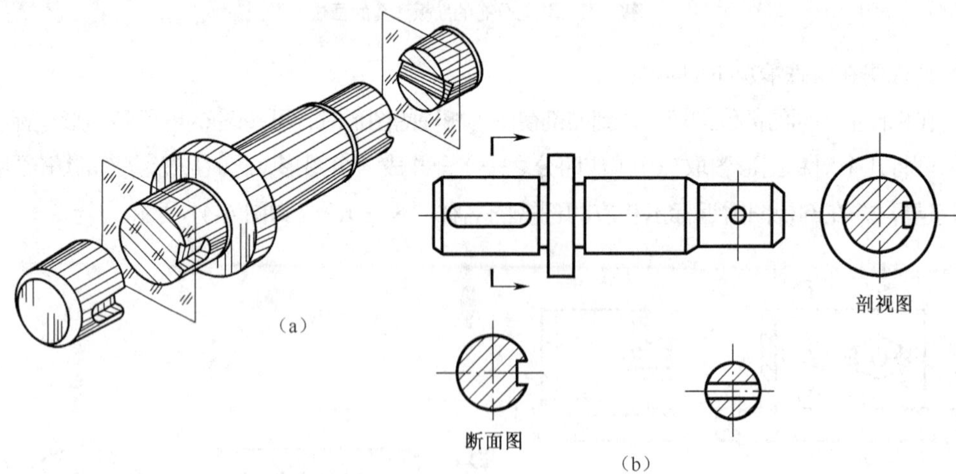

图6-49 断面图的形成及其与剖视图的比较

断面图主要用来表达机件上某部分的断面形状，如肋、轮辐、键槽、小孔及各种细长杆件和型材的断面形状等。

断面图与剖视图的区别是断面图仅画机件被剖切处的断面形状，而剖视图除了画出断面形状外，还必须画出剖切面后的可见轮廓线，如图 6-49 所示。

6.3.2　断面图的种类和画法

断面图可分为移出断面和重合断面两种。

1. 移出断面

画在视图外部的断面图称为移出断面图，如图 6-49（b）、图 6-50 所示。

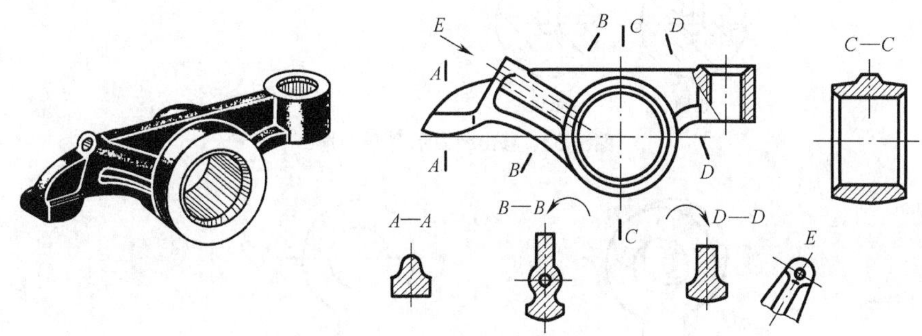

图6-50　移出断面示例（一）

（1）移出断面图的画法和配置形式

① 移出断面的轮廓线用粗实线绘制。

② 移出断面可配置在剖切线的延长线上或其他适当位置，如图 6-49（b）、图 6-50 所示；断面图形对称时，也可画在视图的中断处，如图 6-51 所示；在不致引起误解时，允许将图形旋转，但要标注清楚，如图 6-50 所示。

③ 为了表示机件上倾斜板的断面形状，剖切平面应垂直于板的轮廓线。由两个或多个相交的剖切平面剖切机件所得到的移出断面一般应断开，如图 6-52 所示。

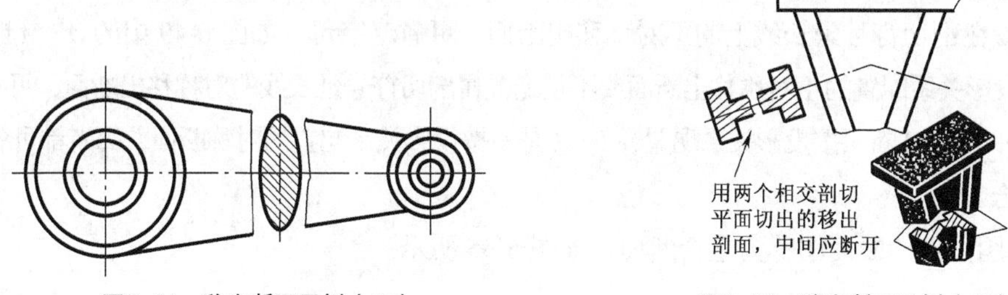

图6-51　移出断面示例（二）　　图6-52　移出断面示例（三）

④ 当剖切平面通过回转面形成的孔或凹坑的轴线时，这些结构应按剖视图绘制，如图 6-53 所示。

⑤ 当剖切平面通过非圆孔，导致出现完全分离的两个断面时，这些结构应按剖视图绘制，如图 6-54 所示。

（2）移出断面的标注

移出断面一般用剖切符号表示剖切位置，用箭头表示投影方向，并注上字母（表示名称）；在断面图的上方，用同样的字母标出断面的名称“×—×”。

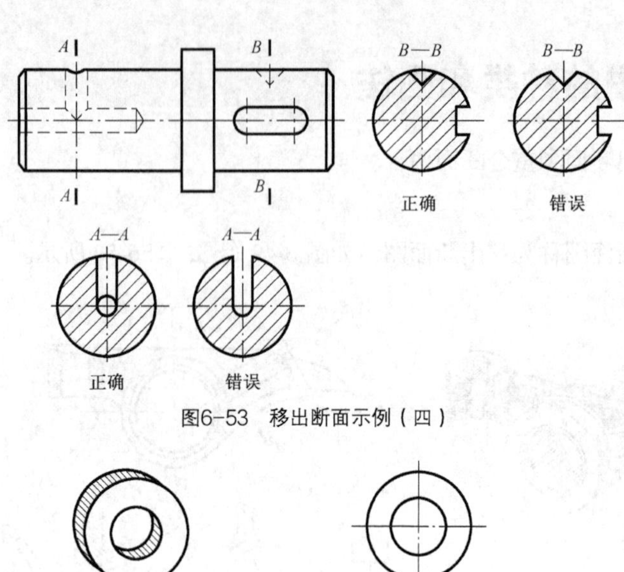

图6-53 移出断面示例（四）

图6-54 移出断面示例（五）

以下情况可部分或全部省略标注。

① 配置在剖切符号延长线上的对称移出断面（如图 6-49 所示），以及配置在视图中断处的对称移出剖面（如图 6-51 所示），均可不作任何标注。

② 配置在剖切符号延长线上的不对称移出断面，可省略字母，如图 6-49 中的 *A—A* 断面所示。

③ 按投影关系配置的不对称移出断面或不是配置在剖切符号延长线的对称移出断面，可省略箭头。如图 6-53 中的 *B—B* 断面按投影关系配置，*A—A* 是不按投影关系配置的对称断面，二者都可省略箭头。

2. 重合断面

画在视图内部的断面图称为重合断面，如图 6-55 所示。

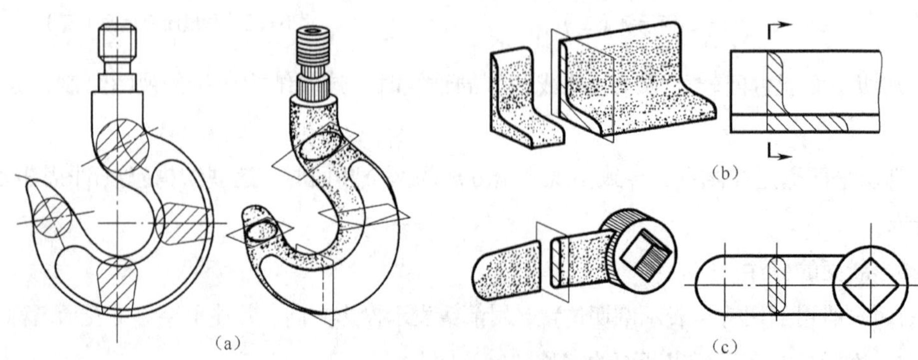

图6-55 重合断面

（1）重合断面的画法

① 重合断面的轮廓线用细实线绘制。

② 当视图中的轮廓线与断面图的图形重叠时，视图中的轮廓线仍应连续画出，不可间断，如图 6-54 所示。

（2）重合断面的标注

当重合断面的图形不对称时，须画出剖切符号及投影方向，可不标注字母，如图 6-55（b）所示；当重合断面图形对称时，可不加标注，如图 6-55（a）、（c）所示。

图 6-56 所示是采用移出断面和重合断面综合示例，请读者自行分析。

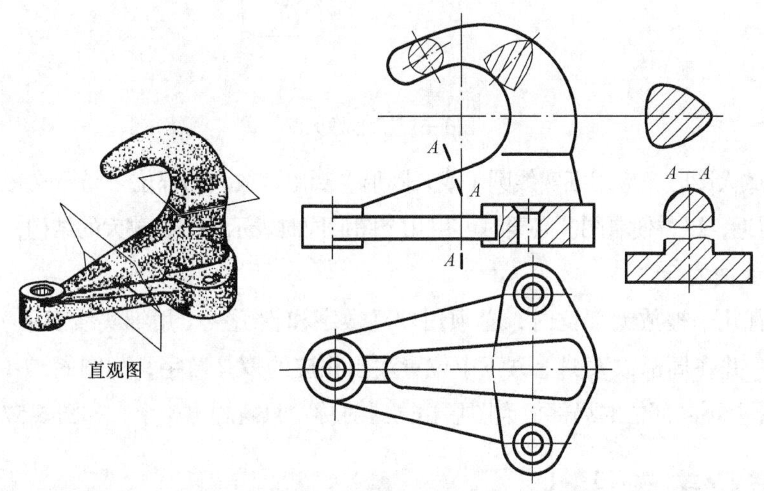

图6-56　断面图应用示例

6.4 其他表示法

为了使图形清晰及绘图简便，国标规定了机件的图样可采用局部放大图和简化表示法。

6.4.1 局部放大图

用大于原图形所采用的比例画出物体上部分结构的图形，称为局部放大图，如图 6-57 所示。

1. 局部放大图的规定画法

① 局部放大图可以根据需要画成视图、剖视图、断面图，它与被放大部分的表达方式无关，如图 6-57 所示。

② 局部放大图上所标注的比例指该图形中机件要素的线性尺寸与实际机件相应要素的线性尺

寸之比，不是与原图形所采用的比例之比。

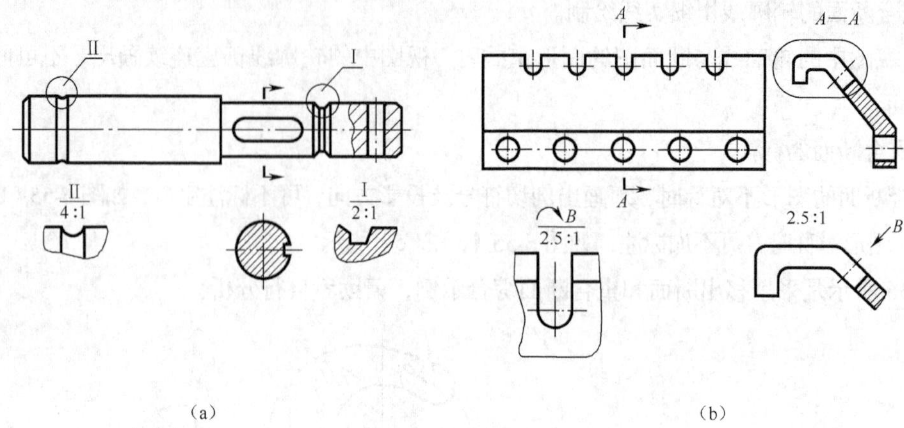

（a）　　（b）

图6-57　局部放大图

③ 画局部放大图时，应用细实线圆（或长圆形）圈出被放大的部位，局部放大图应尽量配置在被放大部位的附近，以方便看图。必要时可用几个图形同时表示同一被放大的结构，如图 6-57 所示。

2. 局部放大图的标注

当机件上有几个被放大部位时，必须用罗马数字和指引线（用细实线表示）依次标明被放大部位的顺序，并在局部放大图上方正中位置注出相应的罗马数字，如图 6-57（a）所示。

若同一机件上不同部位的局部放大图形相同或对称，只需画出一个，如图 6-57（b）所示。

6.4.2 简化表示法

1. 相同结构要素的简化画法

当机件具有若干相同结构（齿、槽等），并按一定规律分布时，只需画出几个完整的结构，其余用细实线连接，在零件图中必须注明该结构的总数，如图 6-58、图 6-59 所示。

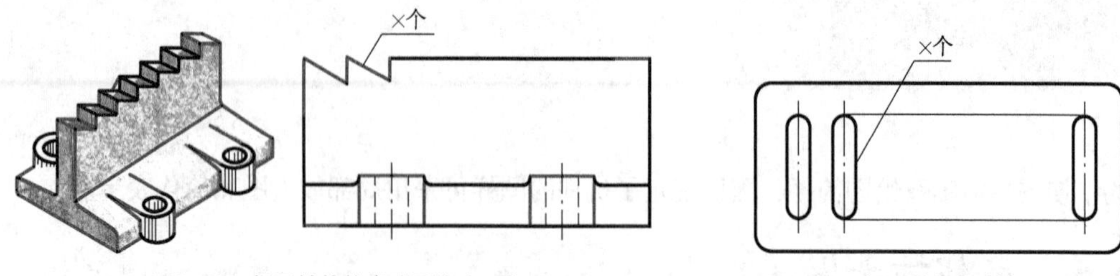

图6-58　相同结构的省略画法（一）　　图6-59　相同结构的省略画法（二）

若干直径相同且有规律分布的孔（圆孔、螺孔、沉孔等），可以仅画出一个或几个，其余只需用点画线表示其中心位置，在零件图中应注明孔的总数，如图 6-60、图 6-61 所示。

2. 较长机件的断开画法

对于较长的机件（如轴、连杆、筒、管、型材等），当其沿长度方向的形状一致或按一定规律变化时，可断开后缩短绘制，但要标注机件的实际尺寸，如图 6-62 所示。

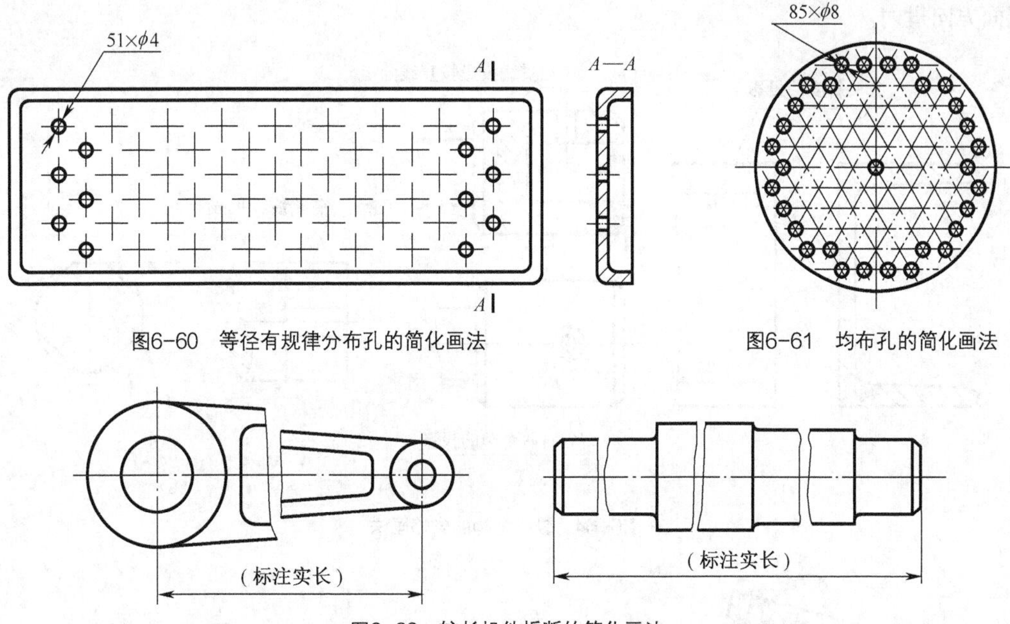

图6-60 等径有规律分布孔的简化画法

图6-61 均布孔的简化画法

图6-62 较长机件折断的简化画法

3. 对称图形的简化画法

在不致引起误解时，对于对称机件的视图可只画一半或四分之一，并在对称中心线的两端画出两条与其垂直的平行细实线，如图 6-63 所示。

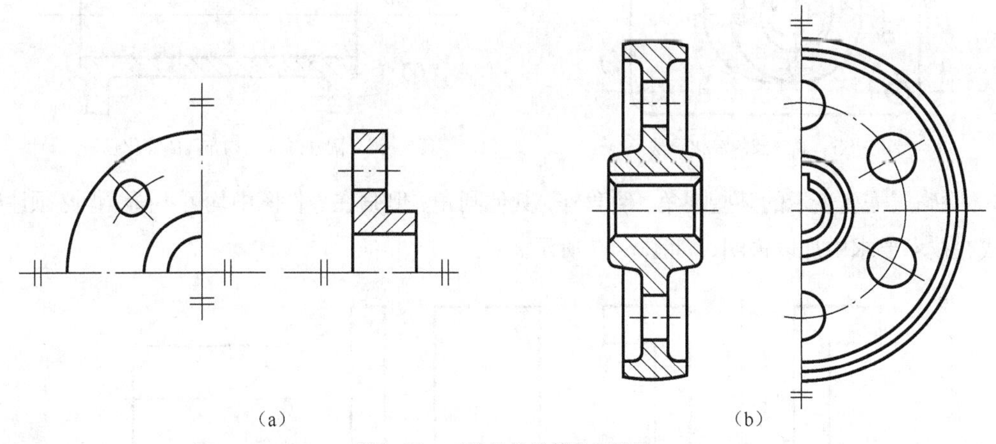

图6-63 对称机件的简化表示法

4. 细小结构的简化画法

当机件上较小的结构及斜度等已在一个图形中表达清楚时，其他图形应当简化或省略，如图 6-64 所示。

5. 其他简化表示法

① 与投影面倾斜角度小于或等于 30° 的圆或圆弧，其投影可用圆或圆弧代替，如图 6-65 所示。

② 圆柱形法兰和类似零件上均匀分布的孔，可按图 6-66 所示的方法表示，由机件外向该法

兰端面方向投射。

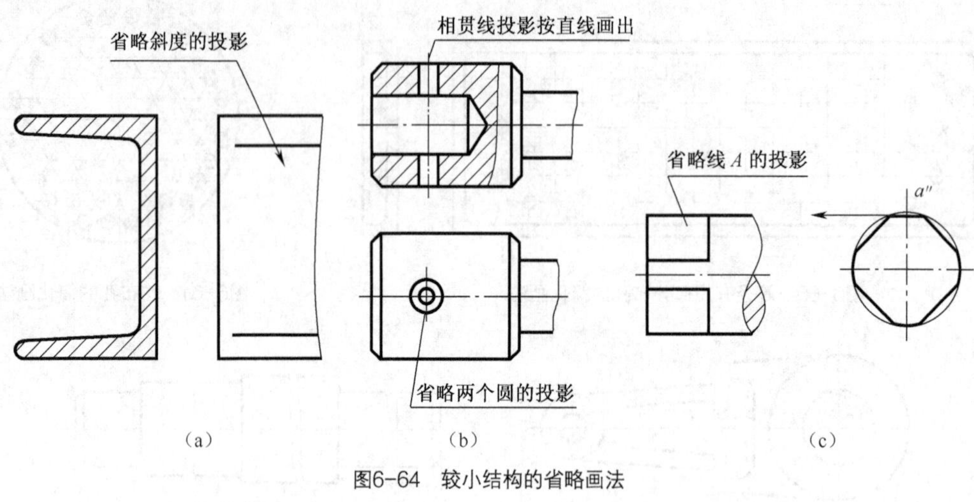

图6-64 较小结构的省略画法

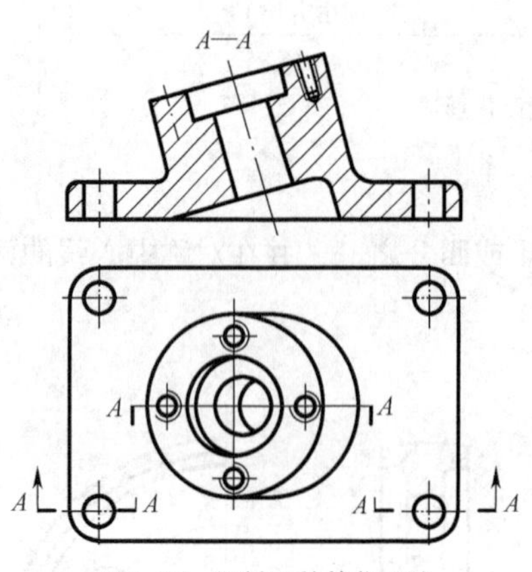

图6-65 倾斜圆的简化画法

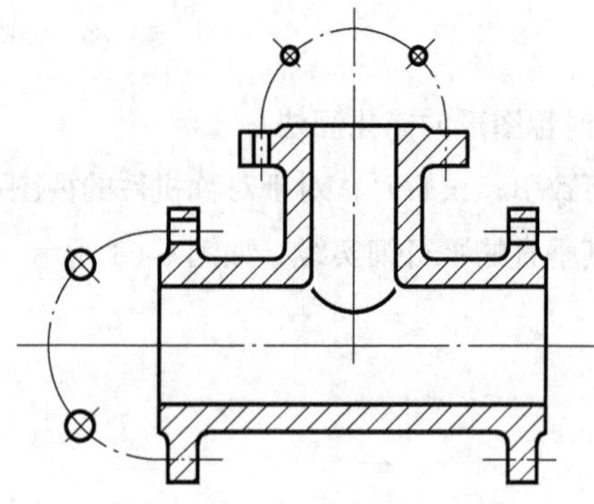

图6-66 圆柱形法兰均布孔的简化画法

③ 除确属需要表示的某些圆角、倒角外，其他圆角、倒角在零件图中均可不画，但必须注明尺寸，或在技术要求中加以说明，如图 6-67 所示。

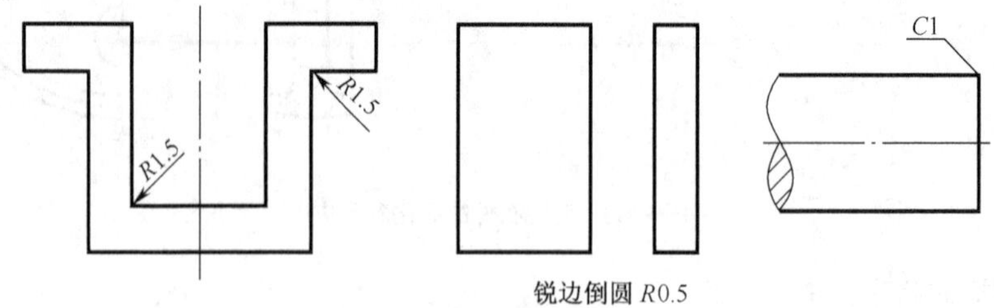

锐边倒圆 R0.5

图6-67 圆角、倒角的简化画法

④ 滚花一般采用在轮廓线附近用细实线局部画出的方法表示，如图 6-68 所示，也可省略不画。

⑤ 当图形不能充分表达平面时，可用平面符号（相交的两条细实线）表示。这种方法常用于较小的平面，如图 6-69 所示。

⑥ 对称结构的局部视图可按图 6-70 所示的方法绘制。

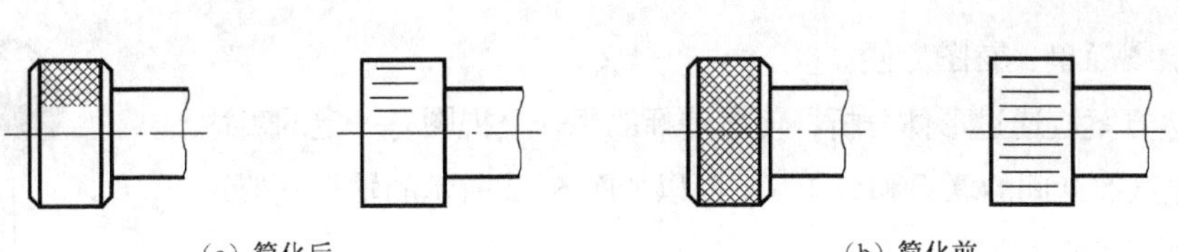

（a）简化后　　（b）简化前

图6-68 机件上滚花的简化画法

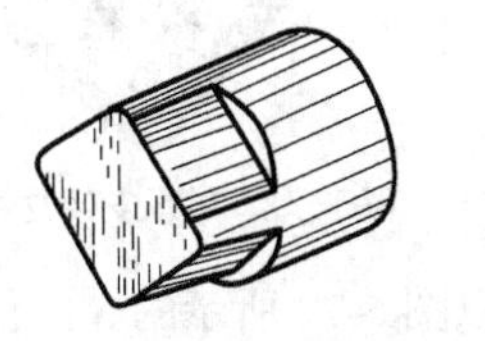

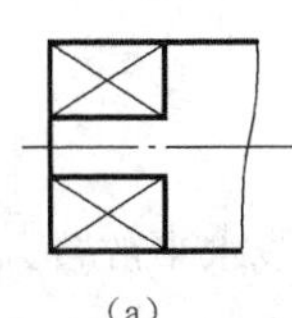

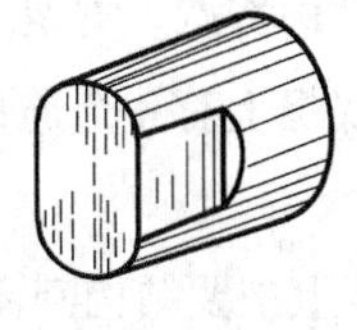

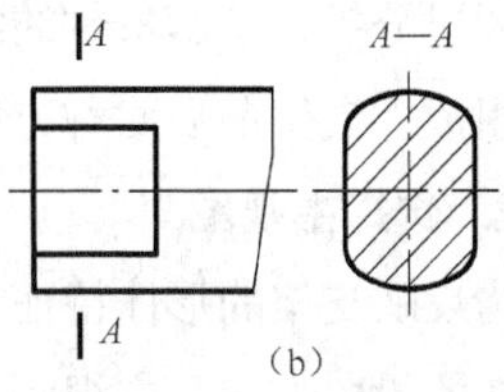

（a）　　（b）

图6-69 平面的简化表示法

⑦ 在不致引起误解的情况下，移出断面上可省略剖面符号，如图6-71所示。

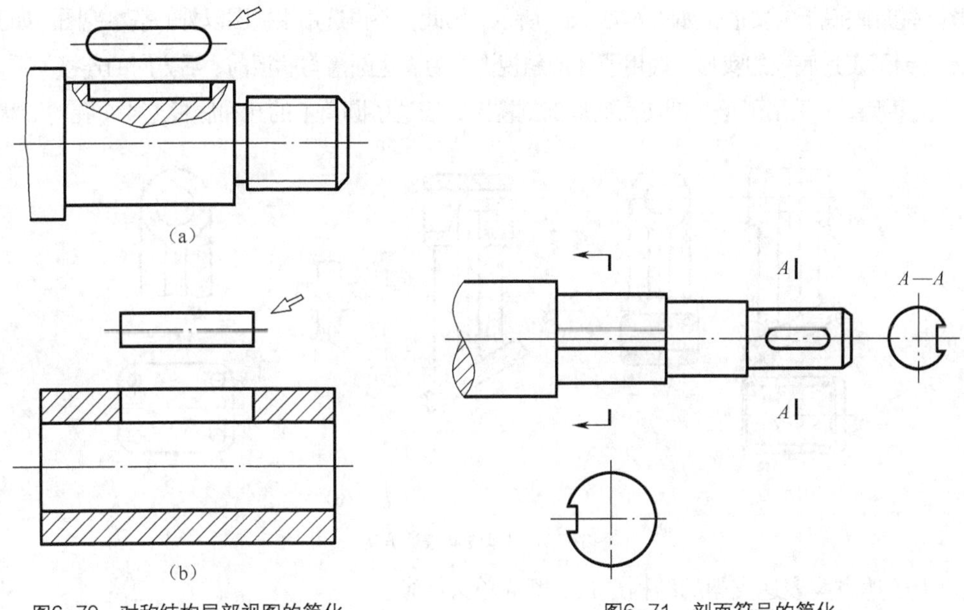

（a）　　（b）

图6-70 对称结构局部视图的简化

图6-71 剖面符号的简化

6.5 综合应用

画图时，应针对某一机件的结构特点恰当地选择表达方法，确定表达方案。

确定表达方案的原则是：在正确、完整、清晰地表达机件各部分结构形状的前提下，力求视图

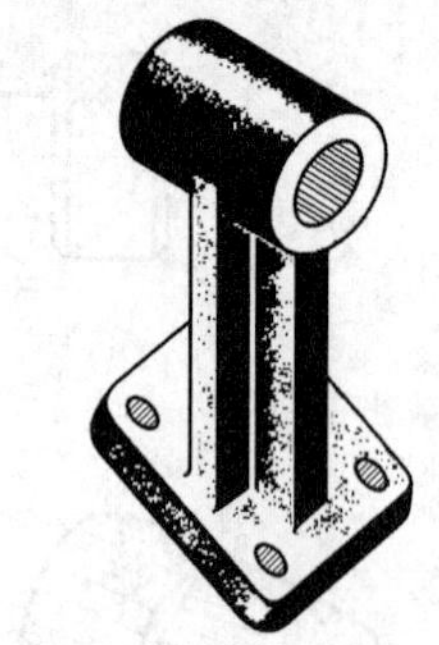
图6-72　轴承支架立体图

数量恰当、绘图简单、看图方便。

选择表达方案应通过形体分析，使所选择的每一个视图有一定的表达重点，又要注意彼此间的联系和分工。下面以如图 6-72 所示的轴承支架的表达方案为例进行分析。

1．形体分析

通过分析，了解机件的组成及结构特点。支架由圆柱筒、底板和十字肋板组成，支架前后对称，倾斜的底板上有 4 个通孔。

2．选择主视图

为反映支架的形体特征，将支架上主要结构圆筒的轴线水平放置，并以图 6-72 所示的 *S* 向作为主视图的投射方向。主视图表达了肋板、圆筒和底板的外部结构形状及相互位置关系。

3．选择其他视图和表达方法

当主视图确定后，若再选择俯、左视图显然是不合适的，底板的主要表面和圆筒的轴线倾斜，俯视图和左视图不能反映底板的实形，如图 6-73（a）所示。因此，不再选用主视图以外的基本视图。如图 6-73（b）所示，为了表达底板的实形，选用了 *A* 向斜视图；为表达圆筒与肋板前、后方向的连接关系，采用断面图；在主视图上采用了单一剖切面的局部剖视图，表达了圆筒上的孔和底板上 4 个孔的形状。

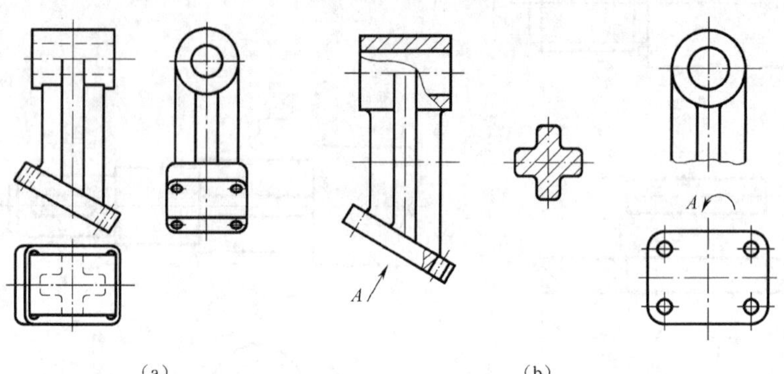

图6-73　轴承支架表达方案

按以上表达方案表达支架的结构形状，既简单又清晰。

对于每一个机件，都有多种表达方案。当表达一个机件时，应根据机件的具体结构形状具体分析，通过方案比较，逐步优化，筛选出最佳表达方案。

6.6 轴测剖视图的画法

在轴测图中，为表示物体的内部结构形状，也可以假想用剖切平面将物体切去一部分，画成轴测剖视图，如图 6-74（a）所示。

1. 轴测剖视图的画法

（1）选择剖切面

一般情况下选择平行于坐标面的平面，并尽量使其通过被剖切部分的轴线或对称面，如图 6-74（b）所示。

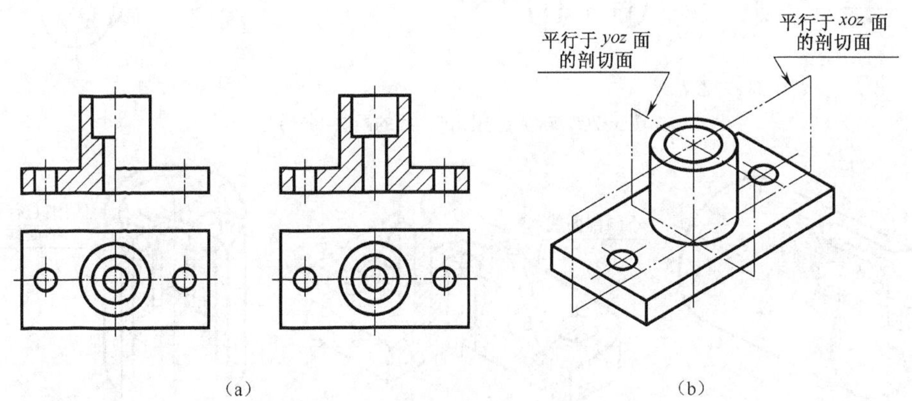

图6-74 轴测剖视图及剖切面的选择

（2）轴测剖视图的画法

绘制轴测剖视图一般有两种方法：第一种方法是先画出物体完整的轴测图，然后取剖视，去掉切去的轮廓线，如图 6-75（a）所示；第二种方法是先画出断面的轴测图，再画出外形和内部的可见轮廓线，如图 6-75（b）所示。

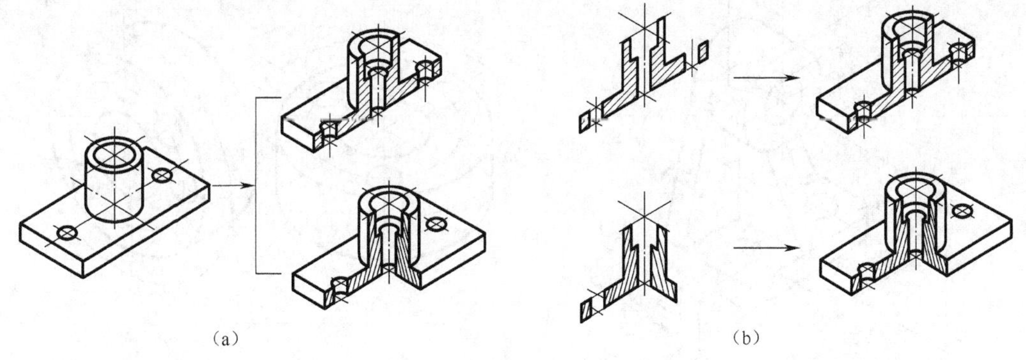

图6-75 轴测剖视图的画法

2. 剖面线的画法

平行于各坐标面平面中的剖面线，在轴测剖视图中分别按图 6-76 所示方向画出，它们实际上是与坐标轴成 45° 直线的投影，为等距、互相平行的细实线。

在机件折断或局部断裂处可用波浪线作分界线，而断裂面上可用细点代替剖面线，如图 6-77（a）所示。

当剖切平面通过机件的肋或薄壁的纵向对称平面时，这些结构不画剖面线，只用粗实线与其他部分分开，如图 6-77（b）所示；若为了表达明显，也可用细点表示被剖切的部分，如图 6-77（c）所示。

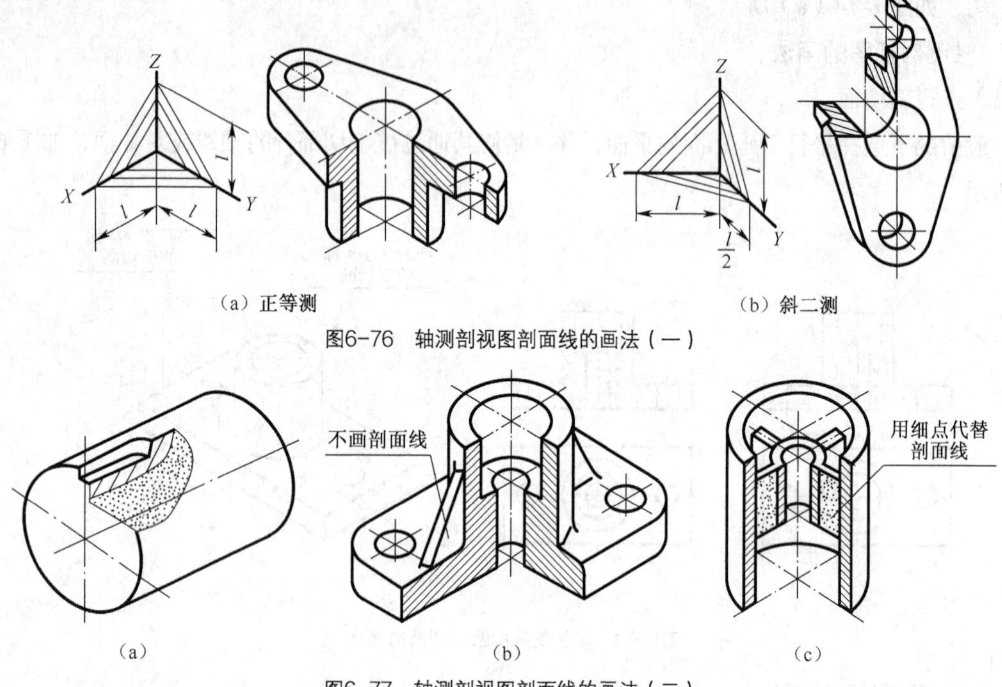

图6-76 轴测剖视图剖面线的画法（一）

图6-77 轴测剖视图剖面线的画法（二）

3. 轴测剖视图上的尺寸标注

当轴测图上需要标注尺寸时，应遵照下列规定，如图 6-78 所示。

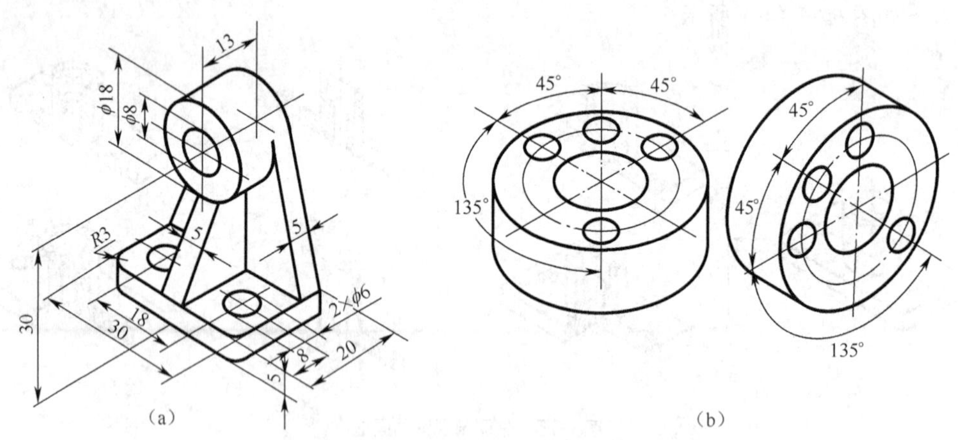

图6-78 轴测图上尺寸与角度的注法

① 轴测图上线性尺寸的尺寸线，必须与所注的线段平行。尺寸界线一般应平行于某一轴测轴。

② 尺寸数字写在尺寸线上方或中断处。当在图形中出现字头向下时应引出标注，数字按水平位置注写。

③ 标注平行于坐标面圆的直径时，尺寸线和尺寸界线应分别平行于该圆所在平面的轴测轴，如图 6-78（a）中的ϕ18、ϕ8 和ϕ6 的标注。

④ 轴测图上角度尺寸的尺寸线应画成与该坐标平面相应的椭圆弧，角度数字应水平地注写在尺

寸线的上方或中断处，字头向上，如图 6-78（b）所示。

6.7 第三角投影图

国家机械制图标准图样画法中规定“技术图样采用正投影法绘制，并优先采用第一角画法，必要时允许采用第三角画法”。随着国际间技术交流的日益频繁，常会遇到一些来自美国、日本、英国和中国港澳台地区采用第三角投影绘制的图样。因此，本节介绍第三角投影的有关知识。

6.7.1 第三角画法的视图形成与配置

1. 投影方法

如图 6-79 所示，三个投影面垂直相交，把空间分为八个分角。第一角画法是将物体置于第一角内，使其处于观察者与投影面之间（即保持人—物—面的位置关系）而得到正投影的方法。第三角画法是将物体置于第三角内，使投影面处于观察者与物体之间（假设投影面是透明的，并保持人—面—物的位置关系）而得到正投影的方法，如图 6-80 所示。

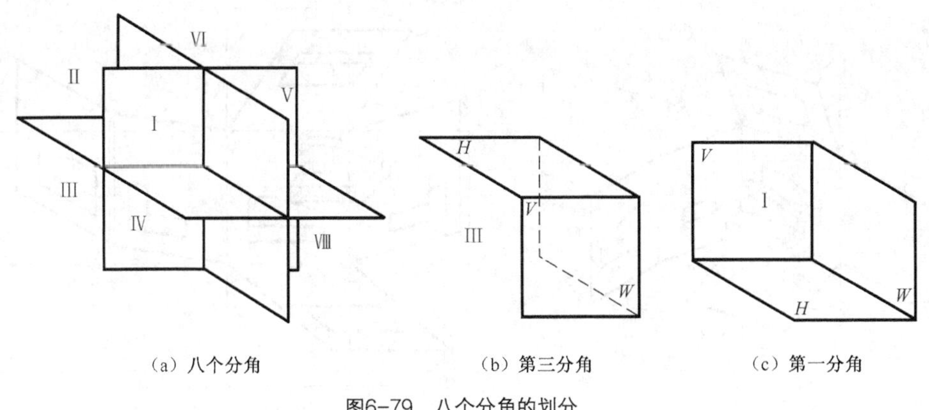

（a）八个分角　（b）第三分角　（c）第一分角

图6-79　八个分角的划分

2. 三视图的形成及名称

采用第三角画法时，将物体置于第三分角内，即投影面处于观察者与物体之间，在 V 面形成由前向后投影得到的主视图；在 H 面上形成由上向下投影得到的俯视图；在 W 面上形成由右向左投影得到的右视图，即如下所述。

主视图：从前向后投影，在前面（V 面）上得到的视图。

俯视图：从上向下投影，在顶面（H 面）上得到的视图。

右视图：从右向左投影，在右面（W 面）上得到的视图。

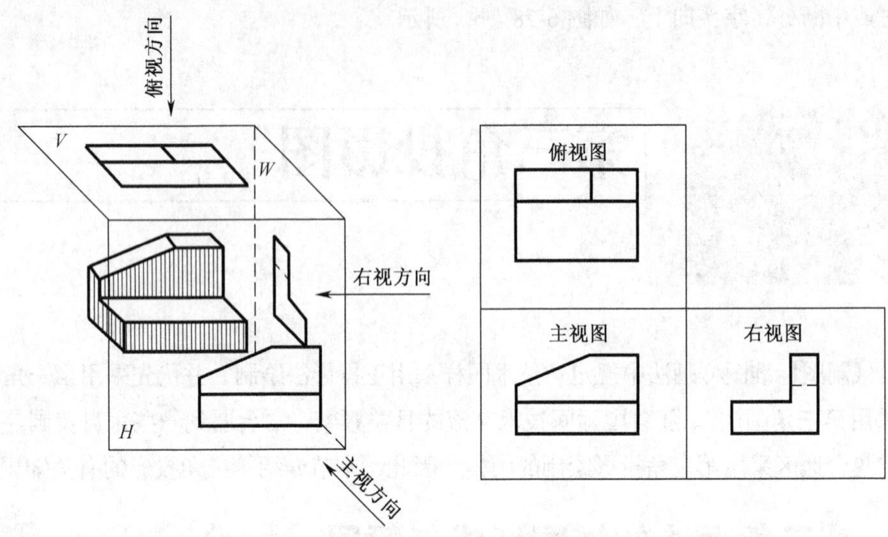

图6-80　第三角画法及展开

令 V 面保持正立位置不动，将 H 面、W 面分别绕与 V 面的交线向上、向右转 90°，使这三个面展成同一平面，就得到物体的三视图，如图 6-80 所示。

如图 6-81（b）所示，除了在图 6-80 中已画出的 V、H、W 三个基本投影面所得到的主视图、俯视图、右视图以外，还可再增加与它们相平行的三个基本投影面。在这些投影面上分别得到一个视图，由左向右投影所得到的左视图，由下向上投影所得到的仰视图，以及由后向前投影所得到的后视图。

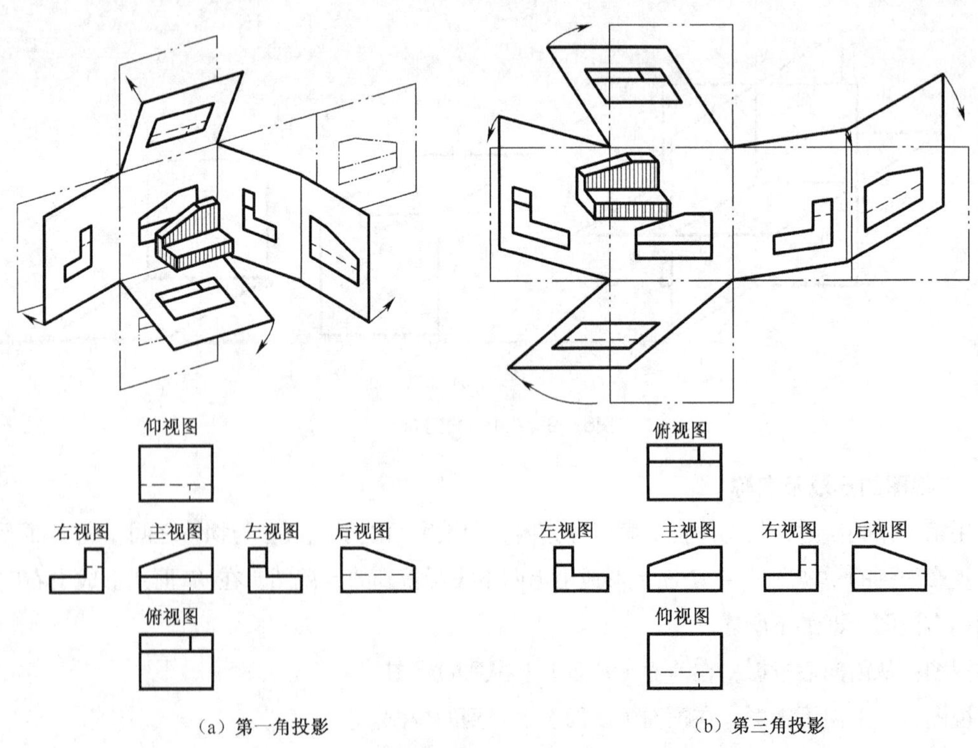

（a）第一角投影　　（b）第三角投影

图6-81　第一角与第三角投影

然后，仍令 V 面保持正立位置不动，将诸投影面按图 6-81（b）所示展开成同一平面。展开后各视图的配置关系如图 6-81（b）所示。在同一张图纸内按图 6-81（b）配置视图时，一律不标注视图名称。

3. 视图之间的关系

（1）位置关系

以主视图为基准，俯视图在其正上方，仰视图在其正下方，右视图在其正右方，左视图在其正左方，后视图在左视图的右方。

（2）尺寸关系

每个视图反映物体两个方向的尺寸：主视图反映长和高，右视图反映宽和高，俯视图反映长和宽，后视图反映长和高，左视图反映宽和高，仰视图反映长和宽。视图之间的“三等”度量关系与第一角画法是一致的：主视图、俯视图、仰视图“长对正”；主视图、左视图、右视图、后视图“高平齐”；左视图、右视图、俯视图、仰视图“宽相等”。

（3）方位关系

每个视图反映物体的四个方位：主视图和后视图反映物体的上、下、左、右方位，右视图和左视图反映物体的上、下、前、后方位，俯视图和仰视图反映物体的左、右、前、后方位。

第三角画法的六个基本视图中，以主视图为基准，围绕它的四个视图中，靠近主视图一侧的表示物体的前面，远离主视图一侧的表示物体的后面。

6.7.2 第三角画法与第一角画法的异同

1. 相同点

如图 6-81 所示，两种投影法对应的同名视图，其形状和方位等完全相同。具体来说，第三角画法中的主视图与第一角画法中的主视图相同，都反映物体前面的形状、高度、长度尺寸和上下左右四个方位，第三角画法中的俯视图与第一角画法中的俯视图相同，以此类推。

2. 不同点

因两种画法中的物体所处分角不同，投影面的展开方向不同，所以视图的配置关系不同（见表 6-3 和图 6-81）。

表 6-3 第一角、第三角画法各视图的配置关系

第一角画法（以主视图为基准）	第三角画法（以主视图为基准）
俯视图配置在主视图的下方	俯视图配置在主视图的上方
左视图配置在主视图的右方	左视图配置在主视图的左方
右视图配置在主视图的左方	右视图配置在主视图的右方
仰视图配置在主视图的上方	仰视图配置在主视图的下方
后视图配置在主视图的右方	后视图配置在主视图的右方

6.7.3 第一、三角投影的识别符号

国际标准（ISO）中规定，可以采用第一角投影，也可以采用第三角投影，但同一张图中，不得同时使用两种投影法。为了区别这两种投影，规定在标题栏中专设格栏内用规定的识别符号表示，GB/T 14692—1993 中规定的识别符号，如图 6-82 所示。由于我国仍采用第一角画法，所以无须画出标志符号。当采用第三角画法时，则必须画出标志符号。

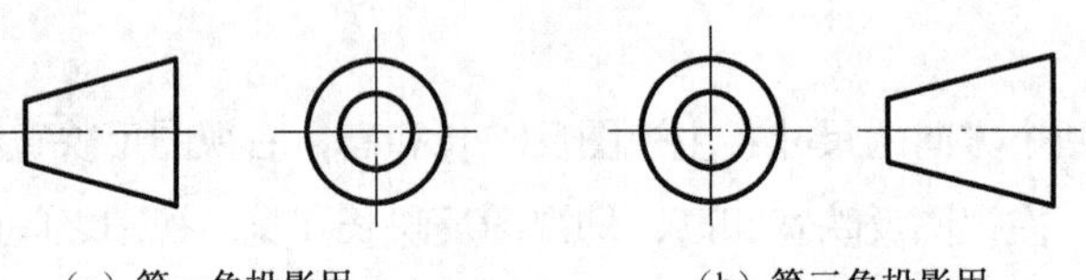

（a）第一角投影用　　（b）第三角投影用

图6-82　第一、三角投影的识别符号

1. 视图主要用于表达机件的外部结构形状，在选择视图时，优先选择三视图，当机件结构复杂，需增加视图数量时，再依次增加其他几个视图。要特别注意的是每增加一个视图必须具有独立表达的内容，否则这个视图就没有增加的必要了。

可以根据机件的结构特点，使用局部视图和斜视图，以丰富对机件外部结构的表达。局部视图、斜视图都是用于表达机件的局部结构，但两者所表达的局部对象不同。斜视图用于表达机件上与投影面倾斜的结构，而局部视图用于表达机件上与投影面平行的结构，即局部视图是基本视图的一部分。

2. 剖视图主要用于表达机件的内部结构形状，是本章的学习重点。学习时要注意理解剖视图的形成过程，掌握剖视图的画法与标注，能根据机件的结构特点选择合适的剖切平面和剖切种类来表达机件。

全剖是剖视图部分的重点和基础，半剖、局部剖都是在此基础上演变而来。半剖可理解为将对称机件实施全剖后以对称中心线为界，一半画剖视另一半画外形而形成的；局部剖可理解为将机件实施全剖后，而以波浪线为界，一部分画成剖视另一部分画外形而形成。

3. 断面图主要用于表达机件的断面形状。断面图与剖视图的主要区别是画法上的不同，断面图是仅画出剖切后的断面形状，而剖视图要将剖切后的所有可见部分全部画出。

4. 学习第三角画法时，要弄清第三角画法与第一角画法的区别。第一角画法是按“人—物—面”顺序投影，第三角画法是按“人—面—物”的顺序投影。

第7章 零件图

零件是组成机器或部件的基本单位。每一台机器或部件都是由许多零件按一定的装配关系和技术要求装配起来的。要生产出合格的机器或部件，必须首先制造出合格的零件，而零件又是根据零件图来进行制造和检验的。本章主要介绍零件图的主要内容、绘制与识读。

7.1 零件图的基本知识

7.1.1 零件图的作用

用于表达零件结构形状、大小和技术要求的图样称为零件工作图（简称零件图）。零件图是直接指导制造和检验零件的重要技术文件。机器或部件中，除标准件外，其余零件一般均应绘制零件图。图 7-1 所示为铣刀头轴的零件图。

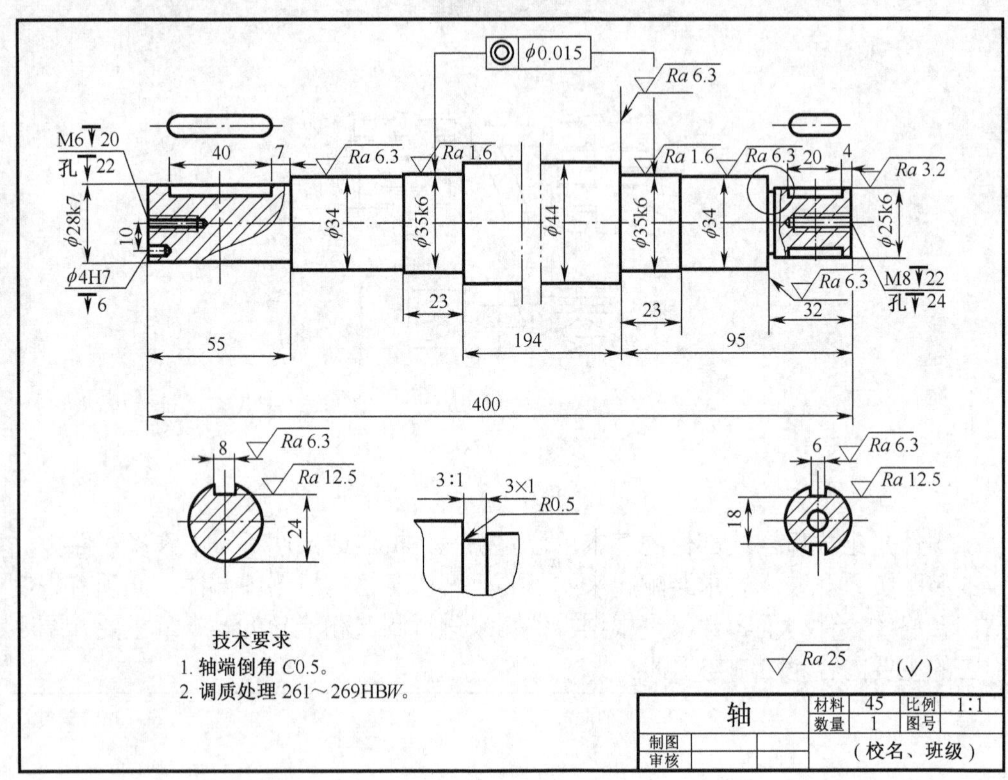

图7-1 铣刀头轴的零件图

7.1.2 零件图的基本内容

一张完整的零件图一般应包括以下 4 方面内容。

（1）一组视图

用以完整、清晰地表达零件的结构和形状。

（2）全部尺寸

用以正确、完整、清晰、合理地表达零件各部分的大小和各部分之间的相对位置关系。

（3）技术要求

用以表示或说明零件在加工、检验过程中所需的要求，如尺寸公差、形状和位置公差、表面结构、材料、热处理、硬度及其他要求，技术要求常用符号或文字来表示。

（4）标题栏

标准的标题栏由更改区、签字区、其他区、名称及代号区组成。一般填写零件的名称、材料标记、阶段标记、质量、比例、图样代号、单位名称以及设计、制图、审核、工艺、标准化、更改、批准等人员的签名和日期等内容。学生作业中可以用简易标题栏。

7.2 特殊零件的结构、画法及标记

1. 标准件

用量很大的零件，如螺栓、螺母、螺钉、垫圈、键、销等，为了便于成批或大量生产，国家有关部门对这类零件的结构和尺寸等都作了统一的规定，成为标准化、系列化的零件。

2. 常用件

和标准件一样，用量大，结构典型，并有标准参数。常用件的结构和尺寸部分标准化，如齿轮、弹簧等，是机器中常见的零件。

7.2.1 螺纹的结构及表示法

1. 螺纹的基本知识

螺纹是机器上常见的结构，它用于连接，也用于传动。

螺纹是指在圆柱表面或圆锥表面上，沿着螺旋线形成的，具有相同断面的连续的凸起（牙顶）和沟槽（牙底），如图 7-2 所示。在圆柱或圆锥外表面加工出的螺纹称为外螺纹，如图 7-2（a）所示；在圆柱或圆锥内表面上加工出的螺纹称为内螺纹，如图 7-2（b）所示。

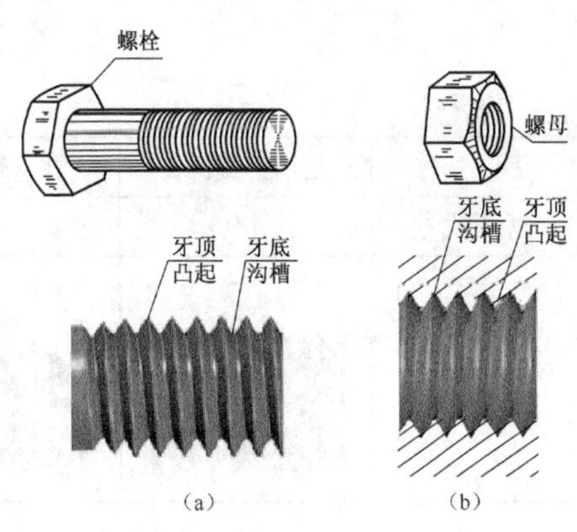

图7-2 螺纹

生产实际中加工螺纹有多种方法，螺纹是根据螺旋线原理加工而成的，如图 7-3 所示。

图 7-3（a）表示在车床上加工螺纹的情况。圆柱形工件作等速旋转运动，同时刀具沿工件轴向作等速直线运动，其合成运动使切入工件的刀尖在工件表面切制出螺旋来。由于刀尖形状不同，在工件表面切去的截面形状即螺纹牙型也不同，所以可加工出各种不同的螺纹。

图 7-3（b）表示在箱体零件上制出的内螺纹（螺孔）的加工情况，先用钻头钻孔，再由丝锥攻出螺纹，图中为在不通孔上切制螺纹。钻孔时，钻头在孔的底部形成一个锥坑，其锥顶角按 120° 画出。

（1）螺纹的基本要素

① 螺纹牙型。在通过螺纹轴线的断面上，螺纹的轮廓形状称为螺纹牙型。常见的螺纹牙型见表 7-1。

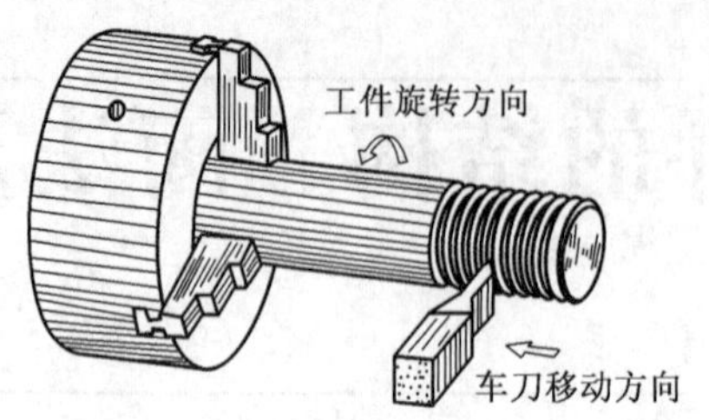

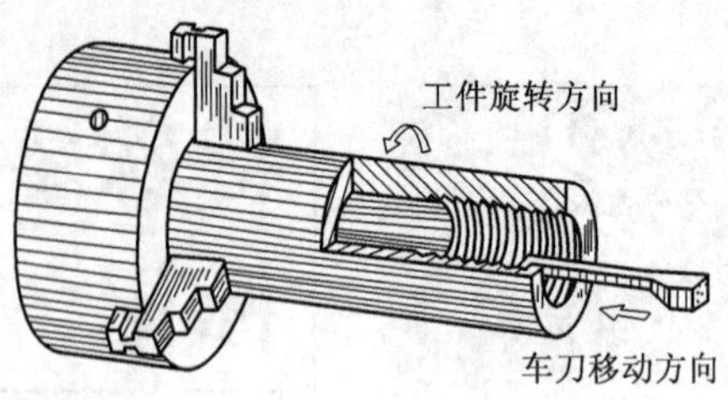

（a）车床上加工螺纹

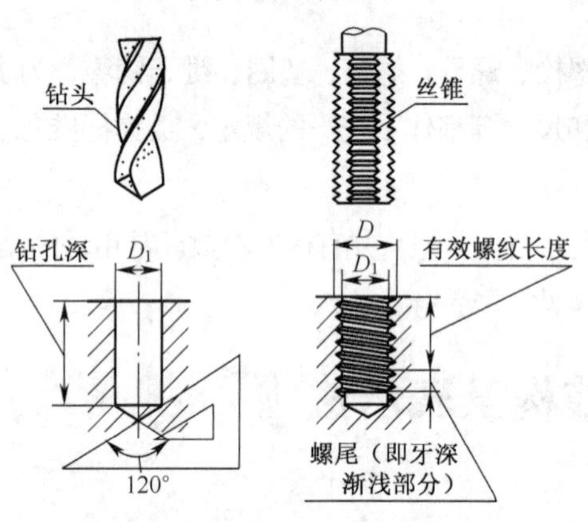

（b）加工孔内螺纹

图7-3 加工螺纹

表 7-1 常见螺纹牙型

名　称	普通螺纹	管螺纹	梯形螺纹	锯齿形螺纹	矩形螺纹
特征代号	M	G	Tr	B	（无）
图样	60°	55°	30°	3° 30°	

② 螺纹的直径名称及代号见表 7-2。

表 7-2 螺纹的直径

名　称	代　号	解　释	图　样
大径	d、D	与外螺纹的牙顶或内螺纹的牙底相重合的假想圆柱直径（即螺纹的最大直径）	牙底 牙顶 凸起(牙) 螺距(p) 小径(d) 中径(d) 大径(d) (a)
小径	d_1、D_1	与外螺纹的牙底或内螺纹的牙顶相重合的假想圆柱直径（即螺纹的最小直径）	
中径	d_2、D_2	在大径和小径之间假想有一圆柱，其母线通过牙型上沟槽宽度和凸起宽度相等的	

续表

名　称	代　号	解　释	图　样
中径	d_2、D_2	地方，此假想圆柱称为中径圆柱，其母线称为中径线，其直径称为螺纹的中径	凸起（牙）牙底　牙顶　螺距（p）　小径（D）　中径（D）　大径（D） （b）
代号（d、D），（d_1、D_1），（d_2、D_2）中，小写字母代表外螺纹直径，大写字母代表内螺纹直径			

③ 线数。圆柱端面上螺纹的数目称为线数，用 n 表示。

沿一条螺旋线形成的螺纹称为单线螺纹，如图 7-4（a）所示；沿两条或两条以上，在轴向等距离分布的螺旋线所形成的螺纹，称为多线螺纹，如图 7-4（b）所示。

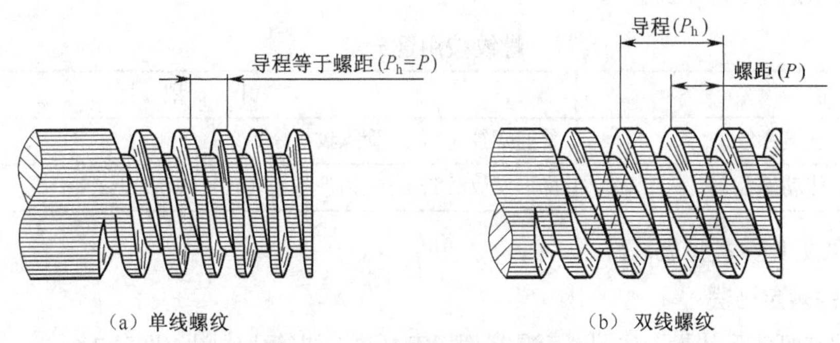

（a）单线螺纹　　（b）双线螺纹

图7-4　螺纹的线数、螺距和导程

④ 螺距和导程。螺距和导程的关系如图 7-4 所示。

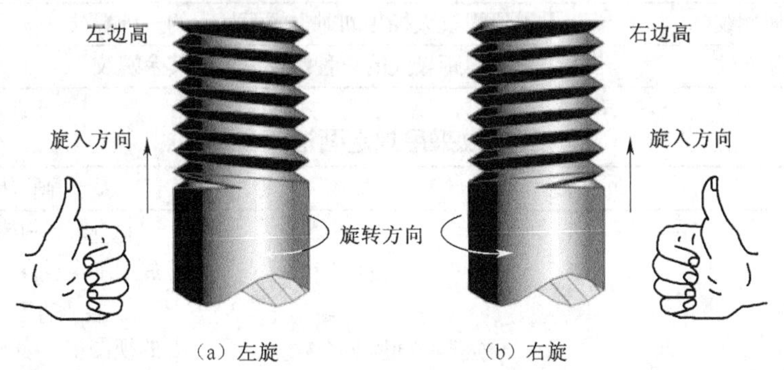

（a）左旋　　（b）右旋

图7-5　螺纹的旋向

螺距（代号 P）：相邻两牙中径线上对应两点间的轴向距离。

导程（代号 P_h）：同一条螺旋线上的相邻两牙，在中径线上对应两点间的轴向距离。

对于单线螺纹，螺距 = 导程，即 $P = P_h$。

对于多线螺纹，螺距 = 导程/线数，即 $P = P_h/n$。

⑤ 旋向：螺纹有左旋和右旋之分，顺时针旋转时旋入的螺纹，称为右旋螺纹，如图 7-5（a）所示；逆时针旋转时旋入的螺纹，称为左旋螺纹，如图 7-5（b）所示。

牙型、大径、螺距、线数和旋向是确定螺纹几何尺寸的五要素。只有五要素完全相同的外螺纹和内螺纹才能相互旋合在一起。

（2）螺纹的种类

① 螺纹按标准分类见表 7-3。

表 7-3　螺纹按标准分类

类　型	定　义
标准螺纹	牙型、大径、螺距均符合国家标准
特殊螺纹	牙型符合国标，大径或螺距不符合国标
非标准螺纹	牙型不符合国标

② 螺纹按用途分类见表 7-4。

表 7-4　螺纹按用途分类

类　型	牙　型
连接螺纹	普通螺纹（M）、管螺纹（G）
传动螺纹	梯形螺纹（Tr）、锯齿形螺纹（B）、矩形螺纹

③ 螺纹按螺距分类见表 7-5。

2. 螺纹的规定画法

螺纹不按其真实形状投影作图，而是采用规定画法，以简化作图，见表 7-6。

表 7-5　螺纹按螺距分类

类　型	定　义
粗牙螺纹	普通螺纹大径相同时，螺距最大的一种螺纹
细牙螺纹	除了螺距最大的一种螺纹以外的其余螺纹

表 7-6　螺纹采用规定画法

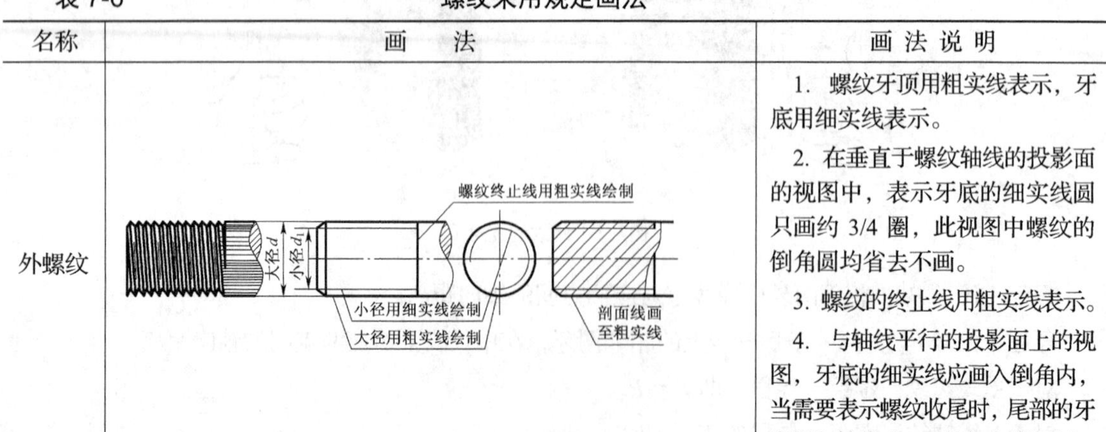

名称	画　法	画 法 说 明
外螺纹	（图）	1. 螺纹牙顶用粗实线表示，牙底用细实线表示。 2. 在垂直于螺纹轴线的投影面的视图中，表示牙底的细实线圆只画约 3/4 圈，此视图中螺纹的倒角圆均省去不画。 3. 螺纹的终止线用粗实线表示。 4. 与轴线平行的投影面上的视图，牙底的细实线应画入倒角内，当需要表示螺纹收尾时，尾部的牙底用与轴线成 30° 的细实线绘制

续表

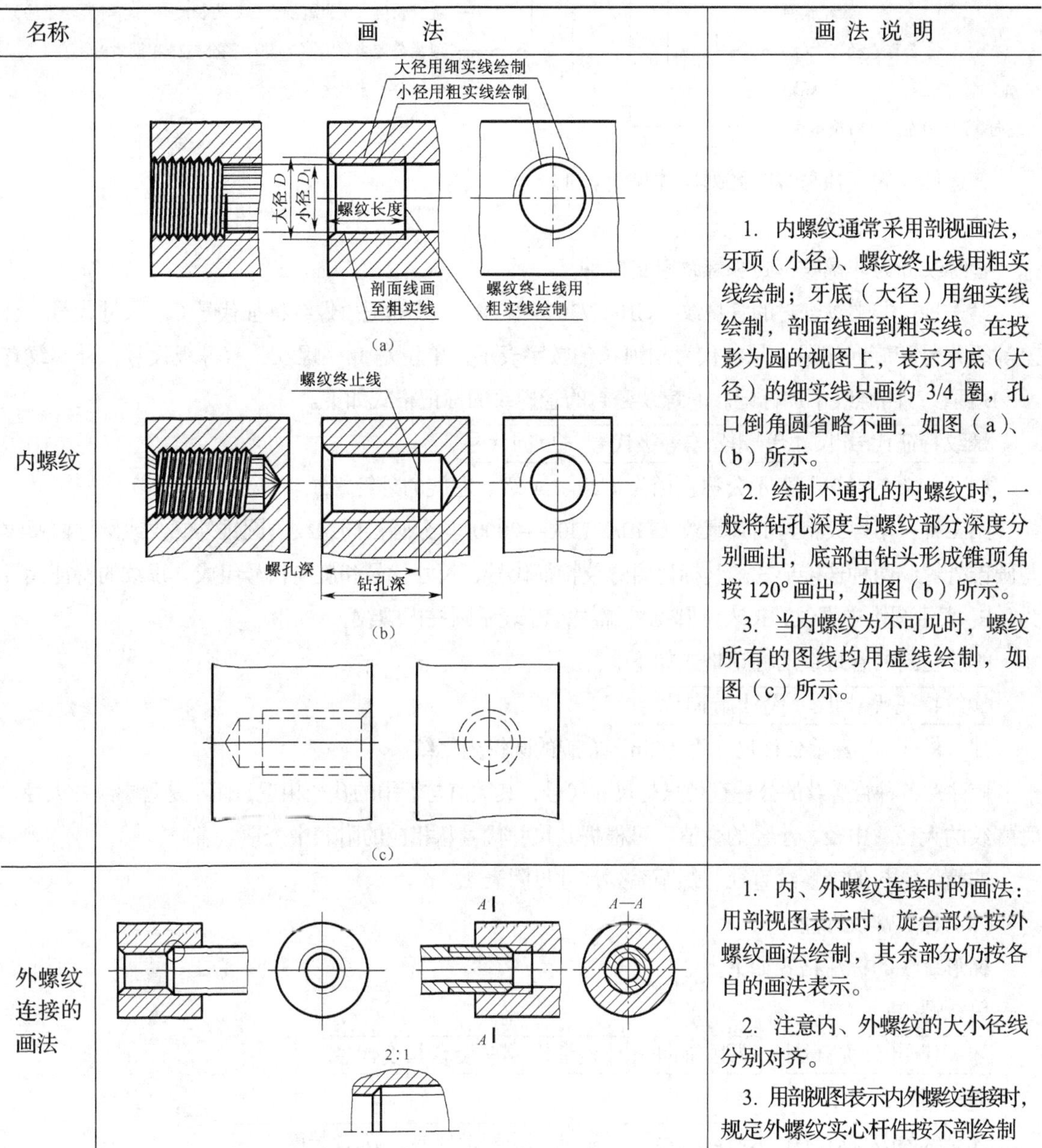

名称	画　法	画 法 说 明
内螺纹	(a) (b) (c)	1. 内螺纹通常采用剖视画法，牙顶（小径）、螺纹终止线用粗实线绘制；牙底（大径）用细实线绘制，剖面线画到粗实线。在投影为圆的视图上，表示牙底（大径）的细实线只画约 3/4 圈，孔口倒角圆省略不画，如图（a）、（b）所示。 2. 绘制不通孔的内螺纹时，一般将钻孔深度与螺纹部分深度分别画出，底部由钻头形成锥顶角按 120° 画出，如图（b）所示。 3. 当内螺纹为不可见时，螺纹所有的图线均用虚线绘制，如图（c）所示。
外螺纹连接的画法		1. 内、外螺纹连接时的画法：用剖视图表示时，旋合部分按外螺纹画法绘制，其余部分仍按各自的画法表示。 2. 注意内、外螺纹的大小径线分别对齐。 3. 用剖视图表示内外螺纹连接时，规定外螺纹实心杆件按不剖绘制

3. 螺纹的标注

在图样中，由于螺纹的投影采用了简化画法，因此，必须对螺纹进行标注。

（1）普通螺纹标注

普通螺纹的标记内容和格式如下。

牙型符号 公称直径 × 螺距 旋向 – 中径公差带代号 顶径公差带代号 – 旋合长度代号

例如，M10×1LH-5g6g-S 的含义如下所示。

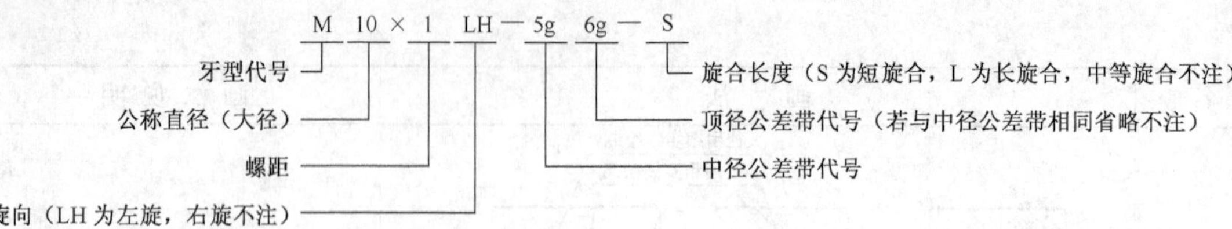

普通螺纹的直径与螺距系列尺寸见附表 1。

（2）管螺纹标注

管螺纹分为非螺纹密封和螺纹密封两种。

第一种：非螺纹密封的管螺纹（GB/T 7307—2001）。其标记由螺纹特征代号 G、尺寸代号、公差等级代号和旋向组成。尺寸代号用阿拉伯数字表示，单位是 in；螺纹公差等级代号，外螺纹有 A、B 两级，内螺纹不加标记。非螺纹密封的管螺纹的标记格式如下。

螺纹特征代号 尺寸代号 公差等级代号 – 旋向代号

如“G1/2A—LH”表示公称直径为 1/2in，A 级、左旋的外管螺纹。

第二种：用螺纹密封的管螺纹（GB/T 7306—2000）。分圆锥内螺纹与圆锥外螺纹或圆柱内螺纹与圆锥外螺纹两种连接形式。其标记由螺纹特征代号、尺寸代号和旋向代号组成。螺纹的特征代号为：R_C 表示圆锥内螺纹；R 表示圆锥外螺纹；R_P 表示圆柱内螺纹。

螺纹密封的管螺纹的标记格式如下。

螺纹特征代号 尺寸代号 旋向代号

如“R_C 1/2”表示公称尺寸为 1/2in，右旋的圆锥内螺纹。

应注意各种管螺纹的公称直径只是尺寸代号，其数值与管子的孔径相近，而不是管螺纹的大径。管螺纹的大径、中径、小径的数值，可根据其尺寸代号从相应的附表中查取。

非螺纹密封的管螺纹直径与螺距系列尺寸见附表 2。

（3）梯形螺纹标注

梯形螺纹的标注格式如下。

单线螺纹：

牙型代号 公称直径 × 螺距 旋向 – 公差带代号 – 旋合长度代号

多线螺纹：

牙型代号 公称直径 × 导程（螺距） 旋向 – 公差带代号 – 旋合长度代号

例如：Tr32 × 12 (P6) LH-8e-L 的含义如下所示。

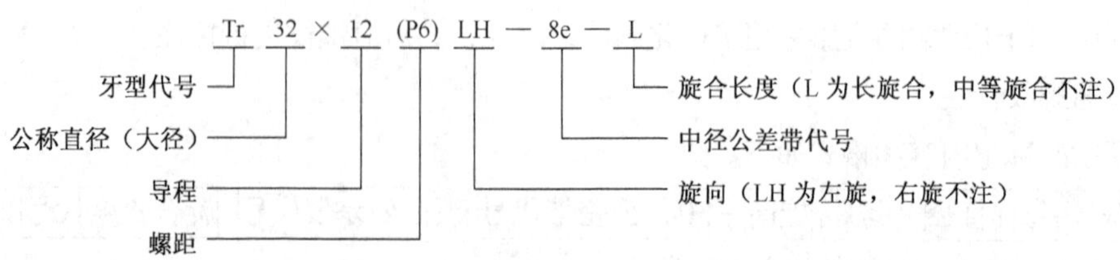

梯形螺纹的直径与螺距系列尺寸见附表 3。

4. 螺纹标记在图上的标注方法

国家标准规定，公称直径以 mm 为单位的螺纹，其标记应直接标注在大径的尺寸线或其延长线上；管螺纹的标记一律标注在引线上，引出线应由大径处或由对称中心线处引出，见表 7-7 中的图例。

表 7-7　　标准螺纹的标记说明和标注图例

螺纹种类			标注示例	标记的含义	标记要点说明
连接螺纹		普通螺纹（M）	M20-5g6g-S	粗牙普通螺纹，公称直径为20mm，右旋，中径、顶径公差带分别为5g、6g，知旋合长度	1. 粗牙螺纹不注螺距，细牙螺纹标注螺距。 2. 右旋省略不注，左旋以“LH”表示（各种螺纹皆如此）。 3. 中径、顶径公差带相同时，只注一个公差带代号。 4. 中等旋合长度不标注。 5. 螺纹应注在大径的尺寸线或其延长线上
			M20×2LH-6H		
	管螺纹	非螺纹密封的管螺纹（G）	G1/2A	非螺纹密封的管螺纹，尺寸代号为 1/2in，公差为 A 级，右旋	1. 非螺纹密封的管螺纹，其内外螺纹都是圆柱管螺纹。 2. 外螺纹的公差带等级分为 A、B 两级，内螺纹不标记公差等级
		非螺纹密封的管螺纹（G）	G1/2-LH	非螺纹密封的管螺纹，尺寸代号为 1/2in，公差为 A 级，右旋	1. 非螺纹密封的管螺纹，其内外螺纹都是圆柱管螺纹。 2. 外螺纹的公差带等级分为 A、B 两级，内螺纹不标记公差等级
		用螺纹密封的管螺纹（R）（R_C）（R_P）	Rc1/2-LH	圆锥内螺纹，尺寸代号为 1/2in，左旋	1. 螺纹密封管螺纹，只注螺纹特征代号、尺寸代号和旋向。 2. 管螺纹一律标注在引出线上，引出线应由大径处引出或由对称中心线处引出
			R1/2	圆锥外螺纹，尺寸代号为 1/2in，右旋	
传动螺纹		梯形螺纹（Tr）	Tr36×12(P6)-7h	梯形螺纹，公称直径为 36mm，双线，导程为 12mm，螺距为 6mm，右旋，中径公差带 7h	1. 两种螺纹只标注中径公差带代号。

续表

螺纹种类		标注示例	标记的含义	标记要点说明
传动螺纹	锯齿形螺纹（B）	B40×7LH-8c	锯齿形螺纹，公称直径为40mm，单线，螺距7mm，左旋，中径公差带为8c，中等旋合长度	2. 旋合长度只有中等旋合长度（N）和长旋合长度（L）两组。 3. 中等旋合长度不标

对于特殊螺纹，则应在牙型符号前加注“特”字，如图7-6所示。对于非标准螺纹，则应画出牙型，并注出所需的尺寸，如图7-7所示。

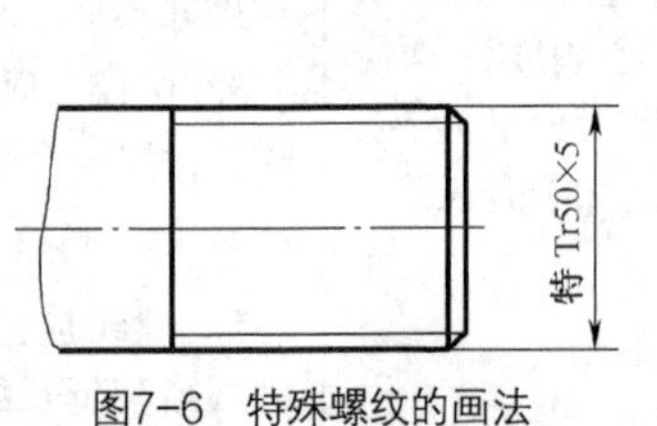

图7-6　特殊螺纹的画法

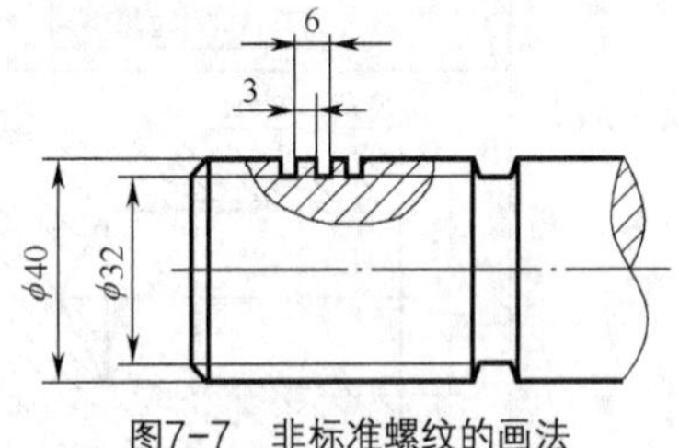

图7-7　非标准螺纹的画法

7.2.2 螺纹紧固件及标记

1. 常见的螺纹紧固件

螺纹紧固件是指通过螺纹旋合起到紧固、连接作用的零件。常用的螺纹紧固件有螺栓、螺柱、螺钉、螺母、垫圈等，如图7-8所示。

（a）六角头螺栓　（b）A型双头螺栓　（c）I型六角螺母　（d）六角开槽螺母
（e）内六角圆柱头螺钉　（f）开槽圆柱头螺钉　（g）开槽沉头螺钉　（h）开槽锥端紧定螺钉
（i）平垫圈　（j）弹簧垫圈　（k）圆螺母用止退垫圈　（l）圆螺母

图7-8　螺纹紧固件

螺纹紧固件的种类很多，且使用范围广泛，一般均已标准化，其结构、尺寸和技术要求等均可由相应国家标准（见附表4～附表11）查出，并酌情选用。

2. **螺纹紧固件的标记**

螺纹紧固件有完整标记和简化标记两种标记方法，完整标记形式如下。

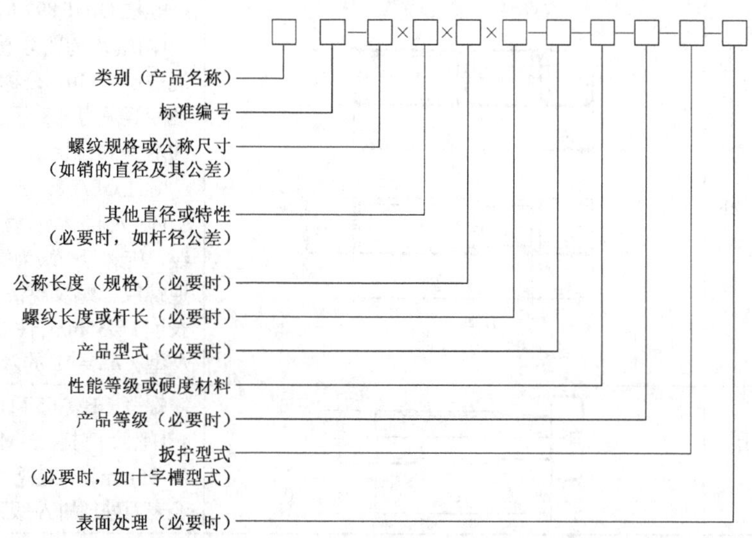

以公称直径 d = M12，公称长度 50mm，性能等级 8.8 级，产品等级为 A 级，表面氧化的六角头螺栓为例，其完整标记为：螺栓 GB/T 5782—2000—M12 × 50—8.8—A—O

在一般情况下，紧固件采用简化标记法，简化原则如下。

① 省略年代号的标准应以现行标准为准。

② 标记中的“—”允许全部或部分省略；标记中的“其他直径或特性”前面的“×”允许省略，但省略后不应导致对标记的误解，一般以空格代替。

③ 当产品标准只规定一种产品型式、性能等级或硬度或材料、产品等级、扳拧型式及表面处理时，允许全部或部分省略。

④ 当产品标准规定两种以上的产品型式、性能等级或硬度或材料、产品等级、扳拧型式及表面处理时，应规定可以省略其中的一种，并在产品标准的标记示例中给出省略后的简化标记。

表 7-8 列举了一些常用的螺纹紧固件的图例和简化标记形式示例。

表 7-8　　常用的螺纹紧固件的图例和简化标记示例

名称及标准编号	图　例	简化标记及说明
六角头螺栓 GB/T 5782—2000	M10 35	螺栓 GB/T 5782 M10 × 35 [螺纹规格 d = M10，公称长度 l = 35mm，性能等级为 8.8 级，表面氧化、A 级的六角头螺栓]

续表

名称及标准编号	图例	简化标记及说明
双头螺柱 GB/T 897～900—1988	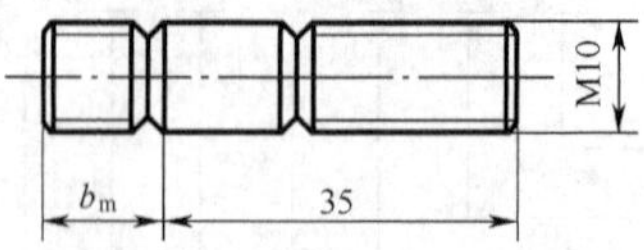 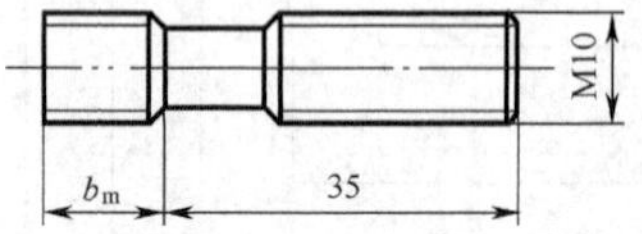	螺柱 GB/T 897 M10 × 35 [两端均为粗牙普通螺纹、螺纹规格 d = M10，公称长度 l = 35mm，性能等级为 4.8 级、B 型，$b_m = 1d$ 的双头螺柱] 螺柱 GB/T 897 AM10 M10 × 1 × 35 [旋入机体一端为粗牙普通螺纹、旋螺母一端为螺距 1 的细牙普通螺纹，螺纹规格 d = M10，公称长度 l = 35mm，性能等级为 4.8 级、A 型，$b_m = 1d$ 的双头螺柱]
开槽圆柱头螺钉 GB/T 65—2000	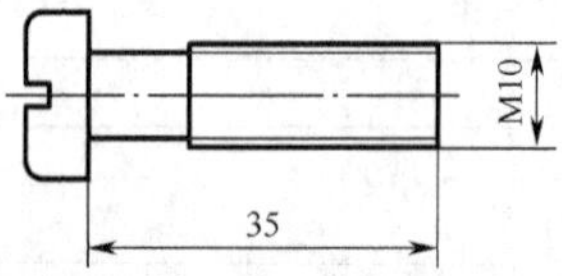	螺钉 GB/T 65 M10×35 [螺纹规格 d=M10，公称长度 l = 35mm，性能等级为 4.8 级，不经表面处理的 A 级开槽圆柱头螺钉]
开槽沉头螺钉 GB/T 68—2000	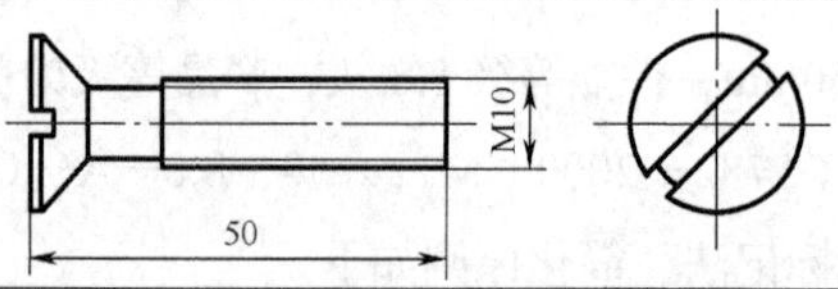	螺钉 GB/T 68 M10 × 50 [螺纹规格 d = M10，公称长度 l = 50mm，性能等级为 4.8 级，不经表面处理的 A 级开槽沉头螺钉]
十字槽沉头螺钉 GB/T 819.1—2000	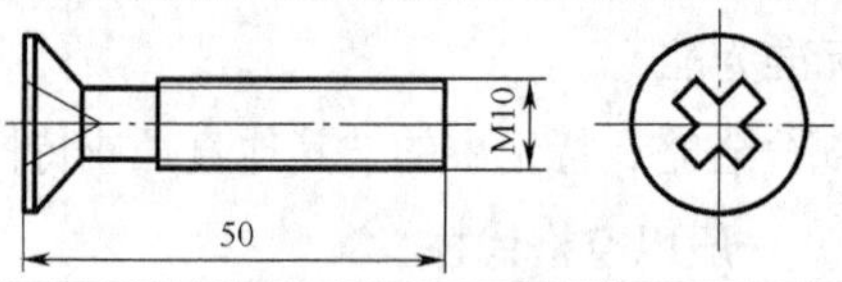	螺钉 GB/T 819.1 M10 × 50 [螺纹规格 d = M10，公称长度 l = 50mm，性能等级为 4.8 级，不经表面处理的 H 型十字槽沉头螺钉]
开槽锥端紧定螺钉 GB/T 68—2000	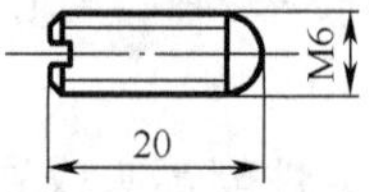	螺钉 GB/T 68 M10 × 35 [螺纹规格 d = M6，公称长度 l = 20mm，性能等级为 14H 级，表面氧化的开槽锥端紧定螺钉]
Ⅰ型六角螺母 A 级和 B 级 GB/T 6170—2000	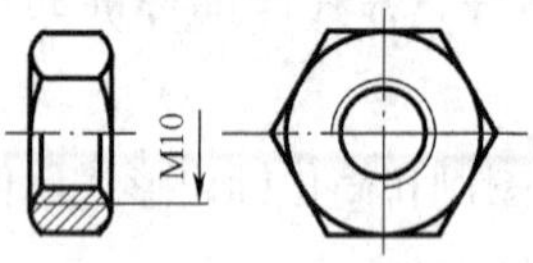	螺母 GB/T 6170 M10 [螺纹规格 d = M10，性能等级为 8 级，不经表面处理，A 级的Ⅰ型六角螺母]
平垫圈—A 级 GB/T 97.1—2002 平垫圈倒角型—A 级 GB/T 97.2—2002	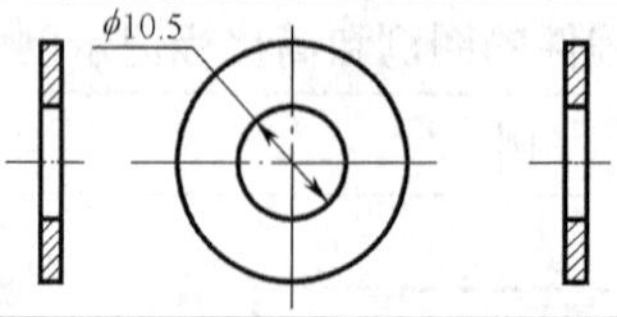	垫圈 GB/T 97.1 10 [标准系列，规格 10mm，性能等级为 140HV 级，不经表面处理的平垫圈]
标准型弹簧垫圈 GB/T 93—1987	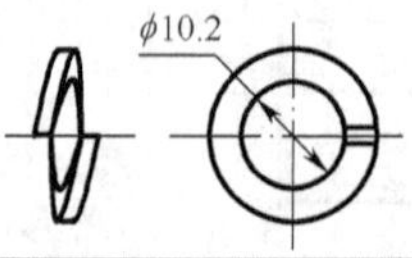	垫圈 GB/T 93 10 [规格 10mm，材料为 65Mn，表面氧化的标准弹簧垫圈]

7.2.3 键、销及标记

1. 键的种类和标记

在机器中，键常用来连接轴和轴上的零件（如齿轮，带轮等）使它们能一起转动，如图 7-9 所示。

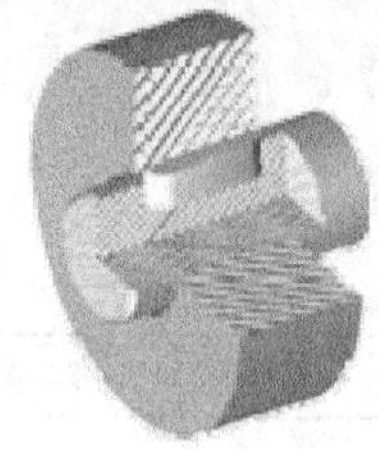
图7-9 键连接

常用的键有普通平键、半圆键和钩头楔键，它们都是标准件，根据连接处的轴颈 d 在有关标准（见附表 14）中可查出相应的结构、尺寸和标注，其标注示意如图 7-10 所示。

（a）普通平键

（b）半圆键

（c）钩头楔键

图7-10 键的种类

键的种类很多，都已标准化，它们的图例和标记见表 7-9。

2. 销的种类和标记

常用的销有圆柱销、圆锥销和开口销，如图 7-11 所示。它们都已标准化，使用和绘图时可在相应的标准中查得，附表 16 和附表 17 为圆柱销和圆锥销的结构和标记。表 7-10 列举了这三种销的图例和标记示例。

表 7-9 常用键的图例和标记

名称及标准编号	图 例	标记及说明
普通平键 GB/T 1096—2003	h L b	键 18 × 100 GB/T 1096—2003 表示：圆头普通平键（A 字可不写） 键宽 b = 18 键长 L = 100
半圆键 GB/T 1099—2003	L b d_1 h	键 6 × 25 GB/T 1099—2003 表示：半圆键 键宽 b = 6 直径 d = 25
钩头楔键 GB/T 1565—2003	45° h ⊿1∶100 h h_1 6 b b L	键 18 × 100 GB/T 1565—2003 表示：钩头楔键 键宽 b = 18 键长 L = 100

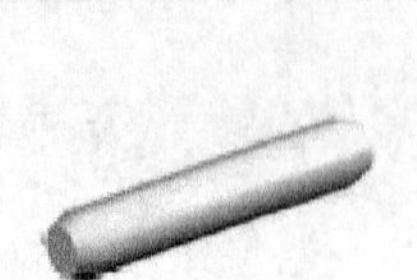
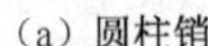
（a）圆柱销

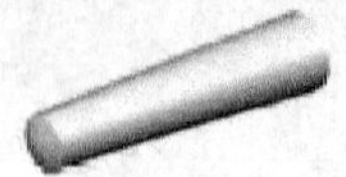
（b）圆锥销

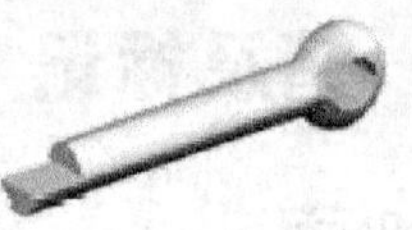
（c）开口销

图7-11 销的种类

表 7-10 常用销的图例和标记

名称及标准编号	图 例	标记及说明
圆柱销 GB/T 119.1—2000	≈15°　d　c　c　l	销 GB/T 119.1 6m6 × 30 [表示圆柱销，公称直径 $d = 6$mm，公差 m6，公称长度 $l = 30$mm，材料为钢，不淬火，不经表面处理]
圆锥销 GB/T 117—2000	1:50　d　R_1　R_2　a　a　l	销 GB/T 117 10 × 60 [表示 A 型圆锥销，其公称直径 $d = 10$mm，公称长度 $l = 60$mm，材料为 35 钢，热处理 28～38HRC，表面氧化]
开口销 GB/T 91—2000	b　l　a　C　d　允许制造的型式　a	销 GB/T 91 5 × 50 [表示开口销，其公称直径 $d = 5$mm，长度 $l = 50$mm，材料为低碳钢，不经表面处理]

7.2.4 齿轮的类型及表示

1. 齿轮的基本知识

齿轮是机械传动中广泛应用的传动零件，它可以用来传递动力、改变转动方向和速度以及改变运动方式等，但必须成对使用。

齿轮的种类很多，常见的齿轮有圆柱齿轮（用于两平行轴传动）、圆锥齿轮（用于两相交轴传动，最常见情况是两轴相交成 90°）和蜗轮蜗杆（用于两垂直交叉轴传动）三种，见表 7-11。

表 7-11 齿轮的种类

平行轴齿轮传动	 （a）直齿圆柱齿轮　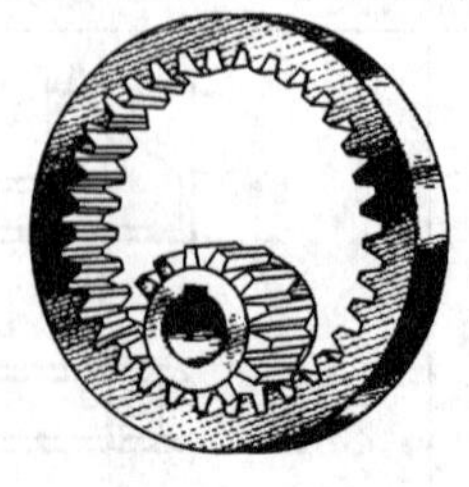 （b）含内齿轮的直齿圆柱齿轮

续表

平行轴齿轮传动	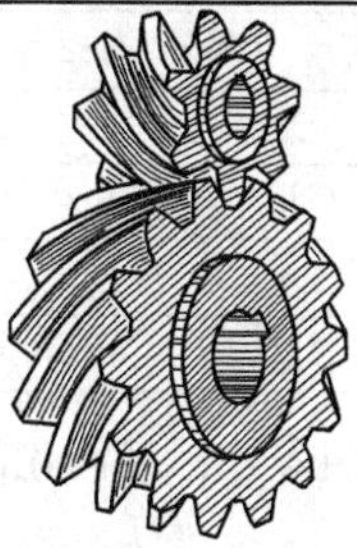 （c）螺旋齿轮	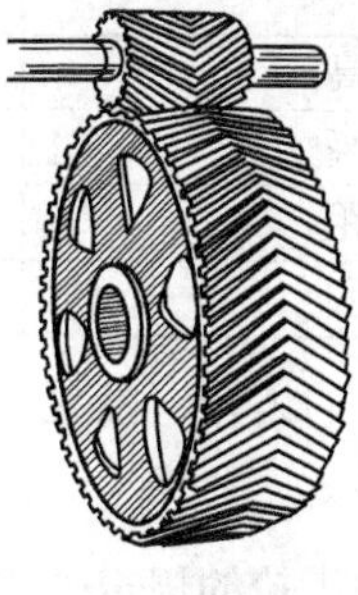 （d）人字齿圆柱齿轮
相交轴齿轮传动	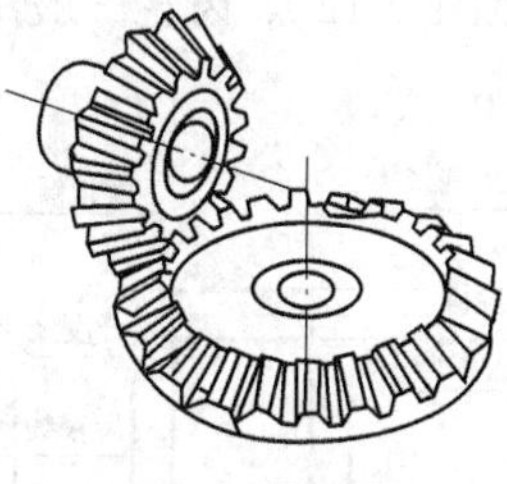 （e）直齿圆锥齿轮	
交叉轴齿轮传动	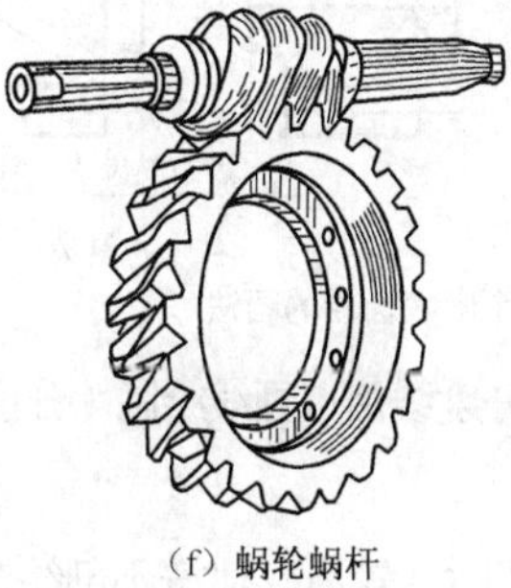 （f）蜗轮蜗杆	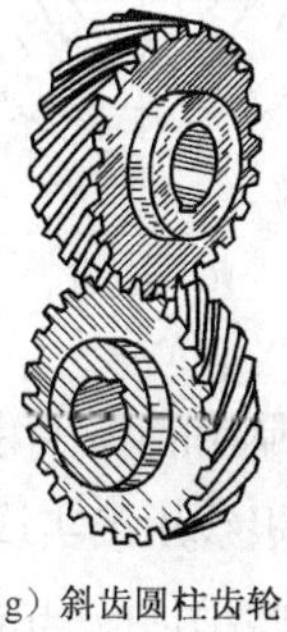 （g）斜齿圆柱齿轮

齿轮上的齿称为轮齿，轮齿是齿轮的主要结构，只有当轮齿符合国家标准中规定的齿轮才能称为标准齿轮。在齿轮的性能参数中，只有模数和齿形角已标准化。本节介绍标准直齿圆柱齿轮、锥齿轮、蜗轮蜗杆的规定画法。

2. 直齿圆柱齿轮的基本知识和规定画法（GB/T 4459.2—2003）

（1）直齿圆柱齿轮的定义

当圆柱齿轮的轮齿方向与圆柱的素线方向一致时，称为直齿圆柱齿轮。表 7-12 列出了直齿圆柱齿轮各部分的名称、符号和计算公式。

表 7-12　　　　标准直齿圆柱齿轮轮齿各部分的尺寸计算

名　称	符　号	公　式
分度圆直径	d	$d = mz$
齿顶圆直径	d_a	$d_a = d + 2m = m(z + 2)$
齿根圆直径	d_f	$d_f = d - 2.5m = m(z - 2.5)$
齿顶高	h_a	$h_a = m$

续表

名　称	符　号	公　式
齿根高	h_f	$h_f = 1.25m$
全齿高	h	$h = h_a + h_f = 2.25m$
中心距	a	$a = m/2\ (z_1 + z_2)$
齿距	P	$P = \pi\ m$

一对相互啮合的齿轮，模数、压力角必须相等。标准齿轮的压力角（对单个齿轮而言即为齿形角）为 20°。

（2）直齿圆柱齿轮的规定画法

① 单个齿轮的画法（见图 7-12）。齿轮一般用两个视图或一个视图和一个局部视图表示。国家标准规定了齿轮的画法如下。

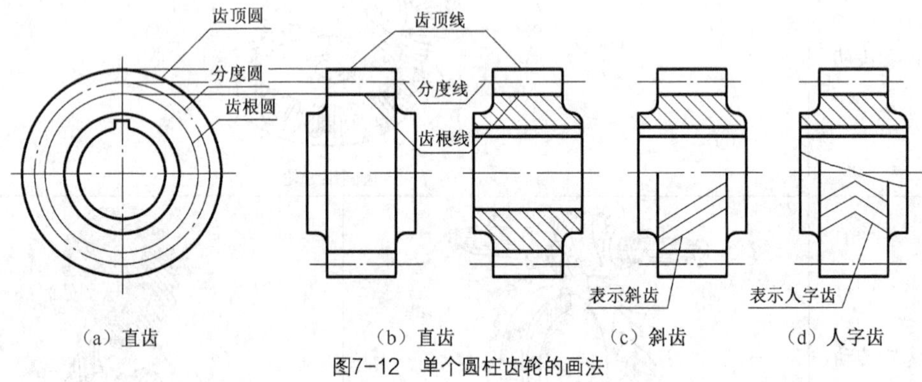

图7-12　单个圆柱齿轮的画法

a. 齿顶圆和齿顶线用粗实线绘制；分度圆和分度线用点画线绘制（分度线应超出轮廓线 2～3mm）；齿根圆和齿根线用细实线绘制，也可省略不画。

b. 在剖视图中，当剖切平面通过齿轮的轴线时，轮齿一律按不剖绘制，齿根线用粗实线绘制。

c. 如需表明齿形时，可在图形中用粗实线画出一个或两个齿，或用适当比例的局部放大图表示。

② 直齿圆柱齿轮的啮合画法（见图 7-13）。一对模数、压力角相同且符合标准的圆柱齿轮处于正确的安装位置（装配准确）时，其分度圆和节圆重合。啮合区的画法规定如下。

a. 在垂直于圆柱齿轮轴线的投影面的视图中，两节圆应相切；啮合区内的齿顶圆用粗实线绘制，也可省略不画；齿根圆全部不画。

b. 在平行于圆柱齿轮轴线的投影面的视图中，啮合区内的齿顶线不需要画出，节线用粗实线绘制。

c. 在剖视图中，当剖切平面通过两啮合齿轮的轴线时，在啮合区内，将一个齿轮的轮齿用粗实线绘制，另一个齿轮的轮齿被遮挡的部分用虚线绘制，虚线也可省略不画。当剖切平面不通过啮合齿轮的轴线时，齿轮一律按不剖绘制。

③ 齿轮齿条啮合的画法。当齿轮的直径无限增大时齿轮的齿顶圆、分度圆、齿根圆和轮齿的齿廓曲线的曲率半径也无限增大而成为直线，齿轮变形为齿条。齿轮与齿条的啮合画法按相互啮合圆柱齿轮的规定画法处理，如图 7-14 所示。

④ 直齿齿轮的零件图示例如图 7-15 所示。

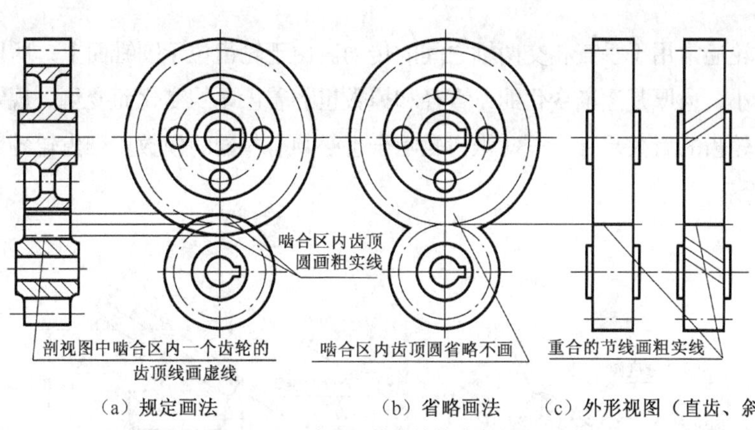

（a）规定画法　　（b）省略画法　　（c）外形视图（直齿、斜齿）

图7-13　直齿圆柱齿轮的啮合画法

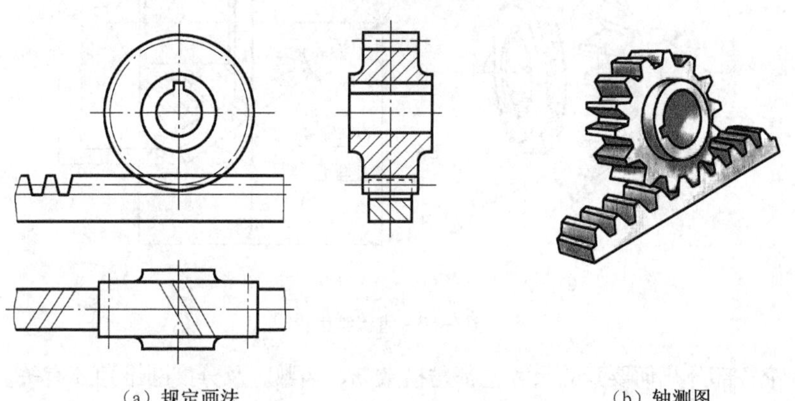

（a）规定画法　　（b）轴测图

图7-14　齿轮齿条的啮合画法

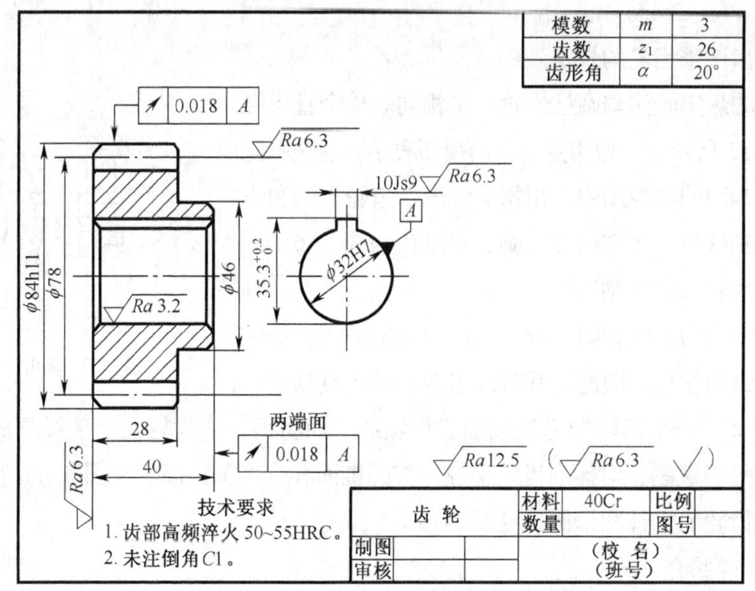

图7-15　齿轮的零件图

3. 直齿锥齿轮的基本知识及规定画法

（1）直齿锥齿轮的几何要素

直齿圆锥齿轮通常用于垂直相交两轴之间的传动。由于轮齿位于圆锥面上，所以锥齿轮的轮齿一端大、另一端小，齿厚是逐渐变化的，直径和模数也随着齿厚的变化而变化。规定以大端的模数为准，用它决定轮齿的有关尺寸。一对锥齿轮啮合也必须有相同的模数。锥齿轮各部分几何要素的名称如图 7-16 所示。

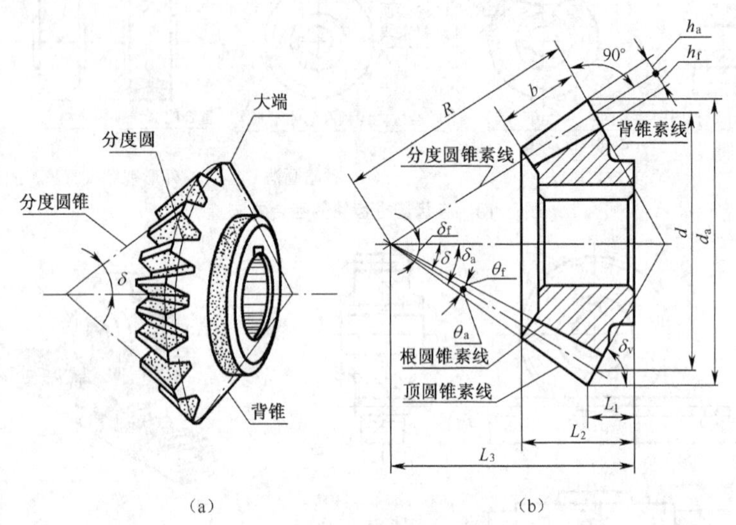

图7-16 直齿锥齿轮

直齿锥齿轮各部分几何要素的尺寸也都与模数 m、齿数 z 及分度圆锥角 δ 有关。其计算公式为齿顶高 $h_a = m$，齿根高 $h_f = 1.2m$，齿高 $h = 2.2m$，分度圆直径 $d = mz$，齿顶圆直径 $d_a = m (z + 2\cos\delta)$，齿根圆直径 $d_f = m (z - 2.4\cos\delta)$。

（2）单个直齿圆锥齿轮的规定画法

单个锥齿轮的规定画法与圆柱齿轮基本相同。单个直齿锥齿轮的画法如图 7-17 所示，一般用主、左两视图表示，主视图画成剖视图，在投影为圆的左视图中，用粗实线表示齿轮大端和小端的齿顶圆，用点画线表示大端的分度圆，不画齿根圆。

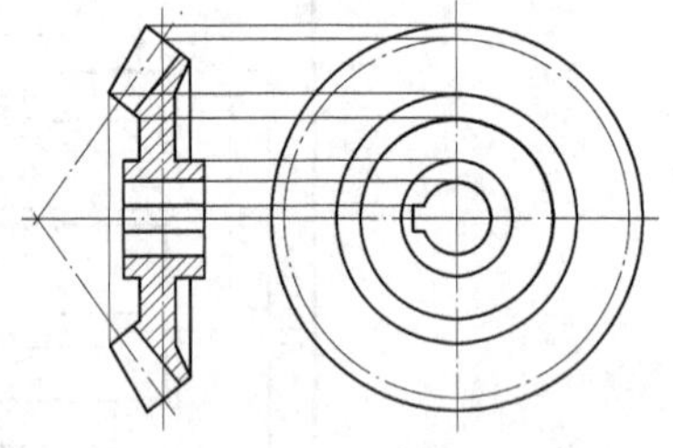

图7-17 直齿锥齿轮的规定画法

（3）直齿锥齿轮啮合的画法

直齿锥齿轮啮合的画法如图 7-18 所示，主视图画成剖视图，由两齿轮的节圆锥面相切，因此，其节线重合，画成点画线；在啮合区内，应将其中一个齿轮的齿顶线画成粗实线，而将另一个齿轮的齿顶线画成虚线或省略不画，左视图画成外形视图，对标准齿轮来说，节圆锥面和分度圆锥面、节圆和分度圆是一致的。

（4）直齿锥齿轮的零件图示例（见图 7-19）

4. 蜗杆和蜗轮简介

蜗杆和蜗轮用于垂直交叉两轴之间的传动，通常蜗杆是主动的，蜗轮是从动的。蜗杆、蜗轮的传动比大，结构紧凑，但效率低。蜗杆的齿数（即头数）z_1 相当于螺杆上螺纹的线数。蜗杆常用单头或双头，在传动时，蜗杆旋转一圈，则蜗轮只转过一个齿或两个齿，因此，可得到大的传动比

（$i=z_2/z_1$，z_2 为蜗轮齿数）。蜗杆和蜗轮的轮齿是螺旋形的，蜗轮的齿顶面和齿根面常制成圆环面。啮合的蜗杆、蜗轮的模数相同，且蜗轮的螺旋角和蜗杆的螺旋线升角大小相等、方向相同。

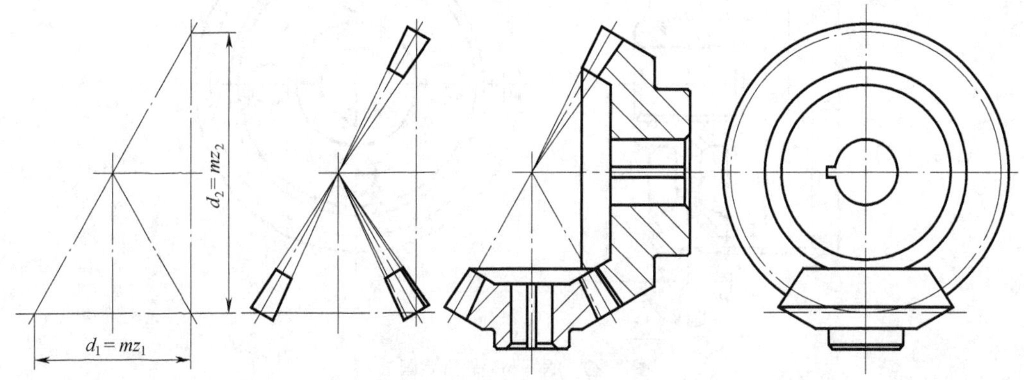

图7-18 直齿锥齿轮啮合的画法

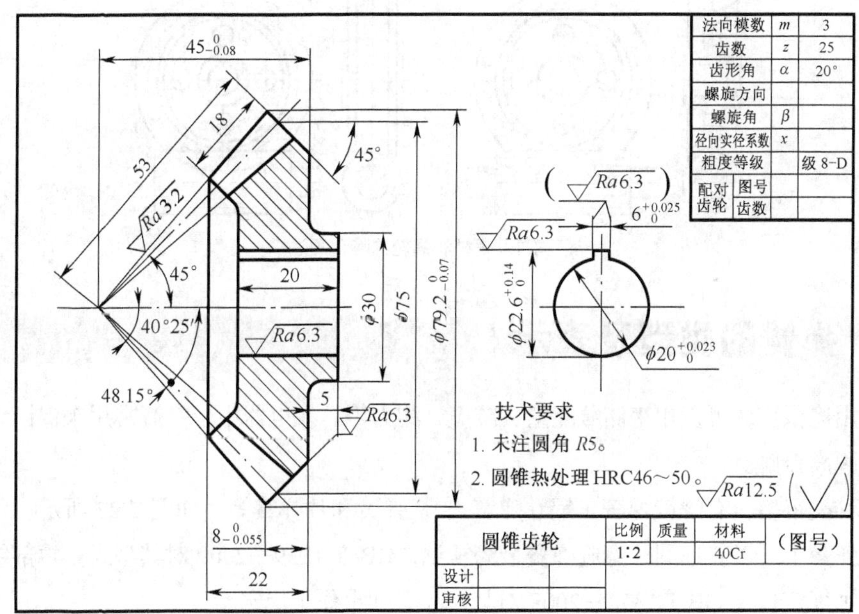

图7-19 直齿锥齿轮的零件图

（1）蜗杆和蜗轮规定画法

如图 7-20 所示，其画法与圆柱齿轮基本相同，但是在蜗轮投影为圆的视图中，只画出分度圆和最外圆，不画齿顶圆与齿根圆。在外形视图中，蜗杆的齿根圆和齿根线用细实线绘制或省略不画。图中的 P_x 是蜗杆的轴向齿距；d_{e2} 是蜗轮齿顶的最外圆直径，即齿顶圆柱面的直径；d_{a2} 是蜗轮的齿顶圆环面喉圆的直径。

（2）蜗杆和蜗轮的啮合画法

在主视图中，蜗轮被蜗杆遮住的部分不必画出；在左视图中，蜗轮的分度圆和蜗杆的分度线相切，如图 7-21 所示。

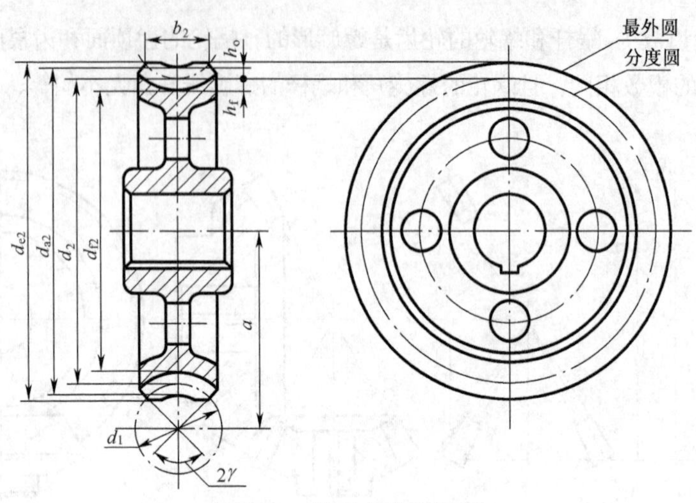

图7-20 蜗杆和蜗轮规定画法

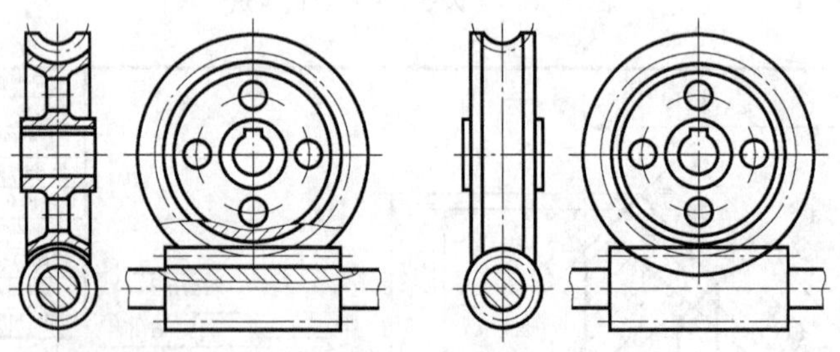

图7-21 蜗杆和蜗轮的啮合画法

7.2.5 弹簧的类型及表示

弹簧的用途很广，可以用来储藏能量、减振、测力等。在电器中，弹簧常用来保证导电零件的良好接触或脱离接触。

弹簧的种类很多，有螺旋弹簧、蜗卷弹簧 、板弹簧和片弹簧等，如图 7-22 所示。

在各种弹簧中，以普通圆柱螺旋弹簧最为常见，GB/T 1239—2009 对其型式、端部结构和技术要求等都作了规定。在 GB/T 1358—2009 对其尺寸系列也作了规定。

下面主要介绍圆柱螺旋压缩弹簧的规定画法和标记。

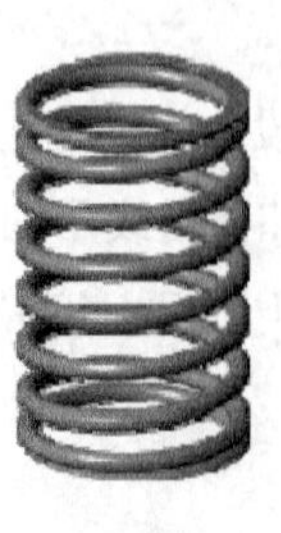

（a）压缩弹簧

（b）拉伸弹簧

（c）扭转弹簧

图7-22 弹簧的种类

（d）蜗卷弹簧　　（e）板弹簧　　（f）片弹簧

图7-22　弹簧的种类（续）

1. 圆柱螺旋压缩弹簧各部分名称及其相互关系

表 7-13 列出了圆柱螺旋压缩弹簧各部分名称、基本参数及其相互关系。

表 7-13　　圆柱螺旋压缩弹簧各部分名称和基本参数

名　称	符　号	说　明	图　例
型材直径	d	制造弹簧用的材料直径	
弹簧的外径	D	弹簧的最大直径	
弹簧的内径	D_1	弹簧的最小直径	
弹簧的中径	D_2	$D_2 = D - d = D_1 + d$	
有效圈数	n	为了工作平稳，n 一般不小于 3 圈	
支撑圈数	N_0	弹簧两端并紧和磨平（或锻平），仅起支撑或固定作用的圈（一般取 1.5、2 或 2.5 圈）	
总圈数	n_1	$n_1 = n + n_0$	
节 距	t	相邻两有效圈上对应点的轴向距离	
自由高度	H_0	未受负荷时的弹簧高度 $H_0 = nt + (n_0 - 0.5)d$	
展开长度	L	制造弹簧所需钢丝的长度 $L \approx \pi D n_1$	

在 GB/T 2089—2009 中对圆柱螺旋压缩弹簧的 d、D、t、H_0、n、L 等尺寸都已作了规定，使用时可查阅该标准。

2. 圆柱螺旋压缩弹簧的规定画法

根据 GB/T 4459.4—2003，螺旋弹簧的规定画法如下。

① 在平行于螺旋弹簧轴线的投影面的视图中，各圈的外轮廓线应画成直线。

② 螺旋弹簧均可画成右旋，但左旋螺旋弹簧不论画成左旋或右旋，必须加写“左”字。

③ 对于螺旋压缩弹簧，如要求两端并紧且磨平时，不论支撑圈数多少和末端贴紧情况如何，均按表 7-13 中右图（有效圈是整数，支撑圈为 2.5 圈）的形式绘制。必要时也可按支撑圈的实际结构绘制。

④ 当弹簧的有效圈数在 4 圈以上时，可以只画出两端的 1～2 圈（支撑圈除外），中间部分省略不画，用通过弹簧钢丝中心的两条点画线表示，并允许适当缩短图形的长度。

3. 圆柱螺旋压缩弹簧的画图示例

当已知弹簧的型材直径 d、中径 D_2、自由高度 H_0（画装配图时，采用初压后的高度）、有效圈数 n、总圈数 n_1 和旋向后，即可计算出节距 t，其作图步骤如图 7-23 所示。

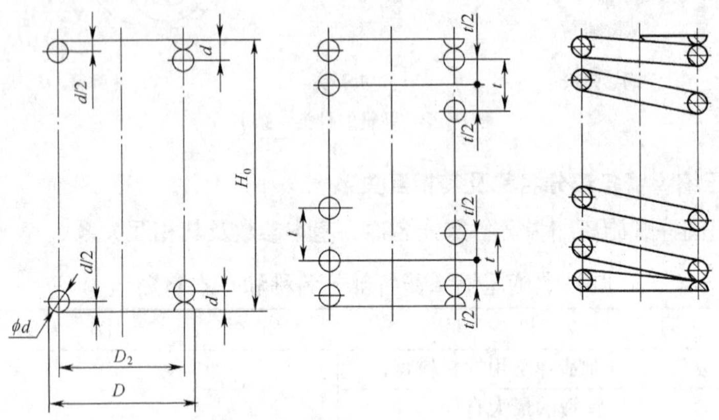

图7-23 圆柱螺旋压缩弹簧的画图步骤

作图步骤如下。

① 布置图面（根据 D_2 和 H_0）。

② 画两端支撑圈的小圆（每端各按 5/4 圈画）。

③ 画有效圈的小圆（两边各画 1～2 圈）。

④ 按右旋画相应小圆的外公切线。

⑤ 完成剖视图（画剖面线）。

4. 弹簧的零件图示例（见图 7-24）

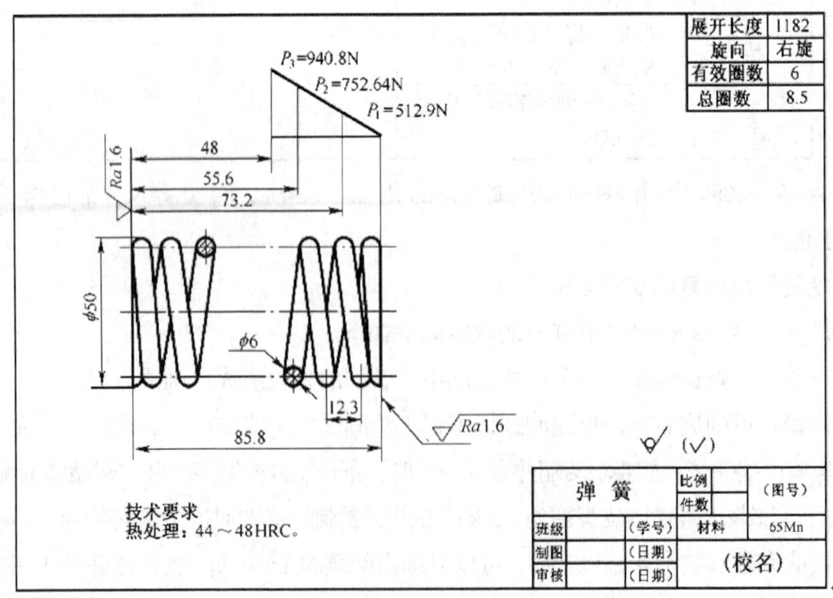

图7-24 弹簧的零件图

零件上常见的工艺结构

1. 机械加工工艺结构

（1）倒角和倒圆

为了去除零件的毛刺、锐边和便于装配，在轴或孔的端部，一般都加工成倒角，如图 7-25 所示。为了避免因应力集中而产生裂纹，在轴肩处往往加工成圆角，称为倒圆，如图 7-26 所示。倒角和倒圆的尺寸系列可查阅相关标准。

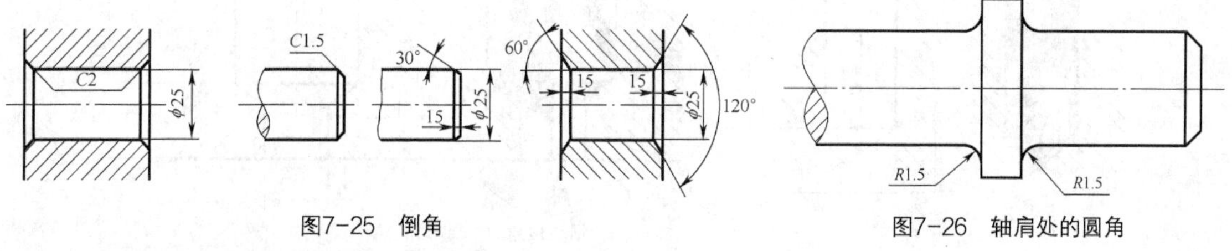

图7-25　倒角　　图7-26　轴肩处的圆角

（2）螺纹退刀槽和砂轮越程槽

在切削螺纹或磨削圆柱面时，为了保证设计要求，又便于退刀，常在轴肩、孔的台阶处先加工出退刀槽或砂轮越程槽，其结构及尺寸标注形式如图 7-27（a）、（b）所示。一般的退刀槽可按“槽宽×直径”和“槽宽 × 槽深”的形式标注，如图 7-28 所示。

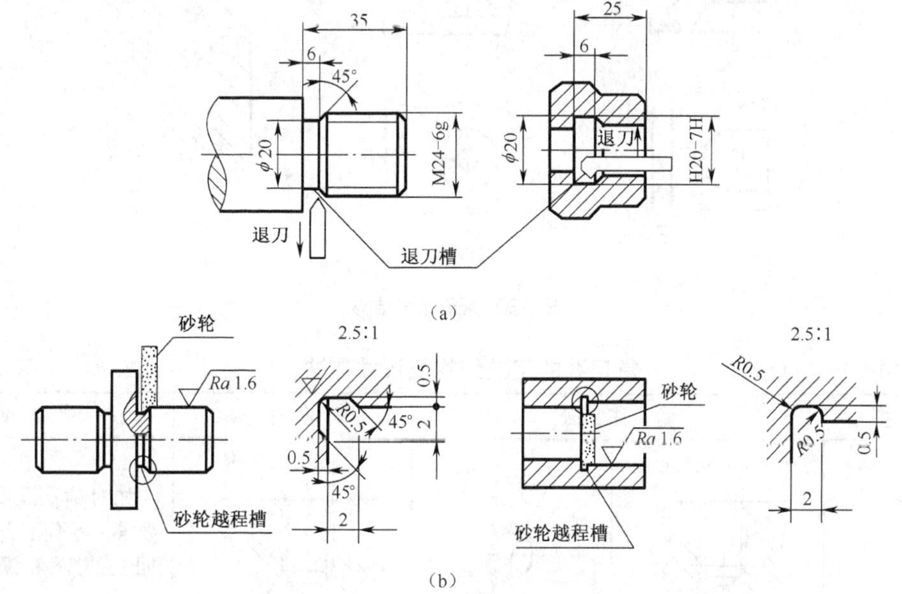

图7-27　退刀槽和越程槽

（3）钻孔结构

用钻头钻出的不通孔（俗称盲孔）或阶梯孔，由于钻头顶角的作用，在底部或阶梯孔过渡处产生一个圆锥面，画图时锥角一律画成 120°，但不必标注。钻孔深度是指圆柱部分的深度，不包括锥坑，钻孔结构的画法如图 7-29 所示。

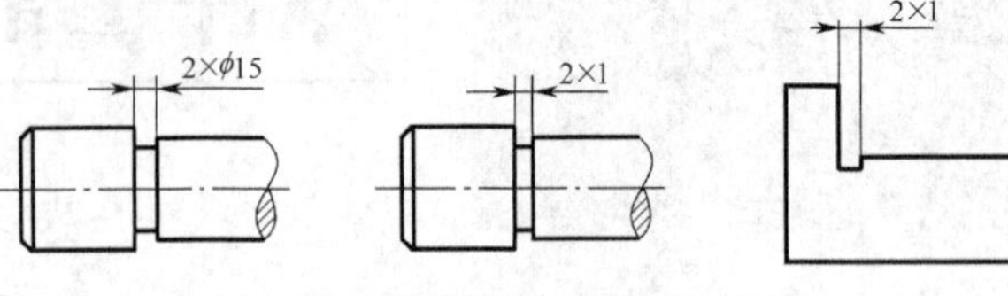

图7-28 退刀槽和越程槽的尺寸标注

钻孔时，应尽可能使钻头轴线与被钻孔表面垂直，以保证孔的精度和避免钻头折断。图 7-30 所示是三种处理斜面上孔的正确结构。

常见孔的工艺结构及尺寸注法见表 7-14。

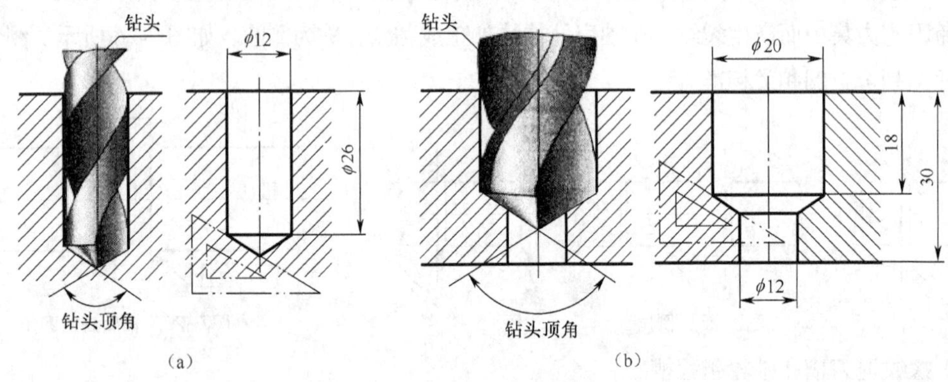

图7-29 钻孔结构的画法

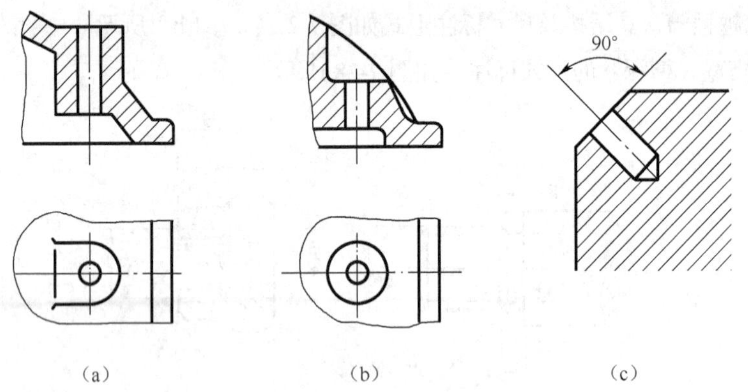

图7-30 钻孔端面结构

表 7-14 常见孔的工艺结构及尺寸注法

类 型	旁 注 法		普 通 注 法	说 明
螺纹	3×M6 ↧30	3×M6 ↧30	3×M6 30	如对钻孔深度无一定要求，可不必标注，一般加工到螺孔稍深即可

续表

类 型	旁 注 法		普 通 注 法	说 明
光孔	4×φ7↧30	4×φ7↧30	4×φ7 30	“4”指同样直径的孔数。“↧”为深度符号，本表各行均同
沉孔	4×φ7 ⌵φ13×90°	6×φ7 ⌵φ13×90°	90° φ13 6×φ7	“⌵”为沉孔符号
	4×φ6.4 ⌴φ12↧4.5	4×φ6.4 ⌴φ12↧4.5	φ12 4.5 4×φ9	“⌴”为沉孔及锪平孔符号
	4×φ9 ⌴φ20	6×φ8 ⌴φ20	φ20 4×φ9	锪平孔φ20的深度不需标注，大孔底圆加工到不出现毛胚面为止

（4）凸台和凹坑

两零件的接触面一般均要加工，为了减少加工面积，并保证两零件表面之间接触良好，常在铸件的接触部位设计出凸台和凹坑等结构，如图7-31所示。

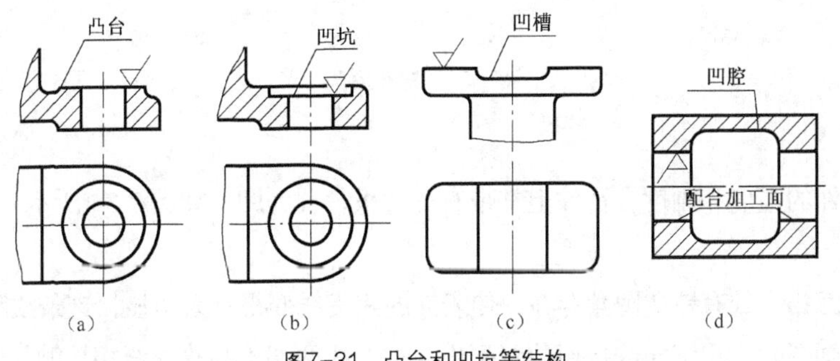

图7-31　凸台和凹坑等结构

2. 铸件的工艺结构

铸造加工属于成形加工，通常是将熔化的金属液体注入砂箱的型腔内，待金属液体冷却凝固后，去除型砂，即获得铸件。为了保证零件质量，便于加工制造，需对铸件的一些工艺结构提出要求。

（1）起模斜度和铸造圆角

① 在造型时，为了将模型从砂型中顺利取出，往往沿起模方向作成一定斜度，该斜度称为起模斜度。其斜度在 1:20～1:10 之间，如图 7-32（a）所示。起模斜度在制作模型时应予以考虑，图上可以不注出。

② 在铸造时，为避免铸件在尖角处产生裂纹、缩孔或应力集中，应将铸件两表面相交处做成圆角过渡，如图 7-32（b）所示。零件图上，对非加工表面的圆角应画出，其圆角尺寸可集中在技术要求中注出，如图 7-32（c）所示。

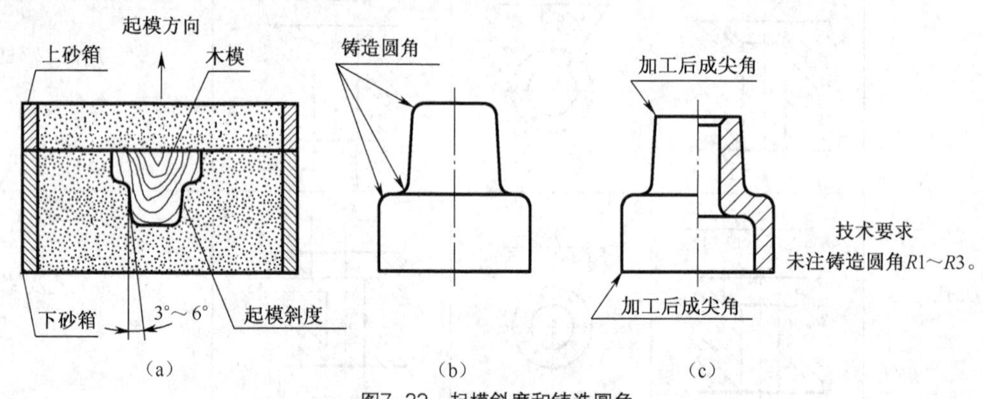

图7-32 起模斜度和铸造圆角

（2）铸件壁厚

在浇注零件时，为了避免各部分因冷却速度的不同而产生缩孔或裂缝，铸件壁厚应均匀变化、逐渐过渡，图 7-33（a）所示为错误结构，图 7-33（b）所示为正确结构。

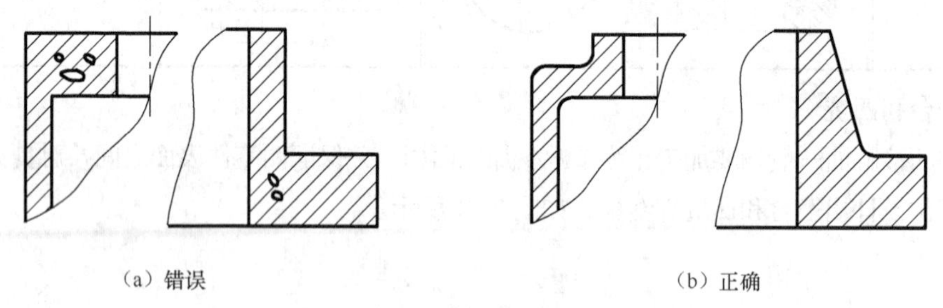

（a）错误　　（b）正确

图7-33 铸件壁厚

（3）肋

为了增强铸件的强度和刚度，铸件上常带有一薄板，称为肋，如图 7-34 所示。

（4）过渡线

由于铸件表面相交处有铸造圆角存在，使表面的相贯线变得不太明显，这条线称为过渡线。为区分不同表面，画图时，用细实线按原位置画出，但交线两端不与轮廓线相接触。

① 两曲面相交时过渡线的画法如图 7-35 所示。

② 两曲面相切时过渡线的画法如图 7-36 所示。

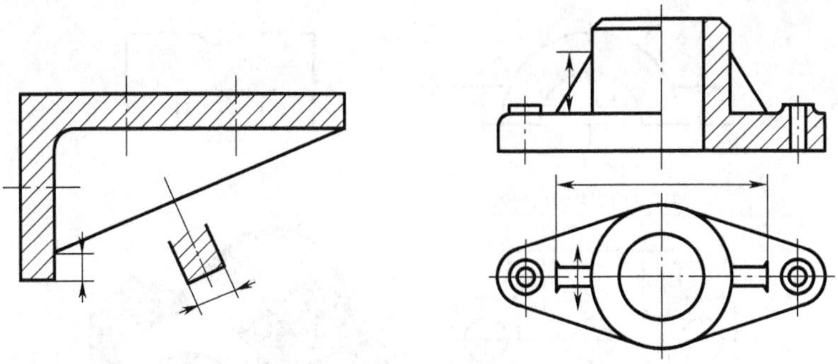

图7-34　肋

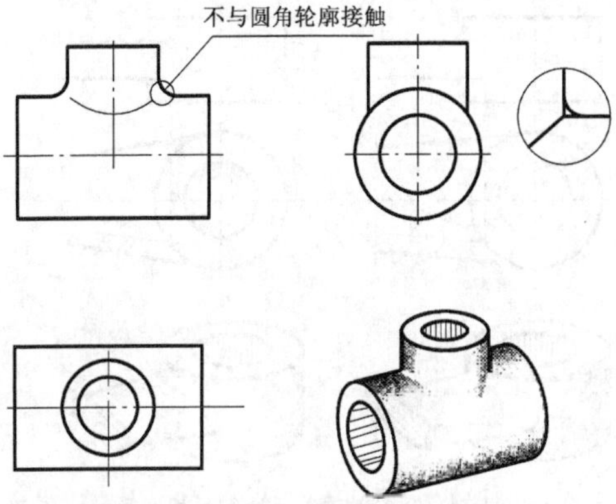

图7-35　两曲面相交时过渡线的画法

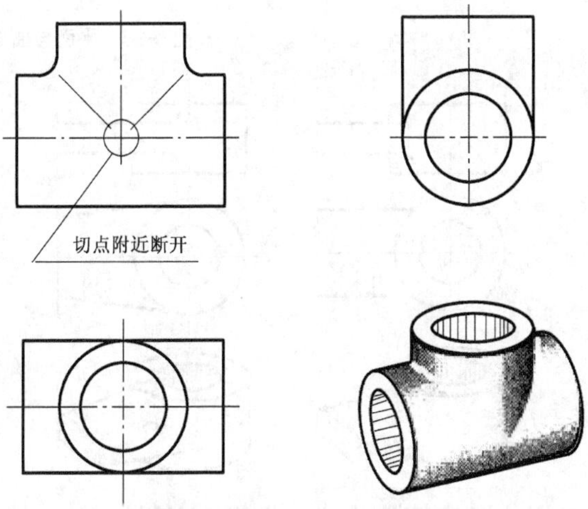

图7-36　两曲面相切时过渡线的画法

③ 平面和平面相交或平面与曲面相交时过渡线在转角处断开，并加画过渡圆弧，其弯向应与铸造圆角的弯向一致，如图 7-37、图 7-38 所示。

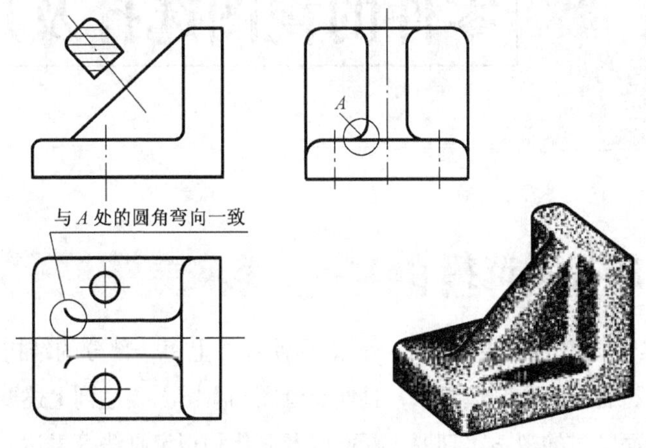

图7-37　平面与平面相交时的过渡线

④ 圆柱与肋板组合时过渡线的画法如图 7-39 所示。

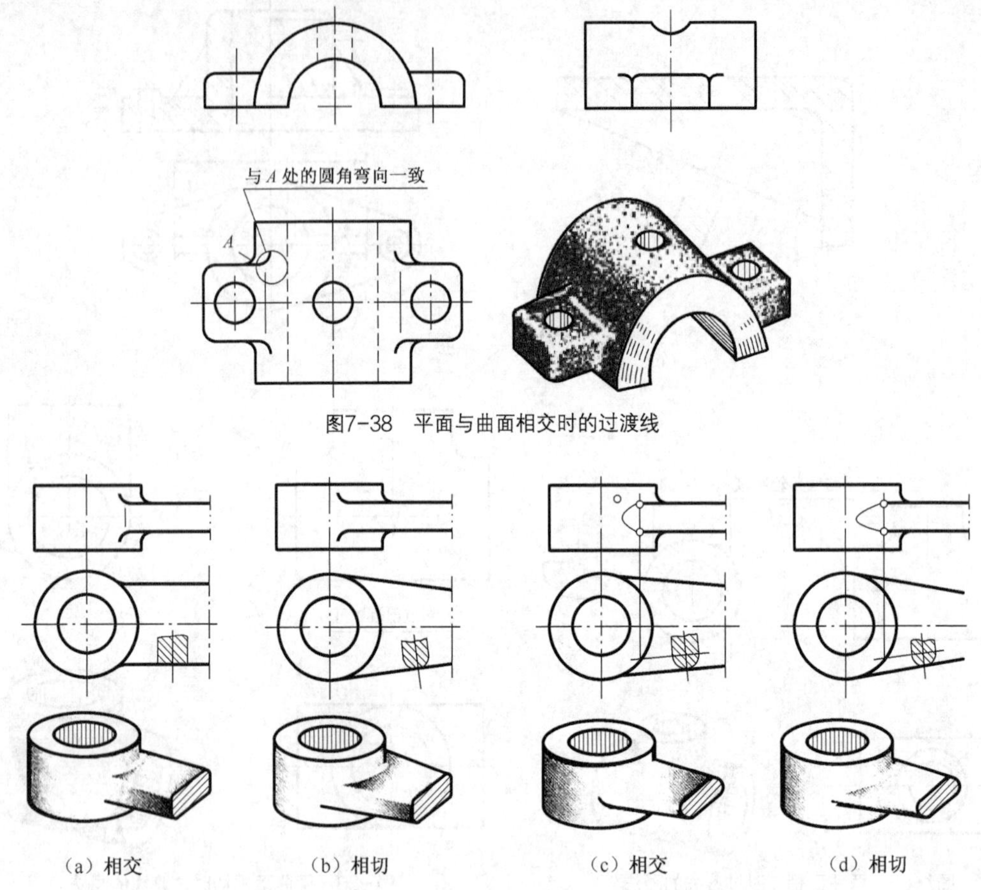

图7-38　平面与曲面相交时的过渡线

图7-39　肋板与圆柱组合时的过渡线

7.4 零件的视图选择及尺寸标注

7.4.1　零件的视图选择

零件的视图是零件图中的重要内容之一，必须使零件上每一部分的结构形状和位置都表达完整、正确、清晰，并符合设计和制造要求，且便于画图和看图。要达到上述要求，在画零件图的视图时，应灵活运用前面学过的视图、剖视、断面以及简化和规定画法等表达方法，选择一组恰当的图形来表达零件的形状和结构。

1. 主视图的选择

主视图是零件的视图中最重要的视图，选择零件图的主视图时，一般应从主视图的投射方向和零件的摆放位置两方面来考虑。

（1）选择主视图的投射方向

选择主视图的投射方向，应考虑形体特征原则，即所选择的投射方向所得到的主视图应最能反映零件的形状特征。如图 7-40 所示可分别用 *A*、*B*、*C* 方向作为主视图的投射方向，但比较一下就会得出，选择 *A* 方向比较好，最能反映轴和尾架体的主要形状特征。

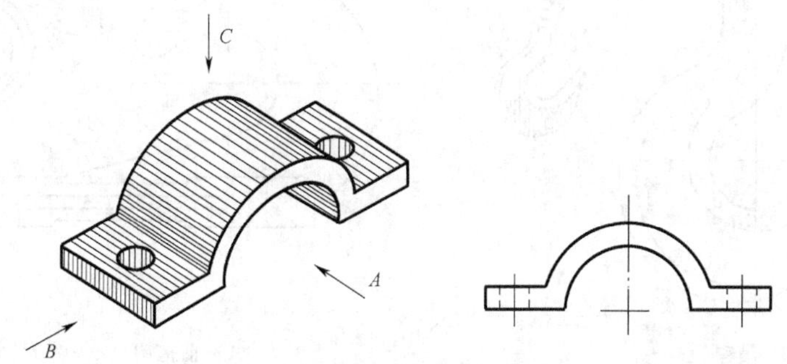

图7-40 选择主视图的投射方向

（2）选择主视图的位置

当零件主视图的投射方向确定以后，还需确定主视图的位置。所谓主视图的位置，即是零件的摆放位置。一般分别从以下几个原则来考虑。

① 加工位置原则。主视图一般按零件在机械加工中所处的位置作为主视图的位置。因为零件图的重要作用之一是用来指导制造零件的，若主视图所表示的零件位置与零件在机床上加工时所处位置一致，则工人加工时看图方便。

如图 7-41 所示的轴，其形状基本上是由几段直径不同的圆柱体构成的。该零件的主要加工方法是车削，有些重要表面还要在磨床上进一步加工。为了便于工人对照图样进行加工，故按该轴在车床和磨床上加工时所处的位置（轴线侧垂放置）来绘制主视图。

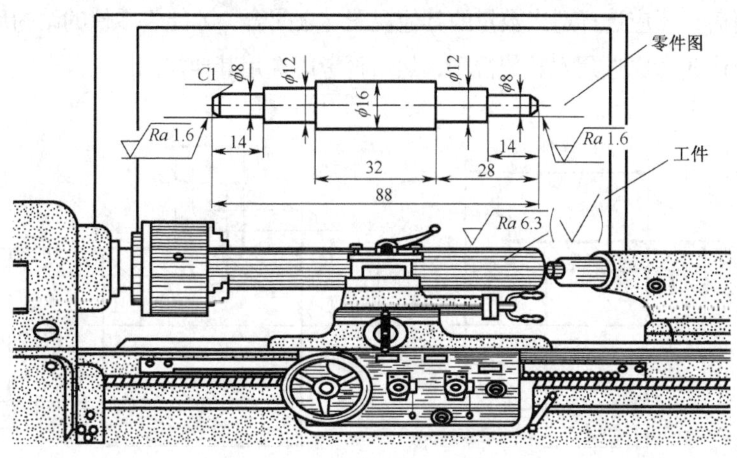

图7-41 轴

② 工作位置原则。主视图的选择应尽量符合零件在机器或设备上的安装位置，以便于读图时将零件和整台机器或设备联系起来，想象其功用及工作情况，在装配时，也便于直接对照图样进行装配。

如图 7-42 所示，吊车上的吊钩和汽车上的前拖钩虽然结构相似，但由于它们的工作位置和安装位置不同，所以根据它们的工作位置、安装位置和形状特征选定的主视图也就不一样。

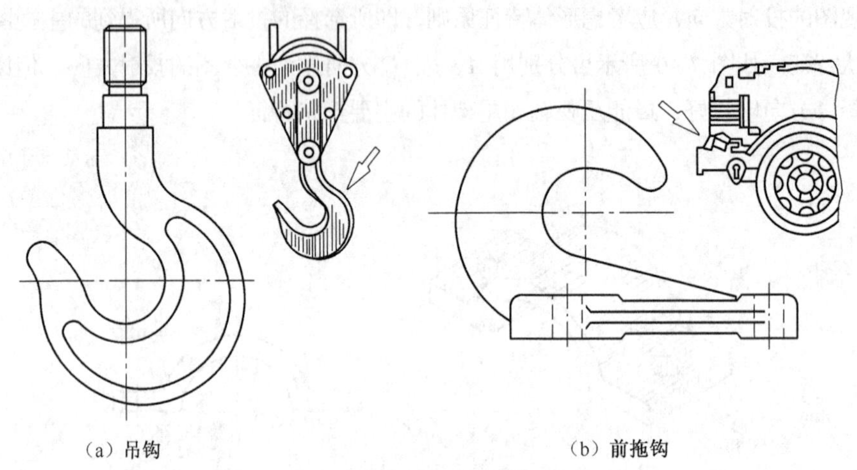

（a）吊钩　　（b）前拖钩

图7-42　吊钩与前拖钩

关于主视图的选择应根据具体情况进行分析，从有利于看图出发，在满足形体特征原则的前提下，充分考虑零件的工作位置和加工位置，另外还要适当照顾习惯画法。

2. 其他视图的选择

一个零件需要多少视图才能表达清楚，只能根据零件的具体情况分析确定。考虑的一般原则是：在保证充分表达零件结构形状的前提下，尽可能使零件的视图数目为最少，应使每一个视图都有其表达的重点内容，具有独立存在的意义。

对于十分简单的轴、套、球类零件，一般只用一个视图，再加所注的尺寸，就能把其结构形状表达清楚，如图 7-43 所示，零件一个视图上所注尺寸的符号“ϕ”即可表示零件的柱体结构等。但是对于一些较复杂的零件，只靠一个主视图是很难把整个零件的结构形状表达完全的，因此，一般在选择好主视图后，还应选择适当数量的其他视图与之配合，才能将零件的结构形状完整清晰地表达出来。一般应优先考虑选用左、俯视图，然后再考虑选用其他视图。

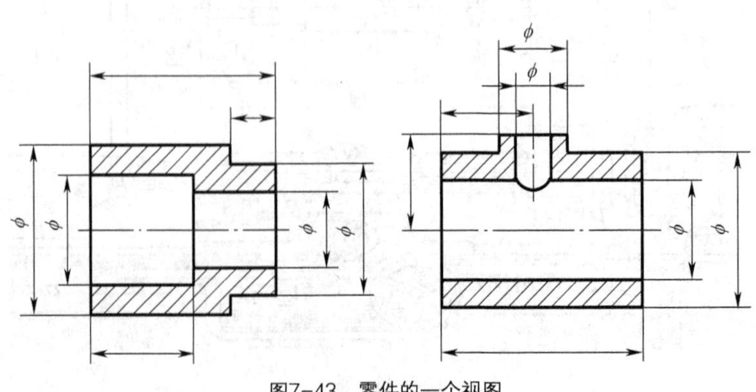

图7-43　零件的一个视图

总之，零件的视图选择是一个比较灵活的问题。在选择时，一般应多考虑几种方案，加以比较后，力求用较好的方案表达零件。通过多画、多看、多比较、多总结，不断实践，才能逐步提高表达能力。

画零件图时应尽量采用国家标准允许的简化画法作图，以提高绘图工作效率。

7.4.2 零件图的尺寸标注

1. 零件图尺寸标注的基本要求

零件图的尺寸要求标注得完整、清晰和合理。在前面的章节中介绍了用形体分析法完整、清晰地标注尺寸的问题，这里主要介绍合理标注尺寸的基本知识。

所谓合理标注尺寸，就要达到以下要求。

① 满足设计要求，以保证机器的质量。

② 满足工艺要求，以便于加工制造和检测。

2. 尺寸基准的选择

尺寸基准是指零件的设计、制造和测量时，确定尺寸位置的几何元素。

零件的长度、宽度、高度三个方向都至少要有一个尺寸基准，当同一方向有几个基准时，其中之一为主要基准，其余为辅助基准。要合理标注尺寸，必须正确选择尺寸基准。

基准有设计基准和工艺基准两种。

（1）设计基准

设计基准是根据零件在机器中的作用和结构特点，为保证零件的设计要求而选定的一些基准。它一般是用来确定零件在机器中位置的接触面、对称面、回转面的轴线等。

如图 7-44 所示，微动机构中的螺杆，其径向是通过螺杆与支座上的轴孔处于同一条轴线来定位的，而轴向是通过轴肩左端面 *A* 与轴套的右端面来定位的，所以，螺杆的回转轴线和轴肩 *A* 就是其在径向和轴向的设计基准。

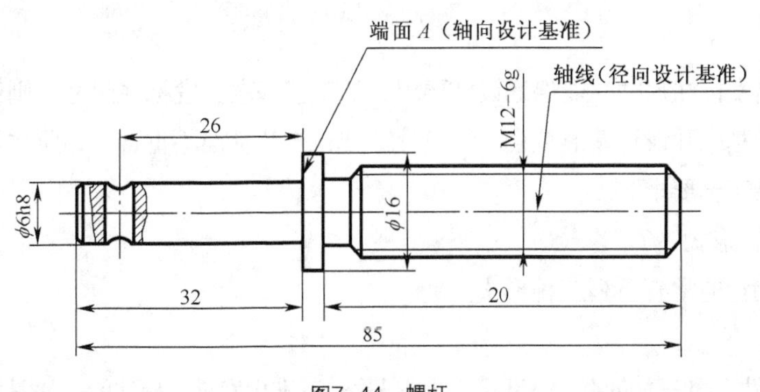

图7-44 螺杆

如图 7-45 所示微动机构中的支座是微动机构的主体，其左右、前后结构对称，因此，两个对称面就分别是长度和宽度方向的设计基准。微动机构在机器中的位置是通过支座的底面来定位的，所以，底面即为支座在高度方向的设计基准。

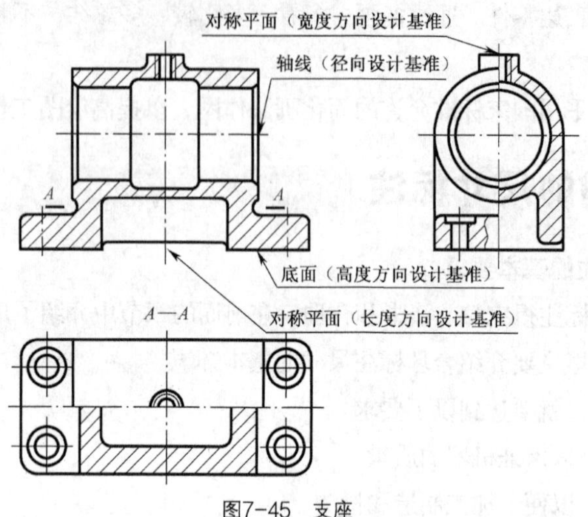

图7-45 支座

（2）工艺基准

工艺基准是指零件在加工过程中，用于装夹定位，测量、检验零件已加工面时所选定的基准，主要是零件上的一些面、线或点。

如图 7-46 所示，在车床上加工螺杆上的螺纹时，夹具是以ϕ8h8 的圆柱面定位的，车削加工及测量长度时以端面 B、C 为起点，因此，轴线和 B、C 端面分别是加工螺杆时的工艺基准。

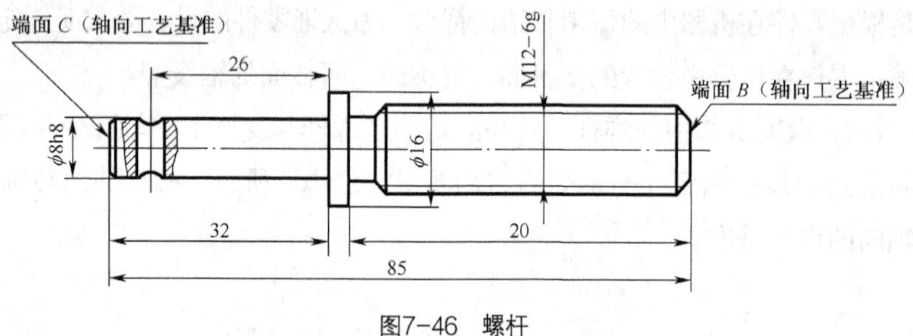

图7-46 螺杆

从设计基准出发标注尺寸，能保证设计要求；从工艺基准出发标注尺寸，则便于加工和测量。因此，最好使工艺基准和设计基准重合。当设计基准和工艺基准不重合时，所注尺寸应在保证设计要求前提下，满足工艺要求。

3. 尺寸的配置形式

零件尺寸的配置通常有下列三种形式。

（1）坐标式

坐标式是指零件上同一方向的一组尺寸，都是从同一基准出发进行标注的，如图 7-47（a）所示。

坐标式注法的优点在于尺寸中任一尺寸的加工精度只决定于那一段的加工误差，而并不受其他尺寸误差的影响。因此，当零件需要从一个基准决定一组精确尺寸时，常采用坐标式尺寸配置形式。

（2）链式

链式是指零件上同一方向的一组尺寸，彼此首尾相接，各尺寸的基准都不相同，前一尺寸的终止处即为后一尺寸的基准，如图 7-47（b）所示。

链式注法的优点在于前一尺寸的误差并不影响后一尺寸，但缺点是各段尺寸的误差最终会累积到总尺寸上。因此，当零件上各段尺寸无特殊要求时，不宜采用这种形式。

（3）综合式

综合式是坐标式与链式的组合标注形式，如图 7-47（c）所示。

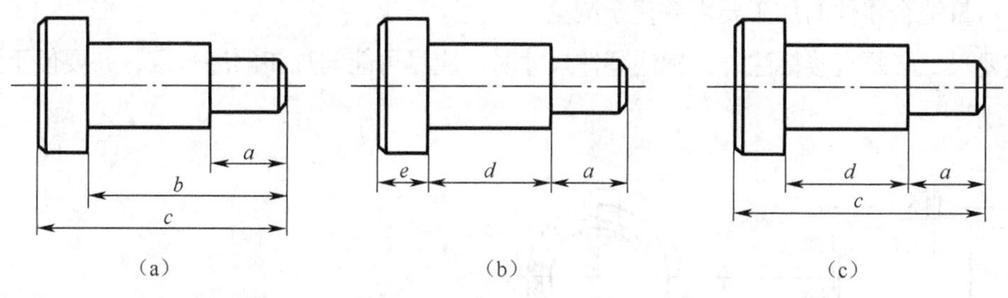

图7-47 尺寸的标注

这种尺寸配置形式兼有上述两种方式的长处，因而能更好地适应零件的设计和工艺要求。

4. 零件尺寸的合理标注

（1）正确选择尺寸基准

当依据功能要求确定了机器（或部件）中各零件的结构、位置和装配关系以后，其设计基准就基本确定了，但工艺基准则由于所采用的加工方法不同而有所差异。

设计基准和工艺基准一致，可以减少误差的影响。标注尺寸时重要的尺寸从设计基准标注，以保证设计要求；一些次要的尺寸则从工艺基准标注，以便于加工和测量。

（2）尺寸链中应留出一个尺寸不标注以形成开链

同一方向上的一组尺寸顺序排列时，连成一个封闭回（环）路，其中每一个尺寸均受到其余尺寸的影响，这种尺寸回路称为尺寸链。

尺寸链中的每一个尺寸均称为一个环。如图 7-48（a）中的 *a*、*d*、*e*、*c* 为一个尺寸链。

标注尺寸时，每个尺寸链中均应有一环不注尺寸，此环称为终结环或尾环。这是因为加工某一表面时，将受到同一尺寸链中几个尺寸的约束，标注不当时容易产生矛盾，甚至造成废品。因此，设计时通常将某一个最不重要的尺寸（如 *e*）空出不注，如图 7-48（b）所示。

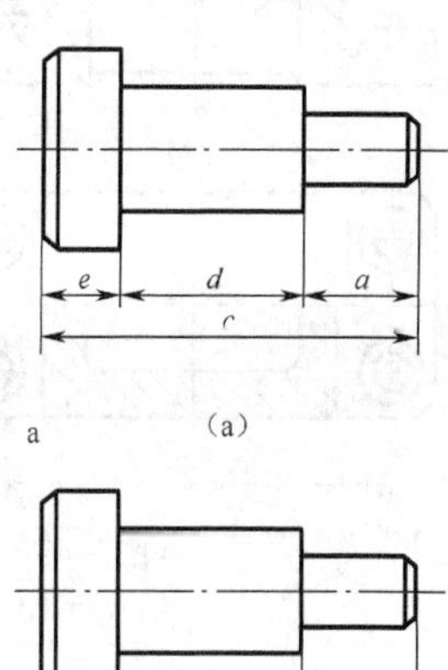

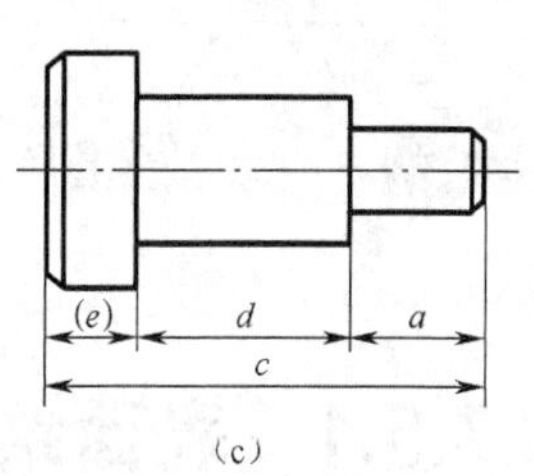

图7-48 尺寸基准

但有时为了设计、加工、检测或装配时提供参考，也可经计算后把尾环的尺寸加上括号（称为参考尺寸），如图 7-48（c）所示。

（3）重要尺寸必须直接标注

重要尺寸是指零件上对机器（或部件）的使用性能和装配质量有直接影响的尺寸，这些尺寸必须在图样上直接注出。

如图 7-49 所示，标注微动机构中支座的尺寸时，支座上部轴孔（轴套装在其内）的尺寸ϕ30H8，轴线到底面的距离（中心高）36，底板安装孔之间的距离 82 及 22 等都是重要尺寸，必须在零件图上直接标注。

（4）尽量符合零件的加工要求并便于测量

除重要尺寸必须直接标注外，标注零件尺寸时，应尽可能与加工顺序一致，并要便于测量，如图 7-50 所示。

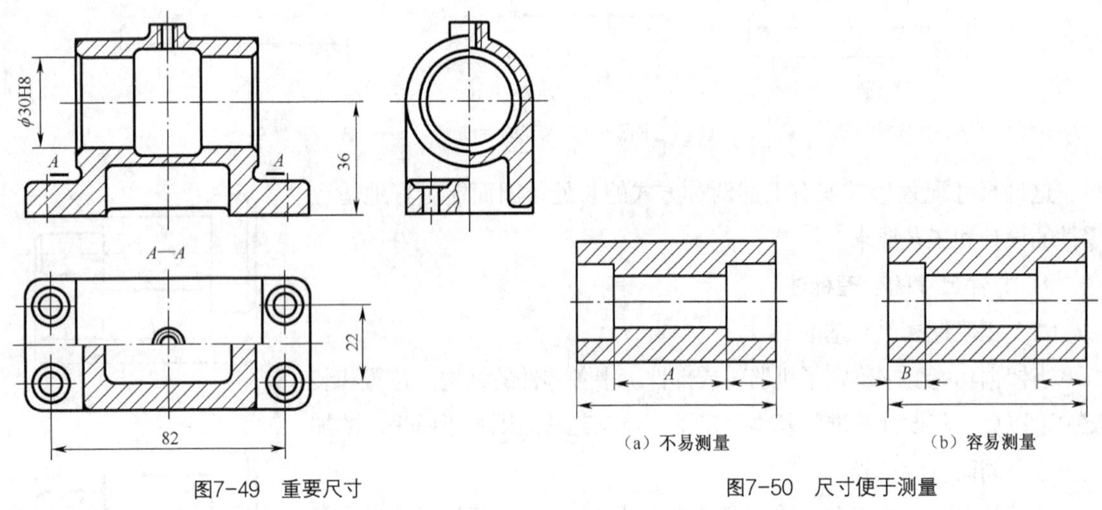

图7-49　重要尺寸

图7-50　尺寸便于测量

零件的技术要求

7.5.1　表面结构表示法

1. 表面结构的基本术语

在机械图样上，为保证零件装配后的使用要求，除了对零件各部分结构的尺寸、形状和位置给出公差要求，还要根据功能需要对零件的表面质量、表面结构给出要求。

GB/T 131—2006《产品几何技术规范（GPS）技术产品文件中表面结构的表示法》中规定，表面结构是表面粗糙度、表面波纹度、表面缺陷、表面纹理和表面几何形状的总称。标准规定用轮廓法确定表面结构的术语、定义和参数。

（1）表面轮廓

平面与实际表面相交所得的轮廓，它能比较准确地反映表面结构的实际情况，如图 7-51 所示。

（2）取样长度

用于判定被检测轮廓的不规则特征的 X 轴方向上的长度。

（3）评定长度

用于判定被检测轮廓的 X 轴方向上的长度。为了准确地反映整个表面轮廓的真实状况，评定长度包含一个或几个取样长度。

图7-51　表面轮廓

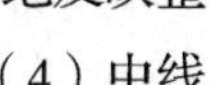

（4）中线

具有几何轮廓形状并划分轮廓的基准线。基准线以上为轮廓峰，基准线以下为轮廓谷，如图 7-52 所示。

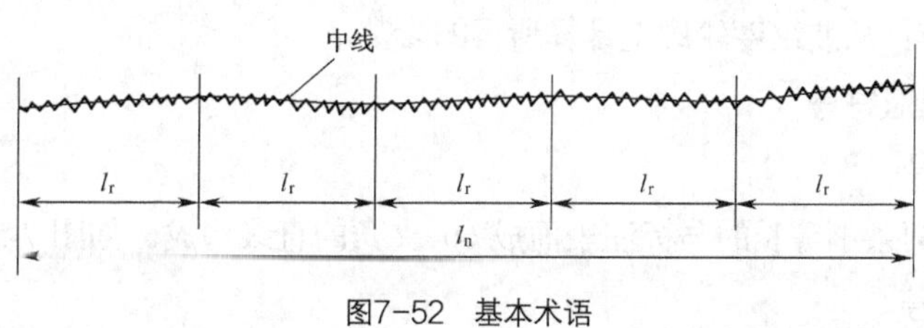

图7-52　基本术语

（5）原始轮廓

在应用短波滤波器 λs 之后的总轮廓。

（6）粗糙度轮廓

对原始轮廓采用 λc 滤波器抑制长波成分以后形成的轮廓。

（7）波纹度轮廓

对原始轮廓连续使用 λf 和 λc 两个滤波器以后形成的轮廓。

（8）几何参数

① 粗糙度参数（R）：从粗糙度轮廓上计算所得的参数。

a. 算术平均偏差 Ra：在一个取样长度内纵坐标绝对值，即峰谷绝对值的平均值为评定轮廓的算术平均偏差，如图 7-53 所示。

Ra 值比较直观，容易理解，测量简便，是应用普遍的评定指标。

b. 轮廓的最大高度 Rz：在一个取样长度内最大轮廓峰高和峰谷之和的高度为轮廓的最大高度，如图 7-54 所示。

Rz 值不如 Ra 值能较准确反映轮廓表面特征。但如果和 Ra 联合使用，可以控制防止出现较大的加工痕迹。

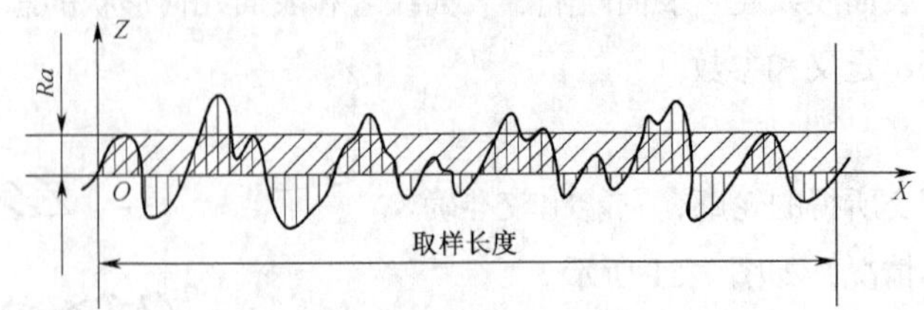

图7-53　轮廓算术平均偏差

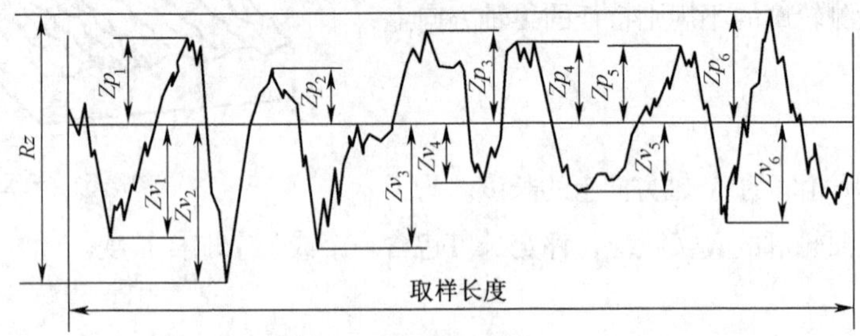

图7-54　轮廓的最大高度

② 原始轮廓参数 P：从原始轮廓上计算所得的参数。

③ 波纹度参数 W：从波纹度轮廓上计算所得的参数。

2. 表面结构的图形符号

（1）基本图形符号

基本图形符号由两条不等长的与标注表面成60°夹角的直线构成，如图 7-55（a）所示。

（2）扩展图形符号

在基本图形符号上加一短横，表示指定表面是用去除材料的方法获得，如通过机械加工再获得的表面，如图 7-55（b）所示。

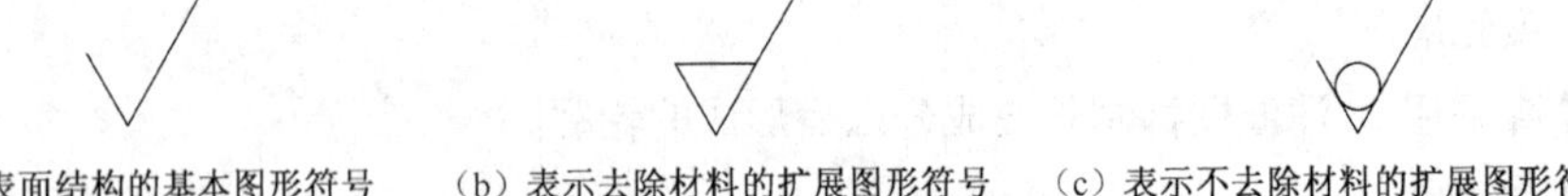

（a）表面结构的基本图形符号　（b）表示去除材料的扩展图形符号　（c）表示不去除材料的扩展图形符号

图7-55　表面结构的图形符号

在基本图形符号上加一圆圈，表示指定表面是用不去除材料方法获得，如图 7-55（c）所示。

（3）完整图形符号

当要求标注表面结构特征的补充信息时，应在图 7-55 所示的图形符号的长边上加一横线，如图 7-56 所示。

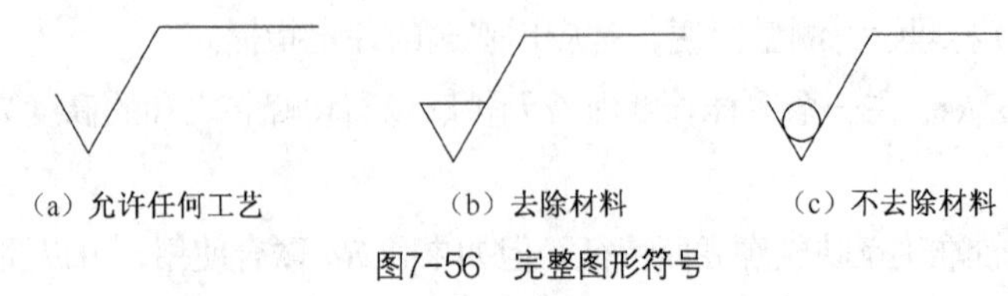

（a）允许任何工艺　（b）去除材料　（c）不去除材料

图7-56　完整图形符号

在报告和合同的文本中表达图 7-56 所示的符号时，用 APA 表示图 7-56（a），用 MRR 表示图 7-56（b），用 NMR 表示图 7-56（c）。

例如：

在图样上标注为“$\sqrt{\;}$ *Ra* 0.8 *Rz*1 3.2”的表面结构要求，在文本应用“MRR *Ra*0.8；*Rz*1 3.2”表述；

在图样上标注为“Ee/Ep·Ni15pCr0.3r *Rz* 0.8”的表面结构要求，在文本中用“NMR Fe/Ep.Ni15pCr 0.3r; *Rz* 0.8”表述。

（4）表面结构图形符号的比例和尺寸

图 7-57 和表 7-15 给出了表面结构图形符号的比例和尺寸。

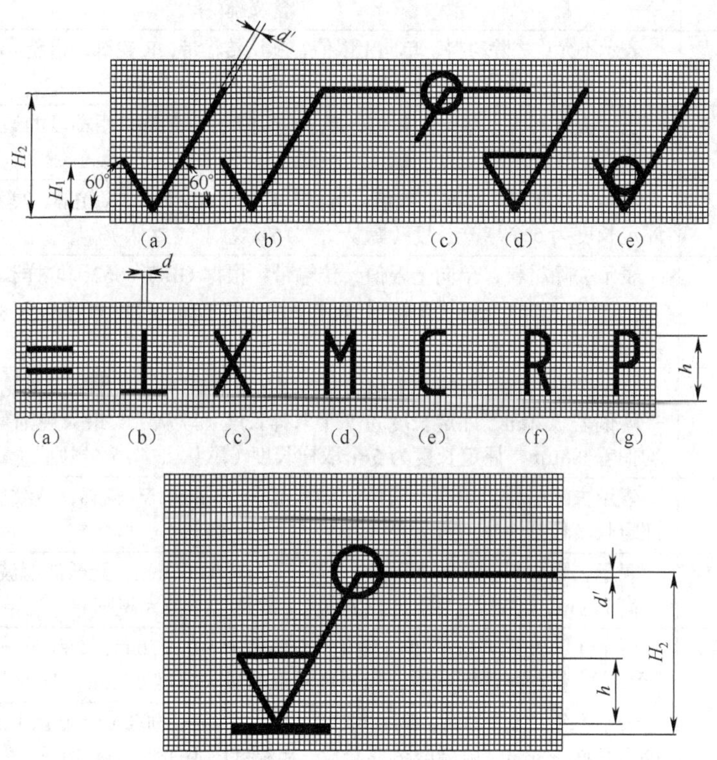

图7-57 表面结构图形符号比例

表 7-15 表面结构图形符号和附加标注的尺寸

<table>
<tr><td>数字和字母高度 h（见 GB/T 14690—1993）</td><td>2.5</td><td>3.5</td><td>5</td><td>7</td><td>10</td><td>14</td><td>20</td></tr>
<tr><td>符号线宽度 d′</td><td rowspan="2">0.25</td><td rowspan="2">0.35</td><td rowspan="2">0.5</td><td rowspan="2">0.7</td><td rowspan="2">1</td><td rowspan="2">1.4</td><td rowspan="2">2</td></tr>
<tr><td>字母线宽度 d</td></tr>
<tr><td>高度 H_1</td><td>3.5</td><td>5</td><td>7</td><td>10</td><td>14</td><td>20</td><td>28</td></tr>
<tr><td>高度 H_2（最小值）</td><td>7.5</td><td>10.5</td><td>15</td><td>21</td><td>30</td><td>42</td><td>60</td></tr>
</table>

（5）表面结构要求的注写位置

在完整符号中，对表面结构的单一要求和补充要求应注写在图 7-58 所示的指定位置。

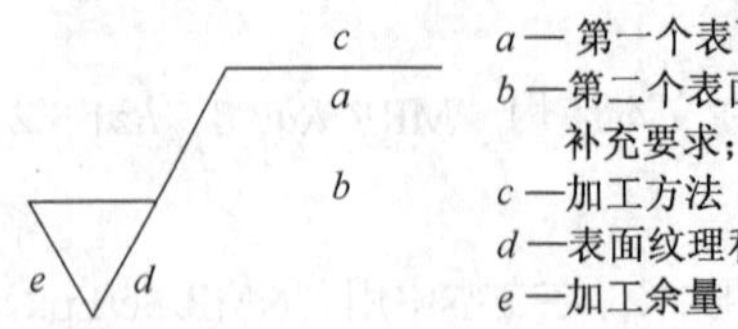

a—第一个表面结构的要求（传输带 / 取样长度 / 参数代号 / 数值）
b—第二个表面结构的要求（传输带 / 取样长度 / 参数代号 / 数值）补充要求；
c—加工方法（车、铣、磨、涂镀等）
d—表面纹理和方向
e—加工余量

图7-58　表面结构参数标注位置

（6）表面结构代号的含义（见表 7-16）

表 7-16　表面结构代号的含义

符　号	含义/解释
Rz 0.4	表示不允许去除材料，单向上限值，默认传输带，R 轮廓，粗糙度的最大高度 0.4μm，评定长度为 5 个取样长度（默认），"16%规则"（默认）
R_z max 0.2	表示去除材料，单向上限值，默认传输带，R 轮廓，粗糙度的最大高度 0.2μm，评定长度为 5 个取样长度（默认），"最大规则"
0.008 0.8/*Ra*3.2	表示去除材料，单向上限值，传输带 0.008～0.8mm，R 轮廓，算术平均偏差 3.2μm，评定长度为 5 个取样长度（默认），"16%规则"（默认）
－0.8/*Ra* 3～3.2	表示去除材料，单向上限值，传输带：根据 GB/T 6062，取样长度 0.8μm（*λs* 默认 0.002 5mm），R 轮廓，算术平均偏差 3.2μm，评定长度包含 3 个取样长度，"16%规则"（默认）
U *Ra* max 3.2 L *Ra* 0.8	表示去除材料，双向极限值，两极限值均使用默认传输带，R 轮廓，上限值，算术平均偏差 3.2μm，评定长度为 5 个取样长度（默认），"最大规则"，下限值，算术平均偏差 0.8μm，评定长度为 5 个取样长度（默认），"16%规则"（默认）
0.08 25/*Wz* 3～10	表示去除材料，单向上限值，传输带 0.825mm，W 轮廓，波纹度最大高度 10μm，评定长度包括 3 个取样长度，"16%规则"（默认）
0.008/P_t max 25	表示去除材料，单向上限值，传输带 *λs* = 0.008mm，无长波滤波器，P 轮廓，轮廓总高 25μm，评定长度等于工件长度（默认），"最大规则"
0.0025–0.1/*R*x 0.2	表示任意加工方法，单向上限值，传输带 *λs* = 0.025mm，*A* = 0.1mm，评定长度 3.2mm（默认），粗糙度图形参数，粗糙度图形的最大深度 0.2μm，"16%规则"（默认）
/10/*R* 10	表示不允许去除材料，单向上限值，传输带 *λs* = 0.008mm（默认），*A* = 0.5mm（默认），评定长度 10mm，粗糙度图形参数，粗糙度图形平均深度 10μm，"16%规则"（默认）
W 1	表示去除材料，单向上限值，传输带 *A* = 0.5mm（默认），*B* = 2.5mm（默认），评定长度 16mm（默认），波纹度图形参数，波纹度图形平均深度 1mm，"16%规则"（默认）
－0.3/6/*AR* 0.09	表示任意加工方法，单向上限值，传输带 *λs* = 0.008mm（默认），*A* = 0.3mm（默认），评定长度 6mm，粗糙度图形参数，粗糙度图形平均间距 0.09mm，"16%规则"（默认）

3. 表面结构的标注

表面结构要求对每一表面一般只标注一次，并尽可能注在相应的尺寸及其公差的同一视图上。除非另有说明，所标注的表面结构要求是对完工零件表面的要求。

① 当在图样某个视图上构成封闭轮廓的各个表面有相同的表面结构要求时，应在图 7-56 所示的完整图形符号上加一圆圈，标注在图样中工件的封闭轮廓线上，如图 7-59 所示，如果标注会引起歧义时，各表面要分别标注。

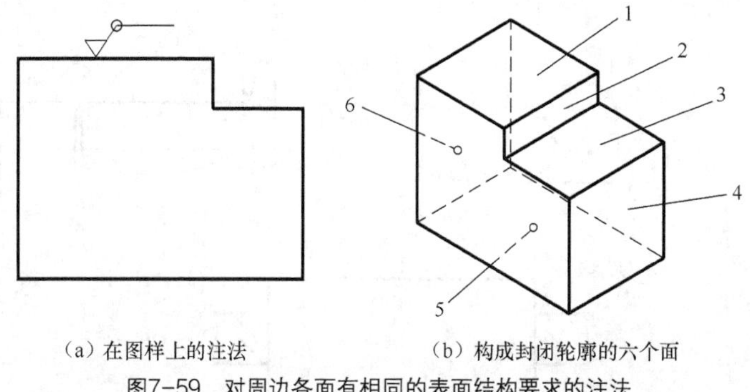

（a）在图样上的注法　　（b）构成封闭轮廓的六个面

图7-59　对周边各面有相同的表面结构要求的注法

② 表面结构的注写和读取方向与尺寸的注写和读取方向一致，如图 7-60 所示。

③ 表面结构要求可标注在轮廓线上，其符号应从材料外指向并接触表面。必要时，表面结构符号也可以用带箭头或黑点的指引线引出标注，如图 7-61、图 7-62 所示。

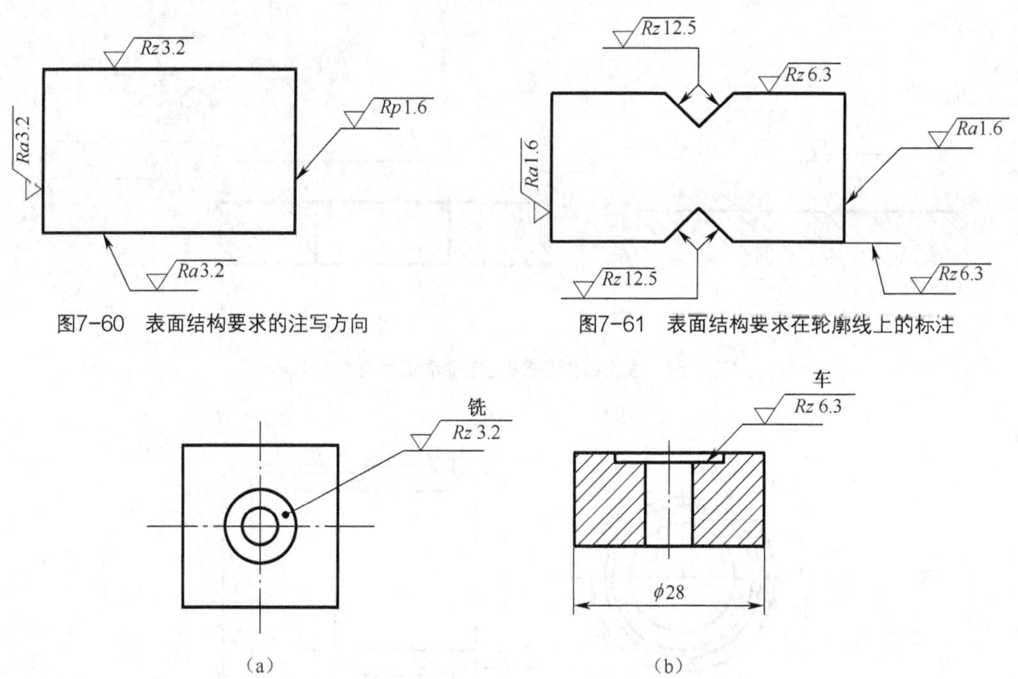

图7-60　表面结构要求的注写方向

图7-61　表面结构要求在轮廓线上的标注

（a）　（b）

图7-62　用指引线引出标注表面结构要求

④ 在不致引起误解时，表面结构要求可以标注在给定的尺寸线上，如图 7-63 所示。

⑤ 表面结构要求可标注在形位公差框格的上方，如图 7-64 所示。

⑥ 表面结构要求可以直接标注在延长线上，或用带箭头的指引线引出标注，如图 7-65、图 7-66 所示。

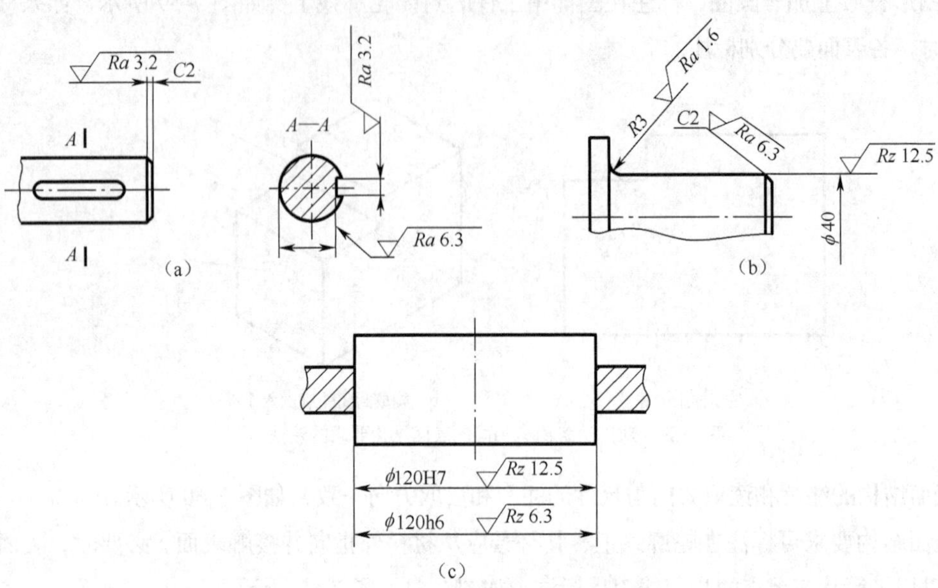

图7-63　表面结构要求标注在尺寸线上

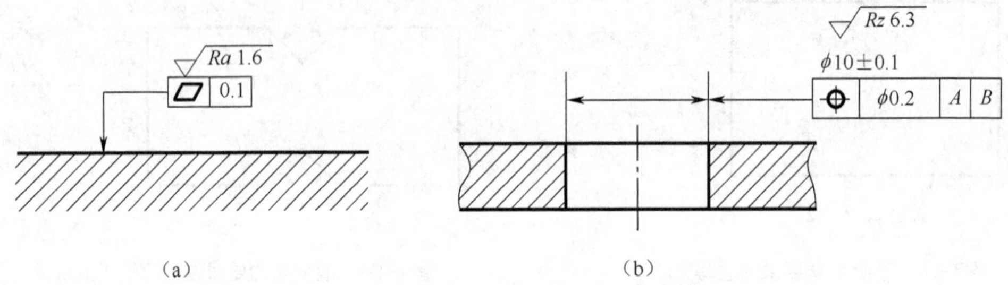

图7-64　表面结构要求标注在形位公差框格的上方

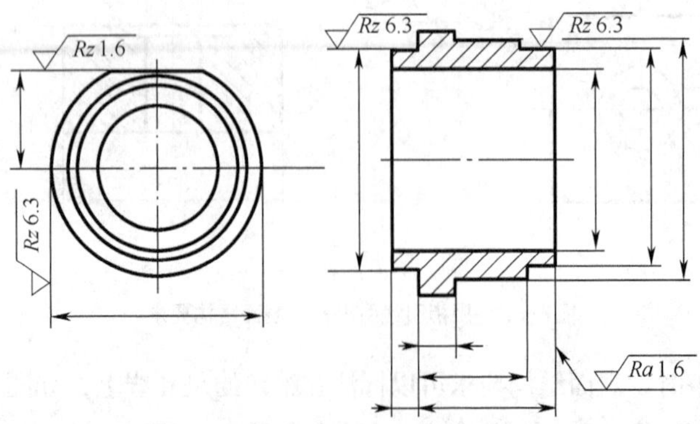

图7-65　表面结构要求标注在圆柱特征的延长线上

⑦ 圆柱和棱柱表面的表面结构要求只标注一次，如果每个表面有不同的表面结构要求，则应分别单独标出，如图 7-66 所示。

⑧ 如果工件的多数（包括全部）表面有相同的表面结构要求，则其表面结构要求可统一标注在图样的标题栏附近，不同的表面结构要求应直接标注在图中，如图 7-72 所示。此时（除全部表面有相同要求的情况外），表面结构要求的符号后面应有：在圆括号内给出无任何其他标注的基本符号，如图 7-67（a）所示；在圆括号内给出不同的表面结构要求，如图 7-67（b）所示。

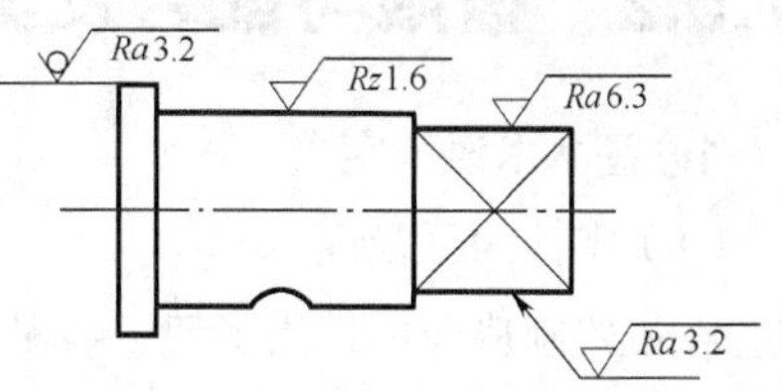

图7-66 圆柱和棱柱的表面结构要求标法

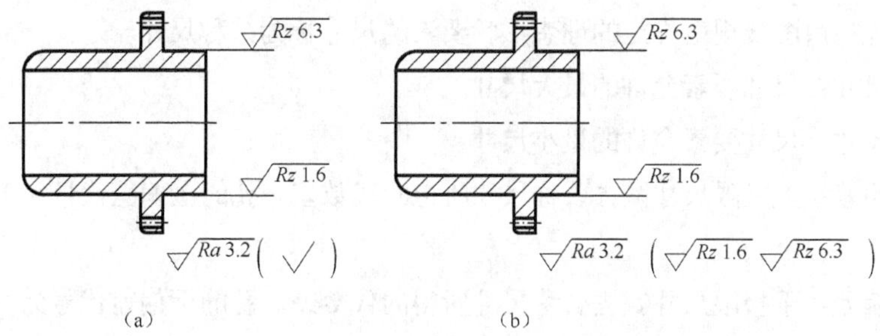

图7-67 大多数表面有相同表面结构要求的简化注法

⑨ 当多个表面具有相同的表面结构要求或图纸空间有限时，可采用简化画法，用带字母的完整符号，以等式的形式，在图形或标题栏附近，对有相同表面结构要求的表面进行简化标注，如图 7-68 所示。

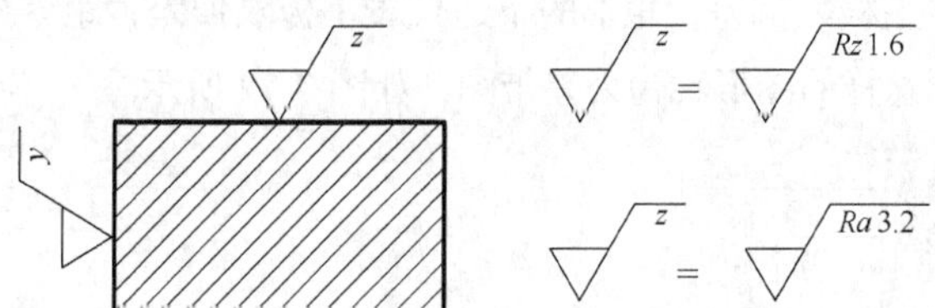

图7-68 在图纸空间有限时的注法

图 7-69 所示是只用表面结构符号以等式形式的简化标注，图 7-69（a）所示是未指定加工方法，图 7-69（b）所示是要求去除材料，图 7-69（c）所示是不允许去除材料。

⑩ 由几种不同的工艺方法获得的同一表面，当需要明确每种工艺方法的表面结构要求时，可按图 7-70 所示进行标注。

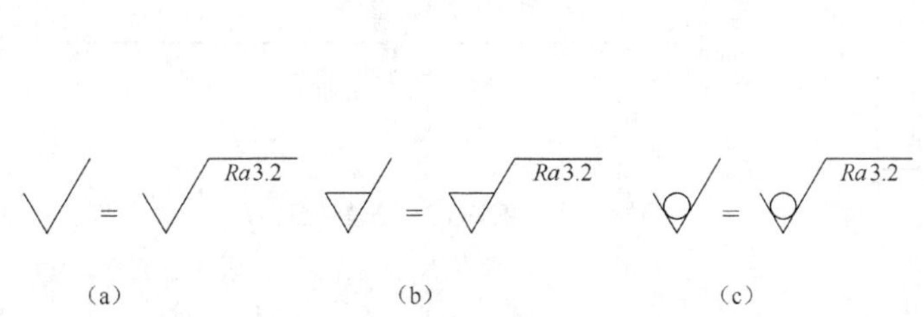

图7-69 只用表面结构符号的简化注法

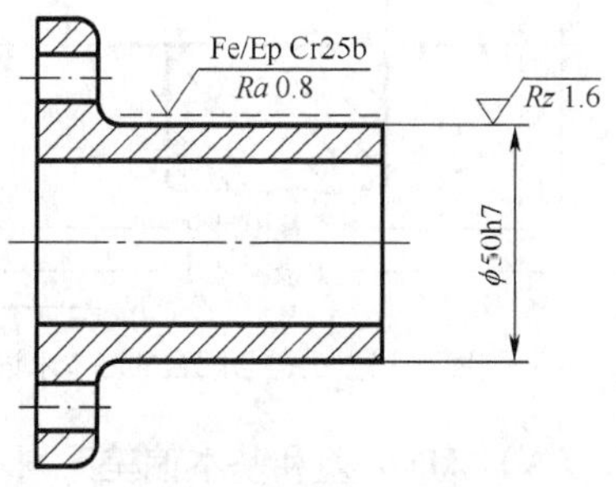

图7-70 同时给出镀覆前后的表面结构要求的注法

7.5.2 极限与配合及其标注

1. 基本术语和定义

（1）零件的互换性

在机器制造业中，为了便于装配和维修，要求在相同规格的一批零件中，不用选择，不经修配就能装在机器上，达到规定的性能要求，零件所具有的这种性质就称为互换性。零件具有互换性，既能满足生产部门广泛协作的要求，又能进行高效率的专业化生产，还能保证产品质量的稳定性。

（2）极限的术语和定义（见图 7-71）

① 公称尺寸：由图样规范确定的理想形状要素的尺寸称为公称尺寸。

② 上极限尺寸：尺寸要素允许的最大尺寸。

③ 下极限尺寸：尺寸要素允许的最小尺寸。

④ 上极限偏差：上极限尺寸减去公称尺寸所得的代数差。孔的上偏差代号为 ES，轴的上偏差代号为 es。

⑤ 下极限偏差：下极限尺寸减去公称尺寸所得的代数差。孔的下偏差代号为 EI，轴的上偏差代号为 ei。

⑥ 公差：允许尺寸的变动量，公差等于上极限尺寸和下极限尺寸的差。

⑦ 公差带图：用零线表示公称尺寸，上方为正，下方为负，用矩形的高表示尺寸的变化范围（公差），矩形的上边代表上极限偏差，矩形的下边代表下极限偏差，距零线近的偏差为基本偏差，矩形的长度无实际意义，这样的图形称为公差带图，如图 7-72 所示。

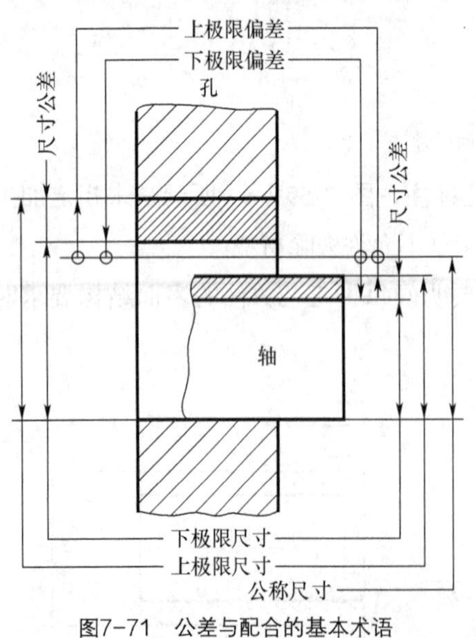

图7-71 公差与配合的基本术语

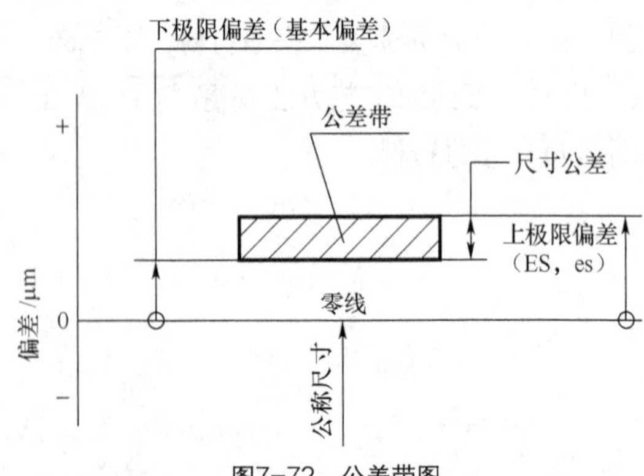

图7-72 公差带图

（3）标准公差和基本偏差系列

标准公差是由国家标准规定的公差值，其大小由两个因素决定，一个是公差等级，另一个是公称尺寸。国家标准（GB/T 1800）将公差划分为20个等级，分别为IT01、IT0、IT1、IT2、IT3…IT17、IT18。其中IT01精度最高，IT18精度最低。

轴和孔的基本偏差系列代号各有 28 个，用字母或字母组合表示，孔的基本偏差代号用大写字母表示，轴的基本偏差代号用小写字母表示，如图 7-73 所示。基本偏差决定公差带的位置，标准公差决定公差带的高度。

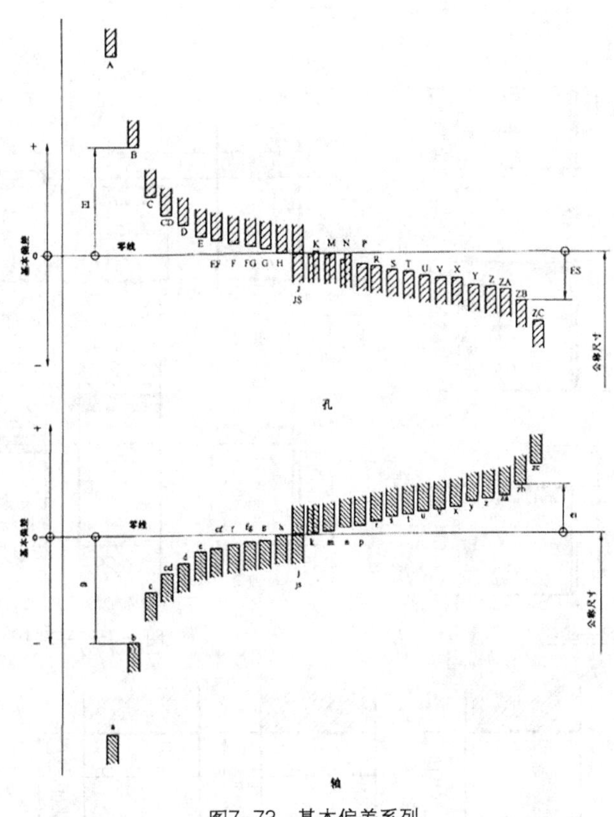

图7-73 基本偏差系列

（4）配合类别

公称尺寸相同，相互结合的轴和孔公差带之间的关系称为配合。按配合性质不同可分为间隙配合、过盈配合和过渡配合，如图 7-74 所示。

采用基准制是为了统一基准件的极限偏差，从而达到减少零件加工定位刀具和量具的规格数量，国家标准规定了基孔制和基轴制两种配合制度。基孔制配合中的孔为基准孔，其代号为H；基轴制配合中的轴为基准轴，其代号为h，如图 7-75 所示。

2. 极限与配合的标注

（1）在零件图中的标注尺寸公差在零件图上的标注共有以下三种形式。

在轴和孔的基本尺寸后面标注公差带代号，用于大批量生产，如图 7-76（a）所示。

在轴和孔的基本尺寸后面只注写上下偏差，用于小批量生产，如图 7-76（b）所示。

需要同时标注公差带代号又注上下偏差，如图 7-76（c）所示。

（2）在装配图中的标注

配合代号在装配图上的标注共有以下三种形式。

一是标注孔和轴的配合代号，应用最多，如图 7-77（a）所示。

二是零件与标准件或外购件配合时，可仅标注该零件的公差代号，如图 7-77（b）所示。

三是标注孔和轴的偏差值。

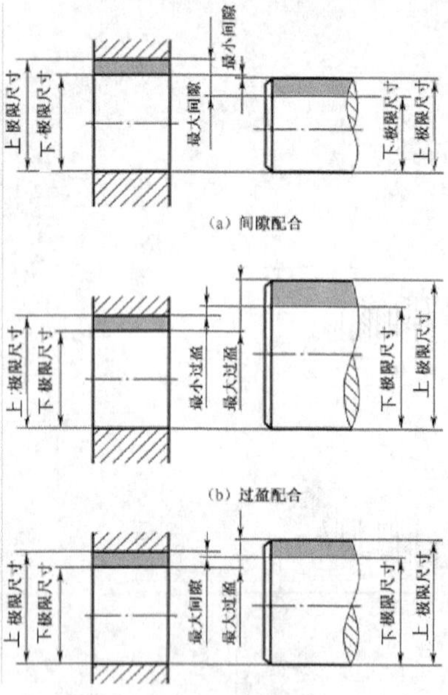

(a) 间隙配合

(b) 过盈配合

图7-74　配合类别

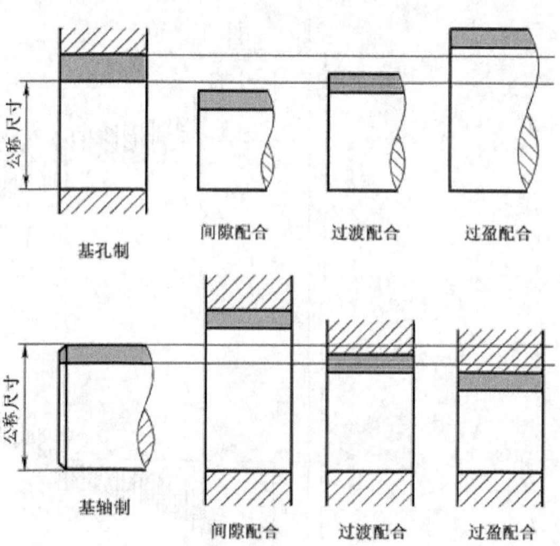

图7-75　基准制

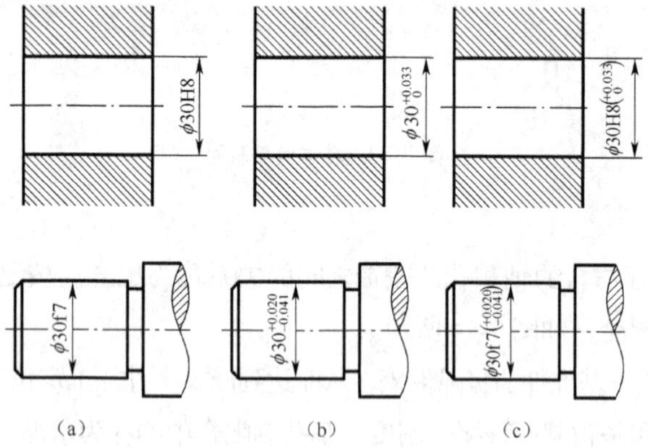

(a)　(b)　(c)

图7-76　尺寸公差的标注

（3）配合代号的识读

如ϕ50H8/f7 表示：孔、轴公称尺寸为ϕ50mm，H8 表示孔的公差带代号，f7 表示轴的公差带代号，H8/f7 表示配合代号。凡孔的基本偏差为 H 者，表示基孔制间隙配合。

如ϕ20U8/h7 表示：孔、轴公称尺寸为ϕ20mm，孔的公差带代号为 U8，轴的公差带代号为 h7，配合代号 U8/h7 表示基轴制过盈配合。

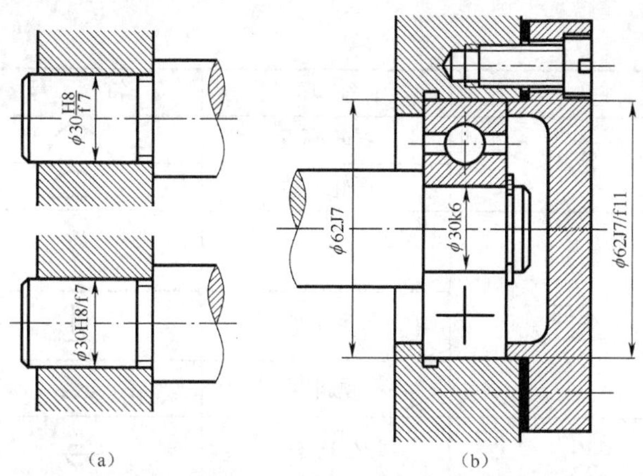

图7-77 装配图中偏差的标注

7.5.3 几何公差

1. 几何公差的基本概念

经过加工的零件，除了会产生尺寸误差外，也会产生形状、位置、方向和跳动等误差。

如图 7-78 中的小轴，加工后双点画线表示的几何形状与理想几何形状产生了误差。

如图 7-79 中的轴，其两段轴线不同轴，产生了位置误差。

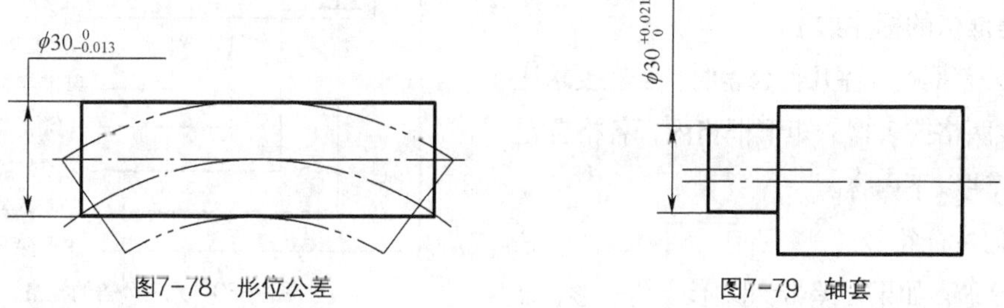

图7-78 形位公差　　图7-79 轴套

几何误差都会影响零件的使用性能，因此，对一些零件的重要工作面和轴线，常规定其几何误差的最大允许值，即几何公差。

2. 几何公差特征项目及符号

在技术图样中，几何公差应采用代号标注。当无法采用代号标注时，允许在技术要求中用文字说明。

几何公差代号包括几何公差有关项目的符号、几何公差框格、指引线、几何公差数值和其他有关符号及基准符号。

（1）几何公差的项目和符号（见表 7-17）

表 7-17　几何公差的项目和符号

公　差		特征项目	符　号	有或无基准要求
形状	形状	直线度	—	无
		平面度	▱	无
		圆度	○	无
		圆柱度	⌭	无

续表

公差		特征项目	符号	有或无基准要求
形状或位置	轮廓	线轮廓度	⌒	有或无
		面轮廓度	⌓	有或无
位置	定向	平行度	//	有
		垂直度	⊥	有
		倾斜度	∠	有
	定位	位置度	⌖	有或无
		同轴（同心）度	◎	有
		对称度	⌯	有
	跳动	圆跳动	↗	有
		全跳动	⌰	有

（2）几何公差框格公差框格的形式如图 7-80 所示。公差框格的标注如下。

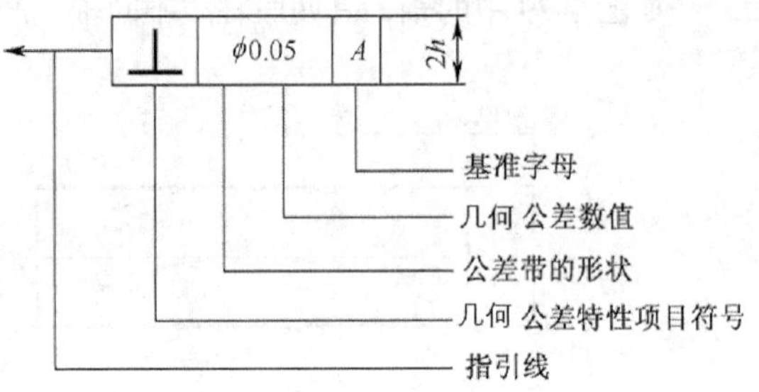

图7-80　几何公差的框格

① 用公差框格标注几何公差时，公差要求注写在划分成两格或多格的矩形框格内，各格自左至右顺序标注以下内容。

a. 几何特征符号。

b. 公差值。如果公差带为圆形或圆柱形，公差值前加注符号“ϕ”；如果公差带为圆球形，公差值前应加注符号“$S\phi$”，如图 7-81 所示。

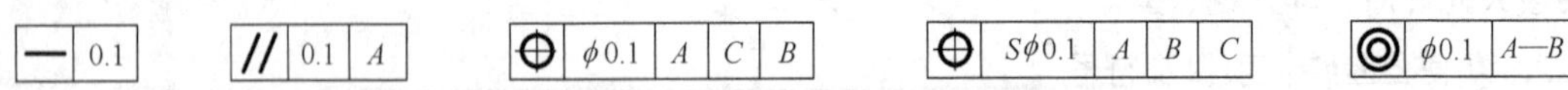

图7-81　几何公差框格的内容

② 当某项公差应用于几个相同要素时，应在公差框格的上方被测要素的尺寸之前注明要素的个数，并在两者之间加上符号“×”，如图 7-82 所示。

③ 如果需要就某个要素给出几种几何特征的公差，可将一个公差框格放在另一个的下面，如图 7-83 所示。

图7-82　相同要素有同样的几何公差要求

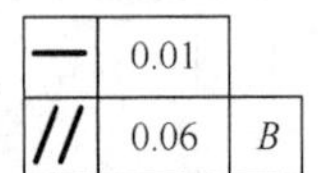

图7-83　一个要素有几种几何特征

（3）被测要素

用指引线连接被测要素和公差框格。指引线引自框格的任意一侧，终端带一箭头。

① 当公差涉及轮廓线或轮廓面时，箭头指向该要素的轮廓线或其延长线（应与尺寸线明显错开），如图 7-84（a）、（b）所示。箭头也可指向引出线的水平线，引出线引自被测面，如图 7-84（c）所示。

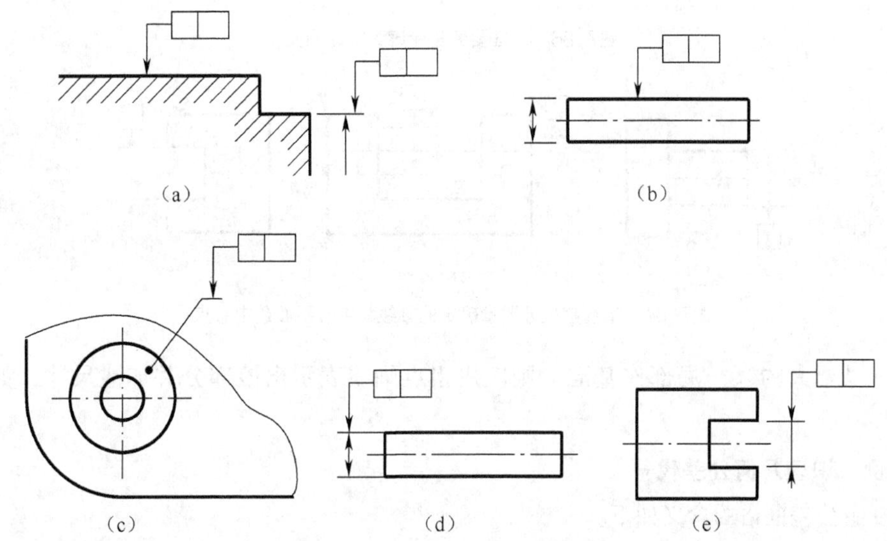

图7-84　被测要素的形位公差的标注

② 当公差涉及被测要素的中心线、中心面或中心点时，箭头应位于相应尺寸线的延长线上，如图 7-84（d）、（e）所示。

（4）基准符号

与被测要素相关的基准用一个大写字母表示。基准标注在基准方格内，与一个涂黑的或空白的三角形相连以表示基准，如图 7-85 所示；表示基准的字母还应标注在公差框格内。涂黑的和空白的基准三角形含义相同。

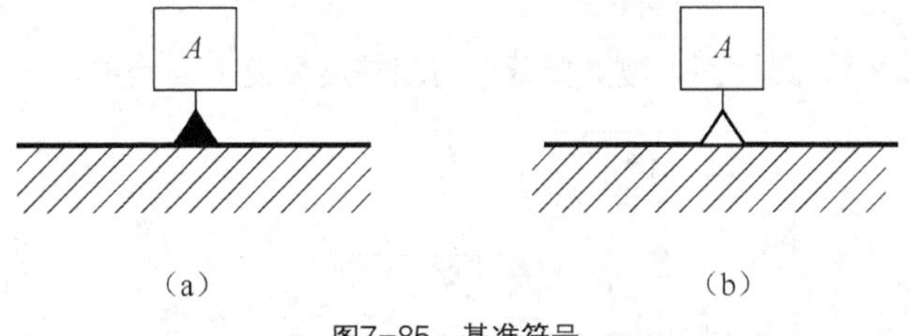

图7-85　基准符号

当基准要素是轮廓线或轮廓面时，基准三角形放置在轮廓线或其延长线上（与尺寸线明显错开），如图 7-86（a）所示；基准三角形也可放置在该轮廓面引出线的水平线上，如图 7-86（b）所示。

当基准是尺寸要素确定的轴线、中心平面或中心点时，基准三角形应放置在该尺寸线的延长线上，如图 7-87（a）、（b）、（c）所示；如果没有足够的位置标注基准要素尺寸的两个尺寸箭头，则其中一个箭头可用基准三角形代替，如图 7-87（b）、（c）所示。

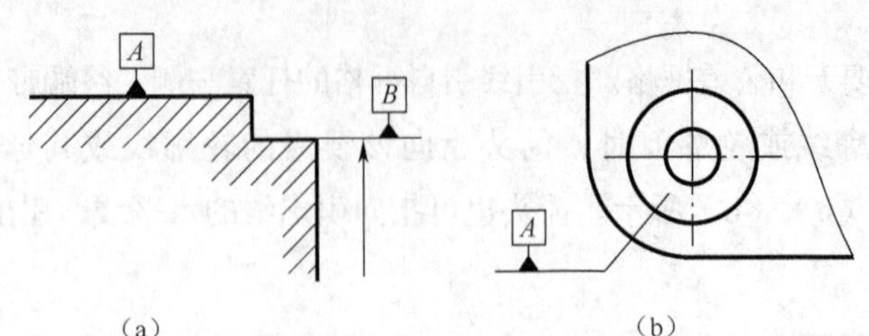

图7-86　基准要素是轮廓线或轮廓面

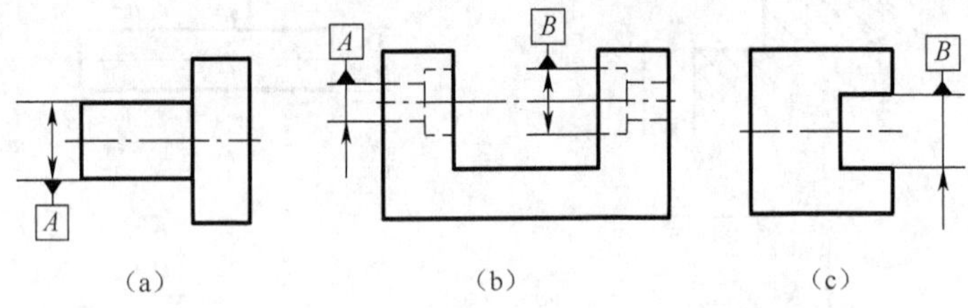

图7-87　基准是尺寸要素确定的轴线、中心平面或中心点

如果只以要素的某一局部作基准，则应用粗点画线表示出该部分并加注尺寸，如图 7-88 所示。

3. 举例：识读几何公差代号

图 7-89 中公差框格的含义如下。

Ⅰ处的含义是：直径为ϕ22mm 圆锥的大、小两端面（被测要素）对该段轴的轴心线（基准要素）的圆跳动（公差项目）公差为 0.01mm（公差值）。

Ⅱ处的含义是：圆锥体任一正截面（被测要素）的圆度（公差项目）公差为 0.04mm（公差值）。

Ⅲ处的含义是：M10 外螺纹的轴心线（被测要素）对两端中心孔轴心线（基准要素）的同轴度公差（公差项目）为ϕ0.01mm（公差值）。

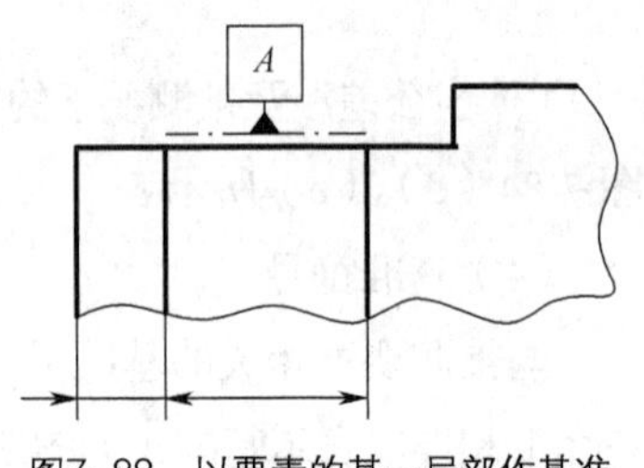

图7-88　以要素的某一局部作基准

Ⅳ处的含义是：$\phi 18^{+0.003}_{-0.001}$ 圆柱面（被测要素）的圆柱度公差（公差项目）为 0.05mm（公差值）。

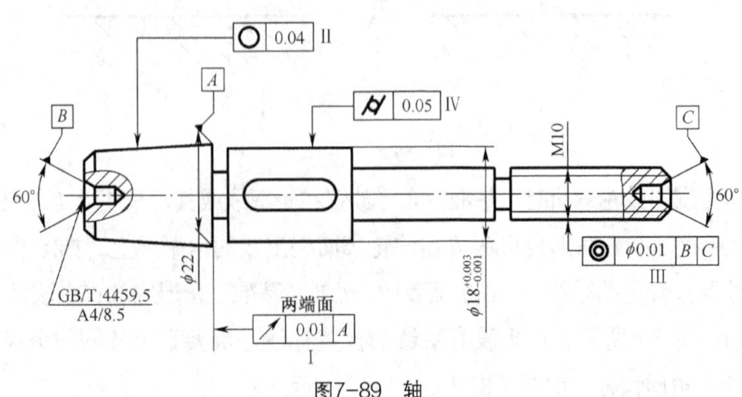

图7-89　轴

7.6 计算机绘制零件图

在绘制零件图和装配图时，常会遇到大量重复出现的结构符号，如机械制图中的表面结构符号、螺栓、螺母、垫圈等。这些结构或符号的形状基本相同，在绘制过程中常需要大量重复性工作。对这类问题，AutoCAD提供了非常理想的解决方案，即将一些经常需要重复使用的对象组合在一起，形成一个块对象，并按指定的名称保存起来，以后可随时将其插入到图形中而不需重新绘制，大大提高了绘图速度和绘图质量。本节主要介绍块的定义、保存、插入、属性和编辑等内容。

1. 定义图块

【命令输入方式】

- 命令行：BLOCK。
- 菜单："绘图"→"块"→"创建"。
- 工具栏："绘图"→"创建块"。

【实例操作】

将如图7-90所示的表面结构符号定义为块的操作步骤如下。

（1）绘制如图7-90所示的表面结构符号

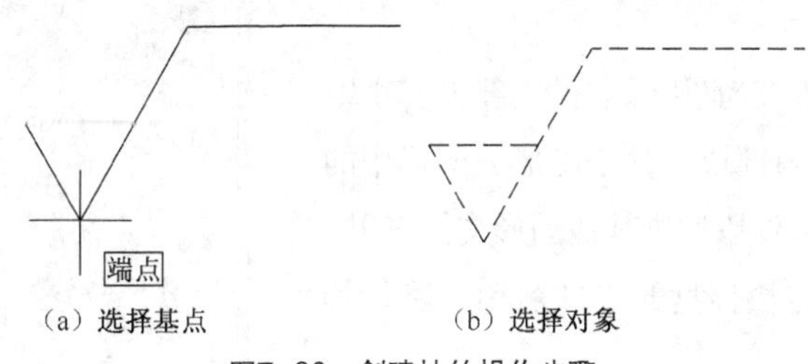

（a）选择基点　（b）选择对象

图7-90 创建块的操作步骤

（2）命令：BLOCK↙

命令启动后，系统打开如图7-91所示的"块定义"对话框，利用该对话框可定义图块并为图块命名。

① 在弹出的"块定义"对话框的"名称(N):"选项栏中，将块命名为"表面结构符号"。

② 单击"基点"选项组中的"拾取点(K)"按钮，系统返回到屏幕，拾取符号的下角为基点，如图7-90（a）所示。

③ 单击"对象"选项组中的"选择对象(T)"按钮，系统返回到屏幕，选择整个图形，如图7-90（b）所示。

④ 在"块定义"对话框中，单击"确定"按钮完成块定义操作。此块自动保存到当前图形文件中，并可随时被当前文件所调用。

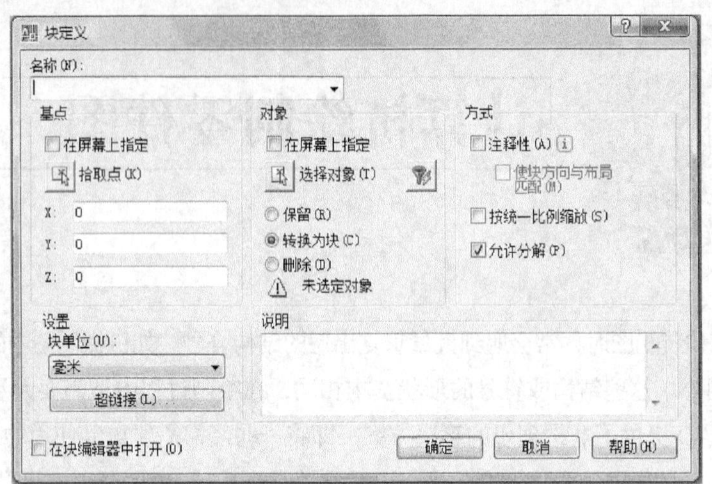

图7-91 “块定义”对话框

2. 块存盘

利用 BLOCK 命令定义的块保存在其所属的图形当中，该图块只能在该图中插入，而不能应用到其他的图形文件中，因此，也被称为“内部块”。

对有些图形中都经常用到的对象，可用 WBLOCK 命令把其以块的形式（后缀为.dwg）写入磁盘，以后可在任意图形中用 INSERT 命令插入，这种用 WBLOCK 命令定义的块称为“外部块”。外部块的定义操作过程如下。

命令：WBLOCK 或 W↙

系统打开如图 7-92 所示的“写块”对话框，其各项说明如下。

① “源”区：指定要保存为图形文件的内部块或对象。

可以将当前图形中的内部块或整个图形或图形中的某些对象保存为外部块，以便以后供其他图形文件应用。

② “目标”区：指定块存盘的文件名称、路径和插入单位。

③ 单击“确定”按钮，块将保存为图形文件。

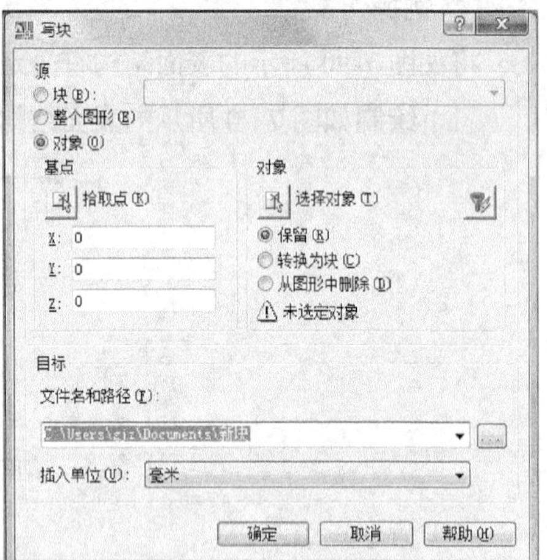

图7-92 “写块”对话框

3. 图块的插入

定义的外部块或内部块可随时插入到当前图形中的任意位置，在插入的同时还可以改变图块的大小、旋转一定的角度或把图块分解（炸开）以便继续编辑等。

【命令输入方式】

- 命令行：INSERT。
- 菜单：“插入” → “块”。
- 工具栏：“绘图” → “插入块” 。

【操作格式】

命令启动后，系统打开如图 7-93 所示的“插入”对话框，根据对话框的提示，可以指定要插入的块和插入点，并进行缩放、旋转等操作。

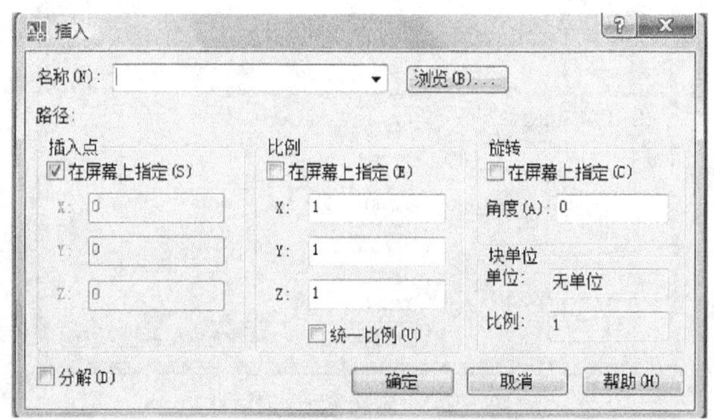

图7-93　块“插入”对话框

任何.dwg 图形文件都可以作为块插入到其他图形文件中。

4. 图块的属性

在 AutoCAD 中插入块时，可同时插入与块有关的文字信息，例如在插入定义的“表面结构符号”块时，可同时插入对表面结构要求的数值；在插入定义的“标题栏”块时，可同时输入标题栏中的内容。这种为块加入与图形相关的文字信息，即为块定义属性。这些属性是对图形的标志或文字说明，是块的组成部分。

（1）定义块的属性

【命令输入方式】

- 命令行：ATTDEF（缩写：ATT）。
- 菜单：“绘图”→“块”→“定义属性”。

【实例操作】

创建带属性的“表面结构符号”块的操作如下。

定义一个带属性的块前，应先定义属性，然后将属性和要定义成块的图形一起定义为块。

① 绘制如图 7-90（a）所示的表面结构符号。

② 定义属性。

命令：ATTDEF↙

命令启动后，系统打开如图 7-94 所示的“属性定义”对话框，各选项说明如下。

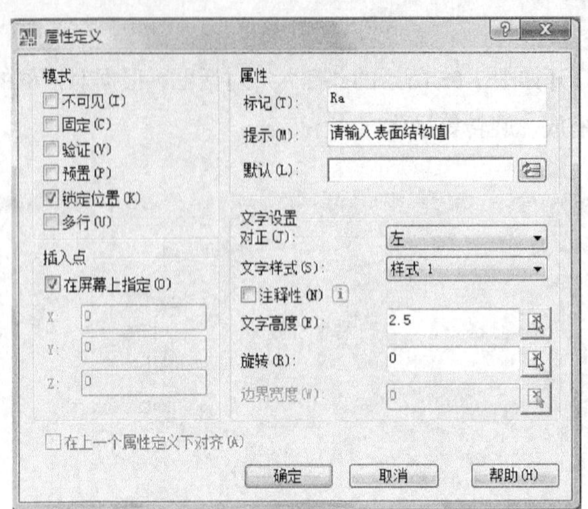

图7-94 “定义属性”对话框

- “模式”选项区：用于设置属性模式，共有“不可见（I）”、“固定（C）”、“验证（V）”、“预置（P）”等六个选项。这几个选项一般不选，不选则依次表示属性值为可见、属性值为变量、插入时不验证属性值、插入块时同时插入属性值等。
- “属性”选项区：用于定义属性的标记、提示及默认值。本例中分别在“标记（T）:”栏输入“Ra”；在“提示（M）:”栏输入“请输入表面结构值”；“默认（L）:”栏为空，如图7-94所示。
- “插入点”选项区：指定属性值的插入位置，本例选择“在屏幕上指定（O）”单选按钮。
- “文字设置”选项区：用于设置文字样式、高度、对齐方式和旋转角度等。

对各选项区设置完毕，单击确定按钮，系统关闭“定义属性”对话框，又在命令行提示：“指定起点:”，这时在屏幕上的表面结构符号上指定数值要输入的位置，右键单击鼠标完成属性定义，如图7-95（a）所示。

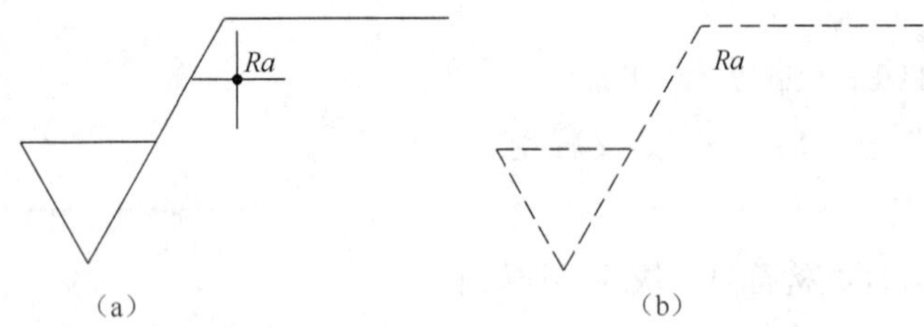

图7-95 创建带属性的块

③ 定义属性完成后，再用BLOCK命令，将属性和表面结构符号定义成带属性的块。即在弹出的“块定义”对话框中（见图7-91），单击“选择对象(T)”按钮，用鼠标同时选择表面结构符号和属性即可，如图7-95（b）所示。

（2）插入带属性的块

例如，要插入图7-95所示带属性的块，操作如下。

启动INSERT命令，系统弹出如图7-93所示块“插入”对话框，选择要插入的块，单击确定后，系统提示：

指定插入点或 [基点(B)/比例(S)/旋转(R)]：指定比例因子<1>：在屏幕上指定插入点或选择其他选项。

指定旋转角度 <0>：指定旋转角度或回车默认。

输入属性值

请输入表面结构值：*Ra*6.3 在命令行内直接输入表面结构值（如 *Ra*6.3），回车确认，完成操作。

则所输入的值就同块一起被插入在当前图形文件中，如图 7-96 所示。

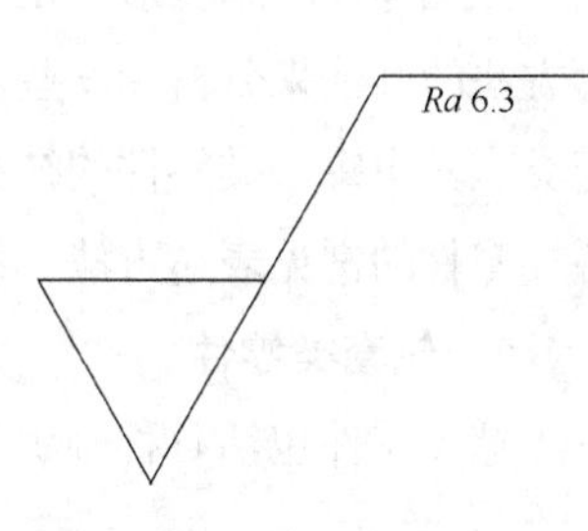

图7-96 插入带属性的块

5. 修改属性定义

创建属性后，用户可对其进行编辑。常用 DDEDIT 命令，也可使用“特性”选项板对未定义成块的或已分解的属性块进行编辑。

用 DDEDIT 命令修改属性定义操作如下。

- 命令行：DDEDIT。
- 菜单：“修改”→“对象”→“文字”→“编辑”。

执行命令后系统打开如图 7-97 所示的“编辑属性定义”对话框。用户在各文本框中对各项进行修改。

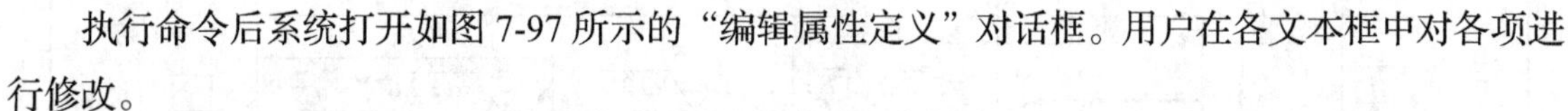

6. 编辑块属性

当属性已被定义成块，可用 ATTEDIT 命令修改图形中已插入的属性块的属性值，也可用 EATTEDIT 命令来编辑属性值及属性的其他特性。

【命令输入方式】

- 命令行：EATTEDIT。
- 菜单：“修改”→“对象”→“属性”→“单个”。

执行命令后，系统打开如图 7-98 所示的“增强属性编辑器”对话框，在此对话框中用户可对块属性进行编辑。

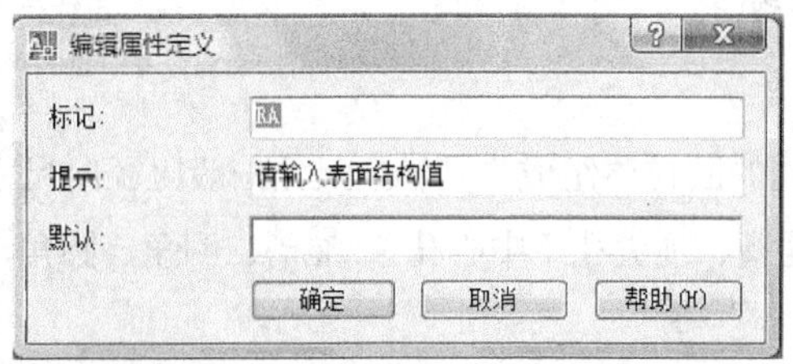

图7-97 “编辑属性定义”对话框

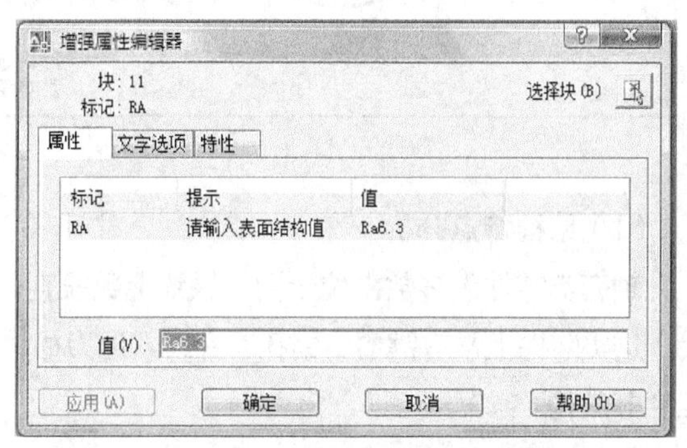

图7-98 “增强属性编辑器”对话框

7.7 典型零件的图例分析

虽然零件的结构形状是千变万化各不相同的，其表达方案也会各异，但从零件的结构形状和表达方法的共性来分析，一些常见的零件可以分成五种类型：轴套类、轮盘类、板盖类、叉架类和箱壳类。其中每一类零件的结构都有相似之处，其表达方法一般也类似，下面以部分零件为例，分析各类零件的常见表达方法。

1. 轴套类零件

这类零件包括各种轴、丝杠、套筒、衬套等，图 7-99 所示为输出轴零件图。

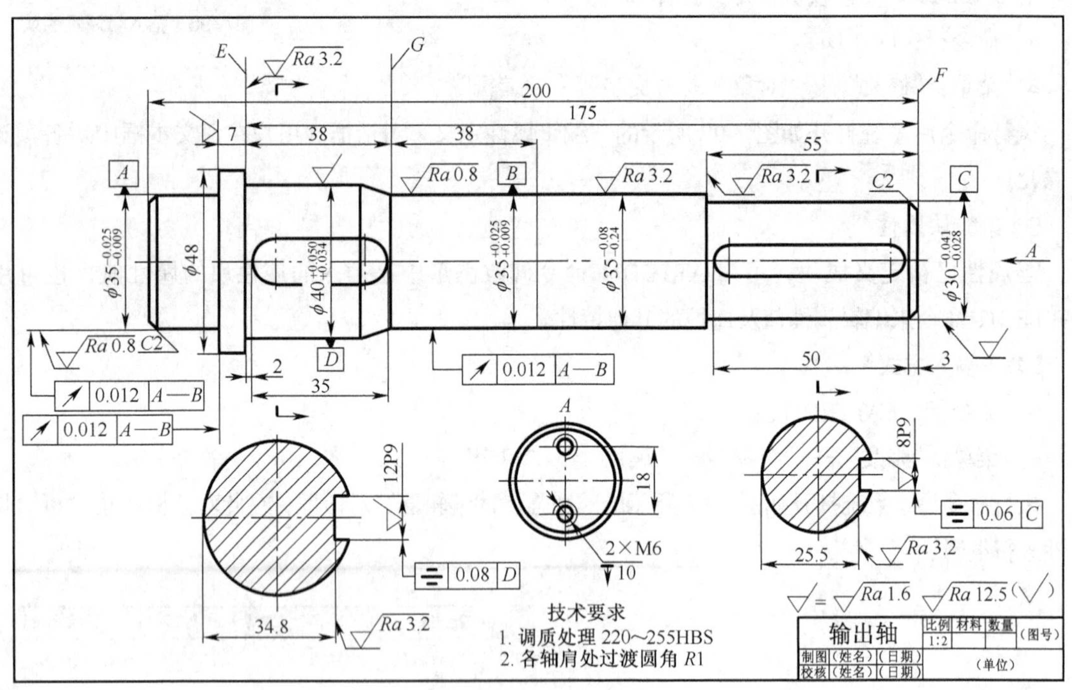

图7-99 输出轴

（1）结构特点分析

轴套类零件大多数由位于同一轴线上数段直径不同的回转体组成，其轴向尺寸一般比径向尺寸大。这类零件上常有键槽、销孔、螺纹、退刀槽、越程槽、顶尖孔（中心孔）、油槽、倒角、圆角、锥度等结构。

（2）表达方法分析

轴套类零件一般主要在车床和磨床上加工，为便于操作人员对照图样进行加工，在选择表达方法时通常要注意以下几点。

① 选择垂直于轴线的方向作为主视图的投射方向，按加工位置原则选择主视图的位置，即将轴类零件的轴线侧垂放置。

② 一般只用一个完整的基本视图（即主视图）即可把轴套上各回转体的相对位置和主要形状表示清楚。

③ 常用局部视图、局部剖视、断面、局部放大图等补充表达主视图中尚未表达清楚的部分。

④ 对于形状简单而轴向尺寸较长的部分常断开后缩短绘制。

⑤ 空心套类零件中由于多存在内部结构，一般采用全剖、半剖或局部剖绘制。

（3）尺寸标注分析

这类零件的宽度和高度方向的主要基准是回转轴线。长度方向的主要基准常根据设计要求选择某一轴肩，如图 7-99 所示，E 为零件的主要基准（设计基准），G、F 为辅助基准（工艺基准）。

① 重要尺寸应直接注出，其余尺寸按加工顺序标注。

② 不同工序的加工尺寸、内外结构的形状尺寸应分开标注。

③ 对于零件上的标准结构，如键槽、退刀槽、倒角等应查阅设计手册按标准尺寸注出。

2. 轮盘类零件

这类零件包括齿轮、手轮、带轮、飞轮、法兰盘、端盖等。常见轮盘类零件如图 7-100 所示。

（a）齿轮

（b）尾架端盖

（c）电机端盖

图7-100 轮盘类零件

（1）结构特点分析

轮盘类零件的主体一般也为回转体，与轴套类零件不同的是，轮盘类零件轴向尺寸小而径向尺寸较大。这类零件上常有退刀槽、凸台、凹坑、倒角、圆角、轮齿、轮辐、肋板、螺孔、键槽和作为定位或连接用孔等结构。

（2）表达方法分析

由于轮盘类零件的多数表面也是在车床上加工的，为方便工人对照看图，主视图往往也按加工位置摆放，如图 7-101 所示。

① 选择垂直于轴线的方向作为主视图的投射方向，主视图轴线侧垂放置。

② 若有内部结构，主视图常采用半剖或全剖视图或局部剖表达。

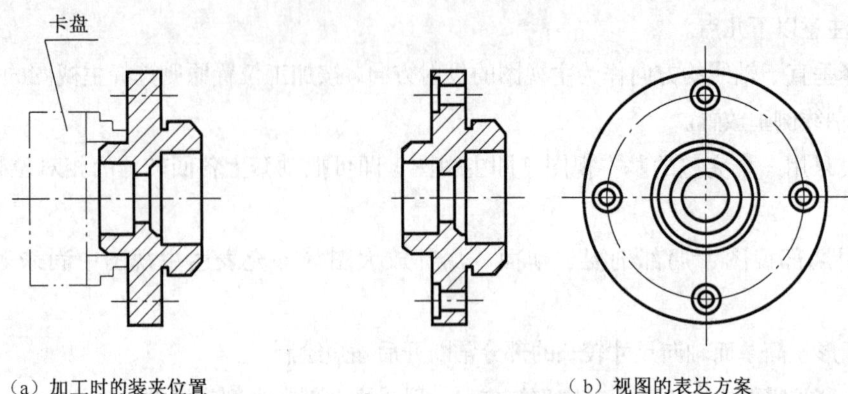

（a）加工时的装夹位置　　（b）视图的表达方案

图7-101　轮盘类零件的视图选择

③ 一般还需左视图或右视图表达轮盘上连接孔或轮辐、肋板等的数目和分布情况。

④ 还未表达清楚的局部结构，常用局部视图、局部剖视图、断面图和局部放大图等补充表达。

（3）尺寸标注分析

① 这类零件常以回转体的轴线、主要形体的对称面或经过加工的较大的结合面作为主要基准，如图 7-102 所示蜗杆减速箱的高度、宽度方向的基准是该零件的轴线，长度方向基准是图中 *B* 所指端面。

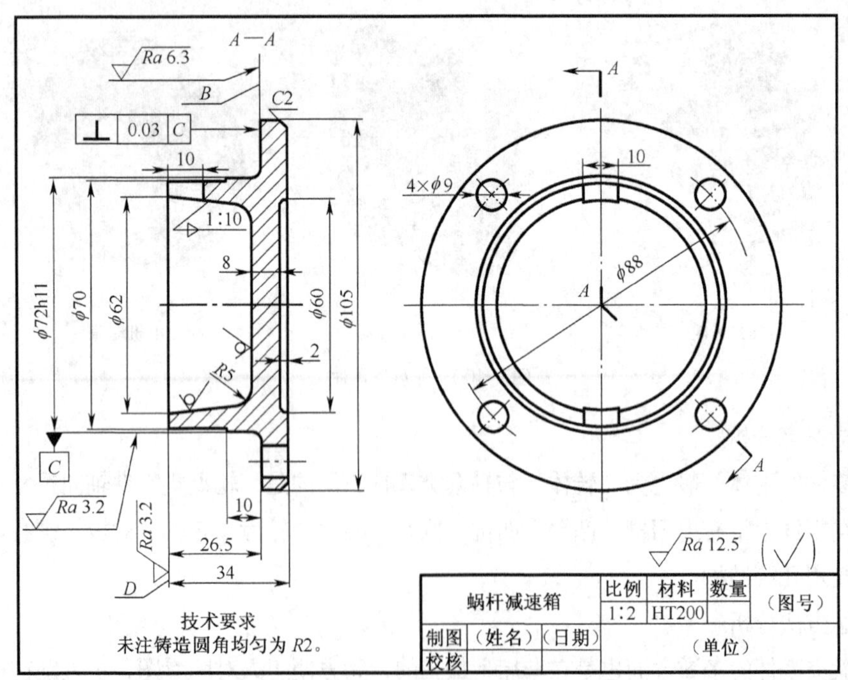

图7-102　蜗杆减速箱

② 这类零件上常有定位尺寸，如图 7-102 所示，均布小孔的定位圆直径ϕ88 等，标注时不能遗漏。

③ 相邻零件间的联系尺寸的基准和标注应一致。

3. 叉架类零件

这类零件包括各种拨叉、连杆、摇杆、支架、支座等，如图 7-103 所示。

图7-103 常见叉架类零件

（1）结构特点分析

叉架类零件在机器中主要用于支撑或夹持零件等，其结构形状大都比较复杂，且相同的结构不多。这类零件多数由铸造或模锻制成毛坯后，经必要的机械加工而成。这类零件上的结构，一般可分为工作部分和联系部分。工作部分指该零件与其他零件配合或连接的套筒、叉口、支撑板、底板等。联系部分指将该零件各工作部分连系起来的薄板、肋板、杆体等。零件上常具有铸造或锻造圆角、脱模斜度、凸台、凹坑或螺栓过孔、销孔等结构。

（2）表达方法分析

由于这类零件工作位置有的固定，有的不固定，加工位置变化也较大，因而一般用下列表达方法。

① 按最能反映零件形状特征的方向作为主视图的投射方向。按自然摆放位置或便于画图的位置作为零件的摆放位置。

② 除主视图外，一般还需 1～2 个基本视图才能将零件的主要结构表达清楚。

③ 常用局部视图或局部剖视图表达零件上的凹坑、凸台等结构。

④ 肋板、杆体等连接结构常用断面图表示其断面形状。

⑤ 一般用斜视图表达零件上的倾斜结构。

如图 7-104（a）所示的拨叉，其一端卡在齿轮右边的槽中，并可沿轴向移动以拨动齿轮沿轴向移动，其工作位置既倾斜又不固定，故其主视图只能以反映零件的形状特征为主，并应将零件放正，以利于画图，如图 7-104（b）所示。

（3）尺寸标注分析

① 长、宽、高三个方向的尺寸基准一般选较大孔的中心线、轴线、对称面和较大的加工平面。如图 7-105 所示叉架类零件图中，高度方向基准为 *F* 所指 $\phi 55$ 圆柱下端面；长度方向基准为 *C* 所指 $\phi 35$H8 圆柱轴线；宽度方向基准为 *D* 所指零件的前后对称面。

② 定位尺寸较多，要注意保证主要部分的定位精度。一般要注出各孔的中心距，或孔中心到平面的距离，或平面到平面的距离。

③ 定形尺寸一般都采用形体分析法标注，便于制模。

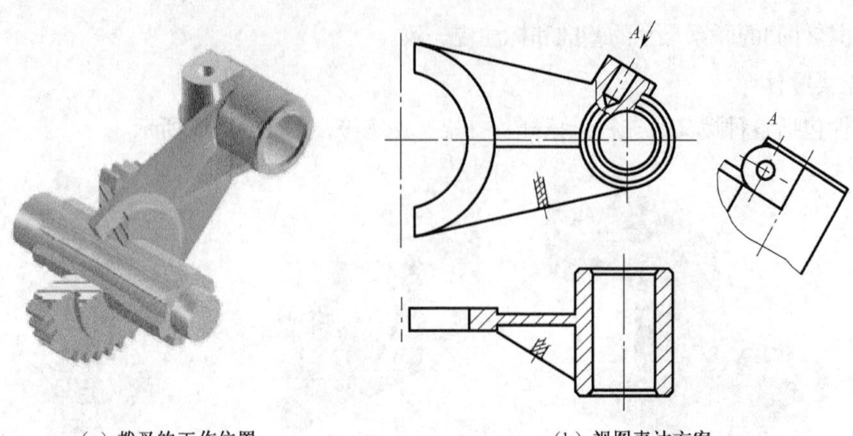

（a）拨叉的工作位置　　（b）视图表达方案

图7-104　叉架类零件的视图选择

4. 箱壳类零件

这类零件包括箱体、外壳、座体等，常见箱体零件如图7-106所示。

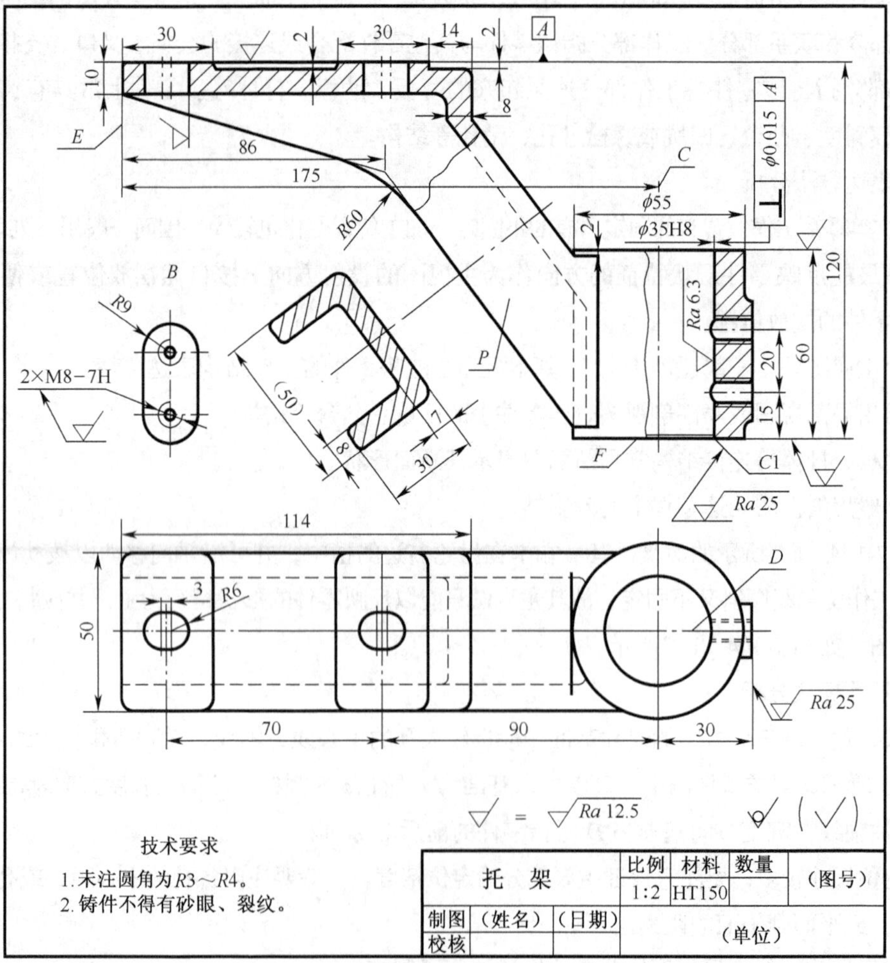

技术要求

1. 未注圆角为$R3\sim R4$。
2. 铸件不得有砂眼、裂纹。

托　架		比例	材料	数量	（图号）
		1:2	HT150		
制图	（姓名）	（日期）		（单位）	
校核					

图7-105　托架

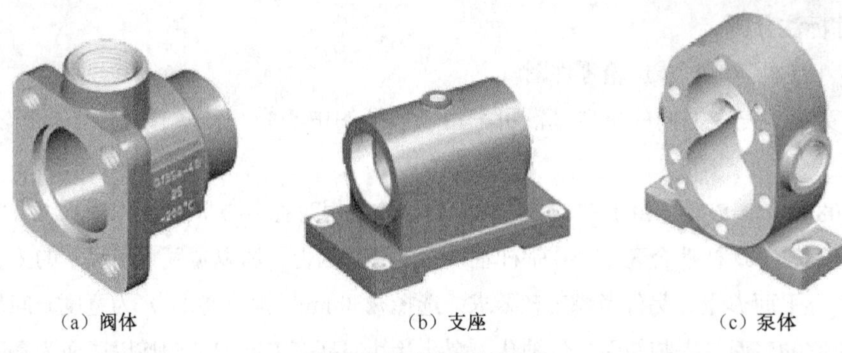
（a）阀体　（b）支座　（c）泵体

图7-106　常见箱体类零件

（1）结构特点分析

箱壳类零件是机器或部件上的主体零件之一，通常是起着支撑、容纳、定位其他零件的作用。其结构形状往往比较复杂，一般多为铸造件，具有铸造圆角、脱模斜度及支撑和安装运动零件的孔及安装端盖的凸台（或凹坑）、螺孔等。

（2）表达方法分析

箱体类零件的结构及加工工序较复杂，表达时至少需要三个基本视图，并配以剖视、断面等表达方法才能完整、清晰地表达它们的结构，如图 7-107 所示。

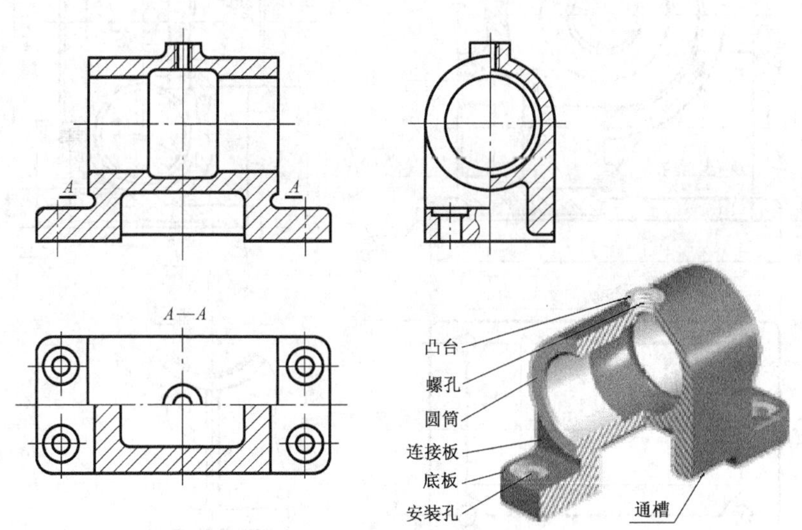

图7-107　箱体类零件的视图选择

① 通常以最能反映其形状特征及结构间相对位置的一面作为主视图的投射方向。以自然安放位置或工作位置作为主视图的摆放位置（即零件的摆放位置）。

② 一般需要两个或两个以上的基本视图才能将其主要结构形状表示清楚。

③ 一般要根据具体零件的需要选择合适的视图、剖视图、断面图来表达其复杂的内外结构。

④ 往往还需要局部视图、局部剖视和局部放大图等来表达尚未表达清楚的局部结构。

（3）尺寸标注分析

分析图 7-108 所示蜗杆减速箱零件图。

① 长、宽、高三个方向的主要基准可采用较大孔的中心线、轴线、对称平面和较大的加工平面。

如图 7-108 所示，该箱体由于左、右结构对称，故选用对称中心平面 D 作为长度方向尺寸的主要基准；由于蜗轮、蜗杆啮合区正处在蜗杆轴线的中心平面上，所以宽度方向尺寸的主要基准应确定在该轴线中心平面 E 上，另外考虑工艺要求，选择ϕ230mm 壳体前端面 F 为宽度方向尺寸的辅助基准；由于箱体的底面是安装基面，各轴孔、螺孔及其他高度方向的结构均以底面为基准加工并测量尺寸，故箱体底平面 G 为高度方向尺寸的主要基准。

② 定位尺寸多，各孔中心之间的距离一定要直接注出。

③ 定形尺寸可采用形体分析法标注，便于制模。

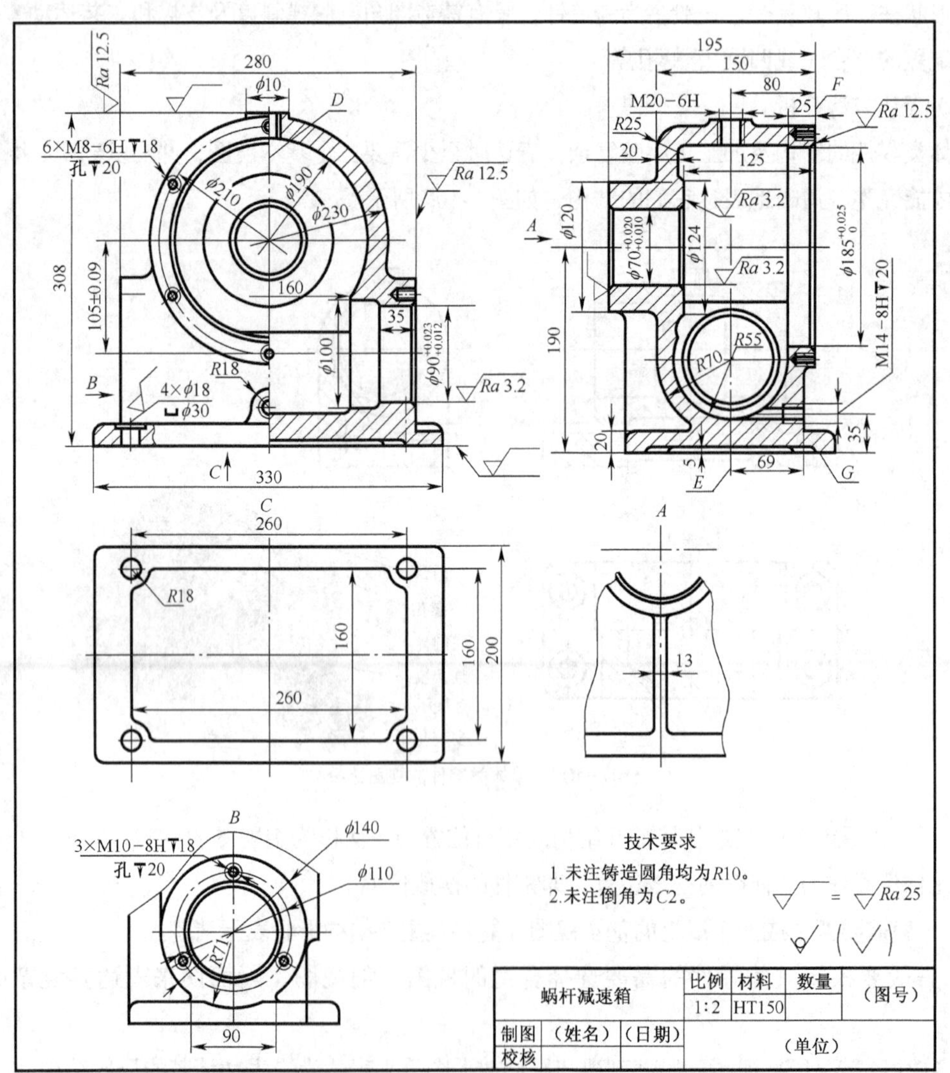

图7-108　蜗杆减速箱零件图

7.8 零件测绘

依据实际零件，通过分析选定表达方案，画出它的图形，测量并标注尺寸，制定必要的技术要求，从而完成零件图绘制的过程，称为零件测绘。零件测绘一般先画零件草图（徒手图），再根据整理后的零件草图画零件工作图（零件图）。零件测绘对改造设备、修配零件、推广先进技术、交流革新成果，都起重要作用，是工程技术人员必须掌握的技术绘画。零件测绘，通常与所属的部件或机器的测绘协同进行，以便了解零件功能、结构要求，协调视图、尺寸和技术要求。

1. 画零件草图

（1）分析零件

为了把被测零件准确完整地表达出来，应先对被测零件进行认真地分析，了解零件的类型，在机器中的作用，所使用的材料及大致的加工方法。

（2）确定零件的视图表达方案

关于零件的表达方案前面已经讨论过，需要注意的是，一个零件其表达方案并非是唯一的，可多考虑几种方案，选择最佳方案。

（3）目测徒手画出零件草图

零件的表达方案确定后，便可按下列步骤画出零件草图。

① 确定绘图比例：根据零件大小、视图数量、现有图纸大小，确定适当的比例。

② 定位布局：根据所选比例，粗略确定各视图应占的图纸面积，在图纸上作出主要视图的作图基准线、中心线。注意留出标注尺寸和画其他补充视图的地方，如图 7-109 所示。

③ 详细画出零件的内外结构和形状，如图 7-110 所示。注意各部分结构之间的比例应协调。

④ 检查、加深有关图线。

⑤ 画尺寸界线、尺寸线，将应该标注的尺寸的尺寸界线、尺寸线全部画出，如图 7-111 所示。

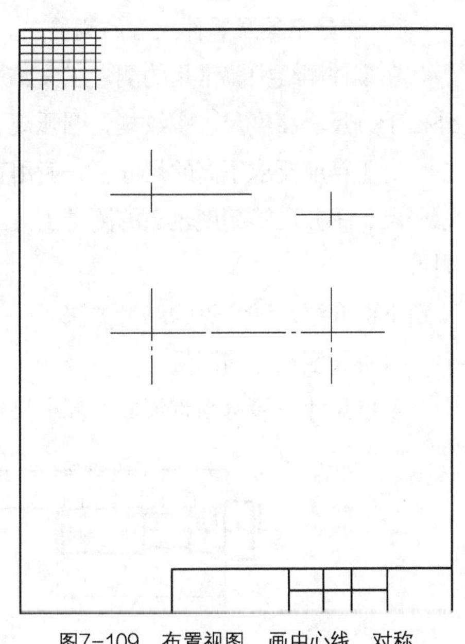

图7-109　布置视图，画中心线、对称中心线及主要基准面轮廓线

⑥ 集中测量、注写各个尺寸。注意最好不要画一个、量一个、注写一个。这样不但费时，而且容易将某些尺寸遗漏或注错。

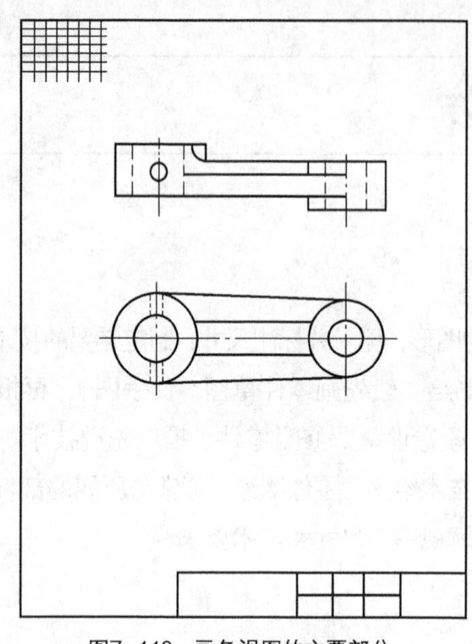
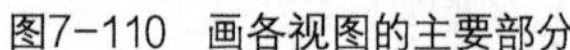
图7-110　画各视图的主要部分

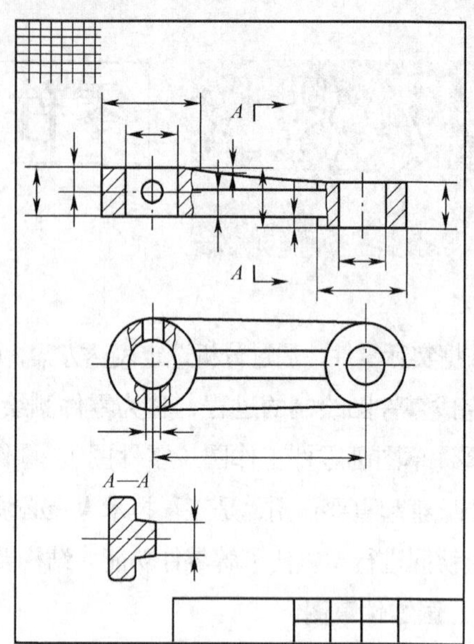

图7-111　取剖视，画出全部细节，并画出尺寸界线、尺寸线

⑦ 确定并注写技术要求：根据实践经验或用样板比较，确定表面粗糙度；查阅有关资料，确定零件的材料、尺寸公差、形位公差及热处理等要求。

⑧ 最后检查、修改全图并填写标题栏，完成草图。

2. 测量工具及零件尺寸的测量

在零件测绘中，常用的测量工具、量具有：直尺、内卡钳、外卡钳、游标卡尺、内径千分尺、外径千分尺、高度尺、螺纹规、圆弧规、量角器、曲线尺、铅丝和印泥等。

对于精度要求不高的尺寸，一般用直尺、内外卡钳等即可，精确度要求较高的尺寸，一般用游标卡尺、千分尺等精度较高的测量工具。特殊结构一般要用特殊工具如螺纹规、圆弧规、曲线尺来测量。

下面介绍几种常见的测量方法。

（1）长度尺寸的测量

长度尺寸一般可用直尺或游标卡尺直接量得读数，如图 7-112 所示。

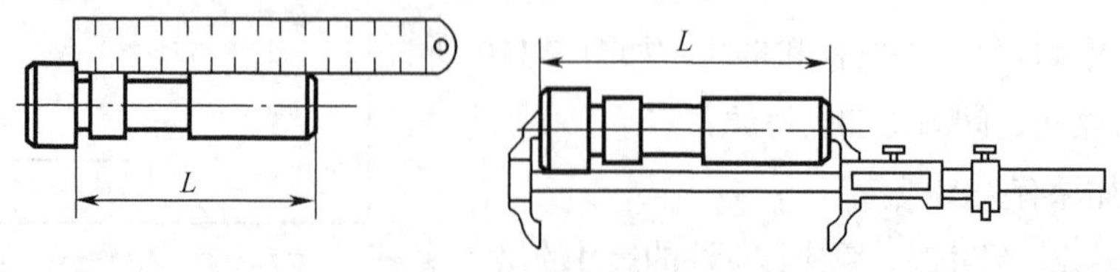

图7-112　测量长度尺寸

（2）测量直径

一般直径尺寸，用内、外卡钳和直尺配合测量即可，如图 7-113 所示。

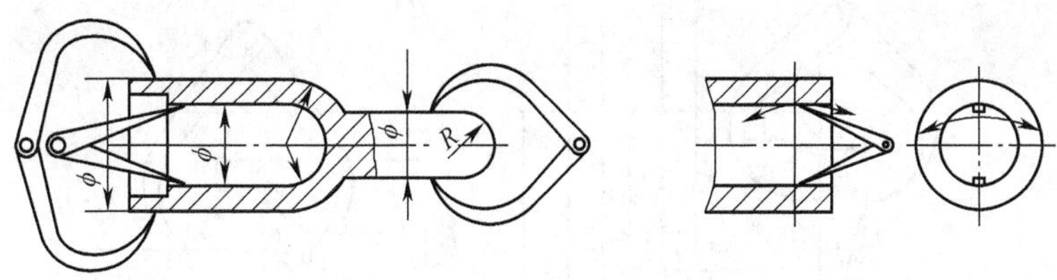

图7-113 测量一般直径尺寸

较精确的直径尺寸，多用游标卡尺或内、外千分尺测量，如图 7-114 所示。

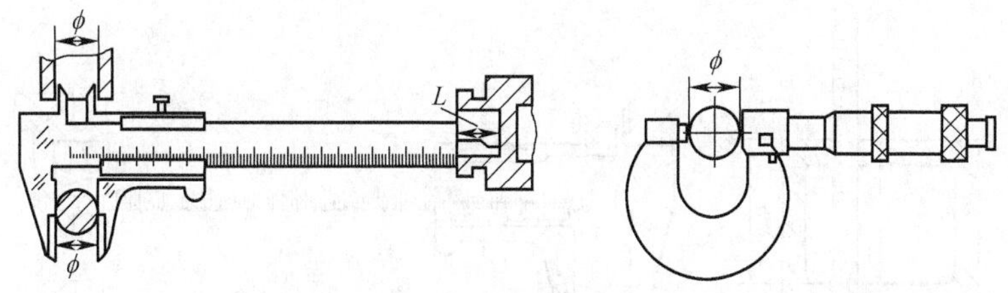

图7-114 测量较精确的直径尺寸

在测量内径时，如果孔口小不能取出卡钳，则可先在卡钳的两腿上任取 a、b 两点，并量取 a、b 间的距离 L，如图 7-115（a）所示，然后合并钳腿取出卡钳，再将钳腿分开至 a、b 间距离为 L，这时在直尺上量得钳腿两端点的距离便是被测孔的直径，如图 7-115（b）所示。也可以用图 7-115（c）所示的内外同值卡钳进行测量。

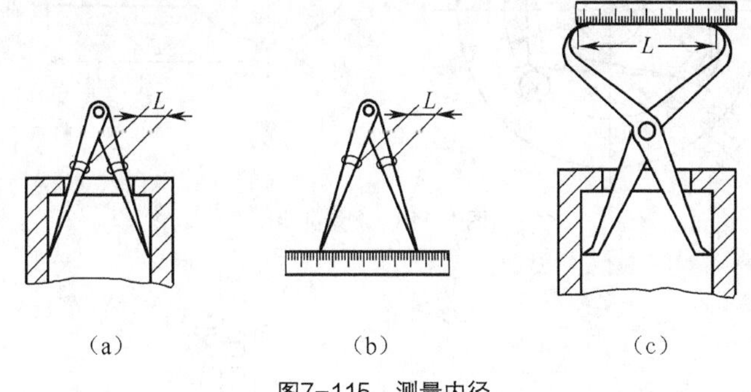

图7-115 测量内径

（3）测量壁厚

若遇用卡钳或卡尺不能直接测出的壁厚时，可采用图 7-116 所示的方法测量计算得出壁厚。

（4）测量深度

深度尺寸可用游标卡尺或直尺进行测量，如图 7-117 所示。也可用专用的深度游标尺测量。

（5）测量孔距及中心高

测量孔距如图 7-118 所示，也可用游标卡尺测量。

中心高可用图 7-119 所示的方法测量。

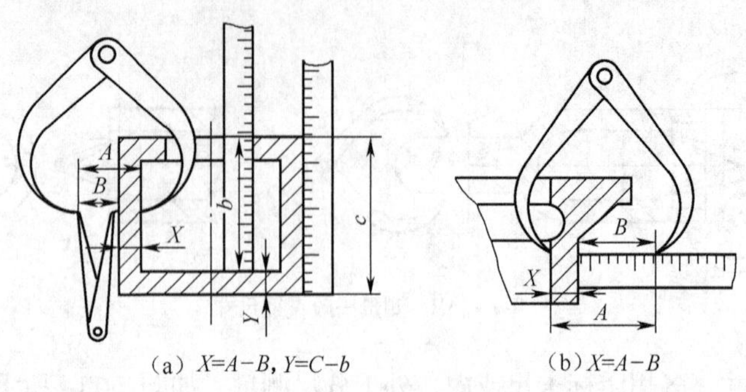

（a）$X=A-B$，$Y=C-b$　　（b）$X=A-B$

图7-116　测量壁厚

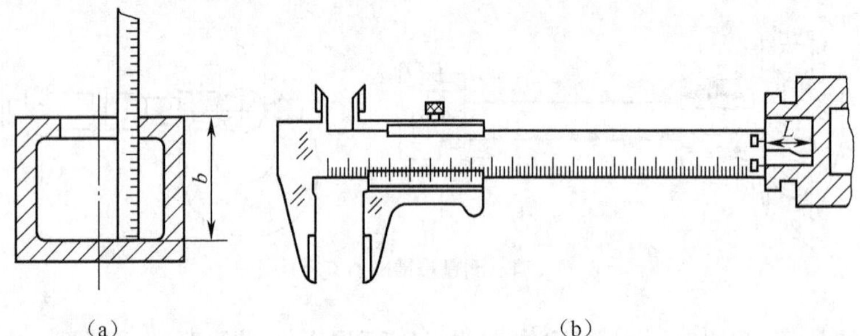

（a）　　（b）

图7-117　测量深度

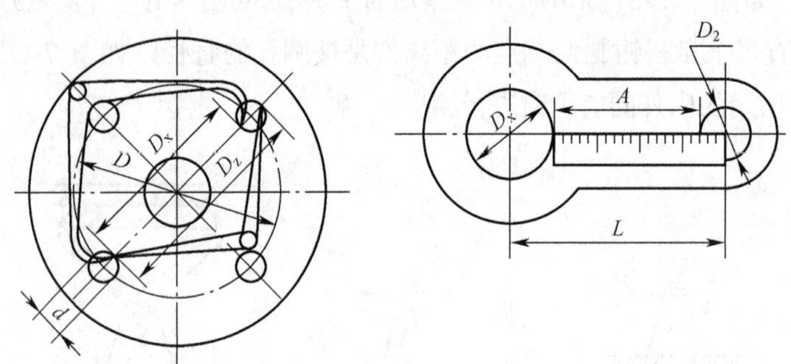

图7-118　测量孔距

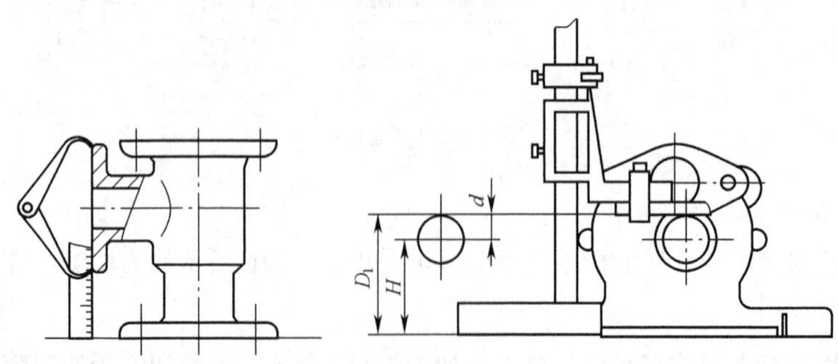

图7-119　测量中心高

（6）测量圆弧及螺距

测量较小的圆弧可直接用圆弧规，如图 7-120 所示。测量大的圆弧，可用托印法、坐标法等方法。测量螺距可直接用螺纹规，如图 7-121 所示，也可用其他方法测量。

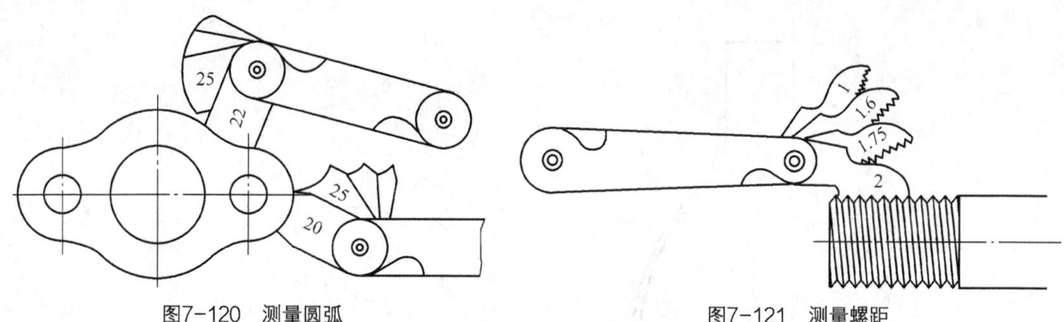

图7-120 测量圆弧　　图7-121 测量螺距

（7）测量角度

测量角度可用游标量角器，如图 7-122 所示。

（8）测量曲线、曲面

测量平面曲线，可用纸拓印其轮廓，再测量其形状尺寸，如图 7-123 所示。

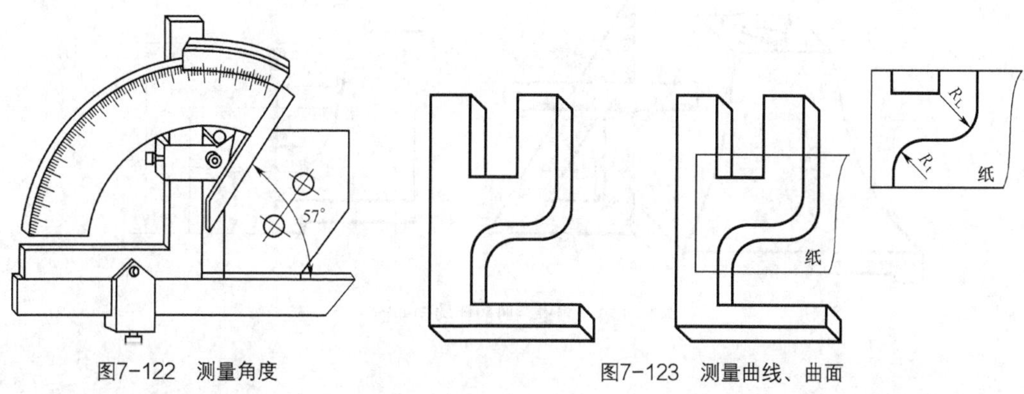

图7-122 测量角度　　图7-123 测量曲线、曲面

测量曲线回转面的母线，可用铅丝弯成与其曲面相贴的实形，得平面曲线，再测出其形状尺寸，如图 7-124 所示。

一般的曲线和曲面都可用直尺和三角板定出曲线或曲面上各点的坐标，作出曲线再测出其形状尺寸，如图 7-125 所示。

3. 测绘注意事项

① 测量尺寸时，应正确选择测量基准，以减少测量误差。零件上磨损部位的尺寸，应参考其配合的零件的相关尺寸，或参考有关的技术资料予以确定。

② 零件间相配合结构的基本尺寸必须一致，并应精确测量，查阅有关手册，给出恰当的尺寸偏差。

③ 零件上的非配合尺寸，如果测得为小数，则应圆整为整数标出。

④ 零件上的截交线和相贯线，不能机械地照实物绘制。因为它们常常由于制造上的缺陷而被歪曲。画图时要分析、弄清它们是怎样形成的，然后用相应的方法画出。

⑤ 要重视零件上的一些细小结构，如倒角、圆角、凹坑、凸台和退刀槽、中心孔等。如系标准结构，在测得尺寸后，应参照相应的标准查出其标准值，注写在图样上。

⑥ 对于零件上的缺陷，如铸造缩孔、砂眼，加工的疵点、磨损等，不要在图上画出。

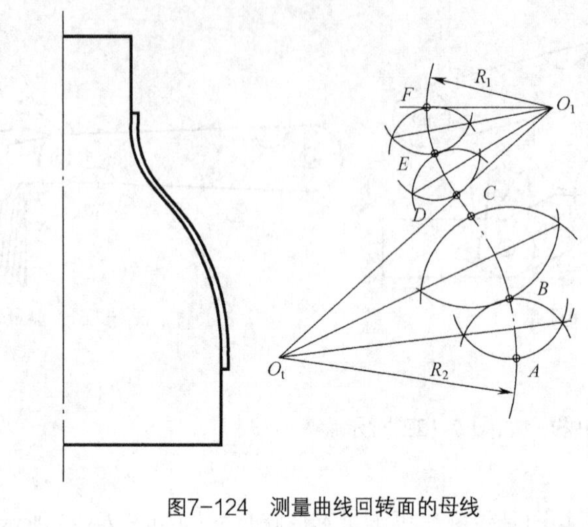

图7-124 测量曲线回转面的母线

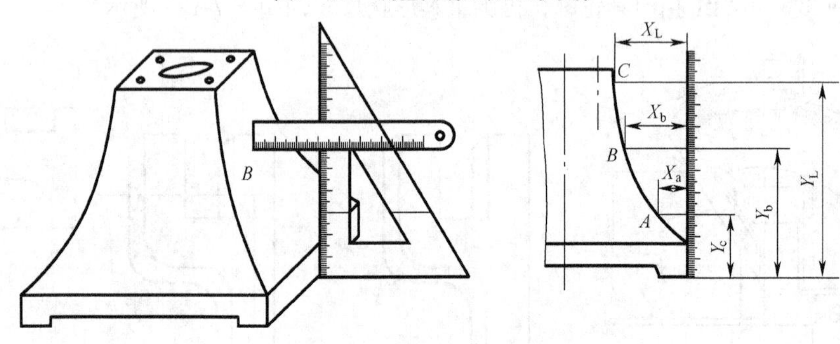

图7-125 测量一般的曲线和曲面

7.9 读零件图

准确、熟练地识读零件图，是技术工人必须具备的基本功之一。识读零件图的目的是通过图样的表达方法想象出零件的形状结构，理解每个尺寸的作用和要求，了解各项技术要求的内容和实现这些要求应该采取的工艺措施等，以便于加工出符合图样要求的合格零件。读零件图的一般步骤如下。

1. 读零件图的方法和步骤

（1）概括了解

首先从标题栏中了解零件的名称、材料、图样比例等基本信息，大致了解零件属于哪一类性质，在机器中的作用，还要根据装配图了解该零件与其他零件的相对位置等。

（2）分析视图、想形状

根据视图布局，首先找出主视图，确定各视图间的相互关系，分析零件的表达方案，重点了解各视图所反映的零件结构形状，结合实际零件上的工艺结构知识，综合起来想象出整个零件的形状。

（3）分析尺寸

分析零件图的尺寸基准，逐一分析各定形尺寸、定位尺寸和总体，找出零件重要的设计尺寸。

（4）分析技术要求

主要分析零件的表面结构、尺寸公差、几何公差和其他技术要求，了解零件在制造、检验和使用等过程中的技术指标。

2. 读图举例

现以图 7-1 所示铣刀头轴为例，说明读零件图的方法步骤。

（1）概括了解

从标题栏中可知零件的名称是轴，它能通过传动件传递动力，材料是 45 钢，比例是 1:1。

（2）分析视图、想形状

该零件采用一个主视图、两个局部视图、两个移出断面图和一个局部放大图表达。主视图按加工位置水平放置，采用了“较长零件的简化画法”，表达该轴是由七段直径不同并在同一轴线的回转体组成的。其轴向尺寸远大于径向尺寸。用两个局部视图和两个移出断面图表达了轴左、右两个键槽的结构形状；采用局部放大图表达了ϕ34mm 轴肩退刀槽的结构形状。此外轴两端有中心孔和定位孔等结构。

（3）分析尺寸

根据设计要求，轴线为径向尺寸的主要基准。ϕ44mm 轴肩右端面 *E* 面为该轴长度方向尺寸的主要基准。根据加工工艺要求确定左、右端面为辅助基准，主要基准与两个辅助基准之间的联系尺寸分别为 95mm 和 400mm。另外确定左键槽和右键槽的定位尺寸分别为 7mm 和 4mm。轴左端面上定位孔ϕ4H7 的定位尺寸为 10mm。

（4）看技术要求

从图中可知，注有极限偏差数值的尺寸，如ϕ28k7、ϕ35k6、ϕ25k6（可通过附表查出其上下极限偏差的大小），都是保证配合质量的尺寸ϕ35k6 两端轴颈的表面结构要求为 MRR *Ra*1.6μm；除图中所注表面结构要求外，其余表面结构要求为 MRR *Ra*25μm；此外，ϕ35k6 轴线有几何公差要求，即两段轴线互为基准，其同轴度公差值为ϕ0.015mm；在文字说明中，要求该零件需经调质处理到 261～269HBW，各轴肩处未注倒角均为 *C*0.5。

读图过程是一个将学过的知识综合应用的过程，只有经过不断实践，才能熟练地掌握读图的基本方法。

1. 特殊零件的规定画法和标记

（1）螺纹

无论是外螺纹还是内螺纹（当内螺纹画成剖视图时），螺纹的牙尖直径用粗实线表示，螺纹的牙底直径用细实线表示，螺纹终止线用粗实线表示。当用剖视图表达内外螺纹的连接时，其旋合部分按外螺纹的画法绘制，其余部分仍按各自的画法表示。

螺纹的标记应注明特征代号、公称直径、螺距、旋向、公差带代号和旋合长度代号。在图样上标注时，应从大径上引出尺寸界线或引出线。

（2）齿轮

齿顶圆和齿顶线画成粗实线；分度圆和分度线画成细点画线；齿根圆和齿根线画成细实线，也可省略不画；在剖视图中，齿根线用粗实线表示。

齿顶圆直径、分度圆直径及有关齿轮的基本尺寸要直接注出。其他各主要参数如模数 m、齿数 z、齿形角 α 等在图纸右上角参数表中说明。

（3）螺旋弹簧

用直线代替螺旋线；有效圈数在四圈以上的弹簧，中间部分可省略不画。

图上要标注簧丝直径 d、弹簧外径 D、节距 t 和自由高度 H_0 等尺寸。在主视图上方用斜线表示出外力与弹簧变形之间的关系，在技术要求中填写旋向、有效圈数、总圈数、工作极限应力和热处理要求、各项检验等内容。

2. 零件图的基本知识

零件图是加工和检验零件的依据。因此，在视图选择、尺寸标注、技术要求等方面都比组合体视图有更进一步的要求。

（1）视图选择

零件的视图表达要做到完整、合理、清晰、看图方便。在上述前提下，力求表达简洁。主视图是核心，是确定表达方案的关键。

（2）尺寸标注

必须正确地选择尺寸标准。基准一般选择接触面、对称平面、轴心线等。零件上对设计要求重要的尺寸必须直接注出，其他尺寸可按加工顺序、测量方便或形体分析进行标注。不要注成封闭尺寸链。

（3）技术要求

图样上的图形和尺寸尚不能完全反映对零件各方面要求，因此还需有技术要求。

对零件表面结构的要求，本教材采用了最新标准（GB/T 131—2006 产品几何技术规范）介绍，与原标准（GB/T 131—1993 表面粗糙度）比较，不但在标注上有很大的不同，其反映的实质内容也不一样。

3. 识读零件图

识读零件图是本章的重点内容，识读零件图要从视图、表达方法、尺寸、技术要求等方面进行全面的分析，最终看懂零件图所表达的全部内容。

第8章

装配图

本章是对全书知识的综合运用，主要介绍装配图的表达方法、读图方法及装配图的测绘方法。通过本章学习，掌握绘制和阅读装配图的基本方法，提高绘制和阅读装配图的能力。

8.1 装配图的基本知识

8.1.1 装配图的概念

表示机械或部件及组合部分相互连接、装配关系的机械图样称为装配图。其中，表达一台机械设备的图样称为总装图，简称总图；表达一个部件的图样，称为部件装配图，简称部装图。装配图主要用于表达机械或部件的形状结构、传动关系、工作原理以及各组成零件之间的装配关系等。

8.1.2 装配图的作用

装配图是机械设计中设计意图的反映，是机械设计、制造的重要的技术依据。在机械或部件的设计制造及装配时，都需要装配图。概括起来装配图主要有以下作用。

① 进行机械或部件设计时，首先要根据设计要求画出装配图，用以表达机械或部件的结

构和工作原理；然后根据装配图和有关参考资料，设计零件具体结构，画出各个零件图。

② 在生产过程中，根据装配图组织生产，将零件装配成部件和机器。

③ 在使用和维修中，装配图是了解机械或部件工作原理、机构性能，从而决定操作、保养、拆装和维修方法的依据。

④ 装配图反映了设计者的思想，因此，也是进行技术交流的重要文件。

8.1.3 装配图的基本内容

图 8-1 所示是球阀的装配轴测图，图 8-2 所示是该部件的装配图。由图 8-2 可知，装配图应包括以下四方面内容。

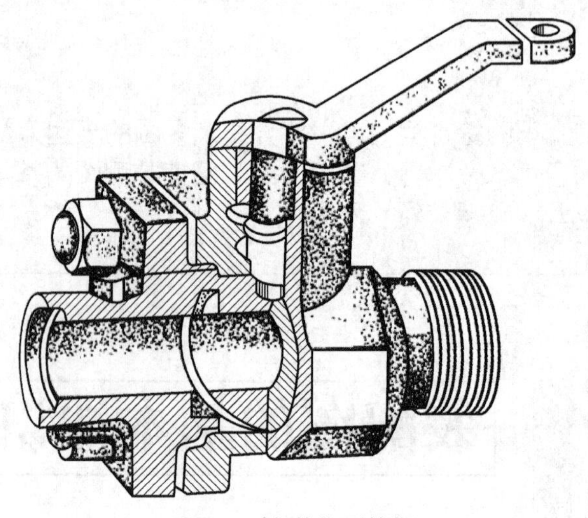

图8-1 球阀的装配轴测图

1. 一组视图

用来表达装配图的结构、工作原理及各组成零件间的相互位置、装配关系、连接方式和重要零件的主要结构形状等。

2. 必要尺寸

用来表达机械或部件的性能、规格、外形、大小、装配和安装所需的必要尺寸。

3. 技术要求

用文字或符号说明机械或部件在装配、安装、检验、调试和使用等方面的要求。

4. 零件的序号

在装配图中，应将各个零件按一定顺序和方法进行编号，指明零件所在的位置。

5. 标题栏和明细栏

在图纸右下方应以一定的格式画出标题栏和明细栏。标题栏是由机械或部件的名称及代号区、签字区、更改区和其他区组成；明细栏是由零件序号、代号、名称、数量、材料、质量和备注等内容组成。

A—A
拆去扳手13
技术要求
制造与验收应符合国家标准规定。
7 螺母M12 4 Q235 GB/T 6170—2000
6 双头螺柱M12×30 4 35 GB/T 897—1988
5 调整垫 1 聚四氟乙烯
4 阀芯 1 40Cr
3 密封圈 2 填充聚四氟乙烯
2 阀盖 1 ZG25
1 阀体 1 ZG25
序号 名称 数量 材料 备注
球阀
共1张 第1张
比例
图号
数量
制图
审核
（校名、班级）
13 扳手 1 ZG25
12 阀杆 1 40Cr
11 填料压紧套 1 35
10 上填料 1 聚四氟乙烯
9 中填料 2 聚四氟乙烯
8 填料垫 1 聚四氟乙烯
160
~84
M36×2
φ20
φ14H11/d11
φ18H11/d11
54
115±1.10
121.5
75
φ70
B—B
A
B
1
2
3
4
5
6
7
8
9
10
11
12
13

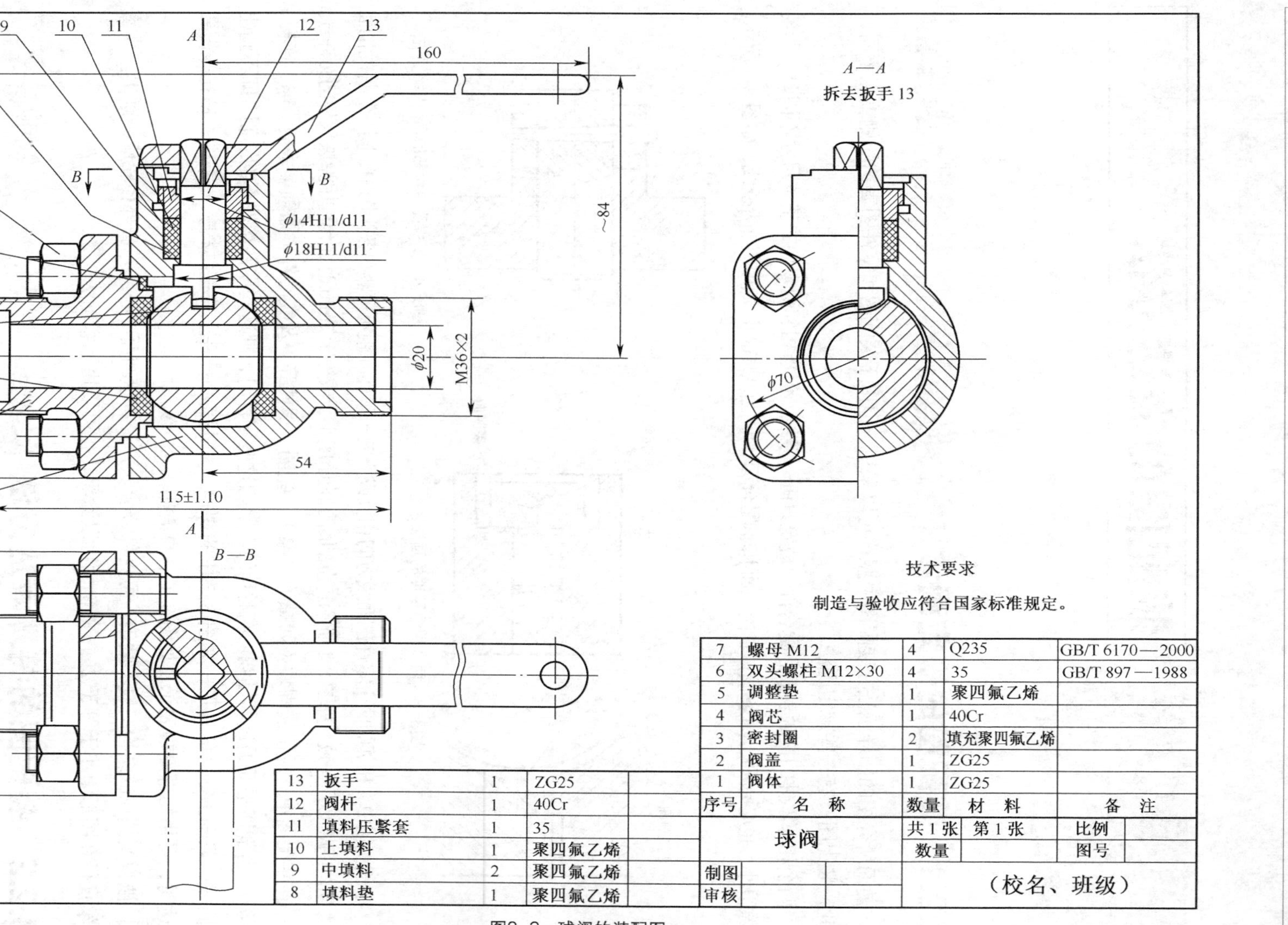

图8-2 球阀的装配图

8.2 装配图的表达方法

8.2.1 装配图的规定画法

前面所介绍的图样画法在装配图中照样可以采用，但由于装配图和零件图表达的侧重点不同，因此，装配图又有一些规定画法。

两个相邻零件的接触表面和配合面，规定只画一条线，但当相邻两零件的基本尺寸不同时，即使间隙很小，也必须画出两条线；非接触面和非配合面，即使间隙很小，也应画两条线，如图 8-3 所示。

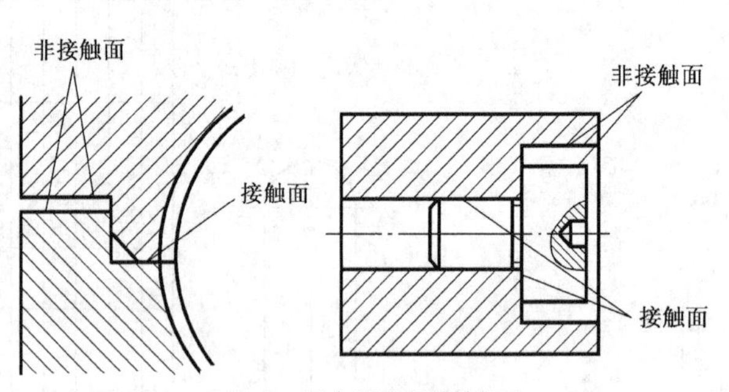

图8-3 两个相邻零件的画法

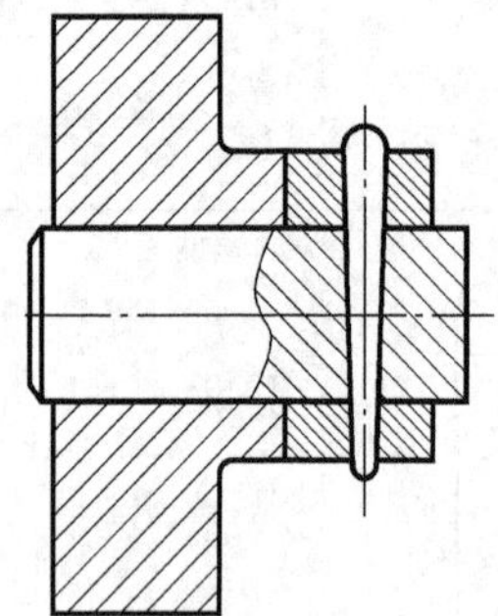

图8-4 剖视图中相邻的两个零件画法

在剖视图中，相邻的两个零件剖面线方向相反或方向一致而间距不等。在各视图中，同一零件的剖面线方向与间隔必须一致，如图 8-4 所示。当剖面图的厚度小于或等于 2mm 时，允许用涂黑代替剖面符号。

在装配图中，对于紧固件（如螺栓、螺母、垫圈、螺柱等）及实心件（如轴、手柄、球、连杆、键等），当剖切平面通过其轴线（或对称线）剖切这些零件时，则这些零件均按不剖绘制，即不画出剖面线，只画出零件的外形，如图 8-5 中的螺栓。如果实心杆件上有些结构，如键槽、销孔等需要表达时，可用局部剖视表示，如图 8-4 中的销孔。

被弹簧挡住的结构一般不画出，可见部分应从弹簧簧丝剖面中心或弹簧外径轮廓线画出。弹簧簧丝直径在图形上小于等于 2mm 的剖面可以涂黑，也可以用示意画法。

8.2.2 装配图的特殊表达方法

1. 拆卸画法

在装配图的某个视图上，当某些零件遮住了大部分装配关系或其他零件时，可假想将某些零件拆去绘制，这种画法称为拆卸画法。如图 8-5 中的俯视图就是拆去轴承盖、螺栓和螺母后画出的。

采用这种画法需要加标注“拆去××”等字样。

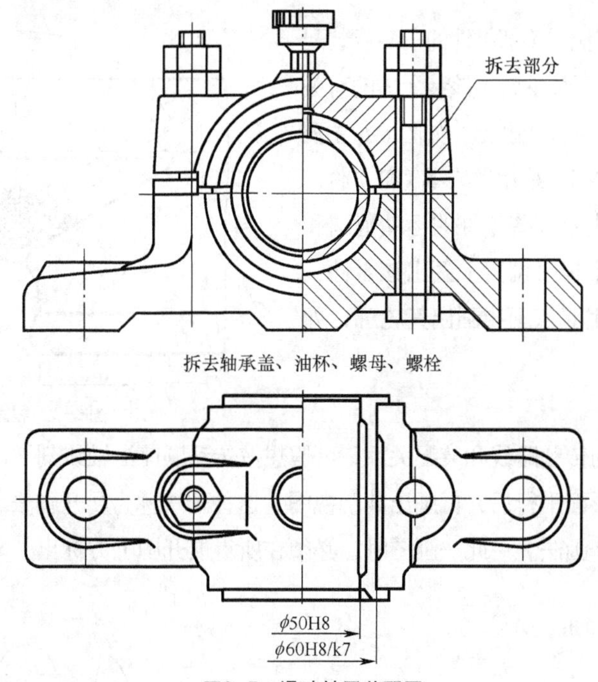

图8-5 滑动轴承装配图

2. 沿结合面剖切画法

为了表达部件的内部结构，可假想沿着两个零件的结合面进行剖切。如图 8-6 中的右视图就是沿润滑泵端盖与泵体的结合面剖切后绘制的。若采用沿结合面的剖切画法，零件的结合面不画剖面线，被截断的零件应画剖面线，并应按剖视图的画法规定进行标注。

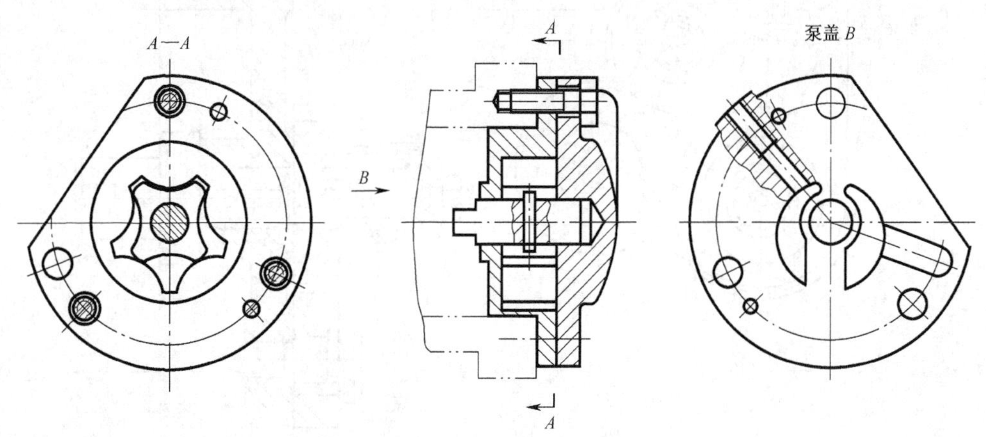

图8-6 润滑泵的表达方法

3. 单独表示某个零件

在装配图中，当某个零件的形状未表达清楚而又对理解装配关系有影响时，可另外单独画出该零件的视图或剖视图，并在视图上方注出零件的编号和视图名称，在相应的视图附近用箭头指明投影方向，如图 8-6 所示的左视图，就是单独表达泵盖的视图。

4. **假想画法**

为了表示装配体与其他零（部）件的安装或装配关系，常把该装配体相邻而又不属于该装配体的有关零（部）件的轮廓线用双点画线画出，如图 8-6 主视图所示，双点画线表示与润滑泵相邻的零（部）件。

在装配图中，为了表示某些零件的运动范围和极限位置时，可先在一个极限位置上画出该零件，再在另一个极限位置上用双点画线画出其轮廓，如图 8-7 所示。

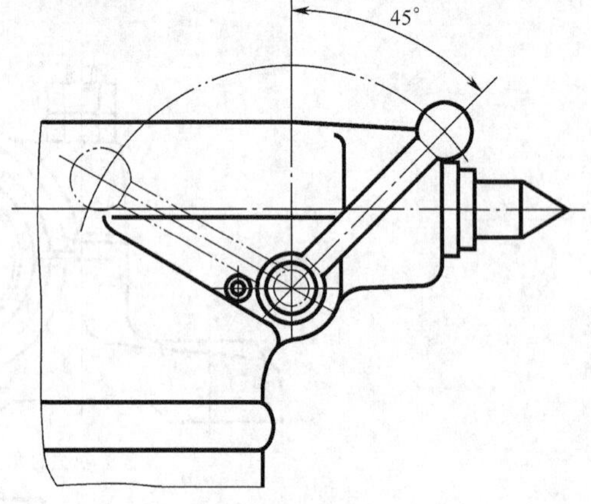

图8-7 假想画法示例

5. **展开画法**

为了表示传动机构的传动路线和装配关系，可假想按传动顺序沿轴线剖切，然后依次展开，使剖切平面摊平与选定的投影面平行后，再画出其剖视图，这种画法称为展开画法。如图 8-8 所示的挂轮架装配图就是采用了展开画法。用此法画图时，必须在所得展开图上方标出“×—×展开”字样。

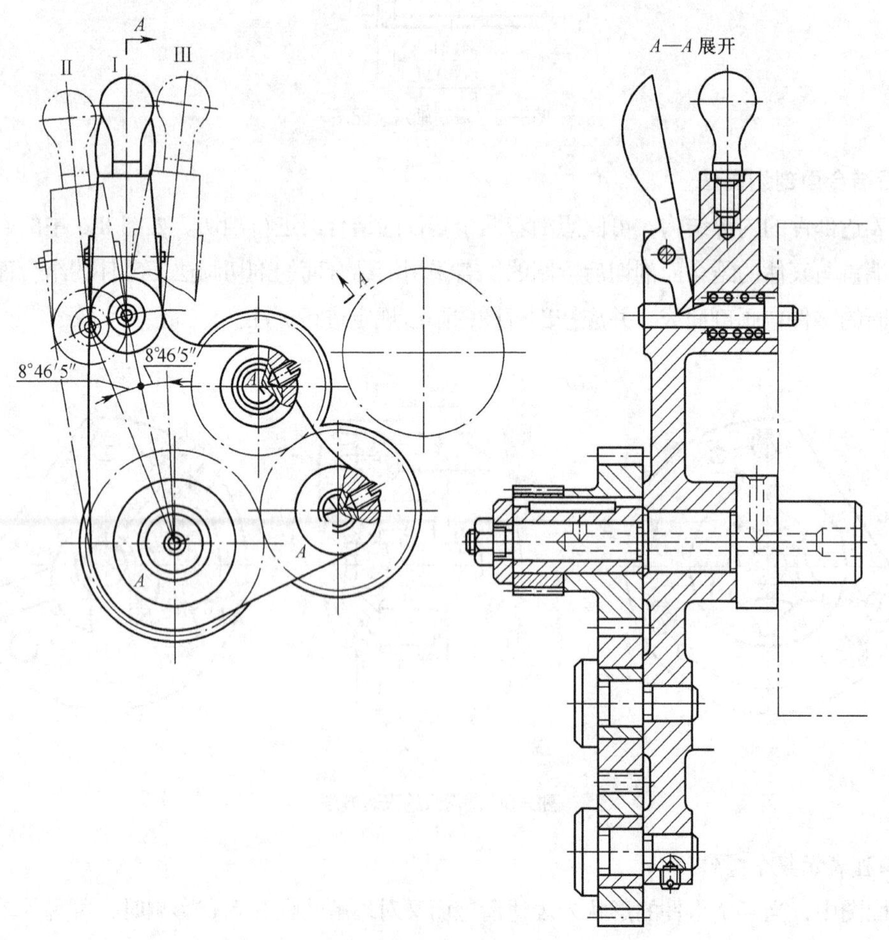

图8-8 展开画法示例

6. 夸大画法

在装配图中，如绘制直径或厚度小于 2mm 的孔或薄片以及较小的斜度、锥度、间隙和细丝弹簧时，允许该部分不按原绘图比例而夸大画出，以便使图形清晰，这种表示方法称为夸大画法，如图 8-9 所示。

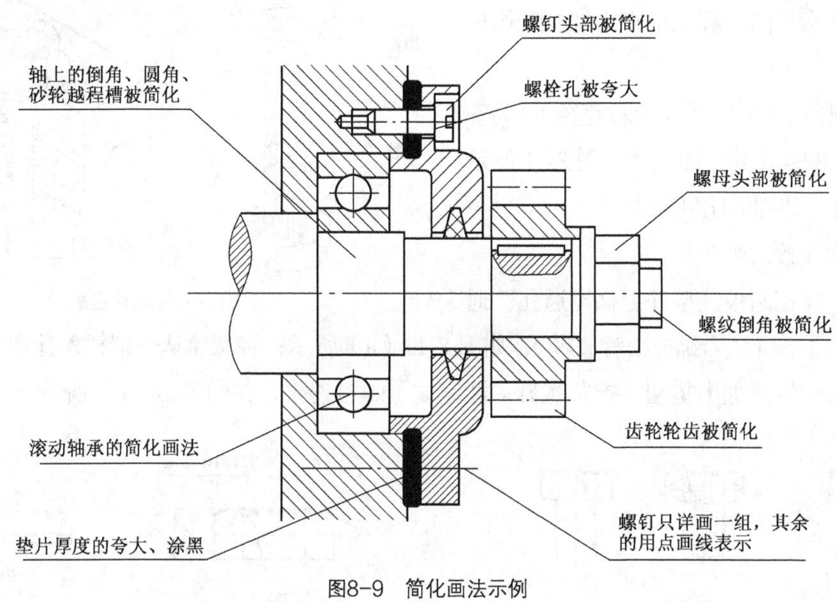

图8-9　简化画法示例

8.2.3　装配图的简化画法

对于装配图中的螺栓连接等若干相同的零件组，在不影响理解的前提下，允许仅详细地画出一处，其余则以点画线表示其中心位置。在装配图中，螺母和螺栓的头允许采用简化画法，如图 8-9 所示。

在装配图中，表示滚动轴承时，允许按比例画法画出对称图形的一半，另一半只画出其轮廓，在轮廓中央画出十字形符号，如图 8-9 所示。

在装配图中，对零件的工艺结构，如圆角、倒角、退刀槽等允许不画。

8.3 常见装配结构的画法

8.3.1　螺纹紧固件连接画法

1. 螺栓连接

螺栓连接一般适用于两个不太厚，并允许钻成通孔的零件连接，如图 8-10 所示。

（1）螺栓连接件的比例画法

确定螺栓连接件的画图尺寸有查表法和比例法两种方法。

查表法是指从国家标准中查出螺栓结构尺寸的方法。

比例法则是以螺纹大径（公称直径）d 为基数，按一定比例确定其绘图尺寸。图 8-11 所示为螺栓、螺母、垫圈的比例画法。

（2）螺栓连接的画法

连接前，先在两被连接件上钻出通孔，通孔直径一般取 $1.1d$（d 为螺栓公称直径），如图 8-12（a）所示；将螺栓从一端插入孔中，如图 8-12（b）所示；另一端再加上垫圈，拧紧螺母，即完成了螺栓连接，如图 8-12（c）所示。

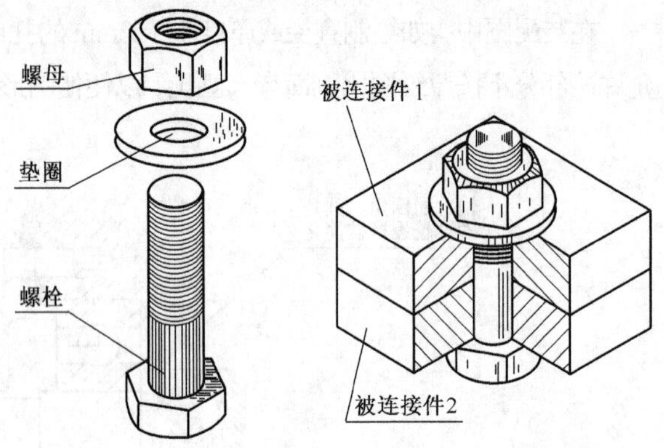

图8-10 螺栓连接

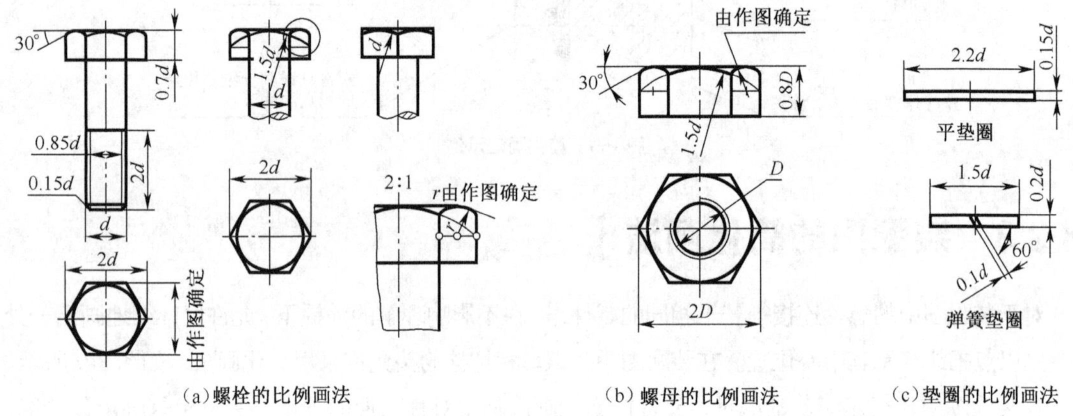

图8-11 螺栓连接件的比例画法

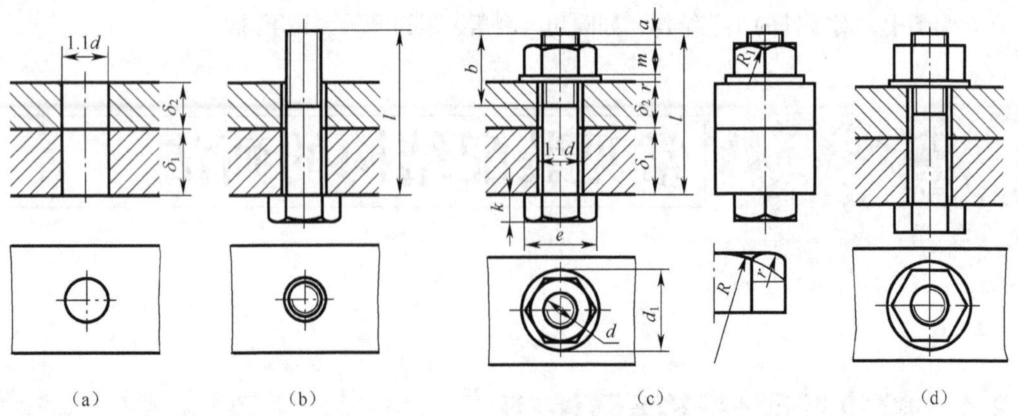

图8-12 螺纹连接

螺栓连接画图说明如下。

① 为适应连接不同厚度的零件，螺栓有各种长度规格。螺栓公称长度可按下式估算：

$$l=\delta_1+\delta_2+h+m+a$$

式中，δ_1、δ_2为被连接件的厚度；h为垫圈厚度；m为螺母厚度；a为螺栓伸出螺母的长度，a=(0.2～0.3)d。

根据上式计算出的螺栓长度，还需从相应的螺栓长度系列中选取与它相近的标准值。

② 被连接件钻光孔，光孔直径为1.1d。

③ 螺栓的螺杆上，螺纹终止线应低于通孔顶面。垫圈的作用是防止拧紧螺母时损伤被连接件表面。

为作图方便，在装配图中螺栓连接也可用图8-12（d）所示的简化画法。

2. 双头螺柱连接

当两被连接件之一较厚，或不允许钻成通孔而难于采用螺栓连接，或因拆装频繁，而不宜采用螺钉连接时，可采用螺柱连接，如图8-13（a）所示。

螺柱的两端都制有螺纹，连接前，先在较厚的零件上加工出螺孔，在较薄的零件上加工出通孔（孔径≈1.1d），如图 8-13（b）所示；然后将双头螺柱的一端（旋入端）旋紧在螺孔内，如图 8-13（c）所示；再在双头螺柱的另一端（紧固端）套上带通孔的被连接件，加上垫圈，拧紧螺母，即完成了螺柱连接，如图8-13（d）所示。

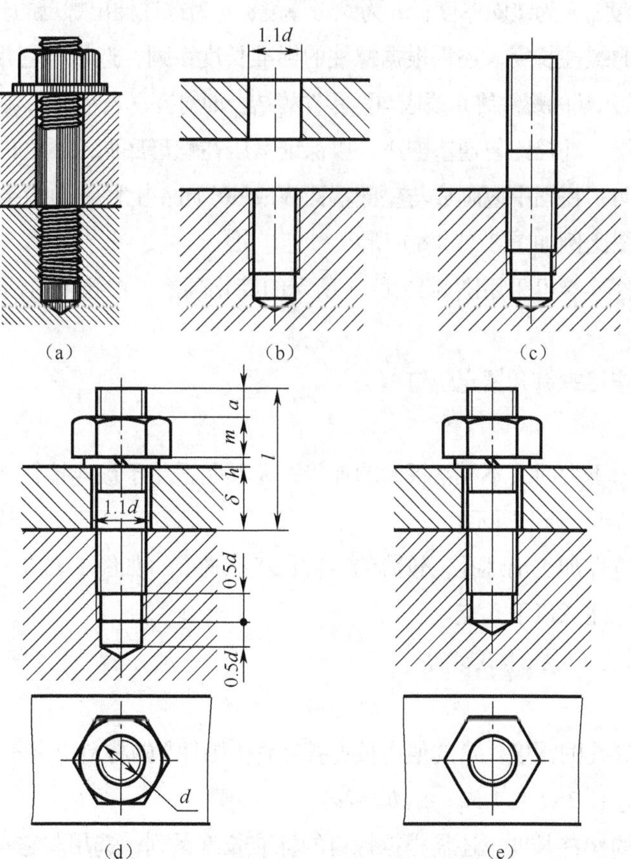

图8-13 螺柱连接

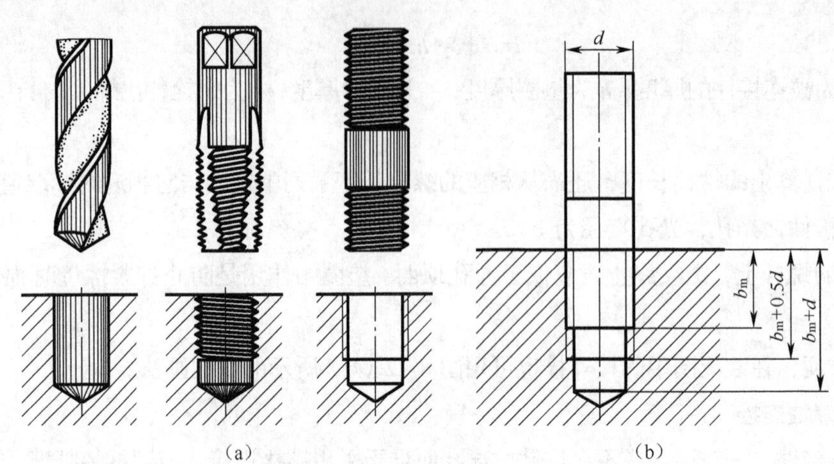

图8-14　螺柱旋入端的有关尺寸

双头螺柱旋入端长度 b_m 与被旋入零件的材料有关（钢或青铜 $b_m=d$，铸铁 $b_m=1.25d$，铝 $b_m=2d$），其数值可在附表中查出。机体上螺孔的深度应大于螺柱旋入端长度 b_m，一般取 $b_m+0.5d$；钻孔深度取 b_m+d。

螺柱的公称长度 l，可通过计算选定：

$$l=\delta+h+m+a$$

式中，δ为通孔零件厚度；h 为垫圈厚度；m 为螺母厚度；a 为螺柱伸出螺母的长度，$a=(0.2\sim0.3)d$。

根据上式计算出的螺柱长度，还需根据螺柱的标准长度系列，选用与它相近的标准值。

连接图中，螺柱旋入端的螺纹终止线应与两零件的结合面对齐，表示旋入端全部旋入，足够拧紧。

弹簧垫圈用于防松，外径比普通垫圈小，以保证紧压在螺母底面范围之内。弹簧垫圈开槽方向应是阻止螺母松动方向，在图中应画成与垫圈端面线成 60° 向左上倾斜的两条线（或一条加粗线），两线间距为 m，其作图比例如图 8-11（c）所示。

在装配图中，螺柱连接可采用图 8-13（e）所示的简化画法，螺孔中的钻孔深度也省去不画。

3. 螺钉连接

螺钉按用途分为连接螺钉和紧定螺钉两类。

（1）连接螺钉

螺钉一般用于受力不大而又不经常拆卸的连接，尤其是适用于被连接件之一厚度较大，不宜制成通孔的情况，如图 8-15（a）所示。

连接时，较厚的零件加工出螺孔，较薄的零件加工出通孔，如图 8-15（b）所示。

画螺钉装配图时应注意以下几点。

① 螺钉的公称长度 l 可按下式计算：

$$l=\delta+b_m$$

式中，b_m 为螺钉旋入螺孔的深度。b_m 的值由被连接零件（机件）的材料决定，与双头螺柱连接相同，钢或铜 $b_m=d$；铸铁 $b_m=1.25d$ 或 $1.5d$；铝 $b_m=2d$。

根据上式计算出的螺柱长度，还需根据螺钉的标准长度系列，选用与它相近的标准值。

② 螺纹终止线应高于螺孔的端面，表示螺钉有拧紧的余地，以保证连接紧固。

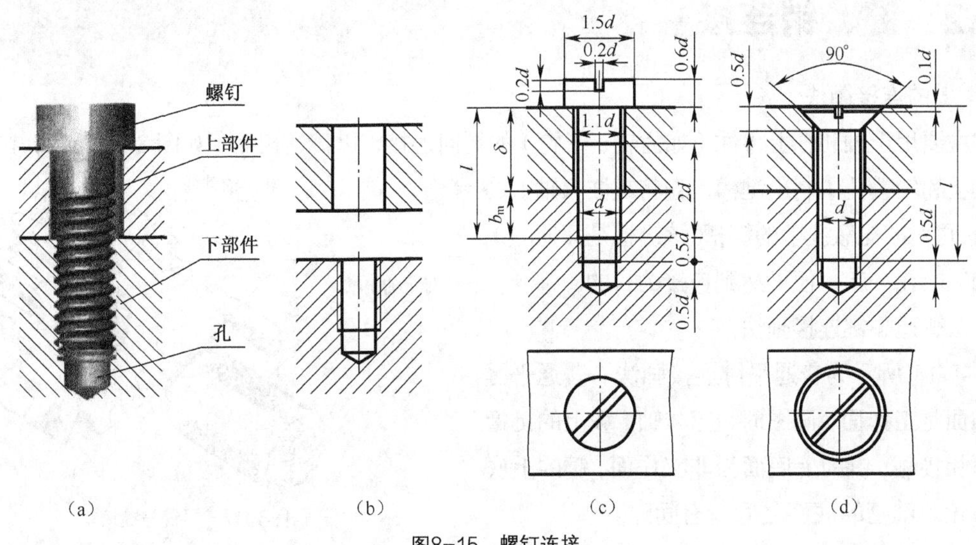

图8-15 螺钉连接

③ 螺钉头部的一字槽和十字槽的投影，在俯视图上，应画成与中心线成45°（一字槽的方向是由左下向右上）。

④ 螺钉连接同样可采用比例画法，图8-15（c）所示为圆柱头螺钉连接的比例画法，图8-15（d）所示为沉头螺钉连接的比例画法。

⑤ 为简化作图，可将螺钉的螺杆全部画成螺纹；主视图上的钻孔深度也省略不画，仅按螺纹深度画出；螺钉头部的开槽也采用加粗的粗实线（约2*b*）简化表示，如图8-15（d）所示。

（2）紧定螺钉连接

紧定螺钉用来固定两零件的相对位置，使它们之间不产生相对运动。如图8-16所示，欲将轴、轮固定在一起，可先在轮毂的适当位置加工出螺孔，然后将轮、轴装配在一起，以螺孔为导向，在轴上钻出锥坑，最后拧入紧定螺钉，即可限定轮、轴的相对位置，使其不产生轴向相对运动。

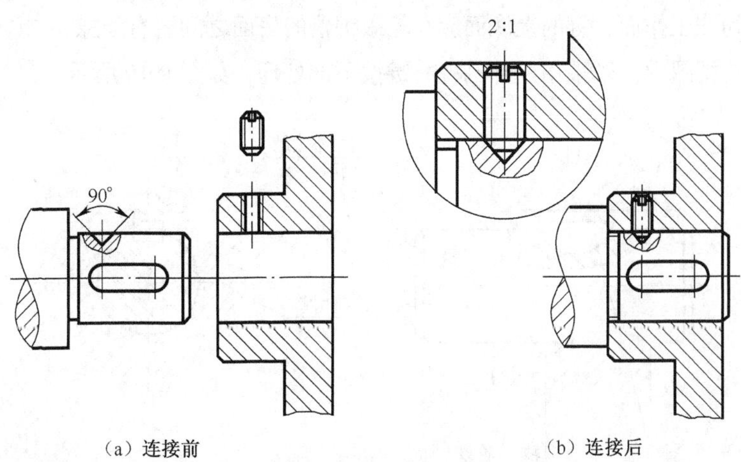

图8-16 紧定螺钉连接

8.3.2 键、销连接

1. 键的连接画法

键主要用于轴和轴上零件（如齿轮、带轮）的周向连接，以传递扭矩。如图 8-17 所示，在被连接的轴上和轮毂孔中制出键槽，先将键嵌入轴上的键槽内，再对准轮毂孔中的键槽（该键槽是穿通的），将它们装配在一起，便可达到连接的目的。

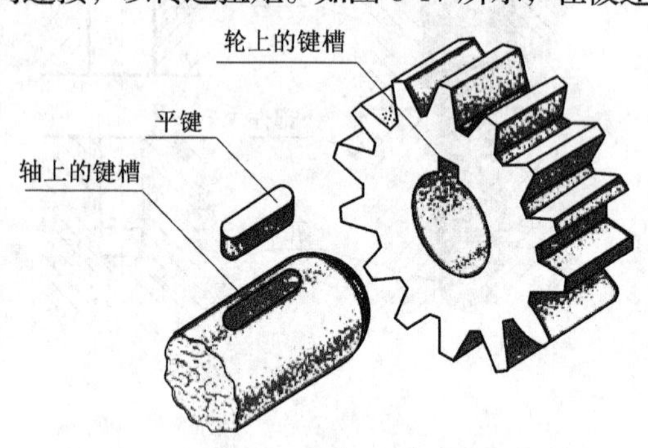

图8-17 平键与键槽

（1）普通平键连接画法

图 8-18 所示为普通平键连接画法。普通平键的两侧面是工作面，画图时，应与轴、毂上的键槽两侧面相接触；键的上底面为非工作面，键的上底面应与轮毂键槽的底面之间留有间隙。

在反映键长的视图中，轴采用局部剖视，键按不剖处理。键的倒角或圆角一般省略不画。

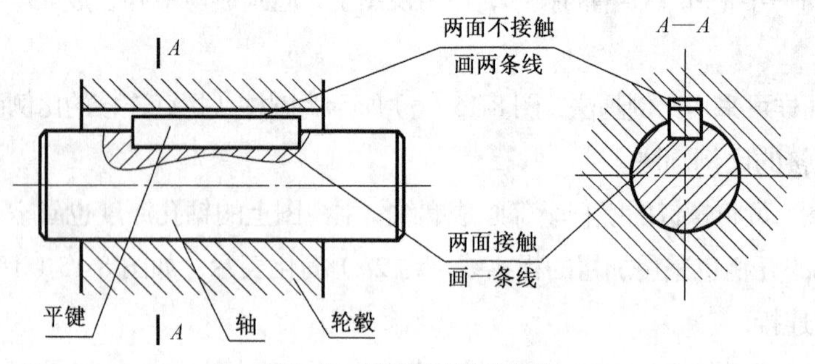

图8-18 普通平键连接画法

（2）半圆键连接画法

半圆键的画法和普通平键相似，其两侧面是工作面，画图时，应与轴、毂上的键槽两侧面相接触；键的上底面为非工作面，键的上底面应与轮毂键槽的底面之间留有间隙。

在反映键长的视图中，轴采用局部剖视，键按不剖处理，如图 8-19 所示。

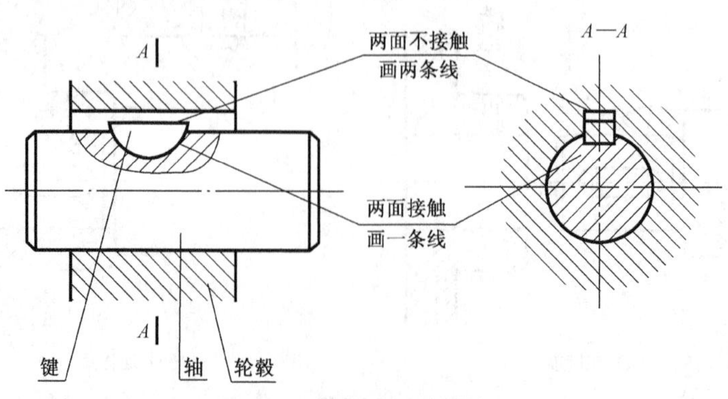

图8-19 半圆键连接画法

（3）钩头楔键连接画法

钩头楔键上顶面有 1∶100 的斜度，工作时，靠上、下面将轴和轮毂连接在一起，故钩头楔键的上、下底面为工作面，画图时分别与轴和轮毂的键槽底面重合；而两侧面为非工作面，与键槽侧面之间有间隙，如图 8-20 所示。

钩头供拆卸用。轴上的键槽常制在轴端，拆装方便。

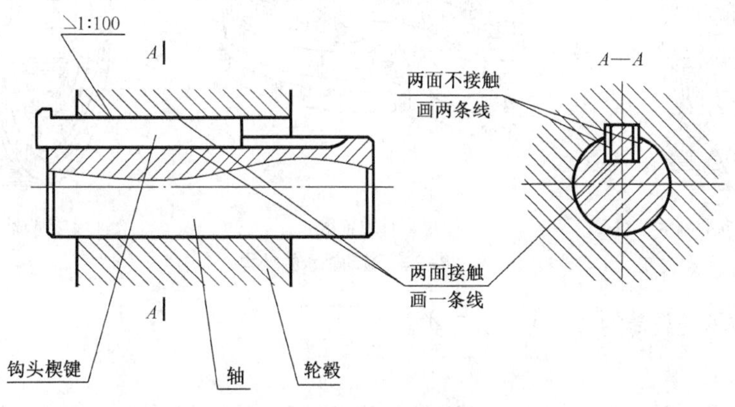

图8-20 钩头楔键连接画法

2. 销的连接画法

销在装配图中的画法应遵循装配图画法的有关规定，例如，当剖切平面通过销的轴线时，销按未剖切绘制。

圆柱销的连接画法如图 8-21 所示。

圆锥销的连接画法如图 8-22 所示。

开口销的连接画法如图 8-23 所示。

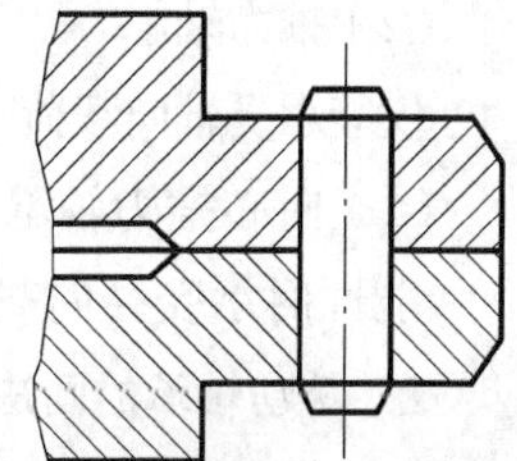

图8-21 圆柱销的连接画法

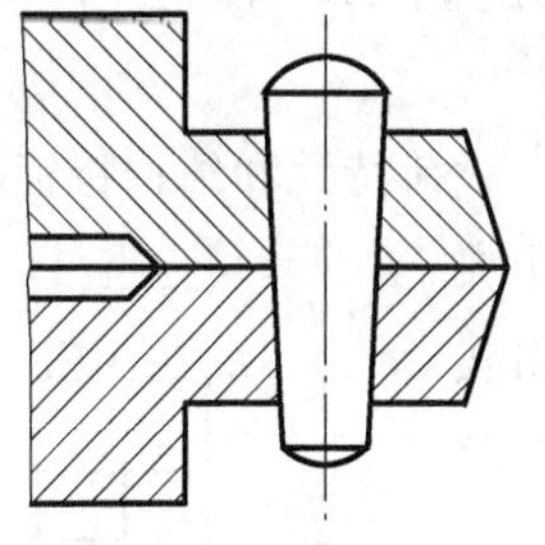

图8-22 圆锥销的连接画法

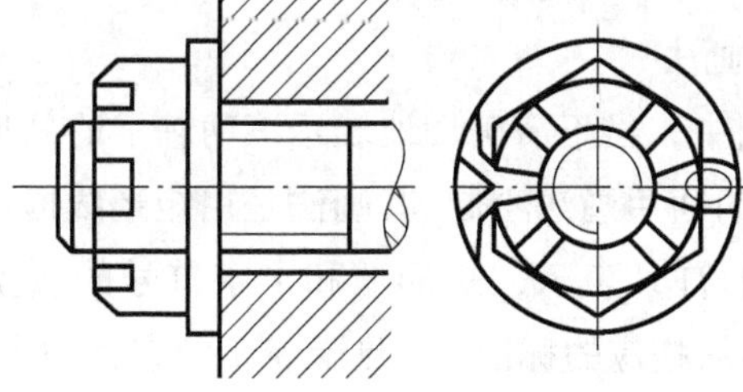

图8-23 开口销的连接画法

8.3.3 滚动轴承

滚动轴承是用来支撑旋转轴的组件，由于它具有摩擦阻力小、结构紧凑等优点，在机器中广泛使用。滚动轴承的结构形式、尺寸已标准化，由专门的工厂生产，需要时可根据设计要求选用。

1. 滚动轴承的结构和类型

滚动轴承的形式、规格很多，但它们的结构大致相似，一般由外圈、内圈、滚动体和保持架四部分组成，如图 8-24 所示。

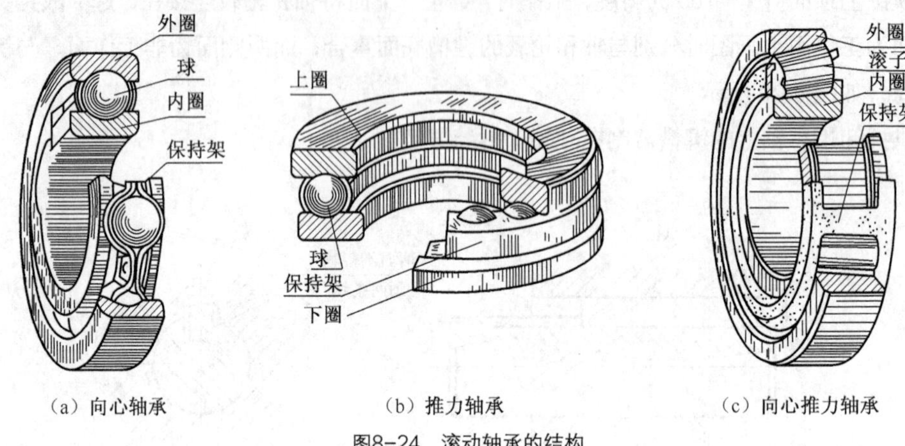

（a）向心轴承　　（b）推力轴承　　（c）向心推力轴承

图8-24　滚动轴承的结构

滚动轴承按承受载荷的方向可分为三类。

（1）向心轴承

主要承受径向载荷，图 8-24（a）所示为深沟球轴承。

（2）推力轴承

仅能承受轴向载荷，图 8-24（b）所示为推力球轴承。

（3）向心推力轴承

能同时承受径向载荷和轴向载荷，图 8-24（c）所示为圆锥滚子轴承。

2. 滚动轴承的画法

滚动轴承是标准组件，使用时必须按型号选用。当需要画出滚动轴承时，可按照不同要求，在装配图中选择采用以下画法来绘制，但在同一图样上一般只采用其中的一种画法。

（1）通用画法

在剖视图中，当不需确切地表示滚动轴承的外形轮廓、载荷特性和结构特征时，可用如图 8-25 所示的通用画法绘制。其画法是用矩形线框及位于中央正立的十字形符号表示，矩形框和十字符号的线型均为粗实线。画图时需从相应的标准中（见附表 18）查得图中所标的 *D*、*d*、*B* 和 *A* 四个尺寸。

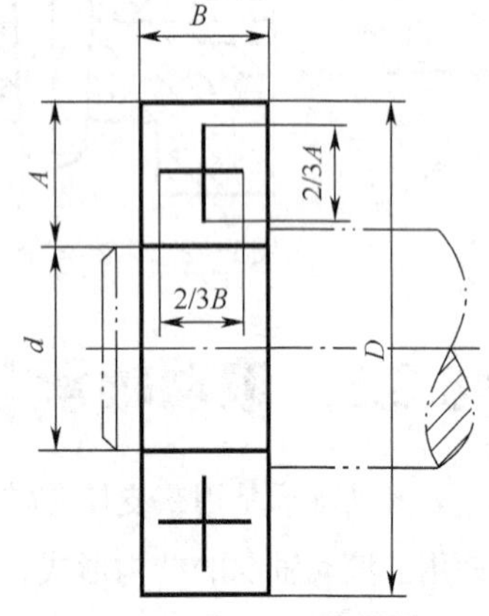

图8-25　滚动轴承的通用画法

（2）特征画法和规定画法

如需较形象地表示滚动轴承的结构特征和载荷特性，可采用特征画法。必要时，还可用规定画法绘制，见表 8-1。在特征画法中，其框内长的粗实线符号表示滚动体的滚动轴线（调心轴承要用圆弧），短的粗实线符号表示滚动体的列数和位置（单列画一根短粗实线，双列画两根）。在规定画法中，滚动体不画剖面线，各圈套上可画成方向和间隔一致的剖面线，也允许省略不画。

表 8-1　　轴承的特征画法和规定画法（摘自 GB/T 4459.7—1998）

名称和标准号	查表主要数据	特征画法	规定画法	装配画法
深沟球轴承 GB/T 276—1994	*D* *d* *B*	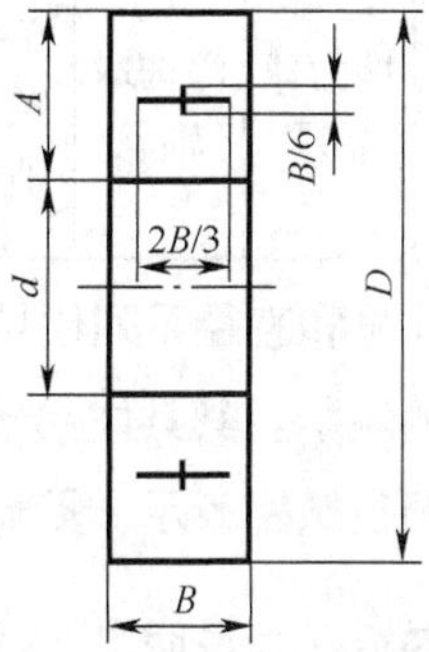	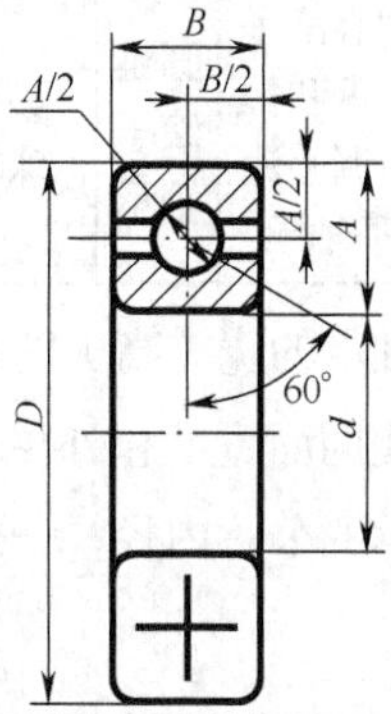	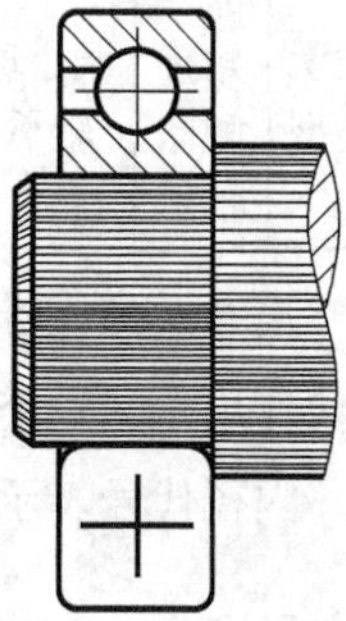
圆锥滚子轴承 GB/T 297—1994	*D* *d* *B* *T* *C*	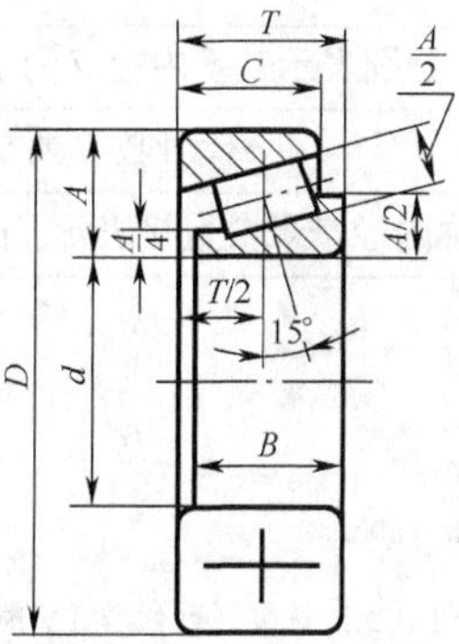	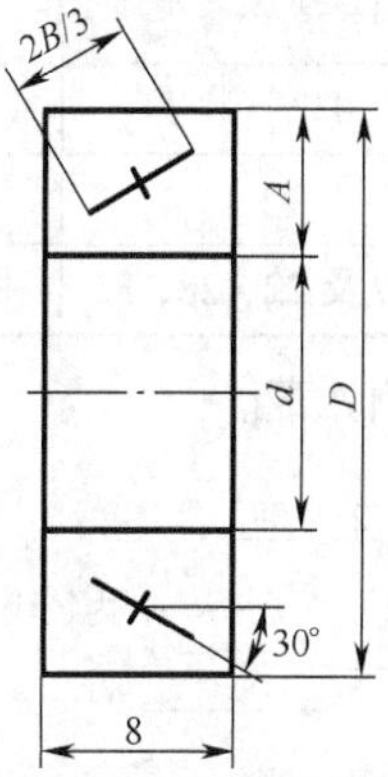	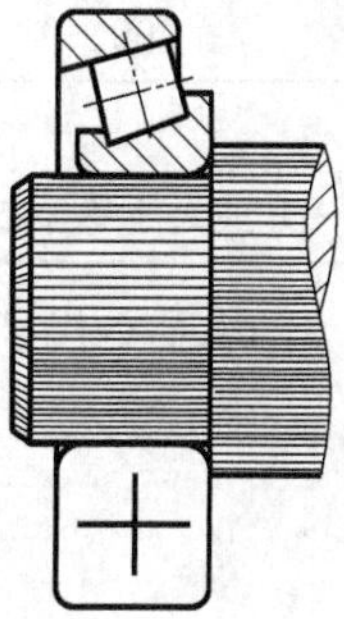
推力球轴承 GB/T 301—1994	*D* *d* *T*	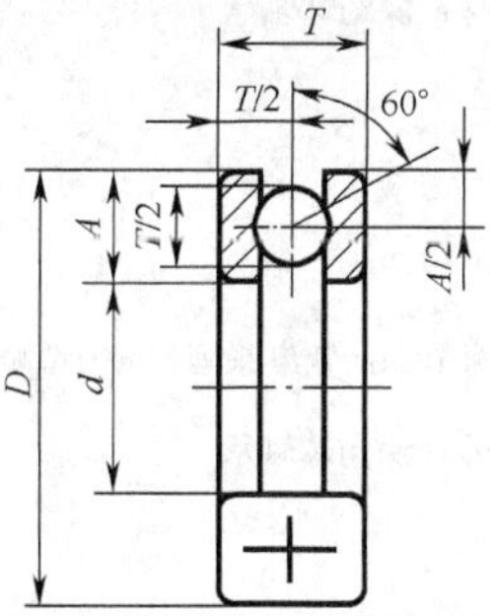	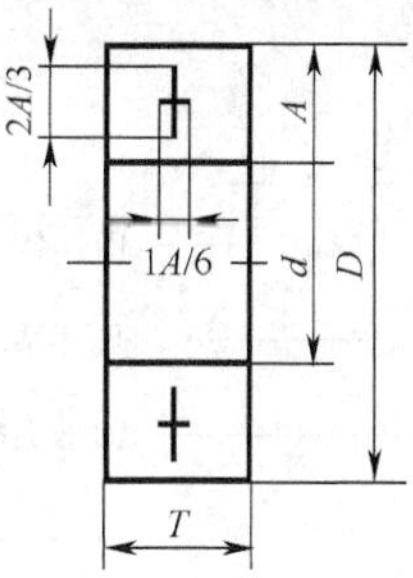	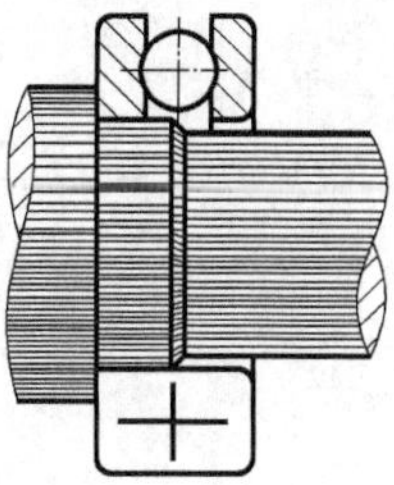

3. 滚动轴承的代号

滚动轴承的代号是用字母加数字表示滚动轴承的结构、尺寸、公差等级、技术性能等特征的产品符号。

滚动轴承的代号由前置代号、基本代号和后置代号构成，其排列如下：

前置代号　基本代号　后置代号

（1）基本代号

基本代号由轴承类型代号、尺寸系列代号和内径代号构成。

轴承类型代号由数字或字母表示，见表 8-2。

表 8-2　轴承类型代号（摘自 GB/T 272—1993）

代号	0	1	2	3	4	5	6	7	8	N	U	QJ
轴承类型	双列角接触球轴承	调心球轴承	调心滚子轴承和推力调心滚子轴承	圆锥滚子轴承	双列深沟球轴承	推力球轴承	深沟球轴承	角接触球轴承	推力圆柱滚子轴承	圆柱滚子轴承	外球面球轴承	四点接触球轴承

尺寸系列代号由轴承的宽（高）度系列代号和直径系列代号组合而成，用两位数字表示。它的主要作用是区别类型相同而宽度和外径不同的轴承。其具体代号需查阅相关标准。

内径代号表示轴承的公称内径，一般用两位数字表示，见表 8-3。

表 8-3　轴承内径代号说明

内 径 代 号	说　明
00、01、02、03	分别表示轴承内径 d 为 10mm、12mm、15mm、17mm
04 ～ 96	代号数字乘 5，即为轴承内径值
1～9 或大于等于 500 以及 22，28，32	用公称内径毫米数直接表示，但应与尺寸系列代号之间用“/”隔开

轴承基本代号举例如下。

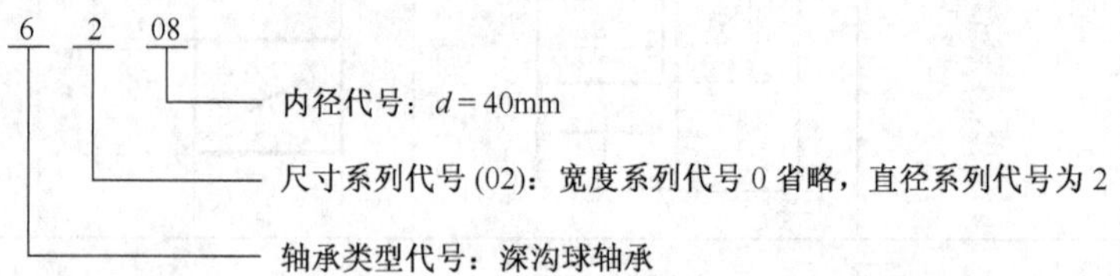

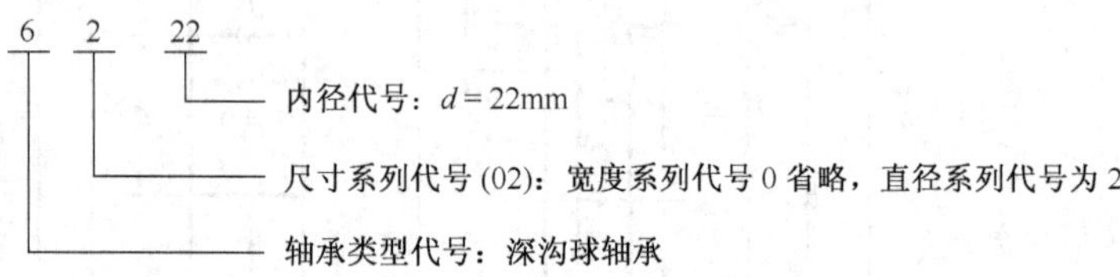

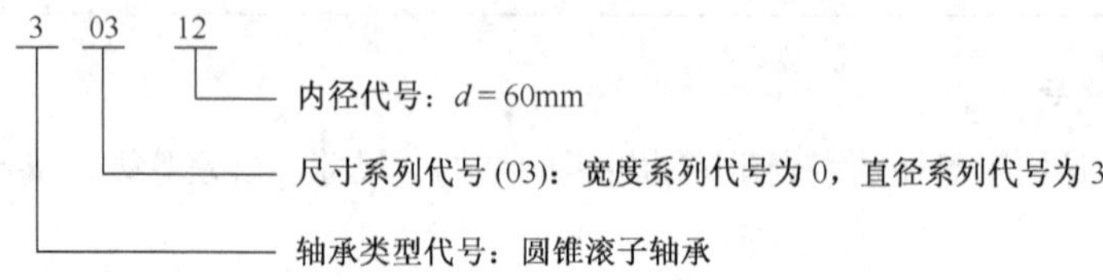

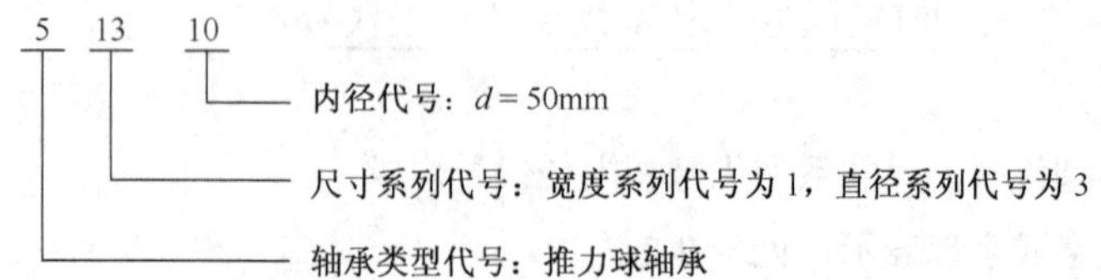

（2）前置、后置代号

前置代号用字母表示，后置代号用字母（或加数字）表示。前置、后置代号是轴承在结构形状、尺寸、公差、技术要求等有改变时，在其基本代号左右添加的代号。前、后置代号有许多种，其代号的含义需查阅 GB/T 272。

8.3.4 弹簧在装配图中的画法

在装配图中，被弹簧挡住的零件结构一般不画，可见部分应画至弹簧外轮廓线或画至弹簧丝剖面的中心线处，如图 8-26（a）所示。

在弹簧被剖切时，若弹簧簧丝直径 d≤2mm 时，其剖面上可以不画剖面符号，用涂黑来表示，如图 8-26（b）所示；当弹簧丝直径 d≤1mm 时，也可采用示意画法，如图 8-26（c）所示。

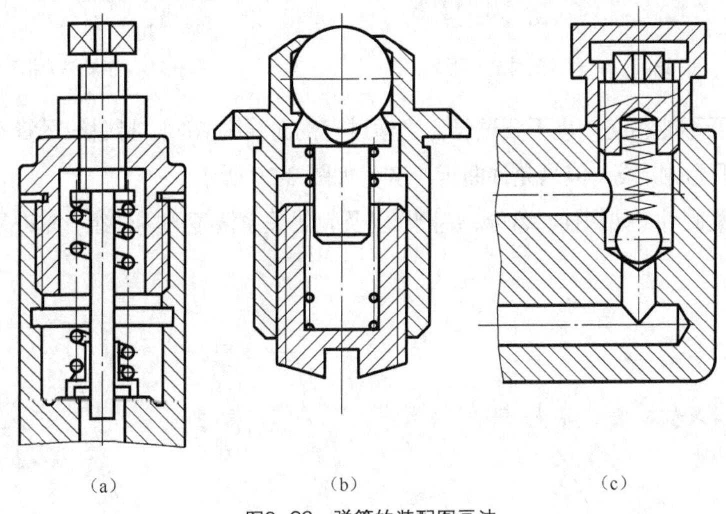

（a）　（b）　（c）

图8-26 弹簧的装配图画法

8.4 装配图的零（部）件序号及明细栏

为了便于看图、组织生产和管理图样，在装配图上需对每个不同的零件或组件编写序号，并在标题栏上方的明细栏中或另附的明细表内，填写出它们的名称、数量和材料等内容。

8.4.1 零、部件序号

1. 编写零、部件序号的方法

目前通用的编写序号的方法有以下两种。

① 将装配图上所有的零件包括标准件在内，按一定顺序编注序号，如图 8-2 所示。

② 将装配图上所有的标准件的标记注写在图上，而将非标准件按顺序编注序号。

2. 零、部件序号标注的一些规定

① 零、部件序号（或代号）应标注在图形轮廓线外边，并填写在指引线一端的横线上或圆圈内，指引线、横线或圆均用细实线画出。指引线应从所指零件的可见轮廓线内引出，并在末端画一小圆点，序号字体要比尺寸数字大一号，如图 8-27 所示。如所指部分内不宜画圆点时（很薄的零件或涂黑的剖面），可在指引线的末端画出箭头，并指向该部分的轮廓，如图 8-28 所示。

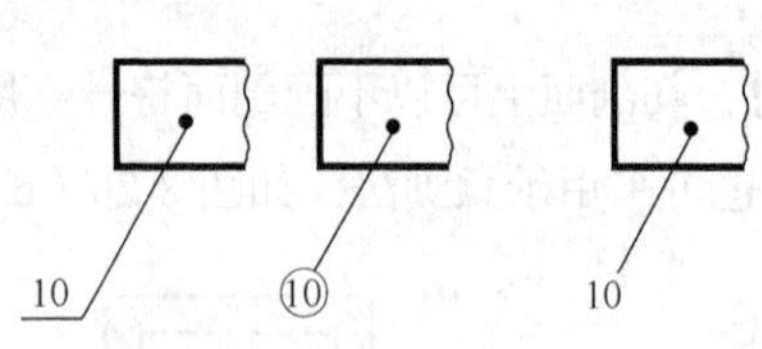

图8-27 序号的三种通用形式

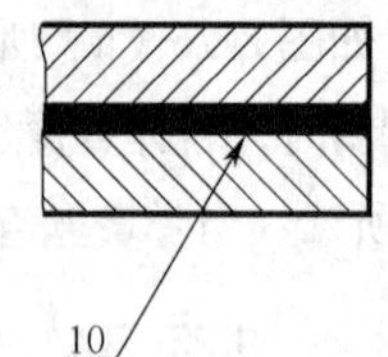

图8-28 涂黑部分指引方法

② 指引线相互不能相交，也不要过长，当通过有剖面线区域时，指引线尽量不与剖面线平行。必要时，指引线可画成折线，但只允许曲折一次，如图 8-29 所示。

③ 对于一组紧固件（如螺栓、螺母、垫圈）以及装配关系清楚的零件组，允许采用公共指引线，如图 8-30 所示。

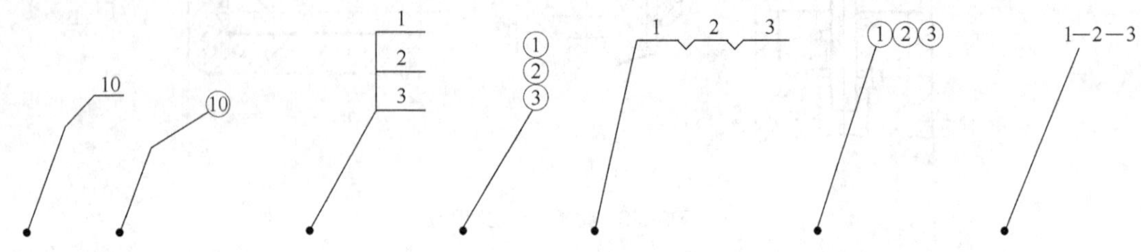

图8-29 指引线可折弯一次

图8-30 零件组可用公共指引线

④ 在装配图中，对同种规格的零件只编写一个序号；对同一标准的部件（如油杯、滚动轴承、电机等）也只编一个序号。

⑤ 序号或代号应沿水平或铅垂方向按顺时针或逆时针排列整齐，如图 8-2 所示。

⑥ 为了使指引线一端的横线或圆在全图上布置得均匀整齐，在画零件序号时，应先按一定位置画好横线和圆，然后再与零件一一对应，画出指引线。

8.4.2 明细栏

明细栏是机器或部件中所有零、部件的详细目录，栏内主要填写零件序号、代号、名称、材料、数量、质量及备注等内容。明细栏画在标题栏上方，外框为粗实线，内框为细实线，当位置不够时，也可在标题栏左方再画一排。明细栏中的零件序号应从下往上顺序填写，以便增加零件时，可以继续向上画格。有时，明细栏也可不画在装配图内，按 A4 幅面单独画出，作为装配图的续页，但在明细栏下方应配置与装配图完全一致的标题栏。图 8-31 所示的格式可供学习时使用。

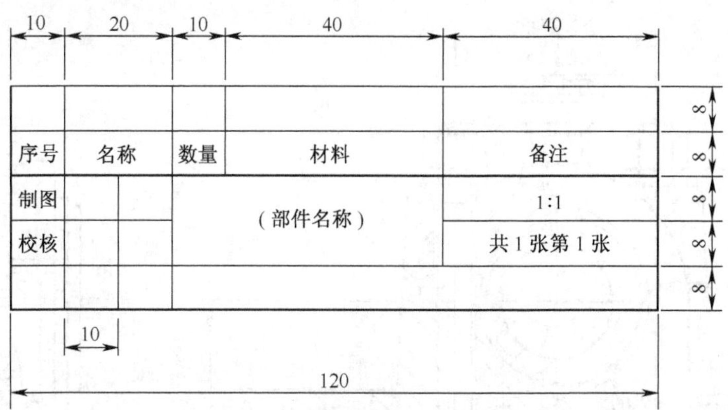

图8-31 装配图的明细栏和标题栏

装配图的尺寸标注及技术要求

装配图与零件图的作用不一样，因此，对尺寸标注的要求也不同，装配图只需标注与部件的规格、性能、装配、安装、运输、使用等有关的尺寸，可分为以下几类。

8.5.1 装配图的尺寸标注

1. 性能（规格）尺寸

表示机器或部件的性能、规格和特征的尺寸，它是设计、了解和选用机器的重要依据，如图 8-32 中轴瓦的孔径 ϕ50H8。

2. 装配尺寸

表示机器或部件上有关零件间装配关系的尺寸，主要有下列两种。

（1）配合尺寸

它是表示两个零件之间配合性质的尺寸，如图 8-32 中的 ϕ90H9/f9、ϕ60H8/k7 尺寸等。它由基本尺寸和孔与轴的公差带代号组成，是拆画零件图时确定零件尺寸偏差的依据。

（2）相对位置尺寸

它是表示装配机器时需要保证的零件间较重要的距离、间隙等，如图 8-32 中的 85 ± 0.3 尺寸。

3. 外形尺寸

它是表示机器或部件外形轮廓的尺寸，即总长、总宽、总高。它反映了机器或部件所占空间的大小，是包装、运输、安装以及厂房设计时需要考虑的外形尺寸，如图 8-32 中的 240、80 和 152 为外形尺寸。

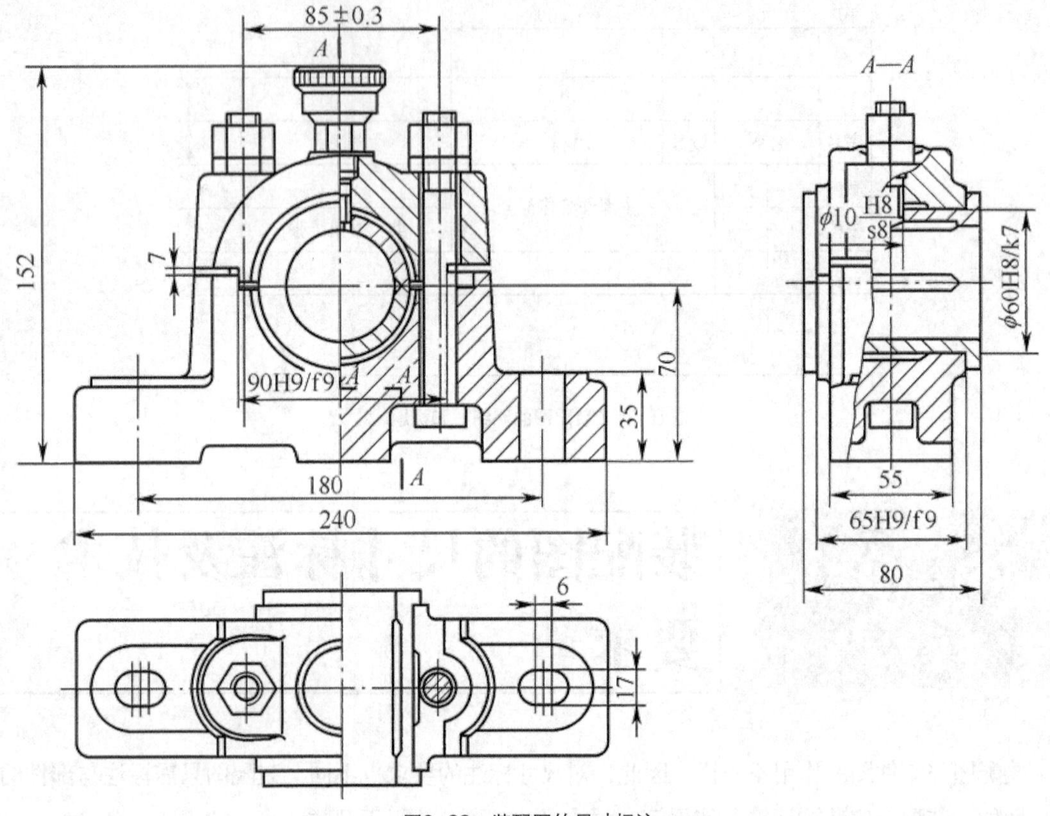

图8-32　装配图的尺寸标注

4. 安装尺寸

表示将部件安装到机器上，或将机器安装到地基上，需要确定其安装位置的尺寸，如图8-32中轴承座底板上的尺寸180、6和17等。

5. 其他重要尺寸

在设计过程中，经过计算而确定或选定的尺寸，但又未包括在上述四类尺寸之中的重要尺寸。这种尺寸在拆画零件图时，不能改变。

应当指出，并不是每张装配图都必须标注上述各类尺寸的，并且有时装配图上同一尺寸往往有几种含义。因此，在标注装配图上的尺寸时，应在掌握上述几类尺寸意义的基础上，根据机器或部件的具体情况进行具体分析，合理地进行标注。

8.5.2 技术要求

由于不同装配体的性能、要求各不相同，因此其技术要求也不相同。拟定技术要求时，一般可以从以下几个方面来考虑。

1. 装配要求

装配体在装配过程中需注意的事项及装配后装配体所达到的要求，如准确度、装配间隙、润滑要求等。

2. 检验要求

装配体基本性能的检验、实验及操作时的要求。

3. 使用要求

对装配体的规格、参数及维护、保养、使用时的注意事项及要求。

装配图上的技术要求应根据装配体的具体情况而定，用文字注写在明细栏的上方或图样左下方的空白处，如图 8-2 所示。

8.6 装配图的工艺结构

在设计和绘制装配图时，为了保证机器或部件的装配质量和所达到的性能要求，并考虑装、拆方便，需要懂得装配结构的合理性及装配工艺对零件结构的要求。下面仅就常见的装配结构做一些简要介绍，供画装配图时参考。

1. 接触面和配合面的结构

两个零件的接触面，在同一方向上只能有一对，这样既满足了装配要求，使零件接触良好，又降低了加工要求，使制造更为方便。图 8-33 所示是平面接触，图 8-34 所示是轴颈和孔相配合的圆柱面接触。

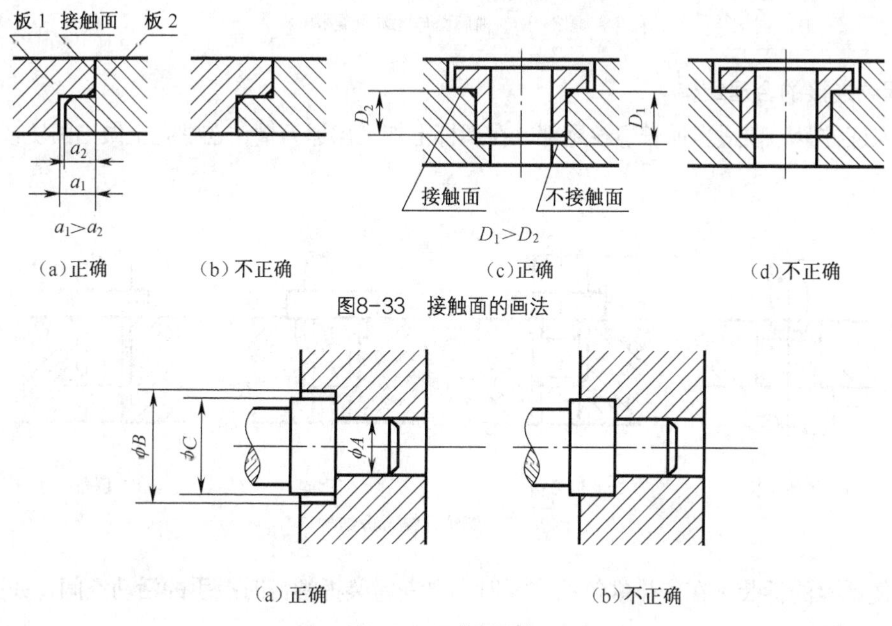

(a)正确 (b)不正确 (c)正确 (d)不正确

图8-33 接触面的画法

(a)正确 (b)不正确

图8-34 圆柱面配合

对于锥面配合，锥体顶部与锥孔底部之间必须留有空隙，否则不能保证锥面配合，如图 8-35 所示。

零件两个方向的接触面在转折处要做成倒角、退刀槽或不同半径的圆角，以保证两零件接触良好，不应都做成尖角或相同半径的圆角，如图 8-36 所示；轴肩面与孔端面接触时，应将孔口倒角或将轴的根部切槽，以保证轴肩与孔端面接触良好，如图 8-37 所示。

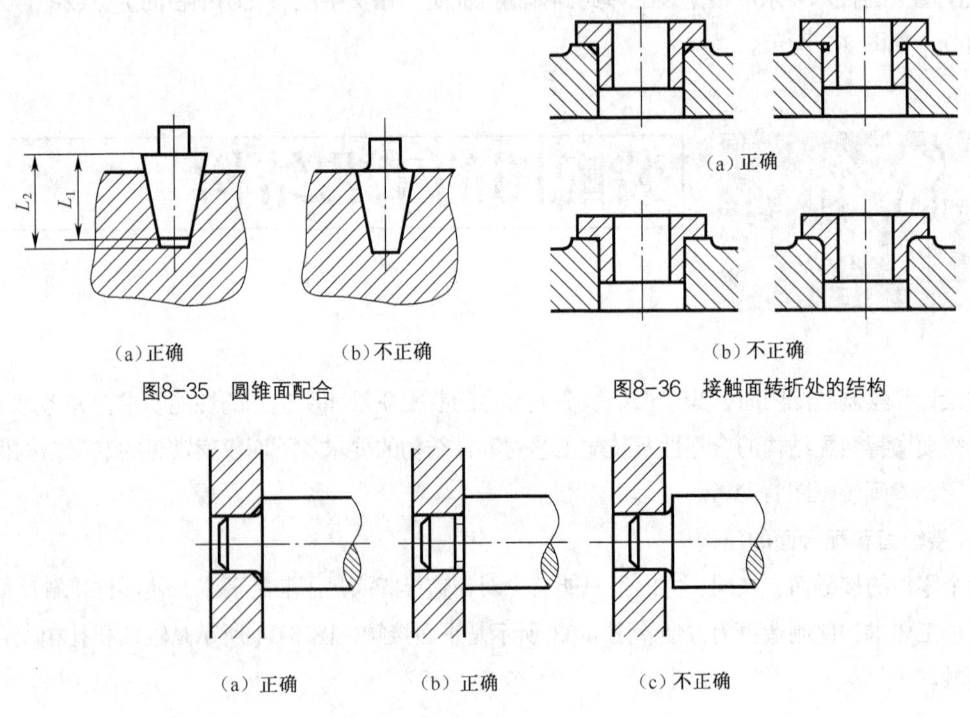

（a）正确　（b）不正确

图8-35　圆锥面配合

（a）正确　（b）不正确

图8-36　接触面转折处的结构

（a）正确　（b）正确　（c）不正确

图8-37　轴肩面与孔端面结构

2. 螺纹连接的合理结构

为了保证拧紧，要适当加长螺纹尾部，在螺杆上加工出退刀槽，在螺孔上做出凹坑或倒角，如图 8-38 所示。

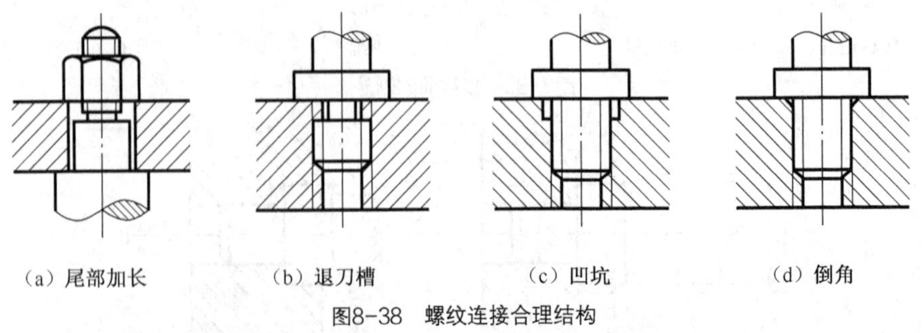

（a）尾部加长　（b）退刀槽　（c）凹坑　（d）倒角

图8-38　螺纹连接合理结构

为方便螺栓的拆装，在安排螺钉的位置时，要考虑装拆螺钉时扳手的活动空间，如图 8-39 所示；要考虑放置螺栓的空间，如图 8-40 所示。

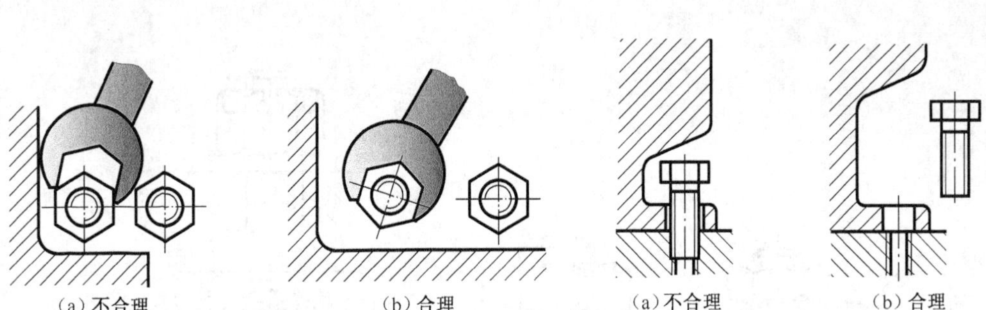
（a）不合理　　（b）合理

图8-39　留出扳手活动空间

（a）不合理　　（b）合理

图8-40　留出螺钉装拆空间

3. 滚动轴承的安装结构

为了方便滚动轴承的拆卸，应使轴肩高度小于滚动轴承内圈高度，孔的凸肩高度小于外圈高度，如图 8-41 所示。

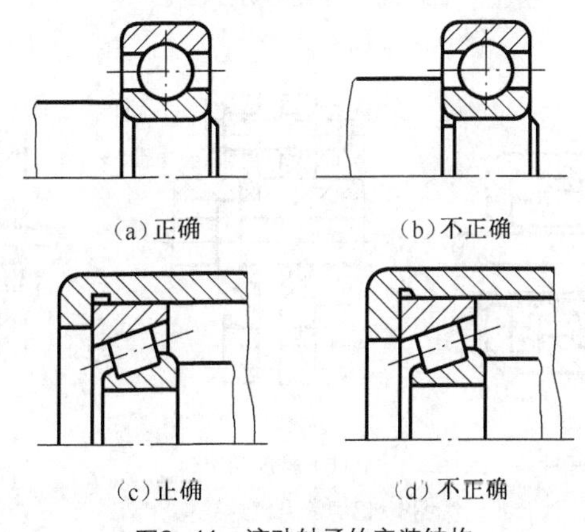
（a）正确　　（b）不正确

（c）正确　　（d）不正确

图8-41　滚动轴承的安装结构

4. 防松的结构

机器运转时，由于受到振动或冲击，螺纹连接件可能发生松动，有时可能造成严重事故。因此，在某些机构中需要防松，图 8-42 表示了几种常用的防松结构。

（1）用双螺母锁紧

如图 8-42（a）所示，它依靠两螺母拧紧后产生的轴向力，使螺母、螺栓牙之间的摩擦力增大而防止螺母自动松脱。

（2）用弹簧垫圈锁紧

如图 8-42（b）所示，当螺母拧紧后，垫圈受压变平，依靠这个变形力，使螺母与螺栓牙之间摩擦力增大和垫圈开口的刀刃阻止螺母转动而防止螺母松脱。

（3）用开口销防松

如图 8-42（c）所示，开口销直接锁住了六角开槽螺母，使其不能松脱。

5. 密封结构

在机器或设备中，为防止内部液体或气体外漏，同时防止外部灰尘、杂质侵入，常采用密封装置，常见的密封结构如图 8-43 所示。

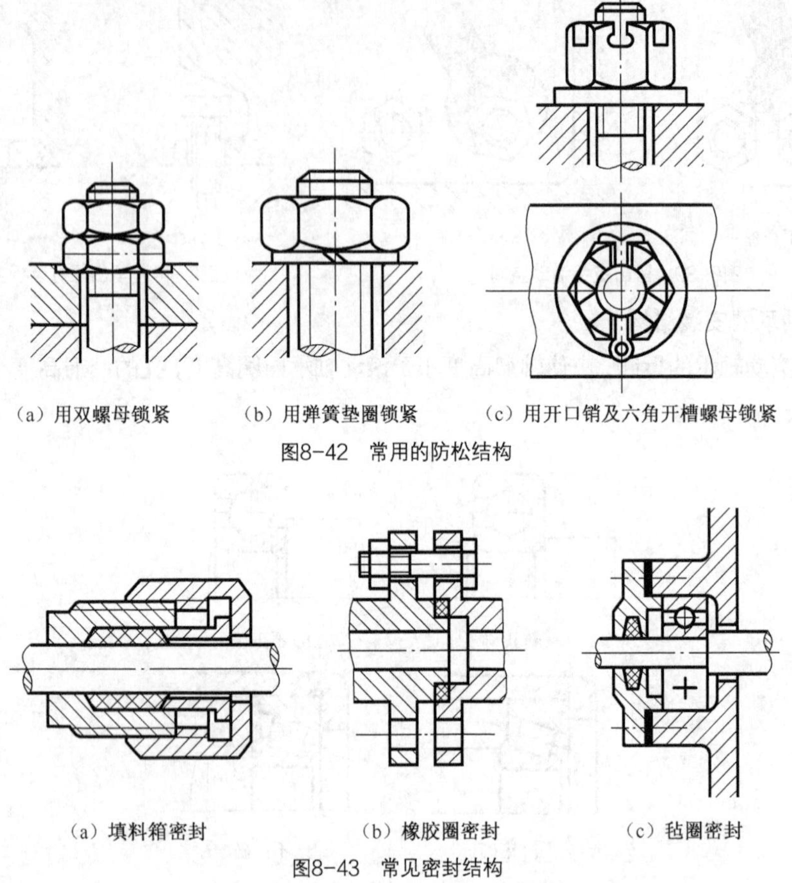

（a）用双螺母锁紧　（b）用弹簧垫圈锁紧　（c）用开口销及六角开槽螺母锁紧

图8-42　常用的防松结构

（a）填料箱密封　（b）橡胶圈密封　（c）毡圈密封

图8-43　常见密封结构

8.7 部件测绘和装配图的画法

8.7.1 部件测绘

根据现有的机器或部件进行测量画出草图，然后绘制装配图和零件图的过程称为测绘。机器或部件的测绘无论对推广先进技术，交流生产经验，改革现有设备等都具有重要的作用，因此，测绘是工程技术人员必须掌握的基本技能。测绘工作的一般步骤如下。

1. 了解和分析部件

首先了解测绘部件的任务和目的，决定测绘工作的内容和要求。如为了设计新产品提供参考图样，测绘时可进行修改；如为了补充图样或制作备件，测绘时必须正确、准确，不得修改。其次，要对部件进行分析研究，了解其用途、性能、工作原理、结构特点以及零件间的装配关系。并检测有关的技术性能指标的一些重要的装配尺寸，如零件间的相对位置尺寸、极限尺寸及装配间隙等，为下一步的拆装和测绘工作打下基础。了解的方法是现场观察、研究、分析该部件的结构和工作情况，阅读有关的说明书和资料，参考同类产品的图样，以及直接向工人师傅广泛了解使用情况和修改意见等。

2. 画装配示意图

装配示意图是在部件拆卸过程中所画的记录图样。它的主要作用是避免由于零件拆卸后可能产生的错乱致使重新装配时发生困难，同时在画装配图时也可作为参考。装配示意图主要记录每个零件的名称、数量、位置、装配关系及拆卸顺序，而不是整个部件的结构和各零件的形状。在示意图上应对各个零件编号（要和已拆卸的标签上的编号一致），还要确定标准件的规格尺寸和数量，并及时标注在示意图上。

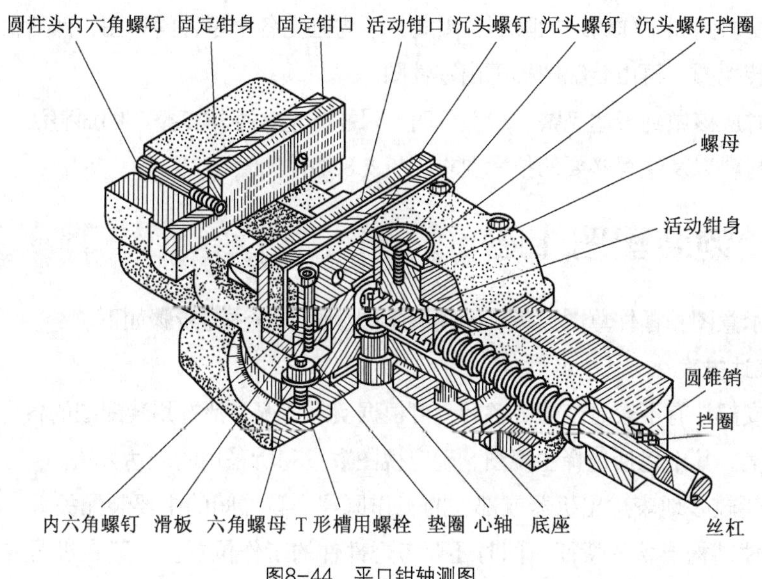

图8-44 平口钳轴测图

装配示意图的画法没有严格的规定，一般用简单的图线，按国家标准《机械制图》规定的机构及组件的简图符号，并采用简化画法和习惯画法，画出零件的大致轮廓，如图8-45所示为平口钳装配示意图。

3. 拆卸零件

首先要研究拆卸顺序和方法，对不可拆的连接和过盈配合的零件尽量不拆，以免损坏零件。拆卸时要用相应的工具，保证顺利拆卸。应使原有零部件的完整性、精确度、密封性不受影响。拆卸后将各零件按部件、组件进行分组，将所有的零、部件进行编号登记、注写零件名称，并且每个零件应挂一个对应的标签，然后妥善保管，避免碰坏、生锈或丢失，以便测绘后重新装配时仍能保证部件的性能和要求。

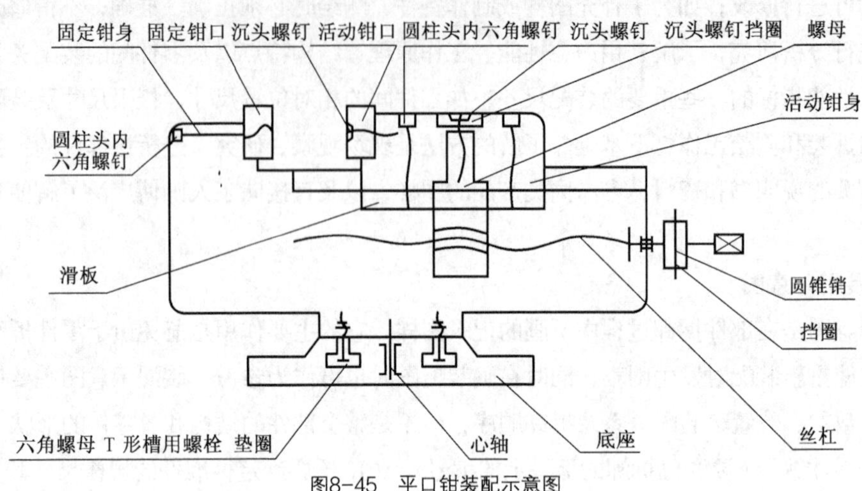

图8-45 平口钳装配示意图

4. 画零件草图

测绘往往受时间和工作场地的限制，因此，要先画出各个零件的草图，然后根据零件草图和装配示意图画出装配图，再由装配图拆画出零件图。

绘制草图时应该做到表达完整、线型分明、尺寸齐全、字体工整、图面整洁，并要注明零件的名称、件数、材料以及注写必要的技术要求（见 7.8 零件测绘）。

8.7.2 绘制装配图

根据装配示意图和零件草图，可以画出装配图，画图方法与步骤如下。

1. 拟定表达方案

在对机器或部件有了较清楚的了解后，可根据实际情况灵活选用装配图的各种表达方法，确定最佳的表达方案。其中包括选择主视图、确定视图数量和所采用的表达方法。

主视图应能较多地表达出机器或部件的工作原理、零件间的主要装配关系、传动路线、连接方式及主要零件结构形状的特征，同时还要考虑部件的工作位置。一般在机器或部件中，将装配关系密切的一些零件称为装配干线。机器或部件一般都由一些主要或次要的装配干线组成。为了清楚地表达这些内部结构，一般通过主要装配干线的轴线剖开部件，画出剖视图作为装配图的主视图。

主视图确定后，看是否把机器或部件的装配关系、连接方式、结构特点等都表达完整清楚了，若还有没表达清楚的地方，应考虑选择其他一些表达方法并增加视图的数量，以补充视图的不足。如果部件比较复杂，还可以同时考虑几种表达方案进行比较，最后确定一个比较好的表达方案。

下面以平口钳为例来讨论表达方案的确定。

（1）选择主视图

按平口钳工作位置摆放，通过丝锥轴线取局部剖视，较多的反映了零件间的相对位置和装配关系。

（2）选择其他视图

补充表达主视图尚未表达而又必须表达的内容。

① 俯视图用来表达固定钳身、底座和活动钳身等零件的外部形状和相对位置。

② 左视图采用半剖视，一半表达外形，一半表达固定钳身与底座的连接情况以及与活动钳身的配合关系。

③ 局部视图“*A*”表达底座零件的底面局部外形和装螺栓用的圆柱孔及 T 形槽的形状。

④ 局部视图“*B*”表达活动钳身侧面外形及螺钉与有关零件的连接关系。

⑤ 局部视图“*C*”表达固定钳身上有一拱形凸台，上边有刻线，钳身正常位置时固定钳身上的零线与底座上的零线对齐。

2. 画图步骤

确定了部件的表达方案后，根据选择的视图和部件的大小复杂程度，选取适当的比例并安排各视图的位置，从而选定图幅，即可着手绘图。在安排各视图位置时，要注意留有编写零部件序号、明细栏、标注尺寸和注写技术要求的位置。

画图时，应先画出各视图的主要轴线（装配干线）、对称中心线和作图基线（某些零件的基面或端面）。由主视图入手，几个视图同时配合进行。画剖视图时，以装配干线为准，由内向外逐个画出各个零件，也可由外向里画，视作图方便而定。

如平口钳的画图步骤如下。

① 布置图形，画基准线，如图 8-46 所示。

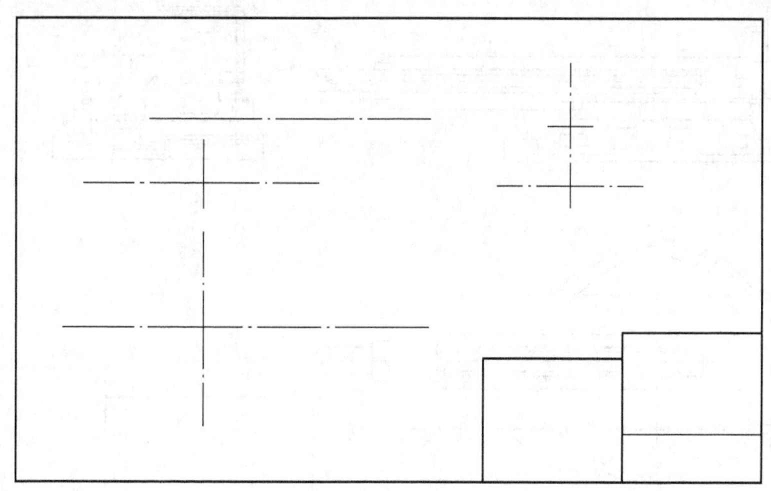

图8-46 布置图形、画基准线

在布置图形前，应先选择比例、确定图幅；画图框，留出标题栏、明细栏的位置和填写技术要求文字说明的位置。然后，再根据表达方案布置图形，画出主要基准线。

② 画底座和心轴，如图 8-47 所示。

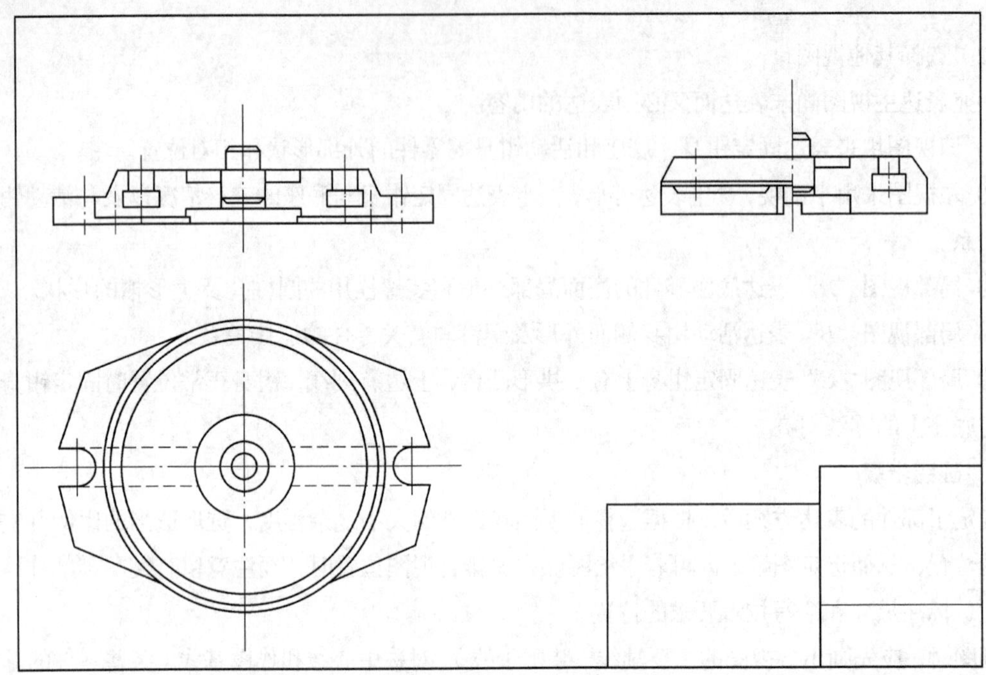

图8-47　画底座和心轴

③ 画固定钳身、固定钳口和丝杠，如图 8-48 所示。

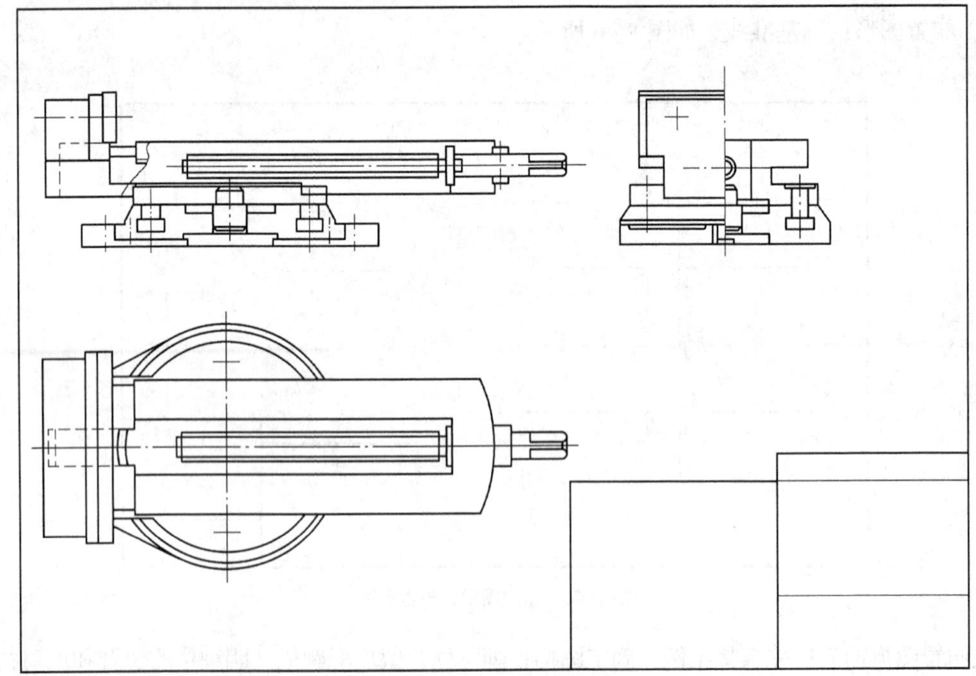

图8-48　画固定钳身、固定钳口和丝杠

④ 画活动钳身、活动钳口和其他零件，如图 8-49 所示。

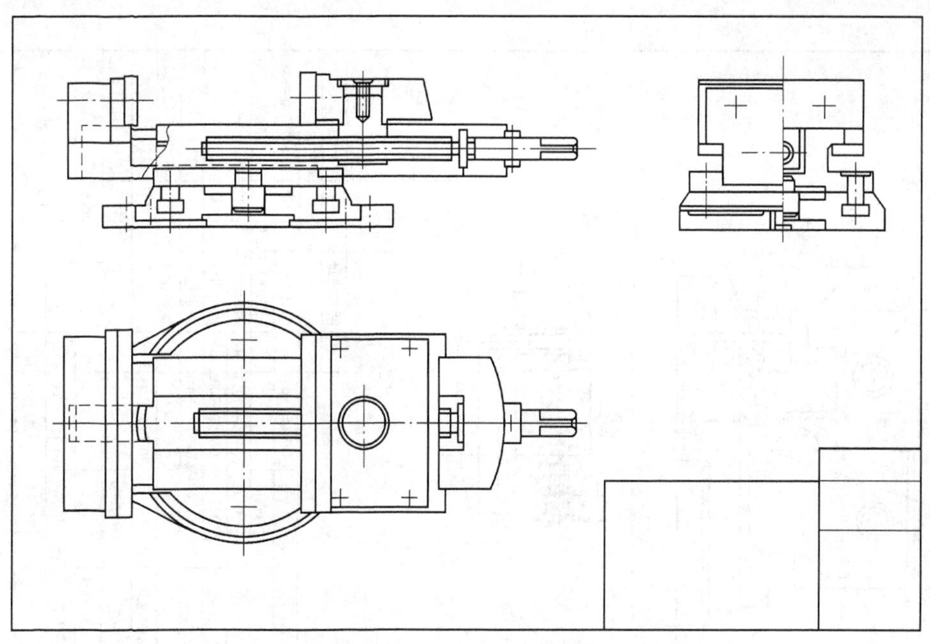

图8-49 画活动钳身、活动钳口和其他零件

⑤ 画机构细节，如图 8-50 所示。

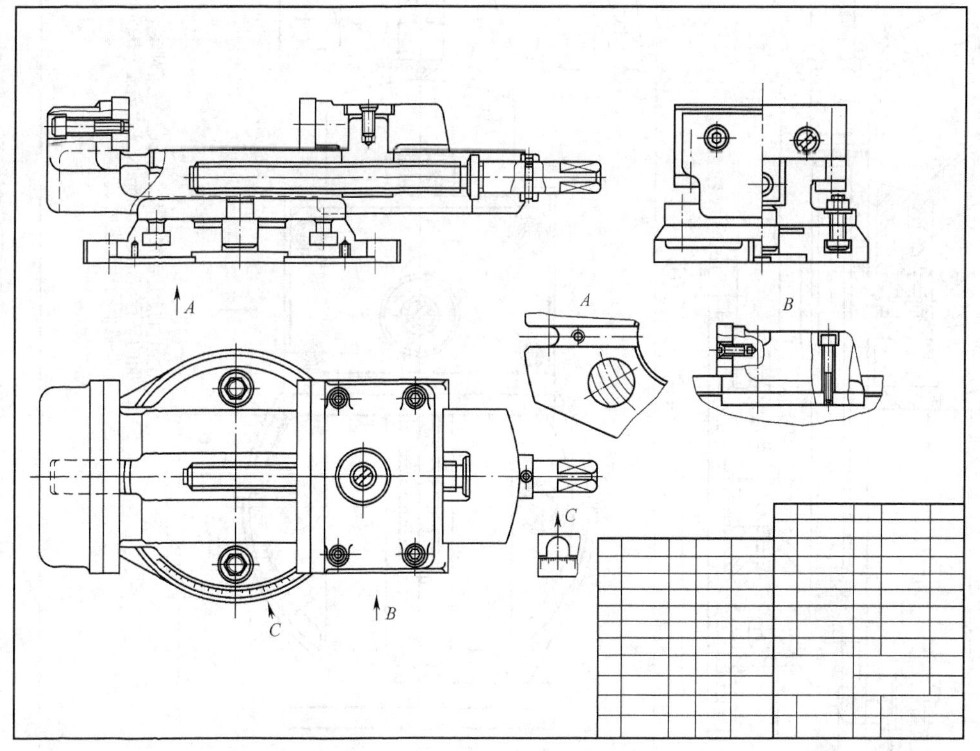

图8-50 画结构细节

⑥ 检查、加深、画剖面线、标注尺寸，编写序号、明细栏和技术要求，如图 8-51 所示。完成部件装配图后，应仔细校核，防止错误。

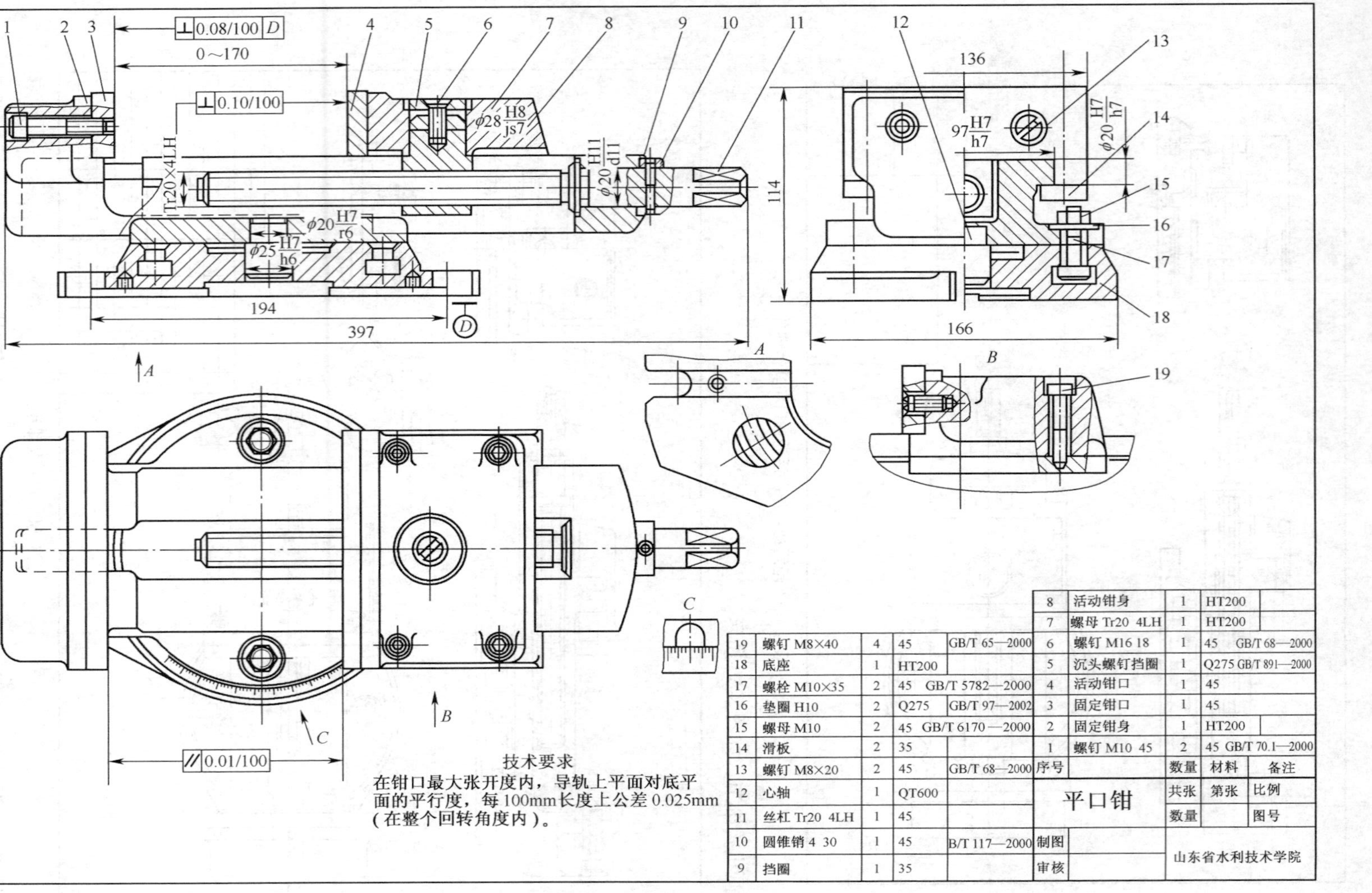

图8-51 检查加深、画剖面线、注尺寸，编写序号、明细栏和技术要求

8.8 计算机绘制装配图

8.8.1 AutoCAD 绘制装配图的基本方法

利用 AutoCAD 绘制装配图可以采用的主要方法有直接绘图法和拼装绘图法。

1. 直接绘图法

对于一些比较简单的装配图，可以直接利用 AutoCAD 的二维绘图及编辑命令，按照手工绘制装配图的绘图步骤将其绘制出来，与零件图的绘制方法一模一样。在绘制过程中，要充分利用“对象捕捉”及“正交”等绘图辅助工具以提高绘图的准确性，并通过对象追踪和构造线 XLINE 来保证视图之间的投影关系。画图时，为了方便作图，一般将不同的零件画在不同的图层上，以便关闭或冻结某些图层，使图面简化。这种绘制方法只适应于不复杂的图形，因此，这种方法在绘制装配图时很少用到。

2. 拼装绘图法

拼装绘图法是先画出各个零件的零件图，然后按照零件间的组合关系，将零件图拼装成装配图，具体操作方法有零件图块插入法、零件图形文件插入法、零件图形复制粘贴法。

（1）零件图块插入法

将组成部件或机器的各个零件的图形先创建为图块（见 7.6 计算机绘制零件图），然后按零件间的相对位置关系，将零件图块逐个插入，拼绘成装配图的一种方法。

为了保证零件图块拼绘成装配图后各零件之间的相对位置和装配关系，在创建零件图块时，一定要选择好插入基点，以便插入时辅助定位。零件图块插入后，要分析零件的遮挡关系，对拼装的图块用“分解”命令（EXPLODE）进行分解后，再统一对全图进行修剪、整理，从而完成装配图的绘制。

对于经常绘制装配图的用户，将常用零件、部件、标准件和专业符号等做成图库。如将轴承、弹簧、螺钉、螺栓、标题栏和明细表等制作成公用图块库，在绘制装配图时采用块插入的方法插入到装配图中，可提高绘制装配图的效率。

（2）零件图形文件插入法

在 AutoCAD 中，可以将多个图形文件（.dwg 文件）用插入块命令 INSERT，直接插入到同一图形中，插入后的图形文件以块的形式存在于当前图形中。因此，可以用直接插入零件图形文件的方法来拼绘装配图，该方法与零件图块插入法极为相似，不同的是默认情况下的插入基点为零件图形的坐标原点（0，0，0），这样在拼绘装配图时就不便准确确定零件图形在装配图中的位置。为保证图形文件插入时能准确、方便地放到正确的位置，在绘制完零件图形后，应首先用定义基点命令BASE（或工具栏："绘图"→"块"→"基点"）设置插入基点，然后再保存文件，这样再用插入块命令INSERT将该图形文件插入时，就以定义的基点为插入点进行插入，从而完成装配图的拼绘。

（3）零件图形的复制粘贴法

绘制装配图时，将要用到的零件图形文件同时打开，并冻结零件图上的尺寸、文字等装配图中不用的信息图层。绘图时，通过"带基点复制"命令（COPYBASE）选择要拼装的图形及定位基点，然后通过"粘贴"命令（PASTECLIP）将图形粘贴到装配图中，再通过细化、修剪完成装配图的绘制。

8.8.2 AutoCAD绘制装配图的步骤

若已绘制了机器或部件的所有零件图，可用拼装绘图法绘制装配图。下面通过绘制如图8-52所示装配图，来介绍其作图步骤。

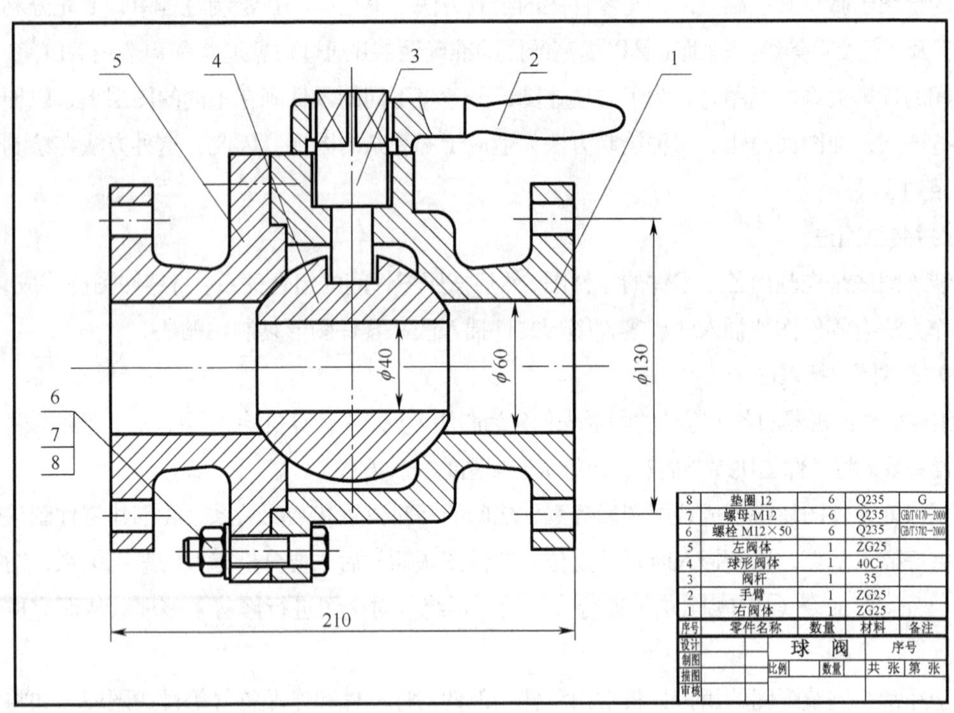

8	垫圈 12	6	Q235	G
7	螺母 M12	6	Q235	GB/T6170—2000
6	螺栓 M12×50	6	Q235	GB/T5782—2000
5	左阀体	1	ZG25	
4	球形阀体	1	40Cr	
3	阀杆	1	35	
2	手臂	1	ZG25	
1	右阀体	1	ZG25	
序号	零件名称	数量	材料	备注

设计			球阀				序号	
制图			比例		数量		共 张	第 张
描图								
审核								

图8-52 球阀装配图

（1）创建一个新文件。

（2）设置绘图环境、设置需要的图层。

（3）准备零件图。打开要拼装的零件图，关闭（或删掉）尺寸等图层，去掉不需要的图形，将其整理成装配图上所需的图形，如图8-53所示。

（4）以右阀体为基础，将其他零件图形通过"带基点复制"、"粘贴"命令拼装到右阀体零件图形文件中。

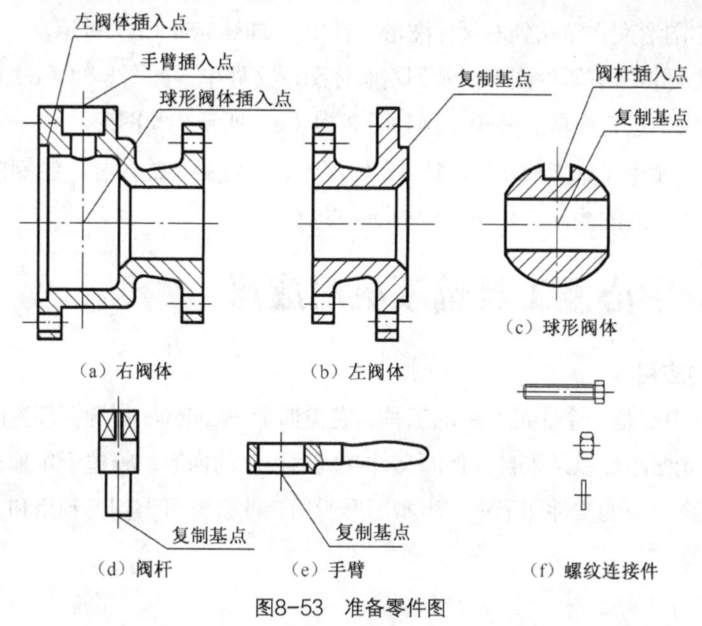

图8-53 准备零件图

① 打开左阀体零件图形文件，启动“带基点复制”命令，选择整个图形及图 8-53（b）所示基点；打开右阀体零件图形文件，启动“粘贴”命令，通过“对象捕捉”捕捉到图 8-53 所示左阀体插入点，将左阀体粘贴到当前图形文件中，如图 8-54（a）所示。

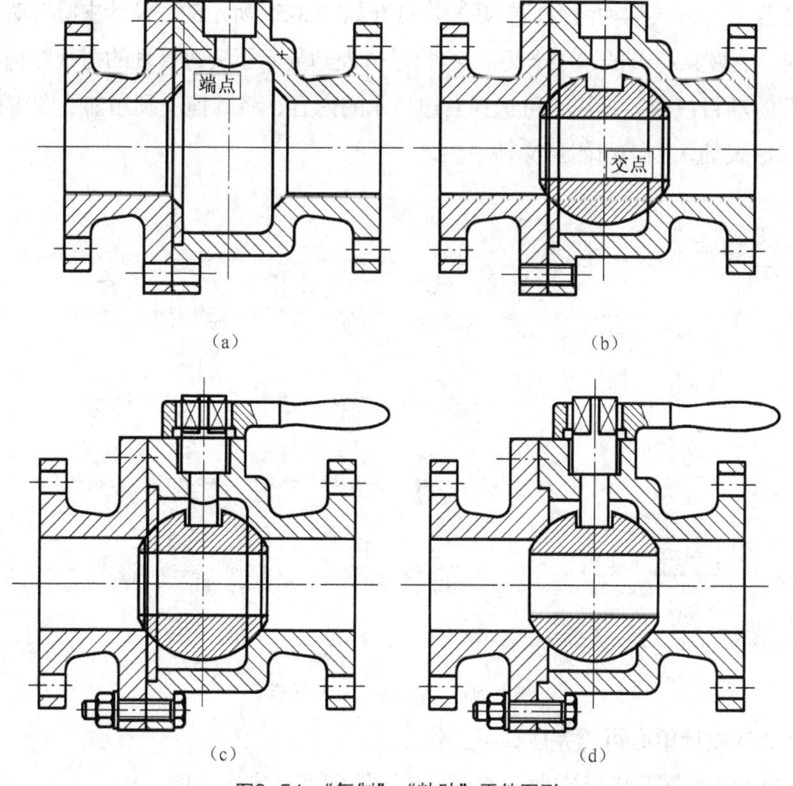

图8-54 “复制”、“粘贴”零件图形

② 将球形阀体图形文件粘贴到右阀体图形文件中，如图 8-54（b）所示。

③ 用同样方法可将所有零件图形拼装到右阀体图形文件中，如图 8-54（c）所示。

④ 对图 8-54（c）进行修剪、整理，得到图 8-54（d）所示装配图形。

（5）用“引线”命令（QLEADER）编写零件序号，标注必要的尺寸、绘制标题栏和明细表，并填写内容，完成装配图的绘制，如图 8-52 所示。

8.8.3 设计中心及工具选项板的应用

1. 设计中心的应用

AutoCAD 设计中心是一个非常有用的工具。它类似于 Windows 资源管理器的界面，可以管理图块、外部参照、光栅图像以及来自其他源文件或应用程序的内容，将位于本地计算机或网络上的图形资源直接拖曳到当前的文件图形中，为本图形所用，使资源可得到再利用和共享，提高了图形管理和图形设计效率。

【启动设计中心】

- 命令：ADCENTER（缩写：ADC）。
- 工具栏：“标准工具栏”→“▦”。
- 菜单：“工具”→“选项板”→“设计中心”。
- 快捷键：Ctrl+2。

选择上述任意一种方式启动命令后，系统将打开如图 8-55 所示的“设计中心”对话框。第一次打开设计中心时，它默认打开的选项卡为“文件夹”。左边显示了资源管理的树状结构，右边窗口显示了所浏览资源的项目或内容，用户可选择右边显示的内容，将其拖曳到当前绘图窗口，则被选定的内容就以块的形式插入到当前图形文件中。

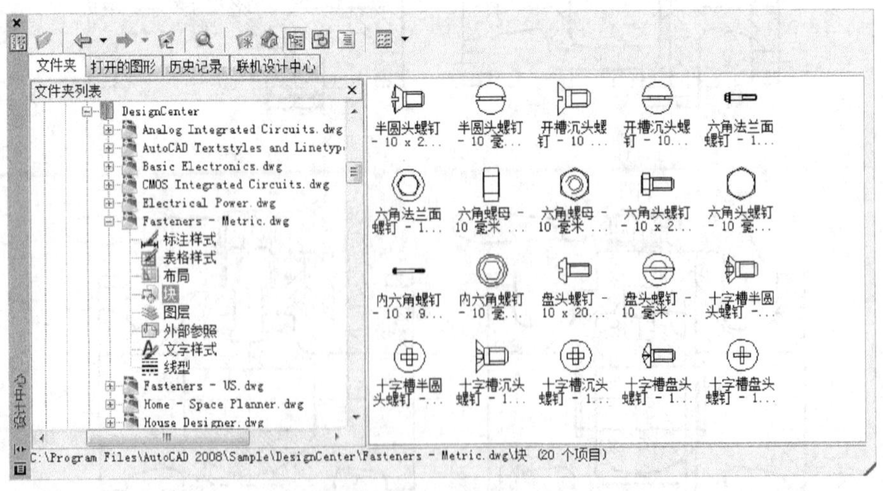

图8-55 “设计中心”对话框

使用 AutoCAD 设计中心可以完成如下工作。

① 浏览和查看各种图形图像文件，并可显示预览图像及文字说明。

② 查看图形文件中命名对象的定义，将其插入、附着、复制和粘贴到当前图形中。

③ 将图形文件（.dwg）直接拖曳到绘图区域中，即可打开图形；而将光栅文件拖曳到绘图区域中，可查看和附着光栅图像。

2. 工具选项板的应用

装配图中通常有一些标准件，在 AutoCAD 绘图中，可使用工具选项板直接调用，使绘制装配图更加方便快捷。

【调用工具选项板】

- 命令：ToolPalettes。
- 菜单：“工具”→“选项板”→“工具选项板”。
- 工具栏：“标准工具栏”→“”。
- 快捷键：Ctrl+3。

用上述任意一种方式启动命令后，系统将打开默认“工具选项板”，如图 8-56 所示的左边部分。

（1）调用“机械”工具选项板

将光标移至工具选项板的标题栏上，单击鼠标右键，在弹出的快捷菜单中（如图 8-56 右部所示）选择“所有选项板”项，此时选项板中显示全部项目。单击“机械”项目后，工具选项板上将显示机械中常用的零件图块，如图 8-57 所示。

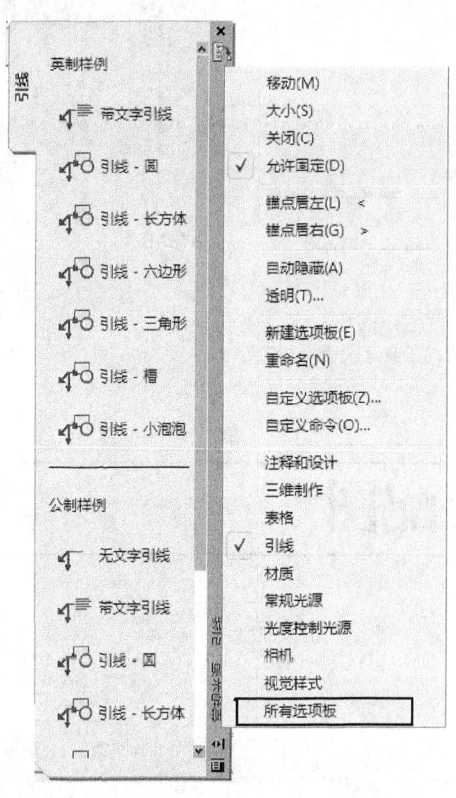

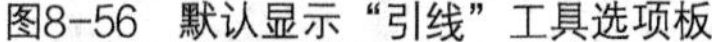
图8-56　默认显示“引线”工具选项板

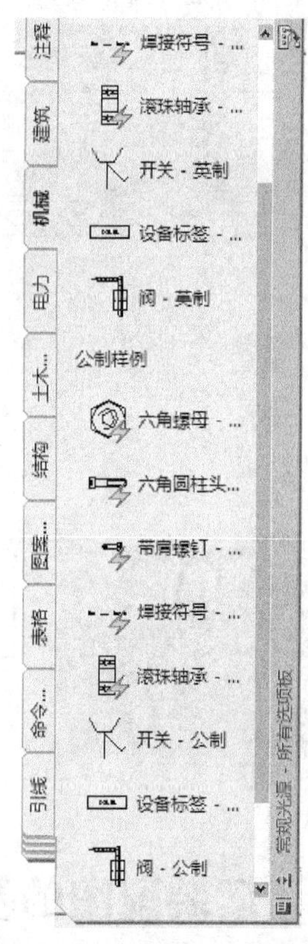

图8-57　显示“机械”工具选项板

（2）选用工具选项板中的图形

将光标移至工具选项板中要使用的图形单击鼠标，即选中该图形（如螺栓、螺母等），此时命令行提示：指定插入点或 [基点(B)/比例(S)/X/Y/Z/旋转(R)]：用户可根据提示完成对该图形的操作。

（3）向工具选项板中添加内容

将设计中心的图形、图块和图案填充等内容添加到工具选项板的操作如下。

例如，打开设计中心，在 Designcenter 文件夹上右键单击，在弹出的快捷菜单上选择“创建块的工具选项板”选项，设计中心储存的图元就会出现在工具选项板中新建的 Designcente 选项卡上，如图 8-58 所示。这样就可以将设计中心与工具选项板结合起来，建立一个快捷方便的工具选项板。

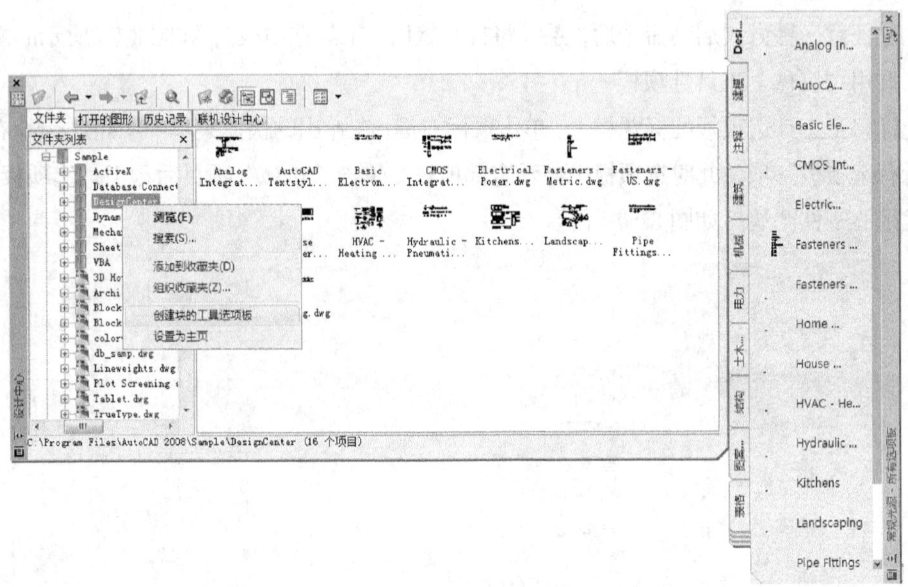

图8-58　从设计中心向工具选项板添加内容

8.9 阅读装配图

8.9.1 读装配图的基本要求

在机械或部件的设计、装配、检验和维修工作中，在进行技术革新、技术交流过程中，都需要看装配图。工程技术人员必须具备熟练看装配图的能力。

看装配图时，主要了解如下一些内容。

① 机器或部件的性能、用途和工作原理。

② 各零件间的装配关系和拆装顺序。

③ 各零件的主要结构形状和作用。

④ 其他系统，如润滑系统，防漏系统等的原理和构造。

8.9.2 读装配图的方法和步骤

下面以图 8-59 所示齿轮油泵为例，说明看装配图的方法和步骤。

1. 概括了解，分析视图

① 从标题栏和有关的说明书可以了解机器和部件的名称和大致用途、性能及工作原理。

② 从零件的明细栏和图上零件的编号中，了解标准件和非标准件的名称、数量和所在位置。齿轮油泵是机器中用以输送润滑油的一个部件，如图 8-59 所示齿轮油泵装配图，主要由泵体、端盖、运动零件（传动齿轮、齿轮轴等）、密封零件及标准件等组成。从明细栏中可看出，齿轮油泵共由 17 种零件组成，其中标准件 7 种。

③ 分析视图。看装配图时，应分析全图采用了哪些表达方法，首先确定主视图的名称，明确视图间的投影对应关系，如是剖视图还要找到剖切位置，然后分析各视图所要表达的重点内容是什么。

齿轮油泵的装配图采用两个视图表达，主视图是用相交的剖切面得到的全剖视图，反映了齿轮油泵各零件间的装配关系及位置；左视图是采用沿左端盖 1 与泵体 6 结合面剖切的半剖视图 $B—B$，它清楚地反映了这个泵的外部形状，齿轮的啮合情况及吸、压油的工作原理；再用局部视图反映吸、压油口的情况，齿轮油泵的外形尺寸是 118、85、95。

2. 分析零件的结构形状和作用

分析零件可按以下方法进行。

① 从反映装配关系比较明显的那个视图入手，结合其他视图，分析装配干线，对照零件在各视图上的投影关系分析零件的主要结构形状。

② 利用剖面线的不同方向和间隔，分清各零件轮廓的范围。

③ 根据装配图上所标注的公差或配合代号，了解零件间的配合关系。

④ 利用装配图的规定画法和特殊表达方法来识别零件，如油杯、轴承、齿轮、密封结构等。

⑤ 根据零件序号和明细栏，了解零件的作用和确定零件在装配图中的位置和范围。

⑥ 利用零件的对称性帮助判断零件的位置、范围，想象零件的结构形状。由于装配图上不能把所有零件形状都完全表达清楚，有时还要借助阅读有关的零件图。

下面以齿轮泵右端盖 7 为例进行分析，由主视图可得到以下信息。

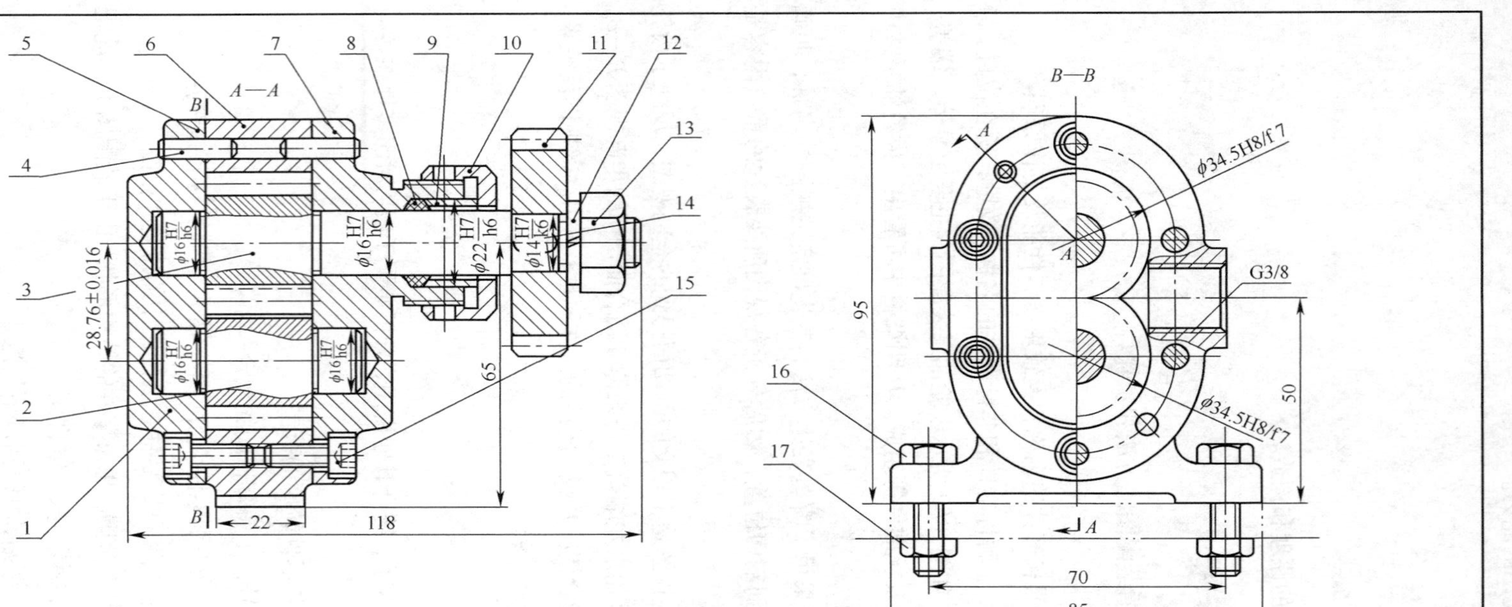

技术要求

1. 齿轮安装后，用手转动传动齿轮时，应灵活旋转。
2. 两齿轮轮齿的啮合面占齿长的 3/4 以上。

17	螺母 M6	2	Q235	GB/T 6170—2000	6	泵体	1	HT200	
16	螺栓 M6×30	2	Q235	GB/T 5782—2000	5	垫片	2	纸	δ=1
15	螺钉 M6×16	2	35	GB 70—2000	4	销 A5×18	4	45	GB/T 119—2000
14	键 5×10	1	45	GB/T 1096—2000	3	传动齿轮轴	1	45	m=3，z=9
13	螺母 M12×1.5	1	35	GB/T 6171—2000	2	齿轮轴	1	45	m=3，z=9
12	垫圈 12	1	65Mn	GB/T 859—2002	1	左端盖	1	HT200	
11	传动齿轮	1	45	m=2.5，z=20	序号	名称	数量	材料	备注
10	压紧螺母	1	35		齿轮油泵		共 张	第 张	比例
9	轴套	1	ZCuSn5PbZn5				数量		图号
8	密封圈	1	橡胶		制图		（校名、班级）		
7	右端盖	1	HT200		审核				

图8-59　齿轮油泵装配图

右端盖上部有传动齿轮轴 3 穿过，下部有齿轮轴 2 轴颈的支撑孔，在右部的凸缘的外圆柱面上有外螺纹，用压紧螺母 10 通过轴套 9 将密封圈 8 压紧在轴的四周，先从主视图上区分出右端的视图轮廓，由于在装配图的主视图上，右端盖的一部分可见投影被其他零件所遮，因而它是一幅不完整的图形，如图 8-60（a）所示。图 8-60（a）所示为从装配图主视图中分离出右端盖全剖的主视图。根据此零件的作用及与其他零件的装配关系，可以补全所缺的轮廓线，如图 8-60（b）所示。在装配图的左视图中，其螺钉孔、销孔、轴孔都被泵体 6、齿轮轴 2、传动齿轮轴 3 等零件挡住，不能完整地表达出来。因此这些缺少的结构形状，可以通过对装配整体的理解和工作情况进行补充表达和设计，右端盖的外形为长圆形，沿周围分布有六个螺钉沉孔和两个圆柱销孔。图 8-60（c）所示为从装配图中分离、补充、想象出的右端盖左视图，结合主、左视图即可想出其结构形状，如图 8-61 所示的轴测图。

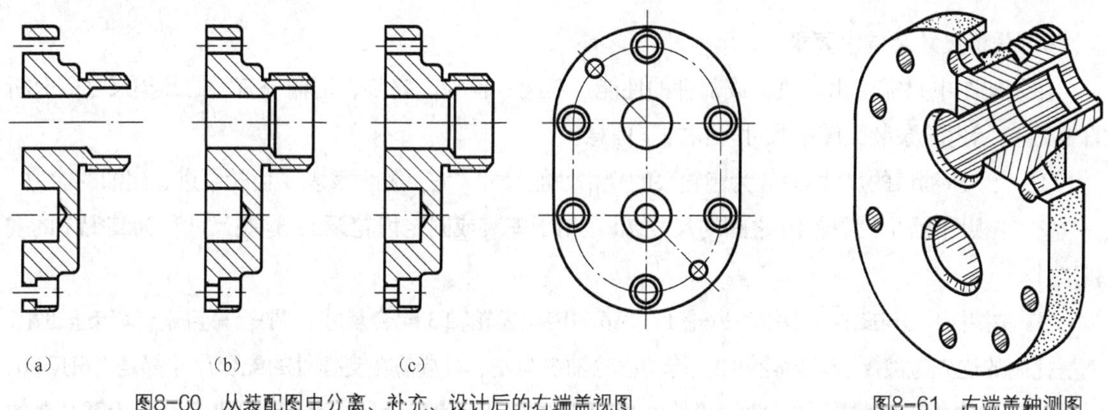

图8-60 从装配图中分离、补充、设计后的右端盖视图

图8-61 右端盖轴测图

通过以上分析，右端盖的结构形状对其作用的分析就会很容易了，请读者自行分析。这样逐一分析每个零件，便可弄清每个零件的结构形状、作用及零件间的装配关系，这是读懂装配图的重要基础。

3. 深入分析工作原理和装配关系

这是深入看装配图的重要阶段，要搞清部件的传动、支撑、调整、润滑、密封等的结构形式。弄清各有关零件间的接触面、配合面的连接方式和装配关系，还要分析零件的结构形状和作用，以便进一步了解部件的工作原理。

泵体 6 是齿轮油泵中的主要零件之一，它的内腔容纳一对吸油和压油的齿轮。将齿轮轴 2 和传动齿轮轴 3 装入泵体后，两侧由左端盖 1、右端盖 7 支撑这一对齿轮轴的旋转运动。由销 4 将左、右端盖与泵体连接成整体。为了防止泵体与端盖结合面处以及传动齿轮轴 3 伸出端漏油，分别用垫片 5 及密封圈 8、轴套 9、压紧螺母 10 密封。齿轮轴 2、传动齿轮轴 3、传动齿轮 11 是该油泵中的运动零件。当传动齿轮 11 按逆时针方向（从左视图观察）转动时，通过键 14 将扭矩传递给传动齿轮轴 3，经过齿轮啮合带动齿轮轴 2，从而使齿轮轴 2 作顺时针方向转动。从这一对齿轮啮合传动中，可以了解其工作原理，如图 8-62 所示。当一对齿轮在泵体内啮合转动时，啮合区右边空间的压力降低而产生局部真空，油池内的油在大气压力的作用下进入液压泵低压区内的吸油口，随着齿轮的转动，齿槽中的油不断沿箭头方向被带至左边的压油口把油压出，送至机器中需要润滑的部分。

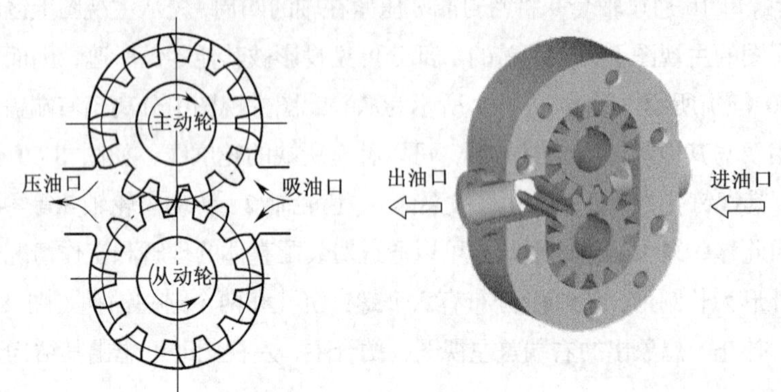

图8-62 齿轮油泵工作原理

4. 分析尺寸及技术要求

在装配图中只需注出与机器或部件的性能、装配、检验、安装、运输等有关的几类尺寸。分析图 8-59 所示齿轮泵装配图中尺寸可得如下信息。

① 吸、压油口的尺寸 G3/8 为齿轮泵的规格性能尺寸，它从侧面反映了齿轮泵进、出油的能力。

② 左视图上两个螺栓 16 之间的尺寸 70 是用于安装或固定齿轮泵的，这类尺寸称为装配图的安装尺寸。

③ 主视图中ϕ14H7/k6 为传动齿轮 11 要带动传动齿轮轴 3 配合尺寸，两零件连成一体传递扭矩，是基孔制的优先过渡配合。齿轮轴 2、传动齿轮轴 3 与左、右端盖在支撑处的配合尺寸都是ϕ16H7/h6，属于基孔制的优先间隙配合。两齿轮的齿顶圆与泵体内腔的配合尺寸是ϕ34.5H8/f7，属于基孔制的优先间隙配合。尺寸 28.76 ± 0.016 是一对啮合齿轮的中心距，这个尺寸准确与否将会直接影响齿轮的啮合传动，为装配图中的相对位置尺寸。装配图中的配合以及相对位置尺寸统称为装配尺寸。

④ 尺寸 118、85、95 分别为齿轮泵的总长、总宽和总高，均为装配图的外形尺寸，表示机器或部件的总长、总宽、总高尺寸，反映了机器或部件的大小，是机器或部件在包装、运输和安装过程中确定其所占空间大小的依据。

⑤ 主视图中的尺寸 65 是传动齿轮轴轴线离泵体安装面的高度尺寸，左视图中的尺寸 50 是齿轮泵体底面至进、出油中的高度尺寸。这类装配体设计过程中经过计算确定或选定的重要尺寸，如轴向设计尺寸、主要零件的主要结构尺寸、运动件极限位置尺寸等，称为装配图的其他重要尺寸。

齿轮泵的装配图中注明了两条技术要求，用于说明该齿轮泵安装后检验的要求。在装配图中一般用文字或符号准确、简练地说明对机器或部件的性能、装配、检验、调整、安装、运输、使用、维护、保养等方面的要求和条件，统称为装配图中的技术要求。一般写在明细栏的上方或图纸下方空白处，也可另写成技术要求文件作为图样的附件。以上所述内容在一张装配图中不一定样样俱全，应根据具体情况而定。

5. 归纳总结

通过以上分析，把对机器或部件的所有了解进行归纳，获得对机器或部件整体的认识，想象出内外全部图形形状，从而了解机器或部件的设计意图和装配工艺性等，完成读装配图的全过程，并为拆画零件图打下基础，图 8-63 所示为齿轮泵的轴测分解图。

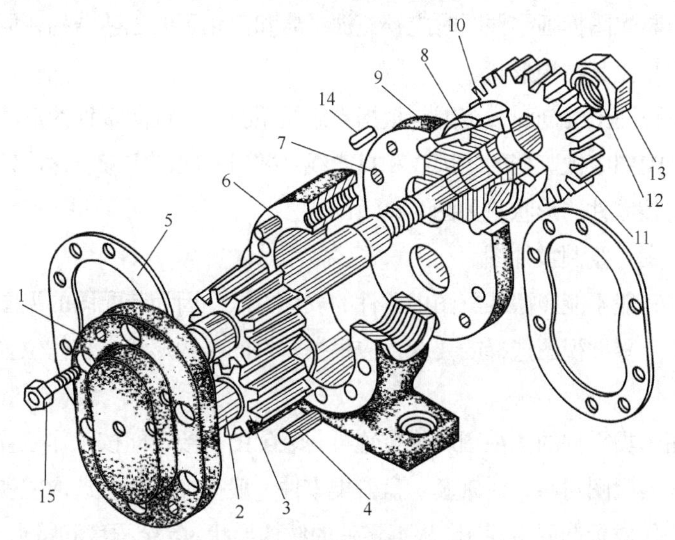

图8-63 齿轮泵的轴测分解图

1—左泵盖 2—齿轮轴 3—转动齿轮轴 4—圆柱销 5—垫片 6—泵体 7—右泵盖 8—密封圈 9—轴套 10—压紧螺母 11—传动齿轮 12—垫圈 13—螺母 14—键 15—螺钉

8.9.3 由装配图拆画零件图

由装配图拆画零件图实际上是设计零件的过程，是设计过程中的重要环节，也是检验看装配图和零件图能力的一种方法。必须在全面看懂装配图的基础上，按照零件图的内容和要求拆画零件图。

1. 零件的分类处理

拆画零件图前，要对装配图所示的机器或部件中的零件进行分类处理，以明确拆画对象。按零件的不同情况可分为以下几类。

（1）标准件

大多数标准件属于外购件，故只需列出汇总表，填写标准件的规定标记、材料及数量即可，不拆画零件图。

（2）借用零件

借用零件是指借用定型产品中的零件，利用已有的零件图，不必另行拆画其零件图。

（3）特殊零件

特殊零件是设计时经过特殊考虑和计算所确定的重要零件，如汽轮机的叶片、喷嘴等。这类零件应按给出的图样或数据资料拆画零件图。

（4）一般零件

一般零件是拆画的主要对象，应按照在装配图中所表达的形状、大小和有关技术要求来拆画零件图。

2. 拆画零件图的步骤

下面以拆画 7 号件为例，说明拆画零件的方法和步骤。

（1）分离零件，补画结构

由于在装配图的简化画法中规定零件的一些细小的工艺结构如小圆角、倒角、退刀槽等均可省略不画，因此，在由装配图拆画零件图时应补充被省略和简化了的工艺结构，同时还要考虑装配结构的合理性，最终想象出其结构形状。

根据零件7在主视图中的剖面线范围，根据投影关系找出左视图零件的形状，把它从诸零件中分离出来，补齐在装配图中被遮挡的轮廓线和投影线，并对装配图中未表达清楚或省略的结构进行再设计，就能设计出该零件的形状，如图8-60所示。

（2）确定表达方案，绘制零件图

拆画零件图时，一般不能照搬装配图中零件的表达方法。因为装配图的视图选择主要从整个件出发，不一定符合每个零件视图选择的要求，应根据零件的结构形状、工作位置或加工位置统一考虑最好的表达方案。

一般情况下，箱体类零件的主视图所选位置可与装配图一致，即按工作位置选取主视图，这样装配时便于零件图与装配图对照；对轴套、盘盖类零件一般按加工位置选取主视图；对叉架类零件一般按形状特征或工作位置选取主视图。根据零件的结构形状、复杂程度和特点合理选取其他视图。

零件7右端盖属于轮盘类零件，主视图轴线水平放置。由于该零件外形简单而内形较复杂，因此，主视图采用全剖视图，另外用左视图表达零件形状和螺钉孔、销孔的位置。

（3）对零件图上尺寸的处理

要按照正确、完整、清晰、合理的要求，标注所拆画的零件图上的尺寸。拆画的零件图，其尺寸来源可从以下几方面确定。

① 抄注。装配图上已注出的尺寸都是必要的尺寸，拆图时应将与被拆零件有关的尺寸按其数值大小直接抄注在该零件图上，如 28.76 ± 0.016。配合尺寸应分别按孔、轴的公差带代号或查出偏差值注在相应的零件图上，如ϕ16H7等。某些零件在明细栏中给定了尺寸，如弹簧、垫片厚度应当作为已给尺寸标注。

② 查取。零件上的一些标准结构（如倒角、圆角、退刀槽、螺纹、销孔、键槽等）的尺寸数值，应从有关标准中查取核对后进行标注；螺孔、键槽可查明细栏，从偶件中的另一标准件规定标记来确定。

③ 计算。零件的某些尺寸数值，需根据装配图所给定的有关尺寸和参数，经过必要的计算或校核来确定，并不许圆整。如齿轮分度圆直径，可根据模数和齿数或齿数和中心距计算确定。

④ 量取。装配图中没有标注的其余尺寸，应按装配图的比例在装配图上直接量取后算出，并按标准系列适当圆整，使之尽量符合标准长度或标准直径的数值。

根据上述尺寸来源，配齐拆画的零件图上的尺寸，标注尺寸时要恰当选择尺寸基准和标注形式，与相关零件的配合尺寸、相对位置尺寸协调一致，避免发生矛盾，重要尺寸应准确无误。

（4）确定技术要求

根据零件的作用，结合设计要求，查阅有关手册或参阅同类、相近产品的零件图来确定所拆画零件图上的表面结构要求、公差配合、形位公差等技术要求。最后填写标题栏，完成所拆画的零件图，如图8-64所示。

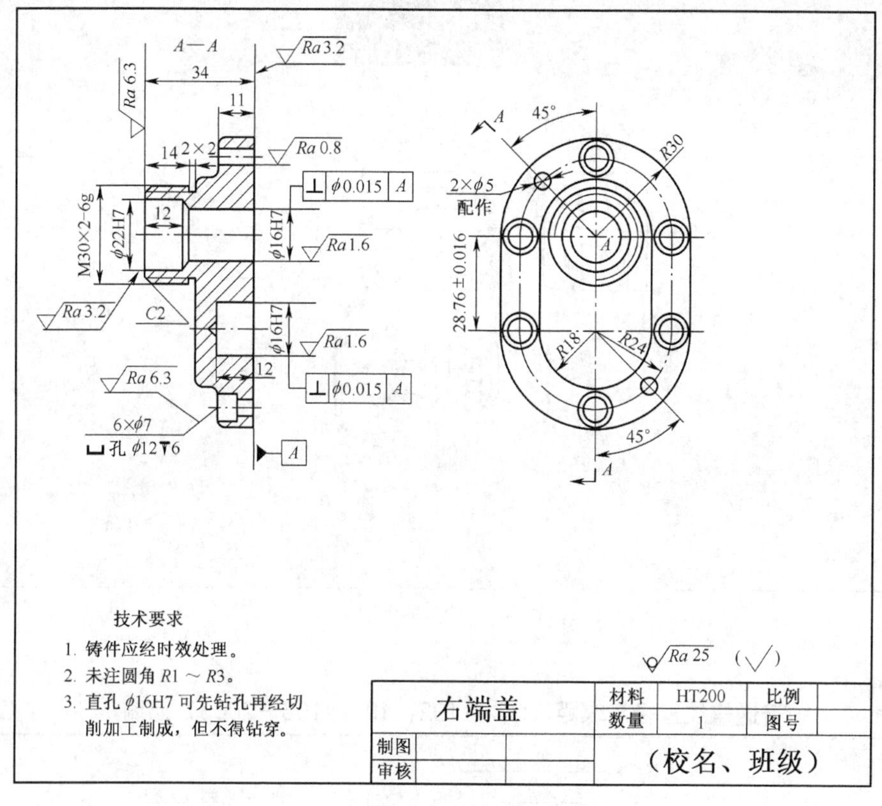

图8-64 泵盖零件图

1. 装配图是表达机器、部件或组件的图样。它包括一组视图、必要尺寸、技术要求、零件序号、标题栏和明细栏几部分。

2. 装配图的特殊表达方法一般有拆卸画法、沿结合面剖切画法、单独表示某个零件、夸大画法、假想画法和简化画法。

3. 画装配图首先拟定表达方案。

（1）选择主视图。主视图应能较多地表达出机器或部件的工作原理、零件间的主要装配关系、传动路线、连接方式及主要零件结构形状的特征，同时还要考虑部件的工作位置。

（2）确定其他表达方法及视图数量。其他视图是对主视图的补充，必须有独立的表达内容。

4. 计算机绘制装配图常用的方法是由零件图拼装成装配图，拼装画法有“插入零件图块”、“插入零件图形文件”、“通过复制、粘贴插入零件图形”3 种。

5. 读装配图的方法和步骤包括概括了解分析视图、深入分析工作原理和装配关系、分析零件、归纳总结四部分。

附录 A

螺纹

附表 1　　普通螺纹直径与螺距（GB/T 192、193、196—2003）摘编　　（mm）

D — 内螺纹大径
d — 外螺纹大径
D_2 — 内螺纹中径
d_2 — 外螺纹中径
D_1 — 内螺纹小径
d_1 — 外螺纹小径
P — 螺距

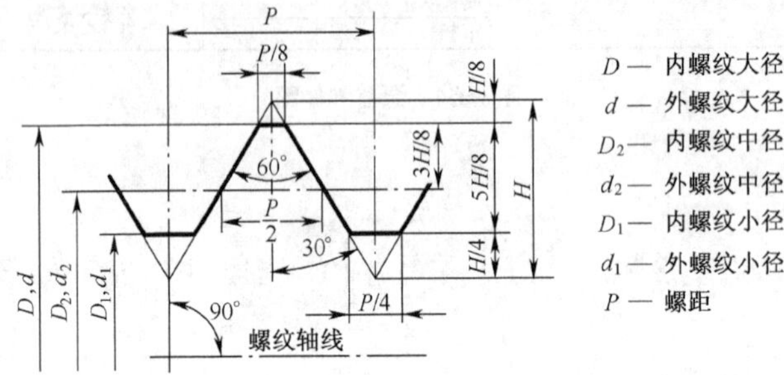

标记示例：

M10-6g（粗牙普通外螺纹，公称直径 $d=10$，右旋，中径及大径公差带均为 6g，中等旋合长度）

M10×1LH-6H（细牙普通内螺纹，公称直径 $D=10$，螺距 $P=1$，左旋，中径及小径公差带均为 6H，中等旋合长度）

公称直径 D、d		螺距 P		粗牙中径	粗牙小径
第一系列	第二系列	粗牙	细　牙	D_2、d_2	D_1、d_1
4		0.7	0.5	3.545	3.242
5		0.8		4.480	4.134
6		1	0.75, (0.5)	5.350	4.917
8		1.25	1, 0.75, (0.5)	7.188	6.647
10		1.5	1.25, 1, 0.75, (0.5)	9.026	8.376
12		1.75	1.5, 1.25, 1, (0.75), (0.5)	10.863	10.106
	14	2	1.5, (1.25), 1, (0.75), (0.5)	12.701	11.835
16			1.5, 1, (0.75), (0.5)	14.701	13.835

续表

公称直径 D、d		螺距 P		粗牙中径	粗牙小径
第一系列	第二系列	粗牙	细 牙	D_2、d_2	D_1、d_1
	18	2.5	2, 1.5, 1, (0.75), (0.5)	16.376	15.294
20				18.376	17.294
	22			20.376	19.294
24		3	2, 1.5, 1, (0.75)	22.051	20.752
	27			25.051	23.752
30		3.5	(3), 2, 1.5, 1, (0.75)	27.727	26.211
	33		(3), 2, 1.5, (1), (0.75)	30.727	29.211
36		4	3, 2, 1.5, (1)	33.402	31.670

注：1. 优先选用第一系列，括号内尺寸尽可能不用，第三系列未列入。

2. 括号内尺寸尽可能不用。

3. M14 × 1.25 仅用于火花塞。

附表 2　　管螺纹

用螺纹密封的管螺纹（摘自 GB/T 7306—2000）

非螺纹密封的管螺纹（摘自 GB/T 7307—2001）

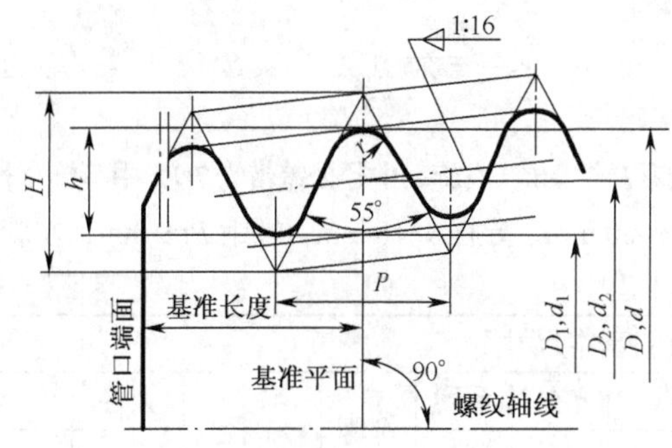

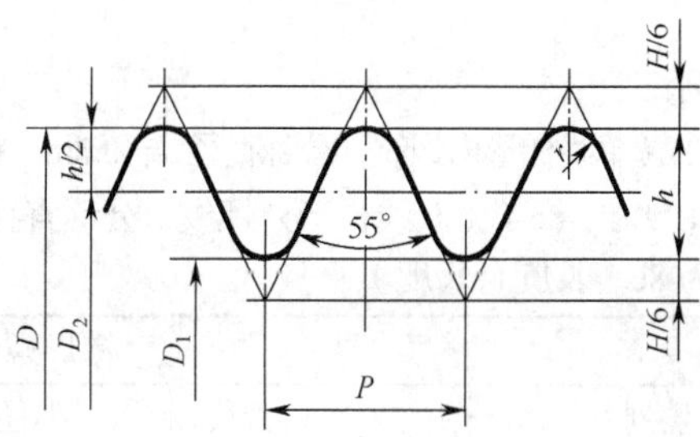

标记示例：

R1 1/2（尺寸代号 1 1/2，右旋圆锥外螺纹）

R_c1 1/4-LH（尺寸代号 1 1/4，左旋圆锥内螺纹）

Rp2（尺寸代号 2，右旋圆柱内螺纹）

标记示例：

G1 1/2-LH（尺寸代号 1 1/2，左旋内螺纹）

G11/4A（尺寸代号 11/4，A 级右旋外螺纹）

G2B-LH（尺寸代号 2，B 级左旋外螺纹）

尺寸代号	基面上的直径（GB/T 7306）基本直径（GB/T 7307）			螺距 P/mm	牙高 h/mm	圆弧半径 r/mm	每 25.4mm 内的牙数 n	有效螺纹长度/mm（GB/T 7306）	基准的基本长度/mm（GB/T 7306）
	大径 d=D /mm	中径 d_2=D_2 /mm	小径 d_1=D_1 /mm						
1/16	7.723	7.142	6.561	0.907	0.581	0.125	28	6.5	4.0
1/8	9.728	9.147	8.566						
1/4	13.157	12.301	11.445	1.337	0.856	0.184	19	9.7	6.0
3/8	16.662	15.806	14.950					10.1	6.4
1/2	20.955	19.793	18.631	1.814	1.162	0.249	14	13.2	8.2
3/4	26.441	25.279	24.117				14	14.5	9.5
1	33.249	31.770	30.291	2.309	1.479	0.317	11	16.8	10.4
11/4	41.910	40.431	28.952					19.1	12.7

续表

尺寸代号	基面上的直径（GB/T 7306）基本直径（GB/T 7307）			螺距 P/mm	牙高 h/mm	圆弧半径 r/mm	每 25.4mm 内的牙数 n	有效螺纹长度/mm（GB/T 7306）	基准的基本长度/mm（GB/T 7306）
	大径 d=D /mm	中径 d_2=D_2 /mm	小径 d_1=D_1 /mm						
11/2	47.803	46.324	44.845	2.309	1.479	0.317	11		
2	59.614	58.135	56.656					23.4	15.9
21/2	75.184	73.705	72.226					26.7	17.5
3	87.884	86.405	84.926					29.8	20.6
4	113.030	111.551	110.072					35.8	25.4
5	138.430	136.951	135.472					40.1	28.6
6	163.830	162.351	160.872						

附表 3　　梯形螺纹（摘自 GB/T 5796.1～5796.4—2005）　　（mm）

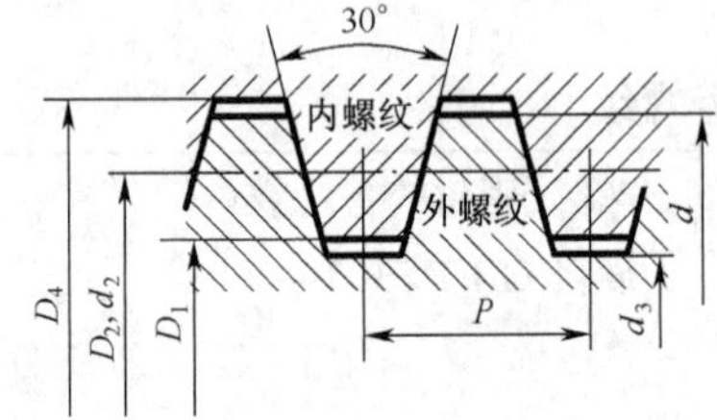

d — 外螺纹大径（公称直径）
d_3— 外螺纹小径
D_4— 内螺纹大径
D_1— 内螺纹小径
d_2 — 外螺纹中径
D_2 — 内螺纹中径
P — 螺距
a_c— 牙顶间隙

标记示例：

Tr40×7-7H（单线梯形内螺纹，公称直径 d=40mm，螺距 P=7 mm，右旋，中径公差带为 7H，中等旋合长度）

Tr60×18(P9)LH-8e-L（双线梯形外螺纹，公称直径 d=60 mm，导程 s=18 mm，螺距 P=9 mm，左旋，中径公差带为 8e，长旋合长度）

梯形螺纹的基本尺寸

d 公称系列 第一系列	d 公称系列 第二系列	螺距 P	中径 d_2=D_2	大径 D_4	小径 d_3	小径 D_1	d 公称系列 第一系列	d 公称系列 第二系列	螺距 P	中径 d_2=D_2	大径 D_4	小径 d_3	小径 D_1
8		1.5	7.25	8.3	6.2	6.5	32		6	29.0	33	25	26
	9	2	8.0	9.5	6.5	7		34		31.0	35	27	28
10			9.0	10.5	7.5	8	36			33.0	37	29	30
	11		10.0	11.5	8.5	9		38	7	34.5	39	30	31
12		3	10.5	12.5	8.5	9	40			36.5	41	32	33
	14		12.5	14.5	10.5	11		42		38.5	43	34	35
16		−4	14.0	16.5	11.5	12	44			40.5	45	36	37
	18		16.0	18.5	13.5	14		46	8	42.0	47	37	38
20			18.0	20.5	15.5	16	48			44.0	49	39	40
	22	5	19.5	22.5	16.5	17		50		46.0	51	41	42
24			21.5	24.5	18.5	19	52			48.0	53	43	44
	26		23.5	26.5	20.5	21		55	9	50.5	56	45	46
28			25.5	28.5	22.5	23	60			55.5	61	50	51
	30	6	27.0	31.0	23.0	24		65	10	60.0	66	54	55

注：1. 优先选用第一系列的直径。

2. 表中所列的螺距直径是优先选择的螺距及与之对应的直径。

附录 B

常用标准件

附表 4　　六角头螺栓（一）　　（mm）

六角头螺栓—A 和 B 级（摘自 GB/T 5782—2000）

六角头螺栓—细牙—A 和 B 级（摘自 GB/T 5785—2000）

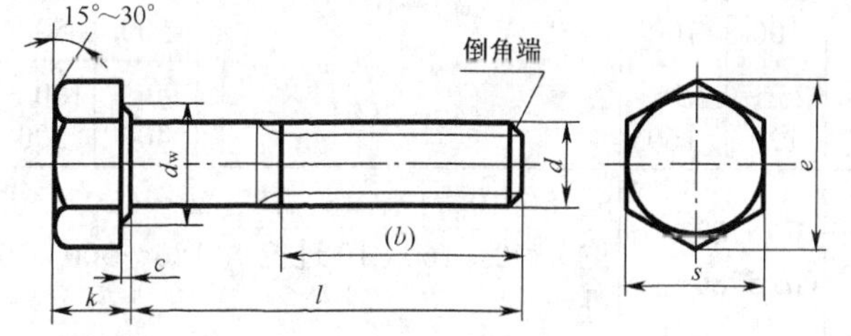

标记示例：

螺栓 GB/T 5782 M12×100

（螺纹规格 d = M12，公称长度 l = 100mm，性能等级为 8.8 级，表面氧化，杆身半螺纹，A 级的六角头螺栓）

六角头螺栓—全螺纹—A 和 B 级（摘自 GB/T 5783—2000）

六角头螺栓—细牙—全螺纹—A 和 B 级（摘自 GB/T 5786—2000）

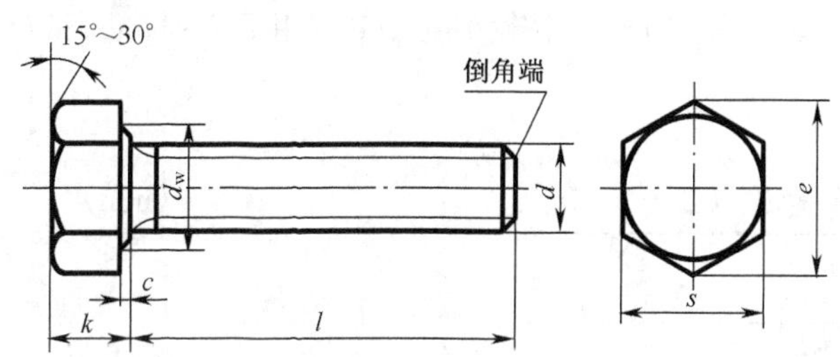

标记示例：

螺栓 GB/T 5786 M30×2×80

（螺纹规格 d = M30×2，公称长度 l = 80mm，性能等级为 8.8 级，表面氧化，全螺纹，B 级的细牙六角头螺栓）

螺纹规格	d	M4	M5	M6	M8	M10	M12	M16	M20	M24	M30	M36	M42	M48
	D×P	—	—	—	M8×1	M10×1	M12×1.5	M16×1.5	M20×2	M24×2	M30×2	M36×3	M42×3	M48×3
	l≤125	14	16	18	22	26	30	38	46	54	66	78	—	—

续表

螺纹规格	d	M4	M5	M6	M8	M10	M12	M16	M20	M24	M30	M36	M42	M48
	$D \times P$	—	—	—	M8×1	M10×1	M12×15	M16×15	M20×2	M24×2	M30×2	M36×3	M42×3	M48×3
b 参考	$125<l\leqslant 200$	—	—	—	28	32	36	44	52	60	72	84	96	108
	$l>200$	—	—	—	—	—	—	57	65	73	85	97	109	121
c_{max}		0.4	0.5		0.6		0.8						1	
k 公称		2.8	3.5	4	5.3	6.4	7.5	10	12.5	15	18.7	22.5	26	30
d_s		4	5	6	8	10	12	16	20	24	30	36	42	48
s_{max}＝公称		7	8	10	13	16	18	24	30	36	46	55	65	75
e_{min}	A	7.66	8.79	11.05	14.38	17.77	20.03	26.75	33.53	39.98	—	—	—	—
	B	—	8.63	10.89	14.2	17.59	19.85	26.17	32.95	39.55	50.85	60.79	72.02	82.6
d_w	A	5.9	6.9	8.9	11.6	14.6	16.6	22.5	28.2	33.6	—	—	—	—
	B	—	6.7	8.7	11.4	14.4	16.4	22	27.7	33.2	42.7	51.1	60.6	69.4
l 范围	GB 5782	25～40	25～50	30～60	35～80	40～100	45～120	55～160	65～200	80～240	90～300	110～360	130～400	140～400
	GB 5785											110～300		
	GB 5783	8～40	10～50	12～60	16～80	20～100	25～100	35～100	40～100				80～500	100～500
	GB 5786	—	—	—			25～120	35～160	40～200				90～400	100～500
l 系列	GB 5782 GB 5785	20～65（5 进位）、70～160（10 进位）、180～400（20 进位）					GB 5783 GB 5786		6、8、10、12、16、18、20～65（5 进位）、70～160（10 进位）、180～500（20 进位）					

注：1. 表中 P 为螺距。

2. 螺纹公差：6g；性能等级：8.8。

3. 产品等级：A 级用于 $d\leqslant 24$mm 和 $l\leqslant 10d$ 或$\leqslant 150$mm（按较小值）；B 级用于 $d>24$mm 和 $l>10d$ 或>150mm（按较小值）。

附表 5　　六角头螺栓（二）　　（mm）

六角头螺栓——C 级（摘自 GB/T 5780—2000）

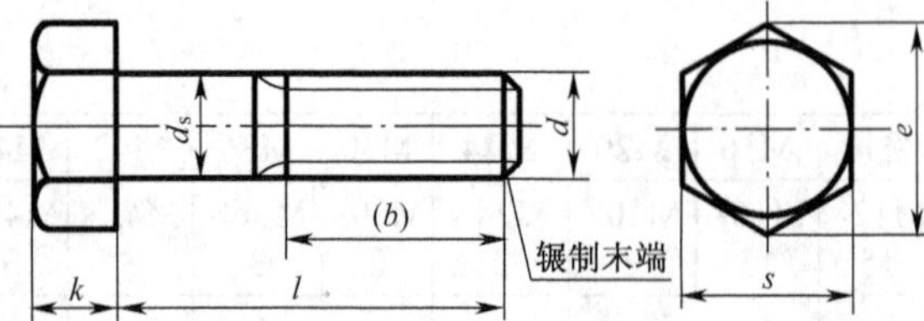

续表

标记示例：

螺栓 GB/T 5780 M20×100

（螺纹规格 d = M20，公称长度 l = 100mm，性能等级为 4.8 级，不经表面处理，杆身半螺纹，C 级的六角头螺栓）

六角头螺栓—全螺纹——C 级（摘自 GB/T 5781—2000）

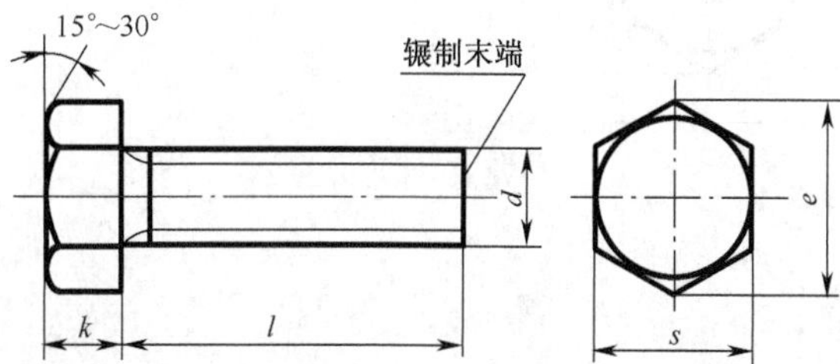

标记示例：

螺栓 GB/T 5781 M12×80

（螺纹规格 d = M12，公称长度 l = 80mm，性能等级为 4.8 级，不经表面处理，全螺纹，C 级的六角头螺栓）

螺纹规格 d		M5	M6	M8	M10	M12	M16	M20	M24	M30	M36	M42	M48
b 参考	l≤125	16	18	22	26	30	38	40	54	66	78	—	—
	125< l≤1200	—	—	28	32	36	44	52	60	72	84	96	108
	l > 200	—	—	—	—	—	57	65	73	85	97	109	121
$k_{公称}$		3.5	4.0	5.3	6.4	7.5	10	12.5	15	18.7	22.5	26	30
s_{max}		8	10	13	16	18	24	30	36	46	55	65	75
e_{max}		8.63	10.9	14.2	17.6	19.9	26.2	33.0	39.6	50.9	60.8	72.0	82.6
d_{smax}		5.48	6.48	8.58	10.6	12.7	16.7	20.8	24.8	30.8	37.0	450.0	49.0
$l_{范围}$	GB/T 5780—2000	25～50	30～60	35～80	40～100	45～120	55～160	65～200	80～240	90～300	110～300	160～420	180～480
	GB/T 5781—2000	10～40	12～50	16～65	20～80	25～100	35～100	40～100	50～100	60～100	70～100	80～420	90～480
$l_{系列}$		10、12、16、20～50（5 进位）、（55）、60、（65）、70～160（10 进位）、80、220～500（20 进位）											

注：1. 括号内的规格尽可能不用，末端按 GB/T 2—2001 规定。

2. 螺纹公差：8g（GB/T 5780—2000）；6g（GB/T 5781—2000）。性能等级：4.6、4.8。产品等级：C。

附表 6　　I 型六角螺母　　（mm）

I 型六角螺母——A 和 B 级（摘自 GB/T 6170—2000）

I 型六角头螺母—细牙——A 和 B 级（摘自 GB/T 6171—2000）

I 型六角螺母——C 级（摘自 GB/T 41—2000）

续表

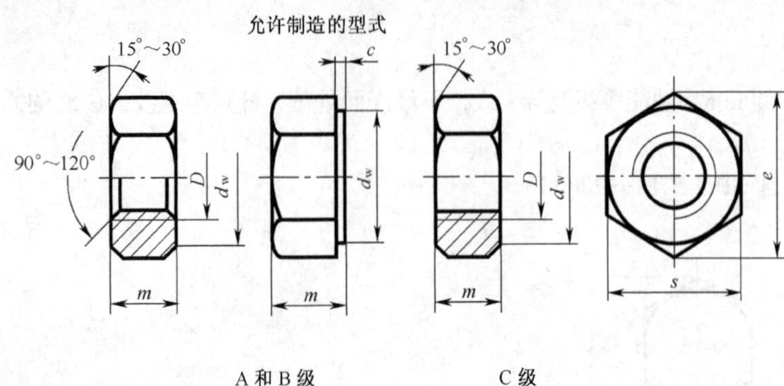

标记示例：

螺母 GB/T 41 M12

（螺纹规格 D = M12，性能等级为 5 级，不经表面处理，C 级的 I 型六角螺母）

螺母 GB/T 6171 M24×2

（螺纹规格 D = M24，螺距 P = 2mm，性能等级为 10 级，不经表面处理，B 级的 I 型细牙六角螺母）

螺纹规格	D	M4	M5	M6	M8	M10	M12	M16	M20	M24	M30	M36	M42	M48
	D×P	—	—	—	M8×1	M10×1	M12×1.5	M16×1.5	M20×2	M24×2	M30×2	M36×3	M42×3	M48×3
c		0.4	0.5			0.6		0.8				1		
s_{max}		7	8	10	13	16	18	24	30	36	46	55	65	75
e_{min}	A、B 级	7.66	8.79	11.05	14.38	17.77	20.03	26.75	32.95	50.85	50.85	60.79	72.02	82.6
	C 级	—	8.63	10.89	14.2	17.59	19.85	26.17						
m_{max}	A、B 级	3.2	4.7	5.2	6.8	8.4	10.8	14.8	18	21.5	25.6	31	34	38
	C 级	—	5.6	6.1	7.9	9.5	12.2	15.9	18.7	22.3	26.4	31.5	34.9	38.9
d_{wmax}	A、B 级	5.9	6.9	8.9	11.6	14.6	16.6	22.5	27.7	33.2	42.7	51.1	60.6	69.4
	C 级	—	6.9	8.7	11.5	14.5	16.5	22						

注：1. P 为螺距。

2. A 级用于 $D \leqslant 16$mm 的螺母；B 级用于 $D > 16$mm 的螺母；C 级用于 $D \geqslant 5$mm 的螺母。

3. 螺纹公差：A、B 级为 6H；C 级为 7H。机械性能等级：A、B 级为 6、8、10 级，C 级为 4、5 级。

附表 7　I 型六角开槽螺母——A 和 B 级（摘自 CB/T 6178—1986）　（mm）

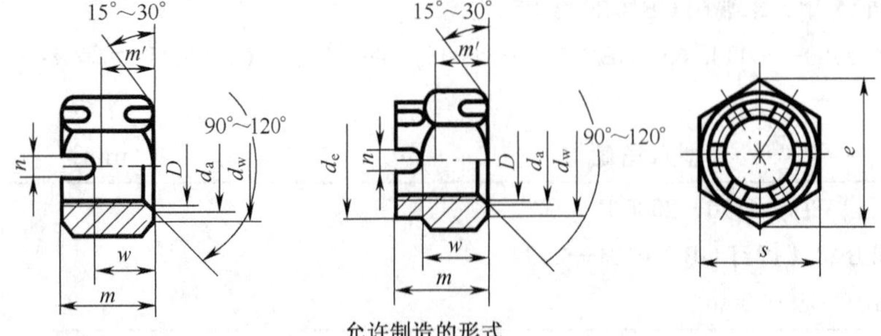

续表

标记示例：

螺母 GB/T 6178　M12

（螺纹规格 D＝M12，性能等级为 8 级，表面氧化，A 级的 I 型六角开槽螺母）

螺纹规格 D		M4	M5	M6	M8	M10	M12	M16	M20	M24	M30	M36
d_a	max	4.6	5.75	6.75	8.75	10.8	13	17.3	21.6	25.9	32.4	38.9
	min	4	5	6	8	10	12	16	20	24	30	36
d_e	max	—	—	—	—	—	—	—	28	34	42	50
	min	—	—	—	—	—	—	—	27.16	33	41	49
d_w	min	5.9	6.9	8.9	11.6	14.6	16.6	22.5	27.7	33.2	42.7	51.1
e	min	7.66	8.79	11.05	14.38	17.77	20.03	26.75	32.95	39.55	50.85	60.79
m	max	5	6.7	7.7	9.8	12.4	15.8	20.8	24	29.5	34.6	40
	min	4.7	6.34	7.34	9.44	11.97	15.37	20.28	23.16	28.66	33.6	39
m_{min}		2.32	3.52	3.92	5.15	6.43	8.3	11.28	13.52	16.16	19.44	23.52
n	max	1.2	1.4	2	2.5	2.8	3.5	4.5	4.5	5.5	7	7
	min	1.8	2	2.6	3.1	3.4	4.25	5.7	5.7	6.7	8.5	8.5
s	max	7	8	10	13	16	18	24	30	36	46	55
	min	6.78	7.78	9.78	12.73	15.73	17.73	23.67	29.16	35	45	53.8
w	max	3.2	4.7	5.2	6.8	8.4	10.8	14.8	18	21.5	25.6	31
	min	2.9	4.4	4.9	6.44	8.04	10.37	14.37	17.3	20.66	24.76	30
开口销		1×10	1.2×12	1.6×14	2×16	3.2×22	2.5×20	4×28	4×36	5×40	6.3×50	6.3×63

注：A 级用于 D≤16mm 的螺母；B 级用于 D>16mm 的螺母。

附表 8　　垫圈　　（mm）

小垫圈——A 级（摘自 GB/T 848—2002）

平垫圈——A 级（摘自 GB/T 97.1—2002）

平垫圈倒角型——A 级（摘自 GB/T 97.2—2002）

平垫圈——C 级（摘自 GB/T 95—1985）

大垫圈——A 和 C 级（摘自 GB/T 96—1985）

特大垫圈——C 级（摘自 GB/T 5287—1985）

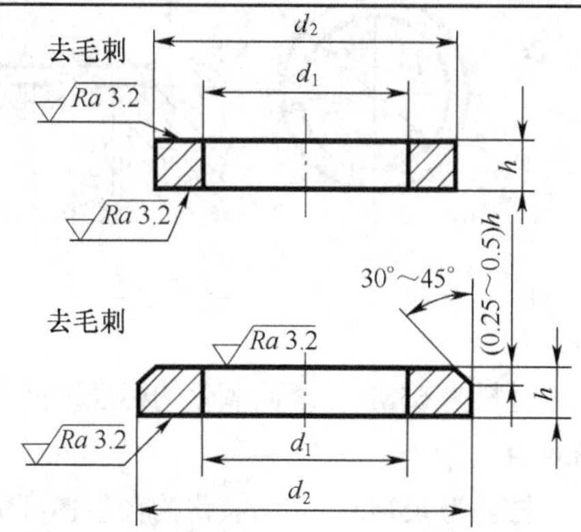

标记示例：

垫圈 GB/T 95 8

（标准系列，公称尺寸 d＝8mm，性能等级为 100HV 级，不经表面处理的平垫圈）

垫圈 GB/T97.2 8

（标准系列，公称尺寸 d＝8mm，性能等级为 A140 级，倒角型，不经表面处理的平垫圈）

续表

公称尺寸（螺纹规格）d	标准系列 GB8/T 95（C级）			标准系列 GB/T 97.1（A级）			标准系列 GB/T 97.2（A级）			特大系列 GB/T 5287（C级）			大系列 GB/T 96（A和C级）			小系列 GB/T 848（A级）		
	d_{1min}	d_{2max}	h	d_{1mim}	d_{2max}	h	d_{1mim}	d_{2max}	h	d_{1min}	d_{2max}	h	d_{1min}	d_{2max}	h	d_{1min}	d_{2max}	h
4	—	—	—	4.3	9	0.8	—	—	—	—	—	—	4.3	12	1	4.3	8	0.5
5	5.5	10	1	5.3	10	1	5.3	10	1	5.5	18	2	5.3	15	1.2	5.3	9	1
6	6.6	12	1.6	6.4	12	1.6	6.4	12	1.6	6.6	22		6.4	18	1.6	6.4	11	1.6
8	9	16		8.4	16		8.4	16		9	28	3	8.4	24	2	8.4	15	
10	11	20	2	10.5	20	2	10.5	20	2	11	34		10.5	30	2.5	10.5	18	
12	13.5	24	2.5	13	24		13	24	2.5	13.5	44	4	13	37	3	13	20	2
14	15.5	28		15	28	2.5	15	28		15.5	50		15	44		15	24	2.5
16	17.5	30	3	17	30	3	17	30	3	17.5	56	5	17	50		17	28	
20	22	37		21	37		21	37		22	72	6	22	60	4	21	34	3
24	26	44	4	25	44	4	25	44	4	26	85		26	72	5	25	39	4
30	33	56		31	56		31	56		33	92		33	92	6	31	50	
36	39	66	5	37	66	5	37	66	5	39	125	8	39	110	8	37	60	5

注：1. A级适用于精装配系列，C级适用于中等装配系列。

2. C级垫圈没有 $Ra3.2\mu m$ 和去毛刺的要求。

3. GB/T 848—2002 主要用于圆柱头螺钉，其他用于标准的六角螺栓、螺母和螺钉。

附表 9 标准型弹簧垫圈（GB/T 93—1987）、轻型弹簧垫圈（GB/T 859—1987）摘编 (mm)

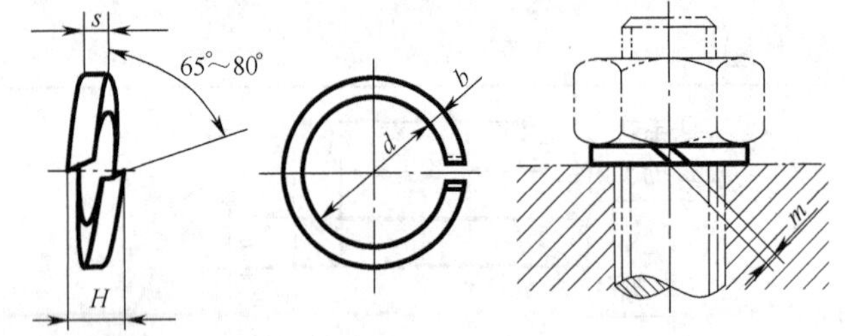

标记示例：

垫圈 GB/T 93 16

（规格 16mm，材料为 65Mn，表面氧化的标准型弹簧垫圈）

垫圈 GB/T 859 16

（规格 16mm，材料为 65Mn，表面氧化的轻型弹簧垫圈）

规格（螺纹大径）		2	2.5	3	4	5	6	8	10	12	16	20	24	30	36	42	48
d	max	2.1	2.6	3.1	4.1	5.1	6.1	8.1	10.2	12.2	16.2	20.2	24.5	30.5	36.5	42.5	48.5
	min	2.35	2.80	3.4	4.4	5.4	6.68	8.68	10.9	12.9	16.9	21.04	25.5	31.5	37.7	43.7	49.7
$s=b_{公称}$	GB/T 93—1987	0.5	0.65	0.8	1.1	1.3	1.6	2.1	2.6	3.1	4.1	5	6	7.5	9	10.5	12

续表

规格（螺纹大径）			2	2.5	3	4	5	6	8	10	12	16	20	24	30	36	42	48
$s_{公称}$	GB/T 859—1987		—	—	0.6	0.8	1.1	1.3	1.6	2	2.5	3.2	4	5	6	—	—	—
$b_{公称}$	GB/T 859—1987		—	—	1	1.2	1.5	2	2.5	3	3.5	4.5	5.5	7	9	—	—	—
H	GB/T 93—1987	min	1	1.3	1.6	2.2	2.6	3.2	4.2	5.2	6.2	8.2	10	12	15	18	21	24
		max	1.25	1.63	2	2.75	3.25	4	5.25	6.5	7.75	10.25	12.5	15	18.75	22.5	26.25	30
	GB/T 859—1987	min	—	—	1.2	1.6	2.2	2.6	3.2	4	5	6.4	8	10	12	—	—	—
		max	—	—	1.5	2	2.75	3.25	4	5	6.25	8	10	12.5	15	—	—	—
$m\leqslant$	GB/T 93—1987		0.25	0.33	0.4	0.55	0.65	0.8	1.05	1.3	1.55	2.05	2.5	3	3.75	4.5	5.25	6
	GB/T 859—1987		—	—	0.3	0.4	0.55	0.65	0.8	1	1.25	1.6	2	2.5	3	—	—	—

附表 10　　双头螺柱（摘自 GB/T 898～900—1988）　　(mm)

$b_m=1d$　（GB/T 897—1988）　$b_m=1.25d$（GB/T 898—1988）　$b_m=1.5d$（GB/T 899—1988）
$b_m=2d$（GB/T 900—1988）

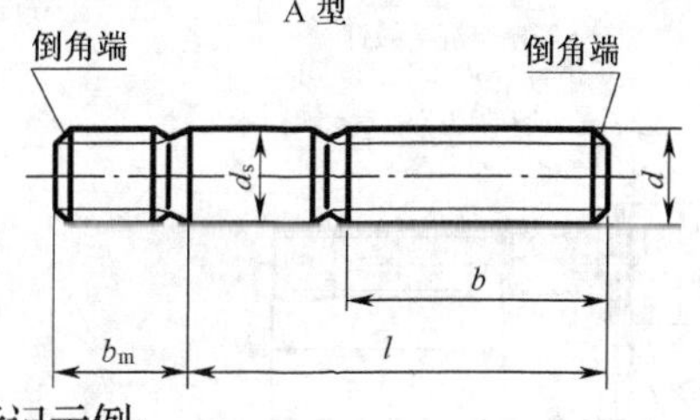

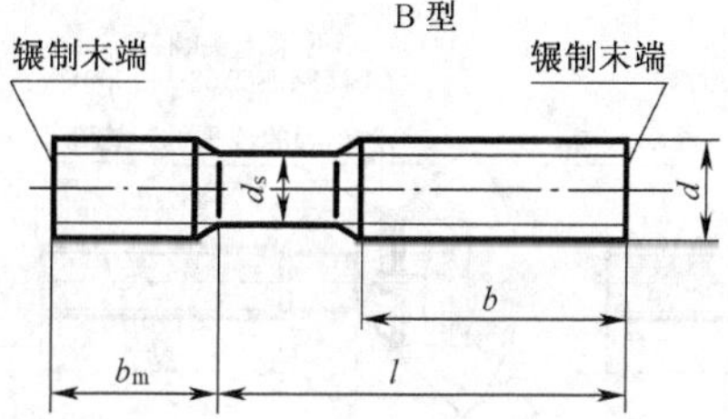

标记示例：

螺柱　GB/T 897　M10×50

（两端均为粗牙普通螺纹，$d=10$mm，$l=50$mm，性能等级为 4.8 级，不经表面处理，B 型，$b_m=1d$ 的双头螺柱）

螺柱 GB/T 897A　M10—M10×1×50

（旋入机件端为粗牙普通螺纹，旋螺母端为螺距 $P=1$mm 的细牙普通螺纹，$d=10$mm，$l=50$mm，性能等级为 4.8 级，不经表面处理，A 型，$b_m=1d$ 的双头螺柱）

螺纹规格	b_m（公称）				L/B
	GB/T 897—1988	GB/T 898—1988	GB/T 899—1988	GB/T 900—1988	
M3			4.5	6	(16～20)/6、(25～40)/12
M4			6	8	(16～20)/8、(25～40)/14
M15	5	6	8	10	(16～20)/10、(25～50)/16
M6	6	8	10	12	20/10、(25～30)/14、(35～70)/18
M8	8	10	12	16	20/12、(25～30)/16、(35～90)/22

续表

螺纹规格	b_m（公称）				L/B
	GB/T 897—1988	GB/T 898—1988	GB/T 899—1988	GB/T 900—1988	
M10	10	12	15	20	25/14、(30～35)/16、(40～120)/26、130/32
M12	12	15	18	24	(25～30)/16、(35～40)/20、(45～120)/30、(130～180)/36
M16	16	20	24	32	(30～35)/20、(40～50)/30、(60～120)/38、(130～200)/44
M20	20	25	30	40	(35～40)/25、(45～60)/35、(70～120)/46、(130～200)/52
(M24)	24	30	36	48	(45～50)/30、(60～70)/45、(80～120)/54、(130～200)/60
(M30)	30	38	45	60	60/40、(70～90)/50、(100～120)/66、(130～200)/72、(210～250)/85
M36	36	45	54	72	70/45、(80～110)/60、120/78、(130～200)/84、(210～300/97
M42	42	52	63	84	(70～80)/50、(90～110)/70、120/90、(130～200)/96、(210～300)/109
M48	48	60	72	96	(80～90)/60、(100～110)/80、120/102、(130～200)/108、(210～300)/121
$l_{系列}$	12、16、20、25、30、35、40、45、50、60、70、75、80、90、100～260（10进位）、280、300				

注：1. 尽量不用括号内的规格。末端按 GB/T 2—2001 规定。

2. $b_m=1d$，一般用于钢对钢；$b_m=(1.25～1.5)d$，一般用于钢对铸铁；$b_m=2d$，一般用于钢对铝合金。

附表 11　　螺钉（一）　　(mm)

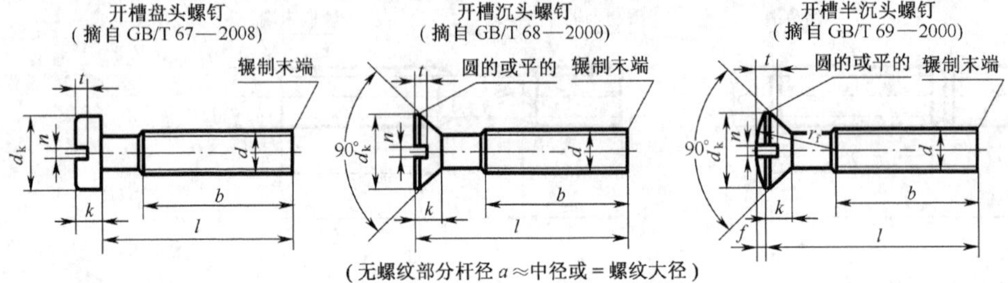

标记示例：

螺钉 GB/T 67 M5×60

（螺纹规格 d = M5，l = 60，性能等级为 4.8 级，不经表面处理的开槽盘头螺钉）

螺纹规格 d	螺距 P	b_{min}	n 公称	f	r_f	k_{max}		$d_{k\,max}$		t_{min}			$L_{范围}$		全螺纹时最大长度	
				GB/T 69	GB/T 69	GB/T 67	GB/T 68 GB/T 69	GB/T 67	GB/T 68 GB/T 69	GB/T 67	GB/T 68	GB/T 69	GB/T 67	GB/T 68 GB/T 69	GB/T 67	GB/T 68 GB/T 69
M2	0.4	25	0.5	4	0.5	1.3	1.2	4	3.8	0.5	0.4	0.8	2.5～20	3～20	30	
M3	0.5		0.8	6	0.7	1.8	1.65	5.6	5.5	0.7	0.6	1.2	4～30	5～30		
M4	0.7	38	1.2	9.5	1	2.4	2.7	8	8.4	1	1	1.6	5～40	6～40	40	45
M5	0.8				1.2	3		9.5	9.3	1.2	1.1	2	6～50	8～50		
M6	1		1.6	1.2	1.4	3.6	3.3	12	12	1.4	1.2	2.4	8～60	8～60		
M8	1.25		2	16.5	2	4.8	4.65	16	16	1.9	1.8	3.2	10～80			
M10	1.5		2.5	19.5	2.3	6	5	20	20	2.4	2	3.8				
$l_{系列}$	2、2.5、3、4、5、6、8、10、12、(14)、16、20～50（5进位）、(55)、60、(65)、70、(75)、80															

注：螺纹公差：6g；性能等级：4.8、5.8；产品等级：A。

附表 12　　螺钉（二）　　(mm)

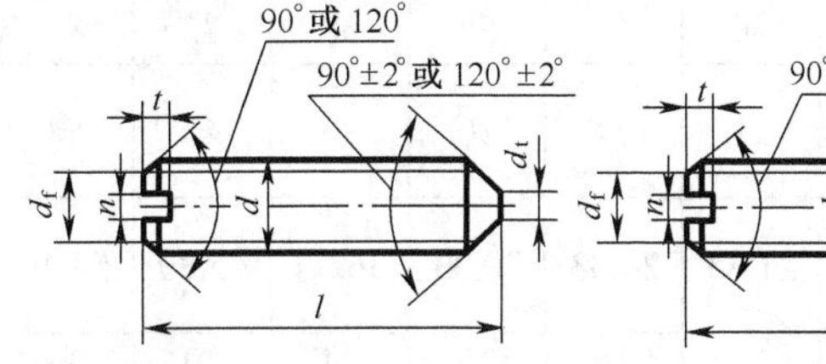

开槽平端紧定螺钉
（摘自GB/T 73—2000）

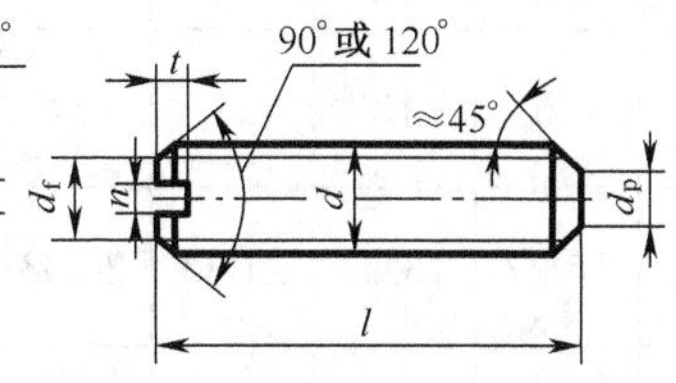

开槽长圆柱端紧定螺钉
（摘自GB/T 75—2000）

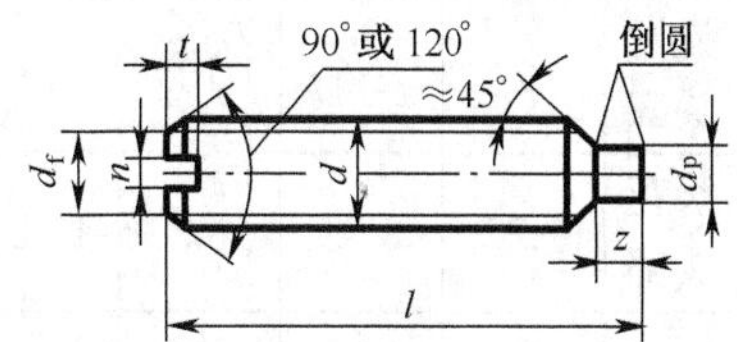

标记示例：

螺钉 GB/T 71 M5×20

（螺纹规格 d = M5，公称长度 l = 20mm，性能等级为 14H 级，表面氧化的开槽锥端紧定螺钉）

螺纹规格 d	螺距 P	d_f	$d_{t\,max}$	$d_{p\,max}$	n 公称	t_{max}	z_{max}	l 范围		
								GB/T 71	GB/T 73	GB/T 75
M2	0.4	螺纹小径	0.2	1	0.25	0.84	1.25	3～10	2～10	3～10
M3	0.5		0.3	2	0.4	1.05	1.75	4～16	3～16	5～16
M4	0.7		0.4	2. 5	0.6	1.42	2.25	6～20	4～20	6～20
M5	0.8		0.5	3.5	0.8	1.63	2.75	8～25	5～25	8～25
M6	1		1.5	4	1	2	3.25	8～30	6～30	8～30
M8	1.25		2	5.5	1.2	2.5	4.3	10～40	8～40	10～40
M10	1.5		2.5	7	1.6	3	5.3	12～50	10～50	12～50
M12	1.75		3	8.5	2	3.6	6.3	14～60	12～60	14～60
l 系列	2、2.5、3、4、5、6、8、10、12、(14)、16、20、25、30、35、40、45、50、(55)、60									

注：螺纹公差：6g；性能等级：14H、22H；产品等级：A。

附表 13　　内六角圆柱螺钉（摘自 GB/T 70.1—2008）　　(mm)

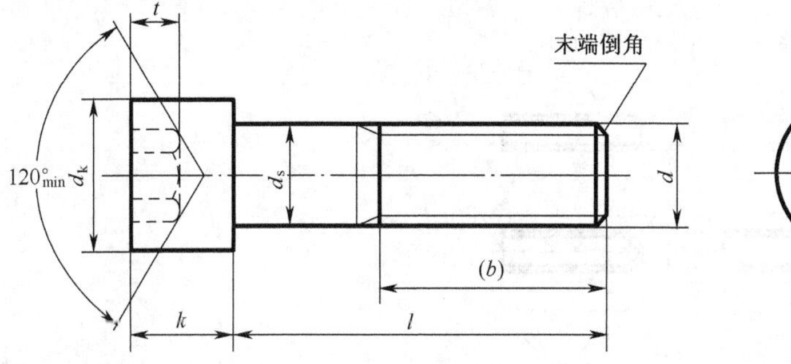

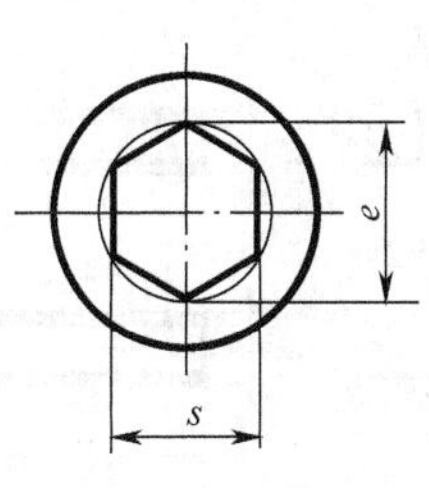

标记示例：

螺钉 GB/T 70.1　M5×20

（螺纹规格 d = M5，公称长度 l = 20mm，性能等级为 8.8 级，表面氧化的内六角圆柱头螺钉）

续表

螺纹规格 d		M4	M5	M6	M8	M10	M12	（M14）	M16	M20	M24	M30	M36
螺距 P		0.7	0.8	1	1.25	1.5	1.75	2	2	2.5	3	3.5	4
$b_{参考}$		20	22	24	28	32	36	40	44	52	60	72	84
$d_{k\max}$	光滑头部	7	8.5	10	13	16	18	21	24	30	36	45	54
	滚花头部	7.22	8.72	10.22	13.27	16.27	18.27	21.33	24.33	30.33	36.39	45.39	54.46
$k_{\max}$		4	5	6	8	10	12	14	16	20	24	30	36
$t_{\min}$		2	2.5	3	4	5	6	7	8	10	12	15.5	19
$s_{公称}$		3	4	5	6	8	10	12	14	17	19	22	27
$e_{\min}$		3.44	4.5B	5.72	6.86	9.15	11.43	13.72	16	19.44	21.73	25.15	30.35
$d_{s\max}$		4	5	6	8	10	12	14	16	20	24	30	36
$l_{范围}$		6～40	8～50	10～60	12～80	16～100	20～120	25～140	25～160	30～200	40～200	45～200	55～200
全螺纹时最大长度		25	25	30	35	40	45	55	55	65	80	90	100
$l_{系列}$		6、8、10、12、（14）、（16）、20、50（5进位）、（55）、60、（65）、70～160（10进位）、180、200											

注：1. 括号内的规格尽可能不用。

2. 机械性能等级：3mm≤d≤39mm，8.8级、10.9级、12.9级；3mm＜d＜39mm，按协议。

3. 螺纹公差：性能等级8.8级时为6g，12.9级时为5g、6g。

4. 产品等级：A。

附表14　　平键及键槽各部分尺寸（摘自GB/T 1095～1096—2003）　　（mm）

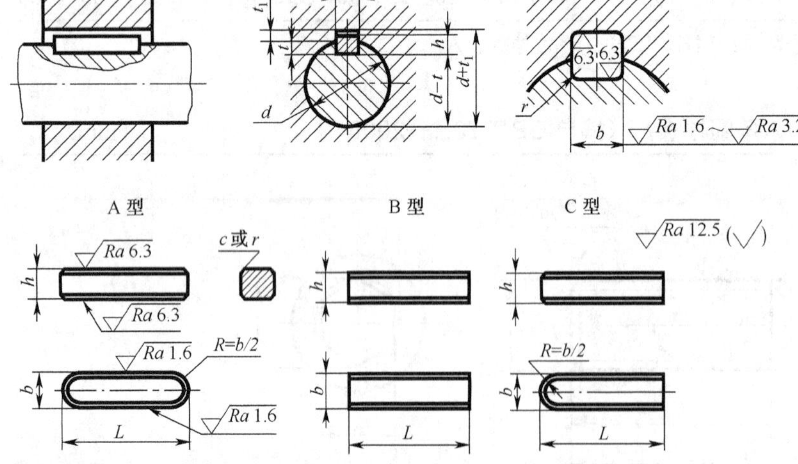

标记示例：

键 A16×100　GB/T 1096—2003（圆头普通平键，b = 16mm，h = 10mm，L = 100mm）

键 B16×100　GB/T 1096—2003（平头普通平键，b = 16mm，h = 10mm，L = 100mm）

键 C16×100　GB/T 1096—2003（单圆头普通平键，b = 16mm，h = 10mm，L = 100mm）

续表

轴	键		键槽											
公称直径 d	公称尺寸 $b\times h$（h9）	长度 L（h11）	宽度 b 公称尺寸 b	宽度 b 极限偏差 较松键连接 轴 H9	宽度 b 极限偏差 较松键连接 毂 D10	宽度 b 极限偏差 一般键连接 轴 N9	宽度 b 极限偏差 一般键连接 毂 JS9	宽度 b 极限偏差 较紧键连接 轴和毂 P9	深度 轴 t 公称尺寸	深度 轴 t 极限偏差	深度 毂 t_1 公称尺寸	深度 毂 t_1 极限偏差	半径 r 最大	半径 r 最小
10～12	4×4	8～45	4	+0.030 0	+0.078 +0.030	0 −0.030	±0.015	−0.012 −0.042	2.5	+0.1 0	1.8	+0.1 0	0.08	0.16
12～17	5×5	10～56	5						3.0		2.3		0.16	0.25
17～22	6×6	14～70	6						3.5		2.8			
22～30	8×7	18～90	8	+0.036 0	+0.098 +0.040	0 −0.036	±0.018	−0.015 −0.051	4.0	+0.2 0	3.3	+0.2 0		
30～38	10×8	22～n0	10						5.0		3.3		0.25	0.40
38～44	12× 8	28～1加	12	+0.043 0	+0.120 +0.050	0 −0.043	±0.022	−0.018 −0.061	5.0		3.3			
44～50	14×9	36～160	14						5.5		3.8			
50～58	16×10	45～180	16						6.0		4.3			
58～65	18×n	50～200	18						7.0		4.4			
65～75	20×12	56～220	20	+0.052 0	+0.149 +0.065	0 −0.052	±0.026	−0.022 −0.074	7.5		4.9		0.40	0.60
75～85	22×14	63～250	22						9.0		5.4			
85～95	25×14	70～280	25						9.0		5.4			
95～110	28×16	80～320	28						10		6.4			

注：1.（$d-t$）和（$d+t_1$）两个组合尺寸的极限偏差，按相应的 t 和 t_1 的极限偏差选取，但（$d-t$）极限偏差应取负号（−）。

2. L 系列：6～22（2 进位）、25、28、32、36、40、45、50、56、63、70、80、90、100、110、125、140、160、180、200、220、250、280、320、360、400、450、500。

3. 键 b 的极限偏差为 h9，键 h 的极限偏差为 h11，键长 L 的极限偏差为 h14。

附表 15　　半圆键　　（mm）

半圆键及键槽的各部尺寸（摘自 GB/T 1098—2003）

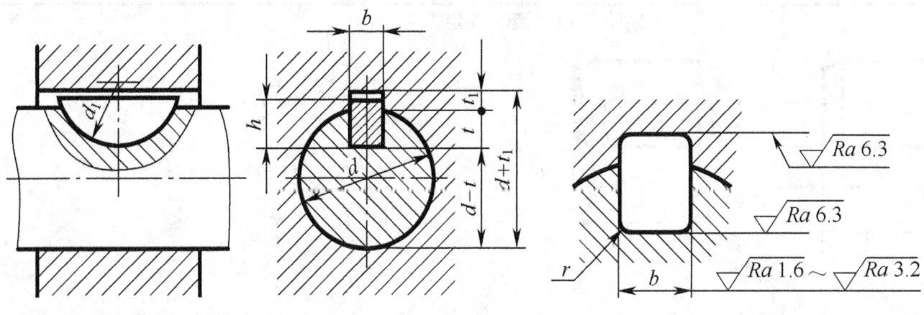

半圆键的形式和尺寸（摘自 GB/T 1099—2003）

续表

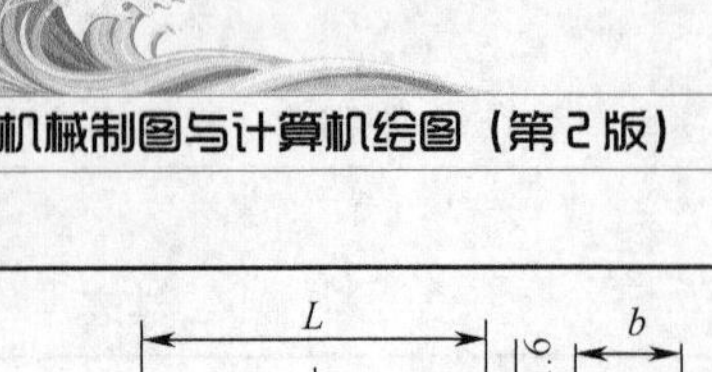

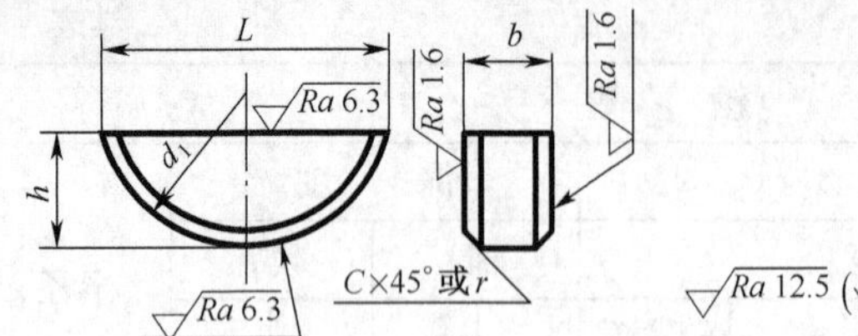

标记示例：
键 6×25　GB/T 1099—2003
（半圆键，$b=6$，$h=10$，$d_1=25$）

轴径 d		键			键槽							
键传递转矩用	键定位用	公称尺寸 $6×h×d_1$ (h9) (h11) (h12)	其他尺寸 $L≈$	其他尺寸 c	槽宽 b 极限偏差 一般键连接 轴 N9	槽宽 b 极限偏差 一般键连接 毂 JS9	槽宽 b 极限偏差 较紧键连接 轴和毂 P9	深度 轴 t 公称尺寸	深度 轴 t 极限偏差	深度 毂 t_1 公称尺寸	深度 毂 t_1 极限偏差	半径
8～10	12～15	3×5×13	12.7	0.16～0.25	−0.004 −0.029	±0.012	−0.006 −0.031	3.8	+0.2 0	1.4	+0.1 0	0.08～0.16
10～12	15～18	3×6.5×16	15.7					5.3				0.16～0.25
12～14	18～20	4×6.5×16		0.25～0.4	0 −0.030	±0.015	−0.012 −0.042	5		1.8		
14～16	20～22	4×7.5×19	18.6					6				
16～18	22～25	5×6.5×16	15.7					4.5		2.3		
18～20	25～28	5×7.5×19	18.6					5.5				
20～22	28～32	5×9×22	21.6					7				
22～25	32～36	6×9×22						6.5	+0.3 0	2.8		
25～28	36～40	6×10×25	24.5					7.5				0.25～0.4
28～32	40	8×11×28	27.4	0.4～0.6	0 −0.036	±0.18	−0.015 −0.051	8		3.3	+0.2 0	
32～38	—	10×13×32	31.4					10				

注：$(d-t)$ 和 $(d+t_1)$ 两个组合尺寸的极限偏差，按相应的 t 和 t_1 的极限偏差选取，但 $(d-t)$ 极限偏差应取负号（−）。

附表 16　圆柱销（不淬硬钢和奥氏体不锈钢）（GB/T 119.1—2000）　(mm)

末端形状由制造者确定

≈15°　C　C　d　l　C　l

标记示例：
销 GB/T 119.1 6 m6×30
（公称直径 $d=6$mm，公差为 m6，公称长度 $l=30$mm，材料为钢，不经淬火，不经表面处理的圆柱销）

续表

d(公称)	2	3	4	5	6	8	10	12	16	20	25	30
C	0.35	0.5	0.63	0.8	1.2	1.6	2	2.5	3	3.5	4	5
$l_{范围}$	6~20	8~30	8~40	10~50	12~60	14~80	18~95	22~100	26~180	35~200	60~200	60~200
$l_{系列}$	2、3、4、5、6~32（按 2 递增）、35~100（按 5 递增）、120~200（按 20 递增）											

注：公称直径 *d* 的公差：m6 和 h8。

附表 17　　圆锥销（GB/T 117—2000）摘编　　（mm）

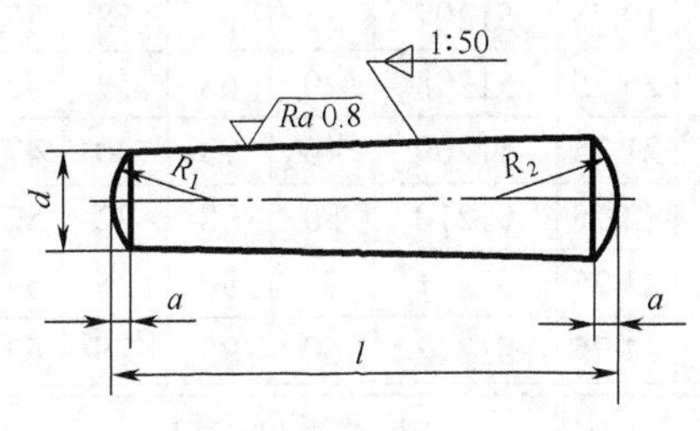

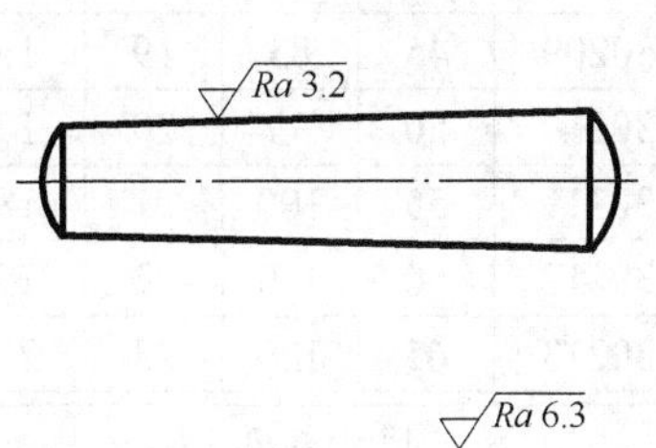

Ra 6.3

$$R_1 \approx d \quad R_2 \approx \frac{a}{2} + d + \frac{(0.021)^2}{8a}$$

标记示例：

销　GB/T 117 10×60

（公称直径 *d*＝10mm，长度 *l*＝60mm，材料为 35 钢，热处理硬度 28~38HRC，表面氧化处理的 A 型圆锥销）

D(公称)	2	2.5	3	4	5	6	8	10	12	16	20	25	30
a≈	0.25	0.3	0.4	0.5	0.63	0.8	1.0	1.2	1.6	2.0	2.5	3.0	4
$l_{范围}$	10~35	10~35	12~45	14~55	18~60	22~90	22~120	26~160	32~180	40~200	45~200	50~200	55~200
$l_{系列}$	2、3、4、5、6~32（按 2 递增）、35~100（按 5 递增）、120~200（按 20 递增）												

附表 18　　滚动轴承

深沟球轴承

(GB/T 276—1994)

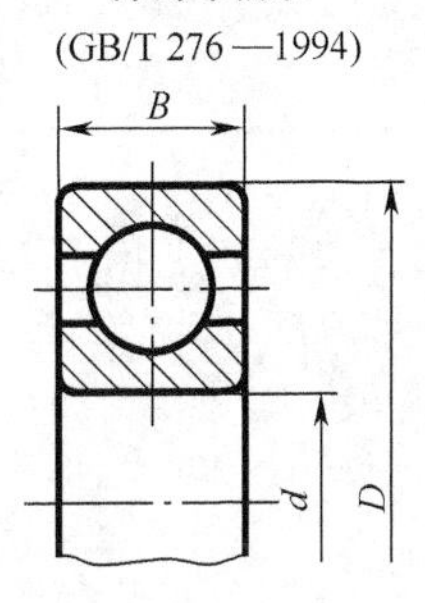

标记示例：

滚动轴承 6310 GB/T 276—1994

圆锥滚子轴承

(GB/T 297—1994)

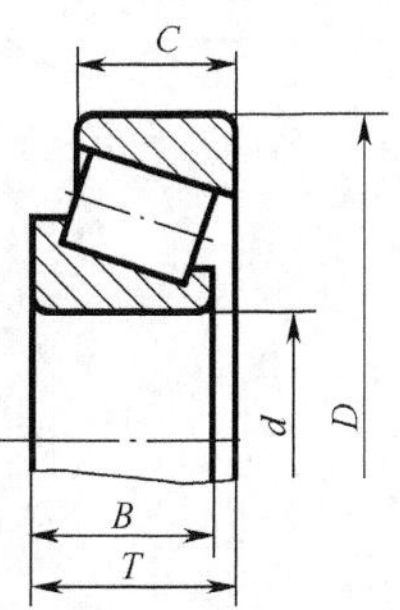

标记示例：

滚动轴承 30212　GB/T 297—1994

推力球轴承

(GB/T 301—1995)

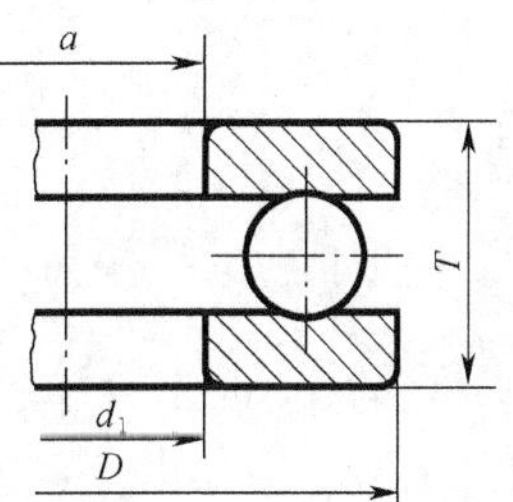

标记示例：

滚动轴承　51305　GB/T　301—1995

续表

轴承型号	尺寸/mm			轴承型号	尺寸/mm					轴承型号	尺寸/mm			
	d	*D*	*B*		*d*	*D*	*B*	*C*	*T*		*d*	*D*	*T*	d_1
尺寸系列［(0)2］				尺寸系列［02］						尺寸系列［12］				
6202	15			30203	17	40	12	11	13.25	51202	15	32	12	17
6203	17			30204	20	47	14	12	15.25	51203	17	35	12	19
6204	20			30205	25	52	15	13	16.25	51204	20	40	14	22
6205	25			30206	30	62	16	14	17.25	51205	25	47	15	27
6206	30			30207	35	72	17	15	18.25	51206	30	52	16	32
6207	35			30208	40	80	18	16	19.75	51207	35	62	18	37
6208	40			30209	45	85	19	16	20.75	51208	40	68	19	42
6209	45			30210	50	90	20	17	21.75	51209	45	73	20	47
6210	50			30211	55	100	21	18	22.75	51210	50	78	22	52
6211	55			30212	60	110	22	19	23.75	51211	55	90	25	57
6212	60			30213	65	120	23	20	24.75	51212	60	95	26	62
尺寸系列［(0)3］				尺寸系列［03］						尺寸系列［13］				
6302	15	42	13	30302	15	42	13	11	14.25	51304	20	47	18	22
6303	17	47	14	30303	17	47	14	12	15.25	51305	25	52	18	27
6304	20	52	15	30304	20	52	15	13	16.25	51306	30	60	21	32
6305	25	62	17	30305	25	62	17	15	18.25	51307	35	68	24	37
6306	30	72	19	30306	30	72	19	16	20.75	51308	40	78	26	42
6307	35	80	21	30307	35	80	21	18	22.75	51309	45	85	28	47
6308	40	90	23	30308	40	90	23	20	25.25	51310	50	95	31	52
6309	45	100	25	30309	45	100	25	22	27.25	51311	55	105	35	57
6310	50	110	27	30310	50	110	27	23	29.25	51312	60	110	35	62
6311	55	120	29	30311	55	120	29	25	31.50	51313	65	115	36	67
6312	60	130	31	30312	60	130	31	26	33.50	51314	70	125	40	72

注：圆括号中的尺寸系列代号在轴承代号中可以省略。

附录C

极限与配合

附表 19　　标准公差数值表

公称尺寸/mm		标准公差等级																			
大于	至	IT1	IT2	IT3	IT4	IT5	IT6	IT7	IT8	IT9	IT10	IT11	IT12	IT13	IT14	IT15	IT16	IT17	IT18	IT01	IT0
		μm											mm							μm	
–	3	0.8	1.2	2	3	4	6	10	14	25	40	60	0.1	0.14	0.25	0.4	036	1	1.4	0.3	0.5
3	6	1	1.5	2.5	4	5	8	12	18	30	48	75	0.12	0.18	0.3	0.48	0.75	1.2	1.8	0.4	0.6
6	10	1	1.5	2.5	4	6	9	15	22	36	58	90	0.15	0.22	0.36	0.58	0.9	1.5	2.2	0.4	0.6
10	18	1.2	2	3	5	8	11	18	27	43	70	110	0.18	0.27	0.43	0.7	1.1	1.8	2.7	0.5	0.8
18	30	1.5	2.5	4	6	9	13	21	33	52	84	130	0.21	0.33	0.52	0.84	1.3	2.1	3.3	0.6	1
30	50	1.5	2.5	4	7	11	16	25	39	62	100	160	0.25	0.39	0.62	1	1.6	2.5	3.9	0.6	1
50	80	2	3	5	8	13	19	30	46	74	120	190	0.3	0.46	0.74	1.2	1.9	3	4.6	0.8	1.2
80	120	2.5	4	6	10	15	22	35	54	87	140	220	0.35	0.54	0.87	1.4	2.2	3.5	5.4	1	1.5
120	180	3.5	5	8	12	18	25	40	63	100	160	250	0.4	0.63	1	1.6	2.5	4	6.3	1.2	2
180	250	4.5	7	10	14	20	29	46	72	115	185	290	0.46	0.72	1.15	1.85	2.9	4.6	7.2	2	3
250	315	6	8	12	16	23	32	52	81	130	210	320	0.52	0.81	1.3	2.1	3.2	5.2	8.1	2.5	4
315	400	7	9	13	18	25	36	57	89	140	230	360	0.57	0.89	1.4	2.3	3.6	5.7	8.9	3	5
400	500	8	10	15	20	27	40	63	97	155	250	400	0.63	0.97	1.55	2.5	4	6.3	9.7	4	6
500	630	9	11	16	22	32	44	70	110	175	280	440	0.7	1.1	1.75	2.8	4.4	7	11		
630	800	10	13	18	25	36	50	80	125	200	320	500	0.8	1.25	2	3.2	5	8	12.5		
800	1 000	11	15	21	28	40	56	90	140	230	360	560	0.9	1.4	2.3	3.6	5.6	9	14		
1 000	1 250	13	18	24	33	47	66	105	165	260	420	660	1.05	1.65	2.6	4.2	6.6	10.5	16.5		
1 250	1 600	15	21	29	39	55	78	125	195	310	500	780	1.25	1.95	3.1	5	7.8	12.5	19.5		
1 600	2 000	18	25	35	46	65	92	150	230	370	600	920	1.5	2.3	3.7	6	9.2	15	23		
2 000	2 500	22	30	41	55	78	110	175	280	440	700	1 100	1.75	2.8	4.4	7	11	17.5	28		
2 500	3 150	26	36	50	68	96	135	210	330	540	860	1 350	2.1	3.3	5.4	8.6	13.5	21	33		

注：1. 公称尺寸大于 500mm 的 IT1～IT5 的标准公差数值为试行的。

2. 公称尺寸小于或等于 1mm 时，无 IT14～IT18。

附表 20　　　　轴的基本偏差　　　　（μm）

公称尺寸/mm		上极限偏差（es）														
		所有标准公差等级												IT5 和 IT6	IT7	IT8
大于	至	a	b	c	cd	d	e	ef	f	fg	g	h	js	j		
−	3	−270	−140	−60	−34	−20	−14	−10	−6	−4	−2	0	偏差 $=\frac{IT_n}{2}$，式中 IT_n 是 IT 值数	−2	−4	−6
3	6	−270	−140	−70	−46	−30	−20	−14	−10	−6	−4	0		−2	−4	
6	10	−280	−150	−80	−56	−40	−25	−18	−13	−8	−5	0		−2	−5	
10	14	−290	−150	−95		−50	−32		−16		−6	0		−3	−6	
14	18															
18	24	−300	−160	−110		−65	−40		−20		−7	0		−4	−8	
24	30															
30	40	−310	−170	−120		−80	−50		−25		−9	0		−5	−10	
40	50	−320	−180	−130												
50	65	−340	−190	−140		−100	−60		−30		−10	0		−7	−12	
65	80	−360	−200	−150												
80	100	−380	−220	−170		−120	−72		−36		−12	0		−9	−15	
100	120	−410	−240	−180												
120	140	−460	−260	−200		−145	−85		−43		−14	0		−11	−18	
140	160	−520	−280	−210												
160	180	−580	−310	−230												
180	200	−660	−340	−240		−170	−100		−50		−15	0		−13	−21	
200	225	−740	−380	−260												
225	250	−820	−420	−280												
250	280	−920	−480	−300		−190	−110		−56		−17	0		−16	−26	
280	315	−1 050	−540	−330												
315	355	−1 200	−600	−360		−210	−125		−62		−18	0		−18	−28	
355	400	−1 350	−680	−400												
400	450	−1 500	−760	−440		−230	−135		−68		−20	0		−20	−32	
450	500	−1 650	−840	−480												
500	560					−260	−145		−76		−22	0				
560	630															
630	710					−290	−160		−80		−24	0				
710	800															
800	900					−320	−170		−86		−26	0				
900	1 000															
1 000	1 120					−350	−195		−98		−28	0				
1 120	1 250															
1 250	1 400					−390	−220		−110		−30	0				
1 400	1 600															
1 600	1 800					−430	−240		−120		−32	0				
1 800	2 000															
2 000	2 240					−480	−260		−130		−34	0				
2 240	2 500															
2 500	2 800					−520	−290		−145		−38	0				
2 800	3 150															

注：1. 公称尺寸小于或等于 1mm 时，基本偏差 *a* 和 *b* 均不采用。

2. 公差带 js7 至 js11，若 IT_n 值数是奇数，则取偏差 $=\pm\frac{IT_n-1}{2}$。

轴的基本偏差数值

（μm）

下极限偏差（ei）															
IT4～IT7	≤IT3>IT7	所有标准公差等级													
k		m	n	p	r	s	t	u	v	x	y	z	za	zb	zc
0	0	+2	+4	+6	+10	+14	–	+18	–	+20	–	+26	+32	+40	+60
+1	0	+4	+8	+12	+15	+19	–	+23	–	+28	–	+35	+42	+50	+80
+1	0	+6	+10	+15	+19	+23	–	+28	–	+34	–	+42	+52	+67	+97
+1	0	+7	+12	+18	+23	+28	–	+33	–	+40	–	+50	+64	+90	+130
									+39	+45	–	+60	+77	+108	150
+2	0	+8	+15	+22	+28	+35	–	+41	+47	+54	+63	+73	+98	+136	+188
							+41	+48	+55	+64	+75	+88	+118	+160	+218
+2	0	+9	+17	+26	+34	+43	+48	+60	+68	+80	+94	+112	+148	+200	+274
							+54	+70	+81	+97	+114	+136	+180	+242	+325
+2	0	+11	+20	+32	+41	+53	+66	+87	+102	+122	+144	+172	+226	+300	+405
					+43	+59	+75	+102	+120	+146	+174	+210	+274	+360	+480
+3	0	+13	+23	+37	+51	+71	+91	+124	+146	+178	+214	+258	+335	+445	+585
					+54	+79	+104	+144	+172	+210	+254	+310	+400	+525	+690
+3	0	+15	+27	+43	+63	+92	+122	+170	+202	+248	+300	+365	+470	+620	+800
					+65	+100	+134	+190	+228	+280	+340	+415	+535	+700	+900
					+68	+108	+146	+210	+252	+310	+380	+465	+600	+780	+1 000
+4	0	+17	+31	+50	+77	+122	+166	+236	+284	+350	+425	+520	+670	+880	+1 150
					+80	+130	+180	+258	+310	+385	+475	+575	+740	+960	+1 250
					+84	+140	+196	+284	+340	+425	+520	+640	+820	+1 050	+1 350
+4	0	+20	+34	+56	+94	+158	+218	+315	+385	+475	+580	+710	+920	+1 200	+1 150
					+98	+170	+240	+350	+425	+525	+650	+790	+1 000	+1 300	+1 700
+4	0	+21	+37	+62	+108	+190	+268	+390	+475	+590	+730	+900	+1 150	+1 500	+1 900
					+114	+208	+294	+435	+530	+660	+820	+1 000	+1 300	+1 650	+2 100
+5	0	+23	+40	+68	+126	+232	+330	+490	+595	+740	+950	+1 100	+1 450	+1 850	+2 400
					+132	+252	+360	+540	+660	+820	+1 000	+1 250	+1 600	+2 100	+2 600
0	0	+26	+44	+78	+150	+280	+400	+600							
					+155	+310	+450	+600							
0	0	+30	+50	+88	+175	+340	+500	+740							
					+185	+380	+560	+840							
0	0	+34	+56	+100	+210	+430	+620	+940							
					+220	+470	+680	+1 050							
0	0	+40	+66	+120	+250	+520	+780	+1 150							
					+260	+580	+840	+1 300							
0	0	+48	+78	+140	+300	+640	+960	+1 450							
					+330	+720	+1 050	+1 600							
0	0	+58	+92	+170	+370	+820	+1 200	+1 850							
					+400	+920	+1 350	+2 000							
0	0	+68	+110	+195	+440	+1 000	+1 500	+2 300							
					+460	+1 100	+1 650	+2 500							
0	0	+76	+135	+240	+550	+1 250	+1 900	+2 900							
					+580	+1 400	+2 100	+3 200							

附表 21　　　　孔的基本偏差　　　　（μm）

公称尺寸/mm		下极限偏差 EI																		
		所有标准公差等级												IT6	IT7	IT8	≤IT8	>IT8	≤IT8	>IT8
大于	至	A	B	C	CD	D	E	EF	F	FG	G	H	JS	J			K		M	
–	3	+270	+140	+60	+34	+20	+14	+10	+6	+4	+2	0		+2	+4	+6	0	0	−2	−2
3	6	+270	+140	+70	+46	+30	+20	+14	+10	+6	+4	0		+5	+6	+10	−1+*Δ*	–	−4+*Δ*	−4
6	10	+280	+150	+80	+56	+40	+25	+18	+13	+8	+5	0		+5	+8	+12	−1+*Δ*	–	−6+*Δ*	−6
10	14	+290	+150	+95		+50	+32		+16		+6	0		+6	+10	+15	−1+*Δ*	–	−7+*Δ*	−7
14	18																			
18	24	+300	+160	+110		+65	+40		+20		+7	0		+8	+12	+20	−2+*Δ*	–	−8+*Δ*	−8
24	30																			
30	40	+310	+170	+120		+80	+50		+25		+9	0		+10	+14	+24	−2+*Δ*	–	−9+*Δ*	−9
40	50	+320	+180	+130																
50	65	+340	+190	+140		+100	+60		+30		+10	0		+13	+18	+28	−2+*Δ*	–	−11+*Δ*	−11
65	80	+360	+200	+150																
80	100	+380	+220	+170		+120	+72		+36		+12	0		+16	+22	+34	−3+*Δ*	–	−13+*Δ*	−13
100	120	+410	+240	+180																
120	140	+460	+260	+200		+145	+85		+43		+14	0		+18	+26	+41	−3+*Δ*	–	−15+*Δ*	−15
140	160	+520	+280	+210																
160	180	+580	+310	+230																
180	200	+660	+340	+240		+170	+100		+50		+15	0		+22	+30	+47	−4+*Δ*	–	−17+*Δ*	−17
200	225	+740	+380	+260																
225	250	+820	+420	+280																
250	280	+920	+480	+300		+190	+110		+56		+17	0	偏差 $=\pm\frac{IT_n}{2}$，式中 IT_n 是 IT 值数	+25	+36	+55	−4+*Δ*	–	−20+*Δ*	−20
280	315	+1 050	+540	+330																
315	355	+1 200	+600	+360		+210	+125		+62		+18	0		+29	+39	+60	−4+*Δ*	–	−21+*Δ*	−21
355	400	+1 350	680	+400																
400	450	+1 500	760	+440		+230	+135		+68		+20	0		+33	+43	+66	−5+*Δ*	–	−23+*Δ*	−23
450	500	+1 650	+840	+480																
500	560					+260	+145		+76		+22	0					0		−26	
560	630																			
630	710					+290	+160		+80		+24	0					0		−30	
710	800																			
800	900					+320	+170		+86		+26	0					0		−34	
900	1 000																			
1 000	1 120					+350	+195		+98		+28	0					0		−40	
1 120	1 250																			
1 250	1 400					+390	+220		+110		+30	0					0		−48	
1 400	1 600																			
1 600	1 800					+430	+240		+120		+32	0					0		−58	
1 800	2 000																			
2 000	2 240					+480	+260		+130		+34	0					0		−68	
2 240	2 500																			
2 500	2 800					+520	+290		+145		+38	0					0		−76	
2 800	3 150																			

注 1. 公称尺寸小于或等于 1mm 时，基本偏差 A 和 B 及大于 IT8 的 *N* 均不采用。

2. 公差带 JS7 至 JS11，若 IT_n 值数是奇数，则取偏差 $=\pm\frac{IT_n-1}{2}$。

3. 对小于或等于 IT8 的 K，M，N 和小于或等于 IT7 的 P 至 ZC，所需*Δ*值从表内右侧选取。例如：18～30mm 段的 K7：*Δ*=8μm，所以 *ES*=−2+8=+6μm；18～30mm 段的 S6：*Δ*=4μm，所以 ES=−35+4=−31μm。

4. 特殊情况：250～315mm 段的 M6，ES=−9μm（代替−11μm）。

孔的基本偏差数值

（μm）

上极限偏差 ES															Δ值					
≤IT8	>IT8	≤IT7	标准公差等级大于 IT7												标准公差等级					
N		P 至 ZC	P	R	S	T	U	V	X	Y	Z	ZA	ZB	ZC	IT3	IT4	IT5	IT6	IT7	IT8
−4	−4	在大于 IT7 的相应数值上增加一个Δ值	−6	−10	−14	–	−18		−20		−26	−32	−40	−60	0	0	0	0	0	0
−8+Δ	0		−12	−15	−19	–	−23		−28		−35	−42	−50	−80	1	1.5	1	3	4	6
−10+Δ	0		−15	−19	−23	–	−28		−34		−42	−52	−67	−97	1	1.5	2	3	6	7
−12+Δ	0		−18	−23	−28	–	−33		−40		−50	−64	−90	−130	1	2	3	3	7	9
								−39	−45		−60	−77	−108	−150						
−15+Δ	0		−22	−28	−35		−41	−47	−54	−63	−73	−98	−136	−188	1.5	2	3	4	8	12
						−41	−48	−55	−64	−75	−88	−118	−160	−218						
−17+Δ	0		−26	−34	−43	−48	−60	−68	−80	−94	−112	−148	−200	−274	1.5	3	4	5	9	14
						−54	−70	−81	−97	−114	−136	−180	−242	−325						
−20+Δ	0		−32	−41	−53	−66	−87	−102	−122	−144	−172	−226	−300	−405	2	3	5	6	11	16
				−43	−59	−75	−102	−120	−146	−174	−210	−274	−360	−480						
−23+Δ	0		−37	−51	−71	−91	−124	−116	−178	−214	−258	−335	−445	−585	2	4	5	7	13	19
				−54	−79	−104	−144	−172	−210	−254	−310	−400	−525	−690						
−27+Δ	0		−43	−63	−92	−122	−170	−202	−248	−300	−365	−470	−620	−800	3	4	6	7	15	23
				−65	−100	−134	−190	−228	−280	−340	−415	−535	−700	−900						
				−68	−108	−146	−210	−252	−310	−380	−465	−600	−780	−1 000						
−31+Δ	0		−50	−77	−122	−166	−236	−284	−350	−425	−520	−670	−880	−1 150	3	4	6	9	17	26
				−80	−130	−180	−258	−310	−385	−470	−575	−740	−960	−1 250						
				−84	−140	−196	−284	−340	−425	−520	−640	−820	−1 050	−1 350						
−34+Δ	0		−56	−94	−158	−218	−315	−385	−475	−580	−710	−920	−1 200	−1 550	4	4	7	9	20	29
				−98	−170	−240	−350	−425	−525	−650	−790	−1 000	−1 300	−1 700						
−37+Δ	0		−62	−108	−190	−268	−390	−475	−590	−730	−900	−1 150	−1 500	−1 900	4	5	7	11	21	32
				−114	−208	−294	−435	−530	−660	−820	−1 000	−1 300	−1 650	−2 100						
−40+Δ	0		−68	−126	232	330	−490	−595	−740	−920	−1 100	−1 459	−1 850	−2 400	5	5	7	13	23	24
				−132	−252	−360	−540	−660	−820	−1 000	−1 250	−1 600	−2 100	−2 600						
−44			−78	−150	−280	−400	−600													
				−155	−310	−450	−660													
−50			−88	−175	−340	−500	−740													
				−185	−380	−560	−840													
−56			−100	−210	−430	−620	−940													
				−220	−470	−680	−1 050													
−66			−120	−250	−520	−780	−1 150													
				−260	−580	−840	−1 300													
−78			−140	−300	−640	−960	−1 450													
				−330	−720	−1 050	−1 600													
−92			−170	−370	−820	−1 200	1 850													
				−400	−920	−1 350	−2 000													
−110			−195	−440	−1 000	−1 500	−2 300													
				−460	−1 100	−1 650	−2 500													
−135			−240	−550	−1 250	−1 900	−2 900													
				−580	−1 400	−2 100	−3 200													

参考文献

[1] 中华人民共和国国家标准——产品几何技术规范（GB 131—2006、GB 1182—2008）. 2007.

[2] 郭建尊. 机械制图与计算机绘图. 北京：中国劳动社会保障出版社，2005.

[3] 王其昌. 机械制图. 北京：人民邮电出版社，2006.

[4] 王颖，等. 工程图学与计算机绘图. 北京：北京航空航天大学出版社，2002.

[5] 杨晓琦，等. AutoCAD2008 机械设计. 北京：科学出版社，2008.